한번에 합격하는
산업안전기사

실기 + 무료특강

김유창 감수
장창현, 서청민, 신영철, 서준호 지음

독자 여러분께 알려드립니다!

산업안전보건법이 자주 개정되어 본 도서에 미처 반영하지 못한 부분이 있을 수 있습니다. 책 발행 이후의 개정된 법규 내용 및 이로 인한 변경 및 오류사항은 성안당 홈페이지(www.cyber.co.kr)의 [자료실]-[정오표]나 네이버 세이프티넷 카페에 게시하오니 확인 후 학습하시기 바랍니다.

- 학습지원 네이버 카페 : 세이프티넷(cafe.naver.com/safetynet)

수험생 여러분이 믿고 공부할 수 있도록 항상 최선을 다하겠습니다.

■ 도서 A/S 안내

성안당에서 발행하는 모든 도서는 저자와 출판사, 그리고 독자가 함께 만들어 나갑니다.

좋은 책을 펴내기 위해 많은 노력을 기울이고 있습니다. 혹시라도 내용상의 오류나 오탈자 등이 발견되면 **"좋은 책은 나라의 보배"**로서 우리 모두가 함께 만들어 간다는 마음으로 연락주시기 바랍니다. 수정 보완하여 더 나은 책이 되도록 최선을 다하겠습니다.

성안당은 늘 독자 여러분들의 소중한 의견을 기다리고 있습니다. 좋은 의견을 보내 주시는 분께는 성안당 쇼핑몰의 포인트(3,000포인트)를 적립해 드립니다.

잘못 만들어진 책이나 부록 등이 파손된 경우에는 교환해 드립니다.

본서 기획자 e-mail : coh@cyber.co.kr(최옥현)
홈페이지 : http://www.cyber.co.kr
전화 : 031) 950-6300

한번에 합격하기 합격플래너
산업안전기사 실기 + 무료특강

		Plan 1 — 60일 완벽코스!		Plan 2 — 30일 집중코스!	
제1편 전 과목 핵심 이론	Part 1. 산업재해 예방 및 안전보건교육	DAY 1 ☐ 2 ☐	49 ☐	☐ DAY 1	
	Part 2. 인간공학	DAY 3 ☐ 4 ☐		☐ DAY 2	
	Part 3. 기계·기구 및 설비 안전관리	DAY 5 ☐ 6 ☐	50 ☐	☐ DAY 3	
	Part 4. 전기설비 안전관리	DAY 7 ☐ 8 ☐		☐ DAY 4	
	Part 5. 화학설비 안전관리	DAY 9 ☐ 10 ☐	51 ☐	☐ DAY 5	
	Part 6. 건설공사 안전관리	DAY 11 ☐ 12 ☐		☐ DAY 6	
필답형 과년도 기출문제	2017년 필답형 기출복원문제	DAY 13 ☐ 31 ☐	52 ☐	☐ DAY 7	
	2018년 필답형 기출복원문제	DAY 14 ☐ 32 ☐		☐ DAY 8	25 ☐
	2019년 필답형 기출복원문제	DAY 15 ☐ 33 ☐	53 ☐	☐ DAY 9	
	2020년 필답형 기출복원문제	DAY 16 ☐ 34 ☐		☐ DAY 10	
	2021년 필답형 기출복원문제	DAY 17 ☐ 35 ☐	54 ☐	☐ DAY 11	26 ☐
	2022년 필답형 기출복원문제	DAY 18 ☐ 36 ☐		☐ DAY 12	
	2023년 필답형 기출복원문제	DAY 19 ☐ 37 ☐	55 ☐	☐ DAY 13	27 ☐
	2024년 필답형 기출복원문제	DAY 20 ☐ 38 ☐		☐ DAY 14	
작업형 과년도 기출문제	2019년 작업형 기출복원문제	DAY 21 ☐ 39 ☐	56 ☐	☐ DAY 15	
	2020년 작업형 기출복원문제	DAY 22 ☐ 40 ☐		☐ DAY 16	28 ☐
	2021년 작업형 기출복원문제	DAY 23 ☐ 41 ☐	57 ☐	☐ DAY 17	
	2022년 작업형 기출복원문제	DAY 24 ☐ 42 ☐		☐ DAY 18	
	2023년 작업형 기출복원문제	DAY 25 ☐ 43 ☐	58 ☐	☐ DAY 19	29 ☐
	2024년 작업형 기출복원문제	DAY 26 ☐ 44 ☐		☐ DAY 20	
복습 및 암기	틀린 문제 체크 및 암기	DAY 27 ☐ 45 ☐	59 ☐	☐ DAY 21	
	틀린 문제 체크 및 암기	DAY 28 ☐ 46 ☐		☐ DAY 22	30 ☐
	틀린 문제 체크 및 암기	DAY 29 ☐ 47 ☐		☐ DAY 23	
	틀린 문제 체크 및 암기	DAY 30 ☐ 48 ☐	60 ☐	☐ DAY 24	

한번에 합격하기 합격플래너
산업안전기사 실기 + 무료특강

Plan 3 — 나만의 합격코스

구분	내용	날짜	1회독	2회독	3회독	MEMO
제1편 전 과목 핵심 이론	Part 1. 산업재해 예방 및 안전보건교육	월 일	☐	☐	☐	
	Part 2. 인간공학	월 일	☐	☐	☐	
	Part 3. 기계·기구 및 설비 안전관리	월 일	☐	☐	☐	
	Part 4. 전기설비 안전관리	월 일	☐	☐	☐	
	Part 5. 화학설비 안전관리	월 일	☐	☐	☐	
	Part 6. 건설공사 안전관리	월 일	☐	☐	☐	
필답형 과년도 기출문제	2017년 필답형 기출복원문제	월 일	☐	☐	☐	
	2018년 필답형 기출복원문제	월 일	☐	☐	☐	
	2019년 필답형 기출복원문제	월 일	☐	☐	☐	
	2020년 필답형 기출복원문제	월 일	☐	☐	☐	
	2021년 필답형 기출복원문제	월 일	☐	☐	☐	
	2022년 필답형 기출복원문제	월 일	☐	☐	☐	
	2023년 필답형 기출복원문제	월 일	☐	☐	☐	
	2024년 필답형 기출복원문제	월 일	☐	☐	☐	
작업형 과년도 기출문제	2019년 작업형 기출복원문제	월 일	☐	☐	☐	
	2020년 작업형 기출복원문제	월 일	☐	☐	☐	
	2021년 작업형 기출복원문제	월 일	☐	☐	☐	
	2022년 작업형 기출복원문제	월 일	☐	☐	☐	
	2023년 작업형 기출복원문제	월 일	☐	☐	☐	
	2024년 작업형 기출복원문제	월 일	☐	☐	☐	
복습 및 암기	틀린 문제 체크 및 암기	월 일	☐	☐	☐	
	틀린 문제 체크 및 암기	월 일	☐	☐	☐	
	틀린 문제 체크 및 암기	월 일	☐	☐	☐	
	틀린 문제 체크 및 암기	월 일	☐	☐	☐	

머리말

산업혁명 이후 안전한 작업장을 위하여 수많은 연구와 안전활동이 수행되고 왔고, 중대재해처벌법을 제정하는 등 산업재해 예방에 총력을 기울이고 있지만, 현장에서는 여전히 많은 산업재해가 발생하며 사망자가 증가하고 있습니다. 이제는 산업안전의 활동도 사업장의 법적 규제보다는 작업자의 특성과 한계에 알맞은 작업장 설계와 안전문화 정착 등으로 나아가야 하며, 실제적인 재해예방 활동이 되어야 합니다.

하인리히가 지적하였듯이, 안전의 기본은 안전조직이 효과적으로 운영되어야 합니다. 안전조직에서 가장 중요한 요소는 산업안전관리자이며, 훌륭한 안전관리자의 양성이 산업안전의 중요한 토대입니다. 훌륭한 산업안전기사가 양성되어 작업장에 안전이 뿌리를 내리면서 수많은 무재해 사업장이 생길 것을 기대하며, 성안당 출판사와 네이버의 세이프티넷 카페에서 활동 중인 산업안전전문가들의 요청으로 산업안전기사 교재를 집필하게 되었습니다.

본 교재는 산업안전과 인간공학을 연구하고 산업현장에 많은 컨설팅을 수행하면서 모아온 많은 문헌과 필요한 자료들을 정리하여 산업안전기사 실기시험 대비에 시간적 제약을 받고 있는 수험생들에게 교재로서의 활용과 다양한 작업장에서 안전활동에 하나의 참고서적이 되도록 하였습니다. 다만, 광범위한 내용을 수록, 정리하는 가운데 미비한 점이 다소 있으리라 생각됩니다. 세이프티넷의 산업안전기사 커뮤니티에 의견과 조언을 주시면, 독자 여러분과 함께 책을 보완하여 나갈 것을 약속드립니다.

본 교재의 출간이 산업안전에 대한 지식과 이해를 넓히고, 이 분야의 발전을 촉진하고 활성화시키는 계기가 되었으면 합니다. 그리고 "작업자를 위해 알맞게 설계된 안전한 작업은 모든 작업의 출발점이어야 한다."라는 철학이 작업장에 뿌리내렸으면 합니다. 본 교재의 초안을 집필하여 주신 김광일, 장창현, 서청민, 신영철, 서준호 님과, 자료 제공과 보완을 맡은 이병호, 최성욱, 이준호, 문현재 연구원에게 진심으로 감사드립니다. 또한, 본 교재가 세상에 나올 수 있도록 기획에서부터 출판까지 물심양면으로 도움을 주신 성안당 관계자 여러분께도 심심한 사의를 표합니다.

수정산 자락 아래서 안전한 작업장을 꿈꾸면서

김유창

시험안내

- 자격명 : 산업안전기사(Engineer Industrial Safety)
- 관련부서 : 고용노동부
- 시행기관 : 한국산업인력공단(www.q-net.or.kr)

기본 정보

(1) 자격 개요

생산관리에서 안전을 제외하고는 생산성 향상이 불가능하다는 인식 속에서 산업현장의 근로자를 보호하고 근로자들이 안심하고 생산성 향상에 주력할 수 있는 작업환경을 만들기 위하여 전문적인 지식을 가진 기술인력을 양성하고자 자격제도를 제정하였다.

(2) 수행직무

제조 및 서비스업 등 각 산업현장에 배속되어 산업재해 예방계획의 수립에 관한 사항을 수행하며, 작업환경의 점검 및 개선에 관한 사항, 유해 및 위험 방지에 관한 사항, 사고사례 분석 및 개선에 관한 사항, 근로자의 안전 교육 및 훈련에 관한 업무를 수행한다.

(3) 산업안전기사 연도별 검정현황 및 합격률

연도	필기			실기		
	응시	합격	합격률	응시	합격	합격률
2024년	86,032명	36,717명	42.7%	52,956명	31,191명	58.9%
2023년	80,253명	41,014명	51.4%	52,776명	28,636명	54.26%
2022년	54,500명	26,032명	47.8%	32,473명	15,681명	48.3%
2021년	41,704명	20,205명	48.5%	29,571명	15,310명	51.8%
2020년	33,732명	19,655명	58.3%	26,012명	14,824명	57.0%
2019년	33,287명	15,076명	45.3%	20,704명	9,765명	47.2%
2018년	27,018명	11,641명	43.1%	15,755명	7,600명	48.2%
2017년	25,088명	11,138명	44.4%	16,019명	7,886명	49.2%
2016년	23,322명	9,780명	41.9%	12,135명	6,882명	56.7%
2015년	20,981명	7,508명	35.8%	9,692명	5,377명	55.5%
2014년	15,885명	5,502명	34.6%	7,793명	3,993명	51.2%
2013년	13,023명	3,838명	29.5%	6,567명	2,184명	33.3%

시험 정보

(1) 취득방법

① 시행처 : 한국산업인력공단
② 관련학과 : 대학 및 전문대학의 안전공학, 산업안전공학, 보건안전학 관련학과
③ 시험과목
  • 산업안전관리 실무(출제기준 참고)
④ 시험수수료
  • 실기 : 34,600원
⑤ 검정방법
  • 복합형 : 필답형(1시간 30분, 55점)+작업형(1시간 정도, 45점)
  • 답안지 내 인적사항 및 답안(계산식 포함) 작성은 검은색 필기구만을 계속 사용하여야 함.
  • 답안 정정 시에는 두 줄(=)을 긋고 다시 기재 가능하며, 수정테이프 사용도 가능
  • 공학용계산기가 필요한 경우 Q-net에 기재된 기종 허용군에 한하여 사용 가능
  • 필답형은 문제의 요구사항에 따라 작성(요구한 가지 수, 계산과정, 단위, 소수 자릿수 등)
  • 작업형은 영상자료를 이용하여 시행되며, 제조(기계, 전기, 화공, 건설 등) 및 서비스 등 각 사업 현장에서의 안전관리에 관한 이론과 관련 법령을 바탕으로 일반지식, 전문지식과 응용 및 실무 능력을 평가
⑥ 합격기준
  • 100점(필답형 55점+작업형 45점)을 만점으로 하여 60점 이상

(2) 2025년 시험일정

회 별	필기원서접수 (인터넷)	필기 시험	필기합격 (예정자)발표	실기 원서접수 (휴일제외)	실기(면접) 시험	최종합격자 발표일
제1회	1. 13(월) ~1. 16(목)	2. 7(금) ~3. 4(화)	3. 12(수)	3. 24(월) ~3. 27(목)	4. 19(토) ~5. 9(금)	6. 13(금)
제2회	4. 14(월) ~4. 17(목)	5. 10(토) ~5. 30(금)	6. 11(수)	6. 23(월) ~6. 26(목)	7. 19(토) ~8. 6(수)	9. 12(금)
제3회	7. 21(월) ~7. 24(목)	8. 9(토) ~9. 1(월)	9. 10(수)	9. 22(월) ~9. 25(목)	11. 1(토) ~11. 21(금)	12. 24(수)

[비고] 1. 위 시험일정은 전체 종목 대상 일정이며, 종목별 시험일자는 기간 내 지정됩니다.
2. 일반적으로 필답형 시험 후 약 일주일 뒤에 작업형 시험이 실시됩니다.
3. 자세한 시험일정은 Q-net 홈페이지(www.q-net.or.kr)에서 확인바랍니다.

이 책의 가이드

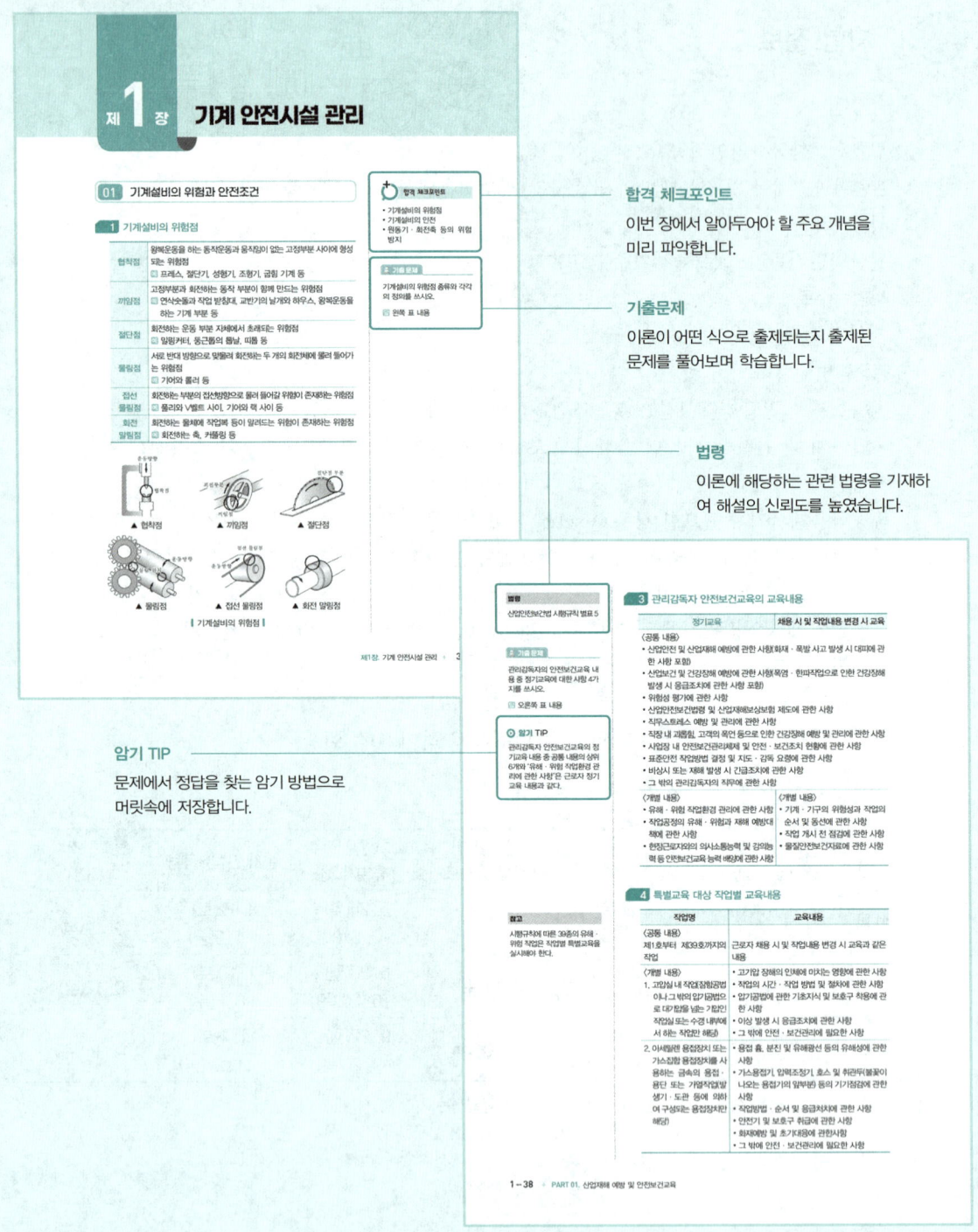

합격 체크포인트
이번 장에서 알아두어야 할 주요 개념을 미리 파악합니다.

기출문제
이론이 어떤 식으로 출제되는지 출제된 문제를 풀어보며 학습합니다.

법령
이론에 해당하는 관련 법령을 기재하여 해설의 신뢰도를 높였습니다.

암기 TIP
문제에서 정답을 찾는 암기 방법으로 머릿속에 저장합니다.

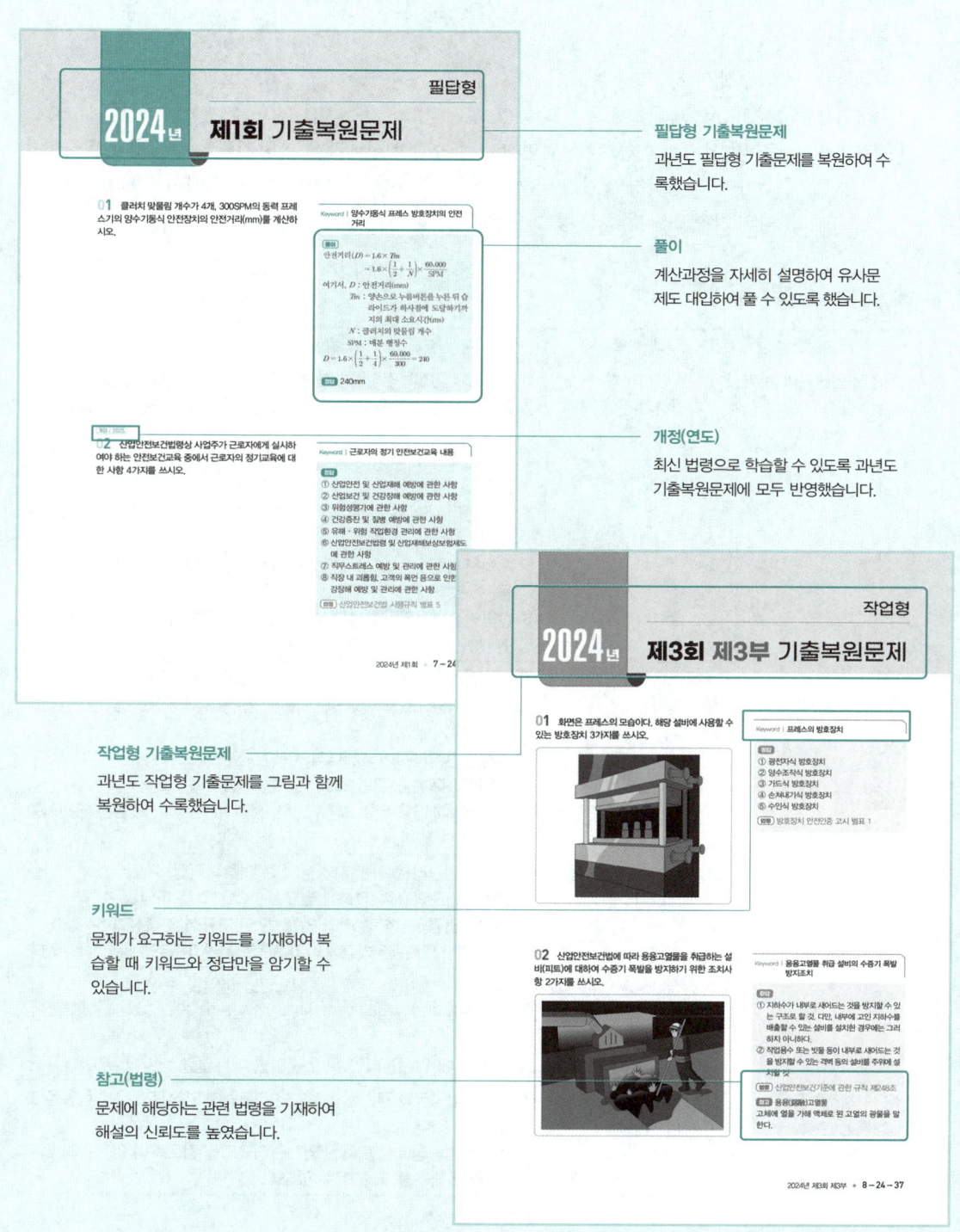

실기시험 출제기준

- 직무분야 : 안전관리
- 자격종목 : 산업안전기사
- 적용기간 : 2024.1.1.~2026.12.31.
- 직무내용 : 제조 및 서비스업 등 각 산업현장에 소속되어 산업재해 예방계획의 수립에 관한사항을 수행하며, 작업환경의 점검 및 개선에 관한 사항, 사고사례 분석 및 개선에 관한 사항, 근로자의 안전교육 및 훈련 등을 수행하는 직무이다.

<산업안전관리 실무>

주요항목	세부항목	세세항목
1. 산업안전관리 계획 수립	(1) 산업안전계획 수립하기	① 사업장의 안전보건경영방침에 따라 안전관리 목표를 설정할 수 있다. ② 설정된 안전관리 목표를 기준으로 안전관리를 위한 대상을 설정할 수 있다. ③ 설정된 안전관리 대상별 인력, 예산, 시설 등의 사항을 계획할 수 있다. ④ 안전관리 대상별 안전점검 및 유지 보수에 관한 사항을 계획할 수 있다. ⑤ 계획된 내용을 보고서로 작성하여 산업안전보건위원회에 심의를 받을 수 있다. ⑥ 산업안전보건위원회에서 심의된 안전보건계획을 이사회 승인 후 안전관리 업무에 적용할 수 있다.
	(2) 산업재해예방계획 수립하기	① 사업장에서 발생가능한 유해·위험요소를 선정할 수 있다. ② 유해·위험요소별 재해 원인과 사례를 통해 재해 예방을 위한 방법을 결정할 수 있다. ③ 결정된 방법에 따라 세부적인 예방 활동을 도출할 수 있다. ④ 산업재해예방을 위한 소요 예산을 계상할 수 있다. ⑤ 산업재해예방을 위한 활동, 인력, 점검, 훈련 등이 포함된 계획서를 작성할 수 있다.
	(3) 안전보건관리규정 작성하기	① 산업안전관리를 위한 사업장의 특성을 파악할 수 있다. ② 안전보건관리규정 작성에 필요한 기초자료를 파악할 수 있다. ③ 안전보건경영방침에 따라 안전보건관리규정을 작성할 수 있다. ④ 산업안전보건 관련 법령에 따라 안전보건관리규정을 관리할 수 있다.
	(4) 산업안전관리 매뉴얼 개발하기	① 사업장 내 설비와 유해·위험요인을 파악할 수 있다. ② 안전보건관리규정에 따라 산업안전관리에 필요 절차를 파악할 수 있다. ③ 사업장 내 안전관리를 위한 분야별 매뉴얼을 개발할 수 있다.
2. 기계작업공정 특성 분석	(1) 안전관리상 고려사항 결정하기	① 기계작업공정과 관련된 설계도를 검토하여 안전관리 운영 항목을 도출할 수 있다. ② 기계작업공정에서 도출된 안전관리요소를 검토하여 안전관리 업무의 핵심 내용을 도출할 수 있다.

주요항목	세부항목	세세항목
2. 기계작업공정 특성 분석	(1) 안전관리상 고려사항 결정하기	③ 유관 부서와 협의하고 협조 운영될 수 있는 방안을 검토할 수 있다. ④ 사전예방활동 또는 작업성과의 향상에 기여할 수 있도록 위험을 최소화할 수 있는 안전관리 방안을 결정할 수 있다.
	(2) 관련 공정 특성 분석하기	① 기계작업 공정 안전관리 요소를 도출하기 위하여 기계작업 공정의 설계도에 따라 세부적인 안전지침을 검토할 수 있다. ② 작업환경에 따라 안전관리에 적용해야 하는 위험요인을 도출할 수 있다. ③ 특수 작업의 작업조건에 따라 안전관리에 적용해야 하는 위험요인을 도출할 수 있다. ④ 기계작업 공정별 특수성에 따라 위험요인을 도출하여 안전관리방안을 도출할 수 있다.
	(3) 유사 공정 안전관리 사례 분석하기	① 안전관리상 고려사항을 도출하기 위하여 유사 공정 분석에 필요한 정보를 수집할 수 있다. ② 외부전문가가 필요한 경우 안전관리 분야 전문가를 위촉하여 활용할 수 있다. ③ 외부전문가를 활용한 기계작업 안전관리 사례 분석결과에서 안전관리요소를 도출할 수 있다.
	(4) 기계 위험 안전조건 분석하기	① 현장에서 사용되는 기계별 위험요인과 기계설비의 안전요소를 도출할 수 있다. ② 기계의 안전장치의 설치 등 기계의 방호장치에 대한 특성을 분석하고 활용할 수 있다. ③ 기계설비의 결함을 조사하여 구조적, 기능적 안전에 대응할 수 있다. ④ 유해위험기계기구의 종류, 기능과 작동원리를 활용하여 안전조건을 검토할 수 있다.
3. 산업재해 대응	(1) 산업재해 처리 절차 수립하기	① 비상조치 계획에 의거하여 사고 등 비상상황에 대비한 처리 절차를 수립할 수 있다. ② 비상대응 매뉴얼에 따라 비상 상황전달 및 비상조직의 운영으로 피해를 최소화할 수 있다. ③ 비상상태 발생 시 신속한 대응을 위해 비상 훈련계획을 수립할 수 있다.
	(2) 산업재해자 응급조치하기	① 응급처치 기술을 활용하여 재해자를 안정시키고 인근 병원으로 즉시 이송할 수 있다. ② 병력과 치료현황이 포함된 재해자 건강검진 자료를 확인하여 사고대응에 활용할 수 있다. ③ 재해조사 조치요령에 근거하여 재해현장을 보존하여 증거자료를 확보할 수 있다.
	(3) 산업재해원인 분석하기	① 작업공정, 절차, 안전기준 및 시설 유지보수 등을 통하여 재해원인을 분석할 수 있다. ② 사고장소와 시설의 증거물, 관련자와의 면담 등을 통하여 사고와 관련된 기인물과 가해물을 규명할 수 있다. ③ 재해요인을 정량화하여 수치로 표시할 수 있다.

실기시험 출제기준

주요항목	세부항목	세세항목
3. 산업재해 대응	(3) 산업재해원인 분석하기	④ 재발 발생 가능성과 예상 피해를 감소시키기 위해 필요한 사항을 추가 조사할 수 있다. ⑤ 동일유형의 사고 재발을 방지하기 위해 사고조사보고서를 작성할 수 있다.
	(4) 산업재해 대책 수립하기	① 사고조사를 통해 근본적인 사고원인을 규명하여 개선대책을 제시할 수 있다. ② 개선조치사항을 사고발생 설비와 유사 공정·작업에 반영할 수 있다. ③ 사고보고서에 따라 대책을 수립하고, 평가하여 교육 훈련 계획을 수립할 수 있다. ④ 사업장 내 근로자를 대상으로 비상대응 교육훈련을 실시할 수 있다.
4. 사업장 안전점검	(1) 산업안전 점검계획 수립하기	① 작업공정에 맞는 점검 방법을 선정할 수 있다. ② 안전점검 대상 기계·기구를 파악할 수 있다. ③ 위험에 따른 안전관리 중요도에 대한 우선순위를 결정할 수 있다. ④ 적용하는 기계·기구에 따라 안전장치와 관련된 지식을 활용하여 안전점검 계획을 수립할 수 있다.
	(2) 산업안전 점검표 작성하기	① 작업공정이나 기계·기구에 따라 발생할 수 있는 위험요소를 포함한 점검항목을 도출할 수 있다. ② 안전점검 방법과 평가기준을 도출할 수 있다. ③ 안전점검계획을 고려하여 안전점검표를 작성할 수 있다.
	(3) 산업안전 점검 실행하기	① 안전점검표의 점검항목을 파악할 수 있다. ② 해당 점검대상 기계·기구의 점검주기를 판단할 수 있다. ③ 안전점검표의 항목에 따라 위험요인을 점검할 수 있다. ④ 안전점검결과를 분석하여 안전점검 결과보고서를 작성할 수 있다.
	(4) 산업안전 점검 평가하기	① 안전기준에 따라 점검내용을 평가하여 위험요인을 도출할 수 있다. ② 안전점검결과 발생한 위험요소를 감소하기 위한 개선방안을 도출할 수 있다. ③ 안전점검결과를 바탕으로 사업장내 안전관리 시스템을 개선할 수 있다.
5. 기계안전시설 관리	(1) 안전시설 관리 계획하기	① 작업공정도와 작업표준서를 검토하여 작업장의 위험성에 따른 안전시설설치 계획을 작성할 수 있다. ② 기 설치된 안전시설에 대해 측정 장비를 이용하여 정기적인 안전점검을 실시할 수 있도록 관리계획을 수립할 수 있다. ③ 공정진행에 의한 안전시설의 변경, 해체 계획을 작성할 수 있다.
	(2) 안전시설 설치하기	① 관련법령, 기준, 지침에 따라 성능검정에 합격한 제품을 확인할 수 있다. ② 관련법령, 기준, 지침에 따라 안전시설물 설치기준을 준수하여 설치할 수 있다. ③ 관련법령, 기준, 지침에 따라 안전보건표지를 설치할 수 있다. ④ 안전시설을 모니터링하여 개선 또는 보수 여부를 판단하여 대응할 수 있다.

주요항목	세부항목	세세항목
5. 기계안전시설 관리	(3) 안전시설 관리하기	① 안전시설을 모니터링하여 필요한 경우 교체 등 조치할 수 있다. ② 공정 변경 시 발생할 수 있는 위험을 사전에 분석하여 안전 시설을 변경·설치할 수 있다. ③ 작업자가 시설에 위험 요소를 발견하여 신고시 즉각 대응할 수 있다. ④ 현장에 설치된 안전시설보다 우수하거나 선진 기법 등이 개발되었을 경우 현장에 적용할 수 있다.
6. 산업안전 보호장비관리	(1) 보호구 관리하기	① 산업안전보건법령에 기준한 보호구를 선정할 수 있다. ② 작업 상황에 맞는 검정 대상 보호구를 선정하고 착용상태를 확인할 수 있다. ③ 사용설명서에 따른 올바른 착용법을 확인하고, 작업자에게 착용 지도할 수 있다. ④ 보호구의 특성에 따라 적절하게 관리하도록 지도할 수 있다.
	(2) 안전장구 관리하기	① 산업안전보건법령에 기준한 안전장구를 선정할 수 있다. ② 작업 상황에 맞는 검정 대상 안전장구를 선정하고 착용상태를 확인할 수 있다. ③ 사용설명서에 따른 올바른 착용법을 확인하고, 작업자에게 착용 지도할 수 있다. ④ 안전장구의 특성에 따라 적절하게 관리하도록 지도할 수 있다.
7. 정전기 위험관리	(1) 정전기 발생방지 계획 수립하기	① 정전기 발생원인과 정전기 방전을 파악하여, 정전기 위험장소 점검 계획을 수립할 수 있다. ② 정전기 방지를 위한 접지시설과 등전위본딩, 도전성 향상 계획을 수립할 수 있다 ③ 인화성 화학물질 취급 장치·시설과 취급 장소에서 발생할 수 있는 정전기 방지 대책을 수립할 수 있다. ④ 정전기 계측설비 운용 계획을 수립할 수 있다.
	(2) 정전기 위험요소 파악하기	① 정전기 발생이 전격, 화재, 폭발 등으로 이어질 수 있는 위험요소를 파악할 수 있다. ② 정전기가 발생될 수 있는 장치·시설에 절연저항, 표면저항, 접지저항, 대전전압, 정전용량 등을 측정하여 정전기의 위험성을 판단할 수 있다. ③ 정전기로 인한 재해를 예방하기 위하여 정전기가 발생되는 원인을 파악할 수 있다.
	(3) 정전기 위험요소 제거하기	① 정전기가 발생될 수 있는 장치·시설과 취급 장소에서 접지시설, 본딩시설을 구축하여 정전기 발생 원인을 제거할 수 있다. ② 정전기가 발생될 수 있는 장치·시설과 취급 장소에 도전성 향상과 제전기를 설치하여 정전기 위험요소를 제거할 수 있다. ③ 정전기가 발생될 수 있는 장치·시설의 취급 시 정전기 완화 환경을 구축할 수 있다. ④ 정전기가 발생할 수 있는 작업 환경을 개선하여 정전기를 제거할 수 있다.

실기시험 출제기준

주요항목	세부항목	세세항목
8. 전기 방폭 관리	(1) 사고 예방 계획 수립하기	① 전기 방폭에 영향을 미칠 수 있는 위험요소를 확인하고 점검 계획을 수립할 수 있다. ② 전기로 인해 발생할 수 있는 폭발사고의 사고원인을 구분하여 전기 방폭 방지 계획을 수립할 수 있다. ③ 사고원인에 의해 폭발사고가 발생하는 위험물질의 관리 방안을 수립할 수 있다. ④ 전기로 인해 발생할 수 있는 폭발사고를 예방하기 위해 계측설비운용에 관한 계획을 수립할 수 있다. ⑤ 전기로 인해 발생할 수 있는 폭발사고사례를 통한 사고원인을 분석하고 전기설비 유지관리를 위한 체크리스트를 작성하여 전기 방폭 관리계획을 수립할 수 있다.
	(2) 전기 방폭 결함요소 파악하기	① 전기로 인해 발생할 수 있는 폭발사고 발생 메커니즘을 적용하여 관련사고의 위험성을 파악할 수 있다. ② 전기로 인해 발생할 수 있는 폭발사고가 발생할 수 있는 작업조건, 작업 장소, 사용물질을 파악할 수 있다. ③ 전기적 과전류, 단락, 누전, 정전기 등 사고원인을 점검, 파악할 수 있다. ④ 전기로 인해 발생할 수 있는 폭발사고가 발생할 수 있는 위험물질의 관리대상을 파악할 수 있다.
	(3) 전기 방폭 결함요소 제거하기	① 전기로 인해 발생할 수 있는 폭발사고 형태별 원인을 분석하여 사고를 예방할 수 있다. ② 전기로 인해 발생할 수 있는 폭발사고의 사고원인을 파악하여, 사고를 예방할 수 있다 ③ 전기로 인해 발생할 수 있는 폭발사고를 방지하기 위하여 방폭형전기설비를 도입하여 사고를 예방할 수 있다.
9. 전기작업안전관리	(1) 전기작업 위험성 파악하기	① 전기안전사고 발생 형태를 파악할 수 있다. ② 전기안전사고 주요 발생 장소를 파악할 수 있다. ③ 전기안전사고 발생 시 피해정도를 예측할 수 있다. ④ 전기안전관련 법령에 따라 전기안전사고를 예방할 목적으로 설치된 안전보호장치의 사용 여부를 확인할 수 있다. ⑤ 전기안전사고 예방을 위한 안전조치 및 개인보호장구의 적합여부를 확인할 수 있다.
	(2) 정전작업 지원하기	① 안전한 정전작업 수행을 위한 안전작업계획서를 수립할 수 있다. ② 정전작업 중 안전사고가 우려 시 작업중지를 결정할 수 있다. ③ 정전작업 수행 시 필요한 보호구와 방호구, 작업용 기구와 장치, 표지를 선정하고 사용할 수 있다.
	(3) 활선작업 지원하기	① 안전한 활선작업 수행을 위한 안전작업계획서를 수립할 수 있다. ② 활선작업 중 안전사고가 우려 시 작업중지를 결정할 수 있다. ③ 활선작업 수행 시 필요한 보호구와 방호구, 작업용 기구와 장치, 표지를 선정하고 사용할 수 있다.

주요항목	세부항목	세세항목
9. 전기작업안전관리	(4) 충전전로 근접작업 안전지원하기	① 가공 송전선로에서 전압별로 발생하는 정전·전자유도 현상을 이해하고 안전대책을 제공할 수 있다. ② 가공 배전선로에서 필요한 작업 전 준비사항 및 작업 시 안전대책, 작업 후 안전점검 사항을 작성할 수 있다. ③ 전기설비의 작업 시 수행하는 고소작업 등에 의한 위험요인을 적용한 사고 예방대책을 제공할 수 있다. ④ 특고압 송전선 부근에서 작업 시 필요한 이격거리 및 접근한계거리, 정전유도 현상을 숙지하고 안전대책을 제공할 수 있다. ⑤ 크레인 등의 중기작업을 수행할 때 필요한 보호구, 안전장구, 각종 중장비 사용 시 주의사항을 파악할 수 있다.
10. 화재·폭발·누출사고 예방	(1) 화재·폭발·누출 요소 파악하기	① 화학공장 등에서 위험물질로 인한 화재·폭발·누출로 인한 사고를 예방하기 위하여 현장에서 취급 및 저장하고 있는 유해·위험물의 종류와 수량을 파악할 수 있다. ② 화학공장 등에서 위험물질로 인한 화재·폭발·누출로 인한 사고를 예방하기 위하여 현장에 설치된 유해·위험 설비를 파악할 수 있다. ③ 유해·위험 설비의 공정도면을 확인하여 유해·위험 설비의 운전방법에 의한 위험 요인을 파악할 수 있다. ④ 유해·위험 설비, 폭발 위험이 있는 장소를 사전에 파악하여 사고 예방활동용의 필요점을 파악할 수 있다.
	(2) 화재·폭발·누출 예방 계획수립하기	① 화학공장 내 잠재한 사고 위험 요인을 발굴하여 위험등급을 결정할 수 있다. ② 유해·위험 설비의 운전을 위한 안전운전지침서를 개발할 수 있다. ③ 화재·폭발·누출 사고를 예방하기 위하여 설비에 관한 보수 및 유지 계획을 수립할 수 있다. ④ 유해·위험 설비의 도급 시 안전업무 수행실적 및 실행결과를 평가하기 위하여 도급업체 안전관리 계획을 수립할 수 있다. ⑤ 유해·위험 설비에 대한 변경시 변경요소관리계획을 수립할 수 있다. ⑥ 산업사고 발생 시 공정 사고조사를 위하여 조사팀 및 방법 등이 포함된 공정 사고조사 계획을 수립할 수 있다. ⑦ 비상상황 발생 시 대응할 수 있도록 장비, 인력, 비상연락망 및 수행 내용을 포함한 비상조치 계획을 수립할 수 있다.
	(3) 화재·폭발·누출 사고 예방활동 하기	① 유해·위험 설비 및 유해·위험물질의 취급시 개발된 안전지침 및 계획에 따라 작업이 이루어지는지 모니터링 할 수 있다. ② 작업허가가 필요한 작업에 대하여 안적작업허가 기준에 부합된 절차에 따라 작업허가를 할 수 있다. ③ 화재·폭발·누출 사고 예방을 위한 제조공정, 안전운전지침 및 절차 등을 근로자에게 교육을 할 수 있다. ④ 안전사고 예방활동에 대하여 자체 감사를 실시하여 사고 예방 활동을 개선할 수 있다.

실기시험 출제기준

주요항목	세부항목	세세항목
11. 화학물질 안전관리 실행	(1) 유해·위험성 확인하기	① 화학물질 및 독성가스 관련 정보와 법규를 확인할 수 있다. ② 화학공장에서 취급하거나 생산되는 화학물질에 대한 물질안전보건자료(MSDS: Material Safety Data Sheet)를 확인할 수 있다. ③ MSDS의 유해·위험성에 따라 적합한 보호구 착용을 교육할 수 있다. ④ 화학물질의 안전관리를 위하여 안전보건자료(MSDS: Material Safety Data Sheet)에 제공되는 유해·위험 요소 등을 파악할 수 있다.
	(2) MSDS 활용하기	① 화학공장에서 취합하는 화학물질에 대한 MSDS를 작업현장에 부착할 수 있다. ② MSDS 제도를 기준으로 취급하거나 생산한 화학물질의 MSDS의 내용을 교육을 실시할 수 있다. ③ MSDS의 정보를 표지판으로 제작 및 부착하여 근로자에게 화학물질의 유해성과 위험성 정보를 제공할 수 있다. ④ MSDS내에 있는 정보를 활용하여 경고 표지를 작성하여 작업현장에 부착할 수 있다.
12. 화공안전점검	(1) 안전점검계획 수립하기	① 공정운전에 맞는 점검 주기와 방법을 파악할 수 있다. ② 산업안전보건법령에서 정하는 안전검사 기계·기구를 구분하여 안전점검 계획에 적용할 수 있다. ③ 사용하는 안전장치와 관련된 지식을 활용하여 안전점검 계획을 수립할 수 있다.
	(2) 안전점검표 작성하기	① 공정운전이나 기계·기구에 따라 발생할 수 있는 위험요소를 포함하도록 점검항목을 작성할 수 있다. ② 공정운전이나 기계·기구에 따라 발생할 수 있는 위험요소를 포함하도록 점검항목을 작성할 수 있다. ③ 위험에 따른 안전관리 중요도 우선순위를 결정할 수 있다. ④ 객관적인 안전점검 실시를 위해서 안전점검 방법이나 평가기준을 작성할 수 있다. ⑤ 안전점검계획에 따라 공정별 안전점검표를 작성할 수 있다.
	(3) 안전점검 실행하기	① 공정 순서에 따라 작성된 화학 공정별 작업절차에 의해 운전할 수 있다. ② 측정 장비를 사용하여 위험요인을 점검할 수 있다. ③ 점검주기와 강도를 고려하여 점검을 실시할 수 있다. ④ 안전점검표에 의하여 위험요인에 대한 구체적인 점검을 수행할 수 있다.
	(4) 안전점검 평가하기	① 안전기준에 따라 점검 내용을 평가하고, 위험요인을 산출할 수 있다. ② 점검 결과 지적사항을 즉시 조치가 필요 시 반영 조치하여 공사를 진행할 수 있다. ③ 점검 결과에 의한 위험성을 기준으로 공정의 가동중지, 설비의 사용금지 등 위험요소에 대한 조치를 취할 수 있다. ④ 점검 결과에 의한 지적사항이 반복되지 않도록 해당 시스템을 개선할 수 있다.

주요항목	세부항목	세세항목
13. 건설공사 특성 분석	(1) 건설공사 특수성 분석하기	① 설계도서에서 요구하는 특수성을 확인하여 안전관리계획 시 반영할 수 있다. ② 공정관리계획 수립 시 해당 공사의 특수성에 따라 세부적인 안전지침을 검토할 수 있다. ③ 공사장 주변 작업환경이나 공법에 따라 안전관리에 적용해야 하는 특수성을 도출할 수 있다. ④ 공사의 계약조건, 발주처 요청 등에 따라 안전관리상의 특수성을 도출할 수 있다.
	(2) 안전관리 고려사항 확인하기	① 설계도서 검토 후 안전관리를 위한 중요 항목을 도출할 수 있다. ② 전체적인 공사 현황을 검토하여 안전관리 업무의 주요항목을 도출할 수 있다. ③ 안전관리를 위한 조직을 효율적으로 운영할 수 있는 방안을 도출할 수 있다. ④ 외부 전문가 인력풀을 활용하여 안전관리사항을 검토할 수 있다. ⑤ 안전관리를 위한 구성원별 역할을 부여하고 활용할 수 있다.
	(3) 관련 공사자료 활용하기	① 시스템 운영에 필요한 정보를 수집하고, 정리하여 문서화할 수 있다. ② 안전관리의 충분한 지식확보를 위하여 안전관리에 관련한 자료를 수집하고 활용할 수 있다. ③ 기존의 시공사례나 재해사례 등을 활용하여 해당 현장에 맞는 안전자료를 작성할 수 있다. ④ 관련 공사자료를 확보하기 위하여 외부 전문가 인력풀을 활용할 수 있다.
14. 건설현장 안전시설 관리	(1) 안전시설 관리 계획하기	① 공정관리계획서와 건설공사 표준안전지침을 검토하여 작업장의 위험성에 따른 안전시설 설치 계획을 작성할 수 있다. ② 현장점검시 발견된 위험성을 바탕으로 안전시설을 관리할 수 있다. ③ 기 설치된 안전시설에 대해 측정 장비를 이용하여 정기적인 안전점검을 실시할 수 있도록 관리계획을 수립할 수 있다. ④ 안전시설 설치방법과 종류의 장·단점을 분석할 수 있다. ⑤ 공정 진행에 따라 안전시설의 설치, 해체, 변경 계획을 작성할 수 있다.
	(2) 안전시설 설치하기	① 관련법령, 기준, 지침에 따라 안전인증에 합격한 제품을 확인할 수 있다. ② 관련법령, 기준, 지침에 따라 안전시설물 설치기준을 준수하여 설치할 수 있다. ③ 관련법령, 기준, 지침에 따라 안전보건표지를 설치기준을 준수하여 설치할 수 있다. ④ 설치계획에 따른 건설현장의 배치계획을 재검토하고, 개선사항을 도출하여 기록할 수 있다. ⑤ 안전보호구를 유용하게 사용할 수 있는 필요 장치를 설치할 수 있다.

실기시험 출제기준

주요항목	세부항목	세세항목
14. 건설현장 안전시설 관리	(3) 안전시설 관리하기	① 기 설치된 안전시설에 대해 관련법령, 기준, 지침에 따라 확인하고, 수시로 개선할 수 있다. ② 측정 장비를 이용하여 안전시설이 제대로 유지되고 있는지 확인하고, 필요한 경우 교체할 수 있다. ③ 공정의 변경 시 발생할 수 있는 위험을 사전에 분석하고, 안전 시설을 변경ㆍ설치할 수 있다. ④ 설치계획에 의거하여 안전시설을 설치하고, 불안전 상태가 발생되는 경우 즉시 조치할 수 있다.
	(4) 안전시설 적용하기	① 선진기법이나 우수사례를 고려하여 안전시설을 건설현장에 맞게 도입할 수 있다. ② 근로자의 제안제도 등을 활용하여 안전시설을 건설현장에 적합하도록 자체개발 또는 적용할 수 있다. ③ 자체 개발된 안전시설이 관련법령에 적합한지 판단할 수 있다. ④ 개발된 안전시설을 안전관계자 또는 외부전문가의 검증을 거쳐 ⑤ 건설현장에 사용할 수 있다.
15. 건설공사 위험성 평가	(1) 건설공사 위험성평가 사전준비하기	① 관련법령, 기준, 지침에 따라 위험성평가를 효과적으로 실시하기 위하여 최초, 정기 또는 수시 위험성평가 실시규정을 작성할 수 있다. ② 건설공사 작업과 관련하여 부상 또는 질병의 발생이 합리적으로 예견 가능한 유해ㆍ위험요인을 위험성평가 대상으로 선정할 수 있다. ③ 건설공사 위험성평가와 관련하여 이의신청, 청렴의무를 파악할 수 있다. ④ 건설공사 위험성평가와 관련하여 위험성평가 인정기준 등 관련지침을 파악할 수 있다. ⑤ 건설현장 안전보건정보를 사전에 조사하여 위험성평가에 활용할 수 있다
	(2) 건설공사 유해ㆍ위험요인파악하기	① 건설현장 순회점검 방법에 의한 유해·위험요인 선정을 위험성평가에 활용할 수 있다. ② 청취조사 방법에 의한 유해·위험요인 선정을 위험성평가에 활용할 수 있다. ③ 자료 방법에 의한 유해·위험요인 선정을 위험성평가에 활용할 수 있다. ④ 체크리스트 방법에 의한 유해·위험요인 선정을 위험성평가에 활용할 수 있다. ⑤ 건설현장의 특성에 적합한 방법으로 유해위험요인을 선정할 수 있다.
	(3) 건설공사 위험성 결정하기	① 건설현장 특성에 따라 부상 또는 질병으로 이어질 수 있는 가능성 및 중대성의 크기를 추정할 수 있다. ② 곱셈에 의한 방법으로 추정할 수 있다. ③ 조합(Matrix)에 의한 방법으로 추정할 수 있다. ④ 덧셈식에 의한 방법으로 추정할 수 있다.

주요항목	세부항목	세세항목
15. 건설공사 위험성 평가	(3) 건설공사 위험성 결정하기	⑤ 건설공사 위험성 추정 시 관련지침에 따른 주의사항을 적용할 수 있다. ⑥ 건설공사 위험성 추정결과와 사업장 설정 허용 가능 위험성 기준을 비교하여 위험요인별 허용 여부를 판단할 수 있다. ⑦ 건설현장 특성에 위험성 판단 기준을 달리 결정할 수 있다.
	(4) 건설공사 위험성평가 보고서 작성하기	① 관련법령, 기준, 지침에 따라 위험성평가를 실시한 내용과 결과를 기록할 수 있다. ② 위험성평가와 관련한 위험성평가 기록물을 관련법령, 기준, 지침에서 정한 기간 동안 보존할 수 있다. ③ 유해·위험요인을 목록화 할 수 있다. ④ 위험성평가와 관련해서 위험성평가 인정신청, 심사, 사후관리 등 필요한 위험성평가 인정제도에 참여할 수 있다.
	(5) 건설공사 위험성 감소대책 수립하기	① 관련법령, 기준, 지침에 따라 위험수준과 근로자수를 감안하여 감소대책을 수립할 수 있다. ② 건설공사 위험성 감소대책에 필요한 본질적 안전 확보 대책을 수립할 수 있다. ③ 건설공사 위험성 감소대책에 필요한 공학적 대책을 수립할 수 있다. ④ 건설공사 위험성 감소대책에 필요한 관리적 대책을 수립할 수 있다. ⑤ 건설공사 위험성 감소대책과 관련하여 최종적으로 작업에 적합한 개인 보호구를 제시할 수 있다
	(6) 건설공사 위험성 감소대책 타당성 검토하기	① 건설공사 위험성의 크기가 허용 가능한 위험성의 범위인지 확인할 수 있다. ② 허용 가능한 위험성 수준으로 지속적으로 감소시키는 대책을 수립할 수 있다. ③ 위험성 감소대책 실행에 장시간이 필요한 경우 등 건설현장 실정에 맞게 잠정적인 조치를 취하게 할 수 있다. ④ 근로자에게 위험성평가 결과 남아 있는 유해·위험 정보의 게시, 주지 등 적절하게 정보를 제공할 수 있다.

이 책의 차례

PART 01 산업재해 예방 및 안전보건교육

제1장 안전보건관리 조직

01 안전관리   1-3
02 안전보건관리 조직의 목적 및 구성   1-4
03 산업안전보건위원회, 노사협의체, 도급사업   1-9
04 안전보건관리규정과 안전보건개선계획   1-12

제2장 산업재해 대응

01 산업재해   1-15
02 재해조사와 원인분석   1-19

제3장 사업장 안전점검

01 안전점검·검사·인증 및 진단   1-27

제4장 안전보건교육

01 안전보건교육   1-33
02 안전보건교육 계획 수립 및 실시   1-35
03 안전보건교육 내용   1-36

제5장 산업안전심리

01 산업안전심리   1-46
02 주의와 부주의   1-49
03 재해예방활동기법   1-50

제6장 안전보호구 관리

01 보호구 및 안전장구 관리   1-53

PART 02 인간공학

제1장 안전과 인간공학

- 01 인간공학의 정의 ... 2-3
- 02 인간-기계 시스템(체계) ... 2-3
- 03 휴먼에러 ... 2-5
- 04 기계의 신뢰도 ... 2-7
- 05 인체측정과 응용 ... 2-9
- 06 신체활동의 생리학적 측정법 ... 2-15
- 07 근골격계 유해요인 ... 2-18
- 08 인간의 감각기능과 작업환경 ... 2-19

제2장 시스템 위험성분석

- 01 시스템 위험성 추정 및 결정 ... 2-25

PART 03 기계·기구 및 설비 안전관리

제1장 기계 안전시설 관리

- 01 기계설비의 위험과 안전조건 ... 3-3
- 02 기계의 방호장치 ... 3-6
- 03 공작기계의 안전 ... 3-7
- 04 프레스 및 전단기의 안전 ... 3-15
- 05 기타 산업용 기계 기구 ... 3-19
- 06 목재 가공용 기계 ... 3-30

제2장 운반 및 양중 기계 안전

- 01 운반기계 ... 3-32
- 02 차량계 건설기계 ... 3-38
- 03 양중기 ... 3-41

이 책의 차례

PART 04 전기설비 안전관리

제1장 전기안전관리

01 전기설비 안전관리	4-3
02 전기설비 및 기기	4-6
03 전로에서의 전기작업	4-11
04 전기작업 시 안전관리	4-15
05 전기설비 화재 예방대책	4-18
06 접지	4-19

제2장 정전기와 방폭설비

01 정전기 위험요소 파악	4-23
02 방폭 설비	4-26

PART 05 화학설비 안전관리

제1장 화재 · 폭발

01 화재 · 폭발 이론 및 발생 이해	5-3
02 소화 원리의 이해	5-13
03 화재 및 폭발 방지대책 수립	5-15

제2장 화학물질 안전관리

01 화학물질(위험물, 유해화학물질) 확인	5-18
02 화학물질(위험물, 유해화학물질) 유해 위험성 확인	5-22
03 화학물질 취급설비	5-37

제3장 화공 안전점검 · 운전

01 공정안전 기술	5-43
02 공정안전보고서	5-46

PART 06 건설공사 안전관리

제1장 건설현장 안전시설 관리

- 01 건설안전 일반 ... 6-3
- 02 안전시설 설치 및 관리 ... 6-14
- 03 건설 가시설물 설치 및 관리 ... 6-24
- 04 공사 및 작업 종류별 안전수칙 ... 6-40

제2장 건설공사 위험성 평가

- 01 위험성 평가 ... 6-46
- 02 위험성 감소대책 수립 및 실행 ... 6-48

PART 07 산업안전기사 필답형 기출복원문제

2017년 산업안전기사 필답형 기출복원문제
제1·2·3회 기출복원문제 ... 7-17-1

2018년 산업안전기사 필답형 기출복원문제
제1·2·3회 기출복원문제 ... 7-18-1

2019년 산업안전기사 필답형 기출복원문제
제1·2·3회 기출복원문제 ... 7-19-1

2020년 산업안전기사 필답형 기출복원문제
제1·2·3·4회 기출복원문제 ... 7-20-1

2021년 산업안전기사 필답형 기출복원문제
제1·2·3회 기출복원문제 ... 7-21-1

이 책의 차례

2022년	산업안전기사 필답형 기출복원문제	
	제1·2·3회 기출복원문제	7-22-1

2023년	산업안전기사 필답형 기출복원문제	
	제1·2·3회 기출복원문제	7-23-1

2024년	산업안전기사 필답형 기출복원문제	
	제1·2·3회 기출복원문제	7-24-1

PART 08 산업안전기사 작업형 기출복원문제

2019년	산업안전기사 작업형 기출복원문제	
	제1·2·3회 기출복원문제	8-19-1

2020년	산업안전기사 작업형 기출복원문제	
	제1·2·3·4회 기출복원문제	8-20-1

2021년	산업안전기사 작업형 기출복원문제	
	제1·2·3회 기출복원문제	8-21-1

2022년	산업안전기사 작업형 기출복원문제	
	제1·2·3회 기출복원문제	8-22-1

2023년	산업안전기사 작업형 기출복원문제	
	제1·2·3회 기출복원문제	8-23-1

2024년	산업안전기사 작업형 기출복원문제	
	제1·2·3회 기출복원문제	8-24-1

PART 01

산업재해 예방 및 안전보건교육

CONTENTS

CHAPTER 01 | 안전보건관리 조직
CHAPTER 02 | 산업재해 대응
CHAPTER 03 | 사업장 안전점검
CHAPTER 04 | 안전보건교육
CHAPTER 05 | 산업안전심리
CHAPTER 06 | 안전보호구 관리

제 1 장 안전보건관리 조직

01 안전관리

> **합격 체크포인트**
> - 4M과 3E의 종류

1 안전보건관리의 정의 및 목적

(1) 안전보건관리의 정의

안전보건관리는 재해로부터의 인간의 생명과 재산을 보호하기 위한 계획적이고 체계적인 제반활동이다.

(2) 안전관리계획서의 작성

① 인명의 존중(인도주의 실현)　② 사회복지의 증진
③ 생산성의 향상　　　　　　　④ 경제성의 향상

(3) 안전보건의 4M과 3E 대책

① 4M의 종류

4M은 인간이 기계설비와 안전을 공존하면서 근로할 수 있는 시스템의 기본조건이다. 4M의 종류는 다음과 같다.
㉠ Man(인간) : 인간적 인자, 인간관계
㉡ Machine(기계) : 방호설비, 인간공학적 설계
㉢ Media(매체) : 작업정보, 작업방법, 작업환경
㉣ Management(관리) : 교육훈련, 안전법규 철저, 안전기준의 정비

② 3E 대책의 종류

안전보건대책의 중심적인 내용에 대해서는 3E가 강조되어 왔다. 3E의 종류는 다음과 같다.
㉠ Engineering(기술)
㉡ Education(교육)
㉢ Enforcement(강제)

• 안전보건관리 조직의 업무

02 안전보건관리 조직의 목적 및 구성

1 안전보건관리조직의 구성

(1) 안전보건관리 조직의 목적
    ① 기업의 손실을 근본적으로 방지
    ② 조직적인 사고 예방 활동의 추진
    ③ 조직 계층 간 및 종적·횡적의 신속한 정보 처리와 유대강화

(2) 산업안전보건법의 안전보건관리 체계

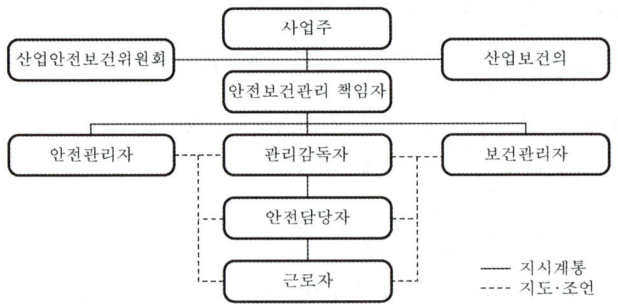

┃산업안전보건법의 안전보건관리 체계┃

(3) 안전보건관리 조직의 목적 및 구비조건
    ① 목적
        ㉠ 모든 위험의 제거
        ㉡ 위험 제거 기술의 수준 향상
        ㉢ 재해 예방률의 향상
        ㉣ 단위당 예방비용의 저감
    ② 구비조건
        ㉠ 회사의 특성과 규모에 부합되게 조직되어야 한다.
        ㉡ 조직의 기능이 충분히 발휘될 수 있는 제도적 체계를 갖추어야 한다.
        ㉢ 조직을 구성하는 관리자의 책임과 권한이 분명해야 한다.
        ㉣ 생산라인과 밀착된 조직이어야 한다.

(4) 안전보건관리 조직의 책임 및 업무

① 사업주의 안전 직무
  ㉠ 산업재해 예방을 위한 기준을 따를 것
  ㉡ 근로자의 신체적 피로와 정신적 스트레스 등을 줄일 수 있는 쾌적한 작업환경 조성 및 근로조건 개선
  ㉢ 해당 사업장의 안전 및 보건에 관한 정보를 근로자에게 제공

② 안전보건총괄책임자의 직무
  ㉠ 위험성평가의 실시에 관한 사항
  ㉡ 산업재해 발생의 급박한 위험이 있을 때 또는 중대재해가 발생하였을 때의 작업의 중지
  ㉢ 도급 시 산업재해 예방조치
  ㉣ 산업안전보건관리비의 관계수급인 간의 사용에 관한 협의·조정 및 그 집행의 감독
  ㉤ 안전인증대상기계 등과 자율안전확인대상기계 등의 사용 여부 확인

③ 안전보건관리책임자의 업무
  ㉠ 사업장의 산업재해 예방계획의 수립에 관한 사항
  ㉡ 안전보건관리규정의 작성 및 변경에 관한 사항
  ㉢ 작업자의 안전보건교육에 관한 사항
  ㉣ 작업환경 측정 등 작업환경의 점검 및 개선에 관한 사항
  ㉤ 근로자의 건강진단 등 건강관리에 관한 사항
  ㉥ 산업재해 원인 조사 및 재발 방지대책 수립에 관한 사항
  ㉦ 산업재해에 관한 통계의 기록 및 유지에 관한 사항
  ㉧ 안전장치 및 보호구 구입 시 적격품 여부 확인에 관한 사항
  ㉨ 그 밖에 근로자의 유해·위험 방지조치에 관한 사항으로서 고용노동부령으로 정하는 사항

④ 안전관리자의 업무
  ㉠ 산업안전보건위원회 또는 안전 및 보건에 관한 노사협의체에서 심의·의결한 업무와 해당 사업장의 안전보건관리규정 및 취업규칙에서 정한 업무
  ㉡ 위험성평가에 관한 보좌 및 지도·조언
  ㉢ 안전인증대상기계 등과 자율안전확인대상기계 등 구입 시 적격품의 선정에 관한 보좌 및 지도·조언
  ㉣ 해당 사업장 안전교육계획의 수립 및 안전교육 실시에 관한 보좌 및 지도·조언

법령

산업안전보건법 시행령 제53조

기출 문제

안전보건총괄책임자의 직무 4가지를 쓰시오.

📖 왼쪽 ㉠~㉤

법령

산업안전보건법 제15조

법령

산업안전보건법 시행령 제18조

ⓜ 사업장 순회점검, 지도 및 조치 건의
ⓑ 산업재해 발생의 원인 조사·분석 및 재발 방지를 위한 기술적 보좌 및 지도·조언
ⓢ 산업재해에 관한 통계의 유지·관리·분석을 위한 보좌 및 지도·조언
ⓞ 법 또는 법에 따른 명령으로 정한 안전에 관한 사항의 이행에 관한 보좌 및 지도·조언
ⓙ 업무 수행 내용의 기록·유지
ⓒ 기타 안전에 관한 사항으로서 고용노동부장관이 정하는 사항

⑤ 안전보건관리담당자의 업무

법령 산업안전보건법 시행령 제25조

㉠ 안전보건교육 실시에 관한 보좌 및 지도·조언
㉡ 위험성평가에 관한 보좌 및 지도·조언
㉢ 작업환경측정 및 개선에 관한 보좌 및 지도·조언
㉣ 건강진단에 관한 보좌 및 지도·조언
㉤ 산업재해 발생의 원인 조사, 산업재해 통계의 기록 및 유지를 위한 보좌 및 지도·조언
㉥ 산업안전·보건과 관련된 안전장치 및 보호구 구입 시 적격품 선정에 관한 보좌 및 지도·조언

⑥ 관리감독자의 업무

법령 산업안전보건법 시행령 제15조

㉠ 관리감독자가 지휘·감독하는 작업과 관련된 기계·기구 또는 설비의 안전·보건 점검 및 이상 유무의 확인
㉡ 관리감독자에게 소속된 근로자의 작업복·보호구 및 방호장치의 점검과 착용·사용에 관한 교육·지도
㉢ 해당 작업에서 발생한 산업재해에 관한 보고 및 이에 대한 응급조치
㉣ 해당 작업장의 정리·정돈 및 통로 확보에 대한 확인·감독
㉤ 산업보건의, 안전관리자 및 보건관리자, 안전보건관리담당자의 지도·조언에 대한 협조
㉥ 위험성 평가를 위한 유해·위험요인의 파악 및 개선조치의 시행에 대한 참여
㉦ 그 밖에 해당 작업의 안전·보건에 관한 사항으로서 고용노동부령으로 정하는 사항

⑦ 근로자의 의무
　㉠ 산업재해 예방을 위한 기준 준수
　㉡ 사업주 및 기타 관련 단체에서 실시하는 산업재해의 방지에 관한 조치 준수

(5) 안전관리자를 두어야 할 사업의 종류와 안전관리자 수

사업의 종류	상시근로자의 수	안전관리자의 수
1. 토사석 광업 2. 식료품 제조업, 음료 제조업 3. 섬유제품 제조업 : 의복 제외 4. 목재 및 나무제품 제조업 : 가구 제외 5. 펄프, 종이 및 종이제품 제조업 6. 코크스, 연탄 및 석유정제품 제조업 7. 화학물질 및 화학제품 제조업 : 의약품 제외 8. 의료용 물질 및 의약품 제조업 9. 고무 및 플라스틱제품 제조업 10. 비금속 광물제품 제조업 11. 1차 금속 제조업 12. 금속가공제품 제조업 : 기계 및 가구 제외 13. 전자부품, 컴퓨터, 영상, 음향 및 통신장비 제조업	50명 이상 500명 미만	1명 이상
14. 의료, 정밀, 광학기기 및 시계 제조업 15. 전기장비 제조업 16. 기타 기계 및 장비 제조업 17. 자동차 및 트레일러 제조업 18. 기타 운송장비 제조업 19. 가구 제조업 20. 기타 제품 제조업 21. 산업용 기계 및 장비 수리업 22. 서적, 잡지 및 기타 인쇄물 출판업 23. 폐기물 수집, 운반, 처리 및 원료 재생업 24. 환경 정화 및 복원업 25. 자동차 종합 수리업, 자동차 전문 수리업 26. 발전업 27. 운수 및 창고업	500명 이상	2명 이상
28. 농업, 임업 및 어업 29. 제2호부터 제21호까지의 사업을 제외한 제조업 30. 전기, 가스, 증기 및 공기조절 공급업(발전업은 제외) 31. 수도, 하수 및 폐기물 처리, 원료 재생업(제23호 및 제24호에 해당하는 사업은 제외) 32. 도매 및 소매업	50명 이상 1,000명 미만 (부동산 관리업은 제외, 사진관리업은 100명 이상 1,000명 미만)	1명 이상

법령
산업안전보건법 시행령 별표 3

기출문제
상시근로자수 600명의 펄프 제조업과 300명의 고무 제품 제조업의 안전관리자 최소 인원을 쓰시오.

답
① 600명의 펄프 제조업 : 2명
② 300명의 고무 제품 제조업 : 1명

기출문제

상시근로자수 200명의 우편 및 통신업의 안전관리자 최소 인원을 쓰시오.

🗒 1명

사업의 종류	상시근로자의 수	안전관리자의 수
33. 숙박 및 음식점업 34. 영상 · 오디오 기록물 제작 및 배급업 35. 라디오 방송업 및 텔레비전 방송업 36. 우편 및 통신업 37. 부동산업 38. 임대업 : 부동산 제외 39. 연구개발업 40. 사진처리업	50명 이상 1,000명 미만 (부동산 관리업은 제외, 사진관리업은 100명 이상 1,000명 미만)	1명 이상
41. 사업시설 관리 및 조경 서비스업 42. 청소년 수련시설 운영업 43. 보건업 44. 예술, 스포츠 및 여가 관련 서비스업 45. 개인 및 소비용품수리업(제25호에 해당하는 사업은 제외) 46. 기타 개인 서비스업 47. 공공행정(청소, 시설관리, 조리 등 현업업무에 종사하는 사람으로서 고용노동부장관이 정하여 고시하는 사람으로 한정함) 48. 교육서비스업 중 초등 · 중등 · 고등 교육기관, 특수학교 · 외국인학교 및 대안학교(청소, 시설관리, 조리 등 현업업무에 종사하는 사람으로서 고용노동부장관이 정하여 고시하는 사람으로 한정함)	1,000명 이상	2명 이상
49. 건설업	50억원 이상 800억원 미만	1명 이상
	800억원 이상 1,500억원 미만	2명 이상

법령

산업안전보건법 시행규칙 제12조

기출문제

산업안전보건법령상 안전관리자를 정수 이상으로 증원 · 교체임명할 수 있는 경우 3가지를 쓰시오.

🗒 오른쪽 ①~④

(6) 정수 이상으로 안전관리자의 증원 · 교체임명을 명할 수 있는 경우

지방고용노동관서의 장은 다음의 어느 하나에 해당하는 사유가 발생하는 경우 사업주에게 안전관리자, 보건관리자 또는 안전보건관리담당자를 정수 이상으로 증원하게 하거나 교체하여 임명할 것을 명할 수 있다.

① 해당 사업장의 연간재해율이 같은 업종의 평균재해율의 2배 이상인 경우
② 중대재해가 연간 2건 이상 발생한 경우
③ 관리자가 질병이나 그 밖의 사유로 3개월 이상 직무를 수행할 수 없게 된 경우
④ 화학적 인자로 인한 직업성 질병자가 연간 3명 이상 발생한 경우

03 산업안전보건위원회, 노사협의체, 도급사업

1 산업안전보건위원회

(1) 산업안전보건위원회의 구성

사업주는 산업안전·보건에 관한 중요 사항을 심의·의결하기 위하여 근로자와 사용자가 같은 수로 구성되는 산업안전보건위원회를 설치 및 운영하여야 한다.

근로자 위원	• 근로자 대표 • 근로자대표가 지명하는 1명 이상의 명예산업안전감독관 • 근로자대표가 지명하는 9명 이내의 해당 사업장의 근로자
사용자 위원	• 해당 사업의 대표자 • 안전관리자 • 보건관리자 • 산업보건의 • 해당 사업의 대표자가 지명하는 9명 이내의 해당 사업장 부서의 장

합격 체크포인트
• 산업안전보건위원회의 구성과 회의
• 노사협의체의 구성과 회의

법령
산업안전보건법 시행령 제35조

기출문제
산업안전보건위원회의 근로자 위원 및 사용자 위원의 자격요건을 쓰시오.
📄 왼쪽 표 내용

(2) 산업안전보건위원회 구성 대상 사업의 종류 및 규모

사업의 종류	상시근로자 수
1. 토사석 광업 2. 목재 및 나무제품 제조업 : 가구 제외 3. 화학물질 및 화학제품 제조업 : 의약품 제외(세제, 화장품 및 광택제 제조업과 화학섬유 제조업은 제외) 4. 비금속 광물제품 제조업 5. 1차 금속 제조업 6. 금속가공제품 제조업 : 기계 및 가구 제외 7. 자동차 및 트레일러 제조업 8. 기타 기계 및 장비 제조업 (사무용 기계 및 장비 제조업은 제외) 9. 기타 운송장비 제조업 (전투용 차량 제조업은 제외)	상시근로자 50명 이상
10. 농업 11. 어업 12. 소프트웨어 개발 및 공급업 13. 컴퓨터 프로그래밍, 시스템 통합 및 관리업 13의2. 영상·오디오물 제공 서비스업 14. 정보서비스업 15. 금융 및 보험업 16. 임대업 : 부동산 제외	상시근로자 300명 이상

법령
산업안전보건법 시행령 별표 9

사업의 종류	상시근로자 수
17. 전문, 과학 및 기술 서비스업(연구개발업은 제외) 18. 사업지원 서비스업 19. 사회복지 서비스업	상시근로자 300명 이상
20. 건설업	공사금액 120억원 이상 (건설산업기본법 시행령 별표 1에 따른 토목공사업 공사의 경우에는 150억 원 이상)
21. 제1호부터 제20호까지의 사업을 제외한 사업	상시 근로자 100명 이상

(3) 산업안전보건위원회 회의

① 회의의 구분
  ㉠ 정기회의 : 분기마다 산업안전보건위원회의 위원장이 소집
  ㉡ 임시회의 : 위원장이 필요하다고 인정할 때 소집

② 산업안전보건위원회 회의록 작성 사항
  ㉠ 개최 일시 및 장소
  ㉡ 출석위원
  ㉢ 심의 내용 및 의결 · 결정 사항
  ㉣ 그 밖의 토의사항

(4) 산업안전보건위원회의 심의 · 의결 사항

① 사업장의 산업재해 예방계획의 수립에 관한 사항
② 안전보건관리규정의 작성 및 변경에 관한 사항
③ 안전보건교육에 관한 사항
④ 작업환경측정 등 작업환경의 점검 및 개선에 관한 사항
⑤ 근로자의 건강진단 등 건강관리에 관한 사항
⑥ 산업재해의 원인 조사 및 재발 방지대책 수립에 관한 사항 중 중대재해에 관한 사항
⑦ 산업재해에 관한 통계의 기록 및 유지에 관한 사항
⑧ 유해하거나 위험한 기계 · 기구 · 설비를 도입한 경우 안전 및 보건 관련 조치에 관한 사항
⑨ 그 밖에 해당 사업장 근로자의 안전 및 보건을 유지 · 증진시키기 위하여 필요한 사항

기출 문제

산업안전보건위원회 회의록에 포함되어야 하는 사항 3가지를 쓰시오.

🗐 오른쪽 ㉠~㉣

법령

산업안전보건법 제24조

2 노사협의체

(1) 노사협의체의 구성

대통령령으로 정하는 규모의 건설공사의 건설공사도급인은 해당 건설공사 현장에 근로자위원과 사용자위원이 같은 수로 구성되는 안전 및 보건에 관한 협의체(이하 "노사협의체"라 함)를 대통령령으로 정하는 바에 따라 구성·운영할 수 있다.

근로자 위원	• 도급 또는 하도급 사업을 포함한 전체 사업의 근로자대표 • 근로자대표가 지명하는 명예산업안전감독관 1명 • 공사금액이 20억원 이상인 공사의 관계수급인의 각 근로자대표
사용자 위원	• 도급 또는 하도급 사업을 포함한 전체 사업의 대표자 • 안전관리자 1명 • 보건관리자 1명(보건관리자 선임대상 건설업으로 한정) • 공사금액이 20억원 이상인 공사의 관계수급인의 각 대표자

법령
산업안전보건법 제75조
시행령 제63~65조

(2) 노사협의체의 설치 대상
① 공사금액이 120억원 이상인 건설공사
② 공사금액이 150억원 이상인 토목공사

(3) 노사협의체 회의
① 정기회의 : 2개월마다 노사협의체 위원장이 소집
② 임시회의 : 위원장이 필요하다고 인정할 때 소집

기출문제
노사협의체의 설치 대상 사업과 정기회의 개최 주기를 쓰시오.
☞ 왼쪽 (2)~(3)

(4) 노사협의체 협의 사항
① 산업재해 예방방법 및 산업재해가 발생한 경우의 대피방법
② 작업의 시작시간, 작업 및 작업장 간의 연락방법
③ 그 밖의 산업재해 예방과 관련된 사항

3 도급사업

도급이란 명칭에 관계없이 물건의 제조·건설·수리 또는 서비스의 제공, 그 밖의 업무를 타인에게 맡기는 계약을 말한다.

(1) 도급사업 시의 산업재해 예방조치
① 도급인관 수급인을 구성원으로 하는 안전 및 보건에 관한 협의체의 구성 및 운영
② 작업장 순회점검

③ 관계수급인이 근로자에게 하는 안전보건교육을 위한 장소 및 자료의 제공 등 지원
④ 관계수급인이 근로자에게 하는 안전보건교육 실시 확인
⑤ 다음 각 목의 어느 하나의 경우에 대비한 경보체계 운영과 대피방법 등 훈련
　㉠ 작업 장소에서 발파작업을 하는 경우
　㉡ 작업 장소에서 화재·폭발, 토사·구축물 등의 붕괴 또는 지진 등이 발생한 경우
⑥ 위생시설 등 고용노동부령으로 정하는 시설의 설치 등을 위하여 필요한 장소의 제공 또는 도급인이 설치한 위생시설 이용의 협조 (휴게시설, 세면·목욕시설, 세탁시설, 탈의시설, 수면시설)

(2) 도급사업의 합동 안전·보건점검

① 점검반 구성
　㉠ 도급인(같은 사업 내에 지역을 달리하는 사업장이 있는 경우에는 그 사업장의 안전보건관리책임자)
　㉡ 관계수급인(같은 사업 내에 지역을 달리하는 사업장이 있는 경우에는 그 사업장의 안전보건관리책임자)
　㉢ 도급인 및 관계수급인의 근로자 각 1명(관계수급인의 근로자의 경우에는 해당 공정만 해당한다)
② 정기 안전·보건점검의 실시 횟수
　① 건설업, 선박 및 보트 건조업 : 2개월에 1회 이상
　② 그 외의 사업 : 분기에 1회 이상

04 안전보건관리규정과 안전보건개선계획

1 안전보건관리규정

안전보건관리규정은 해당 사업장의 업종, 기계설비, 생산공정 등의 실태에 상응하는 산업재해 예방을 추진하기 위해 안전보건관리에 관한 기본적인 사항을 정한 것으로써, 근로기준법에 의한 취업규칙과 동등한 가치의 사내 규범이다.

합격 체크포인트
- 안전보건관리규정 작성 대상 사업의 종류 및 상시근로자 수
- 안전보건관리규정의 포함사항

(1) 안전보건관리규정 작성 대상 사업의 종류 및 상시근로자 수

사업의 종류	상시근로자 수
1. 농업 2. 어업 3. 소프트웨어 개발 및 공급업 4. 컴퓨터 프로그래밍, 시스템 통합 및 관리업 4의2. 영상 · 오디오물 제공 서비스업 5. 정보서비스업 6. 금융 및 보험업 7. 임대업 : 부동산 제외 8. 전문, 과학 및 기술 서비스업(연구개발업은 제외) 9. 사업지원 서비스업 10. 사회복지 서비스업	300명 이상
11. 제1호부터 제10호까지의 사업을 제외한 사업	100명 이상

법령
산업안전보건법 시행규칙 제 별표 2

기출문제
소프트웨어 개발 및 공급업에서 안전보건관리규정을 작성해야 하는 상시근로자 수를 쓰시오.
답 300명 이상

(2) 안전보건관리규정의 작성

① 안전보건관리규정에 포함할 사항
    ㉠ 안전 및 보건에 관한 관리조직과 그 직무에 관한 사항
    ㉡ 안전보건교육에 관한 사항
    ㉢ 작업장의 안전 및 보건 관리에 관한 사항
    ㉣ 사고조사 및 대책수립에 관한 사항
    ㉤ 그 밖에 안전 및 보건에 관한 사항

② 안전보건관리규정의 작성 · 변경 절차
    ㉠ 산업안전보건위원회의 심의 · 의결을 거쳐야 한다.
    ㉡ 다만, 산업안전보건위원회가 설치되어 있지 아니한 사업장의 경우에는 근로자 대표의 동의를 받아야 한다.

기출문제
안전보건관리규정에 포함하여야 하는 사항 3가지를 쓰시오.
답 왼쪽 ㉠~㉤

2 안전보건개선계획

(1) 안전보건개선계획의 수립 · 시행 명령과 제출

① 고용노동부장관은 산업재해 예방을 위하여 종합적인 개선조치를 할 필요가 있다고 인정되는 사업장의 사업주에게 고용노동부령으로 정하는 바에 따라 그 사업장, 시설, 그 밖의 사항에 관한 안전보건개선계획을 수립하여 시행할 것을 명할 수 있다.

② 안전보건개선계획의 수립 · 시행 명령을 받은 사업주는 안전보건 개선계획서를 작성하여 그 명령을 받은 날부터 60일 이내에 관할 지방고용노동관서의 장에게 제출해야 한다.

법령
산업안전보건법 제49조

기출문제
안전보건 개선계획서는 수립 · 시행 명령을 받은 날부터 언제까지 제출해야 하는지 쓰시오.
답 60일 이내

(2) 안전보건개선계획 작성 대상 사업장

① 산업재해율이 같은 업종의 규모별 평균 산업재해율보다 높은 사업장
② 사업주가 필요한 안전조치 또는 보건조치를 이행하지 아니하여 중대재해가 발생한 사업장
③ 직업성 질병자가 연간 2명 이상 발생한 사업장
④ 유해인자의 노출기준을 초과한 사업장

> **법령**
> 산업안전보건법 시행령 제49조

(3) 안전보건진단을 받아 안전보건개선계획을 수립·시행을 명할 수 있는 대상

① 산업재해율이 같은 업종 평균 산업재해율의 2배 이상인 사업장
② 사업주가 필요한 안전조치 또는 보건조치를 이행하지 아니하여 중대재해가 발생한 사업장
③ 직업성 질병자가 연간 2명 이상(상시근로자 1,000명 이상 사업장의 경우 3명 이상) 발생한 사업장
④ 그 밖에 작업환경 불량, 화재, 폭발 또는 누출 사고 등으로 사업장 주변까지 피해가 확산된 사업장으로서 고용노동부령으로 정하는 사업장

제2장 산업재해 대응

01 산업재해

1 산업재해의 정의

(1) 산업재해의 정의
산업재해란 노무를 제공하는 사람이 업무에 관계되는 건설물·설비·원재료·가스·증기·분진 등에 의하거나 작업 또는 그 밖의 업무로 인하여 사망 또는 부상하거나 질병에 걸리는 것을 말한다.

(2) 중대재해의 정의
중대재해란 산업재해 중 사망 등 재해의 정도가 심한 것으로서, 고용노동부령이 정하는 다음과 같은 재해를 말한다.
① 사망자가 1명 이상 발생한 재해
② 3개월 이상의 요양이 필요한 부상자가 동시에 2명 이상 발생한 재해
③ 부상자 또는 직업성 질병자가 동시에 10명 이상 발생한 재해

(3) 재해예방의 4원칙

예방가능의 원칙	천재지변을 제외한 모든 재해는 예방이 가능하다.
손실우연의 원칙	재해의 결과로 생기는 손실은 우연히 발생한다.
원인연계의 원칙	재해는 직·간접 원인이 연계되어 일어난다.
대책선정의 원칙	재해는 적합한 대책이 선정되어야 한다.

2 산업재해의 발생과 원리

(1) 산업재해의 발생원리
① 재해발생의 원인
재해원인은 통상적으로 직접원인과 간접원인으로 나누어지며, 직접원인은 불안전한 행동(인적원인)과 불안전한 상태(물적원인)로 나누어진다.

합격 체크포인트
- 중대재해의 정의
- 재해예방의 4원칙
- 재해이론(하인리히, 아담스 등)

법령
산업안전보건법 제2조
시행규칙 제3조

기출 문제
중대재해의 정의 3가지를 쓰시오.
📖 왼쪽 ①~③

기출 문제
재해예방대책의 4가지 기본 원칙을 쓰시오.
📖 왼쪽 표 항목

┃재해발생의 원인┃

직접 원인	• 물적 원인 : 불안전한 상태 　예 물 자체의 결함, 안전방호 장치의 결함, 복장, 보호구의 결함, 기계의 배치 및 작업장소의 결함, 작업환경의 결함, 생산공정의 결함, 경계표시 및 설비의 결함 • 인적 원인 : 불안전한 행동 　예 위험장소 접근, 안전장치의 기능 제거, 복장, 보호구의 잘못 사용, 기계, 기구의 잘못 사용, 운전 중인 기계장치의 손실, 불안전한 속도 조작, 위험물 취급 부주의, 불안전한 상태방치, 불안전한 자세 동작
간접 원인	• 기술적 원인 : 기계ㆍ기구ㆍ설비 등의 방호 설비, 경계 설비, 보호구 정비 등의 기술적 불비 및 기술적 결함 • 교육적 원인 : 안전에 관한 경험 및 지식 부족 등 • 신체적 원인 : 신체적 결함(두통, 근시, 난청, 수면 부족) 등 • 정신적 원인 : 태만, 불안, 초조 등

② **재해발생의 메커니즘**

외부의 에너지가 작업자의 신체에 충돌, 작용하여 작업자의 생명 기능 또는 노동 기능을 감퇴시키는 현장을 산업재해라 하며, 재해발생의 기본적 모델은 다음과 같다.

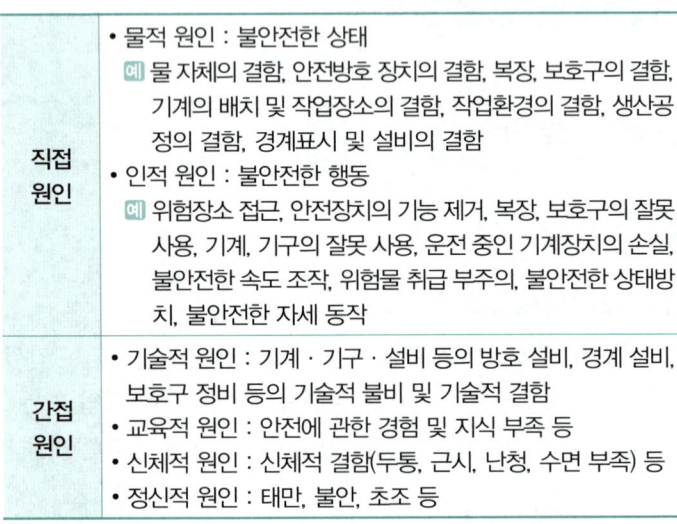

┃재해발생의 구조┃

(2) 하인리히의 재해이론

① 하인리히의 도미노 이론

각 요소들을 골패에 기입하고 이 골패를 넘어뜨릴 때 중간의 어느 골패 중 한 개를 빼어 버리면 사고까지는 연결되지 않는다는 이론이다.

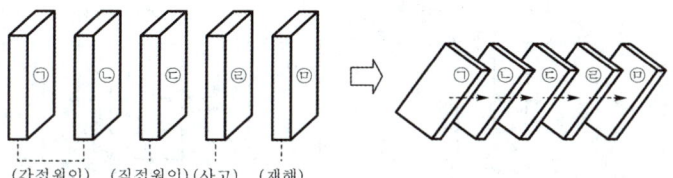

(간접원인) (직접원인) (사고) (재해)

[하인리히의 5개 구성요소]
㉠ 사회적 환경 및 유전적 요소   ㉡ 개인적 결함
㉢ 불안전 행동 및 불안전 상태   ㉣ 사고
㉤ 상해(산업재해)

| 하인리히의 도미노 이론 |

② 하인리히의 재해구성 비율(1 : 29 : 300 법칙)

동일사고를 반복하여 일으켰다고 하면 상해가 없는 경우가 300회, 경상의 경우가 29회, 중상의 경우가 1회의 비율로 발생한다는 법칙이다.

중상 또는 사망 : 경상 : 무상해사고 = 1 : 29 : 300

재해의 발생 = 물적 불안전 상태 + 인적 불안전 행동 + α
= 설비적 결함 + 관리적 결함 + α
$\alpha = \dfrac{300}{1+29+300}$ = 숨은 위험한 상태

③ 하인리히의 재해예방의 5단계
㉠ 제1단계 : 조직
㉡ 제2단계 : 사실의 발견
㉢ 제3단계 : 평가분석
㉣ 제4단계 : 시정책의 선정
㉤ 제5단계 : 시정책의 적용

(3) 버드의 재해이론

① 버드의 도미노 이론

버드는 제어의 부족, 기본원인, 직접원인, 사고, 상해의 5개 요인으로 설명하고 있다. 직접원인을 제거하는 것만으로도 재해는 일어날 수 있으므로, 기본원인을 제거하여야 한다.

기출문제

하인리히의 도미노 이론 5단계를 순서대로 쓰시오.

답 왼쪽 ㉠~㉤

기출문제

하인리히의 재해구성 비율 1 : 29 : 300의 정의를 쓰시오.

답 왼쪽 내용

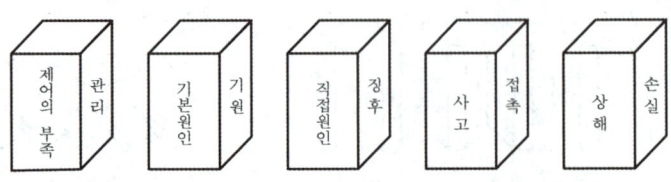

┃ 버드의 도미노 이론 ┃

㉠ 제어의 부족 : 관리
㉡ 기본원인 : 기원
㉢ 직접원인 : 징후
㉣ 사고 : 접촉
㉤ 상해 : 손실

② 버드의 재해구성 비율(1 : 10 : 30 : 600의 법칙)
중상 또는 폐질 1건, 경상(물적 또는 인적 상해) 10건, 무상해사고(물적 손실) 30건, 무상해·무사고 고장(위험순간) 600건의 비율로 사고가 발생한다는 것이다.

> 중상 또는 폐질 : 경상 : 무상해사고 : 무상해·무사고 고장
> = 1 : 10 : 30 : 600

(4) 아담스(Adams)의 사고연쇄 이론

재해의 직접원인은 불안전한 행동과 불안전한 상태에서 유발되거나 전술적 에러를 방치하는 데에서 비롯된다는 이론이다.
㉠ 1단계 : 관리구조
㉡ 2단계 : 작전적 에러
㉢ 3단계 : 전술적 에러
㉣ 4단계 : 사고
㉤ 5단계 : 상해

(5) 재해의 발생형태

① **단순 자극형(집중형)** : 발생 요소가 독립적으로 작용하여 일시적으로 요인이 집중하는 형태
② **연쇄형** : 연쇄적인 작용으로 재해를 일으키는 형태
③ **복합형** : 단순 자극형과 연쇄형의 복합적인 형태이며, 대부분의 재해 발생형태

🚧 **기출문제**

아담스의 연쇄 이론 5단계를 순서대로 쓰시오.

📖 오른쪽 ㉠~㉤

▌재해의 발생 형태 ▌

02 재해조사와 원인분석

1 재해조사

(1) 재해조사의 목적

① 이미 발생한 재해를 과학적 방법으로 조사, 분석하여 재해의 발생 원인을 규명한다.
② 안전대책을 수립함으로써 동종 및 유사재해의 재발을 방지하고, 안전한 작업상태의 확보와 쾌적한 작업환경을 조성한다.

(2) 산업재해 발생보고

① 사업주는 산업재해로 사망자가 발생하거나 3일 이상의 휴업이 필요한 부상을 입거나 질병에 걸린 사람이 발생한 경우에는 해당 산업재해가 발생한 날부터 1개월 이내에 산업재해조사표를 작성하여 관할 지방고용노동청장에게 제출하여야 한다.
② 사업주는 중대재해가 발생한 때에는 24시간 이내에 다음 ③항의 사항을 관할 지방노동관서의 장에게 전화·모사전송 등 기타 적절한 방법에 의하여 보고하여야 한다. 다만, 천재지변 등 부득이한 사유가 발생한 경우에는 그 사유가 소멸된 때부터 24시간 이내에 보고하여야 한다.
③ 중대재해 발생 시 보고사항
  ㉠ 발생 개요 및 피해 상황
  ㉡ 조치 및 전망
  ㉢ 그 밖의 중요한 사항

합격 체크포인트
- 재해조사 시 유의사항
- 재해 발생형태
- 재해 분석방법
- 재해 통계방법

법령
산업안전보건법 시행규칙 제73조

법령
산업안전보건법 시행규칙 제67조

■ 산업안전보건법 시행규칙 [별지 제30호서식] <개정 2025. 5. 30.>

산업재해조사표

산업재해조사표 서식(시행규칙 별지 제30호 서식)

기출 문제

재해조사 시 유의해야 할 사항 4가지를 쓰시오.

답 오른쪽 ①~⑥

(3) 재해조사 시 유의사항

① 사실을 수집해야 한다.

② 목격자가 발언하는 사실 이외의 추측의 말은 참고로 한다.

③ 조사는 신속히 행하고 2차 재해의 방지를 도모한다.

④ 사람, 설비, 환경의 측면에서 재해 요인을 도출한다.

⑤ 제3자의 입장에서 공정하게 조사하며, 조사는 2인 이상으로 한다.

⑥ 책임 추궁보다 재발 방지를 우선하는 기본 태도를 인지한다.

(4) 재해발생 시 조치사항

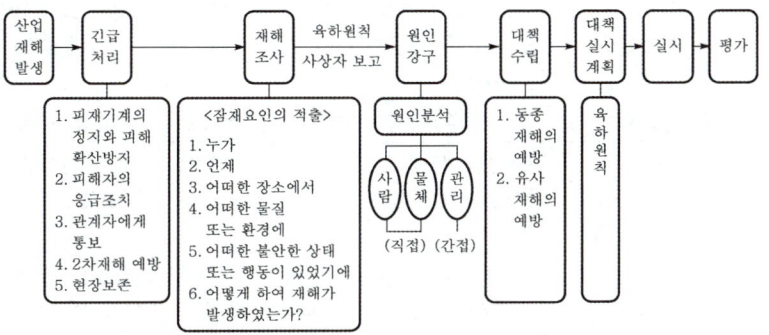

■ 재해발생 시 조치사항 ■

2 사고 및 재해분석방법

(1) 재해발생형태(사고형태)의 분류

발생형태	정의
떨어짐	사람이 인력(중력)에 의하여 건축물, 구조물, 가설물, 수목, 사다리 등의 높은 장소에서 떨어지는 것
넘어짐	사람이 거의 평면 또는 경사면, 층계 등에서 구르거나 넘어지는 경우
깔림·뒤집힘	물체 등이 쓰러져 깔린 경우 및 건설기계 등이 운행 또는 작업 중 뒤집어지는 경우
부딪힘·접촉	재해자 자신의 움직임·동작으로 인하여 기인물에 접촉 또는 부딪히거나, 물체가 고정부에서 이탈하지 않은 상태로 움직임(규칙, 불규칙) 등에 의하여 부딪히거나 접촉한 경우
맞음	구조물, 기계 등에 고정되어 있던 물체가 중력, 원심력, 관성력 등에 의하여 고정부에서 이탈하거나 또는 설비 등으로부터 물질이 분출되어 사람을 가해하는 경우
끼임	직선 운동하는 물체 사이의 끼임, 회전부와 고정체 사이에 끼임, 회전체 사이에 물리거나 또는 회전체·돌기부 등에 감긴 경우
무너짐	토사, 적재물, 구조물, 건축물 등이 전체적으로 허물어져 내리거나 또는 주요 부분이 꺾어져 무너지는 경우
불균형 및 무리한 동작	물체의 취급 없이 일시적이고 급격한 행위·동작 등 신체동작(반응)에 의한 경우나, 물체의 취급과 관련하여 근육의 힘을 많이 사용하는 경우로서 밀기, 당기기, 지탱하기, 들어올리기, 돌리기, 잡기, 운반하기 등과 같은 행위·동작
이상온도 접촉	고·저온 환경 또는 물체에 노출·접촉된 경우
화학물질 누출·접촉	유해·위험물질에 노출·접촉 또는 흡입한 경우

법령

산업재해 기록·분류에 관한 기술지원규정

참고

발생형태
재해 및 질병이 발생된 형태 또는 근로자에게 상해를 입힌 기인물과 상관된 현상

참고

재해발생형태 용어 개정
- 추락 → 떨어짐
- 전도 → 넘어짐
- 충돌 → 부딪힘
- 낙하, 비래 → 맞음
- 협착 → 끼임
- 붕괴, 도괴 → 무너짐
- 이상온도 노출·접촉 → 이상온도 접촉
- 유해·위험물질 노출·접촉 → 화학물질 누출·접촉

기출문제

작업자가 실험실에서 황산이 들어있는 유리용기를 만지다 떨어뜨려서 발생한 사고의 재해발생형태를 쓰시오.

답 화학물질 누출·접촉

발생형태	정의
산소결핍	유해물질과 관련 없이 산소가 부족한 상태·환경에 노출되었거나 이물질 등에 의하여 기도가 막혀 호흡 기능이 불충분한 경우
화재	가연물에 점화원이 가해져 비의도적으로 불이 일어난 경우
폭발·파열	건축물, 용기 내 또는 대기 중에서 물질의 화학적, 물리적 변화가 급격히 진행되어 열, 폭음, 폭발압이 동반하여 발생하는 경우
감전	전기설비의 충전부 등에 신체의 일부가 직접 접촉하거나 유도 전류의 통전으로 근육의 수축, 호흡곤란, 심실세동 등이 발생한 경우
폭력행위	의도적인 또는 의도가 불분명한 위험행위(마약, 정신질환 등)로 자신 또는 타인에게 상해를 입힌 폭력·폭행
절단·베임·찔림	사람과 물체 간의 직접적인 접촉에 의한 것으로서, 칼 등 날카로운 물체의 취급 또는 톱·절단기 등의 회전날 부위에 접촉되어 신체가 절단되거나 베어진 경우
빠짐·익사	수중에 빠지거나 익사한 경우

기출문제

크레인으로 강재를 운반하던 중 와이어로프가 끊어지며 강재가 떨어졌다. 아래를 통행하던 작업자의 머리 위로 강재가 떨어졌으며, 안전모를 착용하지 않아서 부상을 입었고, 부상 치료를 위해 4일간의 요양을 실시하였다. 해당 사고의 재해발생형태와 기인물, 가해물을 쓰시오.

目
① 재해발생형태 : 맞음(낙하)
② 기인물 : 크레인
③ 가해물 : 강재

(2) 기인물과 가해물

① 기인물 : 직접적으로 재해를 유발하거나 영향을 끼친 에너지원(운동, 위치, 열, 전기 등)을 지닌 기계·장치, 구조물, 물체·물질, 사람 또는 환경 등
② 가해물 : 사람에게 직접적으로 상해를 입힌 기계·장치, 구조물, 물체·물질, 사람 또는 환경 등

(3) 상해의 종류

종류	설명
골절	뼈가 부러진 상태
동상	저온 물 접촉으로 생긴 동상상해
부종	국부 혈액순환의 이상으로 몸이 퉁퉁 부어오르는 상해
찔림(자상)	칼날 등 날카로운 물건에 찔린 상해
베임(창상)	창, 칼 등에 베인 상해
절단(절상)	신체 부위가 절단된 상해
타박상(좌상)	타박, 충돌, 추락 등으로 피부표면보다는 피하조직 또는 근육부를 다친 상해(삔 것 포함)
찰과상	스치거나 문질러서 벗겨진 상해
중독, 질식	음식, 약물, 가스 등에 의한 중독이나 질식된 상해
화상	화재 또는 고온을 접촉으로 인한 상해
뇌진탕	머리를 세게 맞았을 때 장해로 일어난 상해

종류	설명
익사	물 속에 추락하여 익사한 상해
피부염	직업과 연관되어 발생 또는 악화되는 모든 피부질환
청력상해	청력이 감퇴 또는 난청이 된 상해
시력상해	시력이 감퇴 또는 실명된 상해

(4) 산업재해의 정도

분류	설명
사망	사망한 경우
영구 전노동불능	작업자로서의 노동 기능을 완전히 상실
영구 일부노동불능	작업자로서의 노동 기능을 일부 상실
일시 전노동불능 재해	신체장애를 수반하지 않은 일반의 휴업재해
일시 일부노동불능 재해	취업시간 중 일시적으로 작업을 떠나서 진료를 받는 재해
구급처치 재해	구급처치를 받아 부상의 익일까지 정규작업에 복귀할 수 있는 재해

3 산업재해 통계

(1) 연천인율

① 작업자 1,000명당 1년을 기준으로 발생하는 사상자수

② 계산 공식

$$연천인율 = \frac{연간 \ 재해자 \ 수}{연평균 \ 근로자 \ 수} \times 1,000$$

기출문제

연평균 근로자수가 1,500명이고, 연간 재해건수가 60건인 사업장의 연천인율을 구하시오.

답 $\frac{60}{1,500} \times 1,000 = 40$

(2) 사망만인율

① 임금 근로자수 10,000명당 발생하는 사망자의 비율

② 계산 공식

$$사망만인율 = \frac{사망자 \ 수}{산재보험 \ 적용 \ 근로자 \ 수} \times 10,000$$

기출문제

근로자수가 2,000명인 사업장에서 사망자수는 2명일 때 사망만인율을 구하시오.

답 $\frac{2}{2,000} \times 10,000 = 10$

(3) 도수율, 빈도율(FR; Frequency Rate of injury)

① 연 근로시간 합계 100만 시간당 재해건수

② 현재 산업재해 발생의 빈도를 표시하는 표준의 척도로 사용하고 있다.

기출문제

연평균근로자 500명이 일하는 사업장에서 3건의 재해가 발행하였다. 연근로시간이 3,000시간인 경우 도수율을 구하시오.

답

$$\frac{3}{500 \times 3,000} \times 1,000,000 = 2$$

기출문제

어느 사업장의 근로자수가 300명이고 연간 재해가 15건, 휴업일수가 288일이 발생하였을 때 이 사업장의 강도율을 구하시오. (단, 1일 근무시간은 8시간이며, 근무일수는 연간 280일이다.)

답

$$\frac{288 \times \frac{280}{365}}{300 \times 8 \times 280} \times 1,000 = 0.33$$

기출문제

신체장해등급 판정자가 사망 2명, 1급 1명, 2급 1명, 3급 1명, 9급 1명, 10급 4명이 발생했을 때의 총 요양근로손실일수를 구하시오.

답

$(7,500 \times 2) + (7,500 \times 1)$
$+ (7,500 \times 1) + (7,500 \times 1)$
$+ (1,000 \times 1) + (600 \times 4)$
$= 40,900$

---

③ 계산 공식

$$도수율 = \frac{재해건수}{연\ 근로시간\ 수} \times 10^6$$

④ 연 근로시간수의 정확한 산출이 곤란할 때는 1일 8시간, 1개월 25일, 1년 300일을 시간으로 환산한 연 2,400시간으로 한다.

⑤ 연천인율과 도수율과의 관계

$$연천인율 \simeq 도수율 \times 2.4$$
$$도수율 \simeq 연천인율 \div 2.4$$

(4) 강도율(SR; Severity Rate of injury)

① 재해의 경중, 즉 강도를 나타내는 척도로서 연 근로시간 1,000시간당 재해에 의해서 잃어버린 총 요양근로손실일수

② 계산 공식

$$강도율(SR) = \frac{총\ 요양근로손실일\ 수}{연\ 근로시간\ 수} \times 1,000$$

③ 요양근로손실일수의 산정기준
  ㉠ 사망에 의한 요양근로손실일수 : 7,500일
    • 7,500일 = 25년(근로손실년수) × 300일(연간근로일수)
    • 근로손실년수 25년 = 55세(근로가능 연령) − 30세(사망자의 평균연령)
  ㉡ 장해등급별 요양근로손실일수

등급	1~3	4	5	6	7	8
일수	7,500	5,500	4,000	3,000	2,200	1,500
등급	9	10	11	12	13	14
일수	1,000	600	400	200	100	50

  • 요양(휴업) 근로손실일수 = 요양(휴업)일수 × $\frac{300}{365}$

(5) 환산강도율, 환산도수율, 평균강도율

① 작업자가 평생 일할 수 있는 시간을 10만 시간으로 추정
② 환산도수율 : 10만 시간당 발생할 수 있는 재해건수(F)
③ 환산강도율 : 10만 시간당 잃을 수 있는 근로손실일수(S)

④ 계산 공식

$$환산도수율(F) = \frac{도수율}{10}$$

$$환산강도율(S) = 강도율 \times 100$$

$$평균강도율 = \frac{환산강도율(S)}{환산도수율(F)} = \frac{강도율 \times 100}{\frac{도수율}{10}} = \frac{강도율}{도수율} \times 1,000$$

⑤ S/F는 재해 1건당 근로손실일수가 된다.

(6) 종합재해지수(FSI; Frequency Severity Indicator)

① 기업 간의 재해지수의 종합적인 비교를 위하여 재해 빈도와 상해의 정도를 종합하여 나타내는 지수

② 계산공식

$$종합\ 재해지수 = \sqrt{도수율 \times 강도율}$$

(7) Safe - T - Score

① 과거와 현재의 안전 성적을 비교·평가하는 방식
② 안전에 관한 중대성의 차이를 비교하고자 사용하는 방식
③ 계산공식

$$\text{Safe} - \text{T} - \text{Score} = \frac{FR(현재) - FR(과거)}{\sqrt{\frac{FR(과거)}{근로 총시간 수(현재)} \times 1,000,000}}$$

④ 결과가 +이면 과거에 비해 나쁘고, -이면 좋은 기록이다.
  ㉠ 2.00 이상 : 과거보다 심하게 나쁨.
  ㉡ +2.00 ~ -2.00 : 과거에 비해 심각한 차이가 없음.
  ㉢ -2.00 이하 : 과거보다 좋음.

기출문제

근로자 수가 400명이고, 하루 8시간 동안 연 280일을 근무하는 어느 사업장이 있다. 이 사업장의 연간 재해건수가 80건이고, 근로손실일수가 800일, 재해자 수는 100명일 때, 종합재해지수를 구하시오.

답

㉮ 도수율
$$= \frac{80}{400 \times 8 \times 280} \times 1,000,000 = 89.29$$

㉯ 강도율
$$= \frac{800}{400 \times 8 \times 280} \times 1,000 = 0.89$$

㉰ 종합재해지수
$$= \sqrt{89.29 \times 0.89} = 8.91$$

4 재해손실비용

(1) 하인리히 방식

① 총 재해비용 = 직접비 + 간접비(직접비의 4배)

② 직접비 : 재해로 인해 받게 되는 산재 보상금
- ㉠ 요양급여
- ㉡ 휴업급여
- ㉢ 장해급여
- ㉣ 간병급여
- ㉤ 유족급여
- ㉥ 상병(傷病)보상연금
- ㉦ 장례비
- ㉧ 직업재활급여

> **법령**
> 산재보험법 제36조

③ 간접비 : 직접비를 제외한 모든 비용
- ㉠ 인적 손실
- ㉡ 물적 손실
- ㉢ 생산 손실
- ㉣ 특수 손실
- ㉤ 기타 손실

④ 직접비와 간접비의 비율 : 1 : 4

(2) 시몬즈 방식

① 총 재해비용 = 보험비용 + 비보험비용

② 보험비용 = 산재보험료(반드시 사업장에서 지출)

③ 비보험비용 = (A × 휴업상해건수) + (B × 통원상해건수) + (C × 응급처치건수) + (D × 무상해사고건수)

여기서, A, B, C, D는 상해 정도별 비보험비용의 평균치

④ 상해의 구분
- ㉠ 휴업상해
- ㉡ 통원상해
- ㉢ 응급처치상해
- ㉣ 무상해 사고

제3장 사업장 안전점검

01 안전점검 · 검사 · 인증 및 진단

> **합격 체크포인트**
> - 안전점검 대상 기계 등
> - 안전인증 대상 기계 등
> - 자율안전확인 대상 기계 등

1 안전점검

(1) 정의

안전을 확보하기 위하여 실태를 파악해 설비의 불안전한 상태나 사람의 불안전한 행동에서 생기는 결함을 발견하여 안전대책의 상태를 확인하는 행동이다.

(2) 목적

건설물 및 기계설비 등의 제작기준이나 안전기준에 적합한가를 확인하고, 작업현황 내의 불안전한 상태가 없는지를 확인하는 것으로, 사고발생의 가능성 요인들을 제거하여 안전성을 확보하기 위함이다.

(3) 안전점검의 종류

일상점검 (수시점검)	작업 시작 전이나 사용 전 또는 작업 중에 일상적으로 실시하는 점검
정기점검	1개월, 6개월, 1년 단위로 일정 기간마다 정기적으로 실시하는 점검
임시점검	정기점검 실시 후 다음 점검 시기 이전에 기계, 기구, 설비의 갑작스러운 이상 발생 시 임시로 실시하는 점검
특별점검	기계, 기구, 설비의 시설 변경 또는 고장, 수리 등을 할 경우, 정기점검 기간을 초과하여 사용하지 않던 기계설비를 다시 사용하고자 할 경우, 강풍(순간풍속 30m/sec 초과) 또는 지진(중진 이상 지진) 등의 천재지변 후 실시하는 점검

(4) 안전점검표 작성 시 유의사항

① 사업장에 적합하고 쉽게 이해되도록 작성한다.
② 재해예방에 효과가 있도록 작성한다.

③ 내용은 구체적으로 표현하고, 위험도가 높은 것부터 순차적으로 작성한다.
④ 주관적 판단을 배제하기 위해 점검 방법과 결과에 대한 판단기준을 정하여 결과를 평가한다.
⑤ 정기적으로 적정성 여부를 검토하고, 수정 보완하여 사용한다.

2 안전검사 및 안전인증

(1) 안전검사

① 산업안전보건법 따라 유해하거나 위험한 기계·기구·설비를 사용하는 사용주가 유해·위험 기계 등의 안전에 관한 성능이 안전검사 기준에 적합한지 여부에 대하여 안전검사기관으로부터 안전검사를 받도록 함으로써 사용 중 재해를 예방하기 위한 제도이다.

② 안전검사 대상 기계와 안전검사 주기

안전검사 대상 기계	안전검사 주기
크레인(이동식은 제외)	사업장에 설치가 끝난 날부터 3년 이내에 최초 안전검사를 실시하되, 그 이후부터 2년마다(건설현장에서 사용하는 것은 최초로 설치한 날부터 6개월마다)
리프트 (이삿짐 운반용은 제외)	
곤돌라	
이동식 크레인	신규등록 이후 3년 이내에 최초 안전검사를 실시하되, 그 이후부터 2년마다
이삿짐 운반용 리프트	
고소작업대	
프레스	사업장에 설치가 끝난 날부터 3년 이내에 최초 안전검사를 실시하되, 그 이후부터 2년마다(공정안전보고서를 제출하여 확인을 받은 압력용기는 4년마다)
전단기	
압력용기	
국소 배기장치	
원심기	
롤러기	
사출성형기	
컨베이어	
산업용 로봇	
혼합기	
파쇄기 또는 분쇄기	

법령

산업안전보건법 제93조
시행령 제78조
시행규칙 제126조, 제132조

기출문제

크레인, 리프트 및 곤돌라의 안전검사 주기를 쓰시오.

📄 오른쪽 표 내용

참고

안전검사대상 기계 등에 혼합기와 파쇄기 또는 분쇄기의 포함은 2026년 6월 26일부터 시행됩니다.

(2) 자율검사 프로그램 인정

① 산업안전보건법에 따라 사업주가 안전검사대상 위험기계·기구 및 설비에 대해 검사프로그램을 정하여 안전보건공단으로부터 인정을 받아 자체적으로 안전검사를 실시하는 제도로, 자율검사 프로그램 인정 시 안전검사가 면제된다.

② 자율검사 프로그램의 인정취소 및 개선을 명할 수 있는 경우
  ㉠ 거짓이나 그 밖의 부정한 방법으로 자율검사프로그램을 인정받은 경우
  ㉡ 자율검사프로그램을 인정받고도 검사를 하지 아니한 경우
  ㉢ 인정받은 자율검사프로그램의 내용에 따라 검사를 하지 아니한 경우
  ㉣ 검사 자격을 가진 사람 또는 자율안전검사기관이 검사를 하지 아니한 경우

(3) 안전인증

① 안전인증대상 기계·기구 등의 안전 성능과 제조자의 기술 능력 및 생산체계가 안전인증기준에 맞는지에 대하여 고용노동부장관이 종합적으로 심사하는 제도이다.

② 안전인증 대상 기계·설비, 방호장치, 보호구

	〈설치·이전하는 경우 안전인증을 받아야 하는 기계〉	〈주요 구조 부분을 변경하는 경우 안전인증을 받아야 하는 기계 및 설비〉
기계·설비	• 크레인 • 리프트 • 곤돌라	• 프레스 • 전단기 및 절곡기 • 크레인 • 리프트 • 압력용기 • 롤러기 • 사출성형기 • 고소 작업대 • 곤돌라
방호장치	• 프레스 및 전단기 방호장치 • 양중기용 과부하방지장치 • 보일러 압력방출용 안전밸브 • 압력용기 압력방출용 안전밸브 • 압력용기 압력방출용 파열판 • 절연용 방호구 및 활선작업용 기구 • 방폭구조 전기기계·기구 및 부품	

법령
산업안전보건법 제98, 99조

기출문제
자율검사 프로그램의 인정을 취소하거나 인정받은 자율검사 프로그램의 내용에 따라 검사를 하도록 하는 등 시정을 명할 수 있는 경우 2가지를 쓰시오.

답 왼쪽 ㉠~㉣

법령
산업안전보건법 시행령 제74조
시행규칙 제107조

기출문제
산업안전보건법령상 설치·이전하는 경우 안전인증을 받아야 하는 기계의 종류 3가지를 쓰시오.

답
① 크레인
② 리프트
③ 곤돌라

기출문제

산업안전보건법령상 안전인증 대상 보호구의 종류 3가지를 쓰시오.

🗒️ 오른쪽 표 내용

방호장치	• 추락·낙하 및 붕괴 등의 위험 방지 및 보호에 필요한 가설 기자재로서 고용노동부 장관이 정하여 고시하는 것 • 충돌·협착 등의 위험 방지에 필요한 산업용 로봇 방호장치로서 고용노동부장관이 정하여 고시하는 것
보호구	• 추락 및 감전 위험방지용 안전모 • 안전화 • 안전장갑 • 방진마스크 • 방독마스크 • 송기마스크 • 전동식 호흡보호구 • 보호복 • 안전대 • 차광 및 비산물 위험방지용 보안경 • 용접용 보안면 • 방음용 귀마개 또는 귀덮개

법령
산업안전보건법 시행규칙 제110조

③ 안전인증 심사 종류와 주기

심사 종류	내용	심사 기간
예비심사	기계 및 방호장치·보호구가 유해·위험기계 등인지를 확인하는 심사	7일
서면심사	유해·위험기계 등의 종류별 또는 형식별로 설계도면 등 유해·위험기계 등의 제품기술과 관련된 문서가 안전인증 기준에 적합한지에 대한 심사	15일 (외국에서 제조한 경우 30일)
기술능력 및 생산체계심사	유해·위험기계 등의 안전성능을 지속적으로 유지·보증하기 위하여 사업장에서 갖추어야 할 기술능력과 생산체계가 안전인증 기준에 적합한지에 대한 심사	30일 (외국에서 제조한 경우 45일)
제품심사	유해·위험기계 등이 서면심사 내용과 일치하는지와 유해·위험기계 등의 안전에 관한 성능이 안전인증 기준에 적합한지 여부에 대한 심사 • 개별 제품심사 : 유해·위험기계 등 모두에 대하여 하는 심사 • 형식별 제품심사 : 유해·위험기계 등의 형식별로 표본을 추출하여 하는 심사	• 개별 제품심사 : 15일 • 형식별 제품심사 : 30일 (보호구의 경우 60일)

기출문제

안전인증기관이 심사하는 심사의 종류 4가지를 쓰시오.

🗒️ 오른쪽 표 항목

④ 안전인증 면제 대상

㉠ 연구개발을 목적으로 제조 수입하거나 수출을 목적으로 제조하는 경우

㉡ 고용노동부 장관이 정하여 고시하는 외국의 안전인증기관에서 인증을 받은 경우

기출문제

안전인증의 전부 또는 일부를 면제할 수 있는 경우 3가지를 쓰시오.

🗒️ 오른쪽 ㉠~㉢

ⓒ 다른 법령에 따라 안정성에 관한 검사나 인증을 받은 경우로서 고용노동부령으로 정하는 경우

⑤ 안전인증의 취소, 사용금지 및 개선을 명할 수 있는 경우
  ㉠ 거짓이나 그 밖의 부정한 방법으로 안전인증을 받은 경우
  ㉡ 안전인증을 받은 기계·기구 등의 안전 성능이 안전인증기준에 맞지 아니하게 된 경우
  ㉢ 안전인증 기준 준수 여부 확인을 거부, 기피 또는 방해하는 경우

(4) 자율안전확인신고

① 자율안전확인대상 기계·기구 등을 제조 또는 수입하는 자가 해당 제품의 안전에 관한 성능이 자율안전기준에 맞는 것임을 확인하여 고용노동부장관에게 신고하는 제도이다.

② 자율안전확인 대상 기계·설비, 방호장치, 보호구

구분	내용
기계·설비	• 연삭기 또는 연마기(휴대용 제외) • 산업용 로봇 • 혼합기 • 파쇄기 또는 분쇄기 • 식품가공용기계(파쇄·절단·혼합·제면기만 해당) • 공작기계(선반, 드릴기, 평삭·형삭기, 밀링만 해당) • 고정형 목재가공용 기계(둥근톱, 대패, 루타기, 띠톱, 모떼기 기계만 해당) • 컨베이어 • 자동차정비용 리프트 • 인쇄기
방호장치	• 아세틸렌 용접장치용 또는 가스집합 용접장치용 안전기 • 교류 아크용접기용 자동전격방지기 • 롤러기 급정지장치 • 연삭기 덮개 • 목재가공용 둥근톱 반발 예방장치 및 날 접촉 예방장치 • 동력식 수동대패의 칼날 접촉 방지장치 • 추락·낙하 및 붕괴 등의 위험방호에 필요한 가설기자재(안전인증 대상 가설기자재는 제외)
보호구	• 안전모(추락 및 감전 위험방지용 안전모는 제외) • 보안경(차광 및 비산물 위험방지용 보안경은 제외) • 보안면(용접용 보안면은 제외)

법령
산업안전보건법 시행령 제77조

기출문제
산업안전보건법령상 자율안전확인 대상 기계 또는 설비의 종류 4가지를 쓰시오.

🖹 왼쪽 표 내용

③ 자율안전확인 제품의 표시
  ㉠ 형식 또는 모델명
  ㉡ 규격 또는 등급 등
  ㉢ 제조자명
  ㉣ 제조번호 및 제조연월
  ㉤ 자율안전확인 번호

제4장 안전보건교육

01 안전보건교육

1 안전보건교육의 필요성과 목적

(1) 안전보건교육의 필요성

① 생산기술의 급격한 발전과 변화에 따라 생산공정이나 작업 방법에 변화가 생기고, 이에 해당되는 새로운 안전 기술 및 지식 등을 작업자에게 일깨워 줄 필요가 있다.
② 작업자에게 생산 현장의 위험성이나 유해성, 원자재의 취급 지식과 방법에 대한 안전을 교육을 통하여 행동으로 옮길 수 있도록 태도를 형성시킬 필요가 있다.
③ 과거에 발생했던 중대재해의 사례를 분석하고, 적절한 대책을 세울 수 있는 능력을 배양하도록 교육시킬 필요가 있다.
④ 안전 지식과 태도 교육을 통하여 창의성 있는 특성을 개발시켜 자주적인 안전에 대한 가치관을 심어줄 필요가 있다.

(2) 안전보건교육의 목적

① 사업장 산업재해의 예방
② 작업자의 생명과 신체 보호
③ 안전 유지를 위한 안전한 지식과 기능 및 태도 형성
④ 생산능률과 생산성의 향상

2 교육의 개념

(1) 교육의 3요소

① 교육의 주체 : 교사
② 교육의 객체 : 학생
③ 교육의 매개체 : 교재

합격 체크포인트

• 학습지도 이론

(2) 교육의 원칙

① 상대방의 입장에서 교육을 실시한다.
② 동기를 부여하여야 한다.
③ 쉬운 것으로부터 점차 어려운 것으로 교육을 실시하여야 한다.
④ 반복적으로 교육하여야 한다.
⑤ 한 번에 한 가지씩 교육하여야 한다.
⑥ 추상적이고 관념적이 아닌 구체적인 설명이 중요하다.
⑦ 오감을 활용한다.
⑧ '왜 그렇게 하지 않으면 안되는가'의 기능적 이해가 중요하다.

3 학습지도 이론

학습지도란 교사가 학습 과제를 활용하여 학습자들에게 학습 환경에서 필요한 자극을 제공하고, 이를 통해 학습자들이 바람직한 행동으로의 변화를 유도하는 과정을 말한다.

(1) 손다이크(Thorndike)의 학습의 법칙(시행착오설)

시행착오를 반복하면서 문제해결에 필요한 시간이 줄어들고 개선되는 방법을 통해 점차 문제를 극복해 나가는 과정을 말한다.
① 효과의 법칙
② 연습의 법칙
③ 준비성의 법칙

(2) 파블로프(Pavlov)의 조건반사설

동물이나 인간이 무조건적인 자극과 함께 일어나는 반응을 학습을 통해 다른 자극과 연결시켜 새로운 반응을 유발할 수 있다는 이론이다.
① 일관성의 원리 ② 계속성의 원리
③ 시간의 원리 ④ 강도의 원리

(3) 존 듀이(J. Dewey)의 5단계 사고 과정

① 1단계 : 시사를 받는다.
② 2단계 : 지식화를 한다.
③ 3단계 : 가설을 설정한다.
④ 4단계 : 추론한다.
⑤ 5단계 : 행동에 의하여 가설을 검토한다.

02 안전보건교육 계획 수립 및 실시

 합격 체크포인트
- 안전교육의 3종류
- 안전교육 진행의 4단계

1 안전보건교육의 기본방향 및 단계별 교육과정

(1) 안전교육의 기본방향
① 사고 예방 중심의 안전교육
② 표준 작업을 위한 안전교육
③ 안전 의식 향상을 위한 안전교육

(2) 안전보건교육의 단계별 교육과정
① 안전교육의 3종류
  ㉠ 지식 교육 : 강의, 시청각 교육을 통한 지식의 전달과 이해
  ㉡ 기능 교육 : 시범, 견학, 실습, 현장실습 교육을 통한 경험 체득과 이해
  ㉢ 태도 교육 : 생활 지도, 작업 동작 지도 등을 통한 안전의 습관화

② 안전교육 진행의 4단계
  ㉠ 1단계(도입) : 학습자가 작업을 배우고 싶도록 동기를 부여한다.
  ㉡ 2단계(제시) : 주요 단계를 차례로 진행하며 확실히 지도한다.
  ㉢ 3단계(적용) : 작업을 시키고 지켜보며 잘못된 것을 고쳐 준다.
  ㉣ 4단계(확인) : 가르친 뒤 살펴보는 단계로 잘못된 것은 수정하고 복습한다.

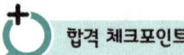

합격 체크포인트
- 대상별 안전보건교육 시간
- 직무별 안전보건교육 내용

법령

산업안전보건법 시행규칙 별표 4

03 안전보건교육 내용

1 안전보건교육 종류 및 대상별 교육시간

(1) 근로자 안전보건교육의 교육시간

교육과정	교육대상		교육시간
정기교육	사무직 종사 근로자		매 반기 6시간 이상
	그 밖의 근로자	판매업무에 직접 종사하는 근로자	매 반기 6시간 이상
		판매업무에 직접 종사하는 근로자 외의 근로자	매 반기 12시간 이상
채용 시 교육	일용근로자 및 근로계약기간이 1주일 이하인 기간제근로자		1시간 이상
	근로계약기간이 1주일 초과 1개월 이하인 기간제근로자		4시간 이상
	그 밖의 근로자		8시간 이상
작업내용 변경 시 교육	일용근로자 및 근로계약기간이 1주일 이하인 기간제근로자		1시간 이상
	그 밖의 근로자		2시간 이상
특별교육	특별교육 대상 작업에 종사하는 일용근로자 및 근로계약기간이 1주일 이하인 기간제 근로자(타워크레인 작업 시 신호업무 작업 제외)		2시간 이상
	특별교육 대상 작업 중 타워크레인 작업 시 신호업무 작업에 종사하는 일용근로자 및 근로계약기간이 1주일 이하인 기간제근로자		8시간 이상
	특별교육 대상 작업에 종사하는 일용근로자 및 근로계약기간이 1주일 이하인 기간제근로자를 제외한 근로자		• 16시간 이상(최초 작업에 종사하기 전 4시간 이상 실시하고, 12시간은 3개월 이내에서 분할하여 실시 가능) • 단기간 작업 또는 간헐적 작업인 경우에는 2시간 이상
건설업 기초 안전·보건 교육	건설 일용근로자		4시간 이상

(2) 관리감독자 안전보건교육의 교육시간

교육과정	교육시간
정기교육	연간 16시간 이상
채용 시 교육	8시간 이상
작업내용 변경 시 교육	2시간 이상
특별 교육	• 16시간 이상(최초 작업에 종사하기 전 4시간 이상 실시하고, 12시간은 3개월 이내에서 분할하여 실시 가능) • 단기간 작업 또는 간헐적 작업인 경우에는 2시간 이상

> **암기 TIP**
> 관리감독자는 정기교육의 교육시간만 "연간 16시간 이상"으로 다르고, 그 외 교육시간은 일용 및 기간제근로자를 제외한 근로자 시간과 같다.

(3) 안전보건관리책임자 등에 대한 교육의 교육시간

교육대상	신규교육	보수교육
안전보건관리책임자	6시간 이상	6시간 이상
안전관리자, 안전관리전문기관의 종사자	34시간 이상	24시간 이상
보건관리자, 보건관리전문기관의 종사자	34시간 이상	24시간 이상
건설재해예방 전문지도기관의 종사자	34시간 이상	24시간 이상
석면조사기관의 종사자	34시간 이상	24시간 이상
안전보건관리담당자	–	8시간 이상
안전검사기관, 자율안전검사기관의 종사자	34시간 이상	24시간 이상

> **참고**
> 안전보건관리책임자 등은 해당 직위에 선임 또는 채용된 후 3개월 이내에 신규교육을 받아야 하며, 신규교육을 이수한 후 매 2년이 되는 날을 기준으로 전후 6개월 사이에 보수교육을 받아야 한다.

2 근로자 안전보건교육의 교육내용

정기교육	채용 시 및 작업내용 변경 시 교육
〈공통 내용〉 • 산업안전 및 산업재해 예방에 관한 사항(화재·폭발 사고 발생 시 대피에 관한 사항 포함) • 산업보건 및 건강장해 예방에 관한 사항(폭염·한파작업으로 인한 건강장해 발생 시 응급조치에 관한 사항 포함) • 위험성 평가에 관한 사항 • 산업안전보건법령 및 산업재해보상보험 제도에 관한 사항 • 직무스트레스 예방 및 관리에 관한 사항 • 직장 내 괴롭힘, 고객의 폭언 등으로 인한 건강장해 예방 및 관리에 관한 사	
〈개별 내용〉 • 건강증진 및 질병 예방에 관한 사항 • 유해·위험 작업환경 관리에 관한 사항	〈개별 내용〉 • 기계·기구의 위험성과 작업의 순서 및 동선에 관한 사항 • 작업 개시 전 점검에 관한 사항 • 정리정돈 및 청소에 관한 사항 • 사고 발생 시 긴급조치에 관한 사항 • 물질안전보건자료에 관한 사항

> **법령**
> 산업안전보건법 시행규칙 별표 5

> **기출문제**
> 안전보건교육 중 근로자의 정기교육에 대한 사항 4가지를 쓰시오.
>
> 圖 왼쪽 표 내용

법령

산업안전보건법 시행규칙 별표 5

기출 문제

관리감독자의 안전보건교육 내용 중 정기교육에 대한 사항 4가지를 쓰시오.

📄 오른쪽 표 내용

암기 TIP

관리감독자 안전보건교육의 정기교육 내용 중 공통 내용의 상위 6개와 "유해·위험 작업환경 관리에 관한 사항"은 근로자 정기교육 내용과 같다.

참고

시행규칙에 따른 39종의 유해·위험 작업은 작업별 특별교육을 실시해야 한다.

3 관리감독자 안전보건교육의 교육내용

정기교육	채용 시 및 작업내용 변경 시 교육
〈공통 내용〉 • 산업안전 및 산업재해 예방에 관한 사항(화재·폭발 사고 발생 시 대피에 관한 사항 포함) • 산업보건 및 건강장해 예방에 관한 사항(폭염·한파작업으로 인한 건강장해 발생 시 응급조치에 관한 사항 포함) • 위험성 평가에 관한 사항 • 산업안전보건법령 및 산업재해보상보험 제도에 관한 사항 • 직무스트레스 예방 및 관리에 관한 사항 • 직장 내 괴롭힘, 고객의 폭언 등으로 인한 건강장해 예방 및 관리에 관한 사항 • 사업장 내 안전보건관리체제 및 안전·보건조치 현황에 관한 사항 • 표준안전 작업방법 결정 및 지도·감독 요령에 관한 사항 • 비상시 또는 재해 발생 시 긴급조치에 관한 사항 • 그 밖의 관리감독자의 직무에 관한 사항	
〈개별 내용〉 • 유해·위험 작업환경 관리에 관한 사항 • 작업공정의 유해·위험과 재해 예방대책에 관한 사항 • 현장근로자와의 의사소통능력 및 강의능력 등 안전보건교육 능력 배양에 관한 사항	〈개별 내용〉 • 기계·기구의 위험성과 작업의 순서 및 동선에 관한 사항 • 작업 개시 전 점검에 관한 사항 • 물질안전보건자료에 관한 사항

4 특별교육 대상 작업별 교육내용

작업명	교육내용
〈공통 내용〉 제1호부터 제39호까지의 작업	근로자 채용 시 및 작업내용 변경 시 교육과 같은 내용
〈개별 내용〉 1. 고압실 내 작업(잠함공법이나 그 밖의 압기공법으로 대기압을 넘는 기압인 작업실 또는 수갱 내부에서 하는 작업만 해당)	• 고기압 장해의 인체에 미치는 영향에 관한 사항 • 작업의 시간·작업 방법 및 절차에 관한 사항 • 압기공법에 관한 기초지식 및 보호구 착용에 관한 사항 • 이상 발생 시 응급조치에 관한 사항 • 그 밖에 안전·보건관리에 필요한 사항
2. 아세틸렌 용접장치 또는 가스집합 용접장치를 사용하는 금속의 용접·용단 또는 가열작업(발생기·도관 등에 의하여 구성되는 용접장치만 해당)	• 용접 흄, 분진 및 유해광선 등의 유해성에 관한 사항 • 가스용접기, 압력조정기, 호스 및 취관두(불꽃이 나오는 용접기의 앞부분) 등의 기기점검에 관한 사항 • 작업방법·순서 및 응급처치에 관한 사항 • 안전기 및 보호구 취급에 관한 사항 • 화재예방 및 초기대응에 관한사항 • 그 밖에 안전·보건관리에 필요한 사항

작업명	교육내용
3. 밀폐된 장소(탱크 내 또는 환기가 극히 불량한 좁은 장소)에서 하는 용접작업 또는 습한 장소에서 하는 전기용접 작업	• 작업순서, 안전작업방법 및 수칙에 관한 사항 • 환기설비에 관한 사항 • 전격 방지 및 보호구 착용에 관한 사항 • 질식 시 응급조치에 관한 사항 • 작업환경 점검에 관한 사항 • 그 밖에 안전·보건관리에 필요한 사항
4. 폭발성·물반응성·자기반응성·자기발열성 물질, 자연발화성 액체·고체 및 인화성 액체의 제조 또는 취급작업(시험연구를 위한 취급작업은 제외)	• 폭발성·물반응성·자기반응성·자기발열성 물질, 자연발화성 액체·고체 및 인화성 액체의 성질이나 상태에 관한 사항 • 폭발 한계점, 발화점 및 인화점 등에 관한 사항 • 취급방법 및 안전수칙에 관한 사항 • 이상 발견 시의 응급처치 및 대피 요령에 관한 사항 • 화기·정전기·충격 및 자연발화 등의 위험방지에 관한 사항 • 작업순서, 취급주의사항 및 방호거리 등에 관한 사항 • 그 밖에 안전·보건관리에 필요한 사항
5. 액화석유가스·수소가스 등 인화성 가스 또는 폭발성 물질 중 가스의 발생장치 취급 작업	• 취급가스의 상태 및 성질에 관한 사항 • 발생장치 등의 위험 방지에 관한 사항 • 고압가스 저장설비 및 안전취급방법에 관한 사항 • 설비 및 기구의 점검 요령 • 그 밖에 안전·보건관리에 필요한 사항
6. 화학설비 중 반응기, 교반기·추출기의 사용 및 세척작업	• 각 계측장치의 취급 및 주의에 관한 사항 • 투시창·수위 및 유량계 등의 점검 및 밸브의 조작주의에 관한 사항 • 세척액의 유해성 및 인체에 미치는 영향에 관한 사항 • 작업 절차에 관한 사항 • 그 밖에 안전·보건관리에 필요한 사항
7. 화학설비의 탱크 내 작업	• 차단장치·정지장치 및 밸브 개폐장치의 점검에 관한 사항 • 탱크 내의 산소농도 측정 및 작업환경에 관한 사항 • 안전보호구 및 이상 발생 시 응급조치에 관한 사항 • 작업절차·방법 및 유해·위험에 관한 사항 • 그 밖에 안전·보건관리에 필요한 사항
8. 분말·원재료 등을 담은 호퍼(하부가 깔대기 모양으로 된 저장통)·저장창고 등 저장탱크의 내부작업	• 분말·원재료의 인체에 미치는 영향에 관한 사항 • 저장탱크 내부작업 및 복장보호구 착용에 관한 사항 • 작업의 지정·방법·순서 및 작업환경 점검에 관한 사항 • 팬·풍기(風旗) 조작 및 취급에 관한 사항 • 분진 폭발에 관한 사항 • 그 밖에 안전·보건관리에 필요한 사항

작업명	교육내용
9. 다음 각 목에 정하는 설비에 의한 물건의 가열·건조작업 가. 건조설비 중 위험물 등에 관계되는 설비로 속부피가 1m³ 이상인 것 나. 건조설비 중 가목의 위험물 등 외의 물질에 관계되는 설비로서, 연료를 열원으로 사용하는 것(그 최대연소소비량이 매 시간당 10kg 이상인 것만 해당) 또는 전력을 열원으로 사용하는 것(정격소비전력이 10kW 이상인 경우만 해당)	• 건조설비 내외면 및 기기기능의 점검에 관한 사항 • 복장보호구 착용에 관한 사항 • 건조 시 유해가스 및 고열 등이 인체에 미치는 영향에 관한 사항 • 건조설비에 의한 화재·폭발 예방에 관한 사항
10. 다음 각 목에 해당하는 집재장치(집재기·가선·운반기구·지주 및 이들에 부속하는 물건으로 구성되고, 동력을 사용하여 원목 또는 장작과 숯을 담아 올리거나 공중에서 운반하는 설비를 말함)의 조립, 해체, 변경 또는 수리작업 및 이들 설비에 의한 집재 또는 운반 작업 가. 원동기의 정격출력이 7.5kW를 넘는 것 나. 지간의 경사거리 합계가 350m 이상인 것 다. 최대사용하중이 200kg 이상인 것	• 기계의 브레이크 비상정지장치 및 운반경로, 각종 기능 점검에 관한 사항 • 작업 시작 전 준비사항 및 작업방법에 관한 사항 • 취급물의 유해·위험에 관한 사항 • 구조상의 이상 시 응급처치에 관한 사항 • 그 밖에 안전·보건관리에 필요한 사항
11. 동력에 의하여 작동되는 프레스기계를 5대 이상 보유한 사업장에서 해당 기계로 하는 작업	• 프레스의 특성과 위험성에 관한 사항 • 방호장치 종류와 취급에 관한 사항 • 안전작업방법에 관한 사항 • 프레스 안전기준에 관한 사항 • 그 밖에 안전·보건관리에 필요한 사항

작업명	교육내용
12. 목재가공용 기계[둥근톱기계, 띠톱기계, 대패기계, 모떼기기계 및 라우터기(목재를 자르거나 홈을 파는 기계)만 해당하며, 휴대용은 제외]를 5대 이상 보유한 사업장에서 해당 기계로 하는 작업	• 목재가공용 기계의 특성과 위험성에 관한 사항 • 방호장치의 종류와 구조 및 취급에 관한 사항 • 안전기준에 관한 사항 • 안전작업방법 및 목재 취급에 관한 사항 • 그 밖에 안전·보건관리에 필요한 사항
13. 운반용 등 하역기계를 5대 이상 보유한 사업장에서의 해당 기계로 하는 작업	• 운반하역기계 및 부속설비의 점검에 관한 사항 • 작업순서와 방법에 관한 사항 • 안전운전방법에 관한 사항 • 화물의 취급 및 작업신호에 관한 사항 • 그 밖에 안전·보건관리에 필요한 사항
14. 1톤 이상의 크레인을 사용하는 작업 또는 1톤 미만의 크레인 또는 호이스트를 5대 이상 보유한 사업장에서 해당 기계로 하는 작업(제39호의 작업은 제외)	• 방호장치의 종류, 기능 및 취급에 관한 사항 • 걸고리·와이어로프 및 비상정지장치 등의 기계·기구 점검에 관한 사항 • 화물의 취급 및 안전작업방법에 관한 사항 • 신호방법 및 공동작업에 관한 사항 • 인양 물건의 위험성 및 낙하·비래·충돌재해 예방에 관한 사항 • 인양물이 적재될 지반의 조건, 인양하중, 풍압 등이 인양물과 타워크레인에 미치는 영향 • 그 밖에 안전·보건관리에 필요한 사항
15. 건설용 리프트·곤돌라를 이용한 작업	• 방호장치의 기능 및 사용에 관한 사항 • 기계, 기구, 달기체인 및 와이어 등의 점검에 관한 사항 • 화물의 권상·권하 작업방법 및 안전작업 지도에 관한 사항 • 기계·기구에 특성 및 동작원리에 관한 사항 • 신호방법 및 공동작업에 관한 사항 • 그 밖에 안전·보건관리에 필요한 사항
16. 주물 및 단조(금속을 두들기거나 눌러서 형체를 만드는 일) 작업	• 고열물의 재료 및 작업환경에 관한 사항 • 출탕·주조 및 고열물의 취급과 안전작업방법에 관한 사항 • 고열작업의 유해·위험 및 보호구 착용에 관한 사항 • 안전기준 및 중량물 취급에 관한 사항 • 그 밖에 안전·보건관리에 필요한 사항
17. 전압이 75V 이상인 정전 및 활선작업	• 전기의 위험성 및 전격 방지에 관한 사항 • 해당 설비의 보수 및 점검에 관한 사항 • 정전작업·활선작업 시의 안전작업방법 및 순서에 관한 사항

기출문제

건설용 리프트·곤돌라를 이용하는 작업에 종사하는 근로자에게 실시하여야 하는 특별 안전보건교육에 대한 내용 4가지를 쓰시오.

답 왼쪽 표 내용

작업명	교육내용
17. 전압이 75V 이상인 정전 및 활선작업	• 절연용 보호구, 절연용 방호구 및 활선작업용 기구 등의 사용에 관한 사항 • 그 밖에 안전 · 보건관리에 필요한 사항
18. 콘크리트 파쇄기를 사용하여 하는 파쇄작업(2m 이상인 구축물의 파쇄작업만 해당)	• 콘크리트 해체 요령과 방호거리에 관한 사항 • 작업안전조치 및 안전기준에 관한 사항 • 파쇄기의 조작 및 공통작업 신호에 관한 사항 • 보호구 및 방호장비 등에 관한 사항 • 그 밖에 안전 · 보건관리에 필요한 사항
19. 굴착면의 높이가 2m 이상이 되는 지반 굴착(터널 및 수직갱 외의 갱 굴착은 제외)작업	• 지반의 형태 · 구조 및 굴착 요령에 관한 사항 • 지반의 붕괴재해 예방에 관한 사항 • 붕괴 방지용 구조물 설치 및 작업방법에 관한 사항 • 보호구의 종류 및 사용에 관한 사항 • 그 밖에 안전 · 보건관리에 필요한 사항
20. 흙막이 지보공의 보강 또는 동바리를 설치하거나 해체하는 작업	• 작업안전 점검 요령과 방법에 관한 사항 • 동바리의 운반 · 취급 및 설치 시 안전작업에 관한 사항 • 해체작업 순서와 안전기준에 관한 사항 • 보호구 취급 및 사용에 관한 사항 • 그 밖에 안전 · 보건관리에 필요한 사항
21. 터널 안에서의 굴착작업(굴착용 기계를 사용하여 하는 굴착작업 중 근로자가 칼날 밑에 접근하지 않고 하는 작업은 제외) 또는 같은 작업에서의 터널 거푸집 지보공의 조립 또는 콘크리트 작업	• 작업환경의 점검 요령과 방법에 관한 사항 • 붕괴 방지용 구조물 설치 및 안전작업 방법에 관한 사항 • 재료의 운반 및 취급 · 설치의 안전기준에 관한 사항 • 보호구의 종류 및 사용에 관한 사항 • 소화설비의 설치장소 및 사용방법에 관한 사항 • 그 밖에 안전 · 보건관리에 필요한 사항
22. 굴착면의 높이가 2m 이상이 되는 암석의 굴착작업	• 폭발물 취급 요령과 대피 요령에 관한 사항 • 안전거리 및 안전기준에 관한 사항 • 방호물의 설치 및 기준에 관한 사항 • 보호구 및 신호방법 등에 관한 사항 • 그 밖에 안전 · 보건관리에 필요한 사항
23. 높이가 2m 이상인 물건을 쌓거나 무너뜨리는 작업(하역기계로만 하는 작업은 제외한다)	• 원부재료의 취급 방법 및 요령에 관한 사항 • 물건의 위험성 · 낙하 및 붕괴재해 예방에 관한 사항 • 적재방법 및 전도 방지에 관한 사항 • 보호구 착용에 관한 사항 • 그 밖에 안전 · 보건관리에 필요한 사항

작업명	교육내용
24. 선박에 짐을 쌓거나 부리거나 이동시키는 작업	• 하역 기계·기구의 운전방법에 관한 사항 • 운반·이송경로의 안전작업방법 및 기준에 관한 사항 • 중량물 취급 요령과 신호 요령에 관한 사항 • 작업안전 점검과 보호구 취급에 관한 사항 • 그 밖에 안전·보건관리에 필요한 사항
25. 거푸집 동바리의 조립 또는 해체 작업	• 동바리의 조립방법 및 작업 절차에 관한 사항 • 조립재료의 취급방법 및 설치기준에 관한 사항 • 조립 해체 시의 사고 예방에 관한 사항 • 보호구 착용 및 점검에 관한 사항 • 그 밖에 안전·보건관리에 필요한 사항
26. 비계의 조립·해체 또는 변경작업	• 비계의 조립순서 및 방법에 관한 사항 • 비계작업의 재료 취급 및 설치에 관한 사항 • 추락재해 방지에 관한 사항 • 보호구 착용에 관한 사항 • 비계상부 작업 시 최대 적재하중에 관한 사항 • 그 밖에 안전·보건관리에 필요한 사항
27. 건축물의 골조, 다리의 상부구조 또는 탑의 금속제의 부재로 구성되는 것(5m 이상인 것만 해당한다)의 조립·해체 또는 변경작업	• 건립 및 버팀대의 설치순서에 관한 사항 • 조립·해체 시의 추락재해 및 위험요인에 관한 사항 • 건립용 기계의 조작 및 작업신호 방법에 관한 사항 • 안전장비 착용 및 해체순서에 관한 사항 • 그 밖에 안전·보건관리에 필요한 사항
28. 처마 높이가 5m 이상인 목조건축물의 구조부재의 조립이나 건축물의 지붕 또는 외벽 밑에서의 설치작업	• 붕괴·추락 및 재해 방지에 관한 사항 • 부재의 강도·재질 및 특성에 관한 사항 • 조립·설치 순서 및 안전작업방법에 관한 사항 • 보호구 착용 및 작업 점검에 관한 사항 • 그 밖에 안전·보건관리에 필요한 사항
29. 콘크리트 인공구조물(그 높이가 2m 이상인 것만 해당)의 해체 또는 파괴작업	• 콘크리트 해체기계의 점검에 관한 사항 • 파괴 시의 안전거리 및 대피 요령에 관한 사항 • 작업방법·순서 및 신호 방법 등에 관한 사항 • 해체·파괴 시의 작업안전기준 및 보호구에 관한 사항 • 그 밖에 안전·보건관리에 필요한 사항
30. 타워크레인을 설치(상승작업을 포함)·해체하는 작업	• 붕괴·추락 및 재해 방지에 관한 사항 • 설치·해체 순서 및 안전작업방법에 관한 사항 • 부재의 구조·재질 및 특성에 관한 사항 • 신호방법 및 요령에 관한 사항 • 이상 발생 시 응급조치에 관한 사항 • 그 밖에 안전·보건관리에 필요한 사항

기출문제

타워크레인을 설치(상승작업을 포함)·해체하는 작업 시 근로자에게 실시하여야 하는 특별 안전보건교육에 대한 내용 4가지를 쓰시오.

🖹 왼쪽 표 내용

작업명	교육내용
31. 보일러(소형 보일러 및 다음 각 목에서 정하는 보일러는 제외)의 설치 및 취급 작업 가. 몸통 반지름이 750mm 이하이고 그 길이가 1,300mm 이하인 증기보일러 나. 전열면적이 3m² 이하인 증기보일러 다. 전열면적이 14m² 이하인 온수보일러 라. 전열면적이 30m² 이하인 관류보일러(물관을 사용하여 가열시키는 방식의 보일러)	• 기계 및 기기 점화장치 계측기의 점검에 관한 사항 • 열관리 및 방호장치에 관한 사항 • 작업순서 및 방법에 관한 사항 • 그 밖에 안전·보건관리에 필요한 사항
32. 게이지 압력을 1kg/cm² 이상으로 사용하는 압력용기의 설치 및 취급작업	• 안전시설 및 안전기준에 관한 사항 • 압력용기의 위험성에 관한 사항 • 용기 취급 및 설치기준에 관한 사항 • 작업안전 점검 방법 및 요령에 관한 사항 • 그 밖에 안전·보건관리에 필요한 사항
33. 방사선 업무에 관계되는 작업(의료 및 실험용은 제외)	• 방사선의 유해·위험 및 인체에 미치는 영향 • 방사선의 측정기기 기능의 점검에 관한 사항 • 방호거리·방호벽 및 방사선물질의 취급 요령에 관한 사항 • 응급처치 및 보호구 착용에 관한 사항 • 그 밖에 안전·보건관리에 필요한 사항
34. 밀폐공간에서의 작업	• 산소농도 측정 및 작업환경에 관한 사항 • 사고 시의 응급처치 및 비상 시 구출에 관한 사항 • 보호구 착용 및 보호 장비 사용에 관한 사항 • 작업내용·안전작업방법 및 절차에 관한 사항 • 장비·설비 및 시설 등의 안전점검에 관한 사항 • 그 밖에 안전·보건관리에 필요한 사항
35. 허가 또는 관리 대상 유해물질의 제조 또는 취급작업	• 취급물질의 성질 및 상태에 관한 사항 • 유해물질이 인체에 미치는 영향 • 국소배기장치 및 안전설비에 관한 사항 • 안전작업방법 및 보호구 사용에 관한 사항 • 그 밖에 안전·보건관리에 필요한 사항
36. 로봇작업	• 로봇의 기본원리·구조 및 작업방법에 관한 사항 • 이상 발생 시 응급조치에 관한 사항 • 안전시설 및 안전기준에 관한 사항 • 조작방법 및 작업순서에 관한 사항

기출 문제

밀폐공간작업 시 실시하여야 하는 특별 안전보건교육에 대한 내용 4가지를 쓰시오.

답 오른쪽 표 내용

기출 문제

로봇작업에서 사업주가 근로자에게 실시하여야 하는 특별 안전보건교육에 대한 내용 4가지를 쓰시오.

답 오른쪽 표 내용

작업명	교육내용
37. 석면해체·제거작업	• 석면의 특성과 위험성 • 석면해체·제거의 작업방법에 관한 사항 • 장비 및 보호구 사용에 관한 사항 • 그 밖에 안전·보건관리에 필요한 사항
38. 가연물이 있는 장소에서 하는 화재위험작업	• 작업준비 및 작업절차에 관한 사항 • 작업장 내 위험물, 가연물의 사용·보관·설치 현황에 관한 사항 • 화재위험작업에 따른 인근 인화성 액체에 대한 방호조치에 관한 사항 • 화재위험작업으로 인한 불꽃, 불티 등의 흩날림 방지 조치에 관한 사항 • 인화성 액체의 증기가 남아 있지 않도록 환기 등의 조치에 관한 사항 • 화재감시자의 직무 및 피난교육 등 비상조치에 관한 사항 • 그 밖에 안전·보건관리에 필요한 사항
39. 타워크레인을 사용하는 작업 시 신호업무를 하는 작업	• 타워크레인의 기계적 특성 및 방호장치 등에 관한 사항 • 화물의 취급 및 안전작업방법에 관한 사항 • 신호방법 및 요령에 관한 사항 • 인양 물건의 위험성 및 낙하·비래·충돌재해 예방에 관한 사항 • 인양물이 적재될 지반의 조건, 인양하중, 풍압 등이 인양물과 타워크레인에 미치는 영향 • 그 밖에 안전·보건관리에 필요한 사항

제5장 산업안전심리

합격 체크포인트
- 동기부여 이론

기출문제
인간관계의 메커니즘 3가지를 쓰시오.
📄 오른쪽 표 내용

01 산업안전심리

1 인간관계 메커니즘

구분	설명
일체화	인간의 심리적 결합
동일화	다른 사람의 행동양식이나 태도를 투입시키거나 다른 사람 가운데서 자기와 비슷한 것을 발견하려는 것
역할학습	유희
투사	자기 속에 억압된 것을 다른 사람의 것으로 생각하는 것
커뮤니케이션	갖가지 행동인식이나 기호를 매개로 하여 어떤 사람으로부터 다른 사람에게 전달되는 과정(언어, 몸짓, 신호, 기호 등)
공감	이입 공감(동정과는 구분해야 함)
모방	남의 행동이나 판단을 표본으로 하여 그것과 같거나, 또는 그것에 가까운 행동, 또는 판단을 취하려는 것
암시	다른 사람으로부터의 판단이나 행동을 무비판적으로 논리적, 사실적 근거 없이 받아들이는 것
승화	자신의 동기를 사회가 용납하는 다른 동기로 변형시킴
합리화	그럴듯한 이유나 변명을 들어 자신의 실패를 정당화
보상	자신의 결함이나 긴장을 해소시키기 위하여 장점 등으로 그 결함을 보충하려는 행동

2 동기부여 이론

(1) 매슬로우(A. H. Maslow)의 욕구단계이론

매슬로우는 인간은 끊임없이 나은 환경을 갈망하여서 욕구가 단계를 형성하고 있으며, 낮은 단계의 욕구가 충족되면 높은 단계의 욕구가 행동을 유발시키는 것으로 파악하였다.

단계	설명
제1단계 생리적 욕구	생명유지의 기본적 욕구
제2단계 안전과 안정 욕구	외부의 위험으로부터 자기 보존의 욕구
제3단계 사회적 욕구	타인과의 상호작용을 포함한 사회적 욕구
제4단계 자존의 욕구	다른 사람들로부터 존경받고 높이 평가 받고자 하는 욕구
제5단계 자아실현의 욕구	잠재적인 능력을 실현하고자 하는 욕구

(2) 데이비스(K. Davis)의 동기부여 이론

데이비스는 다음과 같은 동기부여 이론을 제시하였다.

㉠ 인간의 성과×물질의 성과=경영의 성과
㉡ 능력×동기유발=인간의 성과
㉢ 지식×기능=능력
㉣ 상황×태도=동기유발

(3) 허츠버그(F. Herzberg)의 동기·위생 이론(2요인 이론)

허즈버그는 인간에게는 전혀 이질적인 두 가지 욕구가 동시에 존재한다고 주장하였고, 다음과 같이 위생요인과 동기요인이 있는 것으로 밝혔다.

위생요인 (직무환경, 유지욕구)	인간의 동물적 욕구를 반영하는 것으로 매슬로우의 욕구단계에서 생리적, 안전, 사회적 욕구와 비슷하다. 예 회사정책과 관리, 개인 상호 간의 관계, 감독, 임금, 보수, 작업조건, 지위, 안전
동기요인 (직무내용, 만족욕구)	자아실현을 하려는 인간의 독특한 경향을 반영한 것으로 매슬로우의 자아실현욕구와 비슷하다. 예 성취감, 책임감, 인정, 성장과 발전, 도전감, 일 그 자체

(4) 알더퍼(C.P. Alderfer)의 ERG 이론

알더퍼는 현장연구를 배경으로 매슬로우의 욕구 5단계를 수정하여 조직에서 개인의 욕구동기를 보다 실제적으로 설명하였다. 즉, 인간의 핵심적인 욕구를 존재욕구, 관계욕구 및 성장욕구의 단계로 나누는 이론을 제시하였다.

존재욕구	생존에 필요한 물적 자원의 확보와 관련된 욕구 예 의식주, 봉급, 안전한 작업조건, 직무안전 등
관계욕구	사회적 및 지위상의 욕구로서 다른 사람과의 주요한 관계를 유지하고자 하는 욕구 예 상호작용, 대인욕구 등
성장욕구	내적 자기개발과 자기실현을 포함한 욕구 예 개인적 발전 능력, 잠재력 충족 등

(5) 맥그리거(McGregor)의 X, Y이론

맥그리거에 의하면 작업이 외부로부터 통제되고 있는 전통적 조직은 인간성과 인간의 동기부여에 대한 여러 가지 가설에 근거하여 운영되고 있다는 것이다.

X이론	Y이론
인간 불신감	상호 신뢰감
성악설	성선설
인간은 원래 게으르고, 태만하여 남의 지배를 받기를 원한다.	인간은 부지런하고, 근면적이며, 자주적이다.
물질욕구(저차원 욕구)	정신욕구(고차원 욕구)
명령통제에 의한 관리	목표통합과 자기통제에 의한 자율관리
저개발국형	선진국형

(6) 동기부여 이론들의 상호관련성

위생동기요인 (허츠버그)	욕구의 5단계 (매슬로우)		ERG 이론 (알더퍼)	X, Y이론 (맥그리거)
위생요인	1단계 : 생리적 욕구		존재 욕구	X이론
	2단계 : 안전 욕구			
동기요인	3단계 : 사회적 욕구		관계 욕구	Y이론
	4단계 : 존중의 욕구		성장 욕구	
	5단계 : 자아실현의 욕구			

02 주의와 부주의

1 주의와 부주의

(1) 주의

① 의미 : 행동의 목적에 의식수준이 집중되는 심리상태

② 특성

선택성	사람은 한 번에 여러 종류의 자극을 지각하거나 수용하지 못하며, 소수의 특정한 것으로 한정해서 선택하는 기능을 말한다.
변동성	주의는 리듬이 있어 언제나 일정한 수준을 지키지는 못한다.
방향성	한 지점에 주의를 하면 다른 곳의 주의는 약해진다.
단속성	고도의 주의는 장시간 지속할 수 없다.
주의력의 중복집중의 곤란	주의는 동시에 두 개 이상의 방향을 잡지 못한다.

(2) 부주의

① 의미 : 목적수행을 위한 행동 전개 과정에서 목적에서 벗어나는 심리적·신체적 변화의 현상

② 부주의의 현상

의식의 단절 (무의식)	의식의 흐름에 단절이 생기고 공백 상태가 나타나는 경우 (의식의 중단)
의식의 우회 (부주의)	의식의 흐름이 빗나갈 경우로, 작업 도중의 걱정, 고뇌, 욕구불만 등에 의해서 발생(예 가정불화, 개인고민)
의식 수준의 저하	뚜렷하지 않은 의식의 상태로, 심신이 피로하거나 단조로움 등에 의해서 발생
의식의 혼란	외부의 자극이 애매모호하거나, 자극이 강하거나 약할 때 등과 같이 외적 조건에 의해 의식이 혼란하거나 분산되어 위험요인에 대응할 수 없을 때 발생
의식의 과잉 (과긴장 상태)	돌발사태, 긴급이상사태 직면 시 순간적으로 의식이 긴장하고 한 방향으로만 집중되는 판단력 정지, 긴급방위반응 등의 주의의 일점집중 현상이 발생

합격 체크포인트

• 주의와 부주의의 특성

 기출문제

인간의 주의의 특성 3가지를 쓰시오.

답 왼쪽 표 항목

(3) 인간 의식 레벨의 분류

단계	의식의 상태	생리적 상태	주의 작용
Phase 0	무의식, 실신	수면, 뇌발작	없음
Phase Ⅰ	의식의 둔화	피로, 단조로운 일	부주의
Phase Ⅱ	정상, 이완 상태	안정 기거 시, 휴식 시	수동적
Phase Ⅲ	정상, 명료한 상태	적극 활동 시	능동적
Phase Ⅳ	초긴장, 과긴장 상태	긴급 방위 반응	일점 집중 현상

> **합격 체크포인트**
> • 위험예지훈련 4라운드
>
> **법령**
> 사업장 무재해운동 추진 및 운영에 관한 규칙

03 재해예방활동기법

1 재해예방활동기법

(1) 무재해와 무재해운동

① 무재해 : 근로자가 업무에 기인하여 사망 또는 4일 이상의 요양을 요하는 부상 또는 질병이 발생하지 않는 것. 다만, 다음의 어느 하나에 해당하는 경우에는 무재해로 본다.
  ㉠ 업무수행 중의 사고 중 천재지변 또는 돌발적인 사고로 인한 구조 행위 또는 긴급피난 중 발생한 사고
  ㉡ 출, 퇴근 도중에 발생한 재해
  ㉢ 운동경기 등 각종 행사 중 발생한 재해
  ㉣ 천재지변 또는 돌발적인 사고 우려가 많은 장소에서 사회 통념상 인정되는 업무수행 중 발생한 사고
  ㉤ 제3자의 행위에 의한 업무상 재해
  ㉥ 업무상 질병에 대한 구체적인 인정기준 중 뇌혈관 질병 또는 심장질병에 의한 재해
  ㉦ 업무시간 외에 발생한 재해, 다만, 사업주가 제공한 사업장 내의 시설물에서 발생한 재해 또는 작업 개시 전의 작업 준비 및 작업 종료 후의 정리정돈 과정에서 발생한 재해는 제외한다.
  ㉧ 도로에서 발생한 사업장 밖의 교통사고, 소속 사업장을 벗어난 출장 및 외부 기관으로 위탁 교육 중 발생한 사고, 회식 중의 사고, 전염병 등 사업주의 법 위반으로 인한 것이 아니라고 인정되는 재해

② 무재해운동 : 사업장의 전원이 적극적으로 참여하여 작업현장의 안전과 보건을 선취, 일체의 산업재해를 근절하며 인간중심의 밝고 활기찬 직장풍토를 조성하는 것

㉠ 무재해운동의 3대 원칙

인도주의적 측면	피할 수 있는 사고를 야기하여 인명과 재산을 손실한다는 것은 도덕적 죄악이다.
사회적인 책임	재해사고를 방지하지 못하고 인명과 재산상의 손실을 입으면 경영주는 사회적 책임을 다하지 못한 것이 된다.
생산성 향상 측면	안전이 보장된다면 생산성이 향상되고, 기업의 궁극적 목표인 이윤이 보장된다. • 근로자의 사기 진작 • 생산능률의 향상 • 대내외 여론 개선으로 신뢰성 향상 • 비용 절감, 손실감소, 이윤증대

㉡ 무재해운동 추진의 3기둥(요소)
- 최고경영자의 안전경영철학
- 관리감독자의 안전보건에 대한 적극적 추진
- 자율 안전보건활동의 활발화

(2) 위험예지훈련

① 위험을 미리 찾아내어 해결책을 강구하기 위한 작업요원들의 실력배양을 위하여 연습활동을 하는 과정이다.

② 위험예지훈련의 4라운드

1라운드 – 현상파악	어떤 위험이 잠재하고 있는가?
2라운드 – 본질추구	이것이 위험의 포인트이다!
3라운드 – 대책수립	당신이라면 어떻게 하겠는가?
4라운드 – 목표설정	우리들은 이렇게 하자!

기출문제

위험예지훈련 4라운드에 대하여 순서대로 쓰시오.

📖 왼쪽 표 항목

(3) T.B.M(Tool Box Meeting)

① 현장에서 그때 그 장소의 상황에 즉응하여 실시하는 위험예지활동으로서, 즉시 즉응법이라고도 한다.
② 10명 이하의 작업자들이 작업 현장 근처에서 작업 전에 관리감독자를 중심으로 작업내용, 위험요인, 안전작업절차 등에 대해 10분 내외로 서로 확인 및 의논하는 활동이다.

(5) 브레인스토밍(Brain Storming)

① 보다 많은 아이디어를 창출하기 위하여 가능한 한 자유분방하게 모든 의견을 비판 없이 청취하고, 수정발언을 허용하여 대량발언을 유도하는 방법이다.

② 브레인스토밍의 원칙

비판금지	타인의 의견에 대해 좋다 나쁘다 등의 비평을 하지 않는다.
자유분방	참여자는 편안한 마음으로 자유롭게 발언한다.
대량발언	참여자는 어떤 내용이든지 많이 발언한다.
수정발언	타인의 아이디어에 수정하거나 덧붙여 발언해도 좋다.

(6) 터치 앤 콜(Touch and Call)

① 서로 손을 얹고 팀의 행동구호를 외치는 것으로서, 전원의 스킨십이라 할 수 있다.

② 이는 팀의 일체감, 연대감을 느끼게 하며, 대뇌피질에 안전태도 형성에 좋은 이미지를 심어준다.

제6장 안전보호구 관리

01 보호구 및 안전장구 관리

1 보호구의 개요

(1) 보호구의 정의
① 작업자가 신체의 일부에 직접 착용하여 각종 물리적·화학적 위험요소로부터 신체를 보호하기 위한 보호장구이다.
② 소극적인 보호 방법임을 유의해서 적극적인 대책을 먼저 강구하고 이 대책이 불가능할 경우에만 보호구를 사용한다.

(2) 보호구의 구비조건
① 착용 시 작업이 용이할 것
② 유해 위험요소로부터 방호 성능이 충분할 것
③ 재료의 품질이 우수할 것
④ 구조 및 표면가공이 우수할 것
⑤ 겉모양과 보기가 좋을 것

(3) 보호구 선정 시 유의사항
① 사용 목적에 적합한 것
② 공업 규정에 합격하고 보호 성능이 보장되는 것
③ 작업에 방해되지 않는 것
④ 착용이 쉽고 크기 등이 사용자에게 편리한 것

2 보호구의 종류

(1) 자율안전확인 대상 보호구의 종류
① 안전모(추락 및 감전 위험방지용 안전모 제외)
② 보안경(차광 및 비산물 위험방지용 보안경 제외)
③ 보안면(용접용 보안면 제외)

 합격 체크포인트

- 안전모의 구조, 종류 및 성능시험 기준
- 내전압용 절연장갑의 등급
- 방진마스크 등급에 따른 사용장소
- 방독마스크 종류, 등급 및 정화통 외부 측면 표시 색
- 안전보건표지의 종류 및 형태

> 📌 **기출문제**
>
> 안전인증 대상 보호구의 종류 3가지를 쓰시오.
>
> 📖 오른쪽 ①~⑫

(2) 안전인증 대상 보호구의 종류

① 추락 및 감전 위험방지용 안전모
② 안전화
③ 안전장갑
④ 방진마스크
⑤ 방독마스크
⑥ 송기마스크
⑦ 전동식 호흡보호구
⑧ 보호복
⑨ 안전대
⑩ 차광 및 비산물 위험방지용 보안경
⑪ 용접용 보안면
⑫ 방음용 귀마개 또는 귀덮개

> 📌 **기출문제**
>
> 안전인증 제품에 안전인증 표시 외에 표시하여야 하는 사항 4가지를 쓰시오.
>
> 📖 오른쪽 표 내용

(3) 안전인증 제품표시의 붙임

안전인증 제품 표시	안전인증 표시 외 제품 표시 사항
KCs	• 형식 또는 모델명 • 규격 또는 등급 등 • 제조자명 • 제조번호 및 제조연월 • 안전인증 번호

> **법령**
>
> 보호구 안전인증 고시

3 보호구의 종류별 특성 및 성능기준, 시험방법

(1) 안전모

물체가 떨어지거나 날아올 위험 또는 근로자가 추락할 위험이 있는 작업에서 머리를 보호하기 위한 보호구이다.

① 안전모의 구조 및 명칭

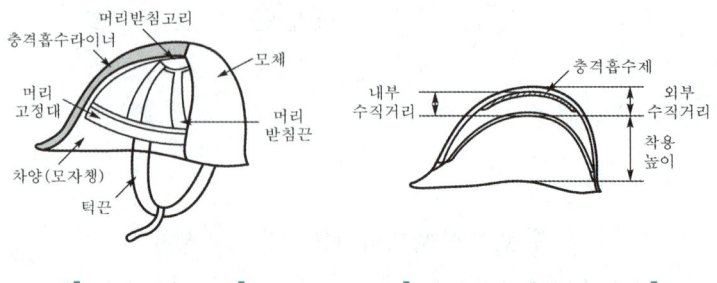

┃ 안전모의 구조 ┃ ┃ 안전모의 거리 및 간격 ┃

② 사용 구분에 따른 안전인증 안전모의 종류

종류 (기호)	사용 구분	모체의 재질	내전압성
AB	물체의 낙하 또는 비래 및 추락에 의한 위험을 방지 또는 경감시키기 위한 것	합성수지 FRP	비내전압성
AE	물체의 낙하 및 비래에 의한 위험을 방지 또는 경감하고, 머리부위 감전에 의한 위험을 방지하기 위한 것	합성수지	내전압성
ABE	물체의 낙하 또는 비래 및 추락에 의한 위험을 방지 또는 경감하고 머리부위 감전에 의한 위험을 방지하기 위한 것	합성수지	내전압성

※ 내전압성이란 7,000V 이하의 전압에 견디는 것을 말한다.

③ 안전인증 안전모의 시험성능 기준

항목	시험성능기준
내관통성 시험	AE, ABE종 안전모는 관통거리가 9.5mm 이하이고, AB종 안전모는 관통거리가 11.1mm 이하이어야 한다.
충격흡수성 시험	최고전달충격력이 4,450N을 초과해서는 안 되며, 모체와 착장체의 기능이 상실되지 않아야 한다.
내전압성 시험	AE, ABE종 안전모는 교류 20kV에서 1분간 절연파괴 없이 견뎌야 하고, 이때 누설되는 충전전류는 10mA 이하이어야 한다.
내수성 시험	AE, ABE종 안전모는 질량증가율이 1% 미만이어야 한다. AE, ABE종 안전모의 내수성 시험은 시험 안전모의 모체를 20~25℃의 수중에 24시간 담가놓은 후, 대기 중에 꺼내어 마른 천 등으로 표면의 수분을 닦아내고 다음 산식으로 질량증가율(%)을 산출한다. $$\text{질량증가율}(\%) = \frac{\text{담근 후의 질량} - \text{담그기 전의 질량}}{\text{담그기 전의 질량}} \times 100$$
난연성 시험	모체가 불꽃을 내며 5초 이상 연소되지 않아야 한다.
턱끈 풀림 시험	150N 이상 250N 이하에서 턱끈이 풀려야 한다.

기출문제

감전 방지용 안전모의 종류 2가지를 쓰시오.

📋 AE, ABE

기출문제

안전모의 내관통성 시험에서 시험성능기준을 쓰시오.

📋 왼쪽 표 내용

기출문제

안전모의 시험성능 항목 4가지를 쓰시오.

📋 왼쪽 표 항목

(2) 안전화

① 성능 구분에 따른 안전화의 종류

종류	성능 구분
가죽제 안전화	물체의 낙하, 충격 및 바닥으로 날카로운 물체에 의한 찔림 위험으로부터 발을 보호하기 위한 것
고무제 안전화	물체의 낙하, 충격 및 바닥으로 날카로운 물체에 의한 찔림 위험으로부터 발을 보호하고 아울러 방수 또는 내화학성을 겸한 것
정전기 안전화	물체의 낙하, 충격 및 바닥으로 날카로운 물체에 의한 찔림 위험으로부터 발을 보호하고 아울러 정전기의 인체 대전을 방지하기 위한 것
발등 안전화	물체의 낙하, 충격 및 바닥으로 날카로운 물체에 의한 찔림 위험으로부터 발 및 발등을 보호하기 위한 것
절연화	물체의 낙하, 충격 및 바닥으로 날카로운 물체에 의한 찔림 위험으로부터 발을 보호하고 아울러 저압의 전기에 의한 감전을 방지하기 위한 것
절연장화	고압에 의한 감전을 방지하고 아울러 방수를 겸한 것
화학물질용 안전화	물체의 낙하, 충격 또는 날카로운 물체에 의한 찔림 위험으로부터 발을 보호하고 화학물질로부터 유해위험을 방지하기 위한 것

② 가죽제 안전화의 구분

구분	단화	중단화	장화
몸통 높이(h)	113mm 미만	113mm 이상	178mm 이상

③ 가죽제 안전화의 시험방법의 종류
  ㉠ 내답발성 시험
  ㉡ 내압박성 시험
  ㉢ 내충격성 시험
  ㉣ 내유성 시험
  ㉤ 내부식성 시험
  ㉥ 박리저항 시험
  ㉦ 인면결렬 시험
  ㉧ 인열강도 시험
  ㉨ 선심의 내부길이 시험
  ㉩ 인장강도 시험 및 신장률 시험

④ 고무제 안전화의 사용장소에 따른 분류
  ㉠ 일반용 : 일반작업장
  ㉡ 내유용 : 탄화수소류의 윤활유 등을 취급하는 작업장

기출문제

가죽제 안전화의 시험방법의 종류 4가지를 쓰시오.

답 오른쪽 ㉠~㉩

기출문제

고무제 안전화의 사용장소에 따른 분류 2가지를 쓰시오.

답 오른쪽 ㉠~㉡

(3) 안전장갑

① 내전압용 절연장갑의 등급

등급	최대사용전압		등급별 색상
	교류(V, 실효값)	직류(V)	
00	500	750	갈색
0	1,000	1,500	빨간색
1	7,500	11,250	흰색
2	17,000	25,500	노란색
3	26,500	39,750	녹색
4	36,000	54,000	등색

※ 교류×1.5 = 직류

기출문제

내전압용 절연장갑의 성능기준에 있어 00등급 직류와 0등급 교류의 최대사용전압을 쓰시오.

답
① 00등급 직류 : 750V
② 0등급 교류 : 1,000V

(4) 방진마스크

① 방진마스크의 종류

종류	등급기호		안면부 여과식	사용조건
	격리식	직결식		
형태	전면형	전면형	반면형	산소농도 18% 이상인 장소에서 사용
	반면형	반면형		

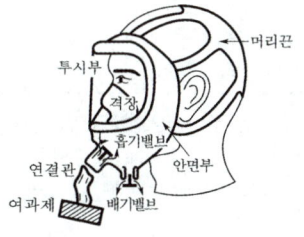
┃ 격리식 전면형 ┃

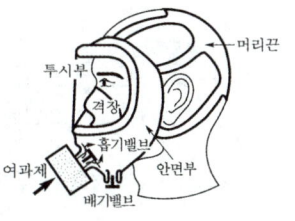
┃ 직결식 전면형 ┃

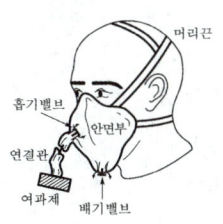
┃ 격리식 반면형 ┃

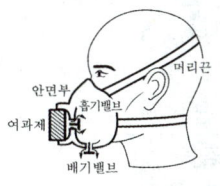
┃ 직결식 반면형 ┃

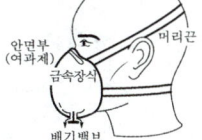
┃ 안면부 여과식 ┃

암기 TIP
- 격리식 : 연결관 있음
- 직결식 : 연결관 없음
- 전면형 : 안면부 전체 덮음
- 반면형 : 입과 코만 덮음

② 방진마스크의 구조
　㉠ 착용 시 이상한 압박감이나 고통을 주지 않을 것
　㉡ 전면형은 호흡 시에 투시부가 흐려지지 않을 것
　㉢ 분리식 마스크에 있어서는 여과재, 흡기밸브, 배기밸브 및 머리끈을 쉽게 교환할 수 있고, 착용자 자신이 안면과 분리식 마스크의 안면부와의 밀착성 여부를 수시로 확인할 수 있어야 할 것
　㉣ 안면부 여과식 마스크는 여과재로 된 안면부가 사용기간 중 심하게 변형되지 않을 것
　㉤ 안면부 여과식 마스크는 여과재를 안면에 밀착시킬 수 있어야 할 것

③ 방진마스크의 등급에 따른 사용장소

등급	특급	1급	2급
사용 장소	• 베릴륨 등과 같이 독성이 강한 물질들을 함유한 분진 등의 발생장소 • 석면 취급장소	• 특급마스크 착용장소를 제외한 분진 등의 발생장소 • 금속흄 등과 같이 열적으로 생기는 분진 등의 발생장소 • 기계적으로 생기는 분진 등의 발생장소(규소 등과 같이 2급 마스크를 착용하여도 무방한 경우는 제외)	• 특급 및 1급 마스크 착용장소를 제외한 분진 등의 발생장소

※ 배기밸브가 없는 안면부 여과식 마스크는 특급 및 1급 사용장소에서 사용해서는 안 된다.
※ 석면분진에 장시간 폭로 시 발생하는 직업명 : 폐암, 석면폐증, 악성중피종

④ 여과재 분집 등 포집효율

형태 및 등급		염화나트륨(NaCl) 및 파라핀 오일(Paraffin oil) 시험(%)
분리식	특급	99.95 이상
	1급	94.0 이상
	2급	80.0 이상
안면부 여과식	특급	99.0 이상
	1급	94.0 이상
	2급	80.0 이상

기출 문제

특급 방진마스크를 사용하여야 하는 장소 2곳을 쓰시오.

답 오른쪽 표 내용

기출 문제

1급 방진마스크를 사용하여야 하는 장소 3곳을 쓰시오.

답 오른쪽 표 내용

기출 문제

석면에 노출될 경우 우려되는 직업병의 종류 3가지를 쓰시오.

답
① 폐암
② 석면폐증
③ 악성중피종

⑤ 방진마스크 시험방법의 종류
  ㉠ 안면부 흡기저항 시험
  ㉡ 여과재 분진 등 포집효율 시험
  ㉢ 안면부 배기저항 시험
  ㉣ 안면부 누설률 시험
  ㉤ 배기밸브 작동 시험
  ㉥ 시야 시험
  ㉦ 강도, 신장률 및 영구변형률 시험
  ㉧ 불연성 시험
  ㉨ 음성전달판 시험
  ㉩ 투시부의 내충격성 시험
  ㉪ 여과재 질량 시험
  ㉫ 여과재 호흡저항 시험
  ㉬ 안면부 내부의 이산화탄소농도 시험

기출문제
방진마스크의 시험방법의 종류 5가지를 쓰시오.

답 왼쪽 ㉠~㉪

암기 TIP
방진마스크와 다른 방독마스크의 시험방법의 종류
㉡ 정화통의 제독능력 시험
㉠ 정화통 질량 시험
㉢ 정화통 호흡저항 시험

(5) 방독마스크

① 방독마스크 종류

종류	시험가스
유기화합물용	시클로헥산(C_6H_{12})
	디메틸에테르(CH_3OCH_3)
	이소부탄(C_4H_{10})
할로겐용	염소가스(Cl_2) 또는 증기
황화수소용	황화수소가스(H_2S)
시안화수소용	시안화수소가스(HCN)
아황산용	아황산가스(SO_2)
암모니아용	암모니아가스(NH_3)

기출문제
방독마스크의 종류 중 할로겐용 방독마스크의 시험가스를 쓰시오.

답 염소가스 또는 증기

② 방독마스크 등급

등급	사용장소
고농도	가스 또는 증기의 농도가 100분의 2(암모니아에 있어서는 100분의 3) 이하의 대기 중에서 사용하는 것
중농도	가스 또는 증기의 농도가 100분의 1(암모니아에 있어서는 100분의 1.5) 이하의 대기 중에서 사용하는 것
저농도 및 최저농도	가스 또는 증기의 농도가 100분의 0.1 이하의 대기 중에서 사용하는 것으로서 긴급용이 아닌 것

※ 방독마스크는 산소농도가 18% 이상인 장소에서 사용하여야 하고, 고농도와 중농도에서 사용하는 방독마스크는 전면형(격리식, 직결식)을 사용해야 한다.

기출문제
방독마스크는 산소농도가 얼마 이상인 장소에서 사용해야 하는지 쓰시오.

답 18% 이상

기출문제
밀폐공간 작업 시 적정공기의 기준을 쓰시오.

답 오른쪽 ㉠~㉣

③ 밀폐공간 작업 시 적정공기의 기준
  ㉠ 산소 농도 범위 : 18% 이상 23.5% 미만
  ㉡ 이산화탄소 농도 : 1.5% 미만
  ㉢ 일산화탄소 농도 : 30ppm 미만
  ㉣ 황화수소의 농도 : 10ppm 미만

④ 안전인증 방독마스크 표시 외에 추가 표시사항
  ㉠ 파과곡선도
  ㉡ 사용시간 기록카드
  ㉢ 정화통의 외부측면의 표시 색
  ㉣ 사용상의 주의사항

기출문제
방독마스크 정화통의 종류에 따른 외부 측면 표시 색을 쓰시오.

답 오른쪽 표 내용

⑤ 정화통 외부 측면의 표시 색

종류	표시 색
유기화합물용 정화통	갈색
할로겐용 정화통	회색
황화수소용 정화통	회색
시안화수소용 정화통	회색
아황산용 정화통	노란색
암모니아용 정화통	녹색
복합용 및 겸용의 정화통	• 복합용 : 해당 가스 모두 표시(2층 분리) • 겸용 : 백색과 해당 가스 모두 표시(2층 분리)

※ 증기밀도가 낮은 유기화합물 정화통의 경우 색상표시 및 화학물질명 또는 화학기호를 표기

⑥ 방독마스크의 유효시간 계산식

$$유효시간(파과시간) = \frac{시험가스농도 \times 표준유효시간}{작업장 공기 중 유해가스 농도}(분)$$

기출문제
방독마스크의 시험방법의 종류 5가지를 쓰시오.

답 오른쪽 ㉠~㉤

⑦ 방독마스크 시험방법의 종류
  ㉠ 안면부 흡기저항 시험
  ㉡ 정화통의 제독능력 시험
  ㉢ 안면부 배기저항 시험
  ㉣ 안면부 누설률 시험
  ㉤ 배기밸브 작동 시험
  ㉥ 시야 시험
  ㉦ 강도, 신장률 및 영구변형률 시험
  ㉧ 불연성 시험

ⓩ 음성전달판 시험
ⓒ 투시부의 내충격성 시험
ⓚ 정화통 질량 시험
ⓣ 정화통 호흡저항 시험
ⓟ 안면부 내부의 이산화탄소농도 시험

⑧ 흡수제의 종류
㉠ 활성탄
㉡ 소다라임
㉢ 큐프라마이트
㉣ 호프칼라이트
㉤ 실리카겔
㉥ 알칼리제재

(6) 송기마스크

① 송기마스크의 장점
㉠ 산소가 전혀 없는 곳에서도 사용할 수 있다.
㉡ 작업시간에 크게 지장을 받지 않는다.
㉢ 여과식 마스크와 달리 호흡하는 공기량이 적당량의 유속으로 공급되므로 호흡이 편하다.
㉣ 사용방법이 간단하다.

② 송기마스크의 종류
호스마스크, 에어라인마스크, 복합식 에어라인마스크 등

(7) 보호복

① 방열복의 종류

종류	착용 부위	질량
방열상의	상체	3.0kg
방열하의	하체	2.0kg
방열일체복	몸체(상·하체)	4.3kg
방열장갑	손	0.5kg
방열두건	머리	2.0kg

기출문제

방독마스크의 흡수제 종류 3가지를 쓰시오.

답 왼쪽 ㉠~㉥

|방열상의|방열하의|방열일체복|방열두건|방열장갑|

▎방열복의 종류 ▎

② 방열복 내열원단의 시험성능 기준

> **기출문제**
> 방열복 내열원단의 시험성능 기준 3가지를 쓰시오.
> 目 오른쪽 표 항목

종류	시험가스
난연성	잔염 및 잔진시간이 2초 미만이고 녹거나 떨어지지 말아야 하며, 탄화길이가 102mm 이내일 것
절연성	표면과 이면의 절연저항이 1MΩ 이상일 것
인장강도	가로, 세로방향으로 각각 25kgf 이상일 것
내열성	균열 또는 부풀음이 없을 것
내한성	피복이 벗겨져 떨어지지 않을 것

(8) 안전대

① 안전대의 종류 및 사용 구분

종류	사용 구분
벨트식(B식) 안전그네식(H식)	U자 걸이 전용 : 안전대의 로프를 구조물 등에 U자 모양으로 돌린 후 축을 D링에, 신축 조절기를 각 링에 연결하여 신체의 안전을 도모하는 방법
	1개 걸이 전용 : 로프의 한쪽 끝을 D링에 고정시키고 훅을 구조물에 걸거나 로프를 구조물 등에 한 번 돌린 후 다시 훅을 로프에 걸어주어 추락에 의한 위험을 방지하기 위한 방법
	안전블록 : 안전그네와 연결하여 추락발생시 추락을 억제할 수 있는 자동잠김장치가 갖추어져 있고 죔줄이 자동적으로 수축되는 장치 • 안전블록이 갖추어야 하는 구조 : 자동잠김장치를 갖추고, 부품은 부식방지처리를 할 것
	추락방지대 : 신체의 추락을 방지하기 위해 자동잠김장치를 갖추고 죔줄과 수직구명줄에 연결된 금속장치

※ 추락방지대 및 안전블록은 안전그네식에만 적용한다.

> **기출문제**
> 안전블록이 갖추어야 하는 구조를 쓰시오.
> 目 오른쪽 표 내용

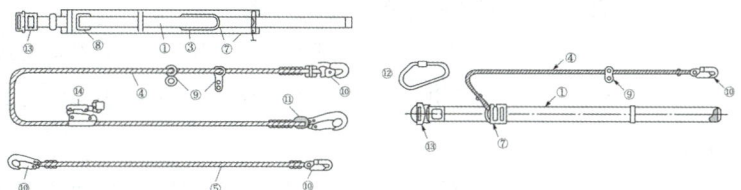

U자 걸이 사용 안전대 / 1개 걸이 전용 안전대

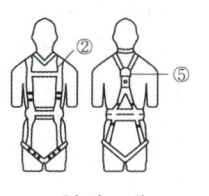
안전그네

안전블록

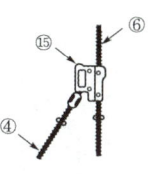
추락방지대

| 안전대의 종류 |

> **참고**
>
> **안전대 각부의 명칭**
> ① 벨트　② 안전그네
> ③ 지탱벨트　④ 죔줄
> ⑤ 보조 죔줄　⑥ 수직구명줄
> ⑦ D링　⑧ 각링
> ⑨ 8자형 링　⑩ 훅
> ⑪ 보조 훅　⑫ 카라비너
> ⑬ 버클　⑭ 신축조절기
> ⑮ 추락방지대

② 안전대의 구조

　㉠ U자걸이를 사용할 수 있는 안전대의 구조
- 지탱벨트, 각 링, 신축조절기가 있을 것
- U자걸이 사용 시 D링, 각 링은 안전대 착용자의 몸통 양 측면에 해당하는 곳에 고정되도록 지탱벨트 또는 안전그네에 부착할 것
- 신축조절기는 죔줄로부터 이탈하지 않도록 할 것
- U자걸이 사용 상태에서 신체의 추락을 방지하기 위하여 보조죔줄을 사용할 것
- 보조훅 부착 안전대는 신축조절기의 역방향으로 낙하저지 기능을 갖출 것
- 보조훅이 없는 U자걸이 안전대는 1개걸이로 사용할 수 없도록 훅이 열리는 너비가 죔줄의 직경보다 작고 8자형링 및 이음형고리를 갖추지 않을 것

　㉡ 안전블록이 부착된 안전대의 구조
- 안전블록을 부착하여 사용하는 안전대는 신체지지의 방법으로 안전그네만을 사용할 것
- 안전블록은 정격 사용길이가 명시될 것
- 안전블록의 줄은 합성섬유로프, 웨빙, 와이어로프이어야 하며, 와이어로프인 경우 최소 공칭지름이 4mm 이상일 것

> **기출문제**
>
> 안전대의 종류 중 U자걸이를 사용할 수 있는 안전대의 구조에 대한 기준 2가지를 쓰시오.
>
> 답 왼쪽 ㉠ 내용

ⓒ 추락방지대가 부착된 안전대의 구조
- 추락방지대를 부착하여 사용하는 안전대는 신체지지의 방법으로 안전그네만을 사용하여야 하며 수직구명줄이 포함될 것
- 수직구명줄에서 걸이설비와의 연결부위는 훅 또는 카라비너 등이 장착되어 걸이설비와 확실히 연결될 것
- 유연한 수직구명줄은 합성섬유로프 또는 와이어로프 등이어야 하며 구명줄이 고정되지 않아 흔들림에 의한 추락방지대의 오작동을 막기 위하여 적절한 긴장수단을 이용, 팽팽히 당겨질 것
- 죔줄은 합성섬유로프, 웨빙, 와이어로프 등일 것
- 고정된 추락방지대의 수직구명줄은 와이어로프 등으로 하며 최소지름이 8mm 이상일 것
- 고정 와이어로프에는 하단부에 무게추가 부착되어 있을 것

(9) 보안경

① 보안경의 종류

차광보안경, 유리보안경, 플라스틱 보안경, 도수렌즈 보안경

② 차광보안경의 주목적
ⓐ 자외선으로부터 눈 보호
ⓑ 적외선으로부터 눈 보호
ⓒ 강렬한 가시광선으로부터 눈 보호

③ 차광보안경의 종류

종류	사용구분
자외선용	자외선이 발생하는 장소
적외선용	적외선이 발생하는 장소
복합용	자외선 및 적외선이 발생하는 장소
용접용	산소 용접작업 등과 같이 자외선, 적외선 및 강렬한 가시광선이 발생하는 장소

(10) 보안면

① 보안면의 구분
ⓐ 일반 보안면 : 각종 비산물과 유해한 액체로부터 보호
ⓑ 용접용 보안면 : 용접작업 시 눈과 안면을 보호

기출 문제

차광보안경의 주목적 3가지를 쓰시오.

🖉 오른쪽 ⓐ~ⓒ

② 투과율의 종류
　㉠ 자외선 최대 분광 투과율
　㉡ 적외선 투과율
　㉢ 시감 투과율
③ 보안면의 채색 투시부의 차광도별 투과율
　㉠ 차광도 밝음 : 50±7%
　㉡ 중간 밝기 : 23±4%
　㉢ 어두움 : 14±4%

기출문제
용접용 보안면의 등급을 나누는 기준과 투과율의 종류 3가지를 쓰시오.

답
㉮ 등급 분류 기준 : 차광도 번호
㉯ 투과율의 종류 : 자외선 투과율, 적외선 투과율, 시감 투과율

(11) 방음용 귀마개 또는 귀덮개

① 방음용 귀마개 또는 귀덮개의 등급

종류	등급	기호	성능
귀마개	1종	EP-1	저음부터 고음까지 차음하는 것
	2종	EP-2	주로 고음을 차음하여 회화음 영역인 저음은 차음하지 않는 것
귀덮개	-	EM	-

② 귀마개 또는 귀덮개의 차음성능 기준

중심 주파수(Hz)	차음치(dB)		
	EP-1	EP-2	EM
125	10 이상	10 미만	5 이상
250	15 이상	10 미만	10 이상
500	15 이상	10 미만	20 이상
1,000	20 이상	20 미만	25 이상
2,000	25 이상	20 이상	30 이상
4,000	25 이상	25 이상	35 이상
8,000	20 이상	20 이상	20 이상

기출문제
중심 주파수 1,000Hz, 2,000Hz, 4,000Hz에 따른 귀덮개(EM)의 차음성능 기준을 쓰시오.

답
㉮ 1,000Hz : 25dB 이상
㉯ 2,000Hz : 30dB 이상
㉰ 4,000Hz : 35dB 이상

4 안전보건표지의 종류·용도 및 적용

(1) 안전보건표지의 목적
① 위험한 기계·기구 또는 자재의 위험성을 표시로 경고하여 재해를 사전에 방지한다.
② 안전보건표지 속의 그림 또는 부호의 크기는 안전보건표지의 크기와 비례하여야 하며, 안전보건표지 전체 규격의 30% 이상이 되어야 한다.

(2) 안전보건표지의 종류 및 형태

① 분류별 용도와 색채

분류	용도	색채		
		바탕	기본 모형	관련 부호 및 그림
금지 표지	특정한 행동을 금지시키는 표지	흰색	빨간색	검은색
경고 표지	위해 또는 위험물에 대한 주의를 환기시키는 표지	노란색	검은색	검은색
지시 표지	보호구 착용을 지시하는 표지	파란색	–	흰색
안내 표지	비상구, 의무실 등의 위치를 알리는 표지	흰색, 녹색	녹색, 흰색	녹색, 흰색

법령
산업안전보건법 시행규칙 별표 7

기출 문제
출입금지 표지의 색상을 쓰시오.
답
㉮ 바탕 : 흰색
㉯ 기본모형 : 빨간색
㉰ 관련부호 및 그림 : 검은색

② 종류와 색채

1 금지 표지	101 출입금지	102 보행금지	103 차량통행금지	104 사용금지
	105 탑승금지	106 금연	107 화기금지	108 물체이동금지	2 경고 표지
	201 인화성 물질 경고	202 산화성 물질 경고	203 폭발성 물질 경고	204 급성독성 물질 경고	205 부식성 물질 경고
	206 방사성 물질 경고	207 고압전기 경고	208 매달린 물체 경고	209 낙하물 경고	210 고온 경고
	211 저온 경고	212 몸균형 상실 경고	213 레이저광선 경고	214 발암성·변이원성·생식독성·전신독성·호흡기과민성 물질 경고	215 위험장소 경고

법령
산업안전보건법 시행규칙 별표 6

참고
안전보건표지의 색상은 뒤표지의 안쪽을 참고하세요.

기출 문제
출입금지, 응급구호, 위험장소 경고 표지를 그림으로 나타내시오.
답 오른쪽 표 내용

3 지시 표지	301 보안경 착용	302 방독마스크 착용	303 방진마스크 착용	304 보안면 착용
	305 안전모 착용	306 귀마개 착용	307 안전화 착용	308 안전장갑 착용	309 안전복 착용
4 안내 표지	401 녹십자 표지	402 응급구호 표지	403 들것	404 세안장치
	405 비상용 기구	406 비상구	407 좌측 비상구	408 우측 비상구	5 관계자외 출입금지

501 허가대상물질 작업장	502 석면 취급/해체 작업장	503 금지대상물질의 취급 실험실 등
관계자외 출입금지 (허가물질 명칭) 제조/사용/보관 중 보호구/보호복 착용 흡연 및 음식물 섭취 금지	관계자외 출입금지 석면 취급/해체 중 보호구/보호복 착용 흡연 및 음식물 섭취 금지	관계자외 출입금지 발암물질 취급 중 보호구/보호복 착용 흡연 및 음식물 섭취 금지

| 6 문자 추가 시 예시문 |  | • 내 자신의 건강과 복지를 위하여 안전을 늘 생각한다.
• 내 가정의 행복과 화목을 위하여 안전을 늘 생각한다.
• 내 자신의 실수로써 동료를 해치지 않도록 안전을 늘 생각한다.
• 내 자신이 일으킨 사고로 인한 회사의 재산과 손실을 방지하기 위하여 안전을 늘 생각한다.
• 내 자신의 방심과 불안전한 행동이 조국의 번영에 장애가 되지 않도록 하기 위하여 안전을 늘 생각한다. |

기출문제

관계자외 출입금지 표지판에 공통으로 들어갈 항목 2가지를 쓰시오.

답
① 보호구/보호복 착용
② 흡연 및 음식물 섭취 금지

법령

산업안전보건법 시행규칙 별표 8

③ 색도기준

색채	기준	용도	사용 예
빨간색	7.5R 4/14	금지	정지신호, 소화설비 및 그 장소, 유해행위의 금지
		경고	화학물질 취급장소에서의 유해·위험경고
노란색	5Y 8.5/12	경고	화학물질 취급장소에서의 유해·위험경고 이외의 위험경고, 주의표지 또는 기계방호물
파란색	2.5PB 4/10	지시	특정 행위의 지시 및 사실의 고지
녹색	2.5G 4/10	안내	비상구 및 피난소, 사람 또는 차량의 통행표지
흰색	N9.5	–	파란색 또는 녹색에 대한 보조색
검은색	N0.5	–	문자 및 빨간색 또는 노란색에 대한 보조색

PART 02

인간공학

CONTENTS

CHAPTER 01 | 안전과 인간공학
CHAPTER 02 | 시스템 위험성분석

제1장 안전과 인간공학

01 인간공학의 정의

 합격 체크포인트
- 인간공학의 정의와 목적

1 정의 및 목적

(1) 인간공학의 정의
① 인간활동의 최적화를 연구하는 학문으로, 작업활동을 할 때 인간으로서 가장 자연스럽게 일하는 방법을 연구한다.
② 인간과 그들이 사용하는 사물과 환경 사이의 상호작용에 대해 연구한다.

(2) 인간공학의 목적
① 사용편의성 증대
② 오류 및 사고 감소
③ 생산성과 안전성 향상
④ 근골격계질환 감소

02 인간-기계 시스템(체계)

 합격 체크포인트
- 인간-기계 시스템의 유형과 분류

1 인간-기계 시스템의 유형과 분류

(1) 인간-기계 시스템의 유형

수동 시스템 (manual system)	• 입력된 정보에 기초해서 인간 자신의 신체적인 에너지를 동력원으로 사용한다. • 수공구나 다른 보조기구에 힘을 가하여 작업을 제어하는 고도의 유연성이 있는 시스템이다.

기계화 시스템 (mechanical system)	• 반자동 시스템(semiautomatic system)이라고도 한다. • 여러 종류의 동력 공작기계와 같이 고도로 통합된 부품들로 구성되어 있는데, 일반적으로 변화가 별로 없는 기능들을 수행하도록 설계되어 있다. • 동력은 전형적으로 기계가 제공하며, 운전자의 기능이란 조종장치를 사용하여 통제하는 것이다.
자동화 시스템 (automated system)	• 자동화 시스템은 인간이 전혀 또는 거의 개입할 필요가 없다. • 장비는 감지, 의사결정, 행동 기능의 모든 기능을 수행할 수 있다. • 자동화 시스템은 감지되는 모든 가능한 우발상황에 대해서 적절한 행동을 취하게 하기 위해서는 완전하게 프로그램되어 있어야 한다.

📖 기출 문제

인간–기계 시스템에서 인간에 의한 제어의 정도에 따라 분류할 수 있는 시스템의 종류 3가지를 쓰시오.

답
① 수동 시스템
② 기계화(반자동) 시스템
③ 자동화 시스템

(2) 인간에 의한 제어의 정도에 따른 시스템 분류

분류	수동 시스템	기계화 시스템	자동화 시스템
구성	수공구 및 기타 보조물	동력기계 등 고도로 통합된 부품	동력기계화 시스템 고도의 전자회로
동력원	인간 사용자	기계	기계
인간의 기능	동력원으로 작업을 통제	표시장치로부터 정보를 얻어 조종장치를 통해 기계를 통제	감시, 정비유지, 프로그래밍
기계의 기능	인간의 통제를 받아 제품을 생산	동력원을 제공하고, 인간의 통제 아래에서 제품을 생산	감시, 정보처리, 의사결정 및 행동의 프로그램에 의해 수행
예시	목수와 대패 대장장이와 화로	프레스 기계, 자동차 밀링 M/C	자동교환대, 로봇, 무인공장, NC 기계

2 인간–기계 시스템의 특성

(1) 인간–기계 시스템에서의 기본 기능

인간–기계 시스템에서의 인간이나 기계는 감각을 통한 정보의 수용, 정보의 보관, 정보의 처리 및 의사결정, 행동의 네 가지 기본적인 기능을 수행한다.

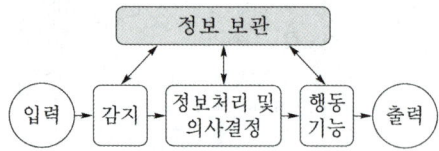

┃ 인간에 의한 제어의 정도에 따른 분류 ┃

감지 (정보의 수용)	• 인간 : 시각, 청각, 촉각과 같은 여러 종류의 감각기관이 사용된다. • 기계 : 전자, 사진, 기계적인 여러 종류가 있으며, 음파탐지기와 같이 인간이 감지할 수 없는 것을 감지하기도 한다.
정보의 보관	• 인간 : 인간에 있어서 정보보관이란 기억된 학습 내용과 같은 말이다. • 기계 : 기계에 있어서 정보는 펀치 카드, 형판(template), 기록, 자료표 등과 같은 물리적 기구에 여러 가지 방법으로 보관될 수 있다. 나중에 사용하기 위해서 보관되는 정보는 암호화(code)되거나 부호화(symbol)된 형태로 보관되기도 한다.
정보처리 및 의사결정	• 인간의 정보처리 과정은 그 과정의 복잡성에 상관없이 행동에 대한 결정으로 이어진다. 즉 인간이 정보처리를 하는 경우에는 의사결정이 뒤따르는 것이 일반적이다. • 기계에 있어서는 정해진 절차에 의해 입력에 대한 예정된 반응으로 이루어지는 것처럼, 자동화된 기계장치를 쓸 경우에는 가능한 모든 입력정보에 대해서 미리 프로그램된 방식으로 반응하게 된다.
행동 기능	• 시스템에서의 행동 기능이란 결정 후의 행동을 의미한다. • 행동 기능은 크게 어떤 조종기기의 조작이나 수정, 물질의 취급 등과 같은 물리적인 조종 행동과 신호나 기록 등과 같은 전달 행동으로 나눌 수 있다.

 기출 문제

인간-기계 시스템의 기본 기능 4가지를 쓰시오.

답
① 감지
② 정보의 보관
③ 정보처리 및 의사결정
④ 행동

03 휴먼에러

1 휴먼에러의 분류

 합격 체크포인트

• 휴먼 에러의 분류

(1) 심리적 분류(Swain과 Guttman)

생략(누락), 부작위 에러 (omission error)	필요한 작업 또는 절차를 수행하지 않는 데 기인한 에러 예 자동차 전조등을 끄지 않아서 방전되어 시동이 걸리지 않는 에러
시간 에러 (time error)	필요한 작업 또는 절차의 수행 지연으로 인한 에러 예 출근 지연으로 지각한 경우
작위, 행위 에러 (commission error)	필요한 작업 또는 절차의 불확실한 수행으로 인한 에러 예 장애인 주차구역에 주차하여 벌금을 부과받은 행위
순서 에러 (sequential error)	필요한 작업 또는 절차의 순서착오로 인한 에러 예 자동차 출발 시 핸드브레이크 해제 후 출발해야 하나, 해제하지 않고 출발하여 일어난 상태

기출 문제

휴먼에러의 분류 중 심리적 분류에 대한 종류 3가지를 쓰시오.

답
① 부작위 에러
② 시간 에러
③ 작위 에러
④ 순서 에러
⑤ 과잉행동 에러

| 불필요한(과잉) 행동 에러 (extraneous error) | 불필요한 작업 또는 절차를 수행함으로써 기인한 에러
예 자동차 운전 중에 스마트폰 사용으로 접촉사고를 유발한 경우 |

(2) 원인의 수준(level)적 분류

1차 에러 (primary error)	작업자 자신으로부터 직접 발생한 에러
2차 에러 (secondary error)	작업 형태나 조건 중에서 다른 문제가 발생하여 필요한 사항을 실행할 수 없는 에러 또는 어떤 결함으로부터 파생하여 발생하는 에러
3차 에러 (command error)	요구되는 것을 실행하고자 하여도 필요한 물품, 정보, 에너지 등이 공급되지 않아서 작업자가 움직일 수 없는 상태에서 발생한 에러

> **기출문제**
> 휴먼에러의 분류 중 원인의 수준(level)적 분류에 대한 종류 3가지를 쓰시오.
>
> 답
> ① 1차 에러
> ② 2차 에러
> ③ 3차 에러

(3) 원인적 분류(rasmussen)

인간의 행동을 숙련기반, 규칙기반, 지식기반 등의 3개 수준으로 분류한 라스무센(rasmussen)의 모델을 사용하여 분류하였다.

숙련기반 에러 (skill-based error)	• 실수(slip) : 의도와는 다른 행동을 하는 경우 예 자동차 하차 시에 창문 개폐를 잊어버리고 내려 분실사고 발생 • 망각(lapse) : 어떤 행동을 잊어버리고 안 하는 경우 예 전화 통화 중에 전화번호를 기억했으나 전화 종료 후 옮겨 적는 행동을 잊어버림.
규칙기반 에러 (rule-based error)	잘못된 규칙을 기억하거나, 정확한 규칙이라도 상황에 맞지 않게 잘못 적용한 경우 예 일본에서 자동차를 우측 운행하다가 사고를 유발하거나, 음주 후 도로의 차선을 착각하여 역주행하다가 사고를 유발하는 경우
지식기반 에러 (knowledge-based error)	처음부터 장기기억 속에 관련 지식이 없는 경우는 추론이나 유추로 지식 처리과정 중에 실패 또는 과오로 이어지는 에러 예 외국에서 도로표지판을 이해하지 못해서 교통위반을 하는 경우

04 기계의 신뢰도

합격 체크포인트
- 고장곡선과 고장의 유형
- 고장률과 신뢰도 계산

1 고장의 유형과 고장률

(1) 고장곡선(욕조곡선)

제어계에는 많은 계기 및 제어장치가 조합되어 만들어지는데, 고장 없이 항상 완전히 작동하는 것이 중요하며, 고장이 기계의 신뢰도를 결정한다.

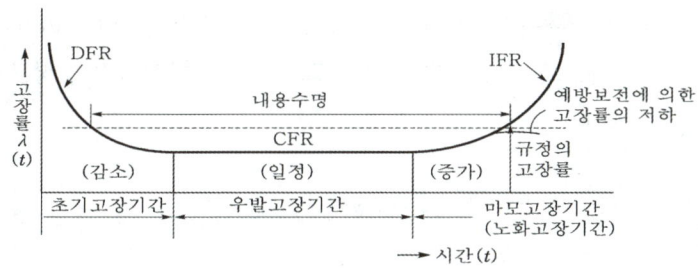

┃ 고장의 발생과 상황 ┃

(2) 고장의 유형

구분	내용
초기 고장 (감소형 고장, DFR; (Decreasing Failure Rate)	• 설계상, 구조상 결함, 불량 제조·생산 과정 등의 품질관리 미비로 생기는 고장 형태 • 점검 작업이나 시운전 작업 등으로 사전에 방지할 수 있는 고장 • 디버깅(debugging) 기간 : 기계의 결함을 찾아내 고장률을 안정시키는 기간 • 번인(burn-in) 기간 : 물품을 실제로 장시간 가동하여 그 동안 고장난 것을 제거하는 기간 • 초기 고장의 제거 방법 : 디버깅, 번인
우발 고장 (일정형 고장, CFR; Constant Failure Rate)	• 과사용, 사용자의 과오, 디버깅 중에 발견되지 않은 고장 때문에 발생하며, 예측할 수 없을 때 생기는 고장 • 시운전이나 점검 작업으로는 방지할 수 없다. • 극한 상황을 고려한 설계, 안전계수를 고려한 설계 등으로 우발 고장을 감소시킬 수 있으며, 정상 운전 중의 고장에 대해 사후보전을 실시하도록 한다.
마모 고장 (증가형 고장, IFR; Increasing Failure Rate)	• 고장률이 점차 상승하는 형태로, 볼베어링 등 기계적 요소나 부품의 마모, 부식, 산화 등에 의해 나타난다. • 고장이 집중적으로 일어나기 직전에 교환을 하면 고장을 사전에 방지할 수 있다. • 장치의 일부가 수명을 다해서 생기는 고장으로, 안전진단 및 적당한 보수에 의해서 방지할 수 있다.

(3) 고장률과 평균고장간격(MTBT ; Mean Time Between Failure)

① MTTF(Mean Time To Failure, 평균고장시간) : 체계가 작동한 후 고장이 발생할 때까지의 평균작동시간

$$평균고장시간(MTTF) = \frac{\sum 동작시간}{고장횟수}$$

$$직렬계의\ 수명 : MTTF \times \frac{1}{요소갯수(n)}$$

$$병렬계의\ 수명 : MTTF \times (1 + \frac{1}{2} + \frac{1}{3} + \cdots + \frac{1}{n})$$

② MTBF(평균고장간격) : 체계의 고장 발생 순간부터 수리가 완료되어 정상 작동하다가 다시 고장이 발생하기까지의 평균시간(교체)

$$고장률(\lambda) = \frac{고장건수(r)}{총\ 가동시간(t)}$$

$$평균고장간격(MTBF) = \frac{1}{\lambda}$$

$$신뢰도\ R(t) = e^{-\lambda t}$$

$$불신뢰도 = 1 - 신뢰도$$

③ MTTR(Mean Time to Repair, 평균수리시간)

$$평균수리시간(MTTR) = \frac{수리시간\ 합계}{수리횟수}(시간)$$

$$설비가동률 = \frac{MTBF}{MTBF + MTTR} = \frac{\frac{1}{\lambda}}{\frac{1}{\lambda} + \frac{1}{\mu}}$$

여기서, λ : 고장률, μ : 수리율

> **기출문제**
> 10,000시간 동안 제품을 만들 때 10개의 제품이 고장이 발생할 때 고장률을 구하시오.
>
> 답
> $\frac{10}{10,000} = 0.001$

2 설비의 신뢰도

(1) 직렬연결(series system)

① 제어계가 n개의 요소로 만들어져 있고 각 요소의 고장이 독립적으로 발생하는 것이면, 어떤 요소의 고장도 시스템의 기능을 잃은 상태로 있다고 할 때에 신뢰성 공학에서는 직렬이라 한다.

② 계산식

$$R_S = R_1 \cdot R_2 \cdot R_3 \cdots R_n = \prod_{i=1}^{n} R_i$$

(2) 병렬연결(parallel system 또는 fail safe)

① 항공기나 열차의 제어장치처럼 한 부분의 결함이 중대한 사고를 일으킬 염려가 있을 경우에는 병렬연결을 사용한다. 병렬연결은 결함이 생긴 부품의 기능을 대체시킬 수 있는 장치를 중복으로 부착시켜 두는 시스템이다.

② 계산식

$$R_p = 1 - \{(1-R_1)(1-R_2)\cdots(1-R_n)\} = 1 - \prod_{i=1}^{n}(1-R_i)$$

기출문제

다음 그림의 시스템 신뢰도를 0.85로 설계하고자 할 때, 부품 R_x의 신뢰도를 구하시오.

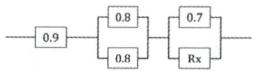

풀이

$0.85 = 0.9 \times [1-(1-0.8)(1-0.8)] \times [1-(1-0.7)(1-R_x)]$

$R_x = 0.95$

답 0.95

---

05 인체측정과 응용

1 인체계측의 방법

정적 측정 (구조적 인체치수)	• 형태학적 측정이라고도 하며, 표준 자세에서 움직이지 않는 피측정자를 인체측정기로 구조적 인체치수를 측정하여 특수 또는 일반적 용품의 설계에 기초자료로 활용한다. • 사용 인체측정기 : 마틴식 인체측정기
동적 측정 (기능적 인체치수)	• 일반적으로 상지나 하지의 운동, 체위의 움직임에 따른 상태에서 측정하는 것이다. • 실제의 작업 혹은 실제 조건에 밀접한 관계를 갖는 현실성 있는 인체치수를 구하는 것이다. • 동적 측정을 사용하는 것이 중요한 이유는 신체적 기능을 수행할 때, 각 신체 부위는 독립적으로 움직이는 것이 아니라 조화를 이루어 움직이기 때문이다.

합격 체크포인트

• 극단치, 조절식, 평균치 설계의 특징
• 시각적, 청각적 표시장치의 특징
• 양립성의 종류

2 인체계측 자료의 응용

(1) 극단치를 이용한 설계

① 최대 집단값에 의한 설계
㉠ 통상 대상집단에 대한 관련 인체측정 변수의 상위 백분위수를 기준으로 하여 90, 95 혹은 99% 값이 사용된다.
㉡ 예를 들어, 95% 값에 속하는 큰 사람을 수용할 수 있다면, 이보다 작은 사람은 모두 사용된다.
 문, 탈출구, 통로 등의 공간 여유 설계, 줄사다리의 강도 등의 설계

기출문제

인체측정 자료의 응용 원칙 3가지를 쓰시오.

답
① 극단치를 이용한 설계
② 조절식 설계
③ 평균치를 이용한 설계

② 최소 집단값에 의한 설계
  ㉠ 관련 인체측정 변수분포의 1%, 5%, 10% 등과 같은 하위 백분위수를 기준으로 정한다.
  ㉡ 예를 들어, 팔이 짧은 사람이 잡을 수 있다면, 이보다 긴 사람은 모두 잡을 수 있다.
    예) 선반의 높이, 조종장치까지의 거리 등의 설계

(2) 조절식 설계
① 체격이 다른 여러 사람에게 맞도록 조절식으로 만드는 것을 말한다.
② 통상 5% 값에서 95% 값까지의 90% 범위를 수용대상으로 설계하는 것이 관례이다.
  예) 자동차 좌석의 전후조절, 사무실 의자의 상하조절 등의 설계
③ 퍼센타일(%ile) 인체치수

(3) 평균치를 이용한 설계
① 인체측정학 관점에서 볼 때 모든 면에서 보통인 사람이란 있을 수 없다. 따라서 이런 사람을 대상으로 장비를 설계하면 안 된다는 주장에도 논리적 근거가 있다.
② 특정한 장비나 설비의 경우, 최대 집단값이나 최소 집단값을 기준으로 설계하기도 부적절하고 조절식으로 하기도 불가능할 경우 평균값을 기준으로 하여 설계하는 경우가 있다.
  예) 은행의 접수대 높이, 공원의 벤치 등의 설계

3 작업공간 설계

(1) 작업공간
① **작업공간 포락면(workspace envelope)** : 한 장소에서 앉아서 수행하는 작업활동에서 사람이 작업하는 데 사용하는 공간을 말한다.
② **파악한계(grasping reach)** : 앉은 작업자가 특정한 수작업 기능을 편히 수행할 수 있는 공간의 외곽 한계이다.
③ **특수작업역** : 특정 공간에서 작업하는 구역이다.
④ **작업공간 한계면** : 어떤 수작업을 앉아서 행할 경우 작업을 행하는 사람에게 최적에 가까운 3차원적 공간으로 구성하여 자주 사용하는 조정장치나 물체는 그러한 3차원적 공간 내에 위치해야

하며, 그 공간의 적정한계는 팔이 닿을 수 있는 거리에 의해 결정된다는 것이다.

⑤ **평면작업대** : 일반적으로 앉아서 일하거나 빈번히 '서거나 앉는' 자세에서 사용되는 평면작업대는 작업에 편리하게 팔이 닿는 거리 내에 있어야 한다.
  ㉠ 정상 작업영역 : 상완을 자연스럽게 수직으로 늘어뜨린 채, 전완만으로 편하게 뻗어 파악할 수 있는 구역(34~45cm)이다.
  ㉡ 최대 작업영역 : 전완과 상완을 곧게 펴서 파악할 수 있는 구역(55~65cm)이다.

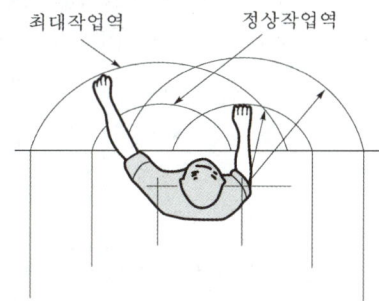

┃ 정상작업영역과 최대작업영역 ┃

(2) 작업대 높이

작업면의 높이는 위팔이 자연스럽게 수직으로 늘어뜨려지고 아래팔은 수평 또는 약간 아래로 비스듬하여 작업면과 만족스러운 관계를 유지할 수 있는 수준으로 정해져야 한다.

① 좌식작업대 높이
  ㉠ 작업의 성격에 따라서 작업대의 최적 높이도 달라지며, 일반적으로 섬세한 작업일수록 높아야 하고, 거친 작업에는 약간 낮은 편이 낫다.
  ㉡ 체격의 개인차, 선호차, 수행되는 작업의 차이 때문에 가능하면 의자 높이, 작업대 높이, 팔걸이 등을 조절할 수 있도록 하는 것이 바람직하다.

② 입식작업대 높이
  작업자의 체격에 따라 팔꿈치 높이를 기준으로 하여 작업대 높이를 조정해야 한다.
  ㉠ 높은 정밀도 요구작업 : 작업면을 팔꿈치높이보다 5~15cm 정도 높게 하는 것이 유리하다.

ⓒ 경작업(손을 자유롭게 움직여야 하는 작업)은 팔꿈치 높이보다 5~10cm 정도 낮게 한다.
ⓒ 중작업(무거운 물건을 다루는 작업)은 팔꿈치 높이보다 10~20cm 정도 낮게 한다.

(3) 의자의 설계

① 의자 깊이 : 의자 깊이는 엉덩이에서 무릎길이에 따라 다르나 장딴지가 들어갈 여유를 두고 대퇴를 압박하지 않도록 작은 사람에게 맞도록 해야 한다.
② 의자 폭 : 의자 폭은 큰 체구의 사람에게 적합하게 설계를 해야 한다. 최소한 의자 폭은 앉은 사람의 허벅지 너비는 되어야 한다.

4 표시장치

(1) 표시장치의 종류

정적 표시장치	간판, 도표, 그래프, 인쇄물, 필기물 등과 같이 시간에 따라 변하지 않는 표시장치
동적 표시장치	온도계, 속도계 등과 같이 어떤 변수나 상황을 나타내며 시간에 따라 변하는 표시장치 • CRT(음극선관) 표시장치 : 레이더 • 전파용 정보 표시장치 : 전축, TV, 영화 • 어떤 변수를 조종하거나 맞추는 것을 돕기 위한 것

(2) 입력자극의 암호화

① 입력자극 암호화의 일반적 지침

암호의 양립성	자극-반응의 관계가 인간의 기대와 일치해야 한다.
암호의 검출성	주어진 상황 하에서 감지장치나 사람이 감지할 수 있어야 한다.
암호의 변별성	다른 암호표시와 구별되어야 한다.

② 시각장치와 청각장치의 사용 구분

시각장치가 이로운 경우	청각장치가 이로운 경우
• 전달정보가 복잡할 때 • 전달정보가 후에 재참조됨. • 수신자의 청각계통이 과부하일 때 • 수신 장소가 시끄러울 때 • 직무상 수신자가 한곳에 머무르는 경우	• 전달정보가 간단할 때 • 전달정보가 후에 재참조되지 않음. • 전달정보가 즉각적인 행동을 요구할 때 • 수신 장소가 너무 밝을 때 • 직무상 수신자가 자주 움직이는 경우

(3) 시각적 표시장치

① 정량적 표시장치와 정성적 표시장치

정량적 표시장치	정량적 표시장치는 온도와 속도 같이 동적으로 변화하는 변수나 자로 재는 길이와 같은 정적변수의 계량값에 관한 정보를 제공하는 데 사용된다. • 동침형 : 눈금은 고정되고 지침이 움직이는 형 • 동목형 : 지침은 고정되고 눈금이 움직이는 형 • 계수형 : 전력계나 택시요금 계기와 같이 기계, 전자적으로 숫자가 표시되는 형
정성적 표시장치	정성적 정보를 제공하는 표시장치는 온도, 압력, 속도와 같이 연속적으로 변하는 변수의 대략적인 값이나 변화 추세, 비율 등을 알고자 할 때 주로 사용한다. • 정성적 표시장치는 색을 이용하여 각 범위의 값들을 따로 암호화하여 설계를 최적화시킬 수 있다. • 색채암호가 부적합한 경우에는 구간을 형상 암호화할 수 있다. • 정성적 표시장치는 상태 점검, 즉 나타내는 값이 정상상태 인지의 여부를 판정하는 데에도 사용한다.

(4) 청각적 표시장치

① 청각을 이용한 경계 및 경보신호의 선택 및 설계
  ㉠ 귀는 중음역에 가장 민감하므로 500~3,000Hz의 진동수를 사용한다.
  ㉡ 중음은 멀리 가지 못하므로 장거리(>300m)용으로는 1,000Hz 이하의 진동수를 사용한다.
  ㉢ 신호가 장애물을 돌아가거나 칸막이를 통과해야 할 때는 500Hz 이하의 진동수를 사용한다.
  ㉣ 주의를 끌기 위해서는 초당 1~8번 나는 소리나 초당 1~3번 오르내리는 변조된 신호를 사용한다.

5 조종장치

(1) 조종/반응 비율(C/R비 ; Control/Response ratio)의 개념

① 조종/표시장치 이동 비율(Control/Display ratio)을 확장한 개념이다.
② 조종장치의 움직이는 거리(회전수)와 체계 반응이나 표시장치 상의 이동요소의 움직이는 거리의 비이다.

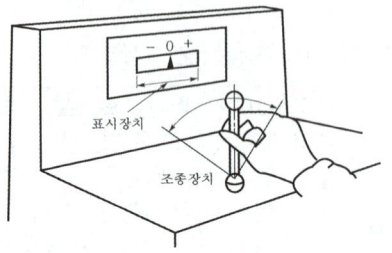

$$C/R비 = \frac{(a/360) \times 2\pi L}{표시장치의\ 이동거리}$$

여기서, a : 조종장치가 움직인 각도
L : 반지름(조종장치의 길이)

┃ 선형 표시장치를 움직이는 조종구에서의 C/R비 ┃

(2) 최적 C/R비

① 일반적으로 표시장치의 연속위치에 또는 정량적으로 맞추는 조종장치를 사용하는 경우에 두 가지 동작이 수반되는데, 하나는 큰 이동 동작이고, 다른 하나는 미세한 조종 동작이다.
② 최적 C/R비를 결정할 때에는 이 두 요소를 절충해야 한다.
③ Jenkins와 Connor는 노브의 경우 최적 C/R비는 0.2~0.8, Chapanis와 Kinkade는 조종간의 경우 2.5~4.0이다.
④ C/R비가 작을수록 조종장치는 민감하다.

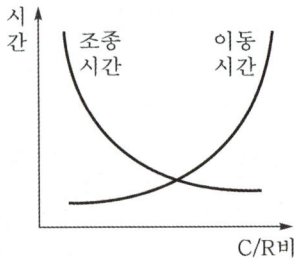

┃ C/R비에 따른 이동시간과 조종시간의 관계 ┃

(3) 최적 C/R비 설계 시 고려사항

① 계기의 크기
② 공차
③ 목시거리
④ 조작시간
⑤ 방향성

6 양립성

(1) 양립성의 정의

① 양립성(compatibility)이란 자극 간의, 반응 간의 혹은 자극-반응조합의 공간, 운동 혹은 개념적 관계가 인간의 기대와 모순되지 않는 것을 말한다.
② 표시장치나 조종장치가 양립성이 있으면 인간 성능은 일반적으로 향상된다.
③ 양립성의 효과가 크면 클수록 코딩의 시간이나 반응의 시간은 짧아진다.

(2) 양립성의 종류

개념 양립성 (conceptual compatibility)	코드나 심벌의 의미가 인간이 갖고 있는 개념과 양립한다. 예 비행기 모형과 비행장
운동 양립성 (movement compatibility)	조종기를 조작하여 표시장치상의 정보가 움직일 때 반응결과가 인간의 기대와 양립한다. 예 라디오의 음량을 줄일 때 조절장치를 반시계 방향으로 회전
공간 양립성 (spatial compatibility)	공간적 구성이 인간의 기대와 양립한다. 예 버튼의 위치와 관련 디스플레이의 위치가 양립
양식 양립성 (modality compatibility)	직무에 알맞은 자극과 응답의 양식과 양립한다. 예 청각적 자극 제시와 이에 대한 음성 응답

 기출문제

양립성의 종류 3가지를 쓰시오.

답
① 개념 양립성
② 운동 양립성
③ 공간 양립성
④ 양식 양립성

06 신체활동의 생리학적 측정법

1 신체반응의 측정

(1) 생리학적 측정방법

① 근전도(EMG) : 근육활동의 전위차를 기록한다.
② 심전도(ECG) : 심장근육활동의 전위차를 기록한다.
③ 뇌전도(EEG) : 신경활동의 전위차를 기록한다.
④ 안전도(EOG) : 안구운동의 전위차를 기록한다.
⑤ 산소소비량
⑥ 에너지대사율(RMR)

 합격 체크포인트

• 신체반응/정신부하의 측정방법
• 에너지대사율
• 휴식시간의 계산

⑦ 전기피부 반응(GSR)
⑧ 점멸융합주파수(플리커법)

(2) 심리학적 방법

① 주의력 테스트
② 집중력 테스트 등

(3) 생화학적 방법

① 혈액
② 요중의 스테로이드양
③ 아드레날린 배설량

2 정신부하의 측정방법

(1) 생리학적 측정방법

① 주로 단일 감각기관에 의존하는 경우에 작업에 대한 정신부하를 측정할 때 이용되는 방법이다.
② 부정맥 지수, 점멸융합주파수, 전기피부 반응, 눈깜박거림, 뇌파 등이 정신작업 부하 평가에 이용된다.

(2) 주관적 측정방법

① 정신부하를 평가하는 데 있어서 가장 정확한 방법이라고 주장하는 학자들이 있다.
② 이 방법은 측정 시 주관적인 상태를 표시하는 등급을 쉽게 조정할 수 있다는 장점이 있다.

3 신체역학

(1) 인체동작의 유형과 범위

굴곡 (flexion)	팔굽혀펴기를 할 때처럼 부위 간의 각도가 감소하는 신체의 움직임
신전 (extension)	굴곡과 반대 방향의 동작으로, 팔꿈치를 펼 때처럼 신체 부위 간의 각도가 증가하는 움직임
외전 (abduction)	팔을 옆으로 들 때처럼 신체 중심선으로부터 이동하는 신체의 움직임
내전 (adduction)	팔을 수평으로 편 위치에서 수직 위치로 내릴 때처럼 신체 외부에서 중심선으로 이동하는 신체의 움직임

회전 (rotation)	• 내선(medial rotation) : 인체의 중심선을 향하여 안쪽으로 회전하는 신체의 움직임 • 외선(lateral rotation) : 인체의 중심선으로부터 바깥쪽으로 회전하는 신체의 움직임
선회 (circumduction)	팔을 어깨에서 원형으로 돌리는 동작처럼 신체 부위의 원형 또는 원추형의 움직임

4 신체활동의 에너지 소비

(1) 에너지대사율(RMR; Relative Metabolic Rate)

① 작업강도 단위로서 산소소비량으로 측정한다.

② 계산식

$$R = \frac{\text{작업 시 소비에너지} - \text{안정 시 소비에너지}}{\text{기초대사량}}$$

$$= \frac{\text{작업대사량}}{\text{기초대사량}}$$

③ 작업강도
 ㉠ 초중작업 : 7RMR 이상
 ㉡ 중(重)작업 : 4~7RMR
 ㉢ 중(中)작업 : 2~4RMR
 ㉣ 경(輕)작업 : 0~2RMR

(2) 휴식시간 계산

$$R = \frac{T(E-S)}{E-1.5}$$

여기서, R : 휴식시간(분)
 T : 총 작업시간(분)
 E : 해당 작업의 평균 에너지소모량(kcal/min)
 S : 권장 평균 에너지소모량(kcal/min)
  (권장 에너지소비량의 경우, 남성은 5kcal/min, 여성은 3.5kcal/min으로 계산)

기출 문제

기초대사량이 7,000kcal/일이고 작업 시 소비에너지가 20,000 kcal/일, 안정 시 소비에너지가 6,000kcal/일일 때, 에너지 대사율(RMR)을 구하시오.

답

$$\frac{20,000-6,000}{7,000} = 2$$

기출 문제

60분 동안 작업 시의 산소소비량이 1.5L/min이고, 작업 시의 평균에너지량이 5kcal/min일 때 적절한 휴식시간을 계산하시오. (단, 산소에너지당량은 5kcal/L, 휴식 시의 평균에너지소비량은 1.5kcal/min이다.)

답

$$\frac{60\{(1.5 \times 5) - 5\}}{(1.5 \times 5) - 1.5} = 25$$

합격 체크포인트

- 근골격계질환의 정의와 유해요인
- 근골격계질환 부담작업의 범위

법령

산업안전보건기준에 관한 규칙 제656, 657조

기출 문제

근골격계부담작업을 하는 경우 신설 사업장은 신설일로부터 얼마 이내에 최초의 유해요인 조사를 해야 하는지 쓰시오.

답 1년

기출 문제

근골격계부담작업을 하는 경우 유해요인 조사 사항 3가지를 쓰시오.

답 오른쪽 ㉠~㉢

법령

근골격계부담작업의 범위 및 유해요인조사 방법에 관한 고시 제3조

07 근골격계 유해요인

1 근골격계질환

(1) 정의와 유형
  ① 정의 : 반복적인 동작, 부적절한 작업 자세, 무리한 힘의 사용, 날카로운 면과의 신체접촉, 진동 및 온도 등의 요인에 의하여 발생하는 건강장해로서, 목, 어깨, 허리, 팔·다리의 신경·근육 및 그 주변 신체조직 등에 나타나는 질환을 말한다.
  ② 유형 : 신체 부위별, 질환별 분류로 나뉜다.

(2) 근골격계질환의 유해요인
  ① 반복적인 동작
  ② 부자연스러운 또는 취하기 어려운 자세
  ③ 과도한 힘
  ④ 접촉 스트레스
  ⑤ 진동
  ⑥ 온도, 조명 등의 기타 요인

(3) 근골격계질환의 유해요인 조사
  ① 유해요인 조사 시기
    ㉠ 사업주는 근로자가 근골격계부담작업을 하는 경우에 3년마다 유해요인 조사를 하여야 한다.
    ㉡ 다만, 신설되는 사업장의 경우에는 신설일부터 1년 이내에 최초의 유해요인 조사를 하여야 한다.
  ② 유해요인 조사 사항
    ㉠ 설비·작업공정·작업량·작업속도 등 작업장 상황
    ㉡ 작업시간·작업자세·작업방법 등 작업조건
    ㉢ 작업과 관련된 근골격계질환 징후와 증상 유무 등

2 근골격계부담작업

(1) 근골격계부담작업의 범위
  ① 하루에 4시간 이상 집중적으로 자료입력 등을 위해 키보드 또는 마우스를 조작하는 작업

② 하루에 총 2시간 이상 목, 어깨, 팔꿈치, 손목 또는 손을 사용하여 같은 동작을 반복하는 작업
③ 하루에 총 2시간 이상 머리 위에 손이 있거나, 팔꿈치가 어깨 위에 있거나, 팔꿈치를 몸통으로부터 들거나, 팔꿈치를 몸통 뒤쪽에 위치하도록 하는 상태에서 이루어지는 작업
④ 지지되지 않은 상태이거나 임의로 자세를 바꿀 수 없는 조건에서 하루에 총 2시간 이상 목이나 허리를 구부리거나 트는 상태에서 이루어지는 작업
⑤ 하루에 총 2시간 이상 쪼그리고 앉거나 무릎을 굽힌 자세에서 이루어지는 작업
⑥ 하루에 총 2시간 이상 지지되지 않은 상태에서 1kg 이상의 물건을 한 손의 손가락으로 집어 옮기거나, 2kg 이상에 상응하는 힘을 가하여 한 손의 손가락으로 물건을 쥐는 작업
⑦ 하루에 총 2시간 이상 지지되지 않은 상태에서 4.5kg 이상의 물건을 한 손으로 들거나 동일한 힘으로 쥐는 작업
⑧ 하루에 10회 이상 25kg 이상의 물체를 드는 작업
⑨ 하루에 25회 이상 10kg 이상의 물체를 무릎 아래에서 들거나, 어깨 위에서 들거나, 팔을 뻗은 상태에서 드는 작업
⑩ 하루에 총 2시간 이상, 분당 2회 이상 4.5kg 이상의 물체를 드는 작업
⑪ 하루에 총 2시간 이상, 시간당 10회 이상 손 또는 무릎을 사용하여 반복적으로 충격을 가하는 작업

> **암기 TIP**
> **근골격계 부담작업의 시간 기준**
> • 자료입력 작업 : 하루에 4시간 이상 작업
> • 그 외 작업 : 하루에 총 2시간 이상 작업

08 인간의 감각기능과 작업환경

1 빛의 특성

(1) 조도

① 조도(illuminance)
   ㉠ 어떤 물체나 표면에 도달하는 광의 밀도를 말한다.
   ㉡ 척도
      • foot-candle(fc) : 1cd의 점광원으로부터 1foot 떨어진 구면에 비추는 광의 밀도($1lumen/ft^2$)

> **합격 체크포인트**
> • 조도 관계식 및 조도 기준
> • 음량수준 측정 척도
> • 소음노출기준
> • 옥스퍼드(Oxford) 지수
> • VDT 작업 시 올바른 자세와 사업주 조치사항

기출 문제

거리가 2m 떨어진 곳의 조도가 150Lux일 때, 3m 떨어진 곳의 조도는 얼마인지 구하시오.

풀이

㉮ 2m 떨어진 곳의 조도
$$150[\text{lux}] = \frac{광도}{2^2}$$
$$광도 = 150[\text{lux}] \times 2^2 = 600$$

㉯ 3m 떨어진 곳의 조도
$$\frac{600}{3^2} = 66.67[\text{lux}]$$

답 66.67[lux]

법령

산업안전보건기준에 관한 규칙 제8조

기출 문제

초정밀, 정밀, 보통, 기타 작업의 종류에 따른 작업면의 조도 기준은 얼마(lux) 이상이어야 하는지 순서대로 쓰시오

답 750, 300, 150, 75

- lux(meter-candle) : 1cd의 점광원으로부터 1m 떨어진 구면에 비추는 광의 밀도(1lumen/m²)

② 조도의 관계식 : 조도는 다음 식에서처럼 거리의 제곱에 반비례한다. 이는 점광원에 대해서만 적용된다.

$$조도 = \frac{광도}{거리^2}$$

③ 산업안전보건법상의 조도 기준

작업의 종류	초정밀작업	정밀작업	보통작업	기타 작업
작업면 조도	750lux 이상	300lux 이상	150lux 이상	75lux 이상

(2) 반사율

① 표면에 도달하는 빛과 결과로서 나오는 광도와의 관계이다.

② 반사율의 관계식

$$반사율(\%) = \frac{광도(휘도)}{조도(조명)}$$

(3) 대비(contrast)

① 대비는 보통 과녁의 광도(L_t)와 배경의 광도(L_b)의 차를 나타내는 척도이다.
② 대비의 계산식에 광도 대신 반사율을 사용할 수 있다.

$$대비(\%) = \frac{L_b - L_t}{L_b} \times 100$$

2 음의 특성

(1) 음량

① 소리의 크고 작은 느낌은 주로 강도와 진동수에 의해서 일부 영향을 받는다.
② 음량을 측정하는 척도에는 phon, sone 등이 있다.
③ phon
  ㉠ 1,000Hz 순음의 음압 수준(dB)을 의미한다. 예를 들어, 20dB의 1,000Hz는 20phon이 된다.

ⓒ phon은 여러 음의 주관적 등감도(equality)는 나타내지만, 상이한 음의 상대적 크기에 대한 정보는 나타내지 못하는 단점을 지니고 있다.

④ sone
㉠ 다른 음의 상대적인 주관적 크기에 대해서는 sone이라는 음량 척도를 사용한다.
㉡ 40dB의 1,000Hz 순음의 크기(40phon)를 1sone이라 하고, 이 기준음에 비해서 몇 배의 크기를 갖느냐에 따라 음의 sone값이 결정된다. 예를 들어, 기준음보다 10배 크게 들리는 음이 있으면 이 음의 음량은 10sone이다.
㉢ 음량(sone)과 음량수준(phon) 사이에는 다음과 같은 공식이 성립된다.

$$\text{sone값} = 2^{\frac{(\text{phone값} - 40)}{10}}$$

(2) 음압수준(SPL; Sound-Pressure Level)

① 음원출력(sound power of source)은 음압비의 제곱에 비례하므로, 음압수준은 다음과 같이 정의될 수 있다.

$$SPL(dB) = 10\log\left(\frac{P_1^2}{P_0^2}\right)$$

여기서, P_1 : 측정하자 하는 음압
P_0 : 기준음압($P_0 = 20\mu N/m^2$)

② **거리에 따른 음의 강도 변화**는 다음과 같다.

$$dB_2 = dB_1 - 20\log\left(\frac{d_2}{d_1}\right)$$

여기서, d_1, d_2 : 측정하자 하는 음압

(3) 소음노출지수

① **누적소음노출지수** : 음압수준이 다른 여러 종류의 소음이 장시간 동안 복합적으로 노출된 경우에는 이들 음의 종합효과를 고려한 누적 소음노출지수를 다음과 같이 산출할 수 있다.

$$\text{누적소음노출지수}(D)(\%) = \left(\frac{C_1}{T_1} + \frac{C_2}{T_2} + \cdots + \frac{C_n}{T_n}\right) \times 100$$

여기서, C_i : 특정 소음 내에 노출된 시간
T_i : 특정 소음 내에서의 허용 노출시간

기출문제

소음이 발생되고 있는 기계로부터 20m 떨어진 곳의 음압수준이 100dB이었다면, 200m 떨어진 곳의 음압수준은 얼마인지 구하시오.

답

$dB_2 = dB_1 - 20\log\left(\frac{d_2}{d_1}\right)$
$= 100 - 20\log\left(\frac{200}{20}\right)$
$= 80dB$

법령
산업안전보건기준에 관한 규칙 제512조

암기 TIP
90dB의 8시간 기준으로 음압이 5dB 증가 시 노출시간은 절반씩 감소한다.

② 소음작업과 소음허용 기준
  ㉠ 소음작업 : 산업안전보건법상 1일 8시간 작업을 기준으로 85dB 이상의 소음이 발생하는 작업
  ㉡ 강렬한 소음작업 : 다음 기준 dB 이상의 소음이 1일 기준 시간 이상 발생하는 작업

허용음압 dB(A)	90	95	100	105	110	115
1일 노출시간(hr)	8	4	2	1	1/2	1/4

3 실효온도와 Oxford 지수

(1) 실효온도(감각온도, effective temperature)
① 온도, 습도 및 공기유동이 인체에 미치는 열효과를 하나의 수치로 통합한 경험적 감각지수로, 실제로 감각되는 실감온도라고도 한다.
② 상대습도 100%일 때 건구온도에서 느끼는 것과 동일한 온감이다.
③ 실효온도의 결정요소 : 온도, 습도, 대류(공기 유동)

(2) 옥스퍼드(Oxford) 지수
① 습건(WD) 지수라고도 한다.
② 습구온도(W)와 건구온도(D)의 가중 평균값으로서 다음과 같이 나타낸다.

$$WD = 0.85W + 0.15D$$

4 사무/VDT 작업설계 및 관리

(1) 개요
① VDT는 비디오 영상표시 단말장치(Video Display Terminal)의 약어로, 컴퓨터, 각종 전자기기, 비디오 게임기 등의 모니터를 일컫는다.
② 영상표시 단말기(VDT)의 연속작업은 자료입력, 문서작성, 자료검색, 대화형 작업, 컴퓨터 설계(CAD) 등을 근무시간 동안 연속하여 화면을 보거나 키보드, 마우스 등을 조작하는 작업을 말하는데, 이에 따른 작업설계 방법은 다음과 같다.

③ VDT 작업으로 인하여 발생할 수 있는 장애
   ㉠ 눈의 피로   ㉡ 피부 장애
   ㉢ 경견완증후군   ㉣ 정신신경계 증상

(2) 작업자세

① 작업자의 시선 범위
   ㉠ 화면 상단과 눈높이가 일치해야 한다.
   ㉡ 화면상의 시야 범위는 수평선상에서 10°~15° 밑에 오도록 한다.
   ㉢ 화면과의 거리는 최소 40cm 이상이 확보되도록 한다.

② 팔꿈치의 내각과 키보드의 높이
   ㉠ 위팔은 자연스럽게 늘어뜨리고 어깨가 들리지 않아야 한다.
   ㉡ 팔꿈치의 내각은 90° 이상 되어야 한다. 조건에 따라 70~135° 까지 허용이 가능해야 한다.

③ 아래팔과 손등
   ㉠ 아래팔과 손등은 일직선을 유지하여 손목이 꺾이지 않도록 한다.
   ㉡ 키보드의 기울기는 5~15°가 적당하다.

④ 등받이와 발 받침대
   ㉠ 의자 깊숙이 앉아 등받이에 등이 지지되도록 한다.
   ㉡ 상체와 하체의 각도는 90° 이상(90~120°)이어야 하며, 100°가 적당하다.
   ㉢ 발바닥 전면이 바닥에 닿도록 하며, 그렇지 못할 경우 발 받침대를 이용한다.

⑤ 무릎 내각
   ㉠ 무릎의 내각은 90° 전후가 되도록 한다.
   ㉡ 의자의 앞부분과 종아리 사이에 손가락을 밀어 넣을 정도의 공간이 있어야 한다.

(3) 작업환경 관리

① 조명과 채광
   ㉠ VDT 작업의 사무환경의 추천 조도는 300~500lux이다.
   ㉡ 화면, 키보드, 서류의 주요 표면 밝기를 같도록 해야 한다.
   ㉢ 창문에 차광망, 커튼을 설치하여 밝기 조절이 가능해야 한다.

기출문제

VDT 작업으로 인한 발생 장애 3가지를 쓰시오.

🖹 왼쪽 ㉠~㉣

기출문제

VDT 작업 시 화면과의 거리, 팔꿈치 내각, 무릎의 내각 등의 올바른 자세 3가지를 쓰시오.

🖹
① 화면과의 거리는 40cm 이상
② 팔꿈치 내각은 90° 이상
③ 무릎의 내각은 90° 전후

② 눈부심 방지
  ㉠ 지나치게 밝은 조명과 채광 등이 작업자의 시야에 직접 들어오지 않도록 한다.
  ㉡ 빛이 화면에 도달하는 각도가 45° 이내가 되도록 한다.
  ㉢ 보안경을 착용하거나 화면에 보호기 설치, 조명기구에 차양막을 설치한다.

(4) 작업시간과 휴식시간
① VDT 작업의 지속적인 수행을 금하도록 하고, 다른 작업을 병행하도록 하는 작업확대 또는 작업순환을 하도록 한다.
② 1회 연속 작업시간이 1시간을 넘지 않도록 한다.
③ 연속작업 1시간당 10~15분 휴식을 제공한다.
④ 한 번의 긴 휴식보다는 여러 번의 짧은 휴식이 더 효과적이다.

(5) 컴퓨터 단말기 조작업무에 대한 조치
① 실내는 명암의 차이가 심하지 않도록 하고 직사광선이 들어오지 않는 구조로 할 것
② 저휘도형의 조명기구를 사용하고 창·벽면 등은 반사되지 않는 재질을 사용할 것
③ 컴퓨터 단말기와 키보드를 설치하는 책상과 의자는 작업에 종사하는 근로자에 따라 그 높낮이를 조절할 수 있는 구조로 할 것
④ 연속적으로 컴퓨터 단말기 작업에 종사하는 근로자에 대하여 작업시간 중에 적절한 휴식시간을 부여할 것

법령

산업안전보건기준에 관한 규칙 제667조

기출문제

컴퓨터 단말기 작업 시 사업주가 조치하여야 하는 사항 4가지를 쓰시오.

🔁 오른쪽 ①~④

제2장 시스템 위험성분석

01 시스템 위험성 추정 및 결정

1 시스템 안전

(1) 시스템 안전의 정의

시스템 안전이란 어떤 특정한 기술적, 관리적 기교를 체계적이고 적극적으로 위험을 식별하고 통제하는 데 적용하는 것이다.

(2) 시스템 안전 프로그램(SSPP)에 포함해야 할 사항

① 계획의 개요　　　　② 안전조직
③ 계약 조건　　　　　④ 관련 부문과의 조정
⑤ 안전기준　　　　　⑥ 안전 해석
⑦ 안전성의 평가　　　⑧ 안전 데이터의 수집과 갱신
⑨ 경과 및 결과의 보고

2 위험분석 기법

예비위험분석 (PHA; Preliminary Hazard Analysis)	PHA는 모든 시스템 안전 프로그램의 최초 단계(설계단계, 구상단계)의 분석으로서, 시스템 내의 위험요소가 얼마나 위험상태에 있는가를 정성적으로 평가하는 것 • PHA의 카테고리 분류(MIL-STD-882B) 　- Class 1(파국적, catastrophic) : 시스템의 손실을 초래하는 상태 　- Class 2(위기적, critical) : 시스템의 중대한 지장을 초래하여 즉시 수정 조치를 필요로 하는 상태 　- Class 3(한계적, marginal) : 시스템의 성능저하 　- Class 4(무시가능, negligible) : 시스템의 성능 손실이 전혀 없는 상태
결함위험분석 (FHA; Fault Hazards Analysis)	전체 제품을 몇 개의 하부 제품(서브시스템)으로 나누어 제작하는 경우 하부제품이 전체 제품에 미치는 영향을 분석하는 기법(제품 정의 및 개발단계에서 수행됨.)

합격 체크포인트

- 위험분석 기법의 종류
- HAZOP 가이드 워드
- 결함수분석(FTA)의 특징

기출문제

미 국방성 시스템 위험성평가(MIL-STD-882B)의 위험도 분류 4가지를 쓰시오.

답
① 1단계 : 파국적
② 2단계 : 위기적
③ 3단계 : 한계적
④ 4단계 : 무시가능

고장형태와 영향분석 (FMEA; Failure Modes and Effects Analysis)	서브시스템 위험분석을 위하여 일반적으로 사용되는 전형적인 정성적, 귀납적 분석방법으로, 시스템에 영향을 미치는 모든 요소의 고장을 형태별로 분석하여 그 영향을 검토하는 것
ETA (Event Tree Analysis)	사상의 안전도를 사용하여 시스템의 안전도를 나타내는 귀납적, 정량적인 분석법
MORT (Management Oversight and Risk Tree)	원자력 산업과 같이 고도의 안전 달성을 위해 1970년 이후 미국의 W.G. Johnson 등에 의해 개발된 분석기법으로, FTA와 같은 논리기법을 이용하여 관리, 설계, 생산, 보전 등의 광범위한 안전을 도모하는 연연적, 정량적인 분석법
운용 및 지원 위험분석 (Operating and Support Hazard Analysis)	시스템의 모든 사용 단계에서 생산, 보전, 시험, 운반, 저장, 운전, 비상탈출, 구조, 훈련 및 폐기 등에 사용되는 인원, 순서, 설비에 관하여 위험을 동정하고 제어하며, 그들의 안전 요건을 결정하기 위하여 실시하는 해석
DT (Decision Tree 또는 Event Tree)	요소의 신뢰도를 이용하여 시스템의 신뢰도를 나타내는 시스템 모델의 하나로, 귀납적이고 정량적인 분석방법
THERP (Technique for Human Error Rate Prediction)	시스템에 있어서 인간의 과오(human error)를 정량적으로 평가하기 위하여 1963년 Swain 등에 의해 개발된 기법으로, 인간의 과오율의 추정법 등 5개의 스텝으로 되어 있으며, 여기에 표시하는 것은 그 중 인간의 동작이 시스템에 미치는 영향을 나타내는 그래프적 방법
조작자 행동 나무 (OAT; Operator Action Tree)	위급직무의 순서에 초점을 맞추어 조작자 행동 나무를 구성하고, 이를 사용하여 사건의 위급경로에서의 조작자의 역할을 분석하는 기법
FAFR (Fatality Accident Frequency Rate)	위험도를 표시하는 단위로, 일정한 업무 또는 작업행위에 직접 노출된 10^8시간(1억 시간)당 사망확률을 말함.
CA (Criticality Analysis, 위험도분석)	고장이 직접 시스템의 손실과 인명의 사상에 연결되는 높은 위험도(criticality)를 분석
PHECA (Potential Human Error Cause Analysis)	시스템 설계 시 고려해야 할 중요한 휴먼에러 관련 설계요소 목록을 제공하려는 목적으로, 작업수행 단계에서 예견적 휴먼에러를 분석하는 방법
GEMS (Generic Error Modeling System)	사고원인 및 에러 유형화시스템으로 사고가 발생하기까지의 안전하지 못한 행동이나 의사결정에서 시작하여 그 행동이나 의사결정이 의도적인가 비의도적인가를 구별하며, 위반(Violation)과 실수(Slip), 망각(Lapse), 착오(Mistake)와 같은 사고원인과 에러의 종류를 파악하고, 최종적으로 구체적인 에러 유형을 결정하는 에러 분류기법

HAZOP(Hazard and Operability, 위험 및 운전성 검토)	시스템이나 공정에서 발생할 수 있는 위험과 문제점을 식별하고 관리하기 위한 목적으로, 공정 설계 또는 운영 중에 발생할 수 있는 잠재적인 위험을 최소화하고, 안전성을 향상시키기 위한 중요한 방법 중 하나임. • 가이드 워드 ㉠ no 또는 not : 완전한 부정 ㉡ more 또는 less : 양의 증가 및 감소 ㉢ as well as : 성질상의 증가 ㉣ part of : 성질상의 감소 ㉤ reverse : 설계 의도와 정반대 ㉥ other than : 완전한 대체

> **기출문제**
>
> HAZOP 가이드 가이드 워드의 종류와 그에 따른 정의를 쓰시오.
>
> 답 왼쪽 ㉠~㉥

3 결함수 분석(FTA; Fault Tree Analysis)

(1) 개요

① 결함수 분석은 기계설비 또는 인간-기계 시스템의 고장이나 재해발생 요인을 FT 도표에 의하여 분석하는 방법이다.
② 사건의 결과(사고)로부터 시작하여 원인이나 조건을 찾아나가는 순서로 분석이 이루어진다.

(2) FTA의 특징

① FTA는 고장이나 재해요인의 정성적인 분석뿐만 아니라 개개의 요인이 발생하는 확률을 얻을 수 있으며, 재해발생 후의 규명보다 재해발생 이전의 예측기법으로서의 활용 가치가 높은 유효한 방법이다.
② 정상사상인 재해현상으로부터 기본사상인 재해원인을 향해 연역적으로 하향식 분석을 행하므로, 재해현상과 재해원인의 상호 관련을 해석하여 안전대책을 검토할 수 있다.
③ 정량적 해석이 가능하므로 정량적 예측을 할 수 있다.
④ 복잡하고 대형화된 시스템의 신뢰성 분석 및 안정성 분석에 이용되는 기법이다.

(3) FTA의 논리기호

종류	명칭	설명
▭	결함사상	개별적인 결함사상
○	기본사상	더 이상 전개되지 않는 기본적인 사상

종류	명칭	설명
⌂	통상사상	통상 발생이 예상되는 사상(예상되는 원인)
◇	생략사상	정보 부족 및 해석 기술의 불충분으로 더 이상 전개할 수 없는 사상. 작업 진행에 따라 해석이 가능할 때는 다시 속행한다.
─(조건)	조건부사상	논리 게이트에 연결되어 사용되며, 논리에 적용되는 조건이나 제약 등을 명시한다.
△	전이기호	FT 도상에서 다른 부분에의 연결을 나타내는 기호로 사용한다.
AND게이트 기호	AND 게이트	모든 입력사상이 공존할 때만이 출력사상이 발생한다.
OR게이트 기호	OR 게이트	입력사상 중 어느 것이나 하나가 존재할 때 출력사상이 발생한다.
배타적 OR게이트 기호 (동시발생이 없음)	배타적 OR 게이트	입력사상 중 오직 한 개의 발생으로만 출력사상이 생성되는 논리 게이트
우선적 AND게이트 기호 (a_i는 a_j보다 우선)	우선적 AND 게이트	입력사상이 특정 순서대로 발생한 경우에만 출력사상이 발생하는 논리 게이트
조합 AND게이트 기호 (어느 것이나 2개)	조합 AND 게이트	3개 이상의 입력 중 2개가 일어나면 출력이 생긴다.
위험지속 AND게이트 기호 (위험지속시간)	위험지속 And 게이트	입력이 생겨서 일정 시간이 지속될 때 출력이 생긴다.
억제게이트 기호 ─(조건)	억제 게이트	이 게이트의 출력사상은 한 개의 입력사상에 의해 발생하며, 입력사상이 출력사상을 생성하기 전에 특정 조건을 만족하여야 하는 논리 게이트
[A]	부정 게이트	입력과 반대 현상의 출력이 생긴다.

(4) FTA에 의한 재해사례 연구 순서

① 1단계 : 정상사상의 선정
② 2단계 : 각 사상의 재해원인 규명
③ 3단계 : FT도 작성 및 분석
④ 4단계 : 개선 계획의 작성
⑤ 5단계 : 개선안 실시계획

기출 문제

FTA에 의한 재해사례 연구 순서 4단계를 순서대로 쓰시오.

📖 오른쪽 ①~④

(5) 컷셋(cut set)과 미니멀 컷셋(minimal cut set)

컷셋 (cut set)	• 정상사상을 발생시키는 기본사상의 집합이다. • 모든 기본사상이 일어났을 때 정상사상을 일으키는 기본사상들의 집합이다.
미니멀 컷셋 (minimal cut set)	• 정상사상을 일으키기 위한 기본사상의 최소 집합이다. • 시스템의 위험성을 나타낸다.

(6) 패스셋(path set)과 미니멀 패스셋(minimal path set)

패스셋 (path set)	• 시스템의 고장을 일으키지 않는 기본사상들의 집합이다. • 포함된 기본사상이 일어나지 않을 때 처음으로 정상사상이 일어나지 않는 기본사상들의 집합이다.
미니멀 패스셋 (minimal path set)	• 시스템의 기능을 살리는 최소한의 집합이다. • 시스템의 신뢰성을 나타낸다.

(7) FTA에 의한 고장확률의 계산 방법

① AND 게이트의 경우

n개의 기본사상이 AND 결합으로 그의 정상사상(top event)의 고장을 일으킨다고 할 때, 정상사상이 발생할 확률은 다음과 같다.

$$F = F_1 \cdot F_2 \cdots F_n = \prod_{i=1}^{n} F_i$$

② OR gate의 경우

n개의 기본사상이 OR 결합으로 정상사상의 고장을 일으킨다고 할 때, 정상사상이 발생할 확률은 다음과 같다.

$$F = 1 - (1-F_1)(1-F_2) \cdots (1-F_n) = 1 - \prod_{i=1}^{n}(1-F_i)$$

기출문제

미니멀 컷셋과 미니멀 패스셋에 대한 정의를 쓰시오.

답 왼쪽 표 내용

기출문제

다음 FT도에서 컷셋과 미니멀 컷셋을 구하시오.

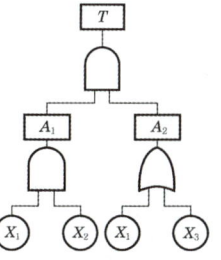

풀이
$T = A_1 \cdot A_2$
$= (X_1, X_2) \cdot \begin{pmatrix} X_1 \\ X_3 \end{pmatrix}$
$= \begin{matrix}(X_1, X_2, X_1)\\(X_1, X_2, X_3)\end{matrix}$

답
컷셋 : $(X_1, X_2), (X_1, X_2, X_3)$
최소 컷셋 : (X_1, X_2)

NOTE

PART 03

기계·기구 및 설비 안전관리

CONTENTS

CHAPTER 01 | 기계 안전시설 관리
CHAPTER 02 | 양중 및 운반기계 안전

제 1 장 기계 안전시설 관리

01 기계설비의 위험과 안전조건

1 기계설비의 위험점

협착점	왕복운동을 하는 동작운동과 움직임이 없는 고정부분 사이에 형성되는 위험점 예 프레스, 절단기, 성형기, 조형기, 굽힘 기계 등
끼임점	고정부분과 회전하는 동작 부분이 함께 만드는 위험점 예 연삭숫돌과 작업 받침대, 교반기의 날개와 하우스, 왕복운동을 하는 기계 부분 등
절단점	회전하는 운동 부분 자체에서 초래되는 위험점 예 밀링커터, 둥근톱의 톱날, 띠톱 등
물림점	서로 반대 방향으로 맞물려 회전하는 두 개의 회전체에 물려 들어가는 위험점 예 기어와 롤러 등
접선 물림점	회전하는 부분의 접선방향으로 물려 들어갈 위험이 존재하는 위험점 예 풀리와 V벨트 사이, 기어와 랙 사이 등
회전 말림점	회전하는 물체에 작업복 등이 말려드는 위험이 존재하는 위험점 예 회전하는 축, 커플링 등

합격 체크포인트

- 기계설비의 위험점
- 기계설비의 안전
- 원동기 · 회전축 등의 위험 방지

기출 문제

기계설비의 위험점 종류와 각각의 정의를 쓰시오.

답 왼쪽 표 내용

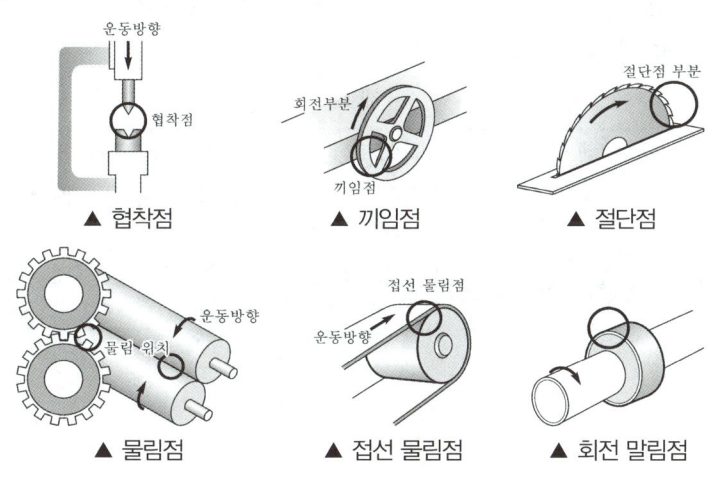

| 기계설비의 위험점 |

2 기계설비의 근원적·본질적 안전

(1) 기계설비의 근원적 안전

① 외관상 안전화 ② 기능적 안전화
③ 구조 부분의 안전화 ④ 작업의 안전화
⑤ 보수유지의 안전화 ⑥ 표준화

(2) 기계설비의 본질적 안전

① 안전기능 내장 : 안전기능이 기계설비의 설계단계에서 반영되어 내장되도록 조치된 것을 말한다.

② 풀프루프(fool proof) : 인간의 실수가 있어도 안전사고를 발생시키지 않도록 2중, 3중 통제를 가하는 개념으로, 미숙련자가 잘 모르고 제품을 사용하더라도 고장이 발생하지 않도록 하거나 작동을 하지 않도록 하여 안전을 확보하는 방법이다.

㉠ 풀프루프의 기계·기구의 종류

가드	신체가 위험영역에 들어가는 것을 막거나 경고한다.
록	기계가 이상상태에서는 작동하지 않도록 구속한다.
트립	신체 일부가 위험영역에 들어가면 기계가 정지 또는 역전 복귀한다.
오버런	기계를 멈추어도 일정 시간이 지나야 가드 등을 열 수 있다.
밀어내기	신체가 위험구역에 들어가면 신체를 밀어내거나 잡아당긴다.
기동방지	기계의 기동을 기계적이나 자동으로 방지한다.

③ 페일세이프(fail safe) : 기계의 고장이 있어도 안전사고를 발생시키지 않도록 2중, 3중 통제를 가하는 개념으로, 시스템의 일부에 고장이 발생해도 안전한 가동이 자동적으로 취해질 수 있는 구조로 설계하는 방식이다.

㉠ 페일세이프의 기능 3단계

fail-passive	부품이 고장나면 기계는 정지 방향으로 이동한다.
fail-active	부품이 고장나면 기계는 경보를 울리는 가운데 짧은 시간 동안은 운전이 가능하다.
fail-operational	부품의 고장이 발생하더라도 기계는 보수될 때까지 안전한 기능을 유지한다.

기출 문제

Fool Proof와 Fail Safe의 정의를 쓰시오.

🗐 오른쪽 ②~③

기출 문제

Fool Proof의 기계·기구의 종류 3가지를 쓰시오.

🗐 오른쪽 표 항목

2 원동기 · 회전축 등의 위험방지

위험 기계 및 부위	위험방지 조치
기계의 원동기 · 회전축 · 기어 · 풀리 · 플라이휠 · 벨트 및 체인 등 근로자가 위험에 처할 우려가 있는 부위	덮개 · 울 · 슬리브 및 건널다리 등을 설치
회전축 · 기어 · 풀리 및 플라이휠 등에 부속되는 키 · 핀 등의 기계요소	묻힘형으로 하거나 해당 부위에 덮개를 설치
벨트의 이음 부분	돌출된 고정구를 사용금지
건널다리	안전난간 및 미끄러지지 않는 구조의 발판을 설치
연삭기 또는 평삭기의 테이블, 형삭기 램 등의 행정 끝이 근로자에게 위험을 미칠 우려가 있는 경우	덮개 또는 울 등을 설치
선반 등으로부터 돌출하여 회전하고 있는 가공물이 근로자에게 위험을 미칠 우려가 있는 경우	덮개 또는 울 등을 설치
원심기	덮개를 설치
종이 · 천 · 비닐 및 와이어 로프 등의 감김통 등에 의하여 근로자가 위험해질 우려가 있는 부위	덮개 또는 울 등을 설치
압력용기 및 공기압축기 등에 부속하는 원동기 · 축이음 · 벨트 · 풀리의 회전 부위 등 근로자가 위험에 처할 우려가 있는 부위	덮개 또는 울 등을 설치
분쇄기 · 파쇄기 · 마쇄기 · 미분기 · 혼합기 및 혼화기 등을 가동하거나 원료가 흩날리거나 하여 근로자가 위험해질 우려가 있는 경우	덮개를 설치하는 등 필요한 조치
근로자가 분쇄기 등의 개구부로부터 가동 부분에 접촉함으로써 위해를 입을 우려가 있는 경우	덮개 또는 울 등을 설치

〈분쇄기 등의 가동 중 덮개 또는 울 등을 열어야 하는 경우의 조치사항〉
- 덮개를 열기 전에 분쇄기 등의 가동을 정지할 것
- 분쇄기 등과 덮개 간에 연동장치를 설치하여 덮개가 열리면 분쇄기 등이 자동으로 멈추도록 할 것
- 분쇄기 등에 광전자식 방호장치 등 감응형 방호장치를 설치하여 근로자의 신체가 위험한계에 들어가게 되면 분쇄기 등이 자동으로 멈추도록 할 것

법령

산업안전보건기준에 관한 규칙 제87조

기출문제

기계의 원동기 · 회전축 · 기어 · 풀리 등 근로자가 위험에 처할 우려가 있는 부위에 설치해야 하는 위험방지 설비 3가지를 쓰시오.

답
① 덮개
② 울
③ 슬리브
④ 건널다리

합격 체크포인트
- 방호장치의 종류 및 방법
- 유해·위험기계의 방호장치

02 기계의 방호장치

1 방호장치의 구분

(1) 용도에 따른 방호조치의 구분
① 재료, 공구 등의 낙하·비래에 의한 위험을 방지한다.
② 위험 부위에 인체의 접촉 또는 접근을 방지한다.
③ 방음, 집진 등을 목적으로 한다.

(2) 방호장치의 종류 및 방법

위험 장소에 대한 방호장치	위치 제한형	작업자의 신체 부위가 위험한계 밖에 있도록 기계의 조작장치를 위험한 작업점에서 안전거리 이상 떨어지게 하거나, 조작장치를 양손으로 동시 조작하게 함으로써 위험한계에 접근하는 것을 제한하는 방호장치
	접근 거부형	작업자의 신체 부위가 위험한계 내로 접근했을 때 기계적인 작용에 의하여 접근하지 못하도록 저지하는 방호장치
	접근 반응형	작업자의 신체 부위가 위험한계 또는 그 인접한 거리 내로 들어오면 이를 감지하여 그 즉시 기계의 동작을 정지시키고 경보를 발동하는 방호장치
	감지형	이상온도, 이상기압, 과부하 등 기계의 부하가 안전한계치를 초과하는 경우 이를 감지하고 자동으로 안전상태가 되도록 조정하거나 기계의 작동을 중지시키는 방호장치
위험원에 대한 방호장치	포집형	연삭기 덮개나 반발예방장치 등과 같이 위험장소에 설치하여 위험원이 비산하거나 튀는 것을 포집하여 작업자로부터 위험을 차단하는 방호장치

(3) 방호장치의 일반원칙

작업방해의 제거	방호장치로 인해 작업방해가 되면 불안전 행동의 원인을 제공할 뿐만 아니라 생산성에도 영향을 준다.
작업점의 방호	방호장치는 작업자를 위험으로부터 보호하기 위한 것이므로 위험한 작업 부분은 완벽하게 방호되어야 한다.
외관상의 안전화	외관상으로 불완전한 설치나 불안전한 모습은 심리적인 불안감을 주므로 불안전 행동의 원인으로 작용하게 된다.
기계 특성의 적합성	방호장치가 그 기계의 특성에 적합하지 않으면 제 성능을 발휘하지 못하며, 방호장치의 성능이 보장되지 않으면 방호장치로서의 제 기능을 다하지 못한다.

2 유해·위험기계 등에 대한 방호장치

아래의 예초기, 원심기, 공기압축기, 금속절단기, 지게차, 포장기계(진공포장기, 래핑기로 한정) 등은 유해·위험 방지를 위한 방호조치를 하지 아니하고는 양도·대여, 설치 또는 사용에 제공하거나 양도·대여의 목적으로 진열해서는 안 된다.

기계	방호장치	설명
예초기	날 접촉 예방장치	예초기의 절단날 또는 비산물로부터 작업자를 보호하기 위해 설치하는 보호덮개 등의 장치
원심기	회전체 접촉 예방장치	원심기의 케이싱 또는 하우징 내부의 회전통 등에 작업자의 신체 일부가 접촉되는 것을 방지하기 위해 설치하는 덮개 등의 장치
공기 압축기	압력 방출장치	압력용기의 과도한 압력상승을 방지하기 위해 설치하는 안전밸브, 언로드밸브 등의 장치
금속 절단기	날 접촉 예방장치	띠톱, 둥근톱 등 금속절단기의 절단날 또는 비산물로부터 작업자를 보호하기 위한 장치
지게차	헤드가드	위쪽으로부터 떨어지는 물건에 의한 위험을 방지하기 위해 머리 위쪽에 설치하는 덮개
	백레스트	마스트를 뒤로 기울일 때 화물이 마스트 방향으로 떨어지는 것을 방지하기 위한 짐받이 틀
포장 기계	구동부 방호 연동장치	진공포장기, 래핑기의 구동부에 설치한 방호장치 등이 개방되면 기계의 작동이 정지되고, 방호장치가 닫힌 상태에서만 기계가 작동되도록 상호 연결하는 장치

법령
산업안전보건법 시행령 별표 20
산업안전보건법 시행규칙 제98조

기출문제
방호조치를 하지 아니하고는 양도, 대여, 설치 또는 진열해서는 안 되는 기계·기구 3가지를 쓰시오.

답
① 예초기
② 원심기
③ 공기압축기
④ 금속절단기
⑤ 지게차
⑥ 포장기계(진공포장기, 래핑기로 한정)

기출문제
원심기와 공기압축기, 금속절단기에 설치해야 하는 방호장치를 순서대로 쓰시오.

답
회전체 접촉 예방장치, 압력방출장치, 날 접촉 예방장치

03 공작기계의 안전

1 절삭가공기계의 방호장치

선반	실드, 칩 브레이커, 척 커버, 방진구, 보호가드
드릴링머신	방호가드 및 덮개
연삭기, 연마기	덮개
밀링머신	커터가드장치
신선기	덮개, 비상정지장치
다이캐스팅머신	안전문, 안전블록, 비상정지장치
머시닝센터	자동 칩제거장치, 출입문연동장치
플레이너, 셰이퍼	방책, 칩받이, 칸막이

합격 체크포인트
- 공작기계의 종류
- 각 공작기계별 방호장치

2 선반

선반은 일감을 회전시키고 공구(바이트 등)를 좌우로 이송하여 주로 절삭 작업을 하는 공작 기계이다.

∥ 선반 기계의 모습 ∥

(1) 선반 작업의 위험요인
① 회전 부위에 접촉하거나 말림에 의한 재해발생 위험
② 심압대, 주축대의 결함 및 방진구 미설치로 인한 재해발생 위험
③ 칩 제거 작업 및 칩 비산에 의한 재해발생 위험

(2) 선반의 방호장치
① 실드(Shield) : 칩 및 절삭유의 비산 방지를 위해 전후, 좌우, 위쪽에 설치하는 플라스틱 덮개
② 칩 브레이커(Chip Breaker) : 바이트에 설치되며, 가공 시 발생하는 칩을 잘게 끊어 주는 장치
③ 척 커버(Chuck Cover) : 척이나 척에 물린 가공물의 돌출부에 작업복이 말려 들어가는 것을 방지하는 장치
④ 방진구 : 공작물의 길이가 직경의 12배 이상일 때 고정하는 장치
⑤ 브레이크 : 선반을 일시 정지시키는 장치

(3) 선반 작업의 안전수칙
① 상의의 옷자락은 안으로 넣고, 소맷자락을 묶을 때는 끈을 사용하지 않는다.
② 선반의 베드 위에는 공구를 올려놓지 않는다.
③ 공작물의 설치는 반드시 스위치를 끄고 바이트를 충분히 뗀 다음에 한다.
④ 편심된 가공물의 설치 시에는 균형추를 부착한다.
⑤ 공작물의 설치가 끝나면 척, 렌치류를 곧 떼어 놓는다.
⑥ 시동 전에 척 핸들을 빼둔다.
⑦ 회전 중에 가공품을 직접 만지지 않는다.

기출문제

선반의 방호장치 3가지를 쓰시오.

답
① 실드
② 칩 브레이커
③ 척 커버
④ 방진구
⑤ 브레이크

⑧ 양 센터 작업을 할 때는 심압 센터에 자주 기름을 주어 열의 발생을 막는다.
⑨ 바이트는 가급적 짧게 설치하여 진동이나 휨을 막는다.
⑩ 공작물의 길이가 직경의 12~20배 이상일 때에는 방진구를 사용하여 재료를 고정한다.
⑪ 칩 비산 시에는 보안경을 쓰고 방호판을 설치 및 사용한다.
⑫ 칩을 털어낼 경우에는 브러시를 사용하고, 맨손 또는 면장갑을 착용한 채로 털지 않으며, 특히 스핀들 내면이나 부시를 청소할 때는 기계를 정지하고 브러시 또는 막대에 천을 씌워서 사용한다.
⑬ 주유 및 청소 시에는 반드시 기계를 정지시킨다.

3 밀링머신

밀링 가공을 하는 공작기계로서, 주로 평면 공작물을 절삭 가공하나, 더브테일 가공이나 나사 가공 등의 복잡한 가공도 가능하다. 밀링 커버를 붙여 이것에 회전운동을 행하는 주축과 공작물을 고정하여 이송 운동을 하게 하는 테이블이 주요부를 구성하고 있다.

| 밀링머신의 모습 |

(1) 밀링작업의 위험요인
① 가공 칩에 의한 재해발생 위험
② 회전부에 의한 재해발생 위험

(2) 밀링머신의 방호장치
커터가드장치 등

(3) 밀링작업의 안전수칙
① 밀링작업 중 생기는 칩을 가늘고 길기 때문에 비산하여 부상을 당하기 쉬우므로 보안경을 착용한다.

② 제품을 풀어내거나 치수를 측정할 때는 기계를 정지시킨 후 수행한다.
③ 칩이나 부스러기를 제거할 때는 반드시 브러시를 사용하며, 걸레를 사용하지 않는다.
④ 면장갑은 착용하지 않는다.
⑤ 강력 절삭을 할 때에는 공작물을 바이스에 깊게 물린다.

4 플레이너

금속 가공용 플레이너는 제어된 방식으로 금속 공작물에서 재료를 제거하는 데 사용되는 기계이다.

| 플레이너의 모습 |

(1) 플레이너의 위험요인
① 칩 및 공작물의 의 비산
② 공구(바이트)의 파괴로 인한 파편 등

(2) 플레이너의 방호장치
① 방책
② 칩받이
③ 칸막이(방호울)

(3) 플레이너 작업의 안전수칙
① 프레임 내의 피트에는 덮개를 설치하여 재해를 방지한다.
② 베드 위에 다른 물건은 올려놓지 않는다.
③ 바이트는 되도록 짧게 나오도록 설치한다.
④ 플레이너 테이블의 행정 끝이 근로자에게 위험을 미칠 우려가 있을 때는 해당 부위에 덮개 또는 울 등을 설치한다.
⑤ 테이블과 고정벽 또는 다른 기계와의 최소거리가 40cm 이하가 될 때는 기계의 양쪽에 방책을 설치한다.

5 셰이퍼

바이트의 왕복운동으로 평면 혹은 다소 복잡한 형상을 한 작은 면적의 절삭에 사용되는 공작기계로서, 운동체의 중량이 가볍고, 또한 마찰 부분과 소비동력이 적으며, 바이트의 이송을 용이하게 조절할 수 있다.

▎셰이퍼의 모습 ▎

(1) 셰이퍼의 위험요인

① 가공 칩 비산
② 램(ram) 말단부 충돌
③ 바이트의 이탈

(2) 셰이퍼의 방호장치

① 방책
② 칩받이
③ 칸막이(방호울)

(3) 셰이퍼 작업의 안전수칙

① 가공물이 가공 중 바이트와 부딪쳐 떨어지는 경우가 있으므로 견고하게 고정한다.
② 바이트는 짧게 물린다.
③ 보안경을 착용한다.
④ 램의 행정은 되도록 짧게 한다.
⑤ 작업 중에는 바이트의 운동방향에 서지 말고, 측면에서 작업한다.
⑥ 칩이 튀어나오지 않도록 칩받이를 달거나 칸막이를 설치한다.
⑦ 가공품을 측정하거나 청소를 할 때는 기계를 정지한다.

6 드릴링머신

주축에 드릴을 끼워서 회전 절삭운동을 시키는 한편 주축에는 직선 이송운동을 시켜 공작물에 구멍을 뚫는 기계이다.

▎탁상용 드릴링머신의 모습 ▎

(1) 드릴링머신의 위험요인
① 드릴, 탭 등의 공구 또는 척의 끼임에 의한 위험
② 공작물의 고정 불량으로 공작물 비래, 충돌에 의한 위험
③ 절삭칩이 비산되거나 신체접촉에 의한 위험

(2) 드릴링머신의 방호장치
① 방호덮개의 뒷면을 180° 개방하여 작업 시 발생하는 칩 배출을 용이하게 할 것 : 드릴날 교체의 편리성을 위해 가드가 180° 위로 젖혀지는 형태로 설치
② 고정대의 안에 홈을 만들고 바이스를 장착할 것 : 가공 위치에 따라 전후로 이동시키면서 가공 위치로 이동시켜 작업
③ 드릴날 회전제어장치 : 잡고 있던 레버가 일정 위치로 복귀 시 리미트스위치에 의해 전원 차단되고, 드릴날 회전이 정지한다.

(3) 드릴링머신 작업의 안전수칙
① 말려들기 쉬운 장갑이나 소맷자락이 넓은 상의는 착용하지 않는다.
② 칩은 브러시로 털며, 걸레로 털거나 입으로 불지 않는다.
③ 큰 구멍을 뚫을 때는 작은 구멍을 먼저 뚫은 후 큰 구멍을 뚫는다.
④ 보안경을 착용하고 작업한다.
⑤ 드릴이 밑면에 나왔는지 확인하기 위해 손으로 가공물 밑바닥을 만지지 않는다.
⑥ 드릴을 교체할 경우나 드릴에 감겨 있는 칩을 제거할 경우에는 회전을 멈춘다.

7 연삭기

연삭기는 단단하고 미세한 입자를 결합하여 제작한 연삭숫돌을 고속으로 회전시켜, 가공물의 원통면이나 평면을 극히 소량씩 가공하는 정밀 가공 방법이며, 연삭을 하는 기계이다.

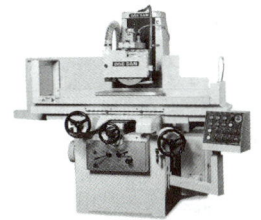 

▎평면 연삭기와 휴대용 연삭기 ▎

(1) 연삭기의 위험요인
① 숫돌의 파괴, 파편의 비래 등에 의한 위험
② 회전하는 숫돌에 닿아 절단 · 스침 등의 위험
③ 공작물의 파편이나 칩의 비래에 의한 위험
④ 회전하는 숫돌과 덮개 혹은 고정부의 사이에 낄 위험

(2) 연삭기의 방호장치
① 덮개
② 투명 비산방지판
③ 탁상용 연삭기의 덮개 각도

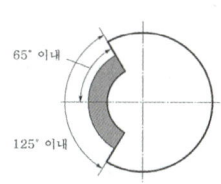 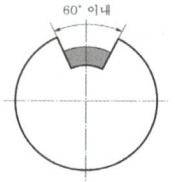 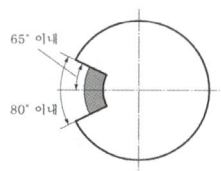

▲ 일반 연삭 작업 등에 사용 목적   ▲ 연삭숫돌의 상부 사용 목적   ▲ 그 외의 탁상용 연삭기

④ 휴대용, 원통형, 센터리스, 절단기, 평면형 연삭기의 덮개 각도

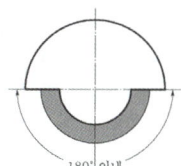 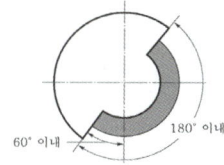 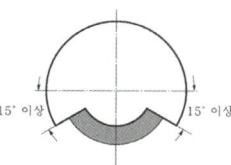

▲ 휴대용, 원통형, 센터리스 연삭기   ▲ 원통 외면 연삭기 및 센터리스 연삭기   ▲ 절단기, 평면형 연삭기

기출문제

연삭기의 방호장치 1가지를 쓰시오.

답
① 덮개
② 투명 비산방지판

기출문제

휴대용 연삭기 덮개의 개구부 설치 각도(숫돌 노출 각도)를 쓰시오.

답
180° 이내(덮개 자체의 각도는 180° 이상)

(3) 연삭작업의 안전수칙
① 연삭숫돌을 조심하여 취급하고 사용 전에는 반드시 손상유무를 점검한다.
② 연삭숫돌에는 충격이 가지 않도록 한다.
③ 연삭숫돌은 규격에 맞는 크기의 것을 규정 속도로 사용한다.
④ 방호덮개를 부착한 상태에서 작업한다.
⑤ 작업 시에는 반드시 보안경을 착용한다.
⑥ 연삭숫돌의 교체 시에는 3분 이상, 작업시작 전 1분 이상 시운전 후 작업한다.
⑦ 측면 사용을 목적으로 제작된 연삭숫돌 이외에는 측면 사용을 금지한다.

(4) 연삭숫돌의 파괴원인
① 숫돌의 회전 속도가 너무 빠른 경우
② 숫돌 자체에 균열이 있는 경우
③ 숫돌의 측면을 사용하여 작업하는 경우
④ 숫돌에 과대한 충격을 가한 경우
⑤ 플랜지가 현저히 작은 경우(플랜지는 숫돌 지름의 1/3 이상일 것)
⑥ 숫돌 불균형, 베어링 마모에 의한 진동이 심할 때

(5) 연삭기 작동시험
연삭기 작동시험은 시험용 연삭기에 직접 부착 후 아래 사항을 확인하여 이상이 없어야 한다.
① 연삭숫돌과 덮개의 접촉 여부
② 덮개의 고정 상태, 작업의 원활성, 안전성, 덮개 노출의 적합성 여부
③ 탁상용 연삭기는 덮개, 워크레스트 및 조정편 부착 상태의 적합성 여부

기출문제
연삭숫돌의 교체 시와 작업 시작 전 시험운전을 해야하는 시간을 쓰시오.
답
① 교체 시 : 3분 이상
② 작업시작 전 : 1분 이상

기출문제
연삭숫돌의 파괴원인 4가지를 쓰시오.
답 오른쪽 ①~⑥

법령
방호장치 자율안전기준 고시 별표 4의2

기출문제
연삭기 작동시험에서 "탁상용 연삭기는 덮개, ( ) 및 ( ) 부착 상태의 적합성 여부"를 확인하여 이상이 없어야 한다. 빈칸에 들어갈 알맞은 답을 쓰시오.
답 워크레스트, 조정편

04 프레스 및 전단기의 안전

1 프레스의 방호장치

(1) 프레스 작업시작 전 점검사항
① 클러치 및 브레이크의 기능
② 크랭크축·플라이휠·슬라이드·연결봉 및 연결나사의 풀림 유무
③ 1행정 1정지 기구·급정지장치 및 비상정지장치의 기능
④ 슬라이드 또는 칼날에 의한 위험방지기구의 기능
⑤ 프레스의 금형 및 고정볼트 상태
⑥ 방호장치의 기능
⑦ 전단기의 칼날 및 테이블의 상태

(2) 프레스의 작업점에 대한 방호 방법
① 금형 안에 손이 들어가지 않는 구조(No-hand in die)
  ㉠ 안전울(방호울) 설치
  ㉡ 안전 금형 사용
  ㉢ 자동화 또는 전용 프레스 도입
② 금형 안에 손이 들어가는 구조(Hand in die)
  ㉠ 가드식 방호장치
  ㉡ 수인식 방호장치
  ㉢ 손쳐내기식 방호장치
  ㉣ 양수조작식 방호장치
  ㉤ 광전자식 방호장치

(3) 프레스 방호장치의 종류

구분	종류	기능
광전자식	A-1	투광부, 수광부, 컨트롤 부분으로 구성된 것으로서, 신체의 일부가 광선을 차단하면 기계를 급정지시키는 방호장치
	A-2	급정지기능이 없는 프레스의 클러치 개조를 통해 광선 차단 시 급정지시킬 수 있도록 한 방호장치
양수 조작식	B-1 (유·공압 밸브식)	1행정 1정지식 프레스에 사용되는 것으로서, 양손으로 동시에 조작하지 않으면 기계가 동작하지 않고, 한 손이라도 떼어내면 급정지시키는 방호장치(위치제한형 방호장치)
	B-2 (전기버튼식)	

합격 체크포인트
- 프레스의 종류
- 프레스의 방호장치

법령
산업안전보건법 시행규칙 별표 3

기출문제
프레스의 작업시작 전 점검사항 3가지를 쓰시오.
답 왼쪽 ①~⑦

법령
방호장치 안전인증 고시 별표 1

기출문제
프레스의 방호장치 중 A-1의 방호장치명과 기능을 쓰시오.
답
① 광전자식 방호장치
② 왼쪽 표의 A-1 기능

> **기출문제**
>
> 손쳐내기식 방호장치의 기호를 쓰시오.
>
> 🖹 D

구분	종류	기능
게이트 가드식	C	가드가 열려 있는 상태에서는 기계의 위험부분이 동작되지 않고, 기계가 위험한 상태일 때에는 가드를 열 수 없도록 한 방호장치
손쳐내기식	D	슬라이드의 작동에 연동시켜 위험상태로 되기 전에 손을 위험 영역에서 밀어내거나 쳐내는 방호장치
수인식	E	슬라이드와 작업자 손을 끈으로 연결하여 슬라이드 하강 시 작업자 손을 당겨 위험영역에서 빼낼 수 있도록 한 방호장치

(4) 프레스 방호장치의 공통 설치조건

① 방호장치의 기능을 발휘할 수 있도록 하여야 한다.
② 사용자는 설치공사 시 취급설명서의 제한사항, 준수사항 등을 확인하고 취급설명서와 같이 운전시험을 하여야 한다.
③ 사용자는 설치한 방호장치의 작동시험 후 정상이 아닌 때에는 작업자에게 프레스 사용을 금지시킨다.
④ 양수조작식 방호장치 또는 광전자식 방호장치를 부착할 때 안전거리를 확보한다.

(5) 방호장치의 구조와 설치 시 주의사항

① 광전자식 방호장치
  ㉠ 투광부, 수광부, 컨트롤 부분으로 구성된 것으로, 신체의 일부가 광선을 차단하면 기계를 급정지시키는 방호장치이다.
  ㉡ 슬라이드 하강 중 정전 또는 방호장치의 이상 시에 정지할 수 있는 구조로, 기계적 고장에 의한 2차 낙하에는 효과가 없다.
  ㉢ 연속 운전작업에 사용할 수 있으며, 시계를 차단하지 않기 때문에 작업에 지장을 주지 않는다.
  ㉣ 정상동작 표시램프는 녹색, 위험 표시램프는 붉은색으로 하며, 근로자가 쉽게 볼 수 있는 곳에 설치해야 한다.
  ㉤ 방호장치는 릴레이, 리미트스위치 등의 전기부품의 고장, 전원전압의 변동 및 정전에 의해 슬라이드가 불시에 동작하지 않아야 하며, 사용전원전압의 ±(100분의 20)의 변동에 대하여 정상으로 작동되어야 한다.
  ㉥ 방호장치의 정상작동 중에 감지가 이루어지거나 공급전원이 중단되는 경우 적어도 두 개 이상의 독립된 출력신호 개폐장치가 꺼진 상태로 되어야 한다.

Ⓢ 방호장치를 무효화하는 기능이 있어서는 안 된다.
ⓞ 연속차광폭은 30mm 이하여야 한다(단, 12광축 이상으로 광축과 작업점과의 수평거리가 500mm를 초과하는 프레스에 사용하는 경우는 40mm 이하).
Ⓩ 설치거리는 안전거리보다 길어야 한다.
Ⓒ 안전거리

- 프레스, 전단기의 방호장치 의무안전 인증기준
  $D\,(\text{cm}) = 160 \times$ 프레스 작동 후 작업점까지의 도달시간(초)
- 프레스의 의무안전 인증기준
  $D\,(\text{mm}) = 1{,}600 \times (T_L + T_S)$

여기서, D : 안전거리
T_L : 손이 광선을 차단한 순간부터 급정지기구가 작동 개시하기 전까지의 시간(방호장치의 작동시간)
T_S : 급정지기구가 작동을 개시할 때부터 슬라이드가 정지할 때까지의 시간(프레스의 급정지시간)
$T_L + T_S$: 최대정지시간

> **기출문제**
>
> 프레스의 급정지시간이 200ms일 때, 방호장치의 방호거리는 몇 mm인지 구하시오.
>
> **풀이**
> $160 \times 0.2 = 32\,[\text{cm}]$
> (여기서, 1s = 1,000ms)
>
> **답** 320mm

② 양수조작식 방호장치
㉠ 1행정 1정지식 프레스에 사용되는 것으로서, 양손으로 동시에 조작하지 않으면 기계가 동작하지 않으며, 한 손이라도 떼어내면 기계를 정지시키는 방호장치이다.
㉡ 슬라이드 하강 중 정전 또는 방호장치의 이상 시에 정지할 수 있는 구조이어야 한다.
㉢ 방호장치는 릴레이, 리미트스위치 등의 전기부품의 고장, 전원전압의 변동 및 정전에 의해 슬라이드가 불시에 동작하지 않아야 하며, 사용전원전압 ±(100분의 20)의 변동에 대하여 정상으로 작동되어야 한다.
㉣ 1행정 1정지 기구에 사용할 수 있어야 한다.
㉤ 누름버튼을 양손으로 동시에 조작하지 않으면 작동시킬 수 없는 구조이어야 하며, 양쪽 버튼의 작동시간 차이는 최대 0.5초 이내일 때 프레스가 동작되도록 해야 한다.
㉥ 1행정마다 누름버튼에서 양손을 떼지 않으면 다음 작업의 동작을 할 수 없는 구조이어야 한다.
㉦ 누름버튼의 상호 간 내측거리는 300mm 이상이어야 한다.
㉧ 설치거리는 안전거리보다 길어야 한다.

ⓩ 안전거리

> • 프레스, 전단기의 방호장치 의무안전 인증기준
> $D\text{(cm)} = 160 \times$ 프레스 작동 후 작업점까지의 도달시간(초)
> • 프레스의 의무안전 인증기준
> $D\text{(mm)} = 1,600 \times (T_L + T_S)$

여기서, D : 안전거리
T_L : 손이 광선을 차단한 순간부터 급정지기구가 작동 개시하기 전까지의 시간(방호장치의 작동시간)
T_S : 급정지기구가 작동을 개시할 때부터 슬라이드가 정지할 때까지의 시간(프레스의 급정지시간)
$T_L + T_S$: 최대정지시간

③ 양수기동식(급정지 기구가 없는 확동클러치 프레스용)
  ㉠ 120spm 이상 프레스에서 사용한다.
  ㉡ 안전거리

> $D = 1.6 \times T_m\text{(mm)} = 1.6 \times \left(\dfrac{1}{2} + \dfrac{1}{N}\right) \times \dfrac{60,000}{\text{spm}}\text{(ms)}$

여기서, D : 안전거리
N : 확동식 클러치의 봉합 개소수(클러치의 맞물림 개소수)
T_m : 양손으로 누름버튼을 누른 뒤 슬라이드가 하사점에 도달하기까지의 최대 소요시간(ms)
spm : 매분행정수

④ 게이트가드식 방호장치
  ㉠ 가드가 열린 상태에서 슬라이드를 동작시킬 수 없고, 슬라이드 동작 중에는 열 수 없어야 한다.
  ㉡ 방호장치에 설치된 슬라이드 동작용 리미트스위치는 신체의 일부나 재료 등의 접촉을 방지할 수 있는 구조이어야 한다.
  ㉢ 확동식 클러치를 부착한 프레스에 사용하는 것은 슬라이드의 상사점에서 정지를 확인할 후가 아니면 개방할 수 없어야 한다.
  ㉣ 게이트의 작동방식에 따라 하강식, 횡슬라이드식, 도립식, 상승식이 있다.

⑤ 수인식 방호장치
  ㉠ 손목 밴드의 재료는 유연한 내유성 피혁 또는 동등한 재료를 사용해야 한다.
  ㉡ 수인끈의 재료는 합성섬유로 직경이 4mm 이상이어야 한다.

기출문제

클러치 맞물림 개수가 5개, 200spm의 동력 프레스기의 양수기동식 안전장치의 안전거리(mm)를 계산하시오.

답

$1.6 \times \left(\dfrac{1}{2} + \dfrac{1}{5}\right) \times \dfrac{60,000}{200}$
$= 336\text{[mm]}$

ⓒ 수인끈의 끄는 양은 테이블 안 길이의 1/2 이상이어야 한다.
ⓔ 수인끈은 늘어나거나 끊어지기 쉬운 것을 사용하면 안 되며, 그 길이를 조정할 수 있어야 한다.

⑥ 손쳐내기식 방호장치
　㉠ 슬라이드 하행정 거리의 3/4 위치에서 손을 완전히 밀어내야 한다.
　㉡ 손쳐내기 봉의 진폭은 금형 폭 이상이어야 한다.
　㉢ 방호판의 폭은 금형 폭의 1/2 이상이어야 되고, 스트로크가 300mm 이상의 프레스는 방호판의 폭을 300mm로 해야 한다.
　㉣ 손쳐내기 봉은 손 접촉 시 충격을 완화할 수 있는 충재를 부착해야 한다.

(6) 기타 프레스 관련 안전수칙

① 발로 조작되는 페달 또는 스위치에는 접촉 등에 의해 프레스가 불의에 작동하여 금형 사이에 신체가 협착되는 사고를 방지하기 위해 U자형 덮개를 설치한다.
② 금형의 사이에 작업자의 신체의 일부가 들어가지 않도록 상사점 위치에 있어서 상형과 하형, 펀치와 다이의 간격이 8mm 이하가 되도록 설치한다.

기출문제

실수로 프레스 페달을 밟아 금형이 작동하지 않도록 설치해야 하는 방호장치와, 상형과 하형 사이의 간격은 얼마 이하로 하는 것이 적당한지 쓰시오.

답
① 방호장치명 : U자형 덮개
② 설치 간격 : 8mm 이하

05 기타 산업용 기계 기구

1 롤러기

롤러기란 2개 이상의 롤러를 한 조로 해서 각각 반대 방향으로 회전하면서 가공 재료를 롤러 사이로 통과시켜 롤러의 압력에 의하여 소성변형 또는 연화시키는 기계를 말한다.

합격 체크포인트
- 기타 산업용 기계의 종류
- 각 기계별 방호장치

(1) 방호장치의 설치 방법 및 성능조건

① 급정지장치 : 롤러기의 전면에서 작업하고 있는 근로자의 신체 일부가 롤러 사이에 말려들어 가거나 말려 들어갈 우려가 있는 경우에 근로자가 손, 무릎, 복부 등으로 급정지 조작부를 동작시켜 롤러기를 급정지시키는 장치를 말한다.

법령

방호장치 자율안전기준 고시 별표 3

> **기출문제**
>
> 롤러기의 방호장치인 급정지장치의 종류와 그에 따른 설치 위치를 쓰시오.
>
> **답**
> ① 손 조작식 : 1.8m 이내
> ② 복부 조작식 : 0.8m 이상 1.1m 이내
> ③ 무릎 조작식 : 0.6m 이내

② 급정지 장치의 종류와 설치 위치

급정지장치 조작부의 종류	위치
손으로 조작하는 것	밑면으로부터 1.8m 이내
복부로 조작하는 것	밑면으로부터 0.8m 이상 1.1m 이내
무릎으로 조작하는 것	밑면으로부터 0.6m 이내

※ 위치는 급정지장치 조작부의 중심점을 기준으로 한다.

③ 앞면 롤러의 표면속도에 따른 급정지거리

앞면 롤러의 표면속도	급정지거리
30m/min 미만	앞면 롤러 원주의 1/3 이내
30m/min 이상	앞면 롤러 원주의 1/2.5 이내

> **기출문제**
>
> 앞면 롤러의 표면속도가 30m/min 미만과 이상일 때의 급정지거리를 쓰시오.
>
> **답**
> ① 30m/min 미만 : 1/3 이내
> ② 30m/min 이상 : 1/2.5 이내

이때 표면속도 계산 공식은 아래와 같다.

$$V = \frac{\pi \cdot D \cdot N}{1,000} (\text{m/min})$$

여기서, V : 안전거리
　　　　D : 롤러 원통의 직경(mm)
　　　　N : 1분간 롤러 회전수(rpm)

2 원심기

원심기 또는 원심분리기(centrifuge)란 가속되기 쉬운 공정재료의 혼합물과 관련된 회전 가능한 챔버를 장착하고 있는 분리 장치 등을 말한다.

(1) 방호장치

① 덮개와 에어실린더 잠금 연동장치
　㉠ 원심력을 이용하여 물질을 분리하거나 추출하는 일련의 작업을 행하는 원심기계에는 덮개를 설치한다.
　㉡ 덮개의 원활한 구동과 내통 회전 중 덮개를 개방할 수 없도록 에어실린더 잠금장치를 설치하고, 잠금장치와 연동회로를 구성한다.
　㉢ 타이머로 덮개의 자동 개폐회로를 구성하고 타이머의 신호를 모터와 연동하여 내용물에 따른 작업시간의 조절이 가능하도록 한다.

② 덮개와 전기적 리미트스위치 연동장치
　㉠ 덮개의 원활한 구동을 위하여 에어실린더에는 덮개를 설치한다.

ⓒ 덮개 부분에 리미트스위치를 부착하여 덮개를 개방하면 전원이 자동차단되고 원심탈수기 회전이 정지되도록 연동회로를 구성한다.

(2) 원심기의 안전기준
① 덮개의 설치 : 원심기에는 덮개를 설치한다.
② 운전의 정지 : 원심기로부터 내용물을 꺼낼 때는 운전을 정지한다.
③ 최고 사용회전수의 초과 사용 금지 : 원심기의 정격 회전수를 초과하여 사용하는 것을 금지한다.

3 아세틸렌 용접장치

아세틸렌 용접기는 산소와 아세틸렌이 화합했을 때 발생하는 높은 열을 이용해서 금속을 용접·절단하는 장치이다.

(1) 아세틸렌 용접장치의 구조
① 아세틸렌 용접장치의 구조

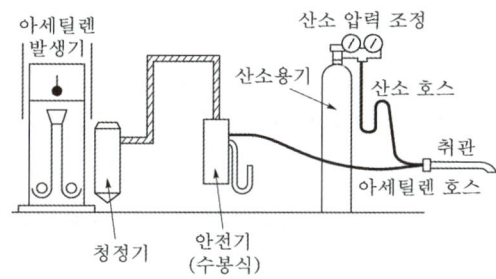

▍아세틸렌 용접장치의 구조 ▍

발생기	카바이드와 물을 반응시켜 아세틸렌 용접장치에서 사용하는 아세틸렌을 발생시키는 장치
도관	발생기로부터 작업 현장으로 가스를 공급하기 위한 배관 설비
취관	선단에 붙인 팁(노즐)으로부터 가스의 유출을 조절하는 기구
안전기	가스의 역류 및 역화를 방지하기 위해 설치하는 방호장치

② 아세틸렌가스의 화학반응 : 칼슘카바이드(CaC_2)에 물을 작용

$$CaC_2 + 2H_2O \rightarrow C_2H_2 + Ca(OH)_2 + 31.872 kcal$$

(2) 아세틸렌 용접작업 시 발생하는 역화의 원인과 해결 방법

① 역화의 원인
- ㉠ 압력조정기의 고장
- ㉡ 산소공급이 과다할 때
- ㉢ 토치의 성능이 좋지 않을 때
- ㉣ 토치 팁에 이물질이 묻어 막혔을 때
- ㉤ 팁과 모재의 접촉
- ㉥ 토치가 가열되었을 때

② 해결 방법 : 산소밸브를 잠그고 아세틸렌밸브를 잠근 후 산소밸브를 조금 열고 물에 담근다.

3) 방호장치의 종류와 설치 방법 및 성능시험

① 안전기의 종류

수봉식 역화방지	• 유효수주 : 저압용 25mm 이상, 중압용 50mm 이상
건식 역화방지기	• 소염소자식 • 우회로식

② 방호장치의 설치 방법
- ㉠ 매 취관마다 안전기를 설치해야 한다.
- ㉡ 주관에 안전기를 설치하고 취관에 가장 근접한 분기관마다 설치해야 한다.
- ㉢ 가스용기가 발생기와 분리되어 있는 경우 발생기와 가스용기 사이에 설치해야 한다.

③ 역화방지기의 성능시험 종류
- ㉠ 역화방지시험
- ㉡ 역류방지시험
- ㉢ 기밀시험
- ㉣ 내압시험

(4) 아세틸렌 발생 압력의 제한

아세틸렌 용접장치를 사용하여 금속의 용접·용단 또는 가열작업을 하는 경우에는 게이지 압력이 127kPa을 초과하는 압력의 아세틸렌을 발생시켜 사용해서는 안 된다.

법령

산업안전보건기준에 관한 규칙 제289조

기출 문제

"사업주는 아세틸렌 용접장치의 매 (   )마다 안전기를 설치하여야 한다."에서 빈칸에 알맞은 답을 쓰시오.

답 취관

기출 문제

아세틸렌 용접장치로 금속 용접 시 얼마를 초과하는 압력의 아세틸렌을 발생시키면 안 되는지 쓰시오.

답 127kPa

(5) 아세틸렌 발생기실의 설치장소

① 아세틸렌 용접장치의 아세틸렌 발생기를 설치하는 경우에는 전용의 발생기실에 설치하여야 한다.
② 발생기실은 건물의 최상층에 위치하여야 하며, 화기를 사용하는 설비로부터 3m를 초과하는 장소에 설치하여야 한다.
③ 발생기실을 옥외에 설치한 경우에는 그 개구부를 다른 건축물로부터 1.5m 이상 떨어지도록 하여야 한다.

(6) 발생기실의 구조

① 벽은 불연성 재료로 하고 철근 콘크리트 또는 그 밖에 이와 같은 수준이거나 그 이상의 강도를 가진 구조로 할 것
② 지붕과 천장에는 얇은 철판이나 가벼운 불연성 재료를 사용할 것
③ 바닥면적의 1/16 이상의 단면적을 가진 배기통을 옥상으로 돌출시키고, 그 개구부를 창이나 출입구로부터 1.5m 이상 떨어지도록 할 것
④ 출입구의 문은 불연성 재료로 하고 두께 1.5mm 이상의 철판이나 그 밖에 그 이상의 강도를 가진 구조로 할 것
⑤ 벽과 발생기 사이에는 발생기의 조정 또는 카바이드 공급 등의 작업을 방해하지 않도록 간격을 확보할 것

(7) 아세틸렌 용접장치를 사용하여 금속의 용접·용단 또는 가열작업을 하는 경우 준수사항

① 발생기(이동식 아세틸렌 용접장치의 발생기는 제외)의 종류, 형식, 제작업체명, 매 시 평균 가스발생량 및 1회 카바이드 공급량을 발생기실 내의 보기 쉬운 장소에 게시할 것
② 발생기실에는 관계 근로자가 아닌 사람이 출입하는 것을 금지할 것
③ 발생기에서 5m 이내 또는 발생기실에서 3m 이내의 장소에서는 흡연, 화기의 사용 또는 불꽃이 발생할 위험한 행위를 금지시킬 것
④ 도관에는 산소용과 아세틸렌용의 혼동을 방지하기 위한 조치를 할 것
⑤ 아세틸렌 용접장치의 설치장소에는 적당한 소화설비를 갖출 것
⑥ 이동식 아세틸렌 용접장치의 발생기는 고온의 장소, 통풍이나 환기가 불충분한 장소 또는 진동이 많은 장소 등에 설치하지 않도록 할 것

기출문제

아세틸렌 발생기실의 설치장소로 옥외에 설치한 경우에 개구부는 다른 건축물로부터 얼마 이상 떨어져야 하는지 쓰시오.

답 1.5m

기출문제

아세틸렌 용접장치를 사용하여 금속의 용접·용단 또는 가열작업 시 발생기실 내의 보기 쉬운 장소에 게시할 사항 3가지를 쓰시오.

답
① 종류
② 형식
③ 제작업체명
④ 매 시 평균 가스발생량 및 1회 카바이드 공급량

4 가스집합 용접장치

가스집합 용접장치는 가스 집합 장치의 용기를 도관에 의해 연결한 장치 또는 인화성 가스의 용기를 도관에 의해 연결한 장치를 말한다.

법령
산업안전보건기준에 관한 규칙 제291조

(1) 가스집합장치의 위험방지
① 가스집합장치에 대해서는 화기를 사용하는 설비로부터 5m 이상 떨어진 장소에 설치하여야 한다.
② 가스집합장치를 설치하는 경우에는 전용의 방(이하 "가스장치실"이라 함)에 설치하여야 한다. 다만, 이동하면서 사용하는 가스집합장치의 경우에는 그러하지 아니하다.
③ 가스장치실에서 가스집합장치의 가스용기를 교환하는 작업을 할 때 가스장치실의 부속설비 또는 다른 가스용기에 충격을 줄 우려가 있는 경우에는 고무판 등을 설치하는 등 충격방지 조치를 하여야 한다.

기출문제
가스장치실 설치하는 경우 갖추어야 할 구조 사항 3가지를 쓰시오.
🗐 오른쪽 ①~③

(2) 가스장치실의 구조
① 가스가 누출된 때에는 당해 가스가 정체되지 아니하도록 할 것
② 지붕 및 천장에는 가벼운 불연성의 재료를 사용할 것
③ 벽에는 불연성의 재료를 사용할 것

기출문제
가스집합 용접장치의 배관을 하는 경우 준수사항 3가지를 쓰시오.
🗐 오른쪽 ①~③

(3) 가스집합 용접장치의 배관 시 준수사항
① 플랜지·밸브·콕 등의 접합부에는 개스킷을 사용하고 접합면을 상호 밀착시키는 등의 조치를 할 것
② 주관 및 분기관에는 안전기를 설치할 것. 이 경우 하나의 취관에 2개 이상의 안전기를 설치하여야 한다.
③ 용해아세틸렌의 가스집합 용접장치의 배관 및 부속기구는 동 또는 동을 70% 이상 함유한 합금을 사용하여서는 안 된다.

(4) 가스집합 용접장치를 사용하여 금속의 용접·용단 및 가열작업 시 준수사항
① 사용하는 가스의 명칭 및 최대가스저장량을 가스장치실의 보기 쉬운 장소에 게시할 것
② 가스용기를 교환하는 경우에는 관리감독자가 참여한 가운데 할 것
③ 밸브·콕 등의 조작 및 점검요령을 가스장치실의 보기 쉬운 장소에 게시할 것

④ 가스장치실에는 관계근로자가 아닌 사람의 출입을 금지할 것
⑤ 가스집합장치로부터 5m 이내의 장소에서는 흡연, 화기의 사용 또는 불꽃을 발생할 우려가 있는 행위를 금지할 것
⑥ 도관에는 산소용과의 혼동을 방지하기 위한 조치를 할 것
⑦ 가스집합장치의 설치장소에는 법령에 따른 소화설비를 하나 이상을 갖출 것
⑧ 이동식 가스집합 용접장치의 가스집합장치는 고온의 장소, 통풍이나 환기가 불충분한 장소 또는 진동이 많은 장소에 설치하지 않도록 할 것
⑨ 해당 작업을 행하는 근로자에게 보안경과 안전장갑을 착용시킬 것

(5) 가스용기 취급 시 준수사항
① 통풍이나 환기가 불충분한 장소, 화기를 사용하는 장소 및 그 부근, 위험물 또는 인화성 액체를 취급하는 장소 및 그 부근에는 설치·저장 또는 방치하지 않도록 한다.
② 용기의 온도를 40℃ 이하로 유지한다.
③ 전도의 위험이 없도록 한다.
④ 충격을 가하지 않도록 한다.
⑤ 운반하는 경우에는 캡을 씌워서 운반한다.
⑥ 사용하는 경우에는 용기의 마개에 부착되어 있는 유류 및 먼지를 제거한다.
⑦ 밸브의 개폐는 서서히 한다.
⑧ 사용 전 또는 사용 중인 용기와 그 밖의 용기를 명확히 구별하여 보관한다.
⑨ 용해아세틸렌의 용기는 세워서 보관한다.
⑩ 용기의 부식·마모 또는 변형 상태를 점검한 후 사용한다.

(6) 가스 종류별 용기 색상

가스 종류	용기 색상	가스 종류	용기 색상
산소	녹색	수소	주황색
탄산가스	청색	염소	갈색
아세틸렌	황색	암모니아	백색
그 외 가스	회색		

5 보일러

보일러란 밀폐된 강철제 용기 내의 물 또는 열매에 연료의 연소열을 전하여 증기 또는 온수를 만드는 장치를 말한다.

(1) 보일러 취급 시 이상 현상

포밍 (foaming)	보일러수 중 용해 고형물, 유지류, 가스 등에 의해 수면에 다량의 거품이 일어나는 현상
프라이밍 (priming)	보일러가 과부하로 인하여 보일러수가 극심하게 끓어서 수면에서 물방울이 비산하고 증기부가 물방울로 충만하여 수위가 불안정하게 되는 현상
캐리오버 (carry over)	보일러 수 내 용해되어 있는 고형물이 증기와 함께 보일러 외부로 튀어 나가는 현상 〈캐리오버의 원인〉 • 기실과 증발 수면의 협소 • 기수 분리기의 고장 • 보일러 내의 수면이 비정상적으로 높게 될 경우 • 보일러 부하가 급격하게 증대될 경우 • 압력의 급강하로 격렬한 자기증발을 일으킬 때
수격 작용	배관 내부에 체류하는 응축수가 송기시에 고온 고압의 증기에 의해 배관을 심하게 타격하여 소음을 발생하는 현상

(2) 보일러 안전장치의 종류

① 고저수위조절장치 : 고저수위지점을 알리는 경보등 · 경보음 장치 등을 설치해야 한다.

② 압력방출장치
  ㉠ 보일러 규격에 적합한 압력방출장치를 최고사용압력 이하에서 작동되도록 1개 또는 2개 이상 설치해야 한다.
  ㉡ 2개 이상 설치할 경우 최고사용압력 이하에서 1개가 작동되고, 다른 압력방출장치는 최고사용압력의 1.05배 이하에서 작동되도록 부착해야 한다.
  ㉢ 압력방출장치는 설정압력에서 압력방출장치가 적정하게 작동하는지를 검사한 후 납으로 봉인하여 사용해야 한다. 다만, 공정안전보고서 제출 대상으로서 공정안전보고서 이행상태 평가 결과가 우수한 사업장은 압력방출장치에 대하여 4년마다 1회 이상 설정압력에서 압력방출장치가 적정하게 작동하는지를 검사할 수 있다.

기출문제

보일러의 폭발사고 방지를 위한 안전장치의 종류 3가지를 쓰시오.

답
① 고저수위조절장치
② 압력방출장치
③ 압력제한스위치
④ 화염검출기

기출문제

보일러 압력방출장치가 2개 이상 설치된 경우 최고사용압력 이하에서 1개가 작동되고, 다른 압력방출장치는 최고사용압력 몇 배 이하에서 작동되도록 부착해야 하는지 쓰시오.

답 1.05배

③ 압력제한스위치 : 보일러의 과열 방지를 위해 최고사용압력과 상용압력 사이에서 버너연소를 차단할 수 있도록 압력제한스위치를 부착하여 사용해야 한다.
④ 화염검출기 : 연소 상태를 항상 감시하고 그 신호를 프레임 릴레이가 받아서 연소차단밸브를 개폐해야 한다.

6 공기압축기

공기압축기란 대기 중의 공기를 흡수, 압축하여 고압의 공기를 만드는 기계이다.

(1) 공기압축기의 방호장치
① 압력방출장치
② 언로드밸브
③ 안전밸브

(2) 공기압축기 작업시작 전 점검 사항
① 공기저장 압력용기의 외관상태
② 드레인밸브(drain valve)의 조작 및 배수
③ 압력방출장치의 기능
④ 언로드밸브(unloading valve)의 기능
⑤ 윤활유의 상태
⑥ 회전부의 덮개 또는 울
⑦ 그 밖의 연결부위의 이상 유무

> **법령**
> 산업안전보건기준에 관한 규칙 별표 3

> **기출문제**
> 공기압축기의 작업시작 전 점검 사항 3가지를 쓰시오.
> 📄 왼쪽 ①~⑦

7 산업용 로봇

산업용 로봇은 매니퓰레이터(manipulator) 및 기억장치를 가지고 기억장치정보에 의해 매니퓰레이터의 굴신, 신축, 상하이동, 좌우이동, 선회동작 및 이들의 복합동작을 자동적으로 이행할 수 있는 기계장치를 말한다.

(1) 교시작업
① 작업자가 근접하여 매니퓰레이터의 동작 순서, 위치 또는 속도의 설정 변경, 다른 기기와의 연동 설정 변경 등의 절차를 작성하여 기억장치에 기억시키는 작업을 말한다.

> **법령**
> 산업안전보건기준에 관한 규칙 제222조

기출 문제

산업용 로봇의 교시 등의 작업 시 오작동 또는 오조작에 의한 위험을 방지하기 위한 조치사항 4가지를 쓰시오.

답 오른쪽 ㉠~㉥

② 교시작업 중 로봇의 예기치 못한 작동 또는 오조작에 의한 위험방지 조치
  ㉠ 로봇의 조작 방법 및 순서
  ㉡ 작업 중의 매니퓰레이터의 속도
  ㉢ 2명 이상의 근로자에게 작업을 시킬 경우의 신호 방법
  ㉣ 이상을 발견한 경우의 조치
  ㉤ 이상을 발견하여 로봇의 운전을 정지시킨 후 이를 재가동시킬 경우의 조치
  ㉥ 그 밖에 로봇의 예기치 못한 작동 또는 오조작에 의한 위험을 방지하기 위하여 필요한 조치

③ 작업에 종사하고 있는 근로자 또는 그 근로자를 감시하는 사람은 이상을 발견하면 즉시 로봇의 운전을 정지시키기 위한 조치를 취한다.

④ 작업을 하고 있는 로봇의 기동스위치 등에 작업 중이라는 표시를 하는 등 작업에 종사하고 있는 근로자가 아닌 사람이 그 스위치 등을 조작할 수 없도록 필요한 조치를 취한다.

(2) 로봇에 관하여 교시 등의 작업시작 전 점검사항

① 외부 전선의 피복 또는 외장의 손상 유무
② 매니퓰레이터 작동의 이상 유무
③ 제동장치 및 비상정지장치의 기능

기출 문제

로봇의 교시 등의 작업시작 전 점검사항 3가지를 쓰시오.

답 오른쪽 ①~③

(3) 산업용 로봇의 방호장치

① 안전매트
  ㉠ 자동문에서 흔히 볼 수 있는 것으로 사람이 밟으면 접점이 닫히는 구조로 되어 있으며, 산업용 로봇에 접근하는 출입문 바닥에 설치해야 한다.
  ㉡ 작동원리 : 유효감지영역 내의 임의의 위치에 일정한 정도 이상의 압력이 주어졌을 때 이를 감지하여 신호를 발생시킨다.
  ㉢ 안전매트에 안전인증표시 외 추가 표시사항
    • 작동 하중
    • 감응 시간
    • 복귀 신호의 자동 또는 수동 여부
    • 대소인 공용 여부

기출 문제

산업용 로봇의 방호장치인 안전매트의 작동원리와 안전인증표시 외에 추가로 표시하여야 할 사항 3가지를 쓰시오.

답 오른쪽 ㉡~㉢

② 안전방책
　㉠ 작업 중에 발생하는 진동, 출력, 그 밖의 환경조건에 충분히 견디도록 하는 울타리로서 문을 설치하는 경우, 문을 통해 작업자가 위험구역 내로 출입하는 경우, 로봇이 정지되도록 연동시키는 구조여야 한다.
　㉡ 매니퓰레이터와 방책 사이에서 끼임 위험이 없도록 최소 40cm 이상 격리시키고, 방책의 높이는 1.8m 이상 설치한다. 다만, 로봇의 가동범위 등을 고려하여 높이로 인한 위험성이 없는 경우에는 높이를 그 이하로 조절할 수 있다.
　㉢ 컨베이어 시스템의 설치 등으로 울타리를 설치할 수 없는 일부 구간에 대해서는 안전매트 또는 광전자식 방호장치 등 감응형 방호장치를 설치해야 한다.

8 고속회전체

고속회전체는 터빈로터나 원심분리기의 버킷 등의 회전체로서, 원주속도가 25m/sec를 초과하는 것으로 한정한다.

(1) 회전시험 중의 위험방지

고속회전체의 회전시험을 하는 경우 고속회전체의 파괴로 인한 위험을 방지하기 위하여 전용의 견고한 시설물의 내부 또는 견고한 장벽 등으로 격리된 장소에서 하여야 한다.

(2) 고속회전체의 비파괴검사

고속회전체(회전축의 중량이 1톤을 초과하고 원주속도가 120m/sec 이상인 것으로 한함)의 회전시험을 하는 경우 미리 회전축의 재질 및 형상 등에 상응하는 종류의 비파괴검사를 해서 결함 여부를 확인하여야 한다.

기출문제

산업용 로봇 작업 시 1.8m 이상의 울타리를 설치할 수 없는 일부 구간에 설치해야 하는 방호장치 2가지를 쓰시오.

답
① 안전매트
② 광전자식 방호장치

법령

산업안전보건기준에 관한 규칙 제114조

기출문제

고속회전체의 비파괴검사를 실시해야 하는 중량과 원주속도를 쓰시오.

답 1톤, 120m/sec

05 목재 가공용 기계

1 목재 가공용 둥근톱

목재 가공용 둥근톱이란 고정된 한 개의 둥근톱 날을 이용하여 목재를 절단가공하는 기계를 말한다.

(1) 목재 가공용 둥근톱의 방호장치

① 톱날 접촉 예방장치 : 톱날과 인체의 접촉을 방지하기 위한 것을 목적으로 설치하는 장치이다.
  ㉠ 가동식 날 접촉 예방장치 : 덮개 하단이 급송되는 가공재의 상면에 항상 접하는 방식으로, 절삭하고 있지 않을 때는 덮개가 테이블 면까지 내려가는 구조이다.
    - 절단에 필요한 날 부분 이외의 날은 항상 자동으로 덮을 수 있는 구조일 것
    - 앞부분의 보조 덮개에 톱날을 볼 수 있는 홈이 있을 것
  ㉡ 고정식 날 접촉 예방장치 : 비교적 얇은 가공재의 절단용으로 사용되며, 가동상에서는 이송재의 저항이 크게 되어 재료의 상면이 보조 덮개에 접촉되어 상처를 입거나 그 사용이 어려울 수 있는 단점을 해소가 가능하다.
    - 덮개 하단이 테이블 면 위로 25mm 이상 높일 수 없는 구조일 것
    - 가공재 상면과 덮개와의 간격이 8mm 이내일 것
    - 덮개의 전면부에 홈을 설치하여 톱날의 절단을 볼 수 있을 것

② 반발예방장치 : 가공 중에 목재가 튀어오르는 것을 방지하는 것을 목적으로 설치하는 장치이다.

③ 분할날 : 절삭된 가공재가 홈 사이로 들어가면서 가공재의 모든 두께에 걸쳐 쐐기 작용을 하여 가공재가 톱을 조이지 않게 하는 장치로 겸형식과 현수식으로 구분한다.
  ㉠ 톱의 뒷날 바로 가까이 설치할 것(12mm 이내)
  ㉡ 톱의 뒷날의 2/3 이상을 덮는 구조일 것
  ㉢ 분할날의 두께는 톱날 두께의 1.1배 이상 톱의 치진폭 이하일 것
  ㉣ 분할날 조임볼트는 2개 이상일 것
  ㉤ 분할날 조임볼트는 이완방지조치가 되어 있을 것

합격 체크포인트
- 목재 가공용 기계의 종류
- 각 기계별 방호장치

법령
방호장치 자율안전기준 고시 별표 5

기출문제
둥근톱 기계에 고정식 톱날 접촉 예방장치를 설치할 때 덮개 하단과 테이블 사이의 간격과 덮개 하단과 가공재 사이의 간격을 쓰시오.

답
① 25mm 이내
② 8mm 이내

기출문제
분할날과 톱날 후면과의 간격과 분할날 조임볼트의 개수 및 조치사항을 쓰시오.

답
① 12mm 이내
② 2개 이상
③ 이완방지조치

2 동력식 수동대패기

(1) 동력식 수동대패기의 방호장치

① 날 접촉 예방장치
  ㉠ 대패기계는 가공재의 절삭작업 중 대팻날 바로 위에서 재료를 손으로 누르고 있기 때문에 반발할 경우 또는 재료가 너무 작은 경우에 손이 미끄러져서 노출되어 회전하고 있는 날에 접촉되어 부상당할 위험이 있다.
  ㉡ 재해를 방지하기 위한 장치가 날 접촉 예방장치로서 가공재 절삭에 사용되지 않는 날 부분에는 덮개를 설치해야 한다.

② 날 접촉 예방장치의 종류
  ㉠ 가동식 날 접촉 예방장치 : 대팻날 부위를 가공재료의 크기에 따라 움직이며 인체가 날에 접촉하는 것을 방지해 주는 형식이다.
  ㉡ 고정식 날 접촉 예방장치 : 대팻날 부위를 필요에 따라 수동 조정하도록 하는 형식이다.

기출문제

동력식 수동대패기의 방호장치를 쓰시오.

📝 날 접촉 예방장치

기출문제

동력식 수동대패기의 방호장치 종류 2가지를 쓰시오.

📝
① 가동식
② 고정식

제2장 운반 및 양중 기계 안전

 합격 체크포인트
- 운반기계 작업 시 준수사항
- 각 운반기계의 방호장치 및 안전 준수사항

법령
산업안전보건기준에 관한 규칙 제99조

법령
산업안전보건기준에 관한 규칙 제199조

법령
산업안전보건기준에 관한 규칙 제173조

기출문제
차량계 하역운반기계 등을 이송 시 준수사항 4가지를 쓰시오.
🖹 오른쪽 ①~④

01 운반기계

1 차량계 하역운반기계

(1) 차량계 하역운반기계 운전자의 운전위치 이탈 시 준수사항
① 포크, 버킷, 디퍼 등의 장치를 가장 낮은 위치 또는 지면에 내려 둘 것
② 원동기를 정지시키고 브레이크를 확실히 거는 등 차량계 하역운반기계 등의 갑작스러운 이동을 방지하기 위한 조치를 할 것
③ 운전석을 이탈하는 경우에는 시동키를 운전대에서 분리시킬 것. 다만, 운전석에 잠금장치를 하는 등 운전자가 아닌 사람이 운전하지 못하도록 조치한 경우에는 그러하지 아니하다.

(2) 차량계 하역운반기계의 전도 방지 조치사항
① 유도하는 사람 배치
② 지반의 부동 침하 방지
③ 갓길의 붕괴 방지 및 도로 폭의 유지

(3) 차량계 하역운반기계의 화물적재 시 준수사항
① 하중이 한쪽으로 치우치지 않도록 적재할 것
② 구내운반차 또는 화물자동차의 경우 화물의 붕괴 또는 낙하에 의한 위험을 방지하기 위하여 화물에 로프를 거는 등 필요한 조치를 할 것
③ 운전자의 시야를 가리지 않도록 화물을 적재할 것
④ 최대적재량을 초과하지 않을 것

(4) 차량계 하역운반기계의 이송 시 준수사항
① 싣거나 내리는 작업은 평탄하고 견고한 장소에서 할 것
② 발판을 사용하는 경우에는 충분한 길이 · 폭 및 강도를 가진 것을

사용하고 적당한 경사를 유지하기 위하여 견고하게 설치할 것
③ 가설대 등을 사용하는 경우에는 충분한 폭 및 강도와 적당한 경사를 확보할 것
④ 지정운전자의 성명·연락처 등을 보기 쉬운 곳에 표시하고 지정운전자 외에는 운전하지 않도록 할 것

(5) 차량계 하역운반기계 작업계획서 내용
① 해당 작업에 따른 추락·낙하·전도·협착 및 붕괴 등의 위험 예방대책
② 차량계 하역운반기계 등의 운행경로 및 작업방법

2 지게차

(1) 지게차 작업시작 전 점검사항
① 제동장치 및 조종장치 기능의 이상 유무
② 하역장치 및 유압장치 기능의 이상 유무
③ 바퀴의 이상 유무
④ 전조등·후미등·방향지시기 및 경보장치 기능의 이상 유무

(2) 지게차 작업 시 작업계획서 작성시기
① 일상작업은 최초 작업개시 전
② 작업장 내 구조, 설비 및 작업방법이 변경되었을 때
③ 작업장소 또는 화물의 상태가 변경되었을 때
④ 지게차 운전자가 변경되었을 때

(3) 지게차 방호장치 설치기준
① 지게차에는 최대 하중의 2배에 해당하는 등분포 정하중에 견딜 수 있는 강도의 헤드가드를 설치하여야 한다. 4톤을 넘는 값에 대해서는 4톤으로 한다.
② 지게차에는 포크에 적재된 화물이 마스트의 뒤쪽으로 떨어지는 것을 방지하기 위한 백레스트(backrest)를 설치하여야 한다.
③ 지게차에는 7,500cd(칸델라) 이상의 광도를 가지는 전조등, 2cd 이상의 광도를 가지는 후미등을 설치하여야 한다.
④ 인증받은 제품으로 사용자가 쉽게 잠그고 풀 수 있는 안전벨트를 설치해야 한다.

기출문제

차량계 하역운반기계 작업 시 작업계획서 내용 2가지를 쓰시오.

왼쪽 ①~②

기출문제

지게차 작업시작 전 점검사항 3가지를 쓰시오.

왼쪽 ①~④

기출문제

지게차 작업의 최초 작업개시 전 외에 작업계획서를 작성해야 하는 경우 3가지를 쓰시오.

왼쪽 ②~④

법령

위험기계·기구 방호조치 기준 제18조

> **법령**
> 산업안전보건기준에 관한 규칙 제180조

> **기출 문제**
> 지게차의 헤드가드가 갖추어야 할 사항 3가지를 쓰시오.
> 🗈 오른쪽 ㉠~㉢

(4) 지게차 방호장치의 설치방법

① 헤드가드
  ㉠ 강도는 지게차의 최대하중의 2배 값(4톤을 넘는 값에 대해서는 4톤으로 한다)의 등분포 정하중(等分布靜荷重)에 견딜 수 있어야 한다.
  ㉡ 상부틀의 각 개구의 폭 또는 길이는 16cm 미만이어야 한다.
  ㉢ 운전자가 앉아서 조작하거나 서서 조작하는 지게차는 한국산업표준에서 정하는 높이 기준(입식 : 1.88m, 좌식 : 0.903m) 이상이어야 한다.

② 백레스트
  ㉠ 외부 충격이나 진동 등에 의해 탈락 또는 파손되지 않도록 견고하게 부착해야 한다.
  ㉡ 최대하중을 적재한 상태에서 마스트가 뒤쪽으로 경사지더라도 변형 또는 파손이 없어야 한다.

③ 전조등
  ㉠ 좌우에 1개씩 설치한다.
  ㉡ 등광색은 백색으로 한다.
  ㉢ 점등 시 차체의 다른 부분에 의하여 가려지지 아니하여야 한다.

④ 후미등
  ㉠ 지게차 뒷면 양쪽에 설치한다.
  ㉡ 등광색은 적색으로 한다.
  ㉢ 지게차 중심선에 대하여 좌우대칭이 되게 설치한다.
  ㉣ 등화의 중심점을 기준으로 외측의 수평각 45°에서 볼 때에 투영면적이 12.5cm² 이상이어야 한다.

(5) 지게차의 안정도

안정도	지게차의 상태	
하역작업 시 전후안정도 : 4% 이내 (5t 이상 : 3.5%)		(위에서 본 경우)
주행 시 전후안정도 : 18% 이내		

안정도	지게차의 상태
하역작업 시 좌우안정도 : 6% 이내	(화물)
주행 시 좌우안정도 : (15+1.1V)% 이내 최대 40%(V : 최고속도 km/h)	(밑에서 본 경우)
안정도 = $\dfrac{h}{\ell} \times 100\%$	전도 구배, 수평 지면, l, h

기출문제

지게차가 5km/h로 주행할 경우 지게차의 좌우 안정도를 구하시오.

[풀이]
$15 + (1.1 \times 5) = 20.5[\%]$

답 20.5% 이내

3 구내운반차

(1) 구내운반차의 작업시작 전 점검사항
① 제동장치 및 조종장치 기능의 이상 유무
② 하역장치 및 유압장치 기능의 이상 유무
③ 바퀴의 이상 유무
④ 전조등 · 후미등 · 방향지시기 및 경보장치 기능의 이상 유무
⑤ 충전장치를 포함한 홀더 등의 결합 상태의 이상 유무

(2) 구내운반차 사용 시 준수사항
① 주행을 제동하거나 정지상태를 유지하기 위하여 유효한 제동장치를 갖출 것
② 경음기를 갖출 것
③ 운전석이 차 실내에 있는 것은 좌우에 한 개씩 방향지시기를 갖출 것
④ 전조등과 후미등을 갖출 것(작업을 안전하게 하기 위하여 필요한 조명이 있는 장소에서 사용하는 경우는 제외)
⑤ 구내운반차가 후진 중에 주변의 근로자 또는 차량계 하역운반기계 등과 충돌할 위험이 있는 경우에는 구내운반차에 후진경보기와 경광등을 설치할 것
⑥ 구내운반차에 피견인차를 연결하는 경우 적합한 연결장치를 사용한다.

법령

산업안전보건기준에 관한 규칙 별표 3

기출문제

구내운반차의 작업시작 전 점검사항 3가지를 쓰시오.

답 왼쪽 ①~⑤

법령

산업안전보건기준에 관한 규칙 제184, 185조

기출문제

구내운반차를 사용하는 경우 준수사항 3가지를 쓰시오.

답 왼쪽 ①~③

4 화물자동차

(1) 화물자동차 작업시작 전 점검사항
① 제동장치 및 조종장치의 기능
② 하역장치 및 유압장치의 기능
③ 바퀴의 이상 유무

(2) 화물자동차 사용 시 준수사항
① 바닥으로부터 짐 윗면까지의 높이가 2m 이상인 화물자동차에 짐을 싣는 작업 또는 내리는 작업을 하는 경우 근로자의 추락 등 위험을 방지하기 위하여 안전하게 승강하기 위한 설비를 설치하여야 한다.
② 화물자동차에서 화물을 내리는 작업을 하는 경우 화물의 낙하, 추락 등에 의한 위험을 방지하기 위하여 쌓여있는 화물의 중간에서 화물을 빼지 말아야 한다.
③ 꼬임이 끊어진 것 또는 심하게 손상되거나 부식된 섬유로프 등을 짐걸이로 사용을 금지한다.

5 고소작업대

(1) 고소작업대 작업시작 전 점검사항
① 비상정지장치 및 비상하강방지장치 기능의 이상 유무
② 과부하방지장치의 작동 유무
③ 아웃트리거 또는 바퀴의 이상 유무
④ 작업면의 기울기 또는 요철 유무

(2) 고소작업대 설치 시 구조 사항
① 작업대를 와이어로프 또는 체인으로 올리거나 내릴 경우에는 와이어로프 또는 체인이 끊어져 작업대가 떨어지지 아니하는 구조여야 하며, 와이어로프 또는 체인의 안전율은 5 이상일 것
② 작업대를 유압에 의해 올리거나 내릴 경우에는 작업대를 일정한 위치에 유지할 수 있는 장치를 갖추고 압력의 이상저하를 방지할 수 있는 구조일 것
③ 권과방지장치를 갖추거나 압력의 이상상승을 방지할 수 있는 구조일 것
④ 붐의 최대 지면경사각을 초과 운전하여 전도되지 않도록 할 것

기출 문제

사업주가 화물운반용 또는 고정용으로 사용할 수 없는 섬유로프 2가지를 쓰시오.

답
① 꼬임이 끊어진 것
② 심하게 손상되거나 부식된 것

법령
산업안전보건기준에 관한 규칙 별표 3

법령
산업안전보건기준에 관한 규칙 제186조

⑤ 작업대에 정격하중(안전율 5 이상)을 표시할 것
⑥ 작업대에 끼임·충돌 등 재해를 예방하기 위한 가드 또는 과상승방지장치를 설치할 것
⑦ 조작반의 스위치는 눈으로 확인할 수 있도록 명칭 및 방향표시를 유지할 것

(3) 고소작업대 설치 시 준수사항
① 바닥과 고소작업대는 가능한 한 수평을 유지하도록 할 것
② 갑작스러운 이동을 방지하기 위하여 아웃트리거 또는 브레이크 등을 확실히 사용할 것

(4) 고소작업대 이동 시 준수사항
① 작업대를 가장 낮게 내릴 것
② 작업자를 태우고 이동하지 말 것. 다만, 이동 중 전도 등의 위험예방을 위하여 유도하는 사람을 배치하고 짧은 구간을 이동하는 경우에는 ①항에 따라 작업대를 가장 낮게 내린 상태에서 작업자를 태우고 이동할 수 있다.
③ 이동통로의 요철 상태 또는 장애물의 유무 등을 확인할 것

(5) 고소작업대 사용 시 준수사항
① 작업자가 안전모·안전대 등의 보호구를 착용하도록 할 것
② 관계자가 아닌 사람이 작업구역에 들어오는 것을 방지하기 위하여 필요한 조치를 할 것
③ 안전한 작업을 위하여 적정수준의 조도를 유지할 것
④ 전로에 근접하여 작업을 하는 경우에는 작업감시자를 배치하는 등 감전사고를 방지하기 위하여 필요한 조치를 할 것
⑤ 작업대를 정기적으로 점검하고 붐·작업대 등 각 부위의 이상 유무를 확인할 것
⑥ 전환스위치는 다른 물체를 이용하여 고정하지 말 것
⑦ 작업대는 정격하중을 초과하여 물건을 싣거나 탑승하지 말 것
⑧ 작업대의 붐대를 상승시킨 상태에서 탑승자는 작업대를 벗어나지 말 것. 다만, 작업대에 안전대 부착설비를 설치하고 안전대를 연결하였을 때에는 그러하지 아니하다.

기출문제
고소작업대 설치 시 작업대에 표시할 정격하중의 안전율은 몇 이상인지 쓰시오.
답 5

기출문제
고소작업대 설치 시 끼임·충돌 등 재해를 예방하기 위해 설치할 것 2가지를 쓰시오.
답 가드 또는 과상승방지장치

기출문제
고소작업대 이동 시 준수사항 3가지를 쓰시오.
답 왼쪽 ①~③

기출문제
고소작업대 작업 시 준수사항 3가지를 쓰시오.
답 왼쪽 ①~⑧

6 컨베이어

(1) 컨베이어 작업 전 점검사항
① 원동기 및 풀리(pully) 기능의 이상 유무
② 이탈 등의 방지장치 기능의 이상 유무
③ 비상정지장치 기능의 이상 유무
④ 원동기·회전축·기어 및 풀리 등의 덮개 또는 울 등의 이상 유무

(2) 컨베이어의 안전장치

이탈 방지장치 및 역주행 방지장치	정전, 전압강하 등에 의한 화물 또는 운반구의 이탈을 방지한다.
덮개, 울	컨베이어 동력전달부, 벨트, 풀리 등 근로자 신체 일부가 끼일 위험이 있는 부분을 방지한다.
비상정지장치	비상시 컨베이어의 운전을 즉시 정지할 수 있어야 한다.
건널다리	운전 중 컨베이어의 위로 근로자가 넘어가도록 하는 경우를 방지한다.

02 차량계 건설기계

1 차량계 건설기계의 안전수칙

(1) 차량계 건설기계 운전자의 운전위치 이탈 시 준수사항
① 포크, 버킷, 디퍼 등의 장치를 가장 낮은 위치 또는 지면에 내려둘 것
② 원동기를 정지시키고 브레이크를 확실히 거는 등 차량계 하역운반기계 등의 갑작스러운 이동을 방지하기 위한 조치를 할 것
③ 운전석을 이탈하는 경우에는 시동키를 운전대에서 분리시킬 것. 다만, 운전석에 잠금장치를 하는 등 운전자가 아닌 사람이 운전하지 못하도록 조치한 경우에는 그러하지 아니하다.

(2) 차량계 건설기계의 전도 방지 조치사항
① 유도하는 사람 배치
② 지반의 부동침하 방지
③ 갓길의 붕괴 방지 및 도로 폭의 유지

법령
산업안전보건기준에 관한 규칙 별표 3

기출 문제
컨베이어의 방호장치 3가지를 쓰시오.

① 이탈 방지장치
② 역주행 방지장치
③ 덮개
④ 울
⑤ 비상정지장치

합격 체크포인트
• 운반기계(지게차 등) 작업 시 준수사항

법령
산업안전보건기준에 관한 규칙 제99조

암기 TIP
차량계 하역운반기계 운전자의 준수사항과 같습니다.

법령
산업안전보건기준에 관한 규칙 제199조

(3) 차량계 건설기계의 제한속도

차량계 하역운반기계, 차량계 건설기계(최대제한속도가 10km/h 이하인 것은 제외)를 사용하여 작업을 하는 경우 미리 작업장소의 지형 및 지반 상태 등에 적합한 제한속도를 정하고, 운전자로 하여금 준수하도록 하여야 한다.

> **법령**
> 산업안전보건기준에 관한 규칙 제98조

(4) 차량계 건설기계 작업계획서 내용

① 사용하는 차량계 건설기계의 종류 및 성능
② 차량계 건설기계의 운행경로
③ 차량계 건설기계에 의한 작업방법

2 항타기 · 항발기

(1) 항타기 · 항발기의 무너짐 방지 준수사항

① 연약한 지반에 설치하는 경우에는 아웃트리거 · 받침 등 지지구조물의 침하를 방지하기 위하여 깔판 · 받침목 등을 사용할 것
② 시설 또는 가설물 등에 설치하는 경우에는 그 내력을 확인하고 내력이 부족하면 그 내력을 보강할 것
③ 아웃트리거 · 받침 등 지지구조물이 미끄러질 우려가 있는 경우에는 말뚝 또는 쐐기 등을 사용하여 해당 지지구조물을 고정시킬 것
④ 궤도 또는 차로 이동하는 항타기 또는 항발기에 대해서는 불시에 이동하는 것을 방지하기 위하여 레일 클램프(rail clamp) 및 쐐기 등으로 고정시킬 것
⑤ 상단 부분은 버팀대 · 버팀줄로 고정하여 안정시키고, 그 하단 부분은 견고한 버팀 · 말뚝 또는 철골 등으로 고정시킬 것

> **법령**
> 산업안전보건기준에 관한 규칙 제209조

> **기출문제**
> 궤도 또는 차로 이동하는 항타기 · 항발기가 불시에 이동하는 것을 방지하기 위해 고정시키는 것을 쓰시오.
>
> 답 레일 클램프 및 쐐기

(2) 항타기 · 항발기 조립 · 해체 시 준수사항

① 항타기 또는 항발기에 사용하는 권상기에 쐐기장치 또는 역회전 방지용 브레이크를 부착할 것
② 항타기 또는 항발기의 권상기가 들리거나 미끄러지거나 흔들리지 않도록 설치할 것
③ 그 밖에 조립 · 해체에 필요한 사항은 제조사에서 정한 설치 · 해체 작업 설명서에 따를 것

> **기출문제**
> 항타기 또는 항발기를 조립하거나 해체할 경우 준수사항 3가지를 쓰시오.
>
> 답 왼쪽 ①~③

기출문제

항타기 또는 항발기를 조립하거나 해체할 경우 점검사항 3가지를 쓰시오.

📝 오른쪽 ①~⑦

법령

산업안전보건기준에 관한 규칙 제63조

법령

산업안전보건기준에 관한 규칙 제211, 212조

(3) 항타기 · 항발기 조립 · 해체 시 점검사항
① 본체 연결부의 풀림 또는 손상의 유무
② 권상용 와이어로프 · 드럼 및 도르래의 부착 상태의 이상 유무
③ 권상장치의 브레이크 및 쐐기장치 기능의 이상 유무
④ 권상기의 설치 상태의 이상 유무
⑤ 리더(leader)의 버팀 방법 및 고정상태의 이상 유무
⑥ 본체 · 부속장치 및 부속품의 강도가 적합한지 여부
⑦ 본체 · 부속장치 및 부속품에 심한 손상 · 마모 · 변형 또는 부식이 있는지 여부

(4) 권상용 와이어로프
① 권상용 와이어로프의 사용금지 기준
　㉠ 이음매가 있는 것
　㉡ 와이어로프의 한 꼬임에서 끊어진 소선의 수가 10% 이상인 것
　㉢ 지름의 감소가 공칭지름의 7%를 초과하는 것
　㉣ 꼬인 것
　㉤ 심하게 변형되거나 부식된 것
　㉥ 열과 전기충격에 의해 손상된 것

② 권상용 와이어로프의 안전계수 : 권상용 와이어로프의 안전계수가 5 이상이 아니면 사용을 금지한다.

③ 와이어로프의 길이
　㉠ 권상장치의 드럼에 적어도 2회 감기고 남을 수 있는 충분한 길이일 것
　㉡ 권상장치의 드럼에 클램프 · 클립 등을 사용하여 견고하게 고정할 것
　㉢ 추 · 해머 등과의 연결은 클램프 · 클립 등을 사용하여 견고하게 할 것

(5) 도르래의 부착
① 항타기나 항발기에 도르래나 도르래 뭉치를 부착하는 경우에는 부착부가 받는 하중에 의하여 파괴될 우려가 없는 브라켓 · 샤클 및 와이어로프 등으로 견고하게 부착하여야 한다.
② 항타기 또는 항발기의 권상장치의 드럼축과 권상장치로부터 첫 번째 도르래의 축 간의 거리를 권상장치 드럼폭의 15배 이상으로 하여야 한다.

③ 도르래는 권상장치의 드럼 중심을 지나야 하며, 축과 수직면상에 있어야 한다.

03 양중기

1 양중기의 종류와 방호장치

양중기란 작업장에서 화물 또는 사람을 올리고 내리는 데 사용하는 기계를 말한다.

(1) 양중기의 종류

① 크레인[호이스트(hoist)를 포함한다.]
② 이동식 크레인
③ 리프트(이삿짐운반용 리프트의 경우 적재하중이 0.1톤 이상인 것으로 한정한다.)
④ 곤돌라
⑤ 승강기

(2) 각 기계의 정의

크레인	• 크레인 : 동력을 사용하여 중량물을 매달아 상하 및 좌우로 운반하는 것을 목적으로 하는 기계 또는 기계장치로, 천장 크레인, 갠트리 크레인, 지브 크레인, 타워 크레인, 호이스트 등이 있다. • 천장 크레인 : 주행레일 위에 설치된 새들에 직접적으로 지지되는 거더가 있는 크레인 • 갠트리 크레인 : 주행레일 위에 설치된 교각에 의해 지지되는 거더가 있는 크레인 • 지브 크레인 : 지브나 지브를 따라 움직이는 크래브에 매달린 달기구에 의해 화물을 이동시키는 크레인 • 타워 크레인 : 수직타워의 상부에 위치한 지브를 선회시키는 크레인 • 호이스트 : 훅이나 그 밖의 달기구 등을 사용하여 화물을 권상 및 횡행 또는 권상동작만을 하여 양중하는 것
이동식 크레인	• 원동기를 내장하고 있는 것으로서 불특정 장소에 스스로 이동할 수 있는 크레인으로 동력을 사용하여 중량물을 매달아 상하 및 좌우로 운반하는 설비로서, 기중기 또는 화물·특수자동차의 작업부에 탑재하여 화물운반 등에 사용하는 기계 또는 기계장치

 합격 체크포인트

• 양중기의 종류와 방호장치
• 양중기의 안전 준수사항
• 와이어로프의 사용 기준과 안전계수

법령

산업안전보건기준에 관한 규칙 제132조

기출문제

양중기의 종류 5가지를 쓰시오.

답 왼쪽 ①~⑤

기출문제

훅이나 그 밖의 달기구 등을 사용하여 화물을 권상 및 횡행 또는 권상동작만을 하여 양중하는 것의 명칭을 쓰시오.

답 호이스트

리프트	• 동력을 사용하여 사람이나 화물을 운반하는 것을 목적으로 하는 기계설비 • 종류 : 건설용 리프트, 산업용 리프트, 자동차정비용 리프트, 이삿짐운반용 리프트
곤돌라	• 달기발판 또는 운반구, 승강장치, 그 밖의 장치 및 이들에 부속된 기계부품에 의하여 구성되고, 와이어로프 또는 달기강선에 의하여 달기발판 또는 운반구가 전용 승강장치에 의하여 오르내리는 설비
승강기	• 건축물이나 고정된 시설물에 설치되어 일정한 경로에 따라 사람이나 화물을 승강장으로 옮기는 데에 사용되는 설비 • 종류 : 승객용 엘리베이터, 승객화물용 엘리베이터, 화물용 엘리베이터, 소형화물용 엘리베이터, 에스컬레이터

(3) 양중기의 방호장치

크레인 및 이동식 크레인	• 권과방지장치 • 과부하방지장치 • 비상정지장치 • 브레이크장치 • 훅해지장치
리프트	• 권과방지장치 • 과부하방지장치 • 출입문연동장치 • 출입문잠금장치 • 비상정지장치 • 압력과 상승방지장치
곤돌라	• 비상정지장치 • 권과방지장치 • 과부하 방지장치
승강기	• 과부하방지장치 • 권과방지장치 • 비상정지장치 • 제동장치 • 파이널리미트스위치 • 조속기 • 출입문 인터록

기출문제

리프트의 방호장치를 쓰시오.

답 오른쪽 표 내용

법령

산업안전보건기준에 관한 규칙 별표 3

기출문제

양중기(크레인, 이동식 크레인, 리프트, 곤돌라)의 작업시작 전 점검사항 3가지를 쓰시오.

답 오른쪽 양중기별 ①~③

2 양중기의 작업시작 전 점검사항

(1) 크레인의 작업시작 전 점검사항

① 권과방지장치 · 브레이크 · 클러치 및 운전장치의 기능
② 주행로의 상측 및 트롤리(trolley)가 횡행하는 레일의 상태
③ 와이어로프가 통하고 있는 곳의 상태

(2) 이동식 크레인의 작업시작 전 점검사항
① 권과방지장치나 그 밖의 경보장치의 기능
② 브레이크·클러치 및 조정장치의 기능
③ 와이어로프가 통하고 있는 곳 및 작업장소의 지반 상태

(3) 리프트의 작업시작 전 점검사항
① 방호장치·브레이크 및 클러치의 기능
② 와이어로프가 통하고 있는 곳의 상태

(4) 곤돌라의 작업시작 전 점검사항
① 방호장치·브레이크의 기능
② 와이어로프·슬링와이어(sling wire) 등의 상태

3 양중기 작업 시 준수사항

(1) 타워크레인의 설치·조립·해체 작업 시 작업계획서 포함사항
① 타워크레인의 종류 및 형식
② 설치·조립 및 해체 순서
③ 작업도구·장비·가설장비 및 방호설비
④ 작업인원의 구성 및 작업근로자의 역할 범위
⑤ 타워크레인 지지방법

> **법령**
> 산업안전보건기준에 관한 규칙 별표 4
>
> **기출문제**
> 타워크레인의 설치·조립·해체 작업 시 작업계획서 포함사항 4가지를 쓰시오.
> 답 왼쪽 ①~⑤

(2) 크레인 작업 시 준수사항
① 인양할 하물(荷物)을 바닥에서 끌어당기거나 밀어내는 작업을 하지 아니할 것
② 유류드럼이나 가스통 등 운반 도중에 떨어져 폭발하거나 누출될 가능성이 있는 위험물 용기는 보관함(또는 보관고)에 담아 안전하게 매달아 운반할 것
③ 고정된 물체를 직접 분리·제거하는 작업을 하지 아니할 것
④ 미리 근로자의 출입을 통제하여 인양 중인 하물이 작업자의 머리 위로 통과하지 않도록 할 것
⑤ 인양할 하물이 보이지 아니하는 경우에는 어떠한 동작도 하지 아니할 것(신호하는 사람에 의하여 작업을 하는 경우는 제외)

> **법령**
> 산업안전보건기준에 관한 규칙 제146조
>
> **기출문제**
> 크레인 작업 시 준수사항 3가지를 쓰시오.
> 답 왼쪽 ①~⑤

법령

산업안전보건기준에 관한 규칙 제140, 143조

기출 문제

타워크레인 작업 시 설치·수리·점검·해체 작업을 중지해야 하는 순간풍속과 운전작업을 중지해야 하는 순간풍속 기준을 각각 쓰시오.

답
① 10m/s 초과
② 15m/s 초과

(3) 악천후 및 강풍 시 준수사항

순간풍속 기준	조치사항
10m/s 초과	타워크레인의 설치·수리·점검 또는 해체 작업 중지
15m/s 초과	타워크레인의 운전작업 중지
30m/s 초과 우려	옥외에 설치되어 있는 주행 크레인에 대하여 이탈방지 장치 작동 등 이탈방지 조치를 취함.
30m/s 초과 또는 중진 이상 진도의 지진	옥외에 설치되어 있는 양중기를 사용하여 작업을 하는 경우에는 미리 기계 각 부위에 이상이 있는지 점검
35m/s 초과 우려	건설용 리프트(지하에 설치되어 있는 것은 제외)에 대하여 받침의 수를 증가시키는 등 붕괴 방지 조치를 취함.

4 와이어로프

(1) 와이어로프의 구성

① 와이어로프는 강선(이것을 소선이라고 함)을 여러 개 합하여 꼬아 작은 줄(Strand)을 만들고 이 줄을 꼬아 로프를 만드는데, 그 중심에 심(대마를 꼬아 윤활유를 침투시킨 것)을 넣은 것이다.
② 로프의 구성은 로프의 '스트랜드(꼬임) 수 × 소선의 개수'로 표시하며, 크기는 단면 외접원의 지름으로 표기한다.

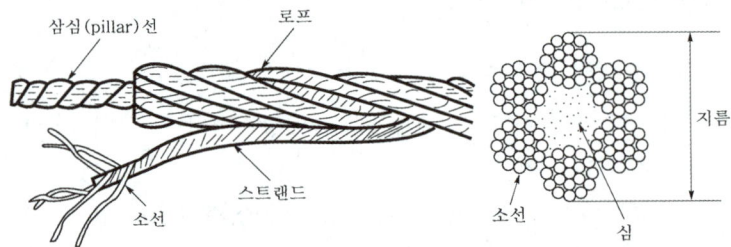

∥ 와이어로프의 구성도와 단면도 ∥

(2) 와이어로프의 꼬임 모양과 꼬임 방향

① 보통꼬임(Regular lay) : 스트랜드의 꼬임 방향과 소선의 꼬임 방향이 반대인 것을 말한다.
② 랭꼬임(Lang's lay) : 스트랜드의 꼬임 방향과 소선의 꼬임 방향이 같은 것을 말한다.

(3) 와이어로프에 걸리는 하중

와이어로프에 걸리는 하중은 매다는 각도에 따라 로프에 걸리는 장력이 달라진다.

$$하중(T') = \frac{\frac{W}{2}}{\cos\frac{\theta}{2}}$$

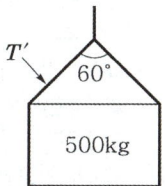

(4) 와이어로프의 안전율(Safety factor), 안전계수

① 안전율은 응력계산 및 재료의 불균질 등에 대한 부정확성을 보충하고, 각 부분의 불충분한 안전율과 더불어 경제적 치수결정에 매우 중요하다.

$$S = \frac{\text{극한(기초, 인장) 강도}}{\text{허용응력}} = \frac{\text{파단 (최대)하중}}{\text{안전 (최대)하중}} = \frac{\text{항복강도}}{\text{사용응력}}$$

② 와이어로프의 안전율(안전계수) 산출공식

$$S = \frac{NP}{Q}, \quad Q = \frac{NP}{S}$$

여기서, S : 안전율
N : 로프 가닥수
P : 로프의 파단 강도(kg)
Q : 허용응력(kg)

(5) 와이어로프 등 달기구의 안전계수

구분	안전계수
작업자가 탑승하는 운반구를 지지하는 달기 와이어로프 또는 달기 체인의 경우	10 이상
화물의 하중을 직접 지지하는 달기 와이어로프 또는 달기 체인의 경우	5 이상
훅, 샤클, 클램프, 리프팅 빔의 경우	3 이상
그 밖의 경우	4 이상

여기서, 안전계수는 달기구 절단하중 값을 그 달기구에 걸리는 하중의 최대값으로 나눈 값을 말한다.

기출문제

파단하중이 42.8kN인 와이어로프에 1,200kg의 중량을 걸어 108°의 각도로 들어 올릴 때 안전율을 구하시오.

풀이

㉮ 와이어로프에 걸리는 하중

$$\frac{\frac{1,200}{2}}{\cos\frac{108}{2}} = 1,020.78[\text{kg}]$$

㉯ 안전율

$$\frac{(42.8 \times 1,000)\text{N}}{(1,020.78 \times 9.8)\text{N}} = 4.28$$

(여기서, 1kg = 9.8N, 1kN = 1,000N)

답 4.28

기출문제

화물의 하중을 직접 지지하는 달기 와이어로프의 안전계수는 얼마 이상인지 쓰시오.

답 5

(6) 양중기의 와이어로프 등 사용금지

> **기출문제**
> 와이어로프의 사용금지 기준 3가지를 쓰시오.
> 답 오른쪽 표 내용

> **기출문제**
> 달비계에 사용해서는 안 되는 달기 체인의 기준 2가지를 쓰시오.
> 답 오른쪽 표 내용

와이어로프의 사용금지 기준	달기 체인의 사용금지 기준
• 이음매가 있는 것 • 와이어로프의 한 꼬임에서 끊어진 소선의 수가 10% 이상인 것 • 지름의 감소가 공칭지름의 7%를 초과하는 것 • 꼬인 것 • 심하게 변형되거나 부식된 것 • 열과 전기충격에 의해 손상된 것	• 달기 체인의 길이가 달기 체인이 제조된 때의 길이의 5%를 초과한 것 • 링의 단면 지름이 달기체인이 제조된 때 길이의 10%를 초과하여 감소한 것 • 균열이 있거나 심하게 변형된 것 • 달기 강선 및 달기 강대는 심하게 손상·변형 또는 부식된 것을 사용하지 않도록 한다.
훅·샤클 등의 사용금지 기준	섬유로프의 사용금지 기준
• 훅·샤클·클램프 및 링 등의 철구로써 변형되어 있는 것 또는 균열이 있는 것 • 중량물을 운반하기 위해 제작하는 지그, 훅의 구조물 운반 중 주변 구조물과의 충돌로 슬링이 이탈된 것 • 안전성 시험을 거쳐 안전율이 4 이상 확보된 중량물 취급용구를 구매하여 사용하지 않거나 자체 제작한 중량물 취급용구에 대하여 비파괴시험을 하지 않은 것	• 꼬임이 끊어진 것 • 심하게 손상되거나 부식된 것 • 2개 이상의 작업용 섬유로프 또는 섬유벨트를 연결한 것 • 작업높이보다 길이가 짧은 것

PART 04

전기설비 안전관리

CONTENTS

CHAPTER 01 | 전기안전관리
CHAPTER 02 | 정전기와 방폭설비

제1장 전기안전관리

01 전기설비 안전관리

합격 체크포인트
- 심실세동전류와 통전시간
- 인체의 피부저항
- 감전재해 방지대책

1 감전재해

(1) 감전의 위험도

1차적 감전 위험요소	2차적 감전 위험요소
• 통전전류 • 통전시간 • 통전경로(감전전류가 흐르는 인체의 부위) • 전원의 종류(교류, 직류)	• 인체의 저항(조건) • 전압(인체에 흐른 전압의 크기) • 주파수 • 계절

(2) 통전전류의 세기에 따른 인체 영향

① 통전전류의 분류

분류	인체에 미치는 영향	통전전류의 세기 (상용주파수 60Hz 교류)
최소감지전류	인체가 전격을 느끼게 되는 최소전류	성인 남자 0.5~1mA
고통한계전류 (가수전류, 이탈 가능)	고통을 참을 수 있으면서 생명에는 위험이 없는 한계의 전류	7~8mA
마비한계전류 (불수전류, 이탈 불능)	근육이 경련을 일으키거나 신경이 마비되어 자력으로 이탈할 수 없게 되는 전류	10~15mA
심실세동전류 (치사전류)	심장기능에 영향을 주어 심실세동을 일으키는 전류	$I = \dfrac{165 \sim 185}{\sqrt{T}}$ mA

② 심실세동전류와 통전시간과의 관계식

$$I = \frac{165 \sim 185}{\sqrt{T}} [\text{mA}], \ \text{일반적인 관계식} \ I = \frac{165}{\sqrt{T}} [\text{mA}]$$

여기서, I : 심실제동전류
T : 통전시간(초)

기출문제

전압이 300V인 충전부분에 물에 젖은 손이 접촉하여 심실세동 반응이 나타났을 때, 인체에 통전된 심실세동전류(mA)와 통전시간(ms)을 구하시오. (단, 인체 전기저항은 1,000Ω으로 한다.)

㉮ 심실세동전류
인체가 물에 젖을 경우 저항은 1/25 감소하므로,

$$\frac{300}{1,000 \times \dfrac{1}{25}} = 7.5[\text{A}]$$

$$= 7,500[\text{mA}]$$

㉯ 통전시간

$$7,500 = \frac{165}{\sqrt{T}}$$

$$T = \frac{(165)^2}{(7,500)^2}$$

$$= 0.000484[\text{s}]$$

$$= 0.48[\text{ms}]$$

③ 통전전류의 계산 공식

$$통전전류[I] = \frac{전압[V]}{저항[R]}$$

(3) 인체의 저항

① 옴의 법칙

$$V = I \times R$$

여기서, V : 전압
I : 전류(A)
R : 저항(Ω)

② 인체의 전기저항
㉠ 인체저항 : 5,000Ω
㉡ 피부저항 : 2,500Ω

- 피부저항은 피부에 땀이 나 있는 경우는 건조 시의 $\frac{1}{12}$, 물에 젖어 있을 경우는 $\frac{1}{25}$ 로 저하된다.

㉢ 내부조직 저항 : 300Ω
㉣ 발과 신발사이 저항 : 1,500Ω
㉤ 신발과 대지저항 : 700Ω

③ 접촉 상태에 따른 허용(안전한) 전압

종별	접촉 상태	허용접촉전압
제1종	수중에 있는 상태 (욕조, 풀장, 수조에 몸이 잠긴 상태)	2.5V 이하
제2종	인체가 젖은 상태, 기기와 상시 접촉 상태 (수조, 터널 공사장)	25V 이하
제3종	접촉전압을 가할 시 위험성이 높은 상태 (일반적인 장소)	50V 이하
제4종	접촉전압이 가해질 우려가 없는 장소 (안전한 상태의 장소)	제한 없음

④ 표준전압의 구분

구분	직류	교류
저압	1,500V 이하	1,000V 이하
고압	1,500V 초과 7,000V 이하	1,000V 초과 7,000V 이하
특고압	7,000V 초과	

기출 문제

무릎 정도의 물이 차 있는 수조 안에서 작업 시 감전되기 쉬운 이유를 피부저항과 관련하여 설명하시오.

답
인체가 젖은 상태에서 피부저항은 건조 시의 1/25로 저하되므로 감전되기 쉽다.

(4) 감전사고 시 응급조치 요령

① 감전자의 구출 방법

　㉠ 순간적으로 피해자의 감전 상황을 판단한다.

　㉡ 몸이나 손에 들고 있는 금속 물체가 전선, 스위치, 모터 등에 접촉하였는지 확인하고 감전자를 충전부로부터 분리한다.

　㉢ 설비의 공급원인 스위치를 차단한다(2차 재해예방).

　㉣ 피해자를 관찰한 결과 의식이 없고 호흡 및 심장이 정지했을 때는 신속하게 필요한 응급조치(인공호흡, 심폐소생술)를 한다.

　㉤ 병원으로 후송한다.

② 인공호흡

　㉠ 단시간 내에 인공호흡 등 응급조치를 1분 이내 실시하는 경우 감전 사고자를 95% 이상을 소생시킬 수 있다.

　㉡ 감전사고 후 인공호흡에 의한 소생률

1분 이내	3분 이내	4분 이내	6분 이내
95%	75%	50%	25%

　㉢ 인공호흡 속도 : 매 분당 12~15회(4초 간격)의 속도로 30분 이상 반복하여 실시

(5) 일반적인 감전재해 방지대책

① 누전차단기 또는 누전 경보기를 설치한다.

② 기기의 외함에 보호접지를 한다.

③ 옥내배선의 대지전위를 낮게 한다.

④ 이중절연 구조의 기계, 기구를 사용한다.

⑤ 계통 접지하여 지락 사고 시에 대지전위상승이 적게 한다.

⑥ 절연 변압기를 사용한다.

⑦ 기기의 충전부에 인체가 쉽게 접촉할 수 없도록 방호한다.

⑧ 활선작업 시에는 절연장갑 절연장화 및 활선 공구를 사용한다.

⑨ 전기 위험부의 위험을 표시한다.

⑩ 전로의 보호절연 및 충전부를 격리한다.

⑪ 배선에 사용할 전선의 굵기를 허용전류, 기계적 강도, 전압강하 등을 고려하여 결정한다.

합격 체크포인트
- 전기설비 및 기기의 종류
- 누전차단기의 설치
- 피뢰기의 구비 조건
- 교류아크 용접기와 자동전격방지기

02 전기설비 및 기기

1 개폐기(Switch)

개폐기는 전기선로(회로)를 개폐하는 목적으로 각 극에 설치한다.

(1) 개폐기의 부착 장소
① 평상시 부하를 개폐하는 장소
② 전력용 퓨즈의 전원측
③ 인입구 및 고장 점검회로

(2) 개폐기의 종류
① 주상 유입 개폐기(P.O.S)
② 자동 개폐기
③ 저압 개폐기
④ 고압 개폐기 등

(3) 단로기
① 차단기의 전후에 주로 설치하며, 무부하 선로의 개폐가 주요 목적이다.
② 단로기 조작 순서
 ㉠ 전원 개방 시 : 차단기를 먼저 개방한 후 단로기를 개방
 ㉡ 전원 투입 시 : 단로기를 먼저 투입하고 차단기를 투입

(4) 아크를 발생하는 기구의 시설
① 고압용, 특고압용의 개폐기, 차단기, 피뢰기로서 동작 시에 아크가 생기는 것은 목재의 벽 또는 천장 기타의 가연성 물체로부터 아래의 정한 값 이상으로 이격하여 시설하여야 한다.
② 기구의 이격거리

고압용 기구	1m 이상
특고압용 기구	2m 이상(사용전압이 35kV 이하의 특고압용의 기구 등으로서, 동작할 때 생기는 아크의 방향과 길이를 화재가 발생할 우려가 없도록 제한하는 경우에는 1m 이상)

2 과전류차단장치(Circuit Breaker)

(1) 과전류차단장치의 설치기준

① 과류차단장치는 반드시 접지선이 아닌 전로에 직렬로 연결하여 과전류 발생 시 전로를 자동으로 차단하도록 설치할 것
② 차단기·퓨즈는 계통에서 발생하는 최대 과전류에 대하여 충분하게 차단할 수 있는 성능을 가질 것
③ 과전류차단장치가 전기계통상에서 상호 협조·보완되어 과전류를 효과적으로 차단하도록 할 것

> **법령**
> 산업안전보건기준에 관한 규칙 제305조

(2) 퓨즈

① 회로의 단락, 전동기의 과전류가 흐를 때 회로를 차단시키는 역할을 한다.
② 퓨즈의 종류
  ㉠ 한류형 퓨즈(PF; Power Fuse)
  ㉡ 비한류형 퓨즈(COS; Cut Out Switch)
③ 고압전로에 사용하는 포장/비포장 퓨즈의 특성

포장 퓨즈	• 정격전류의 1.3배의 전류에 견딜 것 • 또한 2배의 전류로 120분 안에 용단되는 것
비포장 퓨즈	• 정격전류의 1.25배의 전류에 견딜 것 • 또한 2배의 전류로 2분 안에 용단되는 것

(3) 과전류 차단기

① 과전류 차단기는 부하전류, 고장전류 차단에 사용한다.
② 과전류 차단기의 종류

배선용차단기(MCCB; Molded Case Circuit Breaker)	개폐기구가 절연물의 용기 내에 일체로 조립한 것으로, 과부하 및 단락 사고 시 자동으로 전로를 차단하며, 저압에서 사용한다.
기중차단기(ACB; Air Circuit Breaker)	대기 중에서 압축공기를 이용하여 차단하며, 저압에서 사용한다.
공기차단기(ABCB; Air Blast Circuit Breaker)	압축공기로 아크를 소호하여 차단하며, 주로 중간 특고압에 사용한다.
가스차단기(GCB; Gas Circuit Breaker)	SF-6 가스를 소호 매질로 사용하는 차단기로, 차단 특성이 우수하다.
진공차단기(VCB; Vacuum Circuit Breaker)	고진공의 용기 속에서는 수 배의 절연내력이 얻어지는 원리를 이용하여 진공 속에서 접점을 개폐하여 아크를 소호하여 차단한다.

유입차단기(OCB; Oil Circuit Breaker)	탱크 용기에 절연유를 넣어 유중에서 아크를 소멸하여 개폐하는 차단기로, 광범위한 전압에 사용한다.

3 누전차단기

(1) 누전차단기의 작동 원리
누전 시 영상변류기의 유입 및 유출전류가 지락사고전류(Ig) 만큼의 차이를 검출하여 차단하여 인체가 감전되는 것을 방지한다.

(2) 누전차단기의 사용 목적
① 감전 보호
② 누전 화재 보호
③ 전기설비 및 전기기기의 보호
④ 다른 계통으로 사고파급 방지

(3) 누전차단기를 설치해야 하는 기계·기구
① 대지전압이 150V를 초과하는 이동형 또는 휴대형 전기기계·기구
② 물 등 도전성이 높은 액체가 있는 습윤 장소에서 사용하는 저압용 전기기계·기구
③ 철판·철골 위 등 도전성이 높은 장소에서 사용하는 이동형 또는 휴대형 전기기계·기구
④ 임시배선의 전로가 설치되는 장소에서 사용하는 이동형 또는 휴대형 전기기계·기구

(4) 누전차단기를 설치하지 않아도 되는 기계·기구
①「전기용품 및 생활용품 안전관리법」이 적용되는 이중절연 또는 이와 같은 수준 이상으로 보호되는 구조로 된 전기기계·기구
② 절연대 위 등과 같이 감전위험이 없는 장소에서 사용하는 전기기계·기구
③ 비접지방식의 전로

(5) 누전차단기를 접속하는 경우 준수사항
① 전기기계·기구에 설치되어 있는 누전차단기는 정격감도전류가 30mA 이하이고 작동시간은 0.03초 이내일 것. 다만, 정격전부하전류가 50A 이상인 전기기계·기구에 접속되는 누전차단기

법령
산업안전보건기준에 관한 규칙 제304조

기출문제
누전차단기를 설치해야 하는 기계·기구 3가지를 쓰시오.
📖 오른쪽 ①~④

기출문제
전기기계·기구에 설치되어 있는 누전차단기가 준수할 정격감도전류(mA)와 작동시간(초)의 기준을 쓰시오.
📖 30mA 이하, 0.03초 이내

는 오작동을 방지하기 위하여 정격감도전류는 200mA 이하로, 작동시간은 0.1초 이내로 할 수 있다.
② 분기회로 또는 전기기계・기구마다 누전차단기를 접속할 것
③ 누전차단기는 배전반 또는 분전반 내에 접속하거나 꽂음접속기형 누전차단기를 콘센트에 접속하는 등 파손이나 감전사고를 방지할 수 있는 장소에 접속할 것
④ 지락보호전용 기능만 있는 누전차단기는 과전류를 차단하는 퓨즈나 차단기 등과 조합하여 접속할 것

4 피뢰설비

(1) 피뢰기(LA ; Lightning Arrester)

① 피뢰기의 설치 목적 : 낙뢰, 혼촉 사고, 개폐기의 개폐 등에 의하여 이상 전압이 발생했을 때 선로와 기기를 보호할 목적으로 설치한다.
② 피뢰기의 설치 장소(임피던스 변환점, 인입구/인출구 등)
　㉠ 발전소・변전소 또는 이에 준한 장소의 가공전선 인입구 및 인출구
　㉡ 가공전선로에 접속하는 배전용 변압기의 고압측 및 특별고압측
　㉢ 고압 및 특고압 가공전선로로부터 공급받는 수용장소의 인입구
　㉣ 가공전선로와 지중전선로가 접속되는 곳(변환점)

③ 피뢰기의 구비 조건
　㉠ 제한전압이 낮을 것
　㉡ 방전개시전압이 낮을 것
　㉢ 뇌전류 방전 능력이 클 것
　㉣ 속류 차단을 확실하게 할 수 있을 것
　㉤ 충격방전 개시전압이 낮을 것
　㉥ 반복 사용이 가능할 것
　㉦ 점검 및 보수가 간단할 것
　㉧ 구조가 간단하고 특성이 변하지 않을 것

④ 피뢰기 접지 : 고압 또는 특고압 전로에 시설하는 피뢰기 접지저항은 10Ω 이하로 한다.

법령

한국전기설비규정

기출문제

피뢰기가 갖추어야 할 구비 조건 3가지를 쓰시오.

답 왼쪽 ㉠~㉧

⑤ 피뢰기의 수뢰부 시스템

돌침 방식	선단에 뾰족한 금속도체를 설치하여 뇌격전류를 흡인, 대지로 방류하는 방식
수평도체 방식	보호하고자 하는 건축물의 상부에 수평도체를 가설하여 인하도선을 통하여 대지로 방류(송전선의 가공지선 등)
케이지 방식 (메시도체)	피보호물 주위를 적당한 간격(2m, 위험물은 1.5m)의 그물눈 도체로 감싸서 완전히 보호하는 방식

⑥ 피뢰침의 보호여유도 계산공식

$$보호여유도(\%) = \frac{충격절연강도 - 제한전압}{제한전압} \times 100$$

5 교류아크 용접기

(1) 교류아크 용접기의 종류

① **종류** : 고주파 아크 용접기, 자동 아크 용접기, 교류아크 용접기
② **자동 아크 용접기** : 용접봉을 기계장치로써 피이드하고 아크의 길이를 일정하게 하는 동시에 안전한 작업을 하기 위하여 자동 용접기를 사용하는 용접법이 있다.

(2) 교류아크 용접기의 효율 및 허용사용률

$$• 효율 = \frac{아크출력}{소비전력} \times 100 = \frac{(아크전압 \times 아크전류)}{(아크출력 + 내부손실)} \times 100[\%]$$

$$• 허용사용률 = \left(\frac{정격2차 전류}{실제용접전류}\right)^2 \times 정격사용률[\%]$$

(3) 자동전격방지장치의 기능

① 자동전격방지장치는 용접기의 아크 발생 중단 전후 1초 이내에 용접기의 2차측 무부하 전압을 안전전압 25V 이하로 강하하는 전기적 안전장치이다.
② 기능
  ㉠ 용접 작업 시 감전 위험을 방지한다.
  ㉡ 전력손실 절감한다.
  ㉢ 인체의 안전전압 1±0.3초 이내, 25V 이하의 전압을 유지한다.
  ㉣ 역률을 향상시킨다.
  ㉤ 용접봉을 모재에 접촉할 때 용접기 2차 회로는 폐회로가 되며, 이때 흐르는 전류를 감지한다.

(4) 자동전격방지장치를 설치해야 하는 장소
① 선박의 이중 선체 내부, 밸러스트 탱크, 보일러 내부 등 도전체에 둘러싸인 장소
② 추락할 위험이 있는 높이 2m 이상의 장소로 철골 등 도전성이 높은 물체에 근로자가 접촉할 우려가 있는 장소
③ 근로자가 물·땀 등으로 인하여 도전성이 높은 습윤 상태에서 작업하는 장소

(5) 교류아크 용접기 사용 시 안전대책
① 자동전격방지기를 적용한다.
② 절연 용접봉 홀더를 사용한다.
③ 적정한 캡타이어 케이블이나 용접용 케이블 등을 사용한다.
④ 2차측을 공통선으로 연결한다.
⑤ 절연장갑 등을 사용한다.
⑥ 피용접재에 접속되는 접지공사는 100Ω 이하로 한다.

(6) 교류아크 용접기용 자동전격방지기의 종류
① 외장형
② 내장형
③ 저저항시동형(L형)
④ 고저항시동형(H형)

03 전로에서의 전기작업

1 정전전로에서의 전기작업 시 안전관리

근로자가 노출된 충전부 또는 그 부근에서 작업함으로써 감전될 우려가 있는 경우에는 작업에 들어가기 전에 해당 전로를 차단하여야 한다.

(1) 정전작업을 하지 않아도 되는 경우
① 생명유지장치, 비상경보설비, 폭발위험장소의 환기설비, 비상조명설비 등의 장치·설비의 가동이 중지되어 사고의 위험이 증가되는 경우
② 기기의 설계상 또는 작동상 제한으로 전로차단이 불가능한 경우

③ 감전, 아크 등으로 인한 화상, 화재·폭발의 위험이 없는 것으로 확인된 경우

(2) 전로 차단 절차
① 전기기기 등에 공급되는 모든 전원을 관련 도면, 배선도 등으로 확인할 것
② 전원을 차단한 후 각 단로기 등을 개방하고 확인할 것
③ 차단장치나 단로기 등에 잠금장치 및 꼬리표를 부착할 것
④ 개로된 전로에서 유도전압 또는 전기에너지가 축적되어 근로자에게 전기위험을 끼칠 수 있는 전기기기 등은 접촉하기 전에 잔류전하를 완전히 방전시킬 것
⑤ 검전기를 이용하여 작업 대상 기기가 충전되었는지를 확인할 것
⑥ 전기기기 등이 다른 노출 충전부와의 접촉, 유도 또는 예비동력원의 역송전 등으로 전압이 발생할 우려가 있는 경우에는 충분한 용량을 가진 단락 접지기구를 이용하여 접지할 것

(3) 유입차단기 조작 순서(정전 조작)

ⓐ D.S (단로기)　ⓑ O.C.B (유입차단기)　ⓒ D.S (단로기)

㉠ 차단(개방) 시 : ⓑ → ⓒ → ⓐ
㉡ 투입 시 : ⓒ → ⓐ → ⓑ

| 유입차단기의 작동 순서 |

기출문제
정전작업 종료 후 전원 공급 시 조치하여야 하는 사항 3가지를 쓰시오.

답 오른쪽 ①~④

(4) 정전작업 종료 후 복귀조작 요령
① 작업기구, 단락 접지기구 등을 제거하고 전기기기 등이 안전하게 통전될 수 있는지를 확인할 것
② 모든 작업자가 작업이 완료된 전기기기 등에서 떨어져 있는지를 확인할 것
③ 잠금장치와 꼬리표는 설치한 근로자가 직접 철거할 것
④ 모든 이상 유무를 확인한 후 전기기기 등의 전원을 투입할 것

2 충전전로에서의 전기작업 시 안전관리

(1) 충전전로 작업 시 안전조치

① 충전전로를 정전시키는 경우에는 휴전작업에 따른 조치를 할 것
② 충전전로를 방호, 차폐하거나 절연 등의 조치를 하는 경우에는 근로자의 신체가 전로와 직접 접촉하거나 도전재료, 공구 또는 기기를 통하여 간접 접촉되지 않도록 할 것
③ 충전전로를 취급하는 근로자에게 그 작업에 적합한 절연용 보호구를 착용시킬 것
④ 충전전로에 근접한 장소에서 전기작업을 하는 경우에는 해당 전압에 적합한 절연용 방호구를 설치할 것. 다만, 저압인 경우에는 해당 전기작업자가 절연용 보호구를 착용하되, 충전전로에 접촉할 우려가 없는 경우에는 절연용 방호구를 설치하지 아니할 수 있다.
⑤ 고압 및 특별고압의 전로에서 전기작업을 하는 근로자에게 활선작업용 기구 및 장치를 사용하도록 할 것
⑥ 근로자가 절연용 방호구의 설치·해체작업을 하는 경우에는 절연용 보호구를 착용하거나 활선작업용 기구 및 장치를 사용하도록 할 것
⑦ 유자격자가 아닌 근로자가 충전전로 인근의 높은 곳에서 작업할 때 근로자의 몸 또는 긴 도전성 물체가 방호되지 않은 충전전로에서 다음의 거리 이내로 접근할 수 없도록 할 것
　㉠ 대지전압이 50kV 이하인 경우에는 300cm 이내
　㉡ 대지전압이 50kV를 넘는 경우에는 300cm에 10kV당 10cm 더한 거리 이내
⑧ 유자격자가 충전전로 인근에서 작업하는 경우에는 다음의 경우를 제외하고는 노출 충전부에 다음 표에 제시된 접근한계거리 이내로 접근하거나 절연 손잡이가 없는 도전체에 접근할 수 없도록 할 것
　㉠ 근로자가 노출 충전부로부터 절연된 경우 또는 해당 전압에 적합한 절연장갑을 착용한 경우
　㉡ 노출 충전부가 다른 전위를 갖는 도전체 또는 근로자와 절연된 경우
　㉢ 근로자가 다른 전위를 갖는 모든 도전체로부터 절연된 경우

법령
산업안전보건기준에 관한 규칙 제321조

기출문제
충전전로에서 전기작업 시 준수사항 3가지를 쓰시오.
답 왼쪽 ①~⑦

기출문제
충전전로에서 전기작업 시 근로자에게 착용시켜야 하는 것을 쓰시오.
답 절연용 보호구

기출문제
유자격자가 아닌 근로자가 충전전로 인근의 높은 곳에서 작업할 때 대지전압이 50kV 이하인 경우 충전전로에서 접근할 수 없도록 해야 하는 거리를 쓰시오.
답 300cm

기출문제

다음 충전전로의 선간전압(kV)에 따른 알맞은 접근 한계거리를 쓰시오.
㉮ 0.38kV
㉯ 1.5kV
㉰ 6.6kV
㉱ 22.9kV

답
㉮ 30cm
㉯ 45cm
㉰ 60cm
㉱ 90cm

법령

산업안전보건기준에 관한 규칙 제322조

기출문제

고압전선로 주변에서 차량(크레인, 항타기, 항발기 등) 작업 시 준수사항 3가지를 쓰시오.

답 오른쪽 ①, ③, ⑤

⑨ 선간전압에 따른 접근 한계거리

충전전로의 선간전압(단위 : kV)	충전전로에 대한 접근한계거리(단위 : cm)
0.3 이하	접촉금지
0.3 초과 0.75 이하	30
0.75 초과 2 이하	45
2 초과 15 이하	60
15 초과 37 이하	90
37 초과 88 이하	110
88 초과 121 이하	130
121 초과 145 이하	150
145 초과 169 이하	170
169 초과 242 이하	230
242 초과 362 이하	380
362 초과 550 이하	550
550 초과 800 이하	790

(2) 충전전로 인근에서의 차량·기계장치 작업

① 충전전로 인근에서 차량·기계장치 등의 작업이 있는 경우에는 차량·기계장치 등을 충전부로부터 3m 이상 이격시켜 유지시키되, 대지전압이 50kV를 넘는 경우 10kV 증가할 때마다 10cm씩 증가시켜야 한다.
② 차량·기계장치 등의 높이를 낮춘 상태에서 이동하는 경우에는 이격거리를 120cm 이상(대지전압이 50kV를 넘는 경우에는 10kV 증가할 때마다 이격거리를 10cm씩 증가)으로 할 수 있다.
③ 충전전로의 전압에 적합한 절연용 방호구 등을 설치한 경우에는 이격거리를 절연용 방호구 앞면까지로 할 수 있다.
④ 차량 등의 가공 붐대의 버킷이나 끝부분 등이 충전전로의 전압에 적합하게 절연되어 있고 유자격자가 작업을 수행하는 경우에는 붐대의 절연되지 않은 부분과 충전전로 간의 이격거리는 규정된 접근 한계거리까지로 할 수 있다.
⑤ 다음의 경우를 제외하고는 작업자가 차량 등의 그 어느 부분과도 접촉하지 않게 울타리를 설치하거나 감시인 배치 등의 조치를 하여야 한다.
  ㉠ 근로자가 해당 전압에 적합한 절연용 보호구 등을 착용, 사용하는 경우
  ㉡ 차량·기계장치 등의 절연되지 않은 부분이 접근 한계거리 이내로 접근하지 않도록 하는 경우

⑥ 충전전로 인근에서 접지된 차량등이 충전전로와 접촉할 우려가 있을 경우에는 지상의 근로자가 접지점에 접촉하지 않도록 조치하여야 한다.

04 전기작업 시 안전관리

1 전기 기계·기구 등의 안전관리

(1) 전기 기계·기구 등의 충전부 방호

① 작업이나 통행 등으로 인하여 충전부분에 감전을 방지하기 위한 방호
  ㉠ 충전부가 노출되지 않도록 폐쇄형 외함이 있는 구조로 할 것
  ㉡ 충전부에 충분한 절연효과가 있는 방호망이나 절연덮개를 설치할 것
  ㉢ 충전부는 내구성이 있는 절연물로 완전히 덮어 감쌀 것
  ㉣ 발전소·변전소 및 개폐소 등 구획되어 있는 장소로서 관계 근로자가 아닌 사람의 출입이 금지되는 장소에 충전부를 설치하고, 위험표시 등의 방법으로 방호를 강화할 것
  ㉤ 전주 위 및 철탑 위 등 격리되어 있는 장소로서 관계 근로자가 아닌 사람이 접근할 우려가 없는 장소에 충전부를 설치할 것
② 노출 충전부가 있는 맨홀 또는 지하실 등의 밀폐공간에서 작업하는 경우에는 덮개, 울타리 또는 절연 칸막이 등을 설치하여야 한다.
③ 개폐되는 문, 경첩이 있는 패널 등을 견고하게 고정시켜야 한다.

(2) 전기 기계·기구의 설치 시 고려사항

① 전기 기계·기구의 충분한 전기적 용량 및 기계적 강도
② 습기·분진 등을 사용하는 장소의 주위 환경
③ 전기적·기계적 방호수단의 적정성

(3) 전기 기계·기구 조작 시 등의 안전조치

① 전기 기계·기구의 조작 부분을 점검하거나 보수하는 경우에는 작업자의 안전을 위해서 전기 기계·기구로부터 폭 70cm 이상의 작업공간을 확보하여야 한다. 다만, 절연용 보호구를 착용한 경우에는 예외로 한다.

합격 체크포인트
• 전기 기계·기구 등의 안전관리

법령
산업안전보건기준에 관한 규칙 제301조

기출문제
충전부분에 접촉하거나 접근함으로써 감전을 방지하기 위한 방호조치 3가지를 쓰시오.
 왼쪽 ㉠~㉤

기출문제
전기 기계·기구 설치 시 고려사항 3가지를 쓰시오.
 왼쪽 ①~③

법령
산업안전보건기준에 관한 규칙 제310조

② 전기적 불꽃 또는 아크에 의한 화상의 우려가 있는 고압 이상의 충전전로 작업 시에는 방염처리된 작업복 또는 난연(難燃) 성능을 가진 작업복을 착용한다.

2 기타 전기작업의 안전관리

(1) 이동 및 휴대장비 등의 전기작업

① 작업자가 착용하거나 취급하고 있는 도전성 공구·장비 등이 노출 충전부에 닿지 않도록 할 것
② 작업자가 사다리를 노출 충전부가 있는 곳에서 사용하는 경우에는 도전성 재질의 사다리를 사용하지 않도록 할 것
③ 근로자가 젖은 손으로 전기기계·기구의 플러그를 꽂거나 제거하지 않도록 할 것
④ 근로자가 전기회로를 개방, 변환 또는 투입하는 경우에는 전기 차단용으로 특별히 설계된 스위치, 차단기 등을 사용하도록 할 것
⑤ 차단기 등의 과전류 차단장치에 의하여 자동 차단된 후에는 전기회로 또는 전기기계·기구가 안전하다는 것이 증명되기 전까지는 과전류 차단장치를 재투입하지 않도록 할 것

> 법령
> 산업안전보건기준에 관한 규칙 제317조

(2) 배선 및 이동전선으로 인한 위험 방지

① 근로자가 작업 중에나 통행하면서 접촉하거나 접촉할 우려가 있는 배선 또는 이동전선에 대하여 절연피복이 손상되거나 노화됨으로 인한 감전의 위험을 방지하기 위하여 필요한 조치를 하여야 한다.
② 사업주는 전선을 서로 접속하는 경우에는 해당 전선의 절연성능 이상으로 절연될 수 있는 것으로 충분히 피복하거나 적합한 접속기구를 사용하여야 한다.
③ 물 등의 도전성이 높은 액체가 있는 습윤한 장소에서 근로자가 작업 중에나 통행하면서 이동전선 및 이에 부속하는 접속기구에 접촉할 우려가 있는 경우에는 충분한 절연효과가 있는 것을 사용하여야 한다.

> 법령
> 산업안전보건기준에 관한 규칙 제313, 314조

> 기출문제
> 배선 및 이동전선에 대하여 사용 전 점검사항 2가지를 쓰시오.
> 目 오른쪽 ①~③

3 안전장구

(1) 절연용 안전보호구
① 용도 : 7,000V 이하의 전로의 활선작업 또는 활선근접 작업 시 작업자의 감전 사고를 방지하기 위해 몸에 착용한다.
② 종류 : 절연안전모, 절연장갑, 절연장화, 절연작업복, 보호용 가죽장갑 등
③ 내전압용 절연장갑의 등급

등급	최대 사용전압		등급별 색상
	교류(V, 실효값)	직류(V)	
00	500	750	갈색
0	1,000	1,500	빨간색
1	7,500	11,250	흰색
2	17,000	25,500	노란색
3	26,500	39,750	녹색
4	36,000	54,000	등색

※ 교류×1.5 = 직류

(2) 절연용 안전방호구
① 용도 : 활선작업 또는 활선 근접 작업 시 작업자의 감전 사고를 방지하기 위해 전로의 충전부에 장착하는 절연재이다.
② 종류 : 절연방호관, 절연시트, 절연커버, 애자후드, 점퍼호스, 완금커버, 컷아웃스위치 커버, 고무블랭킷 등

(3) 활선장구
① 활선시메라
② 활선커터
③ 커트아웃 스위치 조작봉(배선용 후크봉)
④ 가완목
⑤ DS(디스콘 스위치) 조작봉
⑥ 활선작업대
⑦ 점퍼선
⑧ 활선사다리 등

기출문제

활선작업 시 작업자가 착용하여야 하는 보호구 4가지를 쓰시오.

답
절연안전모, 절연장갑, 절연장화, 절연작업복

기출문제

내전압용 절연장갑의 성능기준에 있어 4등급의 교류와 직류의 최대사용전압을 쓰시오.

답
① 교류 : 36,000V
② 직류 : 54,000V

합격 체크포인트
- 전기화재의 원인과 예방
- 저압배선전로의 절연성능 시험

참고

트래킹 현상
절연물 표면에 습기, 먼지 등의 이물질이 부착되어 미소 방전이 반복되면서 절연물의 표면에 도전로가 형성되는 현상으로, 계속해서 진행 시 화재로 진행된다.

05 전기설비 화재 예방대책

1 전기화재

(1) 전기화재의 원인
① 전선단락(합선) 고장전류에 의한 화재
② 부하 과전류에 의한 화재
③ 저·고압 혼촉에 의한 화재
④ 누설(전)전류에 의한 화재
⑤ 지락전류에 의한 의한 발화
⑥ 접촉부 과전류 과열에 의한 발화
⑦ 전기 아크, 스파크에 의한 발화
⑧ 정전기에 의한 화재
⑨ 트래킹에 의한 화재

(2) 전기화재의 예방
① 일반적 예방대책
  ㉠ 누전차단기 설치
  ㉡ 퓨즈 설치
  ㉢ 경보장치 설치
  ㉣ 접지

② 전열기 화재 예방대책
  ㉠ 열판의 밑부분에는 차열판이 있는 것을 사용한다.
  ㉡ 전원스위치의 점멸(ON/OFF)을 확실하게 한다.(표시등 부착)
  ㉢ 인조석, 석면, 벽돌 등 단열성 불연재료로 받침대를 만든다.
  ㉣ 주위 0.3~0.5m 상방으로 1.0~1.5m 이내에 가연성 물질의 접근을 금지한다.
  ㉤ 배선, 코드의 용량은 충분한 것을 사용하여 과열을 방지한다.

(3) 저압배전선로 절연저항
① 절연저항의 개요
  ㉠ 절연물의 절연성능을 나타내는 척도를 절연저항이라 하고, 그 수치가 클수록 양질의 절연물인 것을 나타낸다.
  ㉡ 선로설비의 회선 상호간, 회선과 대지 간 및 회선의 심선 상호간의 절연저항은 직류 500V 절연저항계로 측정하여 10MΩ 이상이어야 한다.

② 저압전로의 절연성능 시험

전로의 사용전압(V)	DC 시험전압(V)	절연저항
SELV 및 PELV	250	0.5MΩ
FELV 500V 이하	500	1.0MΩ
500V 초과	1,000	1.0MΩ

※ 특별저압(extra low voltage : 2차전압이 AC 50V, DC 120V이하)으로 SELV(비접지회로) 및 PELV(접지회로)은 1차와 2차가 전기적으로 절연된 회로, FELV는 1차와 2차가 전기적으로 절연되지 않은 회로

기출문제

FELV 500V 이하 전로에서 DC 시험전압이 500V인 경우의 절연저항을 쓰시오.

답 1.0MΩ

06 접지

1 일반적인 접지 방법

합격 체크포인트
- 전기 기계 · 기구의 접지
- 접지 대상 전기 기계 · 기구

(1) 접지 개요

① 전기 기계 · 기구가 절연불량으로 기기외함의 금속제 부분이 충전되어 사람이 접촉되면 감전사고가 일어나게 된다.
② 금속제 외함을 접지시켜 누설전류를 대지로 흘려 기기의 외함에 나타나는 대지전압을 감소시켜 감전사고를 막을 수 있다.

(2) 접지의 목적

① 기기 및 선로의 이상전압 발생이 대지전위 억제 및 절연강도 경감한다.
② 설비의 절연물이 손상되었을 때 누설전류에 의한 감전을 방지한다.
③ 송배전선 사고 시 보호계전기를 신속하게 작동시킨다.
④ 변압기 1, 2차 혼촉 시 감전사고를 방지한다.
⑤ 송배전선로 지락전류에 의한 통신장해를 경감한다.
⑥ 낙뢰에 의한 이상전압의 피해를 방지한다.

(3) 접지를 해야 하는 전기 기계 · 기구의 접지

① 전기 기계 · 기구의 금속제 외함, 금속제 외피 및 철대
② 고정 설치되거나 고정 배선에 접속된 전기 기계 · 기구의 노출된 비충전 금속체 중 충전될 우려가 있는 다음에 해당하는 비충전 금속체
  ㉠ 지면이나 접지된 금속체로부터 수직거리 2.4m, 수평거리 1.5m 이내인 것
  ㉡ 물기 또는 습기가 있는 장소에 설치되어 있는 것

법령

산업안전보건기준에 관한 규칙 제302조

ⓒ 금속으로 되어 있는 기기접지용 전선의 피복·외장 또는 배선관 등
ⓓ 사용전압이 대지전압 150V를 넘는 것

③ 전기를 사용하지 않는 설비 중 다음에 해당하는 금속체
  ㉠ 전동식 양중기의 프레임과 궤도
  ㉡ 전선이 붙어 있는 비전동식 양중기의 프레임
  ㉢ 고압 이상의 전기를 사용하는 전기 기계·기구 주변의 금속제 칸막이·망 및 이와 유사한 장치

④ 코드와 플러그를 접속하여 사용하는 전기 기계·기구 중 다음에 해당하는 노출된 비충전 금속체
  ㉠ 사용전압이 대지전압 150V를 넘는 것
  ㉡ 냉장고·세탁기·컴퓨터 및 주변기기 등과 같은 고정형 전기 기계·기구
  ㉢ 고정형·이동형 또는 휴대형 전동기계·기구
  ㉣ 물 또는 도전성이 높은 곳에서 사용하는 전기 기계·기구, 비접지형 콘센트
  ㉤ 휴대형 손전등

⑤ 수중펌프를 금속제 물탱크 등의 내부에 설치하여 사용하는 경우 그 탱크(이 경우 탱크를 수중펌프의 접지선과 접속하여야 한다.)

(4) 접지하지 않아도 되는 전기 기계·기구
① 이중절연 또는 이와 같은 수준 이상으로 보호되는 구조로 된 전기 기계·기구
② 절연대 위 등과 같이 감전 위험이 없는 장소에서 사용하는 전기 기계·기구
③ 비접지방식의 전로(그 전기 기계·기구의 전원측의 전로에 설치한 절연변압기의 2차 전압이 300V 이하, 정격용량이 3kV암페어 이하이고 그 절연전압기의 부하측의 전로가 접지되어 있지 아니한 것으로 한정)에 접속하여 사용되는 전기 기계·기구

(5) 접지의 기본 3요소
① **피접지체** : 케이블, 전동기, 변압기, 기기의 금속제 외함
② **접지도체** : 나연동선, 피복연동선(주로 사용)
  ㉠ 큰 고장전류가 흐르지 않을 경우
    • 구리는 6mm² 이상

기출문제

접지를 해야 하는 전기를 사용하지 않는 설비 중 금속체에 해당하는 부분 3가지를 쓰시오.

📖 오른쪽 ㉠~㉢

기출문제

접지를 해야 하는 코드와 플러그를 접속하여 사용하는 전기 기계·기구 중 노출된 비충전 금속체에 해당하는 부분 3가지를 쓰시오.

📖 오른쪽 ㉠~㉤

- 철제는 50mm² 이상
ⓒ 접지도체에 피뢰시스템이 접속되는 경우
- 구리는 16mm² 이상
- 철제는 50mm² 이상
③ 접지전극 : 동봉, 접지판, 금속봉입 콘크리트, 탄소접지봉 등

(6) KEC 규정에 따른 접지도체의 굵기

특고압·고압 전기설비용 접지도체	단면적 6mm² 이상의 연동선
중성점 접지용 접지도체	공칭단면적 16mm² 이상의 연동선
중성점 접지용 접지도체 중 7kV 이하의 전로, 사용전압이 25kV 이하인 특고압 가공 전선로	공칭단면적 6mm² 이상의 연동선
이동하여 사용하는 전기 기계·기구의 금속제 외함 등의 접지 시스템 — 특고압·고압 및 중성점 접지용 접지도체	다심 캡타이어케이블의 차폐 또는 기타의 금속체로 단면적이 10mm² 이상인 것
이동하여 사용하는 전기 기계·기구의 금속제 외함 등의 접지 시스템 — 저압 전기설비용 접지 도체	다심 코드 또는 다심 캡타이어케이블의 1개 또는 도체의 단면적이 10mm² 이상인 것

(7) 접지극의 시설 및 접지저항
① 접지극은 매설하는 토양을 오염시키지 않아야 하며, 가능한 다습한 부분에 설치한다.
② 접지극은 동결 깊이를 감안하여 시설하되, 접지극의 매설깊이는 지표면으로부터 지하 0.75m 이상으로 한다.
③ 접지도체를 철주 기타의 금속체를 따라서 시설하는 경우에는 접지극을 철주의 밑면으로부터 0.3m 이상의 깊이에 매설하는 경우 이외에는 접지극을 지중에서 그 금속체로부터 1m 이상 떼어 매설하여야 한다.

(8) 계통접지의 분류
① TN 계통 : 직접접지 방식(TN-C방식, TN-S방식, TN-C-S방식)
② TT 계통 : 직접 다중 접지방식
③ IT 계통 : 비접지 방식

법령
한국전기설비규정

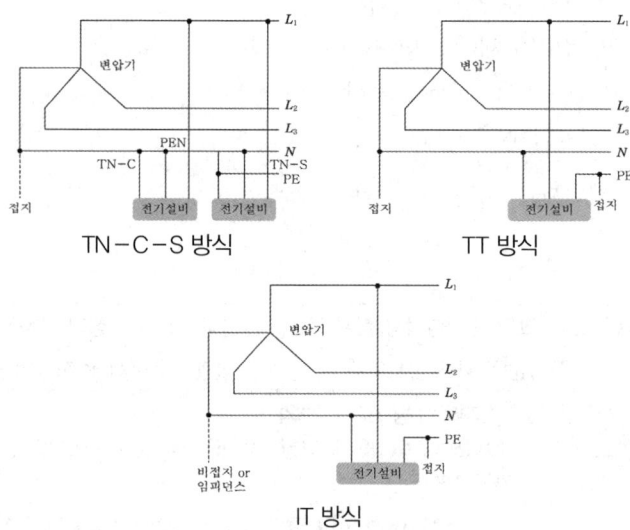

| 계통별 접지 방식 |

제2장 정전기와 방폭설비

01 정전기 위험요소 파악

1 정전기 발생 원리와 영향을 주는 요인

(1) 정전기 발생 원리

물질의 내부에 있는 자유전자가 이동하거나 물체 간에 전하가 전달될 때 발생하며, 기본적으로 양(+)전하와 음(-)전하가 서로 상호작용하여 발생한다.

(2) 정전기 발생에 영향을 주는 요인

물체의 특성	물체가 불순물을 포함하고 있으면 정전기 발생량은 증가한다.
물체의 표면상태	물체 표면이 수분, 기름 등에 의해 오염되었을 때 산화, 부식에 의해 정전기가 크게 발생한다.
물체의 이력	처음 접촉, 분리가 일어날 때 최대가 되며, 이후 접촉, 분리가 반복됨에 따라 발생량은 점차 감소한다.
접촉 면적 및 압력	접촉 면적이 클수록 발생량이 커지고, 접촉 압력이 증가하면 정전기의 발생량도 증가한다.
분리(박리) 속도	분리 속도가 빠를수록 정전기의 발생량은 커지게 된다.

2 정전기의 발생현상

(1) 대전현상의 종류

접촉대전	정전기는 2개의 서로 다른 물체가 접촉, 분리하였을 때 표면상태(표면의 부식, 평활도)의 차이에 따라 발생된다.
마찰대전	고체, 액체류 또는 분체류 등의 물체가 마찰을 일으켰을 때나 마찰에 의하여 전하 분리가 일어나 정전기가 발생하는 현상을 말한다.
박리대전	서로 밀착되고 있는 물체가 떨어질 때 전하분리가 일어나 정전기가 발생하는 현상을 말한다.

합격 체크포인트
- 정전기 발생 원리
- 대전현상과 방전의 종류
- 정전기 위험요소 제거 방법

기출문제

마찰대전과 박리대전의 정의를 쓰시오.

📝 왼쪽 표 내용

유동대전	액체류가 파이프 등 고체와 접촉하면 전기이중층이 형성되어 전하의 일부가 액체류의 유동에 의하여 흐르기 때문에 정전기가 발생되는 현상을 말한다.
분출대전	분체류, 액체류, 기체류가 단면적이 작은 개구부로부터 분출할 때 이 사이에 마찰이 일어나 정전기가 발생하는 현상을 말한다.
충돌대전	분체류와 같은 입자 상호 간 혹은 입자와 고체와의 충돌에 의해 빠른 접촉, 분리가 행해지기 때문에 정전기가 발생하는 현상을 말한다.
파괴에 의한 대전	고체, 분체류와 같은 물체가 파괴됐을 때 전하분리 또는 정과 부의 전하의 균형이 깨지면서 정전기가 발생하는 현상을 말한다.
교반(부상) 또는 침강에 의한 대전	비중이 다른 액체 및 고체, 기포 등의 분산, 혼입하여 이것이 침강 또는 부상할 때 액체류와 계면에서 전기이중층이 형성되어 정전기가 발생한다.

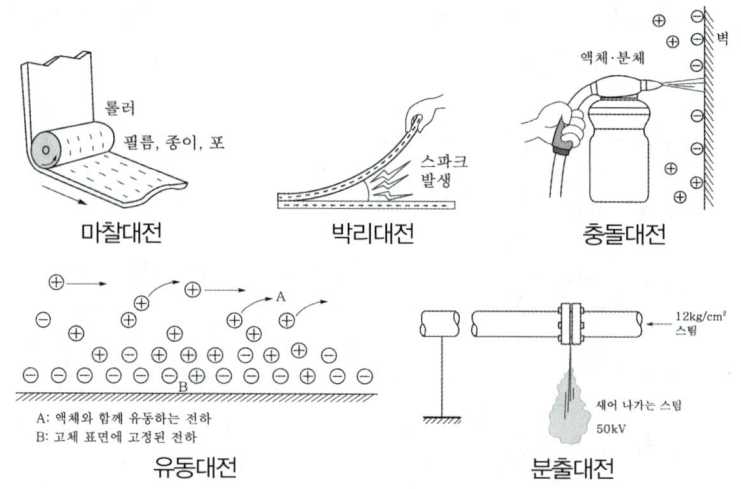

| 대전의 형태 |

3 방전의 형태 및 영향

(1) 정전기의 방전

① 물체의 대전량이 많아지면 그 부근의 공기 중의 전계강도가 공기의 절연파괴 강도 약 30kV/cm에 도달하게 되어 기체의 전리작용이 일어나게 되는데, 이를 방전이라 한다.

② 방전의 종류

코로나 방전	한쪽 극 또는 양극이 봉상 또는 침상으로 되어 있으면, 그 극 부근의 전기장이 특히 강해져 부분적인 방전이 일어나 빛이나 소리를 낸다. 이와 같은 상태를 코로나 방전이라고 하고 오존(O_3)이 발생한다.	
브러시 (스트리머) 방전	직경 10mm 이상의 곡률 반경이 큰 도체와 절연물질(고체, 기체)이나 저도전율 액체 사이에서 대전량이 많을 때 발생하는 수지상의 발광과 펄스상의 파괴음을 수반하는 방전	
불꽃 (스파크) 방전	㉠ 표면 전하밀도가 분극화된 절연판 표면 또는 도체가 대전되었을 때 접지된 도체 사이에 발생하는 강한 발광, 파괴음, 오존(O_3)이 발생한다. ㉡ 불꽃 방전은 방전에너지가 커 재해나 장해의 주요원인이 된다. ㉢ 방전에너지가 가연물질의 최소 착화에너지 이상, 충분한 전위차일 때 발생한다.	
연면 방전	공기 중에 놓인 엷은 절연체 표면의 전계강도가 큰 경우에 고체 표면을 따라서 복수의 수지상 발광을 수반하는 방전	
뇌상 방전	공기 중에 뇌상으로 부유하는 대전 입자의 규모가 커졌을 때 대전 구름에서 번개형의 발광을 수반하여 발생하는 방전	

(2) 정전기로 인한 화재(폭발) 발생 원리

① 정전기 방전에 의한 화재는 전하의 발생 → 전하의 축적 → 절연파괴 → 방전으로 이어진다.
② 대전물체가 도체인 경우에 정전기의 방전에너지는 W[J]이며, 이 에너지가 가연성 물질의 최소 착화에너지보다 클 경우에 화재·폭발의 우려가 있다.

③ 방전에너지 계산공식

$$방전에너지(W) = \frac{1}{2}CV^2[J]$$

여기서, C : 대전물체의 정전용량[F, $1F = 10^6 \mu F$]
V : 대전전위[V]

④ 가연성가스가 폭발범위 내에 있을 때 화재·폭발의 우려가 있다.
⑤ 방전하기 쉬운 전위차가 있을 때 화재·폭발의 우려가 있다.

4 정전기 위험방지

(1) 정전기 위험요소 제거
① 확실한 방법으로 접지
② 도전성 재료 사용
③ 가습 및 점화원이 될 우려가 없는 제전장치 사용
④ 대전방지제 사용
⑤ 가습 : 공기 중의 상대습도를 60~70% 정도로 유지

(2) 정전기에 의한 화재·폭발 위험 등 방지조치
① 정전기 대전방지용 안전화 착용
② 제전복 착용
③ 정전기 제전 용구의 사용
④ 작업장 바닥 등에 도전성을 갖추도록 함.

02 방폭 설비

1 방폭화 이론

(1) 폭발의 기본조건
① 폭발성 분위기 생성방지
㉠ 폭발성 가스의 누설 및 방출방지 : 위험물질 사용억제 및 개방 상태에서의 사용을 금지한다.
㉡ 폭발성 가스의 체류방지 : 가스누설, 체류 장소의 옥외 이설 또는 외벽 개방 건물설치, 강제 환기 등의 조치한다.
㉢ 폭발성 가스, 분진의 생성방지

② 전기기기(설비)의 방폭화 기본개념

방폭화 방법	방폭구조	설명
점화원의 방폭적 격리	• 내압방폭구조 • 유입방폭구조 • 압력방폭구조	점화원으로 되는 부분을 주위의 가연성 물질과 격리하여야 한다.
전기기기의 안전도 증강	• 안전증방폭구조	전기불꽃의 발생부 및 고온부가 존재하지 않는 전기설비에 대하여 특히 안전도를 증가시켜 고장이 발생할 확률을 0에 가깝게 하는 방법이다.
점화능력의 본질적 억제	• 본질안전방폭구조	사고 시에 발생하는 전기불꽃 고온부가 착화에너지 이하의 값으로 되어 가연물을 착화시킬 본질적 점화능력이 억제된 안전 방폭구조이다.

(2) 방폭 발생 조건

① 폭발의 기본조건
  ㉠ 가연성가스의 존재
  ㉡ 최소착화에너지 이상의 점화원 존재
  ㉢ 폭발위험 분위기 조성

② 방폭구조에 관계있는 위험 특성
  ㉠ 발화온도
  ㉡ 화염일주한계
  ㉢ 최소점화전류

③ 발화원의 종류
  ㉠ 전기불꽃   ㉡ 단열압축
  ㉢ 고열물질   ㉣ 충격 마찰열
  ㉤ 정전기   ㉥ 화학반응열
  ㉦ 자연발화 등

④ 내압방폭구조 방폭전기기기 폭발등급 최대안전틈새

IEC 기준	폭발등급	IIA	IIB	IIC
	최대안전틈새의 치수(mm)	0.9 이상	0.5 초과 0.9 미만	0.5 이하
KSC 기준	폭발등급	1	2	3
	틈의 치수(mm)	0.6 이상	0.4 초과 0.6 미만	0.4 이하

⑤ 저압전로의 절연성능 시험

폭발등급	안전간격(mm)	해당 가스
1등급	0.6mm 초과	메탄, 에탄, 프로판, 부탄
2등급	0.4mm 초과 0.6mm 이하	에틸렌, 석탄가스
3등급	0.4mm 이하	수소, 아세틸렌

2 방폭구조의 종류 및 선정

(1) 가스 및 증기의 방폭구조 종류

① 방폭구조의 종류

구분	설명
내압 방폭구조(d)	전폐구조로 용기 내부에서 폭발성가스 또는 증기가 폭발하였을 때 용기가 그 압력에 견디며 또한 접합면, 개구부 등을 통하여 외부의 폭발성가스에 인화될 우려가 없도록 한 구조
압력 방폭구조(p)	용기 내부에 보호기체(신선한 공기 또는 질소 등의 불연성 기체)를 압입하여 내부압력을 유지함으로써 폭발성가스 또는 증기가 침입하는 것을 방지하는 구조
유입 방폭구조(o)	전기기기의 불꽃, 아크 또는 고온이 발생하는 부분을 기름 속에 넣어 기름면 위에 존재하는 폭발성 가스 또는 증기에 인화될 우려가 없도록 한 구조
안전증 방폭구조(e)	전기불꽃 아크 또는 고온이 되어서는 안 될 부분에 점화원 발생을 방지하기 위하여 기계적, 전기적 구조상 안전도를 증가시킨 구조
본질안전 방폭구조(ia, ib)	• 정상 시 및 사고 시(단선, 단락, 지락 등)에 발생하는 전기불꽃, 아크 또는 고온에 의하여 폭발성가스 또는 증기에 점화되지 않는 것이 점화시험, 기타에 의하여 확인된 구조(사용에너지 30V, 1.3W, 250mA 이내) • 최소한의 전기에너지만을 방폭 지역에 흐르도록 하여 절대로 점화원으로 작용하지 못하도록 한 구조
특수 방폭구조(s)	폭발성가스 또는 증기에 점화 또는 위험분위기로 인화를 방지할 수 있는 것이 시험, 기타에 의하여 확인된 구조
충전 방폭구조(q)	위험분위기가 전기기기에 접촉되는 것을 방지할 목적으로 모래, 분체 등의 고체충진물로 채워서 위험원과 차단, 밀폐시키는 구조
몰드 방폭구조(m)	폭발가능성이 있는 장비를 컴파운드나 수지 같은 것으로 충전하여 폭발성 혼합가스와의 접촉을 막는 구조
비점화 방폭구조(n)	주변의 폭발성 혼합기체를 발화시키는 아크 자체를 발생할 수 없도록 하는 구조

기출문제

내압방폭구조와 유입방폭구조, 안전증방폭구조, 특수방폭구조, 충전방폭구조의 기호를 쓰시오.

답
① 내압방폭구조 : d
② 유입방폭구조 : o
③ 안전증방폭구조 : e
④ 특수방폭구조 : s
⑤ 충전방폭구조 : q

② 가스 및 증기의 방폭구조 선정

0종 장소	폭발성 가스분위기가 연속적으로 장기간 또는 빈번하게 존재할 수 있는 장소	• 본질안전방폭구조(Ex ia)
1종 장소	폭발성 가스분위기가 정상작동 중 주기적 또는 빈번하게 생성되는 장소	• 내압방폭구조(Ex d) • 압력방폭구조(Ex p) • 충진방폭구조(Ex q) • 유입방폭구조(Ex o) • 안전증방폭구조(Ex e) • 본질안전방폭구조(Ex ib) • 몰드방폭구조(Ex m)
2종 장소	폭발성 가스분위기가 정상작동 중 조성되지 않거나 조성되더라도 짧은 기간에만 지속될 수 있는 장소	• 비점화방폭구조(Ex n)

(2) 가연성 분진의 위험장소 구분과 방폭구조 선정

① 가연성 분진의 존재에 따른 폭발 위험장소 구분

20종 장소	공기 중에 분진운의 형태로 폭발성 분진 분위기가 지속적으로 또는 장기간 또는 빈번히 존재하는 장소
21종 장소	공기 중에 분진운의 형태로 폭발성 분진 분위기가 정상작동 조건에서 발생할 수 있는 장소
22종 장소	공기 중에 분진운의 형태로 폭발성 분진 분위기가 정상작동 조건에서 발생하지 않으며, 발생하더라도 단기간만 지속되는 장소

② 분진방폭구조의 선정기준

20종 장소	• 밀폐형 방진 방폭구조(DP A20 또는 DP B20)
21종 장소	• 밀폐방진 방폭구조(DP A20 또는 A21, DP B20 또는 B21) • 특수방진 방폭구조(SDP)
22종 장소	• 20종 장소 및 21종 장소에서 사용 가능한 방폭구조 • 일반방진 방폭구조(DP A22 또는 DP B22) • 보통방진 방폭구조(DP)

NOTE

PART 05

화학설비 안전관리

CONTENTS

CHAPTER 01 | 화재·폭발
CHAPTER 02 | 화학물질 안전관리
CHAPTER 03 | 화공 안전점검 운전

제1장 화재 · 폭발

01 화재 · 폭발 이론 및 발생 이해

합격 체크포인트
- 연소 · 폭발의 형태 및 종류
- 연소(폭발) 범위 및 위험도
- 폭발현상(BLEVE, UVCE 등)
- 가스누출감지경보기의 설치

1 연소의 정의 및 3요소

(1) 연소의 정의

연소는 열과 빛을 수반하는 급격한 산화반응이다.

(2) 연소의 3요소

① 가연물(산화되기 쉬운 물질)

㉠ 가연물의 조건

가연물의 구비조건	가연물이 될 수 없는 물질

• 활성화에너지가 작을 것
• 열전도율이 적을 것
• 발열량이 클 것
• 표면적이 넓을 것
  (기체>액체>고체 순)
• 산소와 친화력이 클 것
	• 주기율표 0족의 원소
	  예 He, Ne, Ar, Kr, Xe, Rn
	• 이미 산화반응이 완결된 안정된 산화물
	  예 CO_2, SiO_2, Al_2O_3, P_2O_5
	• 질소 또는 질소 화합물
	  - 산소와 반응은 하지만 흡열반응을 함.

㉡ 가연물의 예
- 가연성 고체 : 목재, 종이, 석탄 등
- 가연성 액체 : 에탄올, 메탄올 등
- 인화성 액체 : 등유, 경유, 아세톤 등
- 인화성 가스 : 아세틸렌, 메탄, 프로판 등

② 산소공급원 : 공기, 산화제, 자기반응성 물질

③ 점화원(가연물에 활성화 에너지를 주는 것)
㉠ 정전기
㉡ 나화
㉢ 충격마찰
㉣ 단열압축
㉤ 전기불꽃

2 인화점 및 발화점

(1) 인화점(flash point)
① 외부의 직접적인 점화원에 의해 인화될 수 있는 최저온도 또는 가연물을 가열할 때 가연성 증기의 연소범위 하한에 도달하는 최저온도이다.
② 인화점이 낮을수록 위험성은 증가한다.

(2) 발화점(ignition point)
① 외부의 직접적인 점화원 없이 가열된 열의 축적에 의해 발화하는 최저온도이다.

② 발화점이 낮아지는 경우
  ㉠ 압력이 큰 경우
  ㉡ 발열량이 큰 경우
  ㉢ 화학적 활성도가 큰 경우
  ㉣ 산소와 친화력이 좋은 경우
  ㉤ 분자구조가 복잡한 경우
  ㉥ 습도 및 가스압(증기압)이 낮은 경우

(3) 연소점(fire point)
① 연소가 계속되기 위한 온도를 말한다.
② 대략 인화점보다 10℃ 정도 높은 온도이다.

> **참고**
> 온도가 높은 순서
> 발화점＞연소점＞인화점

3 연소·폭발의 형태 및 종류

(1) 연소의 형태와 종류
① **기체의 연소** : 확산연소(불꽃연소), 예혼합연소
② **액체의 연소** : 증발연소, 분무연소
③ **고체의 연소** : 분해연소, 자기연소, 증발연소, 표면연소

(2) 발화
① **자연발화(auto ignition)** : 물질이 서서히 산화되어 축적된 산화열에 의해 발열, 발화하는 현상

② **자연발화의 형태**
  ㉠ 산화열에 의한 발열 : 석탄, 고무분말, 건성유 등
  ㉡ 분해열에 의한 발열 : 셀룰로이드류, 니트로 셀룰로오스 등

ⓒ 흡착열에 의한 발열 : 활성탄, 목탄 분말 등
ⓔ 중합열에 의한 발열
ⓜ 미생물에 의한 발열 : 퇴비, 먼지 등

③ 자연발화에 영향을 주는 인자
ⓐ 발열량
ⓑ 열전도율
ⓒ 열의 축적
ⓓ 수분
ⓔ 퇴적 방법
ⓕ 공기의 유동

④ 자연발화의 조건
ⓐ 발열량이 클 것
ⓑ 열전도율이 작을 것
ⓒ 주위의 온도가 높을 것
ⓓ 표면적이 넓을 것

⑤ 자연발화 방지법
ⓐ 습도가 높은 것을 피할 것
ⓑ 저장실의 온도를 낮출 것
ⓒ 퇴적 및 수납할 때 열이 쌓이지 않게 할 것
ⓓ 통풍이 잘 되도록 할 것

4 연소(폭발)범위 및 위험도

(1) 연소범위(폭발범위)

① 연소에 필요한 가연성 기체와 공기 또는 산소와의 혼합가스 농도 범위로, 단위는 용량 백분율(%)이다.
ⓐ 연소(폭발)하한계(LEL; Lower Explosive Limit) : 공기 중에서 인화성 가스 등의 농도가 이 값 미만에서 폭발되지 않는 한계이다.
ⓑ 연소(폭발)상한계(UEL; Upper Explosive Limit) : 공기 중에서 인화성 가스 등의 농도가 이 값을 넘는 경우에는 폭발되지 않는 한계이다.

② 연소범위가 넓어지는 경우
ⓐ 온도가 상승할 경우
ⓑ 증기압이 높을 경우
ⓒ 산소농도가 높을 경우
ⓓ 층류보다 난류인 경우

📌 **기출문제**

아세틸렌이 70vol%, 클로로벤젠이 30vol%인 혼합기체의 폭발하한계를 구하시오. (단, 아세틸렌의 폭발하한계는 2.5, 클로로벤젠의 폭발하한계는 1.3이다.)

답 $\dfrac{100}{\dfrac{70}{2.5}+\dfrac{30}{1.3}} = 1.96[\text{vol\%}]$

③ 르샤틀리에 법칙(혼합가스의 연소범위를 구하는 공식)

- 순수한 혼합가스의 경우

$$\frac{100}{L}=\frac{V_1}{L_1}+\frac{V_2}{L_2}+\cdots+\frac{V_n}{L_n} \rightarrow L=\frac{100}{\dfrac{V_1}{L_1}+\dfrac{V_2}{L_2}+\cdots+\dfrac{V_n}{L_n}}$$

- 혼합가스가 공기와 섞여 있는 경우

$$\frac{V_1+\cdots+V_n}{L}=\frac{V_1}{L_1}+\cdots+\frac{V_n}{L_n} \rightarrow L=\frac{V_1+V_2+\cdots+V_n}{\dfrac{V_1}{L_1}+\dfrac{V_2}{L_2}+\cdots+\dfrac{V_n}{L_n}}$$

여기서, L : 혼합가스의 연소범위(상한 또는 하한)(%)
L_1, L_2, L_n : 각 성분의 단독 연소 한계치(%)
V_1, V_2, V_n : 각 성분의 부피(%)
100 : $V_1+V_2+\cdots+V_n$ (단독가스 부피의 합)

(2) 위험도(hazard)

① 폭발범위 상한계(UEL)와 하한계(LEL)의 차를 폭발범위 하한계로 나눈 것으로, H(위험도)로 표시한다.

$$위험도(H)=\frac{U-L}{L}$$

여기서, U : 연소(폭발)상한계, L : 연소(폭발)하한계

📌 **기출문제**

아세틸렌의 폭발하한계와 폭발상한계가 2.5~81일 때 위험도를 구하시오.

답 $\dfrac{81-2.5}{2.5}=31.4$

② 위험도는 폭발범위에 비례하고 하한계는 반비례한다.
③ 위험도 값이 클수록 위험성이 크다.
④ 하한농도가 낮을수록 위험성이 크다.

5 완전연소 조성농도와 최소산소농도

(1) 완전연소 조성농도(화학양론농도)

① 가연성 물질의 발열량이 최대이고, 폭발 파괴력이 가장 강한 농도를 말하며, $C_nH_mOCl_f$ 분자식에서 다음과 같은 식으로 계산된다.

$$C_{st}(\text{vol\%})=\frac{가연성\ 가스의\ 몰\ 수}{가연성\ 가스의\ 몰\ 수+공기의\ 몰\ 수}\times 100$$

$$=\frac{100}{1+4.773\times\left(n+\dfrac{m-f-2\lambda}{4}\right)}$$

여기서, n : 탄소의 원자 수, m : 수소의 원자 수
f : 할로겐원소의 원자 수, λ : 산소의 원자 수
4.773 : 공기의 몰 수

② 양론계수(C_{st})란 25℃에서의 연소한계를 나타낸다.

③ Jones식에 의한 폭발하한계와 폭발상한계
  ㉠ LEL25 $= 0.55 \times C_{st}$
  ㉡ UEL25 $= 3.50 \times C_{st}$

(2) 최소산소농도(MOC; Minium Oxygen Concentration)

물질이 연소하는 데 필요한 최소산소농도를 말하며, MOC 이하에서는 연소가 일어나지 않는다. MOC 계산식은 다음과 같다.

$$\text{최소산소농도} = \text{폭발하한계} \times \frac{\text{산소의 몰 수}}{\text{연료의 몰 수}}$$

기출문제

부탄(C_4H_{10})이 완전연소하기 위한 화학양론식을 쓰고, 최소산소농도(vol%)를 구하시오. (단, 부탄의 폭발하한계 값은 1.9vol%이다.)

답
① 부탄의 화학양론식
  $1C_4H_{10} + 6.5O_2$
  $= 4CO_2 + 5H_2O$
② 최소산소농도
  $1.9 \times \frac{6.5}{1} = 12.35[\text{vol}\%]$

6 화재의 종류 및 소화방법

분류	구분색	가연물	주된 소화효과	적응 소화제
A급 화재	백색	일반 화재	냉각 효과	물, 강화액소화기, 산·알칼리소화기
B급 화재	황색	유류 화재	질식 효과	포소화기, CO_2 소화기
C급 화재	청색	전기 화재	질식, 억제 효과	CO_2 소화기, 분말 소화기, 할로겐화합물 소화기
D급 화재	표시없음(무색)	금속 화재	질식 효과	건조사, 팽창 질석, 팽창 진주암

기출문제

화재의 분류상 A급, B급, C급, D급 화재의 가연물을 순서대로 쓰시오.

답 일반, 유류, 전기, 금속

7 연소파와 폭굉파, 폭굉유도거리

(1) 연소(combustion wave)

가연성 가스에 적당한 공기를 선정하여 혼합하고 그 농도를 폭발범위 내에 이르게 하면 확산의 과정이 생략되고, 전파속도가 매우 빠르게 되어 그 진행 속도가 대체로 0.1~10m/s 정도가 되는데, 이를 연소파라고 한다.

(2) 폭굉파(detonation wave)

관 속의 혼합가스에 일부분 착화하게 되어 연소파가 있는 거리를 진행하면 돌발적으로 연속속도가 증가하여 그 속도가 1,000~3,000m/s에 다다르게 되는데, 이와 같이 극한 반응영역을 폭굉파라 한다.

참고

폭굉유도거리(DID)가 짧아지는 경우
- 정상 연소속도가 큰 혼합물(가스)일 경우
- 점화원의 에너지가 클 경우
- 압력이 높을 경우
- 관경이 작을 경우
- 관 속에 방해물이 있을 경우

(3) 폭굉유도거리(DID ; Detonation Inducement Distance)

관 속에 폭굉 가스가 존재할 때 최초의 완만한 연소가 격렬한 폭굉으로 발전할 때까지의 거리를 폭굉유도거리라고 한다.

8 폭발의 원리

(1) 폭발의 정의

폭발은 용기의 파열 또는 급격한 화학반응 등에 의해 가스가 급격히 팽창함으로써 압력이나 충격파가 생성되어 급격히 이동하는 현상이다.

(2) 폭발 원인 물질의 상태에 의한 분류

① 기상폭발

가스폭발	가연성 가스와 조연성 가스(산소)가 일정 비율로 혼합되어 있는 혼합 가스가 점화원과 접촉 시 가스 폭발을 일으킨다. 예 수소, 일산화탄소, 메탄, 에탄, 프로판, 아세틸렌 등
분무폭발	공기 중에 분출된 가연성 액체의 미세한 액적이 무상으로 되어 공기 중에 부유하고 있을 때에 발생하는 폭발이다.
분진폭발	분진, 미스트 등이 일정 농도 이상으로 공기와 혼합 시 발화원에 의해 분진 폭발을 일으킨다. 예 마그네슘, 티타늄 등의 분말, 곡물가루 등

㉠ 폭발의 성립조건
- 가스 및 분진이 밀폐된 공간에 존재해야 한다.
- 가연성 가스, 증기 또는 분진이 폭발범위 내에 머물러야 한다.
- 점화원이 존재해야 한다.
- 산소가 존재해야 한다.

㉡ 가스폭발과 분진폭발의 비교

가스폭발	• 화염, 연소속도가 크다. • 폭발압력이 높다.
분진폭발	• 에너지가 크다. • 연소시간이 느리다. • 불완전연소로 인한 중독(CO)이 발생한다.

㉢ 분진폭발의 발생 순서

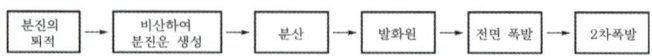

ㄹ) 분진폭발에 영향을 미치는 인자
- 입경 및 입자의 분포
- 연소한계
- 최소점화에너지
- 최대압력 및 최대압력 상승률
- 초기온도 및 압력
- 습도 및 수분
- 불활성 물질
- 발화온도

② 응상폭발

수증기폭발	액체의 폭발적인 비등현상으로 상태변화(액체→기체)가 일어나며 발생하는 폭발이다.
증기폭발	물, 액체 등이 과열에 의하여 순간적으로 증기화되어 폭발 현상을 일으킨다.
전선폭발	금속의 전선에 대전류가 흘러 전선이 가열되고 용융과 기화가 급격하게 진행되어 폭발을 일으킨다.

③ 폭발현상
  ㉠ 슬롭오버(slop-over) 현상 : 석유화재에서 수분을 포함한 소화약제 방사 시에 급작스런 기화로 인해 열유를 비산시키는 현상(위험물 저장탱크 화재 시 물 또는 포를 화염이 왕성한 표면에 방사할 때 위험물과 함께 탱크 밖으로 흘러넘치는 현상) → 화재 동반
  ㉡ 보일오버(boil-over) 현상 : 유류저장탱크의 화재 중 탱크저부에 물 또는 물-기름 에멀젼이 수증기로 변해 갑작스런 탱크 외부로의 분출을 발생시키는 현상 → 화재 동반
  ㉢ 프로스오버(froth-over) 현상 : 저장탱크 속의 물이 점성을 가진 뜨거운 기름의 표면 아래에서 끓을 때 급격한 부피팽창에 의하여 화재를 수반하지 않고 유류가 탱크 외부로 분출되는 현상 → 화재 미동반
  ㉣ 블래비(BLEVE; Boiling Liquid Expanding Vapor Explosion, 비등액체팽창 증기폭발) : 외부화재에 의해 탱크 내 가연성 액체가 비등하고 증기가 팽창하면서 폭발을 일으키는 현상 → fire ball 형성

기출문제

비등액체팽창 증기폭발(BLEVE)에 영향을 주는 인자 3가지를 쓰시오.

답
① 저장된 물질의 종류와 형태
② 저장 용기의 재질
③ 저장된 물질의 인화성 여부
④ 주위 온도와 압력

- 비등액체팽창 증기폭발(BLEVE)에 영향을 주는 인자
  - 저장된 물질의 종류와 형태
  - 저장 용기의 재질
  - 저장된 물질의 인화성 여부
  - 주위 온도와 압력
- ㉤ 개방계 증기운폭발(UVCE; Unconfined Vapor Cloud Explosion) : 인화성 가스가 대기 중에 유출되어 구름 형태로 모여 점화원에 의하여 순간적으로 폭발하는 현상 → fire ball 형성

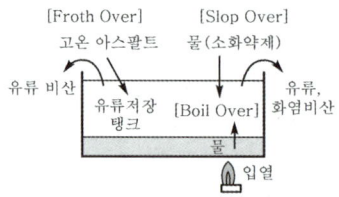

유류의 폭발 현상과 BLEVE 발생 사진

(3) 가스폭발의 원리

① 가스폭발
   기체가 빠른 반응속도로 발열반응을 일으켜 급격히 팽창하면서 충격적인 열과 압력을 발생시켜 파괴작용을 나타내는 현상을 가스폭발이라 한다.

② 가스누출감지경보기의 설치
   ㉠ 가스누출감지경보기를 설치할 때는 감지대상 가스의 특성을 충분히 고려하여 가장 적절한 것을 선정한다.
   ㉡ 하나의 감지대상 가스가 가연성이면서 독성인 경우에는 독성가스를 기준하여 가스누출감지경보기를 선정한다.

법령
가스누출감지경보기 설치에 관한 기술상의 지침

③ 가스누출감지경보기를 설치해야 할 장소
   ㉠ 건축물 내·외에 설치되어 있는 가연성 및 독성물질을 취급하는 압축기, 밸브, 반응기, 배관 연결부위 등 가스의 누출이 우려되는 화학설비 및 부속설비 주변 가열로 등 발화원이 있는 제조설비 주위에 가스가 체류하기 쉬운 장소
   ㉡ 가연성 및 독성물질의 충진용 설비의 접속부위 주위
   ㉢ 방폭지역 내에 위치한 변전실, 배전반실, 제어실 등
   ㉣ 기타 특별히 가스가 체류하기 쉬운 장소

④ 가스누출감지경보기의 설치 위치
   ㉠ 가스누출감지경보기는 가능한 한 가스의 누출이 우려되는 누

출부위에 가까운 장소
ⓒ 건축물 밖에 설치되는 가스누출감지경보기는 풍향, 풍속, 가스의 비중 등을 고려하여 가스가 체류하기 쉬운 지점
ⓒ 건축물 내에 설치되는 가스누출감지경보기는 감지대상 가스의 비중이 공기보다 무거운 경우에는 건축물의 환기구 또는 당해 건축물 내의 상부
ⓔ 가스누출감지경보기의 경보기는 근로자가 상주하는 곳에 설치

⑤ 가스누출감지경보기의 경보 설정치
  ㉠ 가연성가스 누출감지경보기는 감지대상 가스의 폭발하한계 25% 이하, 독성가스 누출감지경보기는 해당 독성가스의 허용농도 이하에서 경보가 울리도록 설정해야 한다.
  ㉡ 가스누출감지 경보의 정밀도는 경보 설정치에 대하여 가연성 가스 누출감지 경보기는 ±25% 이하, 독성가스 누출감지 경보기는 ±30% 이하이어야 한다.

⑥ 가스누출감지경보기의 성능
  ㉠ 가연성가스 누출감지경보기는 담배연기 등에, 독성가스 누출감지경보기는 담배연기, 기계 세척유 가스, 등유의 증발가스, 배기가스 및 탄화수소계 가스, 기타 잡가스에는 경보가 울리지 않아야 한다.
  ㉡ 가스누출감지경보기의 가스 감지에서 경보 발신까지 걸리는 시간은 경보농도 1.6배 시 보통 30초 이내일 것. 다만, 암모니아, 일산화탄소 또는 이와 유사한 가스 등을 감지하는 가스누출감지 경보기는 1분 이내로 한다.
  ㉢ 경보 정밀도는 전원의 전압 등의 변동률이 ±10%까지 저하되지 않아야 한다.
  ㉣ 지시계 눈금의 범위는 가연성가스용은 0에서 폭발하한계값, 독성가스는 0에서 허용농도의 3배값(암모니아를 실내에서 사용하는 경우에는 150ppm)이어야 한다.
  ㉤ 경보를 발신한 후에는 가스농도가 변화하여도 계속 경보를 울려야 하며, 그 확인 또는 대책을 조치할 때는 경보가 정지되어야 한다.

⑦ 가스누출감지경보기 설치 시 감지기 오작동 우려가 있어 피해야 할 장소
  ㉠ 진동이나 충격이 있는 장소

기출문제

LPG 가스 저장소에서 가스누출감지경보기의 설치 위치와 경보 설정값은 몇 %가 정당한지 쓰시오.

답
① 설치 위치 : LPG는 공기보다 무거우므로 바닥에 인접한 곳에 설치
② 경보 설정값 : 폭발하한계의 25% 이하

ⓒ 온도 및 습도가 높은 장소
ⓒ 고전압 및 고주파수 등 전자적 외란(electronic noise)이 발생하는 장소
ⓔ 출입구 등 외부 기류가 통하는 곳으로부터 1.5 m 이내의 장소

(4) 폭발등급

① 안전간격(safety gap) : 부피 8L, 틈의 안길이 25mm인 구형용기에 혼합가스를 채우고 점화시켰을 때 화염이 외부까지 전달되지 않는 한계의 틈이다. 안전간격이 작은 가스일수록 위험하다.

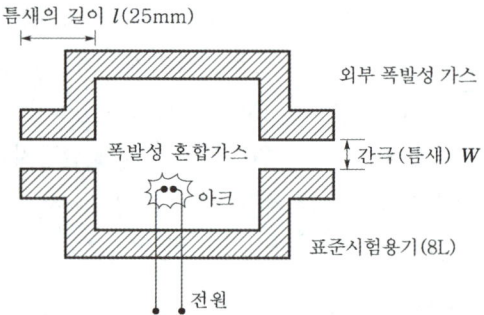

❙ 폭발등급 측정장치에서의 안전간격(틈새) ❙

② 폭발등급에 따른 안전간격과 해당 가스

폭발등급	안전간격(mm)	해당 가스
1등급	0.6mm 초과	메탄, 에탄, 프로판, 부탄
2등급	0.4mm 초과 0.6mm 이하	에틸렌, 석탄가스
3등급	0.4mm 이하	수소, 아세틸렌

③ 폭발성가스의 발화온도 및 전기기비의 최고표면온도

발화도 등급	증기 또는 가스의 발화온도(℃)	온도 등급	전기기기의 최고표면온도(℃)
G1	450 초과		
G2	300 초과 450 이하	T1	450(300 초과 450 이하)
G3	200 초과 300 이하	T2	300(200 초과 300 이하)
G4	135 초과 200 이하	T3	200(135 초과 200 이하)
G5	100 초과 135 이하	T4	135(100 초과 135 이하)
G6	85 초과 100 이하	T5	100(85 초과 100 이하)
		T6	85 이하

02 소화 원리의 이해

1 소화의 정의와 종류

(1) 소화의 정의

① 소화란 물질이 연소할 때 연소 구역에서 연소의 3요소 중 일부 또는 전부를 없애주면 연소는 중단되는데, 이러한 현상을 소화라고 한다.

② 연소의 3요소인 가연물, 산소공급원, 점화원이 꼭 있어야만 연소가 일어나며, 연소의 3요소 중 한 가지라도 없다면 연소는 일어날 수 없다.

(2) 소화 방법의 종류

제거소화	가연물을 연소 구역에서 제거하는 방법 예 촛불, 유전의 가스, 산불, 가스의 화재
질식소화	가연물이 연소할 때 공기 중 산소의 농도 21%(Vol%)를 15%(Vol%) 이하로 낮추어 연소를 중단시키는 방법 예 장소를 폐쇄하여 공기의 공급을 차단하여 소화
냉각소화	연소물로부터 열을 빼앗아 발화점 이하로 온도를 낮추어 소화하는 방법 예 튀김 기름이 인화되었을 때 싱싱한 야채를 넣어 소화
억제소화	연속적 관계의 차단에 의한 소화하는 방법 예 가연성 기체의 연쇄반응을 차단하여 소화

2 소화기의 종류

(1) 질식 소화기의 종류

① 포말 소화기
   ㉠ 화학포 소화기(A·B급 화재에 적용) : 보통 전도식, 내통 밀폐식, 내통 밀봉식
   ㉡ 알코올포 소화기 : 특수포라고도 하며, 알코올 등 수용성인 가연물의 화재에 사용하는 내알코올성 소화기
   ㉢ 기계포 소화기(A·B급 화재에 적용) : 원액과 물의 일정량의 혼합액을 발포장치에 의하여 거품을 방출하는 소화기

 합격 체크포인트
- 소화 방법의 종류
- 소화기의 종류

기출문제

작업자가 폭발성 물질 창고에 들어가기 위해 신발에 물을 묻히고 들어가는 이유와 화재 시 적절한 소화방법을 쓰시오.

답
① 이유 : 발과 바닥 사이의 정전기로 인한 폭발을 방지하기 위함.
② 소화방법 : 다량의 주수에 의한 냉각소화

② 분말소화기
- ㉠ 분말 소화제는 일반적으로 B·C급 화재에 사용하나 인산암모늄은 A·B·C급 화재에 적응성이 좋으며, 염화바륨 등은 D급 화재에 사용된다.
- ㉡ 소화 분말은 가스압에 의하여 방출되며 전기 화재에도 좋으나 특히 유류 화재에 가장 좋으며, 질식과 열분해로 생긴 물은 냉각 효과를 얻을 수 있다.
- ㉢ 종류 : 축압식 분말소화기, 가스가압식 분말소화기

③ 간이소화제
- ㉠ 마른모래(만능소화제)의 보관방법
- ㉡ 팽창질석, 팽창진주암(B급)
- ㉢ 중조톱밥(B급)
- ㉣ 수증기(A·B급)

(2) 냉각 소화기의 종류

① 물 소화기(봉상 : A급 화재, 무상 : A·B급 화재에 적용)
- ㉠ 물 소화기는 주로 A급 화재에 많이 사용하고 있으나, B급 유류 화재 중 수용성인 가연성 액체에는 무상(안개 상태)으로 주수가 가능하다.
- ㉡ 봉상(물줄기 상태)으로 B급 화재에 사용하면 화재면의 확대로 매우 위험하다.

② 산·알칼리 소화기(A급 화재에 적용)
- ㉠ 전도식과 파병식이 있으며 어느 것이나 중탄산나트륨(외약제)과 농황산(내약제)의 화학반응에 의해 생긴 탄산가스의 압력으로 물을 방출하는 소화기이다.
- ㉡ 산·알칼리 소화기의 화학반응식

$$2NaHCO_3 + H_2SO_4 \rightarrow Na_2SO_4 + 2CO_2 + 2H_2O$$
(탄산수소나트륨) (황산)　(황산나트륨) (이산화탄소) (물)

③ 강화액 소화기(봉상 : A급, 무상 : A·B·C급 화재에 적용)
- ㉠ 물에 탄산칼륨(K_2CO_3)을 보강시킨 소화기이다.
- ㉡ 무상(안개 상태)일 때는 A급뿐만 아니라 B·C급에도 사용한다.

(3) 억제 소화기의 종류(할로겐화합물 소화기 : B · C급 화재에 적용, 할론 1211은 A · B · C급 화재에 적용)

① 사염화탄소 소화기(CCl₄, 약칭 : CTC 소화기, 할론 1040) : 사염화탄소를 소화제로 사용할 경우 반드시 포스겐 가스($COCl_2$)가 발생한다.

② 일염화일취화메탄 소화기(CH_2ClBr, 약칭 : CB 소화기, 할론 1011) : 할로겐화합물 중 가장 부식성이 강하므로 황동제(놋쇠) 용기를 사용하며, 사염화탄소보다 소화능력은 3배 강하다.

③ 이취화사불화에탄 소화기($C_2F_4Br_2$, 약칭 : FB 소화기, 할론 2402) : 할로겐화합물 중 우수한 소화기로 독성 및 부식성도 적으며, 일염화일취화메탄보다 2배 정도 소화능력이 강하다.

④ 일취화일염화이불화메탄 소화기(CF_2ClBr, 약칭 : BCF 소화기, 할론 1211) : 할로겐화합물 중 A급, B급, C급의 화재에 유효한 소화기이다.

⑤ 일취화삼불화메탄 소화기(CF_3Br, 약칭 : BTM 소화기, 할론 1301) : 할로겐화합물 중 가장 소화능력이 좋으며, 독성이 가장 적다.

> **암기 TIP**
>
> **소화약제의 할론 번호**
> 할론 번호표기의 첫 번째 숫자는 탄소(C), 두 번째 숫자는 불소(F), 세 번째 숫자는 염소(Cl), 네 번째 숫자는 브롬(Br)을 의미한다.
>
> 예 할론 1040 = CCl₄
>
> | C | F | Cl | Br |
> |---|---|----|----|
> | 1 | 0 | 4 | 0 |

03 화재 및 폭발 방지대책 수립

1 화재방지대책

(1) 화재위험작업 시 준수사항

① 통풍이나 환기가 충분하지 않은 장소에서 화재위험작업을 하는 경우에는 통풍 또는 환기를 위하여 산소를 사용해서는 안 된다.

② 가연성 물질이 있는 장소에서 화재위험작업 시 준수사항
  ㉠ 작업 준비 및 작업 절차 수립
  ㉡ 작업장 내 위험물의 사용 · 보관 현황 파악
  ㉢ 화기작업에 따른 인근 가연성 물질에 대한 방호조치 및 소화기구 비치
  ㉣ 용접불티 비산방지덮개, 용접방화포 등 불꽃, 불티 등 비산방지조치
  ㉤ 인화성 액체의 증기 및 인화성 가스가 남아 있지 않도록 환기 등의 조치
  ㉥ 작업근로자에 대한 화재예방 및 피난교육 등 비상조치

> **합격 체크포인트**
> - 화재 및 폭발 방지대책
> - 퍼지의 종류와 실시 목적

> **법령**
> 산업안전보건기준에 관한 규칙 제241조

> **기출문제**
> 가연성 물질이 있는 장소에서 화재위험작업을 하는 경우 사업주가 화재 예방을 위해 준수해야 할 사항 3가지를 쓰시오.
>
> 답 왼쪽 ㉠~㉥

③ 사업주는 작업시작 전에 ②항의 사항을 확인하고 불꽃·불티 등의 비산을 방지하기 위한 조치 등 안전조치를 이행한 후 근로자에게 화재위험작업을 하도록 해야 한다.
④ 사업주는 화재위험작업이 시작되는 시점부터 종료될 때까지 작업내용, 작업일시, 안전점검 및 조치에 관한 사항 등을 해당 작업장소에 서면으로 게시해야 한다. 다만, 같은 장소에서 상시·반복적으로 화재위험작업을 하는 경우에는 생략할 수 있다.

(2) 화재감시자의 배치

① 사업주는 근로자에게 다음의 장소에서 용접·용단 작업을 하도록 하는 경우에는 화재감시자를 지정하여 용접·용단 작업 장소에 배치해야 한다. 다만, 같은 장소에서 상시·반복적으로 용접·용단작업을 할 때 경보용 설비·기구, 소화설비 또는 소화기가 갖추어진 경우에는 화재감시자를 지정·배치하지 않을 수 있다.
  ㉠ 작업반경 11m 이내에 건물 구조 자체나 내부(개구부 등으로 개방된 부분을 포함한다)에 가연성 물질이 있는 장소
  ㉡ 작업반경 11m 이내의 바닥 하부에 가연성 물질이 11m 이상 떨어져 있지만 불꽃에 의해 쉽게 발화될 우려가 있는 장소
  ㉢ 가연성 물질이 금속으로 된 칸막이·벽·천장 또는 지붕의 반대쪽 면에 인접해 있어 열전도나 열복사에 의해 발화될 우려가 있는 장소

② 화재감시자의 업무
  ㉠ 해당하는 장소에 가연성 물질이 있는지 여부의 확인
  ㉡ 가스 검지, 경보 성능을 갖춘 가스 검지 및 경보 장치의 작동 여부의 확인
  ㉢ 화재 발생 시 사업장 내 근로자의 대피 유도

2 폭발방지대책

(1) 폭발방지설계

① **불활성화(inerting)** : 산소 농도를 안전한 농도로 낮추기 위해 불활성가스를 용기에 주입하는 것
  ㉠ 퍼지의 종류
    • 진공퍼지(vacuum purging)
    • 압력퍼지(pressure purging)

- 스위프퍼지(sweep purging)
- 사이폰퍼지(siphon purging)

ⓒ 퍼지의 실시 목적
- 가연성가스 및 지연성가스 : 화재폭발 및 산소결핍에 의한 질식사고 방지
- 독성가스 : 중독사고 방지
- 불활성가스 : 산소결핍에 의한 질식사고 방지

② 정전기 제어
③ 환기
④ 장치 및 계장의 방폭
⑤ 소화설비(sprinkler system)
⑥ 기타 화재 및 폭발방지를 위한 설계

(2) 폭발 위험장소에 설치되는 건축물의 내화구조 부분

가스폭발 위험장소 또는 분진폭발 위험장소에 설치되는 건축물 등에 대해서는 다음에 해당하는 부분을 내화구조로 하여야 하며, 그 성능이 항상 유지될 수 있도록 점검·보수 등 적절한 조치를 하여야 한다.

① 건축물의 기둥 및 보 : 지상 1층(지상 1층의 높이가 6m를 초과하는 경우에는 6m)까지
② 위험물 저장·취급용기의 지지대(높이가 30cm 이하인 것은 제외) : 지상으로부터 지지대의 끝부분까지
③ 배관·전선관 등의 지지대 : 지상으로부터 1단(1단의 높이가 6m를 초과하는 경우에는 6m)까지

(3) 용융고열물 취급 피트의 수증기 폭발방지

용융(鎔融, 고체에 열을 가했을 때 액체로 되는 현상)한 고열의 광물을 취급하는 피트(고열의 금속찌꺼기를 물로 처리하는 것은 제외)에 대하여 수증기 폭발을 방지하기 위하여 다음의 조치를 하여야 한다.

① 지하수가 내부로 새어드는 것을 방지할 수 있는 구조로 할 것. 다만, 내부에 고인 지하수를 배출할 수 있는 설비를 설치한 경우에는 그러하지 아니하다.
② 작업용수 또는 빗물 등이 내부로 새어드는 것을 방지할 수 있는 격벽 등의 설비를 주위에 설치할 것

기출문제

가연성가스 및 지연성가스, 독성가스, 불활성가스를 사용하여 퍼지를 실시하는 목적을 쓰시오.

답
① 가연성가스 및 지연성가스 : 화재폭발 및 질식사고 방지
② 독성가스 : 중독사고 방지
③ 불활성가스 : 질식사고 방지

법령

산업안전보건기준에 관한 규칙 제270조

기출문제

가스폭발 또는 분진폭발 위험장소에 설치되는 건축물에서 내화구조로 해야 하는 부분 2가지를 쓰시오.

답 왼쪽 ①~③

법령

산업안전보건기준에 관한 규칙 제248조

기출문제

용융고열물을 취급하는 피트에 대하여 수증기 폭발을 방지하기 위한 조치 2가지를 쓰시오.

답 왼쪽 ①~②

제 2 장 화학물질 안전관리

합격 체크포인트
- 위험물의 종류

01 화학물질(위험물, 유해화학물질) 확인

1 위험물의 정의와 특징

(1) 위험물의 정의
① 위험물은 화재나 폭발을 일으킬 위험성이 있는 물질로, 어떤 물질의 특성을 기준으로 정의한다.
② 상온 20℃(1기압)에서 대기 중의 산소 또는 수분 등과 쉽게 격렬히 반응하면서 수 초 이내에 방출되는 막대한 에너지로 인해 화재 및 폭발을 유발시키는 물질이다.

(2) 위험물의 특징
① 자연계에 흔히 존재하는 물 또는 산소와의 반응이 용이하다.
② 반응속도가 급격히 진행된다.
③ 반응 시 수반되는 발열량이 크다.
④ 수소와 같은 가연성 가스를 발생시킨다.
⑤ 화학적 구조 및 결합력이 대단히 불안정하다.

2 위험물의 종류

법령
산업안전보건기준에 관한 규칙 별표 1

(1) 「산업안전보건기준에 따른 규칙」에 따른 위험물의 종류

구분	종류	
폭발성 물질 및 유기과산화물	• 질산에스테르류 • 니트로소화합물 • 디아조화합물 • 유기과산화물	• 니트로화합물 • 아조화합물 • 하이드라진 유도체
물반응성 물질 및 인화성 고체	• 리튬 • 나트륨 • 황린	• 칼륨 • 황 • 황화인

구분	종류
물반응성 물질 및 인화성 고체	• 적린　　　　　　　　• 셀룰로이드류 • 알킬알루미늄　　　　• 알킬리튬 • 마그네슘 분말 • 금속 분말(마그네슘 분말은 제외) • 알칼리금속(리튬, 칼륨 및 나트륨은 제외) • 유기 금속화합물(알킬알루미늄 및 알킬리튬은 제외) • 금속의 수소화물　　　• 금속의 인화물 • 칼슘 탄화물　　　　　• 알루미늄 탄화물
산화성 액체 및 산화성 고체	• 차아염소산 및 그 염류　• 아염소산 및 그 염류 • 염소산 및 그 염류　　　• 과염소산 및 그 염류 • 브롬산 및 그 염류　　　• 요오드산 및 그 염류 • 과산화수소 및 무기 과산화물 • 질산 및 그 염류　　　　• 과망간산 및 그 염류 • 중크롬산 및 그 염류
인화성 액체	• 에틸에테르, 가솔린, 아세트알데히드, 산화프로필렌, 그 밖에 인화점이 23℃ 미만이고 초기 끓는점이 35℃ 이하인 물질 • 노말헥산, 아세톤, 메틸에틸케톤, 메틸알코올, 에틸알코올, 이황화탄소, 그 밖에 인화점이 23℃ 미만이고 초기 끓는점이 35℃를 초과하는 물질 • 크실렌, 아세트산아밀, 등유, 경유, 테레핀유, 이소아밀알코올, 아세트산, 하이드라진 그 밖에 인화점이 23℃ 이상 60℃ 이하인 물질
인화성 가스	• 수소　　　　　　　　• 아세틸렌 • 에틸렌　　　　　　　• 메탄 • 에탄　　　　　　　　• 프로판 • 부탄 • 인화한계 농도의 최저한도가 13% 이하 또는 최고한도와 최저한도의 차가 12% 이상인 것으로서 표준압력(101.3 kPa)하의 20℃에서 가스 상태인 물질
부식성 물질	• 부식성 산류 　- 농도가 20% 이상인 염산, 황산, 질산, 그 밖에 이와 같은 정도 이상의 부식성을 갖는 물질 　- 농도가 60% 이상인 인산, 아세트산, 불산, 그 밖에 이와 같은 정도 이상의 부식성을 가지는 물질 • 부식성 염기류 　- 농도가 40% 이상인 수산화나트륨, 수산화칼륨, 그 밖에 이와 같은 정도 이상의 부식성을 가지는 염기류
급성 독성물질	• 쥐에 대한 경구투입실험에 의하여 실험동물의 50%를 사망시킬 수 있는 물질의 양, 즉 LD_{50}(경구, 쥐)이 kg당 300mg 이하인 화학물질

기출문제

과염소산, 등유, 아세틸렌의 산업안전보건법령상 위험물질 종류에 따른 구분을 쓰시오.

답
① 과염소산 : 산화성 액체 및 고체
② 등유 : 인화성 액체
③ 아세틸렌 : 인화성 가스

기출문제

LD_{50}의 정의를 쓰시오.

답 대상물질을 실험동물에 투여하였을 때, 실험동물의 50%가 죽는 투여량 또는 투여 농도를 의미한다.

구분	종류
급성 독성물질	• 쥐 또는 토끼에 대한 경피흡수실험에 의하여 실험동물의 50%를 사망시킬 수 있는 물질의 양, 즉 LD_{50}(경피, 토끼 또는 쥐)이 kg당 1,000mg 이하인 화학물질 • 쥐에 대한 4시간 동안의 흡입실험에 의하여 실험동물의 50%를 사망시킬 수 있는 물질의 농도, 즉 가스 LC_{50}(쥐, 4시간 흡입)이 2,500ppm 이하인 화학물질, 증기 LC_{50}(쥐, 4시간 흡입)이 10mg/L 이하인 화학물질, 분진 또는 미스트 1mg/L 이하인 화학물질

(2) 유해 · 위험물질 규정량

구분	규정량(kg)
인화성 가스	제조 · 취급 : 5,000 / 저장 : 200,000
인화성 액체	제조 · 취급 : 5,000 / 저장 : 200,000
메틸 이소시아네이트	제조 · 취급 · 저장 : 1,000
포스겐	제조 · 취급 · 저장 : 500
아크릴로니트릴	제조 · 취급 · 저장 : 10,000
암모니아	제조 · 취급 · 저장 : 10,000
불산(중량 10% 이상)	제조 · 취급 · 저장 : 10,000
염산(중량 20% 이상)	제조 · 취급 · 저장 : 20,000
황산(중량 20% 이상)	제조 · 취급 · 저장 : 20,000
암모니아수(중량 20% 이상)	제조 · 취급 · 저장 : 50,000

3 노출기준

(1) 시간가중평균 노출기준(TWA; Time Weighted Average)

① 하루 8시간 작업하는 동안 반복 노출되더라도 건강장해를 일으키지 않는 유해물질의 평균농도
② 1일 8시간 작업을 기준으로 하여 유해인자의 측정치에 발생시간을 곱하여 8시간으로 나눈 값으로, 산출 공식은 다음과 같다.

$$TWA \text{ 환산값} = \frac{C_1 T_1 + C_2 T_2 + \cdots + C_n T_n}{8}$$

여기서, C : 유해인자의 측정치(단위 : ppm 또는 mg/m³)
T : 유해인자의 발생시간(단위 : 시간)

법령

산업안전보건법 시행령 별표 13

기출문제

공정안전보고서를 작성하고 제출해야 하는 유해 · 위험물질로서 인화성 가스와 암모니아, 염산(중량 20% 이상), 황산(중량 20% 이상)의 제조 · 취급 규정량(kg)을 쓰시오.

답
① 인화성 가스 : 5,000kg
② 암모니아 : 10,000kg
③ 염산 : 20,000kg
④ 황산 : 20,000kg

(2) 단시간 노출기준(STEL; Short Term Exposure Limit)

근로자가 1회 15분간 유해인자에 노출되는 경우의 허용농도로 이 기준 이하에서는 노출 간격이 1시간 이상인 경우 1일 작업시간 동안 4회까지 노출이 허용될 수 있음을 의미한다.

① 1회 노출 지속시간이 15분 미만이어야 한다.
② 이러한 상태가 1일 4회 이하로 발생해야 한다.
③ 각 회의 간격은 60분 이상이어야 한다.

(3) 최고 노출기준(C; Ceiling)

① 근로자가 1일 작업시간 동안 잠시라도 노출되어서는 안 되는 기준이다.
② 노출기준 앞에 C를 붙여 표시한다.

(4) 노출기준의 계산

① 각 유해인자의 노출기준은 당해 유해인자가 단독으로 존재하는 경우의 노출기준을 말하며, 2종 또는 그 이상의 유해인자가 혼재하는 경우에는 각 유해인자의 상가작용으로 유해성이 증가할 수 있으므로 다음 식에 의하여 산출하는 노출기준을 사용해야 한다.

② 혼합물의 노출기준 계산

$$\text{노출지수(exposure index) } EI = \frac{C_1}{T_1} + \frac{C_2}{T_2} + \cdots + \frac{C_n}{T_n}$$

여기서, C : 화학물질 각각의 측정치
T : 화학물질 각각의 노출기준
$EI > 1$: 노출기준을 초과함.

③ 혼합물의 TLV - TWA

$$\text{TLV} - \text{TWA} = \frac{C_1 + C_2 + \cdots + C_n}{EI}$$

④ 액체 혼합물의 구성성분(%)을 알 때 혼합물의 허용농도(노출기준)

$$\text{혼합물의 노출기준(mg/m}^3\text{)} = \frac{1}{\frac{f_a}{TLV_a} + \frac{f_b}{TLV_b} + \cdots + \frac{f_n}{TLV_n}}$$

여기서, f_1, f_2, f_n : 액체 혼합물에서의 각 성분 무게(중량) 구성비(%)
TLV_1, TLV_2, TLV_n : 해당 물질의 노출기준(mg/m³)

02 화학물질(위험물, 유해화학물질) 유해 위험성 확인

합격 체크포인트
- 유해화학물질 취급 시 주의사항
- 밀폐공간에서의 안전조치
- 물질안전보건자료(MSDS)

1 위험물의 성질 및 위험성

(1) 위험물의 일반적인 특징
① 물 또는 산소와 반응이 용이하다.
② 반응속도가 급격히 진행된다.
③ 반응 시 발생되는 발열량이 크다.
④ 수소와 같은 가연성 가스를 발생시킨다.
⑤ 화학적 구조나 결합력이 불안정하다.

2 위험물의 저장 및 취급방법

(1) 발화성 물질의 저장방법
① 나트륨(Na), 칼륨(K) : 석유 속에 저장한다.
② 황린(P_4) : 공기 중에서 격렬하게 연소하므로 물속에 저장한다.
  $P_4 + 5O_2 \rightarrow 2P_2O_5$(오산화인)↑
③ 적린(P), 마그네슘, 칼륨 : 격리하여 저장한다.
④ 질산은($AgNO_3$) 용액 : 햇빛을 피하여 저장한다(빛에 의해 분해 반응).
⑤ 벤젠(C_6H_6) : 산화성 물질과 격리하여 저장한다.
⑥ 탄화칼슘(CaC_2, 카바이트) : 금수성 물질로서 물과 격렬히 반응(아세틸렌 가스 발생)하므로 건조한 곳에 보관한다.
⑦ 질산(HNO_3) : 통풍이 잘 되는 곳에 보관하고 물기와의 접촉을 피한다.
⑧ 니트로셀룰로오스($C_6H_7O_2(ONO_2)_3$, 질화면) : 건조하면 분해·폭발하므로 알코올에 적셔 습하게 보관한다.

(2) 유해물질의 인체 유입 경로
① 호흡기
② 소화기
③ 피부점막

(3) 중독 증세
① 수은 중독 : 구내염, 혈뇨, 손떨림 증상
② 납 중독 : 신경근육계통장애

기출문제

유해물질이 인체에 유입될 수 있는 경로 3가지를 쓰시오.

답
호흡기, 소화기, 피부점막

③ 크롬 중독 : 비중격천공증세
④ 벤젠 중독 : 조혈기관 장애(백혈병)

3 유해화학물질 취급 시 주의사항

(1) 유해·위험물질의 제조 등 금지

> **법령**
> 산업안전보건법 제117조

① 아래 (2)에 해당하는 제조 등이 금지되는 유해물질(이하 '제조 등 금지물질')을 제조·수입·양도·제공 또는 사용해서는 안 된다.
  ㉠ 직업성 암을 유발하는 것으로 확인되어 근로자의 건강에 특히 해롭다고 인정되는 물질
  ㉡ 유해성·위험성이 평가된 유해인자나 유해성·위험성이 조사된 화학물질 중 근로자에게 중대한 건강장해를 일으킬 우려가 있는 물질
② ①항에도 불구하고 시험·연구 또는 검사 목적의 경우로서 다음에 해당하는 경우에는 제조 등 금지물질을 제조·수입·양도·제공 또는 사용할 수 있다.
  ㉠ 제조·수입 또는 사용을 위하여 요건을 갖추어 고용노동부장관의 승인을 받은 경우
  ㉡ 금지물질의 판매 허가를 받은 자가 판매 허가를 받은 자나 사용 승인을 받은 자에게 제조 등 금지물질을 양도 또는 제공하는 경우

(2) 제조 등이 금지되는 유해물질(제조 등 금지물질)

> **법령**
> 산업안전보건법 시행령 제87조

① β-나프틸아민과 그 염(β-naphthylamine and its salts)
② 4-니트로디페닐과 그 염(4-nitrodiphenyl and its salts)
③ 백연을 함유한 페인트(함유된 중량의 비율이 2% 이하인 것은 제외)
④ 벤젠을 함유하는 고무풀(함유된 중량의 비율이 5% 이하인 것은 제외)
⑤ 석면(asbestos)
⑥ 폴리클로리네이티드 터페닐(polychlorinated terphenyls)
⑦ 황린 성냥(yellow phosphorus match)
⑧ ①, ②, ⑤, 또는 ⑥에 해당하는 물질을 함유한 혼합물(함유된 중량의 비율이 1% 이하인 것은 제외)
⑨ 「화학물질관리법」에 따른 금지물질
⑩ 그 밖에 보건상 해로운 물질로서 정부기관에서 정하는 유해물질

법령
산업안전보건기준에 관한 규칙 제420조

기출문제
관리대상 유해물질 취급 작업장에 게시해야 하는 사항 3가지를 쓰시오.

🔍 오른쪽 ㉠~㉤

(3) 관리대상 유해물질에 의한 건강장해 예방

① 관리대상 유해물질이란 근로자에게 상당한 건강장해를 일으킬 우려가 있어 건강장해를 예방하기 위한 보건상의 조치가 필요한 원재료·가스·증기·분진·흄(fume)·미스트(mist)로서 유기화합물, 금속류, 산·알칼리류, 가스 상태의 물질류를 말한다.

② 관리대상 유해물질 취급 작업장의 게시사항
  ㉠ 관리대상 유해물질의 명칭
  ㉡ 인체에 미치는 영향
  ㉢ 취급상 주의사항
  ㉣ 착용해야 할 보호구
  ㉤ 응급조치와 긴급 방재 요령

③ 관리대상 유해물질 취급 근로자의 배치 전 유해성 등의 주지 사항
  ㉠ 관리대상 유해물질의 명칭 및 물리적·화학적 특성
  ㉡ 인체에 미치는 영향과 증상
  ㉢ 취급상의 주의사항
  ㉣ 착용하여야 할 보호구와 착용방법
  ㉤ 위급상황 시의 대처방법과 응급조치 요령
  ㉥ 그 밖에 근로자의 건강장해 예방에 관한 사항

④ 관리대상 유해물질 취급 실내작업장의 출입 금지
  ㉠ 사업주는 관리대상 유해물질을 취급하는 실내작업장에 관계 근로자가 아닌 사람의 출입을 금지하고, 그 내용을 보기 쉬운 장소에 게시하여야 한다. 다만, 관리대상 유해물질 중 금속류, 산·알칼리류, 가스 상태 물질류를 1일 평균 합계 100L(기체인 경우에는 그 기체의 부피 $1m^3$를 2L로 환산한다) 미만을 취급하는 작업장은 그러하지 아니하다.
  ㉡ 사업주는 관리대상 유해물질이나 이에 따라 오염된 물질은 일정한 장소를 정하여 폐기·저장 등을 하여야 하며, 그 장소에는 관계 근로자가 아닌 사람의 출입을 금지하고, 그 내용을 보기 쉬운 장소에 게시하여야 한다.

⑤ 관리대상 유해물질 취급설비 작업 시 작업수칙
사업주는 관리대상 유해물질 취급설비나 그 부속설비를 사용하는 작업을 하는 경우에 관리대상 유해물질이 새지 않도록 다음의 사항에 관한 작업수칙을 정하여 이에 따라 작업하도록 하여야 한다.

법령
산업안전보건기준에 관한 규칙 제436조

㉠ 밸브·콕 등의 조작(관리대상 유해물질을 내보내는 경우에만 해당)
㉡ 냉각장치, 가열장치, 교반장치 및 압축장치의 조작
㉢ 계측장치와 제어장치의 감시·조정
㉣ 안전밸브, 긴급 차단장치, 자동경보장치 및 그 밖의 안전장치의 조정
㉤ 뚜껑·플랜지·밸브 및 콕 등 접합부가 새는지 점검
㉥ 시료의 채취
㉦ 관리대상 유해물질 취급설비의 재가동 시 작업방법
㉧ 이상사태가 발생한 경우의 응급조치
㉨ 그 밖에 관리대상 유해물질이 새지 않도록 하는 조치

(4) 허가대상 유해물질에 의한 건강장해의 예방

① 허가대상 유해물질이란 고용노동부장관의의 허가를 받지 않고는 제조·사용이 금지되는 물질을 말한다.

② 유해·위험물질의 제조 등 허가

㉠ 허가대상 유해물질을 제조하거나 사용 또는 허가받은 사항을 변경하려는 자는 고용노동부장관의 허가를 받아야 한다.
㉡ 허가대상 유물질 제조·사용 허가를 받은 자는 그 제조·사용설비를 허가기준에 적합하도록 유지해야 하며, 그 기준에 적합한 작업방법으로 허가대상 유해물질을 제조·사용해야 한다.
㉢ 고용노동부장관은 허가대상 유해물질 제조·사용자의 제조·사용설비 또는 작업방법이 허가기준에 적합하지 않다고 인정될 때는 그 기준에 적합하도록 제조·사용설비를 수리·개조 또는 이전하도록 하거나 그 기준에 적합한 작업방법으로 그 물질을 제조·사용하도록 명할 수 있다.
㉣ 고용노동부장관은 허가대상 유해물질 제조·사용자가 아래의 어느 하나에 해당하면 그 허가를 취소하거나 6개월 이내의 기간을 정하여 영업을 정지하게 할 수 있다. 다만, 거짓이나 부정한 방법으로 허가를 받은 경우에는 그 허가를 취소해야 한다.

• 거짓이나 그 밖의 부정한 방법으로 허가를 받은 경우(취소에 해당함)
• 허가기준에 맞지 아니하게 된 경우

법령

산업안전보건법 제118조

- 제조·사용설비 및 작업방법이 허가기준에 적합하지 않거나, 제조·사용설비를 수리·개조 또는 이전 및 기준에 적합한 작업방법으로 제조·사용하도록 한 명령을 위반한 경우
- 자체검사 결과 이상을 발견하고도 즉시 보수 및 필요한 조치를 하지 아니한 경우

③ 허가대상 유해물질 취급 작업장의 게시사항
  ㉠ 허가대상 유해물질의 명칭
  ㉡ 인체에 미치는 영향
  ㉢ 취급상 주의사항
  ㉣ 착용해야 할 보호구
  ㉤ 응급조치와 긴급 방재 요령

> **암기 TIP**
> 관리대상 유해물질 취급 작업장의 게시사항과 ㉠의 명칭만 다르고 ㉡~㉤은 같습니다.

④ 허가대상 유해물질 제조·사용 근로자에게 유해성 등의 주지 사항
  ㉠ 물리적·화학적 특성
  ㉡ 발암성 등 인체에 미치는 영향과 증상
  ㉢ 취급상의 주의사항
  ㉣ 착용하여야 할 보호구와 착용방법
  ㉤ 위급상황 시의 대처방법과 응급조치 요령
  ㉥ 그 밖에 근로자의 건강장해 예방에 관한 사항

> **암기 TIP**
> 관리대상 유해물질 근로자의 주지사항과 ㉠~㉡만 다르고, ㉢~㉥은 같습니다.

⑤ 보호구의 지급 및 보호복 등의 비치
  ㉠ 사업주는 근로자가 허가대상 유해물질을 제조하거나 사용하는 작업을 하는 경우에 개인 전용의 방진마스크나 방독마스크 등을 지급하여 착용하도록 하여야 한다.
  ㉡ 사업주는 근로자가 피부장해 등을 유발할 우려가 있는 허가대상 유해물질을 취급하는 경우에 불침투성 보호복·보호장갑·보호장화 및 피부보호용 약품을 갖추어 두고 이를 사용하도록 하여야 한다.
  ㉢ 근로자는 지급된 보호구를 사업주의 지시에 따라 착용하여야 한다.

⑥ 허가대상 유해물질 제조·사용 시 작업수칙
  사업주는 근로자가 허가대상 유해물질(베릴륨 및 석면은 제외)을 제조·사용하는 경우에 다음의 사항에 관한 작업수칙을 정하고, 이를 해당 작업근로자에게 알려야 한다.

> **법령**
> 산업안전보건기준에 관한 규칙 제462조

㉠ 밸브 · 콕 등(허가대상 유해물질을 제조하거나 사용하는 설비에 원재료를 공급하는 경우 또는 그 설비로부터 제품 등을 추출하는 경우에 사용되는 것만 해당)의 조작
㉡ 냉각장치, 가열장치, 교반장치 및 압축장치의 조작
㉢ 계측장치와 제어장치의 감시 · 조정
㉣ 안전밸브, 긴급 차단장치, 자동경보장치 및 그 밖의 안전장치의 조정
㉤ 뚜껑 · 플랜지 · 밸브 및 콕 등 접합부가 새는지 점검
㉥ 시료의 채취 및 해당 작업에 사용된 기구 등의 처리
㉦ 이상 상황이 발생한 경우의 응급조치
㉧ 보호구의 사용 · 점검 · 보관 및 청소
㉨ 허가대상 유해물질을 용기에 넣거나 꺼내는 작업 또는 반응조 등에 투입하는 작업
㉩ 그 밖에 허가대상 유해물질이 새지 않도록 하는 조치

(5) 석면에 의한 건강장해의 예방

① 석면으로 인한 직업성 질병의 주지

사업주는 석면으로 인한 직업성 질병의 발생 원인, 재발 방지 방법 등을 석면을 취급하는 근로자에게 알려야 한다.

㉠ 석면으로 인한 직업성 질병의 종류
- 폐암
- 석면폐증
- 악성중피종

② 석면해체 · 제거작업 계획 수립
㉠ 석면해체 · 제거작업의 절차와 방법
㉡ 석면 흩날림 방지 및 폐기방법
㉢ 근로자 보호조치

③ 개인보호구의 지급 · 착용

사업주는 석면해체 · 제거작업에 근로자를 종사하도록 하는 경우에 다음의 개인보호구를 지급하여 착용하도록 하여야 한다.

㉠ 방진마스크(특등급만 해당)나 송기마스크 또는 전동식 호흡보호구. 다만, 분무된 석면이나 석면이 함유된 보온재 또는 내화피복재의 해체 · 제거작업의 작업에 종사하는 경우에는 송기마스크 또는 전동식 호흡보호구를 지급하여 착용하도록 하여야 한다.

기출문제

석면에 노출될 경우 우려되는 직업병의 종류 3가지를 쓰시오.

답
폐암, 석면폐증, 악성중피종

기출문제

석면 취급 작업 시 착용할 방진마스크의 등급을 쓰시오.

답 특등급

ⓒ 신체를 감싸는 보호복, 보호장갑 및 보호신발
ⓒ 고글(Goggles)형 보호안경(근로자의 눈 부분이 노출될 경우에만 지급한다.

(6) 환기장치의 설치 기준

① 후드
  ㉠ 유해물질이 발생하는 곳마다 설치할 것
  ㉡ 유해인자의 발생형태와 비중, 작업방법 등을 고려하여 해당 분진 등의 발산원을 제어할 수 있는 구조로 설치할 것
  ㉢ 후드 형식은 가능하면 포위식 또는 부스식 후드를 설치할 것
  ㉣ 외부식 또는 리시버식 후드는 해당 분진 등의 발산원에 가장 가까운 위치에 설치할 것

② 덕트
  ㉠ 가능하면 길이는 짧게 하고 굴곡부의 수는 적게 할 것
  ㉡ 접속부의 안쪽은 돌출된 부분이 없도록 할 것
  ㉢ 청소구를 설치하는 등 청소하기 쉬운 구조로 할 것
  ㉣ 덕트 내부에 오염물질이 쌓이지 않도록 이송속도를 유지할 것
  ㉤ 연결 부위 등은 외부 공기가 들어오지 않도록 할 것

③ 배풍기
  ㉠ 국소배기장치에 공기정화장치를 설치하는 경우 정화 후의 공기가 통하는 위치에 배풍기를 설치해야 한다.
  ㉡ 다만, 빨아들여진 물질로 인하여 폭발할 우려가 없고 배풍기의 날개가 부식될 우려가 없는 경우에는 정화 전의 공기가 통하는 위치에 배풍기를 설치할 수 있다.

④ 배기구와 공기정화장치
  ㉠ 분진 등을 배출하기 위하여 설치하는 국소배기장치(공기정화장치가 설치된 이동식 국소배기장치는 제외)의 배기구를 직접 외부로 향하도록 개방하여 실외에 설치하는 등 배출되는 분진 등이 작업장으로 재유입되지 않는 구조로 해야 한다.
  ㉡ 분진 등을 배출하는 장치나 설비에는 그 분진 등으로 인하여 근로자의 건강에 장해가 발생하지 않도록 흡수·연소·집진 또는 그 밖의 적절한 방식에 의한 공기정화장치를 설치해야 한다.

법령
산업안전보건기준에 관한 규칙 제72~77조

기출문제
후드의 설치 기준 3가지를 쓰시오.
🔃 오른쪽 ㉠~㉣

기출문제
덕트의 설치 기준 3가지를 쓰시오.
🔃 오른쪽 ㉠~㉤

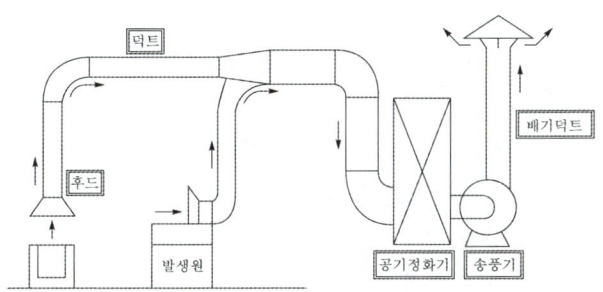

┃ 국소배기시설의 계통도 ┃

4 밀폐공간 작업에 의한 건강장해 예방

(1) 작업장의 적정공기 수준

① 작업장의 적정공기 수준
  ㉠ 산소농도 범위 : 18% 이상 23.5% 미만
  ㉡ 이산화탄소 농도 : 1.5% 미만
  ㉢ 일산화탄소 농도 : 30ppm 미만
  ㉣ 황화수소의 농도 : 10ppm 미만

② 산소결핍 : 공기 중의 산소농도가 18% 미만인 상태

(2) 밀폐공간 작업 시 특별안전보건교육

① 산소농도 측정 및 작업환경에 관한 사항
② 사고 시의 응급처치 및 비상시 구출에 관한 사항
③ 보호구 착용 및 보호 장비 사용에 관한 사항
④ 작업내용·안전작업방법 및 절차에 관한 사항
⑤ 장비·설비 및 시설 등의 안전점검에 관한 사항

(3) 밀폐공간 작업 프로그램의 수립·이행

① 사업주는 밀폐공간에서 근로자에게 작업을 하도록 하는 경우 다음의 내용이 포함된 밀폐공간 작업 프로그램을 수립하여 시행해야 한다.
  ㉠ 사업장 내 밀폐공간의 위치 파악 및 관리 방안
  ㉡ 밀폐공간 내 질식·중독 등을 일으킬 수 있는 유해·위험 요인의 파악 및 관리 방안
  ㉢ 밀폐공간 작업 시 사전 확인이 필요한 사항에 대한 확인 절차
  ㉣ 안전보건교육 및 훈련
  ㉤ 그 밖에 밀폐공간 작업 근로자의 건강장해 예방에 관한 사항

② 사업주는 근로자가 밀폐공간에서 작업을 시작하기 전에 다음의 사항을 확인하여 근로자가 안전한 상태에서 작업하도록 하여야 한다.
  ㉠ 작업 일시, 기간, 장소 및 내용 등 작업 정보
  ㉡ 관리감독자, 근로자, 감시인 등 작업자 정보
  ㉢ 산소 및 유해가스 농도의 측정결과 및 후속조치 사항
  ㉣ 작업 중 불활성가스 또는 유해가스의 누출·유입·발생 가능성 검토 및 후속조치 사항
  ㉤ 작업 시 착용하여야 할 보호구의 종류
  ㉥ 비상연락체계
③ 사업주는 밀폐공간에서의 작업이 종료될 때까지 ②항의 내용을 해당 작업장 출입구에 게시하여야 한다.

(4) 산소 및 유해가스 농도의 측정

① 사업주는 밀폐공간에서 근로자에게 작업을 하도록 하는 경우 작업을 시작(작업을 일시 중단하였다가 다시 시작하는 경우를 포함)하기 전에 밀폐공간의 산소 및 유해가스 농도의 측정 및 평가에 관한 지식과 실무경험이 있는 자를 지정하여 그로 하여금 해당 밀폐공간의 산소 및 유해가스 농도를 측정하여 적정공기가 유지되고 있는지를 평가하도록 해야 한다.
② 사업주는 밀폐공간의 산소 및 유해가스 농도를 측정 및 평가하는 자에 대하여 밀폐공간에서 작업을 시작하기 전에 다음의 사항의 숙지 여부를 확인하고 필요한 교육을 실시해야 한다.
  ㉠ 밀폐공간의 위험성
  ㉡ 측정장비의 이상 유무 확인 및 조작 방법
  ㉢ 밀폐공간 내에서의 산소 및 유해가스 농도 측정방법
  ㉣ 적정공기의 기준과 평가 방법
③ 사업주는 산소 및 유해가스 농도를 측정한 결과 적정공기가 유지되고 있지 아니하다고 평가된 경우에는 작업장을 환기시키거나, 근로자에게 공기호흡기 또는 송기마스크를 지급하여 착용하도록 하는 등 근로자의 건강장해 예방을 위하여 필요한 조치를 하여야 한다.

(5) 작업장 환기

㉠ 사업주는 근로자가 밀폐공간에서 작업을 하는 경우에 작업을 시작하기 전과 작업 중에 해당 작업장을 적정공기 상태가 유지되도

■ 기출문제

밀폐공간의 산소 및 유해가스 농도를 측정하고 평가하는 사람의 기준을 쓰시오.

답
밀폐공간의 산소 및 유해가스 농도의 측정 및 평가에 관한 지식과 실무경험이 있는 자

록 환기하여야 한다.
ⓒ 다만, 폭발이나 산화 등의 위험으로 인하여 환기할 수 없거나 작업의 성질상 환기하기가 매우 곤란한 경우에는 근로자에게 **공기호흡기** 또는 **송기마스크**를 지급하여 착용하도록 하고 환기하지 않을 수 있다.
ⓒ 근로자는 지급된 보호구를 착용하여야 한다.

(6) 밀폐공간 작업 시 관리감독자의 업무
① 산소가 결핍된 공기나 유해가스에 노출되지 않도록 작업 시작 전에 해당 근로자의 작업을 지휘하는 업무
② 작업을 하는 장소의 공기가 적절한지를 작업 시작 전에 측정하는 업무
③ 측정장비·환기장치 또는 공기호흡기 또는 송기마스크를 작업 시작 전에 점검하는 업무
④ 근로자에게 공기호흡기 또는 송기마스크의 착용을 지도하고 착용 상황을 점검하는 업무

(7) 인원의 점검과 출입의 금지
㉠ 사업주는 근로자가 밀폐공간에서 작업을 하는 경우에 그 장소에 근로자를 입장시킬 때와 퇴장시킬 때마다 인원을 점검하여야 한다.
㉡ 사업주는 사업장 내 밀폐공간을 사전에 파악하여 밀폐공간에는 관계 근로자가 아닌 사람의 출입을 금지하고, 출입금지 표지를 밀폐공간 근처의 보기 쉬운 장소에 게시하여야 한다.
㉢ 근로자는 출입이 금지된 장소에 사업주의 허락 없이 출입해서는 안 된다.

(8) 감시인의 배치
㉠ 사업주는 근로자가 밀폐공간에서 작업을 하는 동안 작업상황을 감시할 수 있는 감시인을 지정하여 밀폐공간 외부에 배치하여야 한다.
㉡ 감시인은 밀폐공간에 종사하는 근로자에게 이상이 있을 경우에 구조요청 등 필요한 조치를 한 후 이를 즉시 관리감독자에게 알려야 한다.
㉢ 사업주는 근로자가 밀폐공간에서 작업을 하는 동안 그 작업장과 외부의 감시인 간에 항상 연락을 취할 수 있는 설비를 설치하여야 한다.

기출문제

밀폐공간 작업 시 착용해야 하는 보호구 2가지를 쓰시오.

🔑 공기호흡기, 송기마스크

법령

산업안전보건기준에 관한 규칙 별표 2

기출문제

밀폐공간 작업 시 관리감독자의 업무 3가지를 쓰시오.

🔑 왼쪽 ①~④

법령

산업안전보건기준에 관한 규칙 제641조

(9) 안전한 작업방법 등의 주지

① 사업주는 근로자가 밀폐공간에서 작업을 하는 경우에 작업을 시작할 때마다 사전에 다음의 사항을 작업근로자(감시인을 포함)에게 알려야 한다.
  ㉠ 산소 및 유해가스농도 측정에 관한 사항
  ㉡ 환기설비의 가동 등 안전한 작업방법에 관한 사항
  ㉢ 보호구의 착용과 사용방법에 관한 사항
  ㉣ 사고 시의 응급조치 요령
  ㉤ 구조요청을 할 수 있는 비상연락처, 구조용 장비의 사용 등 비상시 구출에 관한 사항

(10) 사고 시의 대피

① 사업주는 근로자가 밀폐공간에서 작업을 하는 경우에 산소결핍이나 유해가스로 인한 질식·화재·폭발 등의 우려가 있으면 즉시 작업을 중단시키고 해당 근로자를 대피하도록 하여야 한다.
② 사업주는 근로자를 대피시킨 경우 적정공기 상태임이 확인될 때까지 그 장소에 관계자가 아닌 사람이 출입하는 것을 금지하고, 그 내용을 해당 장소의 보기 쉬운 곳에 게시하여야 한다.
③ 근로자는 출입이 금지된 장소에 사업주의 허락 없이 출입하여서는 안 된다.

(11) 안전대 등 보호구의 지급

① 사업주는 밀폐공간에서 작업하는 근로자가 산소결핍이나 유해가스로 인하여 추락할 우려가 있는 경우에는 해당 근로자에게 안전대나 구명밧줄, 공기호흡기 또는 송기마스크를 지급하여 착용하도록 하여야 한다.
② 사업주는 안전대나 구명밧줄을 착용하도록 하는 경우에 이를 안전하게 착용할 수 있는 설비 등을 설치하여야 한다.
③ 근로자는 지급된 보호구를 착용하여야 한다.

(12) 대피용 기구의 비치와 구출 시 보호구 사용

① 사업주는 근로자가 밀폐공간에서 작업을 하는 경우에 공기호흡기 또는 송기마스크, 사다리 및 섬유로프 등 비상시에 근로자를 피난시키거나 구출하기 위하여 필요한 기구를 갖추어 두어야 한다.

기출문제

밀폐공간에서 작업하는 경우 비상시 근로자를 피난시키거나 구출하기 위한 기구 4가지를 쓰시오.

답
공기호흡기, 송기마스크, 사다리, 섬유로프

② 사업주는 밀폐공간에서 위급한 근로자를 구출하는 작업을 하는 경우 그 구출 작업에 종사하는 근로자에게 공기호흡기 또는 송기마스크를 지급하여 착용하도록 하여야 한다.

5 물질안전보건자료(MSDS; Material Safety Data Sheets)

(1) 개요

① 물질안전보건자료(MSDS)는 그 물질을 다루는 근로자가 및 구매자가 그 위험성을 인지하고 취급, 관리함으로써 인적·물적 피해를 줄이기 위하여 항상 비치하도록 하는 자료이다.

② 물질안전보건자료는 물질에 대한 위험성을 나타내는 자료로서 그 물질을 다루는 근로자나 구매자는 이를 꼭 확인해야 한다.

③ 작성 대상 : 유해인자의 분류기준에 따라 29종 물질에 대하여 물질안전보건자료를 작성하게 되어 있다.

④ 실시 목적
   ㉠ 물질안전보건자료는 물질의 이름, 성분, 유해성, 위험성, 보관방법, 취급방법, 보호구, 응급조치요령 등을 포함한다.
   ㉡ 유해인자를 포함하는 물질을 다루거나 취급하는 근로자는 유해인자의 유해성, 위험성을 인지하고 취급방법, 보호구, 응급조치요령을 이해하고 있어야 사고를 대비할 수 있고 또한 사고 시 응급조치 및 피해확산을 줄일 수 있는 것이다.
   ㉢ 물질의 구매자 측면에서도 물질의 정보를 인지하고 있어야만 사고를 대비할 수 있으며, 인지할 수 있기 때문에 물질안전보건자료는 근로자가 확인할 수 있도록 상시 비치해야 하며, 구매자 또한 구매 시 물질안전보건자료를 꼭 확인해야 한다.

⑤ 실시 배경
   ㉠ 물질안전보건자료를 확인하지 아니하고 작업을 함으로써 누출 발생 시 작업자가 피해가 발생한 경우가 많다.
   ㉡ 특히 독성물질일 경우 이에 노출 시 빠르게 응급처치를 해야 하나 응급처치를 하지 않아 사고가 발생하였다.

(2) 물질안전보건자료의 작성 항목

① 화학제품과 회사에 관한 정보 : 제품명, 제품의 권고용도, 사용상의 제한 등이 나타나 있어야 한다.

② 유해·위험성 정보 : 유해·위험성 분류, 예방조치문구를 포함한 경고표지 항목 등이 포함되어야 한다.
③ 구성성분의 명칭 및 함유량 : 화학물질명, 관용명 및 이명, CAS 번호 또는 식별번호, 함유량을 나타내야 한다.
④ 응급조치 요령 : 눈과 피부에 접촉했을 때, 흡입했을 때 응급조치를 하는 방법이 명시되어 있어야 한다.
⑤ 폭발·화재 시 대처방법 : 폭발, 화재 시 적절한 소화제, 화재 진압 시 착용할 보호구 및 예방조치 등에 대하여 표시되어야 한다.
⑥ 누출 사고 시 대처방법 : 누출 시 인체 보호를 위한 조치사항 및 보호구, 정화 또는 제거방법 등을 기술해야 한다.
⑦ 취급 및 저장방법 : 안전취급요령과 안전한 저장방법이 명시되어야 한다.
⑧ 노출방지 및 개인보호구 : 노출기준, 적절한 공학적 관리, 개인보호구 등이 설명되어야 한다.
⑨ 물리화학적 특성 : 외관, 냄새, 인화점, 인화 또는 폭발한계 상·하한, 자연발화온도 등의 정보를 표시해야 한다.
⑩ 안정성과 반응성 : 화학적 안정성, 유해반응의 가능성, 피해야 할 조건 등을 표시한다.
⑪ 독성에 관한 정보 : 가능성이 높은 노출경로에 대한 정보, 단기 및 장기노출에 의한 영향 등을 나타낸다.
⑫ 환경에 미치는 영향 : 노출 시 수생·육생 생태독성, 잔류성과 분해성, 생물 농축성 등을 나타낸다.
⑬ 폐기 시 주의사항 : 폐기방법, 폐기 시 주의사항을 표시해야 한다.
⑭ 운송에 필요한 정보 : 유엔번호(UN No.), 유엔 적정 운송명, 운송 시의 위험등급 등을 나타낸다.
⑮ 법적 규제현황 : 「산업안전보건법」에 의한 규제, 「유해화학물질관리법」에 의한 규제, 「위험물안전관리법」에 의한 규제 등을 표시한다.
⑯ 기타 참고사항 : 자료의 출처, 최초 작성일자, 개정횟수 및 최종 개정일자 등을 나타낸다.

(3) 게시 및 비치

① 취급 근로자가 쉽게 보거나 접근할 수 있는 장소에 각 화학물질별로 물질안전보건자료를 항상 게시하거나 갖추어 놓아야 한다.
② 취급 작업자가 물질안전보건자료를 쉽게 확인할 수 있는 전산장비를 갖추도록 해야 한다.

③ 게시 내용은 물리·화학적 특성, 독성에 관한 정보, 폭발화재 시 대처방법, 응급조치요령 등을 포함해야 한다.
④ 게시 장소는 대상화학물질 취급작업 공정 내, 안전사고 또는 직업병 발생 우려 장소, 사업장 내 근로자가 보기 쉬운 장소에 비치한다.

(4) 경고표시

① 경고표시 방법은 대상화학물질 단위로 유해·위험정보를 명확히 알 수 있도록 경고표지를 작성해야 하며, 대상화학물질을 담은 용기 및 포장에 붙이거나 인쇄하여 표시한다.
② 경고표시 의무자는 대상화학물질을 양도하거나 제공하는 자 또는 취급 사업장 사업주이다.
③ 경고표시 대상은 대상화학물질을 담은 용기와 포장, 작업장에서 사용하는 대상화학물질을 담은 용기, 대상화학물질을 담은 용기와 포장에 담는 방법 외의 방법으로 양도하거나 제공할 때는 경고표시 기재항목을 적은 자료를 제공해야 한다.

(5) 물질안전보건자료에 관한 교육의 시기·내용·방법

① 교육 시기
  ㉠ 물질안전보건자료대상물질을 제조·사용·운반 또는 저장하는 작업에 근로자를 배치하게 된 경우
  ㉡ 새로운 물질안전보건자료대상물질이 도입된 경우
  ㉢ 유해성·위험성 정보가 변경된 경우

② 교육 내용
  ㉠ 대상 화학물질의 명칭(또는 제품명)
  ㉡ 물리적 위험성 및 건강 유해성
  ㉢ 취급상의 주의사항
  ㉣ 적절한 보호구
  ㉤ 응급조치 요령 및 사고 시 대처방법
  ㉥ 물질안전보건자료 및 경고표지를 이해하는 방법

③ 교육을 하는 경우에 유해성·위험성이 유사한 물질안전보건자료대상물질을 그룹별로 분류하여 교육할 수 있다.
④ 교육을 실시하였을 때는 교육시간 및 내용 등을 기록하여 보존해야 한다.

법령
산업안전보건법 시행규칙 제169조

기출문제
물질안전보건자료에 관해 교육해야 하는 경우 3가지를 쓰시오.
답 왼쪽 ㉠~㉢

법령
산업안전보건법 시행규칙 별표 5

(6) 물질안전보건자료의 작성 및 비치

① 물질안전보건자료의 작성과 비치 및 표시는 근로자와 작업자를 위하여 특히 중요한 사항이며, 또한 주기적인 교육을 통하여 이를 숙지하도록 해야 한다.
② 최근 누출사고를 보면 보수작업 등을 위한 작업자들이 대부분 하도급 업체로서 작업하는 설비의 위험성과 유해성에 대한 물질안전보건 정보를 전혀 모르고 작업함으로써 누출로 인한 피해가 다수 발생하였다. 따라서 하도급 업체의 작업 시 물질안전보건에 대한 교육을 강화하여 안전한 작업이 될 수 있도록 해야 한다.

(7) 물질안전보건자료 작성·제출 제외 대상

① 건강기능식품에 관한 법률에 따른 건강기능식품
② 농약관리법에 따른 농약
③ 마약류 관리에 관한 법률에 따른 마약 및 향정신성의약품
④ 비료관리법에 따른 비료
⑤ 사료관리법에 따른 사료
⑥ 생활주변방사선 안전관리법에 따른 원료물질
⑦ 생활화학제품 및 살생물제의 안전관리에 관한 법률에 따른 안전확인대상 생활화학 제품 및 살생물 제품 중 일반소비자의 생활용으로 제공되는 제품
⑧ 식품위생법에 따른 식품 및 식품첨가물
⑨ 약사법에 따른 의약품 및 의약외품
⑩ 원자력안전법에 따른 방사성물질
⑪ 위생용품 관리법에 따른 위생용품
⑫ 의료기기법에 따른 의료기기
⑬ 첨단재생의료 및 첨단바이오의약품 안전 및 지원에 관한 법률에 따른 첨단바이오의약품
⑭ 총포·도검·화약류 등의 안전관리에 관한 법률에 따른 화약류
⑮ 폐기물관리법에 따른 폐기물
⑯ 화장품법에 따른 화장품
⑰ ①호부터 ⑯호까지의 규정 외의 화학물질 또는 혼합물로서 일반소비자의 생활용으로 제공되는 것(일반소비자의 생활용으로 제공되는 화학물질 또는 혼합물이 사업장 내에서 취급되는 경우를 포함)
⑱ 고용노동부장관이 정하여 고시하는 연구·개발용 화학물질 또는 화학제품

법령

산업안전보건법 시행령 제86조

기출문제

물질안전보건자료의 작성·제출 제외 대상이 되는 화학물질 4가지를 쓰시오.

오른쪽 ①~⑯

⑲ 그 밖에 고용노동부장관이 독성·폭발성 등으로 인한 위해의 정도가 적다고 인정하여 고시하는 화학물질

03 화학물질 취급설비

합격 체크포인트
- 화학장치의 특성
- 화학설비 취급 시 주의사항

1 화학장치(반응기, 정류탑, 열교환기 등)의 특성

(1) 반응기(reactor)

① 반응기는 원료물질을 화학적 반응을 통하여 성질이 다른 물질로 전환하는 설비로서 이와 관련된 계측, 제어 등 일련의 부속장치를 포함하는 장치이다.

② 반응기의 분류 : 회분식, 연속식, 반회분식

| 조작방식에 의한 반응기의 분류 |

③ 반응기의 구비조건
㉠ 고온, 고압에 견딜 것
㉡ 균일한 혼합이 가능할 것
㉢ 촉매의 활성에 영향주지 않을 것
㉣ 체류시간 있을 것
㉤ 냉각장치, 가열장치 가질 것

④ 반응기의 설계 시 주요인자
㉠ 온도
㉡ 압력
㉢ 부식성
㉣ 상의 형태
㉤ 체류시간

(2) 정류탑

① 정류탑은 응축한 액의 일부를 비기(still)로 되돌아가게 하여 응축기로 가는 증기와 충분한 향류식 접촉을 하도록 하는 탑 모양의 증류장치이다.

② 정류탑의 종류
  ㉠ 단탑 : 특정한 구조의 여러 개 또는 수십 개의 단(plate, tray)으로 성립되어 있으며, 개개의 분단의 단위로 하여 증기와 액체의 접촉이 행해지고 있다.
  ㉡ 충진탑 : 기압접촉도가 유화액의 양에 비례하여 흡입된 것을 사용한다.

(3) 열교환기(heat exchanger)

① 열교환기는 온도가 높은 유체로부터 전열벽을 통하여 온도가 낮은 유체에 열을 전달하는 장치이다.

② 열교환기 손실열량

$$Q = K \times A \times \frac{\Delta T}{\Delta X} (\text{kcal/hr})$$

여기서, K : 전열계수, A : 면적
ΔX : 두께, ΔT : 온도변화량

③ 열교환기의 일상점검 항목
  ㉠ 보온재 및 보냉재의 상태
  ㉡ 도장의 열화 상태
  ㉢ 접속부(플랜지부), 용접부 등으로부터의 누출 여부
  ㉣ 기초볼트의 체결 상태

2 화학장치(건조설비 등)의 취급 시 주의사항

(1) 건조설비

건조설비란 열원을 사용해서 화약류 단속법에 규정하는 화약, 폭약 및 화공품 이외의 물질을 가열 건조하는 건조실 및 건조기를 총칭해서 건조설비라고 한다.

(2) 위험물 건조설비를 설치하는 건축물의 구조

위험물 건조설비 중 건조실을 설치하는 건축물의 구조는 독립된 단층건물로 해야 한다. 다만, 해당 건조실을 건축물의 최상층에 설치하거나 건축물이 내화구조인 경우에는 그러하지 아니하다.

법령
산업안전보건기준에 관한 규칙 제280조

① 건조설비 중 건조실을 독립된 단층건물로 해야 하는 경우
　㉠ 위험물 또는 위험물이 발생하는 물질을 가열·건조하는 경우 내용적이 1m³ 이상인 건조설비
　㉡ 위험물이 아닌 물질을 가열·건조하는 경우로서 다음 용량에 해당하는 건조설비
　　• 고체 또는 액체연료의 최대 사용량이 10kg/h 이상
　　• 기체연료의 최대 사용량이 1m³/h 이상
　　• 전기사용 정격용량이 10kW 이상

② 건조설비의 구조
　㉠ 건조설비의 바깥 면은 불연성 재료로 만들 것
　㉡ 건조설비(유기과산화물을 가열 건조하는 것은 제외)의 내면과 내부의 선반이나 틀은 불연성 재료로 만들 것
　㉢ 위험물 건조설비의 측벽이나 바닥은 견고한 구조로 할 것
　㉣ 위험물 건조설비는 그 상부를 가벼운 재료로 만들고 주위상황을 고려하여 폭발구를 설치할 것
　㉤ 위험물 건조설비는 건조하는 경우에 발생하는 가스·증기 또는 분진을 안전한 장소로 배출시킬 수 있는 구조로 할 것
　㉥ 액체연료 또는 인화성 가스를 열원의 연료로 사용하는 건조설비는 점화하는 경우에는 폭발이나 화재를 예방하기 위하여 연소실이나 그 밖에 점화하는 부분을 환기시킬 수 있는 구조로 할 것
　㉦ 건조설비의 내부는 청소하기 쉬운 구조로 할 것
　㉧ 건조설비의 감시창·출입구 및 배기구 등과 같은 개구부는 발화 시에 불이 다른 곳으로 번지지 아니하는 위치에 설치하고 필요한 경우에는 즉시 밀폐할 수 있는 구조로 할 것
　㉨ 건조설비는 내부의 온도가 부분적으로 상승하지 아니하는 구조로 설치할 것
　㉩ 위험물 건조설비의 열원으로서 직화를 사용하지 아니할 것
　㉪ 위험물 건조설비가 아닌 건조설비의 열원으로서 직화를 사용하는 경우에는 불꽃 등에 의한 화재를 예방하기 위하여 덮개를 설치하거나 격벽을 설치할 것

(3) 건조설비의 사용 시 준수사항

① 위험물 건조설비를 사용하는 경우에는 미리 내부를 청소하거나 환기할 것

② 위험물 건조설비를 사용하는 경우에는 건조로 인하여 발생하는 가스·증기 또는 분진에 의하여 폭발·화재의 위험이 있는 물질을 안전한 장소로 배출시킬 것
③ 위험물 건조설비를 사용하여 가열건조하는 건조물은 쉽게 이탈되지 않도록 할 것
④ 고온으로 가열건조한 인화성 액체는 발화의 위험이 없는 온도로 냉각한 후에 격납시킬 것
⑤ 건조설비(바깥 면이 현저히 고온이 되는 설비만 해당한다)에 가까운 장소에는 인화성 액체를 두지 않도록 할 것

(4) 화학설비 및 부속설비 사용 전의 점검

① 사업주는 다음의 어느 하나에 해당하는 경우에는 화학설비 및 그 부속설비의 안전검사 내용을 점검한 후 해당 설비를 사용하여야 한다.
  ㉠ 처음으로 사용하는 경우
  ㉡ 분해하거나 개조 또는 수리를 한 경우
  ㉢ 계속하여 1개월 이상 사용하지 아니한 후 다시 사용하는 경우

② 사업주는 해당 화학설비 또는 그 부속설비의 용도를 변경하는 경우(사용하는 원재료의 종류를 변경하는 경우를 포함)에도 해당 설비의 다음의 사항을 점검한 후 사용하여야 한다.
  ㉠ 그 설비 내부에 폭발이나 화재의 우려가 있는 물질이 있는지 여부
  ㉡ 안전밸브·긴급차단장치 및 그 밖의 방호장치 기능의 이상 유무
  ㉢ 냉각장치·가열장치·교반장치·압축장치·계측장치 및 제어장치 기능의 이상 유무

(5) 화학설비 및 부속설비 설치 시 안전거리 기준

구분	안전거리
단위공정시설 및 설비로부터 다른 단위공정시설 및 설비의 사이	설비의 바깥 면으로부터 10m 이상
플레어스택으로부터 단위공정시설 및 설비, 위험물질 저장탱크 또는 위험물질 하역설비의 사이	플레어스택으로부터 반경 20m 이상. (다만, 단위공정시설 등이 불연재로 시공된 지붕 아래에 설치된 경우에는 제외)
위험물질 저장탱크로부터 단위공정시설 및 설비, 보일러 또는 가열로의 사이	저장탱크의 바깥 면으로부터 20m 이상. (다만, 저장탱크의 방호벽, 원격조종 화설비 또는 살수설비를 설치한 경우에는 제외)

구분	안전거리
사무실·연구실·실험실·정비실 또는 식당으로부터 단위공정시설 및 설비, 위험물질 저장탱크, 위험물질 하역설비, 보일러 또는 가열로의 사이	사무실 등의 바깥 면으로부터 20m 이상. (다만, 난방용 보일러인 경우 또는 사무실 등의 벽을 방호구조로 설치한 경우 제외)

(6) 특수화학설비 설치 시 안전조치

① 위험물을 기준량 이상으로 제조하거나 취급하는 다음의 어느 하나에 해당하는 화학설비(이하 "특수화학설비"라 한다)를 설치하는 경우에는 내부의 이상 상태를 조기에 파악하기 위하여 필요한 온도계·유량계·압력계 등의 계측장치를 설치하여야 한다.
   ㉠ 발열반응이 일어나는 반응장치
   ㉡ 증류·정류·증발·추출 등 분리를 하는 장치
   ㉢ 가열시켜 주는 물질의 온도가 가열되는 위험물질의 분해온도 또는 발화점보다 높은 상태에서 운전되는 설비
   ㉣ 반응폭주 등 이상 화학반응에 의하여 위험물질이 발생할 우려가 있는 설비
   ㉤ 온도가 350℃ 이상이거나 게이지 압력이 980kPa 이상인 상태에서 운전되는 설비
   ㉥ 가열로 또는 가열기

② 특수화학설비를 설치하는 경우에는 그 내부의 이상 상태를 조기에 파악하기 위하여 필요한 자동경보장치를 설치하여야 한다. 다만, 자동경보장치를 설치하는 것이 곤란한 경우에는 감시인을 두고 그 특수화학설비의 운전 중 설비를 감시하도록 하는 등의 조치를 하여야 한다.

③ 특수화학설비를 설치하는 경우에는 이상 상태의 발생에 따른 폭발·화재 또는 위험물의 누출을 방지하기 위하여 원재료 공급의 긴급차단장치, 제품 등의 방출, 불활성 가스의 주입이나 냉각용수 등의 공급을 위하여 필요한 장치 등을 설치하여야 한다.

(7) 가솔린이 남아 있는 화학설비에 등유 등의 주입

화학설비로서 가솔린이 남아 있는 화학설비(위험물을 저장하는 것으로 한정), 탱크로리, 드럼 등에 등유나 경유를 주입하는 작업을 하는 경우에는 미리 그 내부를 깨끗하게 씻어내고 가솔린의 증기를 불활성 가스로 바꾸는 등 안전한 상태로 되어 있는지를 확인한 후에 그 작업을 하여야 한다. 다만, 다음의 조치를 하는 경우에는 그러하지

법령

산업안전보건기준에 관한 규칙 제273~275조

기출문제

특수화학설비 내부의 이상 상태를 조기에 파악하기 위해 설치하여야 하는 계측장치 3가지를 쓰시오.

답 온도계, 유량계, 압력계

기출문제

특수화학설비의 이상 상태를 조기에 파악하고, 이에 따른 폭발·화재 또는 위험물의 누출을 방지하기 위해 설치해야 하는 장치 2가지를 쓰시오.

답
자동경보장치, 긴급차단장치

> **기출문제**
>
> 등유나 경유를 주입하는 경우에 액표면의 높이가 주입관의 선단의 높이를 넘을 때까지의 주입속도를 쓰시오.
>
> 🗈 초당 1m 이하

아니하다.
① 등유나 경유를 주입하기 전에 탱크·드럼 등과 주입설비 사이에 접속선이나 접지선을 연결하여 전위차를 줄이도록 할 것
② 등유나 경유를 주입하는 경우에는 그 액표면의 높이가 주입관의 선단의 높이를 넘을 때까지 주입속도를 초당 1m 이하로 할 것

제3장 화공 안전점검 · 운전

01 공정안전 기술

> **합격 체크포인트**
> - 공정안전의 이해
> - 안전장치(안전밸브, 파열판 등)의 설치

1 공정안전의 개요

(1) 화학 공정안전

① 화학 공정안전은 화학물질을 대량으로 제조, 취급, 저장하는 동안의 사고 방지에 중점을 두고 있다.

② 화학산업에서의 공정안전 사고의 발생 이유
  ㉠ 정보 누락
  ㉡ 사용자 교육 부족
  ㉢ 기술적 결함
  ㉣ 사람의 실수(human error)
  ㉤ 우연한 사고의 연속

(2) 화학 공정설계 단계에서 고려해야 할 안전사항

각종 원료, 중간제품, 완제품의 물성 조사	인화점, 발화점, 폭발한계, 금수성 물질 여부, 다른 물질과 혼합 시 이상반응 여부, 분해온도, 부식성, 증기압, 치사량 또는 허용농도, 증기밀도 등
운전 및 설계조건의 결정	운전온도, 압력, 유속 등
운전(제어) 방법의 결정	온도 조절의 자동 또는 수동, 압력 조절 방법, 유량 조절 방법, 원료 계량 및 투입 방법 등
설비별 안전장치의 설치 여부 검토	안전밸브, 파열판, 체크밸브, 긴급 차단밸브, 긴급 방출밸브, 화염방지기(flame arrester), 스크러버(scrubber), 배기 및 환기설비, 플레어 스택(flare stack), 가스검지 및 경보설비, 공기흡입 검지기(산소 검지기) 등
설비별 재질 검토	반응기, 증류탑, 열교환기 등 압력용기, 배관 밸브류 및 가스켓(gasket) 등
이상상태 발생 시 대책	유해위험물질 누출 시, 온도 및 압력 상승 시 등

2 안전장치

(1) 안전밸브(safety valve)

① 안전밸브는 밸브 입구 쪽의 압력이 설정 압력에 도달하면 자동적으로 작동하여 유체가 분출되고 일정 압력 이하가 되면 정상상태로 복원되는 방호장치이다.

② 안전밸브의 종류

중추식	압력이 상승할 경우 추의 중량을 이용하여 가스를 외부로 배출하는 방식
지렛대식(레버식)	지렛대 사이에 추를 설치하여 추의 위치에 따라 가스 배출량이 결정되는 방식
파열판식	용기 내 압력이 급격히 상승 시 얇은 금속판이 파열되며 가스를 외부로 배출하는 방식
스프링식	가장 많이 사용되는 방식으로 용기 내 압력이 설정압력 이상이 되면 스프링의 작동으로 가스를 외부로 배출하는 방식. 분출용량에 따라 저양식, 고양정식, 전양정식, 전량식이 있다.
가용전식	용기 내의 온도가 설정 온도 이상이 되면 가용금속이 녹아 가스를 배출하는 방식

③ 안전밸브의 형식 표시

S F Ⅱ 1-B
㉠ ㉡ ㉢ ㉣ ㉤

㉠ 요구성능 : S(증기), G(가스)

㉡ 유량제한기구 : L(양정식), F(전량식)

㉢ 호칭지름

구분	Ⅰ	Ⅱ	Ⅲ	Ⅳ	Ⅴ
범위 (mm)	25 이하	25 초과 50 이하	50 초과 80 이하	80 초과 100 이하	100 초과

㉣ 호칭압력

구분	1	3	5	10	21	22
범위 (MPa)	1 이하	1 초과 3 이하	3 초과 5 이하	5 초과 10 이하	10 초과 21 이하	21 초과

㉤ 형식 : B(평형형), C(비평형형)

④ 안전밸브 등의 작동 요건

설치한 안전밸브 등이 안전밸브 등을 통하여 보호하려는 설비의 최고사용압력 이하에서 작동되도록 하여야 한다. 다만, 안전밸

기출 문제

안전밸브의 형식이 "SF Ⅱ 1-B"로 표시된 경우 각 구조에 맞는 형식 표시를 쓰시오.

답
㉠ 요구성능 : 증기
㉡ 유량제한기구 : 전량식
㉢ 호칭지름 : 25mm 초과 50mm 이하
㉣ 호칭압력 : 1MPa 이하
㉤ 형식 : 평형형

브 등이 2개 이상 설치된 경우에 1개는 최고사용압력의 1.05배 (외부화재를 대비한 경우에는 1.1배) 이하에서 작동되도록 설치할 수 있다.

(2) 파열판(rupture disc)
① 파열판은 안전밸브에 대체할 수 있는 방호장치로서, 판 입구 측의 압력이 설정 압력에 도달하면 판이 파열하면서 유체가 분출하도록 용기 등에 설치된 얇은 판이다.

② 반드시 파열판을 설치해야 하는 경우
  ㉠ 반응 폭주 등 급격한 압력 상승의 우려가 있는 경우
  ㉡ 독성물질의 누출로 인하여 주위의 작업환경을 오염시킬 우려가 있는 경우
  ㉢ 운전 중 안전밸브에 이상 물질이 누적되어 안전밸브가 작동되지 아니할 우려가 있는 경우

(3) 파열판 및 안전밸브의 직렬설치
사업주는 급성 독성물질이 지속적으로 외부에 유출될 수 있는 화학설비 및 그 부속설비에 파열판과 안전밸브를 직렬로 설치하고, 그 사이에는 압력지시계 또는 자동경보장치를 설치하여야 한다.

(4) 그 외 안전장치

체크밸브 (check valve)	유체의 역류를 방지한다.
대기밸브(통기밸브, breather valve)	평상시에 닫힌 상태로 있다가 탱크의 압력이 미리 설정된 압력에 도달하면 밸브가 열려 탱크 내부의 가스·증기 등을 외부로 방출하고 탱크 내부로 외부 공기를 흡입하는 밸브를 말한다.
블로밸브 (blow valve)	과잉 압력을 방출한다.
화염방지기 (flame arrester)	외부로부터의 화염을 차단할 목적으로 인화성 액체(유류탱크) 및 인화성 가스 저장 설비의 상단에 설치한다.
벤트스택 (vent stack)	탱크 내 압력을 정상상태로 유지하기 위한 가스 방출장치이다.
플레어스택 (flare stack)	가스, 고휘발성 액체의 증기를 연소하여 대기 중에 방출하는 스택 형식의 소각탑이다. 밀봉 드럼(seal drum)을 통해 점화버너에 착화 연소하여 가연성, 독성, 냄새 제거 후 대기 중에 방출한다.
블로다운 (blow down)	공정 액체를 빼내고 안전하게 처리하기 위한 설비이다.

기출문제
안전밸브 등이 2개 이상 설치된 경우에 화재를 대비하여 1개는 최고사용압력의 몇 배 이하에 작동되도록 설치할 수 있는지 쓰시오.

답 1.1배

기출문제
반드시 파열판을 설치해야 하는 경우 3가지를 쓰시오.

답 왼쪽 ㉠~㉢

기출문제
화학설비 및 그 부속설비에 파열판과 안전밸브를 직렬로 설치하고, 그 사이에 설치해야 하는 것을 쓰시오.

답 압력지시계 또는 자동경보장치

기출문제
가스, 고휘발성 액체의 증기를 가연성, 독성, 냄새 제거 후 연소하여 대기 중에 방출하는 화학설비의 명칭을 쓰시오.

답 플레어스택

스팀트랩 (steam trap)	증기 배관 내에 생성하는 응축수를 제거할 때 증기가 배출되지 않도록 하면서 응축수를 자동적으로 배출하기 위한 장치이다.

02 공정안전보고서

1 공정안전보고서의 작성

(1) 공정안전보고서의 작성

① 사업주는 사업장에 대통령령으로 정하는 유해하거나 위험한 설비가 있는 경우 그 설비로부터의 위험물질 누출, 화재 및 폭발 등으로 인하여 사업장 내의 근로자에게 즉시 피해를 주거나 사업장 인근 지역에 피해를 줄 수 있는 사고로서 대통령령으로 정하는 사고(이하 "중대산업사고"라 한다)를 예방하기 위하여 대통령령으로 정하는 바에 따라 공정안전보고서를 작성하고 고용노동부장관에게 제출하여 심사를 받아야 한다.

② 이 경우 공정안전보고서의 내용이 중대산업사고를 예방하기 위하여 적합하다고 통보받기 전에는 관련된 유해하거나 위험한 설비를 가동해서는 안 된다.

③ 사업주는 공정안전보고서를 작성할 때 산업안전보건위원회의 심의를 거쳐야 한다. 다만, 산업안전보건위원회가 설치되어 있지 아니한 사업장의 경우에는 근로자대표의 의견을 들어야 한다.

(2) 공정안전보고서 제출 대상 업종

① 원유 정제처리업
② 기타 석유정제물 재처리업
③ 석유화학계 기초화학물질 제조업 또는 합성수지 및 기타 플라스틱물질 제조업
④ 질소 화합물, 질소·인산 및 칼리질 화학비료 제조업 중 질소질 비료 제조
⑤ 복합비료 및 기타 화학비료 제조업 중 복합비료 제조(단순혼합 또는 배합에 의한 경우는 제외)
⑥ 화학 살균·살충제 및 농업용 약제 제조업[농약 원제(原劑) 제조만 해당한다]
⑦ 화약 및 불꽃제품 제조업

합격 체크포인트
• 공정안전보고서 작성 및 제출
• 공정안전보고서 이행 상태 평가

법령
산업안전보건법 제44조

기출 문제
공정안전보고서를 작성할 때 심의를 거쳐야 하는 곳을 쓰시오.
🔑 산업안전보건위원회

법령
산업안전보건법 시행령 제43조

기출 문제
공정안전보고서 제출 대상 업종 4가지를 쓰시오.
🔑 오른쪽 ①~⑦

(3) 공정안전보고서 제출 제외 대상 설비
① 원자력 설비
② 군사시설
③ 사업주가 해당 사업장 내에서 직접 사용하기 위한 난방용 연료의 저장설비 및 사용설비
④ 도매·소매시설
⑤ 차량 등의 운송설비
⑥ 액화석유가스의 안전관리 및 사업법에 따른 액화석유가스의 충전·저장시설
⑦ 도시가스사업법에 따른 가스공급시설
⑧ 그 밖에 고용노동부장관이 누출·화재·폭발 등의 사고가 있더라도 그에 따른 피해의 정도가 크지 않다고 인정하여 고시하는 설비

> **기출문제**
> 공정안전보고서의 제출 대상이 되는 유해하거나 위험한 설비로 보지 않는 설비의 종류 3가지를 쓰시오.
> 답 왼쪽 ①~⑦

(4) 공정안전보고서의 포함 사항
① 공정안전자료
② 공정위험성 평가서
③ 안전운전계획
④ 비상조치계획

> **기출문제**
> 공정안전보고서에 포함되어야 하는 사항 4가지를 쓰시오.
> 답 왼쪽 ①~④

(5) 공정안전보고서의 제출 시기
사업주는 유해하거나 위험한 설비의 설치·이전 또는 주요 구조부분의 변경공사의 착공일(기존 설비의 제조·취급·저장 물질이 변경되거나 제조량·취급량·저장량이 증가하여 유해·위험물질 규정량에 해당하게 된 경우에는 그 해당일을 말한다) 30일 전까지 공정안전보고서를 2부 작성하여 공단에 제출해야 한다.

> **법령**
> 산업안전보건법 시행규칙 제51조

(6) 공정안전보고서 이행 상태의 평가
① 고용노동부장관은 공정안전보고서의 확인(신규로 설치되는 유해하거나 위험한 설비의 경우에는 설치 완료 후 시운전 단계에서의 확인을 말한다) 후 1년이 지난 날부터 2년 이내에 공정안전보고서 이행 상태의 평가를 해야 한다.
② 고용노동부장관은 이행상태평가 후 4년마다 이행 상태 평가를 해야 한다. 다만, 다음의 어느 하나에 해당하는 경우에는 1년 또는 2년마다 이행 상태 평가를 할 수 있다.

> **기출문제**
> 공정안전보고서 이행 상태의 평가에 관하여 사업주가 이행 상태 평가를 추가로 요청한 경우 몇 년마다 이행 상태 평가를 할 수 있는지 쓰시오.
> 답 1년 또는 2년마다

㉠ 이행 상태 평가 후 사업주가 이행 상태 평가를 요청하는 경우
㉡ 사업장에 출입하여 검사 및 안전·보건점검 등을 실시한 결과 변경요소 관리계획 미준수로 공정안전보고서 이행 상태가 불량한 것으로 인정되는 경우 등 고용노동부장관이 정하여 고시하는 경우

PART 06

건설공사 안전관리

CONTENTS

CHAPTER 01 | 건설현장 안전시설 관리
CHAPTER 02 | 건설공사 위험성평가

산업안전기사

제1장 건설현장 안전시설 관리

01 건설안전 일반

1 안전보건대장

(1) 건설공사발주자의 산업재해 예방조치

총공사금액이 50억원 이상인 건설공사의 건설공사발주자는 산업재해 예방을 위하여 건설공사의 계획, 설계 및 시공 단계에 따른 안전보건대장을 작성 및 제공하고 그 이행 여부를 확인해야 한다.

(2) 안전보건대장의 종류

종류	작성주체	작성시기	발주자 역할
기본안전보건대장	발주자	건설공사 계획단계	해당 건설공사에서 중점적으로 관리하여야 할 유해·위험요인과 이에 대한 감소대책을 포함한 기본안전보건대장을 작성한다.
설계안전보건대장	설계자	건설공사 설계단계	기본안전보건대장을 설계자에게 제공하여, 설계자로 하여금 유해·위험요인의 감소대책을 담은 설계안전보건대장을 작성토록 하고 그 이행 여부를 확인한다.
공사안전보건대장	시공사	건설공사 시공단계	건설공사 도급인에게 설계안전보건대장을 제공하고 이를 반영하여 안전한 작업을 위한 공사안전보건대장을 작성하도록 하고 그 이행 여부를 확인한다.

합격 체크포인트

- 안전보건대장
- 유해위험방지계획서
- 산업안전보건관리비 계상
- 사전조사 및 작업계획서

법령

산업안전보건법 제67조

기출문제

건설공사발주자가 안전보건대장을 작성 및 제공해야 할 총공사금액과 건설공사의 계획, 설계 및 시공 단계에 따른 안전보건대장 종류를 쓰시오.

답
① 총공사금액 : 50억원 이상
② 계획단계 : 기본안전보건대장
③ 설계단계 : 설계안전보건대장
④ 시공단계 : 공사안전보건대장

2 유해위험방지계획서

(1) 유해위험방지계획서 제출 대상 건설공사

① 다음의 건축물 또는 시설 등의 건설·개조 또는 해체 공사
  ㉠ 지상높이 31m 이상인 건축물 또는 인공구조물
  ㉡ 연면적 3만㎡ 이상인 건축물
  ㉢ 연면적 5천㎡ 이상인 시설로서 다음의 어느 하나에 해당하는 시설
    • 문화 및 집회시설(전시장 및 동물원·식물원 제외)
    • 판매시설, 운수시설(고속철도의 역사, 집배송시설 제외)
    • 종교시설
    • 의료시설 중 종합병원
    • 숙박시설 중 관광숙박시설
    • 지하도상가
    • 냉동·냉장 창고시설

② 연면적 5천㎡ 이상인 냉동·냉장 창고시설의 설비공사 및 단열공사

③ 최대 지간(支間)길이(다리의 기둥과 기둥의 중심사이의 거리) 50m 이상인 교량건설 등 공사

④ 터널의 건설 등 공사

⑤ 다목적댐·발전용댐 및 저수용량 2천만톤 이상의 용수 전용댐, 지방상수도 전용댐 건설 등의 공사

⑥ 깊이 10m 이상인 굴착공사

(2) 유해위험방지계획서의 제출 시 첨부서류

사업주가 다음의 서류를 첨부하여 해당 공사의 착공 전날까지 한국산업안전보건공단에 2부 제출한다.

① 공사개요 및 안전보건관리계획
  ㉠ 공사 개요서
  ㉡ 공사현장의 주변 현황 및 주변과의 관계를 나타내는 도면(매설물 현황을 포함)
  ㉢ 건설물, 사용 기계설비 등의 배치를 나타내는 도면
  ㉣ 전체 공정표
  ㉤ 산업안전보건관리비 사용계획
  ㉥ 안전관리 조직표
  ㉦ 재해 발생 위험시 연락 및 대피방법

법령
산업안전보건법 시행령 제42조

기출문제
건설공사 중 유해위험방지계획서를 제출해야 하는 대상 공사 4가지를 쓰시오.
답 오른쪽 ①~⑥

기출문제
유해위험방지계획서를 제출해야 하는 경우 건설공사에 해당하는 서류의 제출기한과 첨부하여야 하는 서류 3가지를 쓰시오.
답
① 제출기한 : 해당 공사의 착공 전날까지
② 첨부서류 : 오른쪽 ㉠~㉦

② 작업 공사 종류별 유해위험방지계획

대상 공사	작업 공사 종류	첨부서류
건축물 또는 시설 등의 건설·개조 또는 해체 공사	1. 가설공사 2. 구조물공사 3. 마감공사 4. 기계 설비공사 5. 해체공사	• 해당 작업 공사 종류별 작업개요 및 재해예방 계획 • 위험물질의 종류별 사용량과 저장·보관 및 사용 시의 안전작업계획 ※ 비고 : 작업 공사 종류에 따라 포함되어야 하는 예방계획, 세부계획이 다름.
냉동·냉장 창고시설의 설비공사 및 단열공사	1. 가설공사 2. 단열공사 3. 기계 설비공사	
다리 건설 등의 공사	1. 가설공사 2. 다리 하부(하부공) 공사 3. 다리 상부(상부공) 공사	
터널 건설 등의 공사	1. 가설공사 2. 굴착 및 발파 공사 3. 구조물공사	
댐 건설 등의 공사	1. 가설공사 2. 굴착 및 발파 공사 3. 댐 축조공사	
굴착공사	1. 가설공사 2. 굴착 및 발파 공사 3. 흙막이 지보공 공사	

③ 사업주가 해당 제품의 생산 공정과 직접적으로 관련된 건설물·기계·기구 및 설비 등 전부를 설치·이전하거나 그 주요 구조부분을 변경하려는 경우 유해위험방지계획서의 첨부서류
  ㉠ 건축물 각 층의 평면도
  ㉡ 기계·설비의 개요를 나타내는 서류
  ㉢ 기계·설비의 배치도면
  ㉣ 원재료 및 제품의 취급, 제조 등의 작업방법의 개요
  ㉤ 그 밖에 고용노동부장관이 정하는 도면 및 서류

(3) 유해위험방지계획서 심사 결과의 구분

공단은 계획서 접수일로부터 15일 이내에 심사하여 결과 통보한다.
① 적정 : 근로자의 안전과 보건을 위하여 필요한 조치가 구체적으로 확보되었다고 인정되는 경우
② 조건부 적정 : 근로자의 안전과 보건을 확보하기 위하여 일부 개선이 필요하다고 인정되는 경우

법령
산업안전보건법 시행령 제42조

기출문제
유해위험방지계획서 제출 대상에 해당하는 공사에 대하여 건축물 또는 시설 등의 건설·개조 또는 해체 공사의 작업 공사 종류 4가지를 쓰시오.

답
① 가설공사
② 구조물공사
③ 마감공사
④ 기계 설비공사
⑤ 해체공사

법령
산업안전보건법 시행규칙 제42조

기출문제
해당 제품의 생산 공정과 직접 관련된 건설물을 이전할 때 유해위험방지계획서의 첨부서류 3가지를 쓰시오.

답 왼쪽 ㉠~㉤

③ 부적정 : 건설물·기계·기구 및 설비 또는 건설공사가 심사기준에 위반되어 공사착공 시 중대한 위험이 발생할 우려가 있거나 해당 계획에 근본적 결함이 있다고 인정되는 경우

(4) 계획서 제출 후 확인

계획서를 제출한 사업주는 해당 건설물·기계·기구 및 설비의 시운전 단계에서, 건설공사 중 6개월 이내마다 다음의 사항에 관하여 공단의 확인을 받아야 한다.
① 유해위험방지계획서의 내용과 실제공사 내용이 부합하는지 여부
② 유해위험방지계획서 변경내용의 적정성
③ 추가적인 유해·위험요인의 존재 여부

> **법령**
> 건설업 산업안전보건관리비 계상 및 사용기준

3 건설업 산업안전보건관리비

(1) 건설업 산업안전보건관리비의 개념과 적용 범위

① 건설업의 산업안전보건관리비란 산업재해 예방을 위하여 건설공사 현장에서 직접 사용되거나 해당 건설업체의 본사에 설치된 안전전담부서에서 법령에 규정된 사항을 이행하는 데 소요되는 비용을 말한다.
② 적용 범위 : 산업안전보건법에서 정의한 건설공사 중 총공사금액 2천만원 이상인 공사에 적용한다. 다만, 단가계약에 의하여 행하는 공사에 대하여는 총계약금액을 기준으로 적용한다.

(2) 계상 및 사용기준

① 발주자가 도급계약 체결을 위한 원가계산에 의한 예정가격을 작성하거나, 자기공사자가 건설공사 사업계획을 수립할 때는 산업안전보건관리비를 계상해야 한다.
② 도급인과 자기공사자는 산업안전보건관리비를 항목별 사용기준에 따라 산업재해예방 목적으로 사용하여야 한다.
③ 공사진척에 따른 산업안전보건관리비 사용기준

공정율 (기성공정률)	50% 이상 70% 미만	70% 이상 90% 미만	90% 이상
사용기준	50% 이상	70% 이상	90% 이상

(3) 산업안전보건관리비 대상액

① 대상액은 공사원가계산서 구성항목 중 직접재료비, 간접재료비, 직접노무비를 합한 금액을 말한다.
② 발주자가 재료를 제공할 경우에는 해당 재료비를 포함한다.

> 대상액 = 직접재료비 + 간접재료비 + 직접노무비

(4) 산업안전보건관리비 계상방법

① 발주자가 재료를 제공하거나 완제품 형태로 제작·납품되는 경우 해당 재료비 또는 완제품 가액을 대상액에 포함하여 산출한다.
② 대상액에서 재료비를 제외하고 산출한 안전보건관리비의 1.2배의 금액을 산출한다.
③ ①과 ②를 비교하여 그 중 작은 값 이상 금액으로 계상한다.

> ⊙ 대상액이 명확한 경우
> • 대상액이 5억원 미만 또는 50억원 이상 : 대상액×비율
> • 대상액이 5억원 이상 50억원 미만 : 대상액×비율+기초액
> ⓒ 대상액이 명확하지 않은 경우
> • 총 공사금액의 70%를 대상액으로 계상한다.

④ 공사종류 및 규모별 산업안전보건관리비 계상기준표

구분 공사종류	대상액 5억원 미만 적용비율	대상액 5억원 이상 50억원 미만		대상액 50억원 이상 적용비율	보건관리자 선임대상 건설공사의 적용비율
		적용 비율	기초액		
건축공사	3.11%	2.28%	4,325,000원	2.37%	2.64%
토목공사	3.15%	2.53%	3,300,000원	2.60%	2.73%
중건설공사	3.64%	3.05%	2,975,000원	3.11%	3.39%
특수건설공사	2.07%	1.59%	2,450,000원	1.64%	1.78%

(5) 산업안전보건관리비의 사용

공사금액 4천만원 이상의 도급인 및 자기공사자는 산업안전보건관리비 사용내역서를 작성한다.

(6) 건설업 산업안전보건관리비의 항목별 사용내역

① 안전관리자·보건관리자의 임금 등
 ㉠ 안전 또는 보건관리 업무만을 전담하는 안전·보건관리자의 임금과 출장비 전액(지방고용노동관서에 선임 보고한 날부

기출문제

직접재료비 25억, 관급재료비 3억, 직접노무비 10억인 건축공사의 산업안전보건관리비를 구하시오.

풀이
㉮ 대상액
 = 25억 + 3억 + 10억 = 38억
㉯ 5억 이상 50억 미만 건축공사의 적용비율은 2.28%, 기초액은 4,325,000원
㉰ 관급재료비 포함 산출
 38억×2.28% + 4,325,000
 = 90,965,000원
㉱ 관급재료비 제외 산출
 (35억×2.28%
 + 4,325,000)×1.2
 = 100,950,000원
㉲ ㉰와 ㉱를 비교하여 작은 값으로 계상 : 90,965,000원

🗎 90,965,000원

터 발생한 비용에 한정)
　ⓒ 안전관리 또는 보건관리 업무를 전담하지 않는 안전관리자 또는 보건관리자의 임금과 출장비의 각각 1/2에 해당하는 비용(지방고용노동관서에 선임 보고한 날부터 발생한 비용에 한정)
　ⓒ 안전관리자를 선임한 건설공사 현장에서 산업재해 예방 업무만을 수행하는 작업지휘자, 유도자, 신호자 등의 임금 전액
　ⓔ 관리감독자의 직위에 있는 자가 산업안전보건법 시행령에서 정하는 업무를 수행하는 경우에 지급하는 업무수당(임금의 1/10 이내)

② 안전시설비 등
　㉠ 산업재해 예방을 위한 안전난간, 추락방호망, 안전대 부착설비, 방호장치(기계·기구와 방호장치가 일체로 제작된 경우, 방호장치 부분의 가액에 한함) 등 안전시설의 구입·임대 및 설치 등을 위해 소요되는 비용
　㉡ 스마트 안전장비 구입·임대 비용. 다만, 계상된 산업안전보건관리비 총액의 2/10를 초과할 수 없다.
　㉢ 용접작업 등 위험작업 시 사용하는 소화기의 구입·임대비용

③ 보호구 등
　㉠ 보호구의 구입·수리·관리 등에 소요되는 비용
　㉡ 근로자가 보호구를 직접 구매·사용하여 합리적인 범위 내에서 보전하는 비용
　㉢ 안전관리자 등의 업무용 피복, 기기 등을 구입하기 위한 비용
　㉣ 안전관리자 및 보건관리자가 안전보건 점검 등을 목적으로 건설공사 현장에서 사용하는 차량의 유류비·수리비·보험료

④ 안전보건진단비 등
　㉠ 유해위험방지계획서 작성 등에 소요되는 비용
　㉡ 안전보건진단에 소요되는 비용
　㉢ 작업환경 측정에 소요되는 비용
　㉣ 그 밖에 산업재해예방을 위해 전문기관 등에서 실시하는 진단, 검사, 지도 등에 소요되는 비용

⑤ 안전보건교육비 등
  ㉠ 의무교육이나 이에 준하는 교육을 위해 건설공사 현장의 교육 장소 설치·운영 등에 소요되는 비용
  ㉡ 산업재해 예방이 주된 목적인 교육을 실시하기 위해 소요되는 비용
  ㉢ 안전보건교육 대상자 등에게 구조 및 응급처치에 관한 교육을 실시하기 위해 소요되는 비용
  ㉣ 안전보건관리책임자, 안전관리자, 보건관리자가 업무수행을 위해 필요한 정보를 취득하기 위한 목적으로 도서, 정기간행물을 구입하는 데 소요되는 비용
  ㉤ 건설공사 현장에서 안전기원제 등 산업재해 예방을 기원하는 행사를 개최하기 위해 소요되는 비용. 단, 행사의 방법, 소요된 비용 등을 고려하여 사회통념에 적합한 행사에 한한다.
  ㉥ 건설공사 현장의 유해·위험요인을 제보하거나 개선방안을 제안한 작업자를 격려하기 위해 지급하는 비용

⑥ 작업자 건강장해예방비
  ㉠ 작업자의 각종 건강장해 예방에 필요한 비용
  ㉡ 중대재해 목격으로 발생한 정신질환을 치료하기 위한 소요 비용
  ㉢ 감염병의 확산 방지를 위한 마스크, 손소독제, 체온계 구입 비용 및 감염병병원체 검사를 위해 소요되는 비용
  ㉣ 휴게시설을 갖춘 경우 온도, 조명설치·관리기준을 준수하기 위해 소요되는 비용
  ㉤ 건설공사 현장에서 근로자 심폐소생을 위해 사용되는 자동심장충격기(AED) 구입에 소요되는 비용
  ㉥ 온열·한랭질환으로부터 근로자 건강장해를 예방하기 위한 임시 휴게시설 설치·해체·임대 비용 및 냉·난방기기의 임대 비용

⑦ 건설재해예방전문지도기관의 지도에 대한 대가로 자기공사자가 지급하는 비용

⑧ 중대재해 처벌 등에 관한 법률 시행령에 해당하는 건설사업자가 아닌 자가 운영하는 사업에서 안전보건 업무를 총괄·관리하는 3명 이상으로 구성된 본사 전담조직에 소속된 작업자의 임금 및 업무수행 출장비 전액. 다만, 계상된 산업안전보건관리비 총액의 1/20을 초과할 수 없다.

⑨ 위험성평가 또는 중대재해 처벌 등에 관한 법률 시행령에 따라 유해·위험요인 개선을 위해 필요하다고 판단하여 산업안전보건위원회 또는 노사협의체에서 사용하기로 결정한 사항을 이행하기 위한 비용. 다만, 계상된 산업안전보건관리비 총액의 15/100를 초과할 수 없다.

(7) 건설업 산업안전보건관리비 사용불가 내역
① (계약예규)예정가격작성기준 중 경비에 해당되는 비용
② 다른 법령에서 의무사항으로 규정한 사항을 이행하는 데 필요한 비용
③ 작업자 재해예방 외의 목적이 있는 시설·장비나 물건 등을 사용하기 위해 소요되는 비용
④ 환경관리, 민원 또는 수방대비 등 다른 목적이 포함된 경우

(8) 사용내역의 확인
도급인은 산업안전보건관리비 사용내역에 대하여 공사 시작 후 6개월마다 1회 이상 발주자 또는 감리자의 확인을 받아야 한다.

4 사전조사 및 작업계획서의 작성

(1) 사전조사 및 작업계획서의 작성 대상 작업과 내용
사업주는 다음의 작업을 하는 경우 근로자의 위험을 방지하기 위하여 해당 작업, 작업장의 지형·지반 및 지층 상태 등에 대한 사전조사를 하고 그 결과를 기록·보존해야 하며, 조사결과를 고려하여 작업계획서를 작성하고 그 계획에 따라 작업을 하도록 해야 한다.

법령
산업안전보건기준에 관한 규칙 별표 4

기출 문제
타워크레인을 설치·조립·해체하는 작업 시 작업계획서에 포함되어야 할 내용을 쓰시오.
답 오른쪽 표 내용

작업명	사전조사 내용	작업계획서 내용
1. 타워크레인을 설치·조립·해체하는 작업	-	• 타워크레인의 종류 및 형식 • 설치·조립 및 해체순서 • 작업도구·장비·가설설비 및 방호설비 • 작업인원의 구성 및 작업근로자의 역할 범위 • 타워크레인 지지 방법
2. 차량계 하역운반기계 등을 사용하는 작업	-	• 해당 작업에 따른 추락·낙하·전도·협착 및 붕괴 등의 위험 예방대책 • 차량계 하역운반기계 등의 운행경로 및 작업방법

작업명	사전조사 내용	작업계획서 내용
3. 차량계 건설기계를 사용하는 작업	해당 기계의 굴러 떨어짐, 지반의 붕괴 등으로 인한 근로자의 위험을 방지하기 위한 해당 작업장소의 지형 및 지반 상태	• 사용하는 차량계 건설기계의 종류 및 성능 • 차량계 건설기계의 운행경로 • 차량계 건설기계에 의한 작업방법
4. 화학설비와 그 부속설비 사용 작업	–	• 밸브·콕 등의 조작(해당 화학설비에 원재료를 공급하거나 해당 화학설비에서 제품 등을 꺼내는 경우만 해당) • 냉각장치·가열장치·교반장치 및 압축장치의 조작 • 계측장치 및 제어장치의 감시 및 조정 • 안전밸브, 긴급차단장치, 그 밖의 방호장치 및 자동경보장치의 조정 • 덮개판·플랜지·밸브·콕 등의 접합부에서 위험물 등의 누출 여부에 대한 점검 • 시료의 채취 • 화학설비에서는 그 운전이 일시적 또는 부분적으로 중단된 경우의 작업방법 또는 운전 재개 시의 작업방법 • 이상 상태가 발생한 경우의 응급조치 • 위험물 누출 시의 조치 • 그 밖에 폭발·화재를 방지하기 위하여 필요한 조치
5. 전기작업	–	• 전기작업의 목적 및 내용 • 전기작업 근로자의 자격 및 적정 인원 • 작업 범위, 작업책임자 임명, 전격·아크 섬광·아크 폭발 등 전기 위험 요인 파악, 접근 한계거리, 활선접근 경보장치 휴대 등 작업시작 전에 필요한 사항 • 전로 차단에 관한 작업계획 및 전원 재투입 절차 등 작업 상황에 필요한 안전 작업 요령

작업명	사전조사 내용	작업계획서 내용
5. 전기작업	–	• 절연용 보호구 및 방호구, 활선작업용 기구·장치 등의 준비·점검·착용·사용 등에 관한 사항 • 점검·시운전을 위한 일시 운전, 작업 중단 등에 관한 사항 • 교대 근무 시 근무 인계에 관한 사항 • 전기작업장소에 대한 관계 근로자가 아닌 사람의 출입금지에 관한 사항 • 전기안전작업계획서를 해당 근로자에게 교육할 수 있는 방법과 작성된 전기안전작업계획서의 평가·관리계획 • 전기 도면, 기기 세부 사항 등 작업과 관련되는 자료
6. 굴착작업	• 형상·지질 및 지층의 상태 • 균열·함수·용수 및 동결의 유무 또는 상태 • 매설물 등의 유무 또는 상태 • 지반의 지하수위 상태	• 굴착방법 및 순서, 토사 등 반출 방법 • 필요한 인원 및 장비 사용계획 • 매설물 등에 대한 이설·보호대책 • 사업장 내 연락방법 및 신호방법 • 흙막이 지보공 설치방법 및 계측계획 • 작업지휘자의 배치계획 • 그 밖에 안전·보건에 관련된 사항
7. 터널굴착작업	보링(boring) 등 적절한 방법으로 낙반·출수(出水) 및 가스폭발 등으로 인한 근로자의 위험을 방지하기 위하여 미리 지형·지질 및 지층상태를 조사	• 굴착의 방법 • 터널지보공 및 복공의 시공방법과 용수의 처리방법 • 환기 또는 조명시설을 설치할 때는 그 방법
8. 교량작업	–	• 작업 방법 및 순서 • 부재의 낙하·전도 또는 붕괴를 방지하기 위한 방법 • 작업에 종사하는 근로자의 추락 위험을 방지하기 위한 안전조치 방법

기출문제

굴착작업을 하는 경우 작업계획서에 포함되어야 할 내용을 쓰시오.

답 오른쪽 표 내용

작업명	사전조사 내용	작업계획서 내용
8. 교량작업	–	• 공사에 사용되는 가설 철구조물 등의 설치·사용·해체 시 안전성 검토 방법 • 사용하는 기계 등의 종류 및 성능, 작업방법 • 작업지휘자 배치계획 • 그 밖에 안전·보건에 관련된 사항
9. 채석작업	지반의 붕괴·굴착기계의 굴러 떨어짐 등에 의한 근로자에게 발생할 위험을 방지하기 위한 해당 작업장의 지형·지질 및 지층의 상태	• 노천굴착과 갱내굴착의 구별 및 채석방법 • 굴착면의 높이와 기울기 • 굴착면 소단(비탈면의 경사를 완화시키기 위해 중간에 좁은 폭으로 설치하는 평탄한 부분)의 위치와 넓이 • 갱내에서의 낙반 및 붕괴방지 방법 • 발파방법 • 암석의 분할방법 • 암석의 가공장소 • 사용하는 굴착기계·분할기계·적재기계 또는 운반기계의 종류 및 성능 • 토석 또는 암석의 적재 및 운반방법과 운반경로 • 표토 또는 용수의 처리방법
10. 건물 등의 해체작업	해체건물 등의 구조, 주변 상황 등	• 해체의 방법 및 해체 순서도면 • 가설설비·방호설비·환기설비 및 살수·방화설비 등의 방법 • 사업장 내 연락방법 • 해체물의 처분계획 • 해체작업용 기계·기구 등의 작업계획서 • 해체작업용 화약류 등의 사용계획서 • 그 밖에 안전·보건에 관련된 사항
11. 중량물의 취급 작업	–	• 추락위험을 예방할 수 있는 안전대책 • 낙하위험을 예방할 수 있는 안전대책 • 전도위험을 예방할 수 있는 안전대책

기출문제

건물 등의 해체작업을 하는 경우 작업계획서에 포함되어야 할 내용을 쓰시오.

답 왼쪽 표 내용

기출문제

중량물의 취급 작업 시 작업계획서의 내용에 포함되어야 할 내용을 쓰시오.

답 왼쪽 표 내용

작업명	사전조사 내용	작업계획서 내용
11. 중량물의 취급 작업	–	• 협착위험을 예방할 수 있는 안전대책 • 붕괴위험을 예방할 수 있는 안전대책
12. 궤도와 그 밖의 관련설비의 보수·점검작업 13. 입환작업	–	• 적절한 작업 인원 • 작업량 • 작업순서 • 작업방법 및 위험요인에 대한 안전조치방법 등

02 안전시설 설치 및 관리

1 추락(떨어짐) 방지용 안전시설

합격 체크포인트
- 추락방지용 안전시설
- 붕괴방지용 안전시설
- 낙하, 비래 위험 방지조치

(1) 추락의 형태와 위험 방지

① 추락의 형태
  ㉠ 고소에서의 추락
  ㉡ 개구부 및 작업대 끝에서 추락
  ㉢ 비계에서의 추락
  ㉣ 사다리에서의 추락
  ㉤ 철골 등의 조립작업 시 추락
  ㉥ 해체작업 시 추락
  ㉦ 작업발판에서의 추락

법령
산업안전보건기준에 관한 규칙 제42조

② 추락에 의한 위험 방지
  ㉠ 근로자가 추락하거나 넘어질 위험이 있는 장소에는 작업발판을 설치하여야 한다.
  ㉡ 작업발판을 설치하기 곤란한 경우 추락방호망을 설치해야 한다.
  ㉢ 다만, 설치하기 곤란한 경우에는 근로자에게 안전대를 착용하도록 하여야 한다.

(2) 추락방호망

기출 문제
추락방호망의 설치위치는 작업면으로부터 망의 설치지점까지 수직거리로 몇 m를 초과하지 않아야 하는지 쓰시오.
🗐 10m

① 추락방호망의 설치
  ㉠ 추락방호망의 설치위치는 가능하면 작업면으로부터 가까운 지점에 설치하며, 작업면으로부터 망의 설치지점까지 수직거리는 10m를 초과하지 아니할 것

ⓛ 추락방호망은 수평으로 설치하고, 망의 처짐은 짧은 변 길이의 12% 이상이 되도록 할 것
ⓒ 건축물 등의 바깥쪽으로 설치하는 경우 추락방호망의 내민 길이는 벽면으로부터 3m 이상 되도록 할 것. 다만, 그물코가 20mm 이하인 경우 낙하물방지망으로 설치한 것으로 본다.

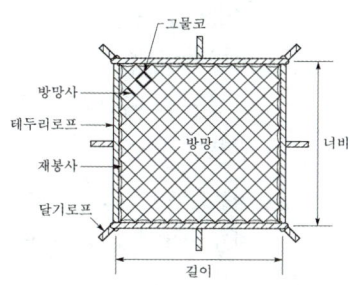

┃ 추락방호망의 구조 ┃

기출문제

추락방호망을 건축물 등의 바깥쪽으로 설치 시 망의 내민 길이는 벽면으로부터 얼마 이상 되도록 해야 하는지 쓰시오.

🔑 3m 이상

② 방망사의 강도
  ㉠ 방망사는 시험용사로부터 채취한 시험편의 양단을 인장시험기로 시험하거나 또는 이와 유사한 방법으로 등속인장시험을 한 경우 그 강도는 아래의 표에 정한 값 이상이어야 한다.
  ㉡ 방망사의 신품에 대한 인장강도

그물코의 크기 (단위 : cm)	방망의 종류(단위 : kg)	
	매듭 없는 방망	매듭방망
10	240	200
5	–	110

  ㉢ 방망사의 폐기 시 인장강도

그물코의 크기 (단위 : cm)	방망의 종류(단위 : kg)	
	매듭 없는 방망	매듭방망
10	150	135
5	–	60

③ 지지점의 강도 : 600kg의 외력에 견뎌야 한다.
④ 정기시험
  ㉠ 사용개시 후 1년 이내로 하고, 그 후 6개월마다 1회씩 정기적으로 시험용사에 대해서 등속인장시험을 해야 한다.
  ㉡ 방망의 마모가 현저한 경우나 방망이 유해가스에 노출된 경우에는 사용후 시험용사에 대해서 인장시험을 해야 한다.

법령

추락재해방지 표준안전 작업지침

⑤ 방망의 사용 제한
   ㉠ 방망사가 규정한 강도 이하인 방망
   ㉡ 인체 또는 이와 동등 이상의 무게를 갖는 낙하물에 대해 충격을 받은 방망
   ㉢ 파손한 부분을 보수하지 않은 방망
   ㉣ 강도가 명확하지 않은 방망

⑥ 방망의 표시항목
   ㉠ 제조자명   ㉡ 제조연월
   ㉢ 재봉치수   ㉣ 그물코
   ㉤ 신품인 때의 방망의 강도

(3) 안전난간
① 안전난간의 설치위치
   ㉠ 중량물 취급 개구부   ㉡ 작업대
   ㉢ 가설계단의 통로   ㉣ 흙막이 지보공의 상부

② 안전난간의 구성
   ㉠ 상부 난간대   ㉡ 중간 난간대
   ㉢ 발끝막이판(폭목)   ㉣ 난간기둥

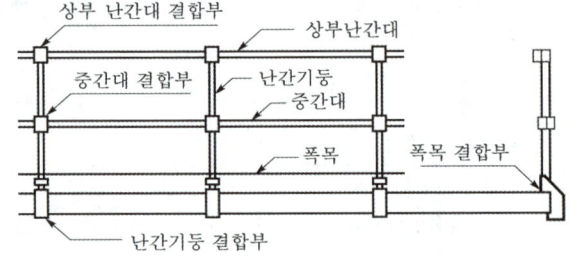

| 안전난간의 각부 명칭 |

③ 안전난간의 설치요건
   ㉠ 상부 난간대는 바닥면·발판 또는 경사로의 표면 등으로부터 90cm 이상 지점에 설치하고, 상부 난간대를 120cm 이하에 설치하는 경우에는 중간 난간대는 상부 난간대와 바닥면 등의 중간에 설치해야 하며, 120cm 이상 지점에 설치하는 경우에는 중간 난간대를 2단 이상으로 균등하게 설치하고 난간의 상하 간격은 60cm 이하가 되도록 할 것. 다만, 난간기둥 간의 간격이 25cm 이하인 경우에는 중간 난간대를 설치하지 않을 수 있다.

법령
산업안전보건기준에 관한 규칙 제13조

기출 문제
안전난간의 상부 난간대는 바닥면 등으로부터 얼마 이상 지점에 설치하고, 발끝막이판은 바닥면 등으로부터 얼마 이상 높이를 유지해야 하는지 차례대로 쓰시오.

답 90cm, 10cm

ⓛ 발끝막이판은 바닥면 등으로부터 10cm 이상의 높이를 유지할 것(공구 등 물체가 작업발판에서 낙하되는 것 방지 목적). 다만, 물체가 떨어지거나 날아올 위험이 없거나 위험을 방지할 수 있는 망을 설치하는 등 필요한 예방 조치를 한 장소는 제외한다.
ⓒ 난간기둥은 상부 난간대와 중간 난간대를 견고하게 떠받칠 수 있도록 적정한 간격을 유지할 것
ⓔ 상부 난간대와 중간 난간대는 난간 길이 전체에 걸쳐 바닥면 등과 평행을 유지할 것
ⓜ 난간대는 지름 2.7cm 이상의 금속제 파이프나 그 이상의 강도가 있는 재료일 것
ⓗ 안전난간은 구조적으로 가장 취약한 지점에서 가장 취약한 방향으로 작용하는 100kg 이상의 하중에 견딜 수 있는 튼튼한 구조일 것

기출문제

안전난간은 가장 취약한 지점에서 얼마 이상의 하중에 견딜 수 있어야 하는지 쓰시오.

📄 100kg 이상

(4) 안전대

① 안전대란 고소작업(지상으로부터 2m 또는 그 이상의 높이에서 수행하는 작업) 시 추락에 의한 위험을 방지하기 위해 사용하는 보호구이다.

② 안전대의 종류

종류	등급	사용구분
벨트식 (B식)	1종	U자 걸이 전용
	2종	1개 걸이 전용
	3종	1개 걸이 U자 걸이 공용
안전그네식 (H식)	4종	안전블록
	5종	추락방지대

③ 안전대 벨트의 치수 및 시험성능 기준
㉠ 너비 : 50mm 이상(U자걸이로 사용할 수 있는 안전대는 40mm)
㉡ 길이 : 버클 포함 1,100mm
㉢ 두께 : 2mm 이상
㉣ 벨트(지탱벨트 포함)의 시험하중 : 15kN(1,530kgf)

기출문제

안전대 벨트의 너비와 두께, 시험하중을 차례대로 쓰시오.

📄 50mm, 2mm, 15kN

(5) 개구부 등의 방호 조치

① 작업발판 및 통로의 끝이나 개구부로서 근로자가 추락할 위험이 있는 장소에는 안전난간, 울타리, 수직형 추락방망 또는 덮개 등의 방호 조치를 충분한 강도를 가진 구조로 튼튼하게 설치해야 한다.
② 덮개를 설치하는 경우에는 뒤집히거나 떨어지지 않도록 설치해야 한다. 이 경우 어두운 장소에서도 알아볼 수 있도록 개구부임을 표시해야 한다.
③ 수직형 추락방망은 한국산업표준에서 정하는 성능기준에 적합한 것을 사용해야 한다.
④ 난간 등을 설치하는 것이 매우 곤란하거나 작업의 필요상 임시로 난간 등을 해체하여야 하는 경우 추락방호망을 설치해야 한다.
⑤ 추락방호망을 설치하기 곤란한 경우에는 근로자에게 안전대를 착용하도록 하는 등 추락할 위험을 방지하기 위하여 필요한 조치를 해야 한다.

(6) 울타리의 설치

근로자에게 작업 중 또는 통행 시 굴러떨어짐으로 인하여 근로자가 화상·질식 등의 위험에 처할 우려가 있는 케틀(kettle, 가열 용기), 호퍼(hopper, 깔때기 모양의 출입구가 있는 큰 통), 피트(pit, 구덩이) 등이 있는 경우에 그 위험을 방지하기 위하여 필요한 장소에 높이 90cm 이상의 울타리를 설치해야 한다.

(7) 이동식 사다리

① 작업발판 및 추락방호망을 설치하기 곤란한 경우에는 근로자로 하여금 3개 이상의 버팀대를 가지고 지면으로부터 안정적으로 세울 수 있는 구조를 갖춘 이동식 사다리를 사용하여 작업을 하게 할 수 있다.
② 이동식 사다리 사용 시 준수사항
  ㉠ 평탄하고 견고하며 미끄럽지 않은 바닥에 이동식 사다리를 설치할 것
  ㉡ 이동식 사다리의 넘어짐을 방지하기 위해 다음의 조치를 할 것
    • 이동식 사다리를 견고한 시설물에 연결하여 고정할 것
    • 아웃트리거를 설치하거나 아웃트리거가 붙어있는 이동식 사다리를 설치할 것

법령
산업안전보건기준에 관한 규칙 제43조

기출문제
승강기 피트 등 개구부로부로부터 근로자가 추락할 위험이 있는 장소에서 작업 시 설치해야 하는 방호장치 3가지를 쓰시오.

답
① 안전난간
② 울타리
③ 수직형 추락방망
④ 덮개

법령
산업안전보건기준에 관한 규칙 제48조

법령
산업안전보건기준에 관한 규칙 제42조

- 이동식 사다리를 다른 근로자가 지지하여 넘어지지 않도록 할 것
ⓒ 이동식 사다리의 제조사가 정하여 표시한 이동식 사다리의 최대사용하중을 초과하지 않는 범위 내에서만 사용할 것
② 이동식 사다리를 설치한 바닥면에서 높이 3.5m 이하의 장소에서만 작업할 것
⑩ 이동식 사다리의 최상부 발판 및 그 하단 디딤대에 올라서서 작업하지 않을 것. 다만, 높이 1m 이하의 사다리는 제외한다.
ⓑ 안전모를 착용하되, 작업 높이가 2m 이상인 경우에는 안전모와 안전대를 함께 착용할 것
ⓢ 이동식 사다리 사용 전 변형 및 이상 유무 등을 점검하여 이상이 발견되면 즉시 수리하거나 그 밖에 필요한 조치를 할 것

③ 이동식 사다리를 설치하여 사용 시 준수사항
㉠ 길이가 6m를 초과해서는 안 된다.
㉡ 다리의 벌림은 벽 높이의 1/4 정도가 적당하다.
㉢ 벽면 상부로부터 최소한 60cm 이상의 연장길이가 있어야 한다.

법령
가설공사 표준안전 작업지침 제20조

기출문제
이동식 사다리 설치·사용 시 준수사항 3가지를 쓰시오.

답 왼쪽 ㉠~㉢

2 붕괴 방지용 안전시설

(1) 토사 등에 의한 위험 방지

① 토석 및 토사 붕괴의 원인

외적 원인	내적 원인
• 절토 및 성토 높이, 지하수위 증가 • 사면의 기울기 증가 • 토사중량의 증가 • 공사에 의한 진동 및 반복하중 증가	• 토석의 강도 저하 • 성토사면의 다짐 불량 • 점착력의 감소 • 절토사면 토질, 암질, 절리 상태

② 토사 또는 구축물의 붕괴 또는 낙하 위험 방지조치
㉠ 지반은 안전한 경사로 하고 낙하의 위험이 있는 토석을 제거하거나 옹벽, 흙막이 지보공 등을 설치할 것
㉡ 토사 등의 붕괴 또는 낙하 원인이 되는 빗물이나 지하수 등을 배제할 것
㉢ 갱내의 낙반·측벽 붕괴의 위험이 있는 경우에는 지보공을 설치하고 부석을 제거하는 등 필요한 조치를 할 것

(2) 지반 등의 굴착 시 위험 방지

① 굴착작업 시 사전 점검사항
  ㉠ 작업장소 및 그 주변의 부석·균열의 유무
  ㉡ 함수(含水)·용수(湧水) 및 동결의 유무 또는 상태의 변화

② 굴착작업 시 굴착면의 기울기 기준

지반의 종류	굴착면의 기울기
모래	1 : 1.8
연암 및 풍화암	1 : 1.0
경암	1 : 0.5
그 밖의 흙	1 : 1.2

③ 굴착작업 시 토사 등의 붕괴 또는 낙하에 의한 위험 방지조치
  ㉠ 흙막이 지보공의 설치
  ㉡ 방호망의 설치
  ㉢ 작업자의 출입 금지 등

(3) 흙막이 지보공

① 흙막이 지보공 작업이란 지하를 굴착할 때 토사가 붕괴되지 않도록 지중에 흙막이 벽체를 설치하는 작업을 말한다.

② 붕괴 등의 위험방지를 위한 흙막이 지보공 설치 시 정기적 점검사항
  ㉠ 부재의 손상, 변형, 부식, 변위 및 탈락의 유무와 상태
  ㉡ 버팀대의 긴압의 정도
  ㉢ 부재의 접속부·부착부 및 교차부의 상태
  ㉣ 침하의 정도

③ 굴착공사 시 지반의 이상현상과 방지대책

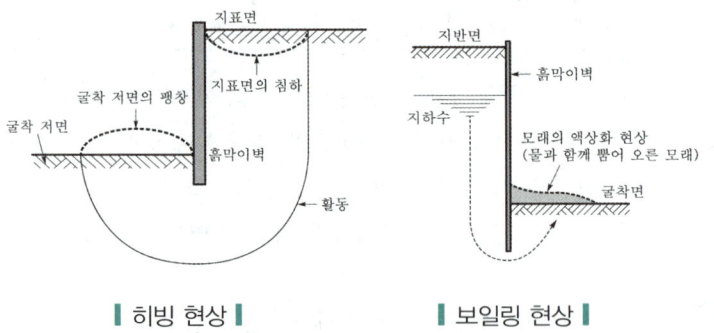

| 히빙 현상 | 보일링 현상 |

구분	히빙(heaving) 현상	보일링(boiling) 현상
정의	연약한 점토지반 굴착 시 흙막이벽 내외의 중량차로 인해 흙이 밀려들어 굴착저면이 부풀어 오르는 현상	지하수위가 높은 사질토 지반의 굴착 시 굴착저면과 흙막이 배면의 지하수의 수위차로 인해 굴착저면의 흙과 물이 함께 솟구쳐 오르는 현상
원인	• 흙막이 근입장 깊이 부족 • 흙막이 흙의 중량 차이	• 흙막이 벽체의 근입장 부족 • 굴착면과 배면토의 수두차에 의한 침투압
현상	• 굴착 저면 솟음 • 배면 토사 붕괴	• 흙막이 벽 근입 부분 침식 • 저면이 액상화 현상 • 흙막이공 붕괴 초래
대책	• 흙막이벽의 근입깊이 깊게 • 전면의 굴착부분을 남겨두어 흙의 중량으로 대항 • 굴착예정부분의 일부를 미리 굴착하여 기초콘크리트 타설	• 작업중지 및 굴착토 원상매립 • 지하수위 저하 • 흙막이벽 근입깊이 증가

> **기출 문제**
> 굴착공사 등에서 자주 볼 수 있는 보일링 현상에 대한 방지대책 3가지를 쓰시오.
>
> 답
> ① 작업을 중지하거나 굴착토를 원상태로 매립시킬 것
> ② 지하수위를 저하시킬 것
> ③ 흙막이벽의 근입깊이를 증가시킬 것

(4) 잠함 등의 내부에서 굴착작업 시 위험 방지

① 잠함, 우물통, 수직갱 등의 건설물 또는 설비 내부에서의 작업 시 준수사항
  ㉠ 산소결핍 우려가 있는 경우에는 산소의 농도를 측정하는 사람을 지명하여 측정하도록 할 것
  ㉡ 근로자가 안전하게 오르내리기 위한 설비를 설치할 것
  ㉢ 굴착 깊이가 20m를 초과하는 경우에는 해당 작업장소와 외부와의 연락을 위한 통신설비 등을 설치할 것
  ㉣ 측정 결과 산소결핍이 인정되거나 굴착 깊이가 20m를 초과하는 경우에는 송기를 위한 설비를 설치하여 필요한 양의 공기를 공급해야 한다.

② 잠함 또는 우물통의 내부에서 굴착 작업 시 잠함 또는 우물통의 급격한 침하에 의한 위험 방지 조치
  ㉠ 침하관계도에 따라 굴착방법 및 재하량 등을 정할 것
  ㉡ 바닥으로부터 천장 또는 보까지의 높이는 1.8m 이상으로 할 것

(5) 터널 굴착공사

① 터널 굴착작업 시 사전조사 및 작업계획서 내용
  ㉠ 굴착의 방법
  ㉡ 터널지보공 및 복공의 시공방법과 용수의 처리방법
  ㉢ 환기 또는 조명시설을 설치할 때의 방법

> **법령**
> 산업안전보건기준에 관한 규칙 제376, 377조

> **기출 문제**
> 잠함, 우물통, 수직갱 등의 건설물 또는 설비 내부에서 작업 시 준수사항 3가지를 쓰시오.
>
> 답 왼쪽 ㉠~㉣

> **기출 문제**
> 잠함 등의 내부에서 굴착작업 시 잠함 등의 급격한 침하에 의한 위험 방지를 위한 준수사항 2가지를 쓰시오.
>
> 답 왼쪽 ㉠~㉡

② 터널 건설작업 시 낙반 등에 의한 위험 방지조치
  ㉠ 터널 지보공 설치
  ㉡ 록볼트 설치
  ㉢ 부석(浮石)의 제거

(6) 터널 지보공
① 터널 지보공이란 굴착 작업 후 복공이 완료되기까지, 지반이 느슨해지는 것을 억제하고 공간을 유지하기 위해 굴착 주변의 지반을 지지하는 구조물을 말한다.
② 터널의 강(鋼)아치 지보공 조립 시 준수사항
  ㉠ 조립간격은 조립도에 따를 것
  ㉡ 주재가 아치작용을 충분히 할 수 있도록 쐐기를 박는 등 필요한 조치를 할 것
  ㉢ 연결볼트 및 띠장 등을 사용하여 주재 상호간을 튼튼하게 연결할 것
  ㉣ 터널 등의 출입구 부분에는 받침대를 설치할 것
  ㉤ 낙하물이 근로자에게 위험을 미칠 우려가 있는 경우에는 널판 등을 설치할 것
③ 터널 지보공 설치 시 수시점검 사항(붕괴 등의 방지)
  ㉠ 부재의 손상, 변형, 부식, 변위 탈락의 유무 및 상태
  ㉡ 부재의 긴압 정도
  ㉢ 부재의 접속부 및 교차부의 상태
  ㉣ 기둥 침하의 유무 및 상태

(7) 발파작업의 위험방지
① 발파작업 시 준수사항
  ㉠ 얼어붙은 다이너마이트는 화기에 접근시키거나 그 밖의 고열물에 직접 접촉시키는 등 위험한 방법으로 융해되지 않도록 할 것
  ㉡ 화약이나 폭약을 장전하는 경우에는 그 부근에서 화기를 사용하거나 흡연을 하지 않도록 할 것
  ㉢ 장전구는 마찰·충격·정전기 등에 의한 폭발의 위험이 없는 안전한 것을 사용할 것
  ㉣ 발파공의 충진재료는 점토·모래 등 발화성 또는 인화성의 위험이 없는 재료를 사용할 것

기출문제

터널 건설작업 시 낙반 등에 의한 위험 방지조치 3가지를 쓰시오.

답 오른쪽 ㉠~㉢

참고

NATM 공법 터널공사 시 계측관리 사항 기준
- 내공변위 측정
- 천단침하 측정
- 지중, 지표침하 측정
- 록볼트 축력 측정
- 숏크리트 응력 측정
(위 사항은 2023년에 「굴착공사 표준안전 작업지침」이 개정되면서 해당 조항이 삭제되었습니다.)

기출문제

터널의 강아치 지보공을 조립 시 준수사항 4가지를 쓰시오.

답 오른쪽 ㉠~㉤

법령

산업안전보건기준에 관한 규칙 제348조

ⓜ 점화 후 장전된 화약류가 폭발하지 아니한 경우 또는 장전된 화약류의 폭발 여부를 확인하기 곤란한 경우에는 다음의 사항을 따를 것
- 전기뇌관에 의한 경우에는 발파모선을 점화기에서 떼어 그 끝을 단락시켜 놓는 등 재점화되지 않도록 조치하고 그 때부터 5분 이상 경과한 후가 아니면 화약류의 장전장소에 접근시키지 않도록 할 것
- 전기뇌관 외의 것에 의한 경우에는 점화한 때부터 15분 이상 경과한 후가 아니면 화약류의 장전장소에 접근시키지 않도록 할 것

ⓗ 전기뇌관에 의한 발파의 경우 점화하기 전에 화약류를 장전한 장소로부터 30m 이상 떨어진 안전한 장소에서 전선에 대하여 저항측정 및 도통시험을 할 것

3 낙하, 비래(맞음) 방지용 안전시설

법령
산업안전보건기준에 관한 규칙 제14조

(1) 낙하물에 의한 위험 방지조치
① 낙하물방지망, 수직보호망 또는 방호선반의 설치
② 출입금지구역의 설정
③ 보호구의 착용

(2) 낙하물방지망 및 방호선반의 설치기준
① 높이는 10m 이내마다 설치하고, 내민 길이는 벽면으로부터 2m 이상으로 할 것
② 수평면과의 각도는 20° 이상 30° 이하를 유지할 것

기출문제
낙하물방지망과 수평면과의 각도를 쓰시오.

답 20° 이상 30° 이하

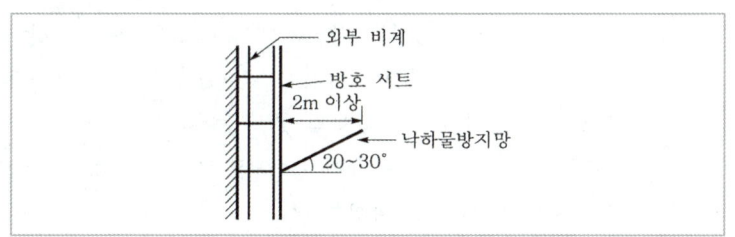

| 낙하물방지망의 구조 |

(3) 투하설비

① 높이가 3m 이상인 장소로부터 물체를 투하하는 경우 적당한 투하설비를 설치하거나 감시인을 배치하는 등 위험을 방지하기 위하여 필요한 조치를 하여야 한다.

② 투하설비의 설치기준
  ㉠ 높이 3m 이상 자재 투하 시 반드시 설치할 것
  ㉡ 이음부 겹쳐 설치할 것
  ㉢ 구조체와 결속을 철저히 할 것
  ㉣ 방호 울타리, 표지판을 설치할 것
  ㉤ 투하 작업 시 감시원을 배치할 것
  ㉥ 관계자 외 접근을 금지할 것
  ㉦ 재료는 THP 400 이상으로 할 것

03 건설 가시설물 설치 및 관리

1 비계

비계란 작업장소가 높아서 손이 닿지 않는 높은 곳의 작업을 할 수 있도록 공사용 통로나 작업용 발판을 설치하기 위하여 구조물의 주위에 조립, 설치되는 가설구조물을 말한다.

(1) 비계작업 시 안전조치

① 달비계 또는 높이 5m 이상의 비계 등의 조립·해체 및 변경 작업 시 준수사항
  ㉠ 근로자가 관리감독자의 지휘에 따라 작업하도록 할 것
  ㉡ 조립·해체 또는 변경의 시기·범위 및 절차를 그 작업에 종사하는 근로자에게 주지시킬 것
  ㉢ 조립·해체 또는 변경 작업구역에는 해당 작업자 외 출입을 금지하고 그 내용을 게시할 것
  ㉣ 비, 눈, 그 밖의 기상 상태의 불안정으로 날씨가 몹시 나쁜 경우에는 그 작업을 중지시킬 것
  ㉤ 비계재료의 연결·해체작업을 하는 경우에는 폭 20cm 이상의 발판을 설치하고 안전대를 사용하는 등 추락을 방지하기 위한 조치를 할 것

합격 체크포인트
- 비계작업 시 안전조치
- 작업통로 및 작업발판
- 거푸집 및 동바리

법령
산업안전보건기준에 관한 규칙 제57조

ⓑ 재료·기구 또는 공구 등을 올리거나 내리는 경우에는 근로자가 달줄 또는 달포대 등을 사용하게 할 것
② 기상악화로 작업중지 또는 비계의 조립·해체·변경 후 작업 시 점검 및 보수사항
　　㉠ 발판 재료의 손상 여부 및 부착 또는 걸림 상태
　　㉡ 해당 비계의 연결부 또는 접속부의 풀림 상태
　　㉢ 연결 재료 및 연결 철물의 손상 또는 부식 상태
　　㉣ 손잡이의 탈락 여부
　　㉤ 기둥의 침하, 변형, 변위 또는 흔들림 상태
　　㉥ 로프의 부착 상태 및 매단 장치의 흔들림 상태

> **기출문제**
>
> 기상상태의 악화로 작업중지 또는 비계의 조립·해체·변경 후 작업 시작하기 전 점검사항 4가지를 쓰시오.
>
> 🔑 왼쪽 ㉠~㉥

(2) 강관비계

① 강관비계의 구조
　㉠ 비계기둥의 간격
　　• 띠장 방향에서는 1.85m 이하, 장선 방향에서는 1.5m 이하로 할 것
　　• 선박 및 보트 건조작업의 경우 안전성에 대한 구조 검토를 실시하고 조립도를 작성하면 띠장 및 장선 방향으로 각각 2.7m 이하로 한다.
　㉡ 띠장 간격은 2.0m 이하로 할 것, 다만 작업의 성질상 준수하기 곤란하여 쌍기둥틀 등에 의하여 해당 부분을 보강한 경우에는 제외한다.
　㉢ 비계기둥의 제일 윗부분으로부터 31m 되는 지점 밑부분의 비계기둥은 2개의 강관으로 묶어 세울 것. 다만 브라켓(까치발) 등으로 보강하여 2개의 강관으로 묶을 경우 이상의 강도가 유지되는 경우에는 제외한다.
　㉣ 비계기둥의 적재하중은 400kg을 초과하지 않도록 할 것
　㉤ 작업대에는 안전난간을 설치할 것
　㉥ 작업대의 구조물 추락 및 낙하물 방지조치를 설치할 것

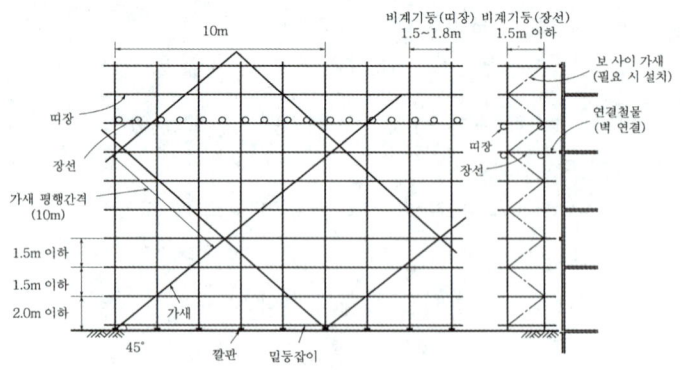

┃ 강관비계의 구조 ┃

③ 강관비계 조립 시 준수사항
  ㉠ 비계기둥에는 미끄러지거나 침하 방지를 위하여 밑받침철물을 사용하거나 깔판·받침목 등을 사용하여 밑둥잡이를 설치하는 등의 조치를 할 것
  ㉡ 강관의 접속부 또는 교차부는 적합한 부속철물을 사용하여 접속하거나 단단히 묶을 것
  ㉢ 교차 가새로 보강할 것
  ㉣ 외줄비계·쌍줄비계 또는 돌출비계에 대해서는 다음에 정하는 바에 따라 벽이음 및 버팀을 설치할 것
    • 강관비계의 조립간격

강관비계의 종류	조립간격(단위 : m)	
	수직방향	수평방향
단관비계	5	5
틀비계(높이 5m 미만 제외)	6	8

    • 강관·통나무 등의 재료를 사용하여 견고한 것으로 할 것
    • 인장재와 압축재로 구성되어 있는 경우에는 인장재와 압축재의 간격은 1m 이내로 할 것
  ㉤ 가공전로에 근접하여 비계를 설치하는 경우에는 가공전로를 이설하거나 가공전로에 절연용 방호구를 장착하는 등 가공전로와의 접촉을 방지하기 위한 조치를 할 것

(3) 강관틀비계

① 강관틀비계의 구조

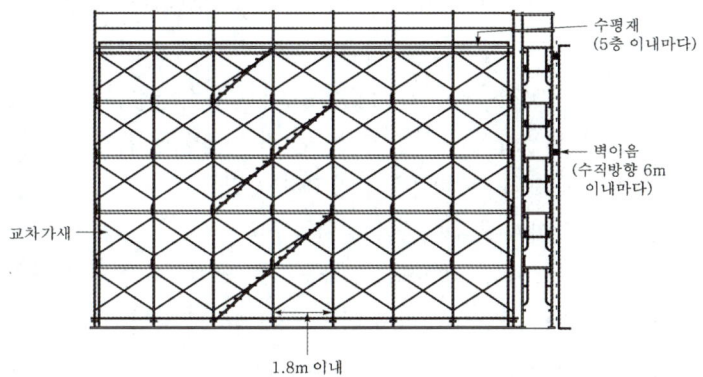

┃ 강관틀비계의 구조 ┃

② 강관틀비계 조립 시 준수사항
- ㉠ 비계기둥의 밑둥에는 밑받침 철물을 사용하여야 하며, 밑받침에 고저차가 있는 경우에는 조절형 밑받침 철물을 사용하여 각각의 강관틀비계가 항상 수평 및 수직을 유지하도록 할 것
- ㉡ 전체 높이는 40m를 초과할 수 없으며, 높이가 20m를 초과하거나 중량물의 적재를 수반하는 작업을 할 경우에는 주틀의 높이를 2m 이내로 하고, 주틀 간의 간격을 1.8m 이하로 할 것
- ㉢ 주틀 간에 교차 가새를 설치하고 최상층 및 5층 이내마다 수평재를 설치할 것
- ㉣ 수직방향으로 6m, 수평방향으로 8m 이내마다 벽이음을 할 것
- ㉤ 길이가 띠장 방향으로 4m 이하이고 높이가 10m를 초과하는 경우에는 10m 이내마다 띠장 방향으로 버팀기둥을 설치할 것

(4) 달비계

① 달비계의 구조(곤돌라형 달비계 설치 시 준수사항)
- ㉠ 달기 강선 및 달기 강대는 심하게 손상·변형 또는 부식된 것을 사용하지 않도록 할 것
- ㉡ 달기 와이어로프, 달기 체인, 달기 강선, 달기 강대는 한쪽 끝을 비계의 보 등에, 다른 쪽 끝을 내민 보, 앵커볼트 또는 건축물의 보 등에 각각 풀리지 않도록 설치할 것
- ㉢ 작업발판은 폭을 40cm 이상으로 하고 틈새가 없도록 할 것

법령

산업안전보건기준에 관한 규칙 제63조

㉣ 작업발판의 재료는 뒤집히거나 떨어지지 않도록 비계의 보 등에 연결하거나 고정시킬 것
㉤ 비계가 흔들리거나 뒤집히는 것을 방지하기 위하여 비계의 보·작업발판 등에 버팀을 설치하는 등 필요한 조치를 할 것
㉥ 선반 비계에서는 보의 접속부 및 교차부를 철선·이음철물 등을 사용하여 확실하게 접속시키거나 단단하게 연결시킬 것
㉦ 근로자의 추락 위험을 방지하기 위한 조치사항
- 달비계에 구명줄을 설치할 것
- 작업자에게 안전대를 착용하도록 하고 작업자가 착용한 안전줄을 달비계의 구명줄에 체결하도록 할 것
- 달비계에 안전난간을 설치할 수 있는 구조인 경우에는 달비계에 안전난간을 설치할 것

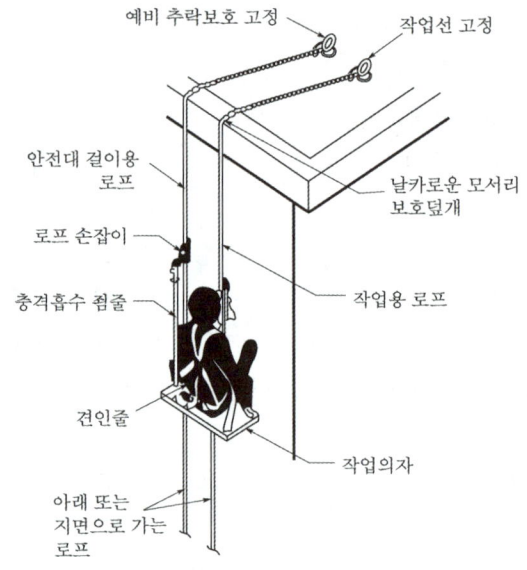

▮ 달비계의 구조 ▮

② 달비계의 와이어로프 사용금지 기준
㉠ 이음매가 있는 것
㉡ 와이어로프의 한 꼬임에서 끊어진 소선의 수가 10% 이상인 것
㉢ 지름의 감소가 공칭지름의 7%를 초과하는 것
㉣ 꼬인 것
㉤ 심하게 변형되거나 부식된 것
㉥ 열과 전기충격에 의해 손상된 것

③ 달비계의 달기 체인 사용금지 기준
  ㉠ 달기 체인의 길이가 달기 체인이 제조된 때의 길이의 5%를 초과한 것
  ㉡ 링의 단면 지름이 달기체인이 제조된 때 길이의 10%를 초과하여 감소한 것
  ㉢ 균열이 있거나 심하게 변형된 것
④ 달비계의 작업용 섬유로프 또는 안전대의 섬유벨트 사용금지 기준
  ㉠ 꼬임이 끊어진 것
  ㉡ 심하게 손상되거나 부식된 것
  ㉢ 2개 이상의 작업용 섬유로프 또는 섬유벨트를 연결한 것
  ㉣ 작업높이보다 길이가 짧은 것

(5) 걸침비계의 구조
① 걸침비계의 구조
  ㉠ 지지점이 되는 매달림부재의 고정부는 구조물로부터 이탈되지 않도록 견고히 고정할 것
  ㉡ 비계재료 간에는 서로 움직임, 뒤집힘 등이 없어야 하고 재료가 분리되지 않도록 철물 또는 철선으로 충분히 결속할 것. 다만 작업발판 밑 부분에 띠장 및 장선으로 사용되는 수평부재 간의 결속은 철선을 사용하지 않는다.
  ㉢ 매달림부재의 안전율은 4 이상일 것
  ㉣ 작업발판에는 구조검토에 따라 설계한 최대적재하중을 초과하여 적재해서는 안 되며, 그 작업에 종사하는 근로자에게 최대적재하중을 충분히 알릴 것

(6) 말비계
① 말비계를 조립하여 사용 시 준수사항
  ㉠ 지주부재의 하단에는 미끄럼 방지장치를 하고, 근로자가 양측 끝부분에 올라서서 작업하지 않도록 할 것
  ㉡ 지주부재와 수평면의 기울기를 75° 이하로 하고, 지주부재와 지주부재 사이를 고정시키는 보조부재를 설치할 것
  ㉢ 말비계의 높이가 2m를 초과하는 경우에는 작업발판의 폭을 40cm 이상으로 할 것
  ㉣ 사다리의 각부는 수평하게 놓아서 상부가 한쪽으로 기우는 것을 방지할 것

기출 문제
달비계에 사용해서는 안 되는 달기 체인의 기준 3가지를 쓰시오.
답 왼쪽 ㉠~㉢

법령
산업안전보건기준에 관한 규칙 제66조의2

기출 문제
말비계의 지주부재 하단에 설치해야 하는 장치를 쓰시오.
답 미끄럼 방지장치

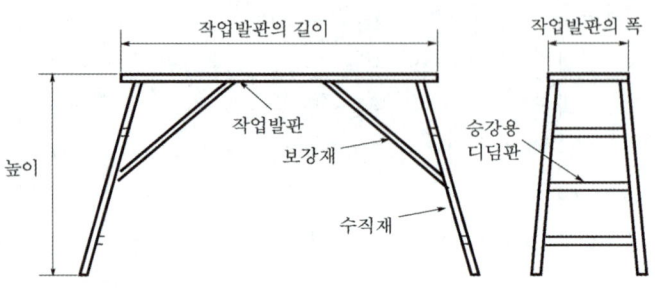

❘ 말비계의 구조 ❘

(7) 이동식비계

① 이동식비계를 조립하여 작업 시 준수사항

㉠ 이동식비계의 바퀴에는 뜻밖의 갑작스러운 이동 또는 전도를 방지하기 위하여 브레이크·쐐기 등으로 바퀴를 고정시킨 다음, 비계의 일부를 견고한 시설물에 고정하거나 아웃트리거를 설치하는 등 필요한 조치를 할 것

㉡ 승강용사다리는 견고하게 설치할 것

㉢ 비계의 최상부에서 작업을 하는 경우에는 안전난간을 설치할 것

㉣ 작업발판은 항상 수평을 유지하고 작업발판 위에서 안전난간을 딛고 작업을 하거나 받침대 또는 사다리를 사용하여 작업하지 않도록 할 것

㉤ 작업발판의 최대적재하중은 250kg을 초과하지 않도록 할 것

㉥ 최대적재하중을 표시할 것

㉦ 안전담당자의 지휘하에 작업을 할 것

㉧ 비계의 최대높이는 밑변 최소폭의 4배 이하일 것

㉨ 작업대는 안전난간을 설치하여야 하며 낙하물 방지조치를 할 것

㉩ 상하에서 동시 작업을 할 때에는 충분한 연락을 취하며 작업할 것

법령
산업안전보건기준에 관한 규칙 제68조

기출문제
이동식비계를 조립하여 작업 시 준수해야 할 사항 4가지를 쓰시오.
🔑 오른쪽 ㉠~㉩

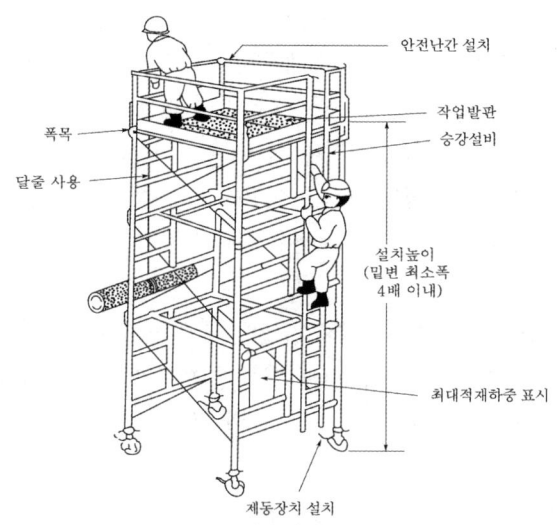

이동식비계의 구조

(8) 시스템비계

시스템비계는 수직재, 수평재, 가새재 등의 부재를 공장에서 제작하여 현장에서 조립하여 사용하는 가설구조물을 말한다.

① 시스템비계의 구조
  ㉠ 수직재·수평재·가새재를 견고하게 연결하는 구조가 되도록 할 것
  ㉡ 비계 밑단의 수직재와 받침철물은 밀착되도록 설치하고, 수직재와 받침철물의 연결부의 겹침길이는 받침철물 전체 길이의 1/3 이상이 되도록 할 것
  ㉢ 수평재는 수직재와 직각으로 설치하여야 하며, 체결 후 흔들림이 없도록 견고하게 설치할 것
  ㉣ 수직재와 수직재의 연결철물은 이탈되지 않도록 견고한 구조로 할 것
  ㉤ 벽 연결재의 설치간격은 제조사가 정한 기준에 따라 설치할 것

② 시스템비계 조립 작업 시 준수사항
  ㉠ 비계 기둥의 밑둥에는 밑받침 철물을 사용하여야 하며, 밑받침에 고저차가 있는 경우에는 조절형 밑받침 철물을 사용하여 시스템 비계가 항상 수평 및 수직을 유지하도록 할 것
  ㉡ 경사진 바닥에 설치하는 경우에는 피벗형 받침 철물 또는 쐐기 등을 사용하여 밑받침 철물의 바닥면이 수평을 유지하도록 할 것

법령

산업안전보건기준에 관한 규칙 제69조

ⓒ 가공전로에 근접하여 비계를 설치하는 경우에는 가공전로를 이설하거나 가공전로에 절연용 방호구를 설치하는 등 가공전로와의 접촉을 방지하기 위하여 필요한 조치를 할 것
② 비계 내에서 근로자가 상하 또는 좌우로 이동하는 경우에는 반드시 지정된 통로를 이용하도록 주지시킬 것
⑩ 비계 작업 근로자는 같은 수직면상의 위와 아래 동시 작업을 금지할 것
ⓑ 작업발판에는 제조사가 정한 최대적재하중을 초과하여 적재해서는 안 되며, 최대적재하중이 표기된 표지판을 부착하고 근로자에게 주지시키도록 할 것

2 작업통로, 작업발판, 비상구

(1) 작업통로(가설통로, 사다리식 통로, 가설계단)

① 작업통로의 종류
  ㉠ 가설통로는 공사현장 등에서 작업자가 통행하기 위해 임시로 설치되는 통로이다.
  ㉡ 가설통로의 종류로는 작업발판, 경사로, 가설계단, 사다리, 승강용 트랩 등이 있다.

② 가설통로의 구조(설치기준)
  ㉠ 견고한 구조로 할 것
  ㉡ 경사는 30° 이하로 할 것. 다만, 계단을 설치하거나 높이 2m 미만의 가설통로로서 튼튼한 손잡이를 설치한 경우에는 제외한다.
  ㉢ 경사가 15°를 초과하는 경우에는 미끄러지지 아니하는 구조로 할 것
  ㉣ 추락할 위험이 있는 장소에는 안전난간을 설치할 것. 다만, 작업상 부득이한 경우에는 필요한 부분만 임시로 해체할 수 있다.
  ㉤ 수직갱에 가설된 통로의 길이가 15m 이상인 경우에는 10m 이내마다 계단참을 설치할 것
  ㉥ 건설공사에 사용하는 높이 8m 이상인 비계다리에는 7m 이내마다 계단참을 설치할 것

법령
산업안전보건기준에 관한 규칙 제23조

기출문제
가설통로를 설치할 때 준수해야 할 가설통로의 구조 4가지를 쓰시오.
답 오른쪽 ㉠~㉥

③ 사다리식 통로의 구조
  ㉠ 견고한 구조로 할 것
  ㉡ 심한 손상·부식 등이 없는 재료를 사용할 것
  ㉢ 발판의 간격은 일정하게 할 것
  ㉣ 발판과 벽과의 사이는 15cm 이상의 간격을 유지할 것
  ㉤ 폭은 30cm 이상으로 할 것
  ㉥ 사다리가 넘어지거나 미끄러지는 것을 방지하기 위한 조치를 할 것
  ㉦ 사다리의 상단은 걸쳐놓은 지점으로부터 60cm 이상 올라가도록 할 것
  ㉧ 사다리식 통로의 길이가 10m 이상인 경우에는 5m 이내마다 계단참을 설치할 것
  ㉨ 사다리식 통로의 기울기는 75° 이하로 할 것, 다만 고정식 사다리식 통로의 기울기는 90° 이하로 하고, 그 높이가 7m 이하인 경우에는 다음의 구분에 따른 조치를 할 것
    • 등받이울이 있어도 근로자 이동에 지장이 없는 경우 : 바닥으로부터 높이가 2.5m 되는 지점부터 등받이울을 설치할 것
    • 등받이울이 있으면 근로자가 이동이 곤란한 경우 : 한국산업표준에서 정하는 기준에 적합한 개인용 추락 방지 시스템을 설치하고, 근로자로 하여금 한국산업표준에서 정하는 기준에 적합한 전신안전대를 사용하도록 할 것
  ㉩ 접이식 사다리 기둥은 사용 시 접혀지거나 펼쳐지지 않도록 철물 등을 사용하여 견고하게 조치를 할 것

④ 가설계단 설치 시 준수사항
  ㉠ 계단 및 계단참을 설치하는 경우 500kg/m² 이상의 하중에 견딜 수 있는 강도를 가진 구조로 설치할 것
  ㉡ 안전율은 4 이상으로 할 것(파괴응력도/허용응력도)
  ㉢ 계단 및 승강구 바닥을 구멍이 있는 재료로 만드는 경우 렌치나 그 밖의 공구 등이 낙하할 위험이 없는 구조로 할 것
  ㉣ 계단의 폭은 1m 이상으로 할 것
  ㉤ 계단에 손잡이 외의 다른 물건 등을 설치하거나 쌓아 두지 말 것
  ㉥ 높이가 3m를 초과하는 계단에 높이 3m 이내마다 진행 방향으로 너비 1.2m 이상의 계단참을 설치할 것
  ㉦ 바닥면으로부터 높이 2m 이내의 공간에 장애물이 없도록 할 것

기출문제

사다리식 통로 설치 시 준수사항 4가지를 쓰시오.

📖 왼쪽 ㉠~㉨

기출문제

가설계단의 계단 및 계단참을 설치하는 경우 안전율은 얼마 이상으로 해야 하는지 쓰시오.

📖 4

ⓞ 높이 1m 이상인 계단의 개방된 측면에 안전난간을 설치할 것
ⓩ 발판 끝부분과 계단참의 표면은 미끄럼방지 조치를 할 것

(2) 작업발판

① 작업발판은 비계(달비계, 달대비계, 말비계 제외)의 높이가 2m 이상인 고소작업 시 작업자가 안전하게 작업 및 이동할 수 있는 공간 확보를 위해 설치하는 발판이다.

② 작업발판의 구조(설치기준)
  ㉠ 발판재료는 작업할 때의 하중을 견딜 수 있도록 견고한 것으로 할 것
  ㉡ 작업발판의 폭은 40cm 이상으로 하고, 발판재료 간의 틈은 3cm 이하로 할 것
  ㉢ 선박 및 보트 건조작업의 경우 선박블록 또는 엔진실 등의 좁은 작업공간에 작업발판을 설치하기 위하여 필요하면 작업발판의 폭을 30cm 이상으로 할 수 있고, 걸침비계의 경우 강관기둥 때문에 발판재료 간의 틈을 3cm 이하로 유지하기 곤란하면 5cm 이하로 할 수 있다. 이 경우 그 틈 사이로 물체 등이 떨어질 우려가 있는 곳에는 출입금지 등의 조치를 하여야 한다.
  ㉣ 추락의 위험이 있는 장소에는 안전난간을 설치할 것. 다만, 작업의 성질상 안전난간을 설치하는 것이 곤란한 경우, 작업의 필요상 임시로 안전난간을 해체할 때에 추락방호망을 설치하거나 근로자로 하여금 안전대를 사용하도록 하는 등 추락위험 방지 조치를 한 경우는 제외한다.
  ㉤ 작업발판의 지지물은 하중에 의하여 파괴될 우려가 없는 것을 사용할 것
  ㉥ 작업발판재료는 뒤집히거나 떨어지지 않도록 2개 이상의 지지물에 연결하거나 고정시킬 것
  ㉦ 작업발판을 작업에 따라 이동시킬 경우에는 위험 방지에 필요한 조치를 할 것
  ㉧ 작업발판의 최대폭은 1.6m 이내이어야 한다.
  ㉨ 발판을 겹쳐 이음하는 경우 장선 위에서 이음을 하고 겹침길이는 20cm 이상일 것
  ㉩ 발판 1개에 대한 지지물은 2개 이상일 것
  ㉪ 작업발판 위에는 돌출된 못, 옹이, 철선 등이 없어야 할 것

법령
산업안전보건기준에 관한 규칙 제56조

기출문제
작업발판 설치시 작업발판의 폭과 발판 틈새의 간격을 쓰시오.

답
① 발판의 폭 : 40cm 이상
② 발판재료 틈새 : 3cm 이하

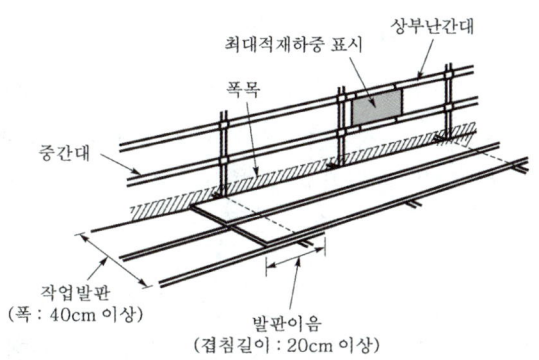

❚ 작업발판의 구조 ❚

(3) 비상구

① 사업주는 위험물질을 제조·취급하는 작업장과 그 작업장이 있는 건축물에 출입구 외에 안전한 장소로 대피할 수 있는 비상구 1개 이상을 다음의 기준을 모두 충족하는 구조로 설치해야 한다. 다만, 작업장 바닥면의 가로 및 세로가 각 3m 미만인 경우에는 그렇지 않다.

② 비상구의 구조

㉠ 출입구와 같은 방향에 있지 아니하고, 출입구로부터 3m 이상 떨어져 있을 것

㉡ 작업장의 각 부분으로부터 하나의 비상구 또는 출입구까지의 수평거리가 50m 이하가 되도록 할 것. 다만, 작업장이 있는 층에 피난층(직접 지상으로 통하는 출입구가 있는 층) 또는 지상으로 통하는 직통계단(경사로 포함)을 설치한 경우에는 그 부분에 한정하여 본문에 따른 기준을 충족한 것으로 본다.

㉢ 비상구의 너비는 0.75m 이상으로 하고, 높이는 1.5m 이상으로 할 것

㉣ 비상구의 문은 피난 방향으로 열리도록 하고, 실내에서 항상 열 수 있는 구조로 할 것

법령

산업안전보건기준에 관한 규칙 제17조

기출 문제

위험물질을 제조·취급하는 작업장에 비상구 설치 시 출입구로부터 얼마 이상 떨어져 있어야 하는지 쓰시오.

🖹 3m

3 거푸집 및 동바리

거푸집은 콘크리트 구조물이 필요한 강도에 도달하기까지 지지하는 가설구조물의 총칭이며, 동바리는 거푸집 및 상부하중을 지지하기 위해 설치하는 부재를 말한다.

(1) 거푸집의 구비조건
① **간편성** : 조립·해체·운반이 용이하다.
② **경제성** : 최소한의 재료로 여러번 사용할 수 있는 형상과 크기여야 한다.
③ **수밀성** : 수분이나 모르타르 등의 누출을 방지할 수 있어야 한다.
④ **정밀성** : 시공 정확도에 맞는 수평·수직·직각을 유지하고 변형이 생기지 않아야 한다.
⑤ **안전성** : 외력과 하중에 견디고 변형을 일으키지 않아야 한다.

(2) 작업발판 일체형 거푸집의 안전 준수사항

작업발판 일체형 거푸집은 거푸집의 설치·해체, 철근 조립, 콘크리트 타설, 콘크리트 면처리 작업 등을 위하여 거푸집을 작업발판과 일체로 제작하여 사용하는 거푸집을 말한다.

① **작업발판 일체형 거푸집의 종류**
  ㉠ 갱 폼(gang form)
  ㉡ 슬립 폼(slip form)
  ㉢ 클라이밍 폼(climbing form)
  ㉣ 터널 라이닝 폼(tunnel lining form)
  ㉤ 그 밖에 거푸집과 작업발판이 일체로 제작된 거푸집 등

② **갱 폼의 조립·이동·양중·해체 작업 시 준수사항**
  ㉠ 조립 등 범위 및 작업절차를 미리 그 작업에 종사하는 작업자에게 주지시킬 것
  ㉡ 작업자가 안전하게 구조물 내부에서 갱 폼의 작업발판으로 출입할 수 있는 이동통로를 설치할 것
  ㉢ 갱 폼의 지지 또는 고정철물의 이상 유무를 수시점검하고 이상이 발견된 경우에는 교체하도록 할 것
  ㉣ 갱 폼을 조립하거나 해체하는 경우에는 갱폼을 인양장비에 매단 후에 작업을 실시하도록 하고, 인양장비에 매달기 전에 지지 또는 고정철물을 미리 해체하지 않도록 할 것
  ㉤ 갱 폼 인양 시 작업발판용 케이지에 작업자가 탑승한 상태에

법령
산업안전보건법 시행규칙 제331조의3

기출문제
작업발판 일체형 거푸집의 종류 4가지를 쓰시오.
답 오른쪽 ㉠~㉣

서 갱폼의 인양작업을 하지 않을 것

③ 갱폼 이외 작업발판 일체형 거푸집의 작업 시 준수사항
   ㉠ 조립 등 작업 시 거푸집 부재의 변형 여부와 연결 및 지지재의 이상 유무를 확인할 것
   ㉡ 조립 등 작업과 관련한 이동·양중·운반 장비의 고장·오조작 등으로 인해 작업자에게 위험을 미칠 우려가 있는 장소에는 작업자의 출입을 금지하는 등 위험 방지 조치를 할 것
   ㉢ 거푸집이 콘크리트면에 지지될 때에 콘크리트의 굳기 정도와 거푸집의 무게, 풍압 등의 영향으로 거푸집의 갑작스런 이탈 또는 낙하로 인해 작업자가 위험해질 우려가 있는 경우에는 설계도서에서 정한 콘크리트의 양생기간을 준수하거나 콘크리트면에 견고하게 지지하는 등 필요한 조치를 할 것
   ㉣ 연결 또는 지지 형식으로 조립된 부재의 조립 등 작업을 하는 경우에는 거푸집을 인양장비에 매단 후에 작업을 하도록 하는 등 낙하·붕괴·전도의 위험 방지를 위하여 필요한 조치를 할 것

(3) 동바리 조립 시 안전 준수사항

① 받침목이나 깔판의 사용, 콘크리트 타설, 말뚝박기 등 동바리의 침하를 방지하기 위한 조치를 할 것
② 동바리의 상하 고정 및 미끄러짐 방지 조치를 할 것
③ 상부·하부의 동바리가 동일 수직선상에 위치하도록 하여 깔판·받침목에 고정시킬 것
④ 개구부 상부에 동바리를 설치하는 경우에는 상부하중을 견딜 수 있는 견고한 받침대를 설치할 것
⑤ U헤드 등의 단판이 없는 동바리의 상단에 멍에 등을 올릴 경우에는 해당 상단에 U헤드 등의 단판을 설치하고, 멍에 등이 전도되거나 이탈되지 않도록 고정시킬 것
⑥ 동바리의 이음은 같은 품질의 재료를 사용할 것
⑦ 강재의 접속부 및 교차부는 볼트·클램프 등 전용철물을 사용하여 단단히 연결할 것
⑧ 거푸집의 형상에 따른 부득이한 경우를 제외하고는 깔판이나 받침목은 2단 이상 끼우지 않도록 할 것
⑨ 깔판이나 받침목을 이어서 사용하는 경우에는 그 깔판·받침목을 단단히 연결할 것

법령
산업안전보건기준에 관한 규칙 제332조

법령
산업안전보건기준에 관한 규칙 제332조의2

(4) 동바리 유형에 따른 동바리 조립 시 안전 준수사항

① 동바리로 사용하는 파이프 서포트 준수사항
  ㉠ 파이프 서포트를 3개 이상 이어서 사용하지 않도록 할 것
  ㉡ 파이프 서포트를 이어서 사용하는 경우에는 4개 이상의 볼트 또는 전용철물을 사용하여 이을 것
  ㉢ 높이가 3.5m를 초과하는 경우에는 높이 2m 이내마다 수평연결재를 2개 방향으로 만들고 수평연결재의 변위를 방지할 것

② 동바리로 사용하는 강관틀 준수사항
  ㉠ 강관틀과 강관틀 사이에 교차 가새를 설치할 것
  ㉡ 최상단 및 5단 이내마다 거푸집 동바리의 측면과 틀면의 방향 및 교차 가새의 방향에서 5개 이내마다 수평연결재를 설치하고 수평연결재의 변위를 방지할 것
  ㉢ 최상단 및 5단 이내마다 동바리의 틀면의 방향에서 양단 및 5개 틀 이내마다 교차 가새의 방향으로 띠장틀을 설치할 것

③ 동바리로 사용하는 조립강주 준수사항
  조립강주의 높이가 4m를 초과하는 경우에는 높이 4m 이내마다 수평연결재를 2개 방향으로 설치하고 수평연결재의 변위를 방지할 것

④ 시스템 동바리의 설치방법
  시스템 동바리란 규격화·부품화된 수직재, 수평재 및 가새재 등의 부재를 현장에서 조립하여 거푸집을 지지하는 지주 형식의 동바리를 말한다.
  ㉠ 수평재는 수직재와 직각으로 설치해야 하며, 흔들리지 않도록 견고하게 설치할 것
  ㉡ 연결철물을 사용하여 수직재를 견고하게 연결하고, 연결부위가 탈락 또는 꺾어지지 않도록 할 것
  ㉢ 수직 및 수평하중에 대해 동바리의 구조적 안전성이 확보되도록 조립도에 따라 수직재 및 수평재에는 가새재를 견고하게 설치할 것
  ㉣ 동바리 최상단과 최하단의 수직재와 받침철물은 서로 밀착되도록 설치하고, 수직재와 받침철물의 연결부의 겹침길이는 받침철물 전체길이의 1/3 이상 되도록 할 것

기출문제
동바리 조립 시 수직재와 받침철물의 연결부의 겹침길이는 받침철물 전체길이의 얼마 이상이 되도록 해야 하는지 쓰시오.
답 1/3 이상

⑤ 보 형식의 동바리 준수사항

보 형식의 동바리란 강제 갑판(steel deck), 철재트러스 조립 보 등 수평으로 설치하여 거푸집을 지지하는 동바리를 말한다
㉠ 접합부는 충분한 걸침 길이를 확보하고 못, 용접 등으로 양끝을 지지물에 고정시켜 미끄러짐 및 탈락을 방지할 것
㉡ 양끝에 설치된 보 거푸집을 지지하는 동바리 사이에는 수평연결재를 설치하거나 동바리를 추가로 설치하는 등 보 거푸집이 옆으로 넘어지지 않도록 견고하게 할 것
㉢ 설계도면, 시방서 등 설계도서를 준수하여 설치할 것

(5) 거푸집 및 동바리 작업 시 준수사항

① 거푸집 및 동바리 조립·해체작업 시 준수사항
㉠ 해당 작업을 하는 구역에는 관계 작업자 외 출입 금지를 할 것
㉡ 비, 눈, 그 밖의 기상상태의 불안정으로 날씨가 몹시 나쁜 경우에는 작업을 중지할 것
㉢ 재료, 기구 또는 공구 등을 올리거나 내리는 경우에는 근로자로 하여금 달줄·달포대 등을 사용하도록 할 것
㉣ 낙하·충격에 의한 돌발적 재해를 방지하기 위하여 버팀목을 설치하고 거푸집 및 동바리를 인양장비에 매단 후에 작업을 하도록 하는 등 필요한 조치를 할 것

② 철근조립 등 작업 시 준수사항
㉠ 양중기로 철근을 운반할 경우에는 2군데 이상 묶어서 수평으로 운반할 것
㉡ 작업위치의 높이가 2m 이상일 경우에는 작업발판을 설치하거나 안전대를 착용하게 하는 등 위험 방지를 위하여 필요한 조치를 할 것

법령

산업안전보건기준에 관한 규칙 제333조

합격 체크포인트

- 콘크리트 공사 시 안전수칙
- 건물 해체공사 시 안전수칙
- 작업 종류별 안전수칙

법령

산업안전보건기준에 관한 규칙 제334조

기출문제

콘크리트 타설작업을 하는 경우 준수해야 할 사항 3가지를 쓰시오.

📖 오른쪽 ①~⑤

04 공사 및 작업 종류별 안전수칙

1 콘크리트 공사 시 안전수칙

(1) 콘크리트 타설작업 시 준수사항

① 당일의 작업을 시작하기 전에 해당 작업에 관한 거푸집 및 동바리의 변형·변위 및 지반의 침하 유무 등을 점검하고 이상이 있으면 보수할 것
② 작업 중에는 감시자를 배치하는 등의 방법으로 거푸집 및 동바리의 변형·변위 및 지반의 침하 유무 등을 확인해야 하며, 이상이 있으면 작업을 중지하고 작업자를 대피시킬 것
③ 콘크리트 타설작업 시 거푸집 붕괴의 위험이 발생할 우려가 있으면 충분한 보강조치를 할 것
④ 설계도서상의 콘크리트 양생기간을 준수하여 거푸집 및 동바리를 해체할 것
⑤ 콘크리트를 타설하는 경우 편심이 발생하지 않도록 골고루 분산하여 타설할 것

(2) 콘크리트 타설작업 시 안전수칙

① 타설순서는 계획에 의해 실시한다.
② 진동기의 지나친 진동은 거푸집 도괴의 원인이 될 수 있으므로 적절히 사용한다.
③ 콘크리트를 치는 도중에는 거푸집, 지보공 등의 이상 유무를 확인한다.
④ 손수레로 콘크리트 운반 시에는 천천히 운반하여 거푸집에 충격을 주지 않도록 타설한다.

(3) 콘크리트 옹벽의 안정성 검토사항

① 전도에 대한 안정
② 활동에 대한 안정
③ 침하에 대한 안정

2 건물 등의 해체공사 시 안전수칙

(1) 해체공사 전 확인 사항
① 해체 대상 구조물 조사
② 부지상황 조사

(2) 해체공사 시 작업계획서 내용
① 해체의 방법 및 해체 순서 도면
② 가설설비, 방호설비, 환기설비 및 살수, 방화설비 등의 방법
③ 사업장 내 연락방법
④ 해체물의 처분계획
⑤ 해체작업용 기계·기구 등의 작업계획서
⑥ 해체작업용 화약류 등의 사용계획서
⑦ 그 밖에 안전·보건에 관련된 사항

> **법령**
> 산업안전보건기준에 관한 규칙 별표 4
>
> **기출문제**
> 건물의 해체공사 시 작업계획서에 포함되어야 하는 내용 3가지를 쓰시오.
> 🔳 왼쪽 ①~⑦

(3) 해체공사 작업계획 수립 시 준수사항
해체공사 공법은 해체대상물 조건에 따라 여러 가지 방법을 병용하게 되므로 작업계획 수립 시 다음의 사항을 준수해야 한다.
① 작업구역 내에는 관계자 이외의 자에 대하여 출입을 통제하여야 한다.
② 강풍, 폭우, 폭설 등 악천후 시에는 작업을 중지하여야 한다.
③ 사용기계기구 등을 인양하거나 내릴때에는 그물망이나 그물포대 등을 사용토록 하여야 한다.
④ 외벽과 기둥 등을 전도시키는 작업을 할 경우에는 전도 낙하위치 검토 및 파편 비산거리 등을 예측하여 작업반경을 설정하여야 한다.
⑤ 전도작업을 수행할 때에는 작업자 이외의 다른 작업자는 대피시키도록 하고 완전 대피상태를 확인한 다음 전도시키도록 하여야 한다.
⑥ 해체건물 외곽에 방호용 비계를 설치하여야 하며 해체물의 전도, 낙하, 비산의 안전거리를 유지하여야 한다.
⑦ 파쇄공법의 특성에 따라 방진벽, 비산차단벽, 분진억제 살수시설을 설치하여야 한다.
⑧ 작업자 상호간의 적정한 신호규정을 준수하고 신호방식 및 신호기기사용법은 사전교육에 의해 숙지되어야 한다.
⑨ 적정한 위치에 대피소를 설치하여야 한다.

> **법령**
> 해체공사 표준안전작업지침 제16조
>
> **기출문제**
> 해체공사 작업계획 수립 시 준수사항 3가지를 쓰시오.
> 🔳 왼쪽 ①~⑨

(4) 해체공사 시 준수사항

① 구축물 등의 해체작업 시 구축물 등을 무너뜨리는 작업을 하기 전 넘어지는 위치, 파편의 비산거리 등을 고려하여 해당 작업 반경 내에 사람이 없는지 미리 확인한 후 작업을 실시하고 작업 중에는 작업반경 내 근로자 이외 출입을 금지해야 한다.

② 건축물 해체공법 및 해체공사 구조 안전성 검토 결과 건축물관리법에 따른 해체계획서대로 해체되지 못하고 붕괴 우려가 있는 경우 구조보강계획을 작성해야 한다.

> 법령
> 산업안전보건기준에 관한 규칙 제384조

(5) 압쇄기를 사용한 건물 해체작업

① 압쇄기는 셔블에 설치하며, 유압조작에 의해 콘크리트 등에 강력한 압축력을 가해 파쇄하는 해체작업용 기계이다.

② 압쇄기 사용 시 준수사항
  ㉠ 압쇄기의 중량, 작업충격을 사전에 고려하고, 차체 지지력을 초과하는 중량의 압쇄기부착을 금지하여야 한다.
  ㉡ 압쇄기 부착과 해체에는 경험이 많은 사람으로서 선임된 자에 한하여 실시한다.
  ㉢ 압쇄기 연결구조부는 보수점검을 수시로 하여야 한다.
  ㉣ 배관 접속부의 핀, 볼트 등 연결구조의 안전 여부를 점검하여야 한다.
  ㉤ 절단날은 마모가 심하기 때문에 적절히 교환하여야 하며, 교환대체품목을 항상 비치하여야 한다.

③ 건물해체 순서 : 슬래브 → 보 → 벽체 → 기둥

> 법령
> 해체공사 표준안전 작업지침 제3조

> 🚧 기출문제
> 압쇄기로 건물 해체작업 시 준수해야 사항 3가지를 쓰시오.
> 📄 오른쪽 ㉠~㉤

3 하역작업 시 안전수칙

(1) 화물취급 작업 시 안전수칙

① 꼬임이 끊어진 것, 심하게 손상되거나 부식된 섬유로프 등을 화물운반용 또는 고정용으로 사용해서는 안 된다.

② 섬유로프 등을 사용하여 화물취급작업을 하는 경우에 섬유로프 등을 점검하고 이상을 발견한 섬유로프 등은 즉시 교체하여야 한다.

③ 차량 등에서 화물을 내리는 작업을 하는 경우에 해당 작업에 종사하는 작업자에게 쌓여있는 화물의 중간에서 화물을 빼내도록 해서는 안 된다.

> 법령
> 산업안전보건기준에 관한 규칙 제387조

> 🚧 기출문제
> 화물운반용 또는 고정용으로 사용할 수 없는 섬유로프 2가지를 쓰시오.
> 📄
> ① 꼬임이 끊어진 것
> ② 심하게 손상되거나 부식된 것

(2) 부두·안벽 등 하역작업장의 조치사항

① 작업장 및 통로의 위험한 부분에는 안전하게 작업할 수 있는 조명을 유지할 것
② 부두 또는 안벽 선을 따라 통로를 설치하는 경우 폭을 90cm 이상으로 할 것
③ 육상에서의 통로 및 작업장소로서 다리 또는 선거(船渠) 갑문(閘門)을 넘는 보도 등의 위험한 부분에는 안전난간 또는 울타리 등을 설치할 것

4 중량물 취급 작업 시 안전수칙

(1) 근로자가 반복하여 계속적으로 중량물 취급 작업 시 작업시작 전 점검사항

① 중량물 취급의 올바른 자세 및 복장
② 위험물이 날아 흩어짐에 따른 보호구의 착용
③ 카바이드·생석회(산화칼슘) 등과 같이 온도 상승이나 습기에 의하여 위험성이 존재하는 중량물의 취급방법
④ 그 밖에 하역운반기계 등의 적절한 사용방법

(2) 중량물 취급 작업 시 작업계획서 내용

① 추락 위험을 예방할 수 있는 안전대책
② 낙하 위험을 예방할 수 있는 안전대책
③ 전도 위험을 예방할 수 있는 안전대책
④ 협착 위험을 예방할 수 있는 안전대책
⑤ 붕괴 위험을 예방할 수 있는 안전대책

(3) 중량물 운반 시 준수사항

① 중량물을 운반하거나 취급하는 경우 하역운반기계·운반용구를 사용해야 한다.
② 경사면에서 드럼통 등의 중량물을 취급하는 경우 준수사항
  ㉠ 구름멈춤대, 쐐기 등을 이용하여 중량물의 동요나 이동을 조절할 것
  ㉡ 중량물이 구르는 방향인 경사면 아래로는 작업자의 출입을 제한할 것

기출문제

부두·안벽 등 하역작업을 하는 장소에 대하여 조치해야 하는 사항 3가지를 쓰시오.

답 왼쪽 ①~③

기출문제

근로자가 반복하여 계속적으로 중량물 취급 작업을 할 때 작업시작 전 점검사항 4가지를 쓰시오.

답 왼쪽 ①~④

기출문제

중량물 취급 작업 시 작업계획서에 포함해야 하는 내용 4가지를 쓰시오.

답 왼쪽 ①~⑤

법령

산업안전보건기준에 관한 규칙 제664조

기출 문제

근로자가 중량물을 들어올리거나 운반 작업 시 인체에 부담을 주는 물품의 작업 조건 4가지를 쓰시오.

답) 중량, 취급빈도, 운반거리, 운반속도

③ 작업자가 인력으로 들어올리는 작업을 하는 경우에 과도한 무게로 인하여 작업자의 목·허리 등 근골격계에 무리한 부담을 주지 않도록 최대한 노력해야 한다.
④ 근로자가 중량물을 인력으로 들어올리거나 운반하는 작업을 하는 경우에 근로자가 취급하는 물품의 중량·취급빈도·운반거리·운반속도 등 인체에 부담을 주는 작업의 조건에 따라 작업시간과 휴식시간 등을 적정하게 배분해야 한다.
⑤ 근로자가 5kg 이상의 중량물을 들어올리는 작업을 하는 경우 조치사항
  ㉠ 주로 취급하는 물품에 대하여 작업자가 쉽게 알 수 있도록 물품의 중량과 무게중심에 대하여 작업장 주변에 안내표시를 할 것
  ㉡ 취급하기 곤란한 물품은 손잡이를 붙이거나 갈고리, 진동빨판 등 적절한 보조도구를 활용할 것
⑥ 근로자가 중량물을 들어올리는 작업을 하는 경우 무게중심을 낮추거나 대상물에 몸을 밀착하도록 하는 등 신체의 부담을 줄일 수 있는 자세에 대하여 알려야 한다.

5 그 외 작업 종류별 안전수칙

(1) 공사용 가설도로 설치 시 준수사항

법령
산업안전보건기준에 관한 규칙 제379조

기출 문제
공사용 가설도로 설치 시 준수사항 4가지를 쓰시오.

답) 오른쪽 ①~④

① 도로는 장비와 차량이 안전하게 운행할 수 있도록 견고하게 설치할 것
② 도로와 작업장이 접하여 있을 경우에는 울타리 등을 설치할 것
③ 도로는 배수를 위하여 경사지게 설치하거나 배수시설을 설치할 것
④ 차량의 속도제한 표지를 부착할 것

(2) 철골작업 시 위험방지

법령
산업안전보건기준에 관한 규칙 제383조

① 철골조립 시 준수사항
  ㉠ 철골을 조립하는 경우에 철골의 접합부가 충분히 지지되도록 볼트를 체결하거나 이와 같은 수준 이상의 견고한 구조가 되기 전에는 들어 올린 철골을 걸이로프 등으로부터 분리해서는 안 된다.

ⓒ 근로자가 수직방향으로 이동하는 철골부재에는 답단 간격이 30cm 이내인 고정된 승강로를 설치해야 하며, 수평방향 철골과 수직방향 철골이 연결되는 부분에는 연결작업을 위하여 작업발판 등을 설치해야 한다.
ⓒ 철골작업을 하는 경우에 근로자의 주요 이동통로에 고정된 가설통로를 설치하여야 한다. 다만, 안전대의 부착설비 등을 갖춘 경우에는 그러하지 아니하다.

② 철골작업을 중지해야 하는 기상조건
ⓐ 풍속이 초당 10m 이상인 경우
ⓑ 강우량이 시간당 1mm 이상인 경우
ⓒ 강설량이 시간당 1cm 이상인 경우

(3) 벌목작업 시 준수사항(유압식 벌목기 사용 시 제외)
① 벌목하려는 경우에는 미리 대피로 및 대피장소를 정해 둘 것
② 벌목하려는 나무의 가슴높이 지름이 20cm 이상인 경우에는 수구(베어지는 쪽의 밑동 부근에 만드는 쐐기 모양의 절단면)의 상면·하면의 각도를 30° 이상으로 하며, 수구 깊이는 뿌리부분 지름의 1/4 이상 1/3 이하로 만들 것
③ 벌목작업 중에는 벌목하려는 나무로부터 해당 나무 높이의 2배에 해당하는 직선거리 안에서 다른 작업을 하지 않을 것
④ 나무가 다른 나무에 걸려있는 경우에는 다음의 사항을 준수할 것
ⓐ 걸려 있는 나무 밑에서 작업을 하지 않을 것
ⓑ 받치고 있는 나무를 벌목하지 않을 것

기출문제

철골작업을 중지해야 하는 기상조건 3가지를 쓰시오.

답 왼쪽 ⓐ~ⓒ

법령

산업안전보건기준에 관한 규칙 제405조

기출문제

벌목작업(유압식 벌목기를 사용하는 경우는 제외) 시 위험방지를 위해 준수해야 하는 사항 3가지를 쓰시오.

답 왼쪽 ①~④

제2장 건설공사 위험성 평가

합격 체크포인트
- 위험성 평가의 개요와 절차

01 위험성 평가

1 사업장의 위험성 평가

(1) 위험성 평가의 개요
① 위험성 평가 : 사업주가 스스로 유해·위험요인을 파악하고 해당 유해·위험요인의 위험성 수준을 결정하여, 위험성을 낮추기 위한 적절한 조치를 마련하고 실행하는 과정
② 유해·위험요인 : 유해·위험을 일으킬 잠재적 가능성이 있는 것의 고유한 특징이나 속성
③ 위험성 : 유해·위험요인이 사망, 부상 또는 질병으로 이어질 수 있는 가능성과 중대성 등을 고려한 위험의 정도

(2) 위험성 평가 실시 주체
① 사업주는 스스로 사업장의 유해·위험요인을 파악하고 이를 평가하여 관리 개선하는 등 위험성평가를 실시하여야 한다.
② 작업의 일부 또는 전부를 도급에 의하여 행하는 사업의 경우는 도급을 준 도급인과 도급을 받은 수급인은 각각 위험성평가를 실시하여야 한다.
③ 도급사업주는 수급사업주가 실시한 위험성평가 결과를 검토하여 도급사업주가 개선할 사항이 있는 경우 이를 개선하여야 한다.

(3) 근로자 참여
사업주는 위험성 평가를 실시할 때, 다음에 해당하는 경우 해당 작업에 종사하는 근로자를 참여시켜야 한다.
① 유해·위험요인의 위험성 수준을 판단하는 기준을 마련하고, 유해·위험요인별로 허용 가능한 위험성 수준을 정하거나 변경하는 경우

② 해당 사업장의 유해·위험요인을 파악하는 경우
③ 유해·위험요인의 위험성이 허용 가능한 수준인지 여부를 결정하는 경우
④ 위험성 감소대책을 수립하여 실행하는 경우
⑤ 위험성 감소대책 실행 여부를 확인하는 경우

(4) 위험성 평가의 대상

① 위험성 평가의 대상이 되는 유해·위험요인은 업무 중 근로자에게 노출된 것이 확인되었거나 노출될 것이 합리적으로 예견 가능한 모든 유해·위험요인이다. 다만, 매우 경미한 부상 및 질병만을 초래할 것으로 명백히 예상되는 유해·위험요인은 평가 대상에서 제외할 수 있다.
② 사업주는 사업장 내 부상 또는 질병으로 이어질 가능성이 있었던 상황(이하 "아차사고"라 한다)을 확인한 경우에는 해당 사고를 일으킨 유해·위험요인을 위험성평가의 대상에 포함시켜야 한다.
③ 사업주는 사업장 내에서 중대재해가 발생한 때에는 지체 없이 중대재해의 원인이 되는 유해·위험요인에 대해 위험성평가를 실시하고, 그 밖의 사업장 내 유해·위험요인에 대해서는 위험성평가 재검토를 실시하여야 한다.

2 위험성 평가의 절차

(1) 사전준비

① 실시규정 작성
② 위험성의 수준과 그 수준을 판단하는 기준
③ 허용 가능한 위험성의 수준
④ 사업장 안전보건정보를 사전에 조사(안전보건정보 : 작업표준, 작업절차, MSDS, 재해사례, 작업환경측정결과 등)

(2) 유해·위험요인 파악

① 사업장 순회점검에 의한 방법
② 근로자들의 상시적 제안에 의한 방법
③ 설문조사·인터뷰 등 청취조사에 의한 방법
④ 물질안전보건자료, 작업환경측정결과, 특수건강진단결과 등 안전보건 자료

⑤ 안전보건 체크리스트에 의한 방법
⑥ 그 밖에 사업장의 특성에 적합한 방법

(3) 위험성 결정
① 위험성의 수준과 그 수준을 판단하는 기준
② 허용 가능한 위험성의 수준인지 결정

(4) 위험성 감소대책 수립 및 실행
허용 가능한 위험성이 아니라고 판단한 경우에는 위험성의 수준, 영향을 받는 근로자 수 및 다음의 순서를 고려하여 위험성 감소를 위한 대책을 수립하여 실행하여야 한다.
① 위험한 작업의 폐지·변경, 유해·위험물질 대체 등의 조치 또는 설계나 계획 단계에서 위험성을 제거 또는 저감하는 조치
② 연동장치, 환기장치 설치 등의 공학적 대책
③ 사업장 작업절차서 정비 등의 관리적 대책
④ 개인용 보호구의 사용

합격 체크포인트
• 위험성 감소대책

02 위험성 감소대책 수립 및 실행

1 허용가능한 위험수준 분석

(1) 위험성 평가의 개요
① 위험 가능성과 중대성을 조합한 빈도·강도법
② 체크리스트법
③ 위험성 수준 3단계(저·중·고) 판단법
④ 핵심요인 기술(One Point Sheet) 법
⑤ 그 외 공정위험성 평가 기법

2 위험성 감소대책

(1) 본질적(근원적) 대책
① 위험한 작업의 폐지·변경, 위험물질 또는 유해·위험요인이 보다 적은 재료로의 대체, 설계나 계획단계에서 위험성을 제거 또는 저감하는 조치이다.

② 법령 등에 규정된 사항이 있는지를 검토하여 법령에 규정된 방법으로 조치를 실시한다.

(2) 공학적 대책

① 인터록, 방호장치, 방책, 국소배기장치 설치 등의 조치이다.
② 위험요인의 제거 또는 대체가 불가능한 경우, 차선의 해결책은 파악된 유해·위험요인에서 발생하는 위험을 줄이는 데 도움이 될 수 있는 도구, 장비, 기술 및 공학적 조치를 고려하는 것이다.
③ 공학적 대책은 작업자 개인의 보호가 아닌 위험한 영역에 접근하지 못하도록 하는 수단을 통해 보호를 제공할 수 있어서 활용 가치가 높다.
④ 비용 효율적인 장비, 도구, 설비의 개선은 작업에 종사하는 개별 작업자뿐만 아니라 위험에 처할 위험이 있는 전체 작업자의 위험성을 줄이는 데에도 큰 효과가 있을 수 있다.

(3) 관리적 대책

① 관리적 대책으로 매뉴얼 정비, 출입금지, 노출관리, 교육훈련 등의 조치 등이 있다.
② 안전한 작업 방법에 대한 절차서를 마련하고 작업자 교육 실시 여부를 검토하여, 이미 시행 중인 조치와 어떤 추가적인 관리 대책이 필요한지를 고려한다.
③ 작업설명서를 정비하거나, 출입금지·작업허가 제도를 도입하고 작업자들에게 주의 사항을 교육하는 등 관리적 방법 검토한다.
④ 관리적 대책의 수행은 비교적 간단하고 실행하기 쉬울 수 있으며 사업의 효율성 향상에도 도움이 될 수 있다.
⑤ 관리적 대책은 지속적이고 현장에서 일상적으로 적용되도록 시행되어야 한다.

(4) 개인보호구의 사용

① 본질적 대책, 공학적 대책, 관리적 대책 조치를 취하더라도 제거·감소할 수 없었던 위험성에 대해서만 실시하거나 상기 조치 외의 추가적인 조치로 사용한다.
② 개인보호구는 사용자가 고려해야 할 최종 위험관리 대책 중 하나이며, 이미 시행한 다른 위험관리 대책을 강화할 수 있는 방안이다.

③ 개인보호구의 사용은 최소한으로 유지하고 다른 개선대책의 대안으로 사용하지 않도록 해야 한다.
④ 앞서 고려한 대책을 통해 작업자들에 대한 보호를 제공하는 것이 합리적이나, 이의 조치가 어려울 때 개별 작업자에 대한 보호 조치로 고려해야 한다.

(5) 위험성 감소대책에 따른 효과 분석 능력
① 사업주는 위험성 감소대책을 실행한 후 해당 공정 또는 작업의 위험성의 수준이 사전에 자체 설정한 허용 가능한 위험성의 수준인지를 확인하여야 한다.
② 사업주는 위험성 평가를 종료한 후 남아 있는 유해·위험요인에 대해서는 게시, 주지 등의 방법으로 작업자에게 알려야 한다.

PART 07

산업안전기사
필답형 기출복원문제

CONTENTS

2017년 | 산업안전기사 필답형 기출복원문제
2018년 | 산업안전기사 필답형 기출복원문제
2019년 | 산업안전기사 필답형 기출복원문제
2020년 | 산업안전기사 필답형 기출복원문제
2021년 | 산업안전기사 필답형 기출복원문제
2022년 | 산업안전기사 필답형 기출복원문제
2023년 | 산업안전기사 필답형 기출복원문제
2024년 | 산업안전기사 필답형 기출복원문제

2017년 제1회 기출복원문제

01 클러치 맞물림 개수가 5개, 200SPM의 동력 프레스기의 양수기동식 안전장치의 안전거리(mm)를 계산하시오.

Keyword | 양수기동식 프레스 방호장치의 안전거리

풀이

안전거리$(D) = 1.6 \times Tm$
$= 1.6 \times \left(\dfrac{1}{2} + \dfrac{1}{N}\right) \times \dfrac{60,000}{\text{SPM}}$

여기서, D : 안전거리(mm)
Tm : 양손으로 누름버튼을 누른 뒤 슬라이드가 하사점에 도달하기까지의 최대 소요시간(ms)
N : 클러치의 맞물림 개수
SPM : 매분 행정수

$D = 1.6 \times \left(\dfrac{1}{2} + \dfrac{1}{5}\right) \times \dfrac{60,000}{200} = 336$

정답 336mm

---

02 산업안전보건법령상 건물 등의 해체작업을 하는 경우 사전조사 및 작업계획서의 내용에 포함되어야 하는 사항 4가지를 쓰시오.

Keyword | 건물 해체작업 시 작업계획서의 포함 사항

정답
① 해체의 방법 및 해체 순서도면
② 가설설비·방호설비·환기설비 및 살수·방화설비 등의 방법
③ 사업장 내 연락방법
④ 해체물의 처분계획
⑤ 해체작업용 기계·기구 등의 작업계획서
⑥ 해체작업용 화약류 등의 사용계획서
⑦ 그 밖에 안전·보건에 관련된 사항

법령 산업안전보건기준에 관한 규칙 별표 4

03 산업안전보건법령상 건설공사 중 유해위험방지계획서를 제출하여야 하는 대상 공사 4가지를 쓰시오.

> Keyword | 유해위험방지계획서 제출 대상 건설공사
>
> 정답
> ① 다음의 건축물 또는 시설 등의 건설·개조 또는 해체 공사
>   ㉠ 지상높이가 31m 이상인 건축물 또는 인공구조물
>   ㉡ 연면적 30,000m² 이상인 건축물
>   ㉢ 연면적 5,000m² 이상인 다음의 어느 하나에 해당하는 시설
>   • 문화 및 집회시설(전시장 및 동물원·식물원은 제외)
>   • 판매시설, 운수시설(고속철도의 역사 및 집배송시설은 제외)
>   • 종교시설, 의료시설 중 종합병원, 숙박시설 중 관광숙박시설, 지하도상가, 냉동·냉장 창고시설
> ② 연면적 5,000m² 이상인 냉동·냉장 창고시설의 설비공사 및 단열공사
> ③ 최대 지간길이가 50m 이상인 다리의 건설 등 공사
> ④ 터널의 건설 등 공사
> ⑤ 다목적댐, 발전용댐, 저수용량 2천만톤 이상의 용수 전용 댐 및 지방상수도 전용 댐의 건설 등 공사
> ⑥ 깊이 10m 이상인 굴착공사
>
> 법령 산업안전보건법 시행령 제42조

04 산업안전보건법령상 사업주는 누전에 의한 감전의 위험을 방지하기 위하여 접지를 해야 한다. 이때 전기를 사용하지 아니하는 금속체에 해당하는 부분 3가지를 쓰시오.

> Keyword | 접지를 해야 하는 전기를 사용하지 않는 설비 중 금속체
>
> 정답
> ① 전동식 양중기의 프레임과 궤도
> ② 전선이 붙어 있는 비전동식 양중기의 프레임
> ③ 고압 이상의 전기를 사용하는 전기기계·기구 주변의 금속제 칸막이·망 및 이와 유사한 장치
>
> 법령 산업안전보건기준에 관한 규칙 제302조

05 산업안전보건법령상 유해·위험기계 등 근로자의 안전 및 보건에 위해를 미칠 수 있다고 인정되어 안전인증대상기계 등이 안전인증기준에 맞는지에 대하여 고용노동부장관이 실시하는 안전인증을 받아야 한다. 이때 안전인증의 전부 또는 일부를 면제할 수 있는 경우 3가지를 쓰시오.

> **Keyword** | 안전인증대상기계 등의 안전인증을 전부 또는 일부 면제할 수 있는 경우
>
> **정답**
> ① 연구·개발을 목적으로 제조·수입하거나 수출을 목적으로 제조하는 경우
> ② 고용노동부장관이 정하여 고시하는 외국의 안전인증기관에서 인증을 받은 경우
> ③ 다른 법령에 따라 안전성에 관한 검사나 인증을 받은 경우로서 고용노동부령으로 정하는 경우
>
> **법령** 산업안전보건법 시행규칙 제109조

06 산업안전보건법령상 잠함, 우물통, 수직갱, 그 밖에 이와 유사한 건설물 또는 설비의 내부에서 굴착작업을 하는 경우에 준수하여야 할 사항 3가지를 쓰시오.

> **Keyword** | 잠함 등의 내부 작업 시 준수사항
>
> **정답**
> ① 산소결핍 우려가 있는 경우에는 산소의 농도를 측정하는 사람을 지명하여 측정하도록 할 것
> ② 근로자가 안전하게 오르내리기 위한 설비를 설치할 것
> ③ 굴착 깊이가 20m를 초과하는 경우에는 해당 작업장소와 외부와의 연락을 위한 통신설비 등을 설치할 것
>
> **법령** 산업안전보건법 시행규칙 제377조

07 다음은 보호구 안전인증 고시상 안전모의 내관통성 시험 성능기준에 대한 내용이다. 다음 빈칸에 들어갈 알맞은 답을 쓰시오.

(1) AE종 및 ABE종 안전모의 관통거리는 (①)mm 이하
(2) AB종 안전모의 관통거리는 (②)mm 이하

> **Keyword** | 안전모의 내관통성 시험 성능기준
>
> **정답**
> ① 9.5
> ② 11.1
>
> **법령** 보호구 안전인증 고시 별표 1

08 추락을 방지하기 위하여 근로자가 착용하여야 하는 안전대의 종류 중 U자걸이를 사용할 수 있는 안전대의 구조에 대한 기준 2가지를 쓰시오.

> Keyword | U자걸이 안전대의 구조 기준
>
> 정답
> ① 지탱벨트, 각 링, 신축조절기가 있을 것
> ② U자걸이 사용 시 D링, 각 링은 안전대 착용자의 몸통 양 측면에 해당하는 곳에 고정되도록 지탱벨트 또는 안전그네에 부착할 것
> ③ 신축조절기는 죔줄로부터 이탈하지 않도록 할 것
> ④ U자걸이 사용 상태에서 신체의 추락을 방지하기 위하여 보조죔줄을 사용할 것
> ⑤ 보조훅 부착 안전대는 신축조절기의 역방향으로 낙하저지 기능을 갖출 것
> ⑥ 보조훅이 없는 U자걸이 안전대는 1개걸이로 사용할 수 없도록 훅이 열리는 너비가 죔줄의 직경보다 작고 8자형링 및 이음형고리를 갖추지 않을 것
>
> 법령 보호구 안전인증 고시 별표 9

09 다음 FT도에서 미니멀 컷셋(minimal cut set)을 구하시오.

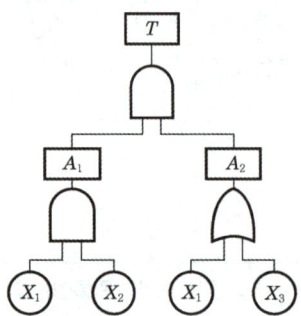

> Keyword | 미니멀 컷셋(minimal cut set)
>
> 풀이
> $T = A_1 \times A_2$
> $\quad = (X_1 \times X_2) \times (X_1 + X_3)$
> $\quad = (X_1 \times X_2 \times X_1) + (X_1 \times X_2 \times X_3)$
> $\quad = (X_1 \times X_2) + (X_1 \times X_2 \times X_3)$
>
> 정답 (X_1, X_2)

10 근로자 수가 400명이고, 하루 8시간 동안 연 280일을 근무하는 어느 사업장이 있다. 이 사업장의 연간 재해건수가 80건이고, 근로손실일수가 800일, 재해자 수는 100명일 때, 종합재해지수를 구하시오.

Keyword | 종합재해지수

풀이

㉮ 도수율 = $\dfrac{재해건수}{연\ 근로시간수} \times 1{,}000{,}000$

   $= \dfrac{80}{400 \times 8 \times 280} \times 1{,}000{,}000 = 89.29$

㉯ 강도율 = $\dfrac{근로손실일수}{연\ 근로시간수} \times 1{,}000$

   $= \dfrac{800}{400 \times 8 \times 280} \times 1{,}000 = 0.89$

㉰ 종합재해지수 = $\sqrt{도수율 \times 강도율}$

   $= \sqrt{89.29 \times 0.89} = 8.91$

정답 8.91

11 다음은 급성 독성물질에 대한 내용이다. 다음 빈칸에 들어갈 알맞은 답을 쓰시오.

(1) LD_{50}은 쥐에 대한 경구투입실험에 의하여 실험동물의 50%를 사망시킬 수 있는 물질의 양, 즉 kg당 (①)mg 이하인 화학물질이다.
(2) LD_{50}은 쥐 또는 토끼에 대한 경피흡수실험에 의하여 실험동물의 50%를 사망시킬 수 있는 물질의 양, 즉 kg당 (②)mg 이하인 화학물질이다.
(3) LC_{50}은 쥐에 대한 4시간 동안의 흡입실험에 의하여 실험동물의 50%를 사망시킬 수 있는 물질의 농도, 즉 가스 (③)ppm 이하인 화학물질이다.
(4) LC_{50}은 쥐에 대한 4시간 동안의 흡입실험에 의하여 실험동물의 50%를 사망시킬 수 있는 물질의 농도, 즉 증기 (④)mg/L 이하인 화학물질이다.
(5) LC_{50}은 쥐에 대한 4시간 동안의 흡입실험에 의하여 실험동물의 50%를 사망시킬 수 있는 물질의 농도, 즉 분진 또는 미스트 (⑤)mg/L 이하인 화학물질이다.

Keyword | 급성 독성물질의 LC_{50} 기준

정답
① 300
② 1,000
③ 2,500
④ 10
⑤ 1

법령 산업안전보건기준에 관한 규칙 별표 1

12 산업안전보건법령상 타워크레인을 설치(상승작업을 포함)·해체하는 작업 시 근로자에게 교육하여야 하는 특별교육에 대한 내용 4가지를 쓰시오. (단, 그 밖에 안전·보건관리에 필요한 사항은 제외한다.)

| Keyword | 타워크레인 설치·해체작업 시 근로자의 특별교육 내용 |

정답
① 붕괴·추락 및 재해 방지에 관한 사항
② 설치·해체 순서 및 안전작업방법에 관한 사항
③ 부재의 구조·재질 및 특성에 관한 사항
④ 신호방법 및 요령에 관한 사항
⑤ 이상 발생 시 응급조치에 관한 사항

법령 산업안전보건법 시행규칙 별표 5

---

13 달비계에 사용해서는 안 되는 달기 체인의 기준 2가지를 쓰시오. (단, 균열이 있거나 심하게 변형된 것은 제외한다.)

| Keyword | 달기 체인의 사용금지 기준 |

정답
① 달기 체인의 길이가 달기 체인이 제조된 때의 길이의 5%를 초과한 것
② 링의 단면지름이 달기 체인이 제조된 때의 해당 링의 지름의 10%를 초과하여 감소한 것

법령 산업안전보건기준에 관한 규칙 제63조

---

14 말비계의 구조에 관련하여 다음 빈칸에 들어갈 알맞은 답을 쓰시오.

(1) 지주부재의 하단에는 (①)를 하고, 근로자가 양측 끝부분에 올라서서 작업하지 아니하도록 할 것
(2) 지주부재와 수평면과의 기울기를 (②)° 이하로 하고, 지주부재와 지주부재 사이를 고정시키는 보조부재를 설치할 것
(3) 말비계의 높이가 (③)m를 초과할 경우에는 작업발판의 폭을 (④)cm 이상으로 할 것

| Keyword | 말비계 조립 시 준수사항 |

정답
① 미끄럼 방지장치
② 75
③ 2
④ 40

법령 산업안전보건기준에 관한 규칙 제67조

2017년 제2회 기출복원문제

필답형

01 다음은 낙하물 방지망 또는 방호선반 설치 시 준수사항에 대한 내용이다. 다음 빈칸에 들어갈 알맞은 답을 쓰시오.

(1) 설치 높이는 (①)m 이내마다 설치하고, 내민 길이는 벽면으로부터 (②)m 이상으로 할 것
(2) 수평면과의 각도는 (③)° 이상 (④)° 이하를 유지할 것

Keyword | 낙하물 방지망 또는 방호선반 설치 시 준수사항

정답
① 10
② 2
③ 20
④ 30

법령 산업안전보건기준에 관한 규칙 제14조

02 산업안전보건법령상 물질안전보건자료의 작성·제출 제외 대상이 되는 화학물질 4가지를 쓰시오.

Keyword | 물질안전보건자료의 작성·제출 제외 대상 화학물질

정답
① 건강기능식품
② 농약
③ 마약 및 향정신성의약품
④ 비료
⑤ 사료
⑥ 원료물질
⑦ 안전확인대상 생활화학제품 및 살생물제품 중 일반소비자의 생활용으로 제공되는 제품
⑧ 식품 및 식품첨가물
⑨ 의약품 및 의약외품
⑩ 방사성물질
⑪ 위생용품
⑫ 의료기기
⑬ 첨단바이오의약품
⑭ 화약류
⑮ 폐기물
⑯ 화장품

법령 산업안전보건법 시행령 제86조

03 정전기에 의한 화재 또는 폭발 등의 위험이 발생할 우려가 있는 경우에 이를 방지하기 위한 정전기 발생 방지대책에 대한 사항 3가지를 쓰시오.

> **Keyword | 정전기 발생 방지대책**
>
> **정답**
> ① 확실한 방법으로 접지
> ② 도전성 재료 사용
> ③ 가습
> ④ 제전(除電)장치 사용

04 산업안전보건법령상 유해위험방지계획서 제출 대상에 해당하는 공사에 대하여 건축물 또는 시설 등의 건설·개조 또는 해체 공사의 작업 공사 종류 4가지를 쓰시오.

> **Keyword | 작업 공사 종류별 유해위험방지계획**
>
> **정답**
> ① 가설공사
> ② 구조물공사
> ③ 마감공사
> ④ 기계 설비 공사
> ⑤ 해체공사
>
> **법령** 산업안전보건법 시행규칙 별표 10

05 산업안전보건법령상 건설용 리프트 및 곤돌라를 사용하는 작업 시 사업자가 근로자에게 실시하여야 하는 특별교육에 대한 내용 4가지를 쓰시오.

> **Keyword | 건설용 리프트·곤돌라 작업 시 근로자의 특별교육 내용**
>
> **정답**
> ① 방호장치의 기능 및 사용에 관한 사항
> ② 기계, 기구, 달기체인 및 와이어 등의 점검에 관한 사항
> ③ 화물의 권상·권하 작업방법 및 안전작업 지도에 관한 사항
> ④ 기계·기구에 특성 및 동작원리에 관한 사항
> ⑤ 신호방법 및 공동작업에 관한 사항
>
> **법령** 산업안전보건법 시행규칙 별표 5

06 산업안전보건법령상 공정안전보고서를 제출하여야 하는 대상 사업 4가지를 쓰시오.

> **Keyword | 공정안전보고서 제출 대상 사업**
>
> [정답]
> ① 원유 정제처리업
> ② 기타 석유정제물 재처리업
> ③ 석유화학계 기초화합물 제조업 또는 합성수지 및 기타 플라스틱물질 제조업
> ④ 질소 화합물, 질소·인산 및 칼리질 화학비료 제조업 중 질소질 비료 제조
> ⑤ 복합비료 제조업
> ⑥ 화학 살균·살충제 및 농업용 약제 제조업
> ⑦ 화약 및 불꽃제품 제조업
> [법령] 산업안전보건법 시행령 제43조

07 다음은 타워크레인의 작업 중지에 관한 사항이다. 다음 빈칸에 들어갈 알맞은 답을 쓰시오.

(1) 운전 작업을 중지하여야 하는 순간풍속 (①)m/s 초과
(2) 설치·수리·점검 또는 해체작업을 중지하여야 하는 순간풍속 (②)m/s 초과

> **Keyword | 타워크레인 작업 중지의 순간풍속 기준**
>
> [정답]
> ① 15
> ② 10
> [법령] 산업안전보건기준에 관한 규칙 제37조

08 산업안전보건법령상 지게차를 사용하여 작업을 할 때 작업시작 전 점검에 관한 사항 4가지를 쓰시오.

> **Keyword | 지게차의 작업시작 전 점검사항**
>
> [정답]
> ① 제동장치 및 조종장치 기능의 이상 유무
> ② 하역장치 및 유압장치 기능의 이상 유무
> ③ 바퀴의 이상 유무
> ④ 전조등·후미등·방향지시기 및 경보장치 기능의 이상 유무
> [법령] 산업안전보건기준에 관한 규칙 별표 3

09
다음은 휴먼에러의 심리적 분류에 대한 상황을 나열한 것이다. 각 상황을 Omission error와 Commission error로 분류하시오.

---- 보기 ----
① 납 접합을 빠트렸다.
② 전선의 연결이 바뀌었다.
③ 부품을 빠트렸다.
④ 부품을 거꾸로 배치했다.
⑤ 틀린 부품을 사용하였다.

(1) Omission error
(2) Commission error

Keyword | 휴먼에러의 심리적 분류

정답
(1) Omission error : ①, ③
(2) Commission error : ②, ④, ⑤

참고 휴먼 에러의 심리적 분류

분류	설명
생략(누락), 부작위 에러 (omission error)	필요한 작업 또는 절차를 수행하지 않는 데 기인한 에러
작위, 행위 에러 (commission error)	필요한 작업 또는 절차의 불확실한 수행으로 인한 에러
시간 에러 (time error)	필요한 작업 또는 절차의 수행 지연으로 인한 에러
순서 에러 (sequential error)	필요한 작업 또는 절차의 순서착오로 인한 에러
불필요한(과잉) 행동 에러 (extraneous error)	불필요한 작업 또는 절차를 수행함으로써 기인한 에러

10
사업주는 해당 화학설비 또는 그 부속설비의 용도를 변경하는 경우(사용하는 원재료의 종류를 변경하는 경우 포함) 해당 설비를 사용하기 전 점검해야 할 사항 3가지를 쓰시오.

Keyword | 화학설비 또는 그 부속설비의 용도 변경 시 사용 전 점검사항

정답
① 그 설비 내부에 폭발이나 화재의 우려가 있는 물질이 있는지 여부
② 안전밸브 · 긴급차단장치 및 그 밖의 방호장치 기능의 이상 유무
③ 냉각장치 · 가열장치 · 교반장치 · 압축장치 · 계측장치 및 제어장치 기능의 이상 유무

법령 산업안전보건기준에 관한 규칙 제277조

11 각 장소에 알맞은 안전보건표지의 명칭을 쓰시오.

(1) 돌 및 블록 등 물체가 떨어질 우려가 있는 물체가 있는 장소
(2) 미끄러운 장소 등 넘어질 위험이 있는 장소
(3) 휘발유 등 화기를 다룰 때 극히 주의해야 하는 물질이 있는 장소
(4) 가열·압축하거나 강산·알칼리 등을 첨가하여 강한 산화성을 띠는 물질이 있는 장소

Keyword | 안전보건표지의 종류와 형태

정답
(1) 낙하물 경고
(2) 몸균형 상실 경고
(3) 인화성물질 경고
(4) 산화성물질 경고

법령 산업안전보건법 시행규칙 별표 6

참고 안전보건표지의 종류와 형태

낙하물 경고	몸균형 상실 경고	인화성 물질 경고	산화성 물질 경고

---

12 산업안전보건법령상 사업장의 안전 및 보건을 유지하기 위하여 작성하여야 하는 안전보건관리규정에 포함되는 사항 4가지를 쓰시오.

Keyword | 안전보건관리규정의 포함사항

정답
① 안전 및 보건에 관한 관리조직과 그 직무에 관한 사항
② 안전보건교육에 관한 사항
③ 작업장의 안전 및 보건 관리에 관한 사항
④ 사고 조사 및 대책 수립에 관한 사항
⑤ 그 밖에 안전 및 보건에 관한 사항

법령 산업안전보건법 제25조

13 산업안전보건법령상 아세틸렌 용접장치 검사 시 안전기의 설치위치를 확인하려고 할 때 다음 빈칸에 알맞은 답을 쓰시오.

(1) 사업주는 아세틸렌 용접장치의 (①)마다 안전기를 설치하여야 한다. 다만 주관 및 (①)에 가장 가까운 (②)마다 안전기를 부착한 경우에는 그러하지 아니하다.
(2) 사업주는 가스용기가 (③)와 분리되어 있는 아세틸렌 용접장치에 대하여 (③)와 가스용기 사이에 안전기를 설치하여야 한다.

Keyword | 아세틸렌 용접장치의 안전기 설치위치

정답
① 취관
② 분기관
③ 발생기

법령 산업안전보건기준에 관한 규칙 제289조

14 어느 한 사업장의 근로자 수가 1,440명이고 주당 40시간씩 연간 50주 근무하며, 조기출근 및 잔업시간 합계가 100,000시간이다. 이때 재해건수 40건으로 인한 근로손실일수가 1,200일이고 사망재해는 1건 발생했을 때, 이 사업장의 강도율을 계산하시오.

Keyword | 강도율

풀이
$$강도율 = \frac{근로손실일수}{연근로총시간수} \times 1,000$$
$$= \frac{1,200 + 7,500}{(1,440 \times 40 \times 50) + 100,000} \times 1,000$$
$$= 2.92$$

정답 2.92

참고 사망 및 장해등급별 요양근로손실일수

등급	사망, 1~3			4	5
일수	7,500			5,500	4,000
등급	6	7	8	9	10
일수	3,000	2,200	1,500	1,000	600

2017년 제3회 기출복원문제

필답형

01 어느 사업장에서 근로자가 60분 동안 작업 시의 산소소비량이 1.5L/min이고, 작업 시의 평균에너지량이 5kcal/min일 때 작업 시 적절한 휴식시간을 계산하시오. (단, 산소에너지당량은 5kcal/L, 휴식 시의 평균에너지소비량은 1.5kcal/min이다.)

Keyword | 휴식시간의 계산

[풀이]

㉮ 휴식시간(R) = $\dfrac{60(E-5)}{E-1.5}$

㉯ 작업 시 평균에너지 소모량(E)
 = 산소소비량 × 작업 시 평균에너지
 휴식 시 에너지 소비량 : 1.5
 작업 시 평균 에너지량 : 5
 $E = 1.5[\text{L/min}] \times 5[\text{kcal/min}]$
  $= 7.5[\text{kcal/min}]$

㉰ $R = \dfrac{60(7.5-5)}{7.5-1.5} = 25$

[정답] 25분

02 가스폭발 위험장소 또는 분진폭발 위험장소에 설치되는 건축물 등에 대해서는 내화구조로 하여야 하며, 그 성능이 항상 유지될 수 있도록 점검·보수 등 적절한 조치를 하여야 한다. 이에 해당하는 사항 2가지를 쓰시오.

Keyword | 내화구조로 해야 하는 건축물 부분

[정답]
① 건축물의 기둥 및 보 : 지상 1층(지상 1층의 높이가 6m를 초과하는 경우에는 6m)까지
② 위험물 저장·취급용기의 지지대(높이가 30cm 이하인 것은 제외) : 지상으로부터 지지대의 끝부분까지
③ 배관·전선관 등의 지지대 : 지상으로부터 1단(1단의 높이가 6m를 초과하는 경우에는 6m)까지

[법령] 산업안전보건기준에 관한 규칙 제270조

03 가설통로를 설치할 때 사업주가 준수하여야 할 가설통로의 구조 4가지를 쓰시오.

> Keyword | 가설통로 설치 시 준수사항

정답
① 견고한 구조로 할 것
② 경사는 30° 이하로 할 것(다만, 계단을 설치하거나 높이 2m 미만의 가설통로로서 튼튼한 손잡이를 설치한 경우에는 그러하지 아니하다.)
③ 경사가 15°를 초과하는 경우에는 미끄러지지 아니하는 구조로 할 것
④ 추락할 위험이 있는 장소에는 안전난간을 설치할 것(다만, 작업상 부득이한 경우에는 필요한 부분만 임시로 해체할 수 있다.)
⑤ 수직갱에 가설된 통로의 길이가 15m 이상인 경우에는 10m 이내마다 계단참을 설치할 것
⑥ 건설공사에 사용하는 높이 8m 이상인 비계다리에는 7m 이내마다 계단참을 설치할 것

[법령] 산업안전보건기준에 관한 규칙 제23조

04 산업안전보건법령상 지게차를 사용하여 작업을 할 때 작업시작 전 점검에 관한 사항 4가지를 쓰시오.

> Keyword | 지게차의 작업시작 전 점검사항

정답
① 제동장치 및 조종장치 기능의 이상 유무
② 하역장치 및 유압장치 기능의 이상 유무
③ 바퀴의 이상 유무
④ 전조등·후미등·방향지시기 및 경보장치 기능의 이상 유무

[법령] 산업안전보건기준에 관한 규칙 별표 3

05 안전성 평가 6단계에 대해 순서대로 쓰시오.

Keyword | 안전성 평가 6단계

정답
① 1단계 : 관계자료의 검토
② 2단계 : 정성적 평가
③ 3단계 : 정량적 평가
④ 4단계 : 안전대책의 수립
⑤ 5단계 : 재해사례에 의한 재평가
⑥ 6단계 : FTA에 의한 재평가

06 산업안전보건법령상 안전관리자를 정수 이상으로 증원·교체·임명할 수 있는 경우 3가지를 쓰시오.

Keyword | 안전관리자를 증원·교체·임명할 수 있는 경우

정답
① 해당 사업장의 연간재해율이 같은 업종의 평균재해율의 2배 이상인 경우
② 중대재해가 연간 2건 이상 발생한 경우
③ 관리자가 질병이나 그 밖의 사유로 3개월 이상 직무를 수행할 수 없게 된 경우
④ 화학적 인자로 인한 직업성 질병자가 연간 3명 이상 발생한 경우

[법령] 산업안전보건법 시행규칙 제12조

07 산업안전보건법령상 과압에 따른 폭발을 방지하기 위하여 반드시 파열판을 설치하여야 하는 경우 3가지를 쓰시오.

Keyword | 파열판을 설치해야 하는 경우

정답
① 반응 폭주 등 급격한 압력상승의 우려가 있는 경우
② 독성물질의 누출로 인하여 주위의 작업환경을 오염시킬 우려가 있는 경우
③ 운전 중 안전밸브에 이상 물질이 누적되어 안전밸브가 작동되지 않을 우려가 있는 경우

[법령] 산업안전보건기준에 관한 규칙 제262조

08 산업안전보건법령상 공정안전보고서에 포함되어야 하는 사항 4가지를 쓰시오. (단, 그 밖에 공정상의 안전과 관련하여 고용노동부장관이 필요하다고 인정하여 고시하는 사항은 제외한다.)

Keyword | 공정안전보고서의 포함사항

정답
① 공정안전자료
② 공정위험성평가서
③ 안전운전계획
④ 비상조치계획

법령 산업안전보건법 시행령 제44조

---

09 롤러기 급정지장치의 앞면 롤러 표면속도에 따른 알맞은 급정지거리에 대하여 다음 빈칸에 들어갈 알맞은 답을 쓰시오.

(1) 30m/min 미만 : 앞면 롤러 원주의 (①)
(2) 30m/min 이상 : 앞면 롤러 원주의 (②)

Keyword | 앞면 롤러 표면속도에 따른 급정지거리

정답
① 1/3 이내
② 1/2.5 이내

법령 방호장치 자율안전기준 고시 별표 3

---

10 다음은 안전검사대상기계 등의 안전검사 주기에 대한 내용이다. 다음 빈칸에 들어갈 알맞은 답을 쓰시오.

크레인(이동식 크레인은 제외), 리프트(이삿짐운반용 리프트는 제외) 및 곤돌라는 사업장에 설치가 끝난 날부터 (①)년 이내에 최초 안전검사를 실시하되, 그 이후부터 (②)년마다 (건설현장에서 사용하는 것은 최초로 설치한 날부터 (③)개월마다) 안전검사를 실시해야 한다.

Keyword | 안전검사대상기계의 안전검사 주기

정답
① 3
② 2
③ 6

법령 산업안전보건기준에 관한 규칙 제126조

11 아래는 방독마스크의 시험 가스의 종류와 정화통 외부 측면의 표시 색을 나타낸 표이다. 다음 빈칸에 들어갈 알맞은 답을 쓰시오.

종류	시험 가스	표시 색
유기화합물용 정화통	시클로헥산(C_6H_{12})	①
	디메틸에테르 (CH_3OCH_3)	
	이소부탄(C_4H_{10})	
할로겐용 정화통		②
황화수소용 정화통	황화수소가스 (H_2S)	③
시안화수소용 정화통	시안화수소가스 (HCN)	
아황산용 정화통	아황산가스(SO_2)	노란색
암모니아용 정화통	암모니아가스 (NH_3)	④

Keyword | 방독마스크의 종류와 정화통 표시 색

정답
① 갈색
② 염소가스(Cl_2) 또는 증기
③ 회색
④ 녹색

법령 보호구 안전인증 고시 별표 5

---

12 다음은 근로자의 추락 등의 위험을 방지하기 위하여 안전난간을 설치하는 경우에 대한 설명이다. 다음 빈칸에 들어갈 알맞은 답을 쓰시오.

(1) 상부 난간대는 바닥면·발판 또는 경사로의 표면으로부터 (①)cm 이상 지점에 설치하고, 상부 난간대를 120cm 이하에 설치하는 경우에는 중간 난간대는 상부 난간대와 바닥면 등의 중간에 설치할 것
(2) 난간대는 지름 (②)cm 이상의 금속제 파이프나 그 이상의 강도가 있는 재료일 것
(3) 안전난간은 구조적으로 가장 취약한 지점에서 가장 취약한 방향으로 작용하는 (③)kg 이상의 하중에 견딜 수 있는 튼튼한 구조일 것

Keyword | 안전난간의 구조 및 설치요건

정답
① 90
② 2.7
③ 100

법령 산업안전보건기준에 관한 규칙 제13조

참고 그 외 안전난간의 설치요건
㉮ 상부 난간대를 120cm 이상 지점에 설치하는 경우에는 중간 난간대를 2단 이상으로 균등하게 설치하고 난간의 상하 간격은 60cm 이하가 되도록 할 것
㉯ 발끝막이판은 바닥면 등으로부터 10cm 이상의 높이를 유지할 것
㉰ 난간기둥은 상부 난간대와 중간 난간대를 견고하게 떠받칠 수 있도록 적정한 간격을 유지할 것
㉱ 상부 난간대와 중간 난간대는 난간 길이 전체에 걸쳐 바닥면 등과 평행을 유지할 것

13 다음 충전전로의 선간전압(kV)에 따른 알맞은 접근 한계거리를 쓰시오.

(1) 0.38kV
(2) 1.5kV
(3) 6.6kV
(4) 22.9kV

Keyword | 선간전압에 따른 접근 한계거리

정답
(1) 30cm
(2) 45cm
(3) 60cm
(4) 90cm

법령 산업안전보건기준에 관한 규칙 제321조

참고 선간전압에 따른 접근 한계거리

선간전압(kV)	접근한계거리(cm)	선간전압(kV)	접근한계거리(cm)
~0.3	접촉금지	121~145	150
0.3~0.75	30	145~169	170
0.75~2	45	169~242	230
2~15	60	242~362	380
15~37	90	362~550	550
37~88	110	550~800	790
88~121	130		

14 다음 설명에 해당하는 재해발생 형태를 쓰시오.

(1) 폭발과 화재, 두 현상이 복합적으로 발생한 경우
(2) 바닥면과 신체가 떨어져 있는 상태로 더 낮은 위치로 떨어진 경우
(3) 바닥면과 신체가 접해 있는 상태에서 더 낮은 위치로 떨어진 경우
(4) 재해자가 넘어짐으로 인하여 기계의 동력전달 부위 등에 끼임 사고가 발생하여 신체부위가 절단된 경우

Keyword | 재해발생 형태

정답
(1) 폭발
(2) 떨어짐
(3) 넘어짐
(4) 끼임

참고 산업재해 기록·분류에 관한 지침에 따라 두 가지 이상의 발생 형태가 연쇄적으로 발생된 사고의 경우는 상해 결과 또는 피해를 크게 유발한 형태로 분류한다.

2018년 제1회 기출복원문제

필답형

01 휴먼에러의 분류 중 심리적 분류와 원인의 수준(level)적 분류에 대한 종류를 각각 2가지씩 쓰시오.

(1) 휴먼에러의 심리적 분류
(2) 원인의 수준(level)적 분류

Keyword | 휴먼에러의 분류

정답
(1) 휴먼에러의 심리적 분류
  ① 부작위 오류(omission error)
  ② 시간 오류(time error)
  ③ 작위 오류(commission error)
  ④ 순서 오류(sequential error)
  ⑤ 과잉행동 오류(extraneous error)
(2) 원인의 수준(level)적 분류
  ① primary error
  ② secondary error
  ③ command error

02 방호조치를 하지 아니하고는 양도, 대여, 설치 또는 진열해서는 안 되는 기계·기구 2가지를 쓰시오.

Keyword | 방호조치 없이 양도 등이 안 되는 기계·기구

정답
① 예초기
② 원심기
③ 공기압축기
④ 금속절단기
⑤ 지게차
⑥ 포장기계(진공포장기, 래핑기로 한정)
법령 산업안전보건법 시행령 별표 20

03 다음은 공장의 설비 배치 3단계를 순서 없이 나열한 것이다. 올바른 순서대로 나열하시오.

| 보기 |
| 건물배치, 기계배치, 지역배치 |

Keyword | 공장의 설비 배치 3단계

정답
지역배치 → 건물배치 → 기계배치

---

04 산업안전보건법령상 비파괴검사의 실시기준 중 다음 빈칸에 들어갈 알맞은 답을 쓰시오.

사업주는 고속회전체(회전축의 중량이 (①)톤을 초과하고 원주속도가 초당 (②)m/sec 이상인 것으로 한정한다)의 회전시험을 하는 경우 미리 회전축의 재질 및 형상 등에 상응하는 종류의 비파괴검사를 해서 결함 유무를 확인하여야 한다.

Keyword | 비파괴검사의 실시기준

정답
① 1
② 120
법령 산업안전보건기준에 관한 규칙 제115조

---

05 산업안전보건법령상 공정안전보고서의 제출 대상이 되는 유해하거나 위험한 설비로 보지 않는 설비의 종류 2가지를 쓰시오.

Keyword | 공정안전보고서 제출 대상 중 유해하거나 위험한 설비가 아닌 설비

정답
① 원자력 설비
② 군사시설
③ 사업주가 해당 사업장 내에서 직접 사용하기 위한 난방용 연료의 저장설비 및 사용설비
④ 도매·소매시설
⑤ 차량 등의 운송설비
⑥ 「액화석유가스의 안전관리 및 사업법」에 따른 액화석유가스의 충전·저장시설
⑦ 「도시가스사업법」에 따른 가스공급시설
법령 산업안전보건법 시행령 제43조

06

산업안전보건법령상 사업주가 근로자에게 작업이나 통행 등으로 인하여 전기기계·기구 또는 전로 등의 충전부분에 접촉하거나 접근함으로써 감전 위험이 있는 충전부분에 대하여 감전을 방지하기 위하여 방호조치를 하여야 하는 방법 3가지를 쓰시오.

Keyword | 전기기계·기구 등의 충전부 방호 방법

정답
① 충전부가 노출되지 않도록 폐쇄형 외함(外函)이 있는 구조로 할 것
② 충전부에 충분한 절연효과가 있는 방호망이나 절연덮개를 설치할 것
③ 충전부는 내구성이 있는 절연물로 완전히 덮어 감쌀 것
④ 발전소·변전소 및 개폐소 등 구획되어 있는 장소로서 관계 근로자가 아닌 사람의 출입이 금지되는 장소에 충전부를 설치하고, 위험표시 등의 방법으로 방호를 강화할 것
⑤ 전주 위 및 철탑 위 등 격리되어 있는 장소로서 관계 근로자가 아닌 사람이 접근할 우려가 없는 장소에 충전부를 설치할 것

법령 산업안전보건기준에 관한 규칙 제301조

07

비등액체팽창 증기폭발(BLEVE)에 영향을 주는 인자 3가지를 쓰시오.

Keyword | 비등액체팽창 증기폭발(BLEVE)의 영향 인자

정답
① 저장용기에 저장된 물질의 종류
② 저장용기에 저장된 물질의 인화성
③ 저장용기의 재질
④ 저장용기 주위의 온도와 압력
⑤ 저장탱크의 재질

참고 비등액팽창 증기폭발(BLEVE)
외부화재에 의해 탱크 내 가연성액체가 비등하고 증기가 팽창하면서 폭발을 일으키는 현상

08 산업안전보건법령상 기계의 원동기·회전축·기어·풀리·플라이휠·벨트 및 체인 등 근로자가 위험에 처할 우려가 있는 부위에 사업주가 설치하여야 하는 위험 방지조치 설비 3가지를 쓰시오.

> **Keyword |** 원동기·회전축 등의 위험 방지를 위한 설비
>
> **정답**
> ① 덮개
> ② 울
> ③ 슬리브
> ④ 건널다리
>
> **법령** 산업안전보건기준에 관한 규칙 제87조

09 연삭기 덮개의 시험방법 중 연삭기 작동시험에 관하여 다음 빈칸에 들어갈 알맞은 답을 쓰시오.

- 연삭(①)과 덮개의 접촉 여부
- 탁상용 연삭기는 덮개, (②) 및 (③) 부착 상태의 적합성 여부

> **Keyword |** 연삭기 덮개의 시험방법
>
> **정답**
> ① 숫돌
> ② 워크레스트
> ③ 조정편
>
> **법령** 방호장치 자율안전기준 고시 별표 4의2

10 산업안전보건법령상 철골 공사 작업을 중지하여야 하는 조건에 대하여 다음 빈칸에 들어갈 알맞은 답을 쓰시오.

- 풍속이 (①) 이상인 경우
- 강우량이 (②) 이상인 경우
- 강설량이 (③) 이상인 경우

> **Keyword |** 철골작업 중지의 날씨 기준
>
> **정답**
> ① 10m/s
> ② 1mm/h
> ③ 1cm/h
>
> **법령** 산업안전보건기준에 관한 규칙 제383조

11 산업안전보건법령상 사업주가 근로자에게 실시해야 하는 관리감독자의 안전보건교육 내용 중 정기교육에 대한 사항 4가지를 쓰시오. (단, 그 밖의 관리감독자의 직무에 관한 사항은 제외한다.)

Keyword | 관리감독자의 정기 안전보건교육 내용

정답
① 산업안전 및 산업재해 예방에 관한 사항
② 산업보건 및 건강장해 예방에 관한 사항
③ 위험성평가에 관한 사항
④ 유해·위험 작업환경 관리에 관한 사항
⑤ 산업안전보건법령 및 산업재해보상보험 제도에 관한 사항
⑥ 직무스트레스 예방 및 관리에 관한 사항
⑦ 직장 내 괴롭힘, 고객의 폭언 등으로 인한 건강장해 예방 및 관리에 관한 사항
⑧ 작업공정의 유해·위험과 재해 예방대책에 관한 사항
⑨ 사업장 내 안전보건관리체제 및 안전·보건조치 현황에 관한 사항
⑩ 표준안전 작업방법 결정 및 지도·감독 요령에 관한 사항
⑪ 현장근로자와의 의사소통능력 및 강의능력 등 안전보건교육 능력 배양에 관한 사항
⑫ 비상시 또는 재해 발생 시 긴급조치에 관한 사항

법령 산업안전보건법 시행규칙 별표 5

12 연평균 근로자수가 1,500명이고 연간 재해건수가 60건 발생하는 어느 사업장이 있다. 이 중 사망이 2건, 근로손실일수가 1,200일인 경우의 연천인율을 구하시오.

Keyword | 연천인율

풀이
$$연천인율 = \frac{연간 \ 재해자 \ 수}{연평균 \ 근로자수} \times 1,000$$
$$= \frac{60}{1,500} \times 1,000 = 40$$

정답 40

13 다음은 가설통로를 설치할 때 사업주가 준수하여야 하는 사항 중 일부이다. 다음 빈칸에 들어갈 알맞은 답을 쓰시오.

(1) 경사가 (①)를 초과하는 때에는 미끄러지지 아니하는 구조로 할 것
(2) 수직갱에 가설된 통로의 길이가 15m 이상인 경우에는 (②)m 이내마다 계단참을 설치할 것
(3) 건설공사에 사용하는 높이 8m 이상인 비계다리에는 (③)m 이내마다 계단참을 설치할 것

Keyword | 가설통로 설치 시 준수사항

정답
① 15°
② 10
③ 7

법령 산업안전보건기준에 관한 규칙 제23조

참고 그 외 가설통로 설치 시 준수사항
㉮ 견고한 구조로 할 것
㉯ 경사는 30° 이하로 할 것
㉰ 추락할 위험이 있는 장소에는 안전난간을 설치할 것

14 보호구 안전인증 고시상 사용 장소에 따른 방독마스크의 등급 기준 중 다음 빈칸에 들어갈 알맞은 답을 쓰시오.

(1) 고농도 : 가스 또는 증기의 농도가 100분의 (①) 이하의 대기 중에서 사용하는 것
(2) 중농도 : 가스 또는 증기의 농도가 100분의 (②) 이하의 대기 중에서 사용하는 것
(3) 비고 : 방독마스크는 산소농도가 (③) 이상인 장소에서 사용하여야 하고, 고농도와 중농도에서 사용하는 방독마스크는 전면형(격리식, 직결식)을 사용해야 한다.

Keyword | 방독마스크의 사용장소에 따른 등급 기준

정답
① 2
② 1
③ 18%

법령 보호구 안전인증 고시 별표 5

참고 방독마스크 정화통 외부 측면의 표시 색

종류	표시 색
유기화합물용 정화통	갈색
할로겐용 정화통	회색
황화수소용 정화통	회색
시안화수소용 정화통	회색
아황산용 정화통	노란색
암모니아용 정화통	녹색

2018년 제2회 기출복원문제

필답형

01 산업안전보건법령상 지게차의 방호장치인 헤드가드가 갖추어야 할 사항 2가지를 쓰시오.

Keyword | 지게차 헤드가드가 갖추어야 할 사항

정답
① 강도는 지게차의 최대하중의 2배 값(4톤을 넘는 값에 대해서는 4톤으로 한다)의 등분포정하중(等分布靜荷重)에 견딜 수 있을 것
② 상부틀의 각 개구의 폭 또는 길이가 16cm 미만일 것
③ 운전자가 앉아서 조작하거나 서서 조작하는 지게차의 헤드가드는 한국산업표준에서 정하는 높이 기준 이상일 것

법령 | 산업안전보건기준에 관한 규칙 제180조

02 다음 설명에 해당하는 기계설비의 위험점을 쓰시오.

(1) 고정부분과 회전하는 동작부분에서 형성되는 위험점
(2) 서로 반대 방향으로 회전하는 두 개의 회전체에 물려 들어가는 위험점
(3) 회전하는 부분의 접선 방향으로 물려 들어갈 위험이 존재하는 위험점
(4) 왕복운동을 하는 동작운동과 고정부분 사이에 형성되는 위험점

Keyword | 기계설비의 위험점

정답
(1) 끼임점
(2) 물림점
(3) 접선물림점
(4) 협착점

03 콘크리트 타설작업을 하는 경우 준수해야 할 사항 3가지를 쓰시오.

> **Keyword | 콘크리트 타설작업 시 준수사항**
>
> **정답**
> ① 당일의 작업을 시작하기 전에 해당 작업에 관한 거푸집 및 동바리의 변형·변위 및 지반의 침하 유무 등을 점검하고 이상이 있으면 보수할 것
> ② 작업 중에는 감시자를 배치하는 등의 방법으로 거푸집 및 동바리의 변형·변위 및 침하 유무 등을 확인해야 하며, 이상이 있으면 작업을 중지하고 근로자를 대피시킬 것
> ③ 콘크리트 타설작업 시 거푸집 붕괴의 위험이 발생할 우려가 있으면 충분한 보강조치를 할 것
> ④ 설계도서상의 콘크리트 양생기간을 준수하여 거푸집 및 동바리를 해체할 것
> ⑤ 콘크리트를 타설하는 경우에는 편심이 발생하지 않도록 골고루 분산하여 타설할 것
>
> **법령** 산업안전보건기준에 관한 규칙 제334조

04 소음이 발생되고 있는 기계로부터 20m 떨어진 곳의 음압수준이 100dB이라면, 200m 떨어진 곳의 음압수준은 얼마인지 구하시오.

> **Keyword | 음압수준**
>
> **풀이**
> $$dB_2 = dB_1 - 20\log\left(\frac{d_2}{d_1}\right)$$
> 여기서, dB_n : 소음이 발생되고 있는 기계로부터 d_n 만큼 떨어진 거리에서의 음압수준
> $$dB_2 = 100 - 20\log\left(\frac{200}{20}\right) = 80$$
>
> **정답** 80dB

05
산업안전보건법령상 아세틸렌 용접장치 검사 시 안전기의 설치위치를 확인하려고 할 때 다음 빈칸에 알맞은 답을 쓰시오.

(1) 사업주는 아세틸렌 용접장치의 (①)마다 안전기를 설치하여야 한다. 다만 주관 및 (①)에 가장 가까운 (②)마다 안전기를 부착한 경우에는 그러하지 아니하다.
(2) 사업주는 가스용기가 (③)와 분리되어 있는 아세틸렌 용접장치에 대하여 (③)와 가스용기 사이에 안전기를 설치하여야 한다.

Keyword | 아세틸렌 용접장치의 안전기 설치 위치

정답
① 취관
② 분기관
③ 발생기

법령 산업안전보건기준에 관한 규칙 제289조

참고 아세틸렌 용접장치의 구조
㉮ 발생기 : 카바이드와 물을 반응시켜 아세틸렌 용접장치에서 사용하는 아세틸렌을 발생시키는 장치
㉯ 도관 : 발생기로부터 작업 현장으로 가스를 공급하기 위한 배관 설비
㉰ 취관 : 선단에 붙인 팁(노즐)으로부터 가스의 유출을 조절하는 기구
㉱ 안전기 : 가스의 역류 및 역화를 방지하기 위해 설치하는 방호장치

06
다음은 광전자식 프레스의 방호장치를 형식 구분에 따라 나타낸 것이다. 다음 빈칸에 들어갈 알맞은 답을 쓰시오.

형식 구분	광축의 범위
Ⓐ	(①)광축 이하
Ⓑ	(②)광축 미만
Ⓒ	(③)광축 이상

Keyword | 광전자식 프레스 방호장치의 형식 구분

정답
① 12
② 13~56
③ 56

법령 방호장치 안전인증 고시 별표 1

참고 광전자식 프레스 방호장치의 분류와 기능
㉮ 광전자식(A-1) : 투광부, 수광부, 컨트롤 부분으로 구성된 것으로서, 신체의 일부가 광선을 차단하면 기계를 급정지시키는 방호장치
㉯ 광전자식(A-2) : 급정지 기능이 없는 프레스의 클러치 개조를 통해 광선 차단 시 급정지시킬 수 있도록 한 방호장치

07 산업안전보건법령상 중대재해의 정의에 대하여 다음 빈칸에 들어갈 알맞은 답을 쓰시오.

(1) 사망자가 (①) 이상 발생한 재해
(2) (②) 이상 요양이 필요한 부상자가 동시에 (③) 이상 발생한 재해
(3) 부상자 또는 직업성 질병자가 동시에 (④) 이상 발생한 재해

Keyword | 중대재해의 범위

정답
① 1명
② 3개월
③ 2명
④ 10명

법령 산업안전보건법 시행규칙 제3조

08 산업안전보건법령상 다음 그림에 알맞은 안전보건표지의 명칭을 쓰시오.

(1)    (2)

(3)    (4)

Keyword | 안전보건표지의 종류와 형태

정답
(1) 부식성물질 경고
(2) 화기금지
(3) 폭발성물질 경고
(4) 고압전기 경고

법령 산업안전보건법 시행규칙 별표 6

09 산업안전보건법령상 사업주가 근로자에게 실시하여야 하는 안전보건교육의 종류 4가지를 쓰시오.

Keyword | 근로자 안전보건교육의 종류

정답
① 정기교육
② 채용 시 교육
③ 작업내용 변경 시 교육
④ 특별교육
⑤ 건설업 기초 안전·보건교육

법령 산업안전보건법 시행규칙 별표 5

10 산업안전보건법령상 사업주는 위험물질을 제조·취급하는 작업장과 그 작업장이 있는 건축물에 출입구 외에 안전한 장소로 대피할 수 있는 비상구 1개 이상을 설치해야 한다(단, 작업장 바닥면의 가로 및 세로가 각 3m 미만인 경우에는 그렇지 않다). 다음 빈칸에 들어갈 알맞은 답을 쓰시오.

> (1) 출입구와 같은 방향에 있지 아니하고, 출입구로부터 (①) 이상 떨어져 있을 것
> (2) 작업장의 각 부분으로부터 하나의 비상구 또는 출입구까지의 수평거리가 (②) 이하가 되도록 할 것
> (3) 비상구의 너비는 (③) 이상으로 하고, 높이는 (④) 이상으로 할 것
> (4) 비상구의 문은 피난 방향으로 열리도록 하고, 실내에서 항상 열 수 있는 구조로 할 것

Keyword | 비상구의 설치 구조

정답
① 3m
② 50m
③ 0.75m
④ 1.5m

법령 산업안전보건기준에 관한 규칙 제17조

---

11 산업안전보건법령상 크레인을 사용하는 작업 시 작업시작 전 점검해야 할 사항 3가지를 쓰시오.

Keyword | 크레인의 작업시작 전 점검사항

정답
① 권과방지장치·브레이크·클러치 및 운전장치의 기능 점검
② 주행로의 상측 및 트롤리(trolley)가 횡행하는 레일의 상태 점검
③ 와이어로프가 통하고 있는 곳의 상태 점검

법령 산업안전보건기준에 관한 규칙 별표 3

12 인체측정 자료의 응용 원칙에 대하여 3가지를 쓰시오.

Keyword | 인체측정 자료의 응용 원칙

정답
① 극단치를 이용한 설계
② 조절식 설계
③ 평균치를 이용한 설계

---

13 다음은 전로의 사용전압에 해당하는 시험전압과 절연저항을 나타낸 표이다. 빈칸에 들어갈 알맞은 답을 쓰시오.

전로의 사용전압(V)	DC 시험전압(V)	절연저항(MΩ 이상)
SELV 및 PELV	(①)	0.5MΩ
FELV 500V 이하	500	(②)MΩ
500V 초과	(③)	1.0MΩ

Keyword | 저압전로의 절연성능 시험

정답
① 250
② 1.0
③ 1,000

법령 한국전기설비규정(KEC)

---

14 산업안전보건법령상 사업주는 가스장치실을 설치하는 경우 갖추어야 할 사항 3가지를 쓰시오.

Keyword | 가스장치실의 설치 구조

정답
① 가스가 누출된 경우에는 그 가스가 정체되지 않도록 할 것
② 지붕과 천장에는 가벼운 불연성 재료를 사용할 것
③ 벽에는 불연성 재료를 사용할 것

법령 산업안전보건기준에 관한 규칙 제292조

2018년 제3회 기출복원문제

필답형

01 산업안전보건법령상 분진 등을 배출하기 위하여 설치하는 국소배기장치(이동식은 제외)의 덕트 기준에 대한 사항 3가지를 쓰시오.

> **Keyword** | 국소배기장치의 덕트 설치 기준
>
> **정답**
> ① 가능하면 길이는 짧게 하고 굴곡부의 수는 적게 할 것
> ② 접속부의 안쪽은 돌출된 부분이 없도록 할 것
> ③ 청소구를 설치하는 등 청소하기 쉬운 구조로 할 것
> ④ 덕트 내부에 오염물질이 쌓이지 않도록 이송속도를 유지할 것
> ⑤ 연결 부위 등은 외부 공기가 들어오지 않도록 할 것
>
> **법령** 산업안전보건기준에 관한 규칙 제73조

02 재해예방대책의 4가지 기본 원칙을 쓰시오.

> **Keyword** | 재해예방대책의 4가지 기본 원칙
>
> **정답**
> ① 예방가능의 원칙
> ② 손실우연의 원칙
> ③ 대책선정의 원칙
> ④ 원인연계의 원칙

03 산업안전보건법령상 자율안전확인대상 기계·기구의 종류 4가지를 쓰시오.

Keyword | 자율안전확인대상 기계·기구

정답
① 연삭기 또는 연마기(휴대형은 제외)
② 산업용 로봇
③ 혼합기
④ 파쇄기 또는 분쇄기
⑤ 식품가공용 기계(파쇄·절단·혼합·제면 기만 해당)
⑥ 컨베이어
⑦ 자동차정비용 리프트
⑧ 공작기계(선반, 드릴기, 평삭·형삭기, 밀링 기만 해당)
⑨ 고정형 목재가공용 기계(둥근톱, 대패, 루타기, 띠톱, 모떼기 기계만 해당)
⑩ 인쇄기

법령 산업안전보건법 시행령 제77조

04 정전기에 의한 화재 또는 폭발 등의 위험이 발생할 우려가 있는 경우에 이를 방지하기 위한 정전기 발생 방지 대책에 대한 사항 3가지를 쓰시오.

Keyword | 정전기 발생 방지대책

정답
① 확실한 방법으로 접지
② 도전성 재료 사용
③ 가습
④ 제전(除電)장치 사용

05 인간-기계시스템의 정보처리 기본 기능 4가지를 쓰시오.

Keyword | 인간-기계시스템의 정보처리 기본 기능

정답
① 감지
② 정보의 보관
③ 정보처리 및 의사결정
④ 행동

06 산업안전보건법령상 달비계에 사용해서는 안 되는 와이어로프의 기준 3가지를 쓰시오.

Keyword | 와이어로프의 사용금지 기준

정답
① 이음매가 있는 것
② 와이어로프의 한 꼬임(strand)에서 끊어진 소선의 수가 10% 이상인 것
③ 지름의 감소가 공칭지름의 7%를 초과하는 것
④ 꼬인 것
⑤ 심하게 변형되거나 부식된 것
⑥ 열과 전기충격에 의해 손상된 것

법령 산업안전보건기준에 관한 규칙 제63조

07 MIL-STD-882B(미 국방성 시스템 위험성평가)의 위험도 분류 4가지를 쓰시오.

Keyword | MIL-STD-882B의 위험도 분류

정답
① 1단계 : 파국적
② 2단계 : 위기적
③ 3단계 : 한계적
④ 4단계 : 무시가능

08 산업안전보건법령상 철골 공사 작업을 중지하여야 하는 조건에 대하여 다음 빈칸에 들어갈 알맞은 답을 쓰시오.

- 풍속이 (①) 이상인 경우
- 강우량이 (②) 이상인 경우
- 강설량이 (③) 이상인 경우

Keyword | 철골작업 중지의 날씨 기준

정답
① 10m/s
② 1mm/h
③ 1cm/h

법령 산업안전보건기준에 관한 규칙 제383조

09 산업안전보건법령상 부두·안벽 등 하역작업을 하는 장소에 대하여 조치하여야 하는 사항 3가지를 쓰시오.

Keyword | 하역작업장의 조치사항

정답
① 작업장 및 통로의 위험한 부분에는 안전하게 작업할 수 있는 조명을 유지할 것
② 부두 또는 안벽의 선을 따라 통로를 설치하는 경우에는 폭을 90cm 이상으로 할 것
③ 육상에서의 통로 및 작업장소로서 다리 또는 선거(船渠) 갑문(閘門)을 넘는 보도(步道) 등의 위험한 부분에는 안전난간 또는 울타리 등을 설치할 것

법령 산업안전보건기준에 관한 규칙 제390조

10 산업안전보건법령상 벌목작업(유압식 벌목기를 사용하는 경우는 제외) 시 위험방지를 위하여 사업주가 준수하여야 하는 사항 2가지를 쓰시오.

Keyword | 벌목작업 시 위험방지를 위한 준수 사항

정답
① 벌목하려는 경우에는 미리 대피로 및 대피장소를 정해 둘 것
② 벌목하려는 나무의 가슴높이지름이 20cm 이상인 경우에는 수구(베어지는 쪽의 밑동 부근에 만드는 쐐기 모양의 절단면)의 상면·하면의 각도를 30° 이상으로 하며, 수구 깊이는 뿌리부분 지름의 1/4 이상 1/3 이하로 만들 것
③ 벌목작업 중에는 벌목하려는 나무로부터 해당 나무 높이의 2배에 해당하는 직선거리 안에서 다른 작업을 하지 않을 것
④ 나무가 다른 나무에 걸려있는 경우에는 걸려있는 나무 밑에서 작업을 하지 않을 것과 받치고 있는 나무를 벌목하지 않을 것

법령 산업안전보건기준에 관한 규칙 제405조

11 산업안전보건법령상 이동식비계를 조립하여 작업을 하는 경우 준수하여야 할 사항 4가지를 쓰시오.

Keyword | 이동식비계의 조립작업 시 준수사항

정답
① 이동식비계의 바퀴에는 뜻밖의 갑작스러운 이동 또는 전도를 방지하기 위하여 브레이크·쐐기 등으로 바퀴를 고정시킨 다음, 비계의 일부를 견고한 시설물에 고정하거나 아웃트리거를 설치하는 등 필요한 조치를 할 것
② 승강용사다리는 견고하게 설치할 것
③ 비계의 최상부에서 작업을 하는 경우에는 안전난간을 설치할 것
④ 작업발판은 항상 수평을 유지하고 작업발판 위에서 안전난간을 딛고 작업을 하거나, 받침대 또는 사다리를 사용하여 작업하지 않도록 할 것
⑤ 작업발판의 최대적재하중은 250kg을 초과하지 않도록 할 것

법령 산업안전보건기준에 관한 규칙 제68조

12 인간관계의 메커니즘 3가지를 쓰시오.

Keyword | 인간관계의 메커니즘

정답
① 일체화
② 동일화
③ 역할학습
④ 투사
⑤ 커뮤니케이션
⑥ 공감
⑦ 모방
⑧ 암시

13 산업안전보건법령상 안전인증 대상 보호구의 종류 3가지를 쓰시오.

Keyword | 안전인증대상 보호구

정답
① 추락 및 감전 위험방지용 안전모
② 안전화
③ 안전장갑
④ 방진마스크
⑤ 방독마스크
⑥ 송기마스크
⑦ 전동식 호흡보호구
⑧ 보호복
⑨ 안전대
⑩ 차광 및 비산물 위험방지용 보안경
⑪ 용접용 보안면
⑫ 방음용 귀마개 또는 귀덮개

법령 산업안전보건법 시행령 제74조

14 부탄(C_4H_{10})이 완전연소하기 위한 화학양론식을 쓰고, 완전연소에 필요한 최소산소농도(vol%)를 구하시오. (단, 부탄의 폭발하한계 값은 1.9vol%이다.)

(1) 화학양론식
(2) 최소산소농도

Keyword | 부탄의 화학양론식과 최소산소농도

풀이
(1) 부탄의 화학양론식
$1C_4H_{10} + 6.5O_2 = 4CO_2 + 5H_2O$

(2) 최소산소농도 = 폭발하한계 × $\dfrac{\text{산소의 몰수}}{\text{연료의 몰수}}$
$= 1.9 \times \dfrac{6.5}{1} = 12.35$

정답
(1) $1C_4H_{10} + 6.5O_2 = 4CO_2 + 5H_2O$
(2) 12.35(vol%)

2019년 제1회 기출복원문제

필답형

01 2줄걸이로 인양작업을 할 때, 화물의 하중을 직접 지지하는 달기 와이어로프의 절단하중이 2,000kg이다. 이때 최대 안전하중(kg)은 얼마인지 구하시오.

Keyword | 안전율과 최대 안전하중

[풀이]

㉮ 안전율 = $\dfrac{\text{절단하중} \times \text{줄걸이 개수}}{\text{최대안전하중}}$

㉯ 화물의 하중을 직접 지지하는 달기 와이어로프 또는 달기 체인의 안전율 : 5 이상

㉰ 최대 안전하중 = $\dfrac{\text{절단하중} \times \text{줄걸이 개수}}{\text{안전율}}$
 = $\dfrac{2{,}000 \times 2}{5} = 800[\text{kg}]$

[정답] 800

02 거리가 2m 떨어진 곳에서의 조도가 150Lux일 때, 3m 떨어진 곳에서의 조도는 얼마인지 구하시오.

Keyword | 조도

[풀이]

㉮ 조도 = $\dfrac{\text{광도}}{(\text{거리})^2}$

㉯ 거리가 2m 떨어진 곳에서의 조도

$150[\text{lux}] = \dfrac{\text{광도}}{2^2}$

광도 = $150[\text{lux}] \times 2^2 = 600[\text{cd}]$

㉰ 거리가 3m 떨어진 곳에서의 조도

$\dfrac{600}{3^2} = 66.67[\text{lux}]$

[정답] 66.67

03 산업안전보건법령상 사업주는 근로자의 위험을 방지하기 위하여 해당 작업, 작업장의 지형·지반 및 지층 상태 등에 대한 사전조사를 하고 그 결과를 기록·보존해야 하며, 조사결과를 고려하여 작업계획서를 작성하고 그 계획에 따라 작업을 하도록 해야 한다. 굴착면의 높이가 2m 이상이 되는 지반의 굴착작업의 작업계획서에 포함되어야 할 사항 4가지를 쓰시오. (단, 그 밖에 안전·보건에 관련된 사항은 제외한다.)

> **Keyword** | 굴착작업 시 작업계획서의 포함사항
>
> **정답**
> ① 굴착방법 및 순서, 토사 반출 방법
> ② 필요한 인원 및 장비 사용계획
> ③ 매설물 등에 대한 이설·보호대책
> ④ 사업장 내 연락방법 및 신호방법
> ⑤ 흙막이 지보공 설치방법 및 계측계획
> ⑥ 작업지휘자의 배치계획
>
> **법령** 산업안전보건기준에 관한 규칙 별표 4

04 산업안전보건법령상 달비계에 사용해서는 안 되는 와이어로프의 기준 3가지를 쓰시오.

> **Keyword** | 와이어로프의 사용금지 기준
>
> **정답**
> ① 이음매가 있는 것
> ② 와이어로프의 한 꼬임(strand)에서 끊어진 소선의 수가 10% 이상인 것
> ③ 지름의 감소가 공칭지름의 7%를 초과하는 것
> ④ 꼬인 것
> ⑤ 심하게 변형되거나 부식된 것
> ⑥ 열과 전기충격에 의해 손상된 것
>
> **법령** 산업안전보건기준에 관한 규칙 제63조
>
> **참고** 달기 체인의 사용금지 기준
> ㉮ 달기 체인의 길이가 달기 체인이 제조된 때의 길이의 5%를 초과한 것
> ㉯ 링의 단면 지름이 달기 체인이 제조된 때 길이의 10%를 초과하여 감소한 것
> ㉰ 균열이 있거나 심하게 변형된 것

05 정전기에 의한 화재 또는 폭발 등의 위험이 발생할 우려가 있는 경우에 이를 방지하기 위한 정전기 발생 방지대책에 대한 사항 3가지를 쓰시오.

Keyword | 정전기 발생 방지대책

정답
① 확실한 방법으로 접지
② 도전성 재료 사용
③ 가습
④ 제전(除電)장치 사용

06 보일러의 폭발사고 방지를 위한 안전장치의 종류 3가지를 쓰시오.

Keyword | 보일러의 안전장치

정답
① 고저수위조절장치
② 압력방출장치
③ 압력제한스위치
④ 화염검출기

법령 산업안전보건기준에 관한 규칙 제119조

07 특급 방진마스크를 사용하여야 하는 장소 2곳을 쓰시오.

Keyword | 특급 방진마스크의 사용장소

정답
① 베릴륨 등과 같이 독성이 강한 물질을 함유한 분진 등 발생장소
② 석면 취급장소

법령 보호구 안전인증 고시 별표 4

08 도수율이 12인 어느 사업장의 연간 재해건수가 12건이고 휴업일수는 146일일 때, 이 사업장의 강도율을 구하시오. (단, 1일 근무시간은 10시간이며, 연간 250일 근무한다.)

Keyword | 강도율과 도수율

풀이

㉮ 도수율 = $\dfrac{\text{재해건수}}{\text{연근로총시간수}} \times 1,000,000$

㉯ 연근로총시간수 = $\dfrac{\text{재해건수}}{\text{도수율}} \times 1,000,000$
$= \dfrac{12}{12} \times 1,000,000$
$= 1,000,000$

㉰ 강도율 = $\dfrac{\text{근로손실일수}}{\text{연근로총시간수}} \times 1,000$
$= \dfrac{146 \times \dfrac{250}{365}}{1,000,000} \times 1,000$
$= 0.1$

정답 0.1

---

09 산업안전보건법령상 산업용 로봇의 작동 범위에서 교시 등의 작업을 하는 경우에 해당 로봇의 예상하지 못한 오작동 또는 오조작에 의한 위험을 방지하기 위해 조치하여야 하는 사항 4가지를 쓰시오. (단, 그 밖에 로봇의 예기치 못한 작동 또는 오조작에 의한 위험 방지를 하기 위하여 필요한 조치는 제외한다.)

Keyword | 산업용 로봇의 위험 방지조치

정답
① 로봇의 조작방법 및 순서
② 작업 중의 매니퓰레이터의 속도
③ 2명 이상의 근로자에게 작업을 시킬 경우의 신호방법
④ 이상을 발견했을 경우의 조치
⑤ 이상을 발견하여 로봇의 운전을 정지시킨 후 이를 재가동 시킬 경우의 조치

법령 산업안전보건기준에 관한 규칙 제222조

10 산업안전보건법령상 안전보건총괄책임자의 직무에 대한 사항 4가지를 쓰시오.

Keyword | 안전보건총괄책임자의 직무

정답
① 위험성평가의 실시에 관한 사항
② 산업재해가 발생할 위험이 있거나 중대재해가 발생하였을 경우 작업의 중지
③ 도급 시 산업재해 예방조치
④ 산업안전보건관리비의 관계수급인 간의 사용에 관한 협의·조정 및 그 집행의 감독에 관한 사항
⑤ 안전인증대상기계 등과 자율안전확인대상기계 등의 사용 여부 확인

법령) 산업안전보건법 시행령 제53조

11 잠함 또는 우물통의 내부에서 굴착 작업을 하는 경우 급격한 침하에 의한 위험을 방지하기 위하여 준수하여야 할 사항 2가지를 쓰시오.

Keyword | 잠함 또는 우물통 내부작업 시 급격한 침하에 의한 위험 방지대책

정답
① 침하관계도에 따라 굴착 방법 및 재하량(載荷量) 등을 정할 것
② 바닥으로부터 천장 또는 보까지의 높이는 1.8m 이상으로 할 것

법령) 산업안전보건기준에 의한 규칙 제376조

12 양립성의 종류 3가지를 쓰시오.

Keyword | 양립성의 종류

정답
① 개념 양립성
② 운동 양립성
③ 공간 양립성
④ 양식 양립성

13 굴착공사 등에서 자주 볼 수 있는 보일링 현상에 대한 방지대책 3가지를 쓰시오.

Keyword | 보일링 현상의 방지대책

정답
① 작업을 중지하거나 굴착토를 원상태로 매립시킬 것
② 지하수위를 저하시킬 것
③ 흙막이벽의 근입깊이를 증가시킬 것

참고 보일링 현상
지하수위가 높은 사질토 지반의 굴착 시 굴착저면과 흙막이 배면의 지하수의 수위차로 인해 굴착저면의 흙과 물이 함께 솟구쳐 오르는 현상

14 기초대사량이 7,000kcal/일이고 작업 시 소비에너지가 20,000kcal/일, 안정 시 소비에너지가 6,000kcal/일일 때, 에너지 대사율(RMR)을 구하시오.

Keyword | 에너지 대사율(RMR)

풀이
$$R = \frac{\text{작업 시 소비에너지} - \text{안정 시 소비에너지}}{\text{기초대사량}}$$
$$= \frac{20,000 - 6,000}{7,000} = 2$$

정답 2

2019년 제2회 기출복원문제

필답형

01 산업안전보건법령상 화물의 하중을 직접 지지하는 달기 와이어로프 또는 달기 체인의 경우의 안전계수는 얼마 이상으로 해야 하는지 쓰시오.

Keyword | 화물 하중을 지지하는 달기 와이어로프 또는 달기 체인의 안전계수

정답 5 이상

법령 산업안전보건기준에 의한 규칙 제163조

참고 달기구의 안전계수

구분	안전계수
근로자가 탑승하는 운반구를 지지하는 달기 와이어로프 또는 달기 체인의 경우	10 이상
화물의 하중을 직접 지지하는 달기 와이어로프 또는 달기 체인의 경우	5 이상
훅, 샤클, 클램프, 리프팅 빔의 경우	3 이상
그 밖의 경우	4 이상

02 인체계측 자료의 응용원칙 3가지를 쓰시오.

Keyword | 인체계측 자료의 응용원칙

정답
① 극단치를 이용한 설계
② 조절식 설계
③ 평균치를 이용한 설계

03 산업안전보건법령상 안전관리자의 최소 인원에 대하여 다음 빈칸에 알맞은 답을 쓰시오.

(1) 사업장의 상시근로자 수 600명 펄프 제조업 : (①)명
(2) 사업장의 상시근로자 수 300명 고무 제품 제조업 : (②)명
(3) 사업장의 상시근로자 수 200명 우편 및 통신업 : (③)명

Keyword | 사업 종류별 안전관리자의 수

정답
① 2
② 1
③ 1

법령 산업안전보건법 시행령 별표 3

참고 사업 종류 및 상시근로자 수에 따른 안전관리자의 수

사업의 종류	상시근로자의 수	안전관리자의 수
5. 펄프, 종이 및 종이제품 제조업	50명 이상 500명 미만	1명 이상
9. 고무 및 플라스틱 제품 제조업	500명 이상	2명 이상
36. 우편 및 통신업	50명 이상 1,000명 미만	1명 이상
	1,000명 이상	2명 이상
49. 건설업	50억원 이상 800억원 미만	1명 이상
	800억원 이상 1,500억원 미만	2명 이상

04 산업안전보건법령상 크레인을 사용하는 작업 시 작업시작 전 점검해야 할 사항 3가지를 쓰시오.

Keyword | 크레인의 작업시작 전 점검사항

정답
① 권과방지장치 · 브레이크 · 클러치 및 운전장치의 기능 점검
② 주행로의 상측 및 트롤리(trolley)가 횡행하는 레일의 상태 점검
③ 와이어로프가 통하고 있는 곳의 상태 점검

법령 산업안전보건기준에 관한 규칙 별표 3

05 산업안전보건법령상 안전모의 성능시험 항목 4가지를 쓰시오.

Keyword | 안전모의 성능시험 항목

정답
① 내관통성 시험
② 충격흡수성 시험
③ 내전압성 시험
④ 내수성 시험
⑤ 난연성 시험
⑥ 턱끈풀림 시험

법령 보호구 안전인증 고시 별표 1

06 산업안전보건법령상 산업재해 중 사망 등 재해의 정도가 심한 것으로서 고용노동부령이 정하는 중대재해의 정의 3가지를 쓰시오.

Keyword | 중대재해의 범위

정답
① 사망자가 1명 이상 발생한 재해
② 3개월 이상의 요양이 필요한 부상자가 동시에 2명 이상 발생한 재해
③ 부상자 또는 직업성 질병자가 동시에 10명 이상 발생한 재해

법령 산업안전보건법 시행규칙 제3조

07 LD_{50}에 대하여 알맞은 정의를 쓰시오.

Keyword | LD_{50}의 정의

정답
대상물질을 실험동물에 투여하였을 때, 실험동물의 50%가 죽는 투여량 또는 투여 농도를 의미한다.

08 산업안전보건법령상 공기압축기를 가동할 때 작업시작 전 점검사항 4가지를 쓰시오.

Keyword | 공기압축기의 작업시작 전 점검사항

정답
① 공기저장 압력용기의 외관 상태
② 드레인밸브(drain valve)의 조작 및 배수
③ 압력방출장치의 기능
④ 언로드밸브(unloading valve)의 기능
⑤ 윤활유의 상태
⑥ 회전부의 덮개 또는 울
⑦ 그 밖의 연결 부위의 이상 유무

법령 산업안전보건기준에 관한 규칙 별표 3

---

09 다음 HAZOP 가이드 워드의 알맞은 정의를 쓰시오.

(1) As well as
(2) Parts of
(3) Other than
(4) More

Keyword | HAZOP 가이드 워드

정답
(1) As well as : 설계 의도 외에 다른 변수가 부가되는 상태
(2) Parts of : 설계 의도대로 완전히 이루어지지 않는 상태
(3) Other than : 설계 의도대로 설치되지 않거나 완전 유지되지 않는 상태
(4) More : 변수가 양적으로 증가되는 상태

참고 그 외 HAZOP 가이드 워드
㉮ No 또는 Not : 완전한 부정
㉯ Less : 양적으로 감소되는 상태
㉰ Reverse : 설계 의도와 정반대 상태

10 산업안전보건법령상 유해·위험기계기구 및 설비의 안전성을 평가하기 위하여 안전인증기관이 심사하는 심사의 종류 4가지를 쓰시오.

Keyword | 안전인증기관이 심사하는 심사의 종류

정답
① 예비심사
② 서면심사
③ 기술능력 및 생산체계 심사
④ 제품심사

법령 산업안전보건법 시행규칙 제110조

11 보일러의 폭발사고 방지를 위한 안전장치의 종류 3가지를 쓰시오.

Keyword | 보일러의 안전장치

정답
① 고저수위조절장치
② 압력방출장치
③ 압력제한스위치
④ 화염검출기

법령 산업안전보건기준에 관한 규칙 제119조

12 위험예지훈련 4라운드에 대하여 순서대로 쓰시오.

Keyword | 위험예지훈련 4라운드

정답
① 현상파악
② 본질추구
③ 대책수립
④ 목표설정

13 전기기계·기구를 적절하게 설치하려는 경우, 사업주가 고려해야 할 사항 3가지를 쓰시오.

> **Keyword** | 전기기계·기구의 적절한 설치를 위한 고려사항
>
> **정답**
> ① 전기기계·기구의 충분한 전기적 용량 및 기계적 강도
> ② 습기·분진 등 사용장소의 주위 환경
> ③ 전기적·기계적 방호수단의 적정성

14 어느 사업장의 근로자수가 300명이고 연간 재해가 15건, 휴업일수가 288일이 발생하였을 때 이 사업장의 도수율과 강도율을 구하시오. (단, 1일 근무시간은 8시간이며, 근무일수는 연간 280일이다.)

(1) 도수율
(2) 강도율

> **Keyword** | 도수율과 강도율
>
> **풀이**
> (1) 도수율 = $\dfrac{재해건수}{연근로총시간수} \times 1,000,000$
> $= \dfrac{15}{300 \times 8 \times 280} \times 1,000,000$
> $= 22.32$
>
> (2) 강도율 = $\dfrac{총근로손실일수}{연근로총시간수} \times 1,000$
> $= \dfrac{288 \times \dfrac{280}{365}}{300 \times 8 \times 280} \times 1,000$
> $= 0.33$
>
> **정답**
> (1) 도수율 : 22.32
> (2) 강도율 : 0.33

2019년 제3회 기출복원문제

필답형

01 재해조사 시 유의해야 할 사항 4가지를 쓰시오.

Keyword | 재해조사 시 유의사항

정답
① 사실을 수집해야 한다.
② 목격자가 발언하는 사실 이외의 추측의 말은 참고로 한다.
③ 조사는 신속히 행하고 2차 재해의 방지를 도모한다.
④ 사람, 설비, 환경의 측면에서 재해 요인을 도출한다.
⑤ 제3자의 입장에서 공정하게 조사하며, 조사는 2인 이상으로 한다.
⑥ 책임 추궁보다 재발 방지를 우선하는 기본 태도를 인지한다.

02 흙막이 지보공을 설치하였을 때 정기적으로 점검하고, 이상 발견 시 즉시 보수하여야 하는 사항 3가지를 쓰시오.

Keyword | 흙막이 지보공 설치 시 점검사항

정답
① 부재의 손상, 변형, 부식, 변위 및 탈락의 유무와 상태
② 버팀대의 긴압(緊壓)의 정도
③ 부재의 접속부, 부착부 및 교차부의 상태
④ 침하의 정도

법령 산업안전보건기준에 관한 규칙 제347조

03 인간-기계 시스템에서의 기본적인 기능에 대한 구성요소 중 다음 빈칸에 들어갈 알맞은 답을 쓰시오.

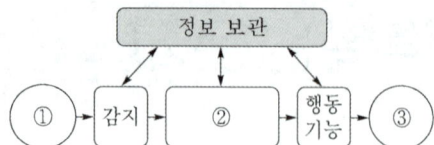

Keyword | 인간-기계 시스템에서의 기본 기능

정답
① 정보 입력
② 정보 처리 및 의사결정
③ 출력

04 동력식 수동대패기의 방호장치를 쓰고, 그에 따른 방호장치의 종류 2가지를 쓰시오.

(1) 방호장치
(2) 종류

Keyword | 동력식 수동대패기의 방호장치

정답
(1) 방호장치 : 날 접촉 예방장치
(2) 종류
　① 가동식 덮개
　② 고정식 덮개

05 산업안전보건법령상 보호구의 안전인증 제품에 안전인증 외에 표시하여야 하는 사항 4가지를 쓰시오.

Keyword | 보호구의 안전인증 제품에 안전인증 외에 표시하여야 하는 사항

정답
① 형식 또는 모델명
② 규격 또는 등급 등
③ 제조자명
④ 제조번호 및 제조연월
⑤ 안전인증 번호

[법령] 보호구 안전인증 고시 제34조

06 산업안전보건법령상 안전보건총괄책임자의 직무에 대한 사항 4가지를 쓰시오.

> **Keyword** | 안전보건총괄책임자의 직무
>
> **정답**
> ① 위험성평가의 실시에 관한 사항
> ② 산업재해가 발생할 위험이 있거나 중대재해가 발생하였을 경우 작업의 중지에 관한 사항
> ③ 도급 시 산업재해 예방조치에 관한 사항
> ④ 산업안전보건관리비의 관계수급인 간의 사용에 관한 협의·조정 및 그 집행의 감독에 관한 사항
> ⑤ 안전인증대상기계 등과 자율안전확인대상기계 등의 사용 여부 확인에 관한 사항
>
> **법령** 산업안전보건법 시행령 제53조

07 방호조치를 하지 아니하고는 양도, 대여, 설치 또는 진열해서는 안 되는 기계·기구 2가지를 쓰시오.

> **Keyword** | 방호조치 없이 양도 등이 안 되는 기계·기구
>
> **정답**
> ① 예초기
> ② 원심기
> ③ 공기압축기
> ④ 금속절단기
> ⑤ 지게차
> ⑥ 포장기계(진공포장기, 래핑기로 한정)
>
> **법령** 산업안전보건법 시행령 별표 20

08 산업안전보건법령상 달비계에 사용해서는 안 되는 와이어로프의 기준 3가지를 쓰시오.

Keyword | 와이어로프의 사용금지 기준

정답
① 이음매가 있는 것
② 와이어로프의 한 꼬임(strand)에서 끊어진 소선의 수가 10% 이상인 것
③ 지름의 감소가 공칭지름의 7%를 초과하는 것
④ 꼬인 것
⑤ 심하게 변형되거나 부식된 것
⑥ 열과 전기충격에 의해 손상된 것

법령 산업안전보건기준에 관한 규칙 제63조

참고 달기 체인의 사용금지 기준
㉮ 달기 체인의 길이가 달기 체인이 제조된 때의 길이의 5%를 초과한 것
㉯ 링의 단면 지름이 달기 체인이 제조된 때 길이의 10%를 초과하여 감소한 것
㉰ 균열이 있거나 심하게 변형된 것

(개정 / 2025)

09 산업안전보건법령상 사업주가 근로자에게 실시하여야 하는 안전보건교육 중에서 근로자의 정기교육에 대한 사항 4가지를 쓰시오.

Keyword | 근로자의 정기 안전보건교육 내용

정답
① 산업안전 및 산업재해 예방에 관한 사항
② 산업보건 및 건강장해 예방에 관한 사항
③ 위험성평가에 관한 사항
④ 건강증진 및 질병 예방에 관한 사항
⑤ 유해·위험 작업환경 관리에 관한 사항
⑥ 산업안전보건법령 및 산업재해보상보험제도에 관한 사항
⑦ 직무스트레스 예방 및 관리에 관한 사항
⑧ 직장 내 괴롭힘, 고객의 폭언 등으로 인한 건강장해 예방 및 관리에 관한 사항

법령 산업안전보건법 시행규칙 별표 5

10 산업안전보건법령상 가죽제 안전화의 성능 시험방법의 종류 4가지를 쓰시오.

Keyword | 가죽제 안전화의 성능 시험방법

정답
① 내유성 시험
② 내부식성 시험
③ 내압박성 시험
④ 내충격성 시험
⑤ 내답발성 시험
⑥ 박리저항 시험
⑦ 은면결렬 시험
⑧ 인열강도 시험
⑨ 인장강도 시험 및 신장율 시험
⑩ 선심의 내부길이 시험

법령 보호구 안전인증 고시 별표 2의9

11 다음은 공정안전보고서 이행 상태의 평가에 관한 내용을 나타낸 것이다. 다음 빈칸에 들어갈 알맞은 답을 쓰시오.

(1) 공정안전보고서의 심사 및 확인 후 1년이 지난 날로부터 (①) 이내에 실시하여야 한다.
(2) 사업주가 이행 상태 평가를 추가로 요청하는 경우 (②)마다 이행 상태 평가를 할 수 있다.

Keyword | 공정안전보고서 이행 상태의 평가

정답
① 2년
② 1년 또는 2년

법령 산업안전보건법 시행규칙 제54조

12 인간 – 기계 시스템에서 인간에 의한 제어의 정도에 따라 분류할 수 있는 시스템의 종류 3가지를 쓰시오.

Keyword | 인간의 제어 정도에 따라 분류되는 시스템의 종류

정답
① 수동 시스템
② 기계화(반자동) 시스템
③ 자동화 시스템

13 다음 〈보기〉는 기계 또는 설비, 방호장치, 보호구의 종류를 나열해 놓은 것이다. 〈보기〉 중에서 의무안전인증 대상이 되는 기계 또는 설비, 방호장치, 보호구에 해당되는 것을 모두 골라 쓰시오.

---| 보기 |---
안전대, 압력용기, 파쇄기, 충돌·협착 등의 위험 방지에 필요한 산업용 로봇 방호장치, 연삭용 덮개, 컨베이어, 양중기용 과부하 방지장치, 용접용 보안면, 동력식 수동대패용 칼날접촉방지장치, 교류아크용접기용 자동전격방지기

Keyword | 안전인증대상 기계·설비, 방호장치, 보호구

【정답】
① 안전대
② 압력용기
③ 충돌·협착 등의 위험 방지에 필요한 산업용 로봇 방호장치
④ 양중기용 과부하 방지장치
⑤ 용접용 보안면

【법령】 산업안전보건법 시행령 제74조

14 산업안전보건위원회의 근로자위원의 자격요건에 대한 사항 3가지를 쓰시오.

Keyword | 산업안전보건위원회의 근로자위원 자격요건

【정답】
① 근로자대표
② 근로자대표가 지명하는 1명 이상의 명예산업안전감독관
③ 근로자대표가 지명하는 9명 이내의 해당 사업장의 근로자

【법령】 산업안전보건법 시행령 제35조

【참고】 산업안전보건위원회의 사용자위원 자격요건
㉮ 사업의 대표자
㉯ 안전관리자
㉰ 보건관리자
㉱ 산업보건의
㉲ 사업의 대표자가 지명하는 9명 이내의 해당 사업장 부서의 장

2020년 제1회 기출복원문제

필답형

01 강도율에 대한 설명으로 다음 빈칸에 들어갈 알맞은 답을 쓰시오.

> 강도율이란 근로시간 합계 (①)시간당 요양재해로 인한 (②)를 말한다.

Keyword | 강도율의 정의

정답
① 1,000
② 근로손실일수

참고 강도율 계산식

강도율 = $\dfrac{\text{총근로손실일수}}{\text{연근로총시간수}} \times 1{,}000$

02 출입금지 표지를 그림으로 나타내고, 그에 맞는 색상을 쓰시오.

Keyword | 안전보건표지의 종류와 형태

- 바탕 : 흰색
- 기본모형 : 빨간색
- 관련부호 및 그림 : 검은색

법령 산업안전보건법 시행규칙 별표 6, 7

03 산업안전보건법령상 유해위험방지계획서를 제출하여야 하는 대상 사업장 3가지를 쓰시오. (단, 전기 계약용량이 300kW 이상인 경우)

Keyword | 유해위험방지계획서 제출 대상 사업장

정답
① 금속가공제품 제조업(기계 및 가구 제외)
② 비금속 광물제품 제조업
③ 기타 기계 및 장비 제조업
④ 자동차 및 트레일러 제조업
⑤ 식료품 제조업
⑥ 고무제품 및 플라스틱제품 제조업
⑦ 목재 및 나무제품 제조업
⑧ 기타 제품 제조업
⑨ 1차 금속 제조업
⑩ 가구 제조업
⑪ 화학물질 및 화학제품 제조업
⑫ 반도체 제조업
⑬ 전자부품 제조업

법령 산업안전보건법 시행령 제42조

04 산업안전보건법령상 누전에 의한 감전의 위험을 방지하기 위하여 접지를 해야 한다. 코드와 플러그를 접속하여 사용하는 전기기계·기구에 대한 사항 5가지를 쓰시오.

Keyword | 접지를 해야 하는 코드와 플러그 사용 전기기계·기구

정답
① 사용전압이 대지전압 150V를 넘는 것
② 냉장고·세탁기·컴퓨터 및 주변기기 등과 같은 고정형 전기기계·기구
③ 고정형·이동형 또는 휴대형 전동기계·기구
④ 물 또는 도전성(導電性)이 높은 곳에서 사용하는 전기기계·기구, 비접지형 콘센트
⑤ 휴대형 손전등

법령 산업안전보건기준에 관한 규칙 제302조

05 다음은 아세틸렌 용접장치의 아세틸렌 발생기를 설치하는 경우에 준수하여야 하는 사항에 대하여 나타낸 것이다. 빈칸에 들어갈 알맞은 답을 쓰시오.

(1) 발생기실은 건물의 (①)에 위치하여야 하며, 화기를 사용하는 설비로부터 (②)를 초과하는 장소에 설치하여야 한다.
(2) 발생기실을 옥외에 설치한 경우에는 그 개구부를 다른 건축물로부터 (③) 이상 떨어지도록 하여야 한다.

Keyword | 아세틸렌 발생기실의 설치 장소

정답
① 최상층
② 3m
③ 1.5m

법령 산업안전보건기준에 관한 규칙 제286조

---

06 10,000시간 동안 제품을 만들 때 10개의 제품이 고장이 발생하는 어느 한 제조업체가 있다. 다음 물음에 알맞은 답을 쓰시오.

(1) 고장률을 구하시오.
(2) 900시간 동안 적어도 1개의 제품이 고장날 확률을 구하시오.

Keyword | 고장률

풀이
(1) 고장률(λ) = $\dfrac{r(\text{동작 중 고장 수})}{T(\text{총 동작시간})}$
  = $\dfrac{10}{10,000}$ = 0.001
(2) 고장확률 = $1 - R(t)$
  여기서, $R(t)$ = 신뢰도 = $e^{-\lambda \times t}$
  고장확률 = $1 - R(t)$
    = $1 - e^{-\lambda t}$
    = $1 - e^{-(0.001 \times 900)}$ = 0.59

정답
(1) 0.001
(2) 0.59

07
달비계에 사용해서는 안 되는 달기 체인의 기준 3가지를 쓰시오.

Keyword | 달기 체인의 사용금지 기준

정답
① 달기 체인의 길이가 달기 체인이 제조된 때의 길이의 5%를 초과한 것
② 링의 단면지름이 달기 체인이 제조된 때의 해당 링의 지름의 10%를 초과하여 감소한 것
③ 균열이 있거나 심하게 변형된 것
법령 산업안전보건기준에 관한 규칙 제63조

08
산업안전보건법령상 안전보건관리규정에 포함하여야 하는 사항 4가지를 쓰시오.

Keyword | 안전보건관리규정의 포함사항

정답
① 안전 및 보건에 관한 관리조직과 그 직무에 관한 사항
② 안전보건교육에 관한 사항
③ 작업장의 안전 및 보건관리에 관한 사항
④ 사고조사 및 대책수립에 관한 사항
법령 산업안전보건법 제24조

09
롤러기 급정지장치의 앞면 롤러 표면속도에 따른 알맞은 급정지거리에 대하여 다음 빈칸에 들어갈 알맞은 답을 쓰시오.

(1) 30m/min 미만 : 앞면 롤러 원주의 (①)
(2) 30m/min 이상 : 앞면 롤러 원주의 (②)

Keyword | 앞면 롤러 표면속도에 따른 급정지거리

정답
① 1/3 이내
② 1/2.5 이내
법령 방호장치 자율안전기준 고시 별표 3

10 산업안전보건법령상 로봇작업에서 사업주가 근로자에게 실시하여야 하는 특별교육에 대한 내용 4가지를 쓰시오.

Keyword | 로봇작업 시 근로자의 특별교육 내용

정답
① 로봇의 기본원리·구조 및 작업방법에 관한 사항
② 이상 발생 시 응급조치에 관한 사항
③ 안전시설 및 안전기준에 관한 사항
④ 조작방법 및 작업순서에 관한 사항

법령 산업안전보건법 시행규칙 별표 5

참고 로봇의 교시 등 작업시작 전 점검사항
㉮ 외부 전선의 피복 또는 외장의 손상 유무
㉯ 매니퓰레이터(manipulator) 작동의 이상 유무
㉰ 제동장치 및 비상정지장치의 기능

11 비, 눈, 그 밖의 기상상태의 악화로 작업중지 또는 비계를 조립·해체하거나 변경 후 그 비계에서 작업을 하는 경우, 해당 작업을 시작하기 전 점검하고 이상을 발견하면 즉시 보수하여야 하는 사항에 대해 4가지를 쓰시오.

Keyword | 비계작업의 중지·조립·해체·변경 후 다시 작업시작 전 점검 및 보수사항

정답
① 발판 재료의 손상 여부 및 부착 또는 걸림 상태
② 해당 비계의 연결부 또는 접속부의 풀림 상태
③ 연결 재료 및 연결 철물의 손상 또는 부식 상태
④ 손잡이의 탈락 여부
⑤ 기둥의 침하, 변형, 변위 또는 흔들림 상태
⑥ 로프의 부착 상태 및 매단 장치의 흔들림 상태

법령 산업안전보건기준에 관한 규칙 제58조

12 중량물의 취급 작업을 할 때 작업계획서에 포함되어야 하는 사항 3가지를 쓰시오.

> Keyword | 중량물 취급작업 시 작업계획서의 포함사항
>
> 정답
> ① 추락위험을 예방할 수 있는 안전대책
> ② 낙하위험을 예방할 수 있는 안전대책
> ③ 전도위험을 예방할 수 있는 안전대책
> ④ 협착위험을 예방할 수 있는 안전대책
> ⑤ 붕괴위험을 예방할 수 있는 안전대책
> 법령 산업안전보건기준에 관한 규칙 별표 4

13 안전성 평가 6단계에 대해 순서대로 쓰시오.

> Keyword | 안전성 평가
>
> 정답
> ① 1단계 : 관계자료의 검토
> ② 2단계 : 정성적 평가
> ③ 3단계 : 정량적 평가
> ④ 4단계 : 안전대책의 수립
> ⑤ 5단계 : 재해사례에 의한 재평가
> ⑥ 6단계 : FTA에 의한 재평가

14 산업안전보건법령상 과압에 따른 폭발을 방지하기 위하여 반드시 파열판을 설치하여야 하는 경우 3가지를 쓰시오.

> Keyword | 파열판을 설치해야 하는 경우
>
> 정답
> ① 반응 폭주 등 급격한 압력상승의 우려가 있는 경우
> ② 독성물질의 누출로 인하여 주위의 작업환경을 오염시킬 우려가 있는 경우
> ③ 운전 중 안전밸브에 이상 물질이 누적되어 안전밸브가 작동되지 않을 우려가 있는 경우
> 법령 산업안전보건기준에 관한 규칙 제262조

2020년 제2회 기출복원문제

필답형

01 다음은 낙하물 방지망 또는 방호선반 설치 시 준수사항에 대한 내용이다. 다음 빈칸에 들어갈 알맞은 답을 쓰시오.

(1) 설치 높이는 (①)m 이내마다 설치하고, 내민 길이는 벽면으로부터 (②)m 이상으로 할 것
(2) 수평면과의 각도는 (③)° 이상 (④)° 이하를 유지할 것

Keyword | 낙하물 방지망 또는 방호선반 설치 시 준수사항

정답
① 10
② 2
③ 20
④ 30

법령 산업안전보건기준에 관한 규칙 제14조

---

02 연평균 근로자수가 1,500명이고, 연간 재해건수가 60건 발생하는 어느 사업장이 있다. 이 중 사망이 2건, 근로손실일수가 1,200일인 경우의 연천인율을 구하시오.

Keyword | 연천인율

풀이

$$연천인율 = \frac{연간\ 재해자\ 수}{연평균\ 근로자수} \times 1,000$$
$$= \frac{60}{1,500} \times 1,000 = 40$$

정답 40

03 다음 충전전로의 선간전압(kV)에 따른 알맞은 접근 한계거리를 쓰시오.

(1) 2kV 초과 15kV 이하
(2) 121kV 초과 145kV 이하
(3) 242kV 초과 362kV 이하
(4) 550kV 초과 800kV 이하

Keyword | 선간전압에 따른 접근 한계거리

정답
(1) 60cm
(2) 150cm
(3) 380cm
(4) 790cm

법령 산업안전보건기준에 관한 규칙 제321조

참고 선간전압에 따른 접근 한계거리

선간전압(kV)	접근한계거리(cm)	선간전압(kV)	접근한계거리(cm)
~ 0.3	접촉금지	121 ~ 145	150
0.3 ~ 0.75	30	145 ~ 169	170
0.75 ~ 2	45	169 ~ 242	230
2 ~ 15	60	242 ~ 362	380
15 ~ 37	90	362 ~ 550	550
37 ~ 88	110	550 ~ 800	790
88 ~ 121	130		

04 자율검사프로그램의 인정을 취소하거나 인정받은 자율검사프로그램의 내용에 따라 검사를 하도록 하는 등 시정을 명할 수 있는 경우 2가지를 쓰시오.

Keyword | 자율검사프로그램의 인정 취소·시정을 명할 수 있는 경우

① 거짓이나 그 밖의 부정한 방법으로 자율검사프로그램을 인정받은 경우
② 자율검사프로그램을 인정받고도 검사를 하지 아니한 경우
③ 인정받은 자율검사프로그램의 내용에 따라 검사를 하지 아니한 경우

법령 산업안전보건법 제99조

05 차광보안경의 주목적에 대해 3가지를 쓰시오.

Keyword | 차광보안경의 주목적

정답
① 자외선으로부터의 눈 보호
② 적외선으로부터의 눈 보호
③ 가시광선으로부터의 눈 보호

06 다음은 타워크레인의 작업 중지에 관한 사항이다. 다음 빈칸에 들어갈 알맞은 답을 쓰시오.

(1) 운전 작업을 중지하여야 하는 순간풍속 (①)m/s 초과
(2) 설치·수리·점검 또는 해체작업을 중지하여야 하는 순간풍속 (②)m/s 초과

Keyword | 타워크레인 작업 중지의 순간풍속 기준

정답
① 15
② 10
법령 산업안전보건기준에 관한 규칙 제37조

07 산업안전보건법령상 연삭숫돌에 대한 내용이다. 다음 빈칸에 들어갈 알맞은 답을 쓰시오.

사업주는 연삭숫돌을 사용하는 작업의 경우 작업을 시작하기 전에는 (①) 이상, 연삭숫돌을 교체한 후에는 (②) 이상 시험운전을 하고 해당 기계에 이상이 있는지를 확인하여야 한다.

Keyword | 연삭숫돌의 시험운전 시간

정답
① 1분
② 3분
법령 산업안전보건기준에 관한 규칙 제122조

08 다음 FT도에서 컷셋(cut set)을 모두 구하시오.

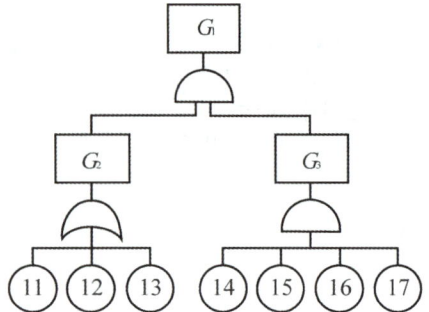

Keyword | 컷셋(cut set)

풀이
$G_1 = G_2 \times G_3$
$G_1 = (⑪+⑫+⑬)\times(⑭\times⑮\times⑯\times⑰)$

정답
(⑪, ⑭, ⑮, ⑯, ⑰),
(⑫, ⑭, ⑮, ⑯, ⑰),
(⑬, ⑭, ⑮, ⑯, ⑰)

09 가스폭발 위험장소 또는 분진폭발 위험장소에 설치되는 건축물 등에 대해서는 내화구조로 하여야 하며, 그 성능이 항상 유지될 수 있도록 점검·보수 등 적절한 조치를 하여야 한다. 이에 해당하는 사항 2가지를 쓰시오.

Keyword | 내화구조로 해야 하는 건축물 부분

정답
① 건축물의 기둥 및 보 : 지상 1층(지상 1층의 높이가 6m를 초과하는 경우에는 6m)까지
② 위험물 저장·취급용기의 지지대(높이가 30cm 이하인 것은 제외) : 지상으로부터 지지대의 끝부분까지
③ 배관·전선관 등의 지지대 : 지상으로부터 1단(1단의 높이가 6m를 초과하는 경우에는 6m)까지

법령 산업안전보건기준에 관한 규칙 제270조

10 프레스의 급정지시간이 200ms일 때, 방호장치의 방호거리는 몇 mm인지 구하시오.

Keyword | 프레스 방호장치의 방호거리(안전거리)

풀이
$D = 1.6 \times T$
여기서, D : 안전거리(mm)
T : 급정지시간(ms)
$D = 1.6 \times 200 = 320$

정답 320mm

---

11 작업자가 작업장 내의 통로를 걷다가 바닥에 있는 기름에 미끄러져 넘어지면서 선반에 머리를 부딪히는 상해를 입었다. 이때 재해발생 형태와 기인물, 가해물을 각각 쓰시오.

(1) 재해발생 형태
(2) 기인물
(3) 가해물

Keyword | 재해발생 형태와 기인물, 가해물

정답
(1) 재해발생 형태 : 넘어짐
(2) 기인물 : 바닥의 기름
(3) 가해물 : 선반

---

12 산업안전보건법령상 안전관리자를 정수 이상으로 증원·교체·임명할 수 있는 경우 3가지를 쓰시오.

Keyword | 안전관리자를 증원·교체·임명할 수 있는 경우

정답
① 해당 사업장의 연간재해율이 같은 업종의 평균재해율의 2배 이상인 경우
② 중대재해가 연간 2건 이상 발생한 경우
③ 관리자가 질병이나 그 밖의 사유로 3개월 이상 직무를 수행할 수 없게 된 경우
④ 화학적 인자로 인한 직업성 질병자가 연간 3명 이상 발생한 경우

법령 산업안전보건법 시행규칙 제12조

13 양립성의 종류에 대하여 3가지를 쓰고, 각각의 예시를 쓰시오.

> Keyword | 양립성의 종류
>
> **정답**
> ① 개념 양립성 : 비행기 모형과 비행장
> ② 운동 양립성 : 라디오의 음량을 줄일 때 조절장치를 반시계 방향으로 회전
> ③ 공간 양립성 : 버튼의 위치와 관련 디스플레이의 위치가 양립
> ④ 양식 양립성 : 청각적 자극 제시와 이에 대한 음성 대답

14 산업안전보건법령상 사업주가 근로자에게 실시하여야 하는 안전보건교육의 내용 중에 다음에 해당하는 알맞은 교육시간을 쓰시오.

(1) 안전보건관리책임자의 신규교육
(2) 안전보건관리책임자의 보수교육
(3) 안전관리자의 신규교육
(4) 건설재해예방전문지도기관 종사자의 보수교육

> Keyword | 안전보건관리책임자 등의 교육시간
>
> **정답**
> (1) 6시간 이상
> (2) 6시간 이상
> (3) 34시간 이상
> (4) 24시간 이상
>
> **별령** 산업안전보건법 시행규칙 별표 4
> **참고** 안전보건관리책임자 등의 교육시간
>
> | 교육대상 | 신규교육 | 보수교육 |
> |---|---|---|
> | 안전보건관리책임자 | 6시간 이상 | 6시간 이상 |
> | 안전관리자 | 34시간 이상 | 24시간 이상 |
> | 보건관리자 | 34시간 이상 | 24시간 이상 |
> | 건설재해예방전문 지도기관의 종사자 | 34시간 이상 | 24시간 이상 |
> | 석면조사기관의 종사자 | 34시간 이상 | 24시간 이상 |
> | 안전보건관리담당자 | – | 8시간 이상 |
> | 안전검사기관, 자율안전검사기관의 종사자 | 34시간 이상 | 24시간 이상 |

2020년 제3회 기출복원문제

필답형

01 누전에 의한 감전사고를 방지하기 위하여 해당 전로에 누전차단기를 설치하여야 하는 전기기계·기구 3가지를 쓰시오.

Keyword | 감전방지용 누전차단기를 설치해야 하는 전기기계·기구

정답
① 대지전압이 150V를 초과하는 이동형 또는 휴대형 전기기계·기구
② 물 등 도전성이 높은 액체가 있는 습윤장소에서 사용하는 저압용 전기기계·기구
③ 철판·철골 위 등 도전성이 높은 장소에서 사용하는 이동형 또는 휴대형 전기기계·기구
④ 임시배선의 전로가 설치되는 장소에서 사용하는 이동형 또는 휴대형 전기기계·기구

법령 산업안전보건기준에 관한 규칙 제304조

02 근로자 수가 400명이고, 하루 8시간 동안 연 280일을 근무하는 어느 사업장이 있다. 이 사업장의 연간 재해건수가 80건이고, 근로손실일수가 800일, 재해자 수는 100명일 때, 종합재해지수를 구하시오.

Keyword | 종합재해지수

풀이
㉮ 도수율 = $\dfrac{\text{재해건수}}{\text{연 근로시간수}} \times 1{,}000{,}000$
= $\dfrac{80}{400 \times 8 \times 280} \times 1{,}000{,}000 = 89.29$

㉯ 강도율 = $\dfrac{\text{근로손실일수}}{\text{연 근로시간수}} \times 1{,}000$
= $\dfrac{800}{400 \times 8 \times 280} \times 1{,}000 = 0.89$

㉰ 종합재해지수 = $\sqrt{\text{도수율} \times \text{강도율}}$
= $\sqrt{89.29 \times 0.89} = 8.91$

정답 8.91

03 소음원으로부터 20m 떨어진 곳에서의 음압수준이 100dB이다. 만약 200m 떨어져 있다면 이때의 음압수준은 얼마인지 구하시오.

Keyword | 음압수준

[풀이]

$$dB_2 = dB_1 - 20\log\left(\frac{d_2}{d_1}\right)$$

여기서, dB_n : 소음이 발생되고 있는 기계로부터 d_n만큼 떨어진 거리에서의 음압수준

$$dB_2 = 100 - 20\log\left(\frac{200}{20}\right) = 80$$

[정답] 80dB

〈개정 / 2025〉

04 산업안전보건법령상 사업주가 근로자에게 실시해야 하는 관리감독자의 안전보건교육 내용 중 정기교육에 대한 사항 4가지를 쓰시오.

Keyword | 관리감독자의 정기 안전보건교육 내용

[정답]
① 산업안전 및 산업재해 예방에 관한 사항
② 산업보건 및 건강장해 예방에 관한 사항
③ 위험성평가에 관한 사항
④ 유해·위험 작업환경 관리에 관한 사항
⑤ 산업안전보건법령 및 산업재해보상보험 제도에 관한 사항
⑥ 직무스트레스 예방 및 관리에 관한 사항
⑦ 직장 내 괴롭힘, 고객의 폭언 등으로 인한 건강장해 예방 및 관리에 관한 사항
⑧ 작업공정의 유해·위험과 재해 예방대책에 관한 사항
⑨ 사업장 내 안전보건관리체제 및 안전·보건조치 현황에 관한 사항
⑩ 표준안전 작업방법 결정 및 지도·감독 요령에 관한 사항
⑪ 현장근로자와의 의사소통능력 및 강의능력 등 안전보건교육 능력 배양에 관한 사항
⑫ 비상시 또는 재해 발생 시 긴급조치에 관한 사항

[법령] 산업안전보건법 시행규칙 별표 5

05 다음 FT도에서 미니멀 컷셋(minimal cut set)을 구하시오.

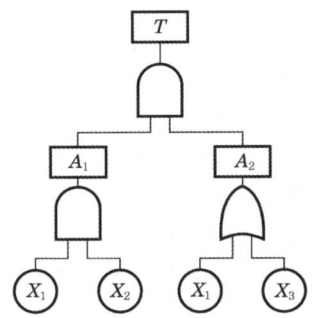

Keyword | 미니멀 컷셋(minimal cut set)

[풀이]
$T = A_1 \times A_2$
$= (X_1 \times X_2) \times (X_1 + X_3)$
$= (X_1 \times X_2 \times X_1) + (X_1 \times X_2 \times X_3)$
$= (X_1 \times X_2) + (X_1 \times X_2 \times X_3)$

[정답] (X_1, X_2)

06 내전압용 절연장갑의 성능기준에 있어 각 등급의 최대사용전압에 대한 다음 표의 빈칸에 들어갈 답을 쓰시오.

등급	최대사용전압		색상
	교류(V, 실효값)	직류(V)	
00	500	(①)	갈색
0	(②)	1,500	빨간색
1	7,500	11,250	흰색
2	17,000	25,500	노란색
3	26,500	39,750	녹색
4	(③)	(④)	등색

Keyword | 내전압용 절연장갑의 성능기준

[정답]
① 750
② 1,000
③ 36,000
④ 54,000

[법령] 보호구 안전인증 고시 별표 3

07 산업안전보건법령상 아세틸렌 용접장치 검사 시 안전기의 설치위치를 확인하려고 할 때 다음 빈칸에 알맞은 답을 쓰시오.

(1) 사업주는 아세틸렌 용접장치의 (①)마다 안전기를 설치하여야 한다. 다만 주관 및 (①)에 가장 가까운 (②)마다 안전기를 부착한 경우에는 그러하지 아니하다.
(2) 사업주는 가스용기가 (③)와 분리되어 있는 아세틸렌 용접장치에 대하여 (③)와 가스용기 사이에 안전기를 설치하여야 한다.

Keyword | 아세틸렌 용접장치의 안전기 설치위치

정답
① 취관
② 분기관
③ 발생기

법령 산업안전보건기준에 관한 규칙 제289조

참고 아세틸렌 용접장치의 구조
㉮ 발생기 : 카바이드와 물을 반응시켜 아세틸렌 용접장치에서 사용하는 아세틸렌을 발생시키는 장치
㉯ 도관 : 발생기로부터 작업 현장으로 가스를 공급하기 위한 배관 설비
㉰ 취관 : 선단에 붙인 팁(노즐)으로부터 가스의 유출을 조절하는 기구
㉱ 안전기 : 가스의 역류 및 역화를 방지하기 위해 설치하는 방호장치

08 산업안전보건법령상 건물 등의 해체작업을 하는 경우 사전조사 및 작업계획서의 내용에 포함되어야 하는 사항 4가지를 쓰시오.

Keyword | 건물 해체작업 시 작업계획서의 포함사항

정답
① 해체의 방법 및 해체 순서도면
② 가설설비·방호설비·환기설비 및 살수·방화설비 등의 방법
③ 사업장 내 연락방법
④ 해체물의 처분계획
⑤ 해체작업용 기계·기구 등의 작업계획서
⑥ 해체작업용 화약류 등의 사용계획서
⑦ 그 밖에 안전·보건에 관련된 사항

법령 산업안전보건기준에 관한 규칙 별표 4

09 사업주는 해당 화학설비 또는 그 부속설비의 용도를 변경하는 경우(사용하는 원재료의 종류를 변경하는 경우를 포함한다) 해당 설비를 사용하기 전 점검해야 할 사항 3가지를 쓰시오.

Keyword | 화학설비 또는 부속설비의 용도 변경 시 사용 전 점검사항

정답
① 그 설비 내부에 폭발이나 화재의 우려가 있는 물질이 있는지 여부
② 안전밸브·긴급차단장치 및 그 밖의 방호장치 기능의 이상 유무
③ 냉각장치·가열장치·교반장치·압축장치·계측장치 및 제어장치 기능의 이상 유무

법령 산업안전보건기준에 관한 규칙 제277조

10 Fool Proof의 기계·기구의 종류에 대하여 3가지를 쓰시오.

Keyword | 풀프루프(Fool Proof) 기계·기구의 종류

정답
① 가드(Guard)
② 록(Lock, Interlock)
③ 트립(Trip)
④ 밀어내기(Push Pull)
⑤ 오버런(Overrun)
⑥ 기동방지

11 방호조치를 하지 아니하고는 양도, 대여, 설치 또는 진열해서는 안 되는 기계·기구 2가지를 쓰시오.

Keyword | 방호조치 없이 양도 등이 안 되는 기계·기구

정답
① 예초기
② 원심기
③ 공기압축기
④ 금속절단기
⑤ 지게차
⑥ 포장기계(진공포장기, 래핑기로 한정)

법령 산업안전보건법 시행령 별표 20

12 굴착공사 등에서 자주 볼 수 있는 보일링 현상에 대한 방지대책 3가지를 쓰시오.

Keyword | 보일링 현상의 방지대책

정답
① 작업을 중지하거나 굴착토를 원상태로 매립시킬 것
② 지하수위를 저하시킬 것
③ 흙막이벽의 근입깊이를 증가시킬 것

---

13 산업안전보건법령상 연삭숫돌에 대한 내용이다. 다음 빈칸에 들어갈 알맞은 답을 쓰시오.

> 사업주는 연삭숫돌을 사용하는 작업의 경우 작업을 시작하기 전에는 (①) 이상, 연삭숫돌을 교체한 후에는 (②) 이상 시험운전을 하고 해당 기계에 이상이 있는지를 확인하여야 한다.

Keyword | 연삭숫돌의 시험운전 시간

정답
① 1분
② 3분

법령 산업안전보건기준에 관한 규칙 제122조

---

14 프레스를 사용하여 작업을 할 때 작업시작 전에 점검해야 할 사항 2가지를 쓰시오.

Keyword | 프레스 작업시작 전 점검사항

정답
① 클러치 및 브레이크의 기능
② 크랭크축·플라이휠·슬라이드·연결봉 및 연결 나사의 풀림 여부
③ 1행정 1정지기구·급정지장치 및 비상정지 장치의 기능
④ 슬라이드 또는 칼날에 의한 위험방지 기구의 기능
⑤ 프레스의 금형 및 고정볼트 상태
⑥ 방호장치의 기능
⑦ 전단기(剪斷機)의 칼날 및 테이블의 상태

법령 산업안전보건기준에 관한 규칙 별표 3

2020년 제4회 기출복원문제

필답형

---

01 다음은 위험분석기법을 순서에 상관없이 나열해 놓은 것이다. 각 설명에 맞는 위험분석기법을 쓰시오.

| 보기 |
THERP, FHA, FMEA, FTA, PHA, MORT, HAZOP, ETA, CA

(1) 모든 시스템 안전 프로그램의 최초 단계의 분석으로서, 시스템 내의 위험요소가 얼마나 위험상태에 있는가를 정성적으로 평가하는 기법
(2) 정성적·귀납적 분석방법으로, 시스템에 영향을 미치는 모든 요소의 고장을 형태별로 분석하여 그 영향을 검토하는 기법
(3) 사상의 안전도를 사용하여 시스템의 안전도를 나타내는 귀납적·정량적인 분석 기법
(4) 인간의 과오(human error)를 정량적으로 평가하기 위하여 1963년 Swain 등에 의해 개발된 기법

Keyword | 위험분석기법

정답
(1) PHA
(2) FMEA
(3) ETA
(4) THERP

---

02 산업안전보건법령상 작업발판 일체형 거푸집의 종류 4가지를 쓰시오.

Keyword | 작업발판 일체형 거푸집의 종류

정답
① 갱 폼(gang form)
② 슬립 폼(slip form)
③ 클라이밍 폼(climbing form)
④ 터널 라이닝 폼(tunnel lining form)

법령 산업안전보건기준에 관한 규칙 제331조의3

03
산업안전보건법령상 사업주가 관리대상 유해물질을 취급하는 작업장의 보기 쉬운 장소에 게시하여야 하는 사항 5가지를 쓰시오.

Keyword | 관리대상 유해물질 취급 작업장에 게시하여야 하는 사항

정답
① 관리대상 유해물질의 명칭
② 인체에 미치는 영향
③ 취급상 주의사항
④ 착용하여야 할 보호구
⑤ 응급조치와 긴급 방재 요령

법령 산업안전보건기준에 관한 규칙 제442조

04
다음에 해당하는 방폭구조의 기호를 쓰시오.

(1) 내압방폭구조
(2) 충전방폭구조

Keyword | 방폭구조의 종류(기호)

정답
(1) d
(2) q

참고 그 외 방폭구조의 종류(기호)
㉮ 압력방폭구조(p)
㉯ 유입방폭구조(o)
㉰ 안전증방폭구조(e)
㉱ 본질안전방폭구조(ia 또는 ib)
㉲ 특수방폭구조(s)

05
연평균근로자 500명이 일하는 어느 한 사업장에서 3건의 재해가 발생하였다. 연근로시간이 3,000시간인 경우 이때의 도수율을 구하시오.

Keyword | 도수율

풀이
$$도수율 = \frac{재해건수}{연\ 근로시간\ 수} \times 1,000,000$$
$$= \frac{3}{500 \times 3,000} \times 1,000,000 = 2$$

정답 2

06 산업안전보건법령상 다음의 유해·위험기계에 설치해야 하는 방호장치를 쓰시오.

(1) 원심기
(2) 공기압축기
(3) 금속절단기

Keyword | 유해·위험기계의 방호장치

정답
(1) 회전체 접촉 예방장치
(2) 압력방출장치
(3) 날 접촉 예방장치

법령 산업안전보건법 시행규칙 제98조

참고 그 외 유해·위험기계의 방호장치
㉮ 예초기 : 날 접촉 예방장치
㉯ 지게차 : 헤드가드, 백레스트, 전조등, 후미등, 안전벨트
㉰ 포장기계 : 구동부 방호 연동장치

---

07 산업안전보건법령상 사업주가 아세틸렌 용접장치를 사용하여 금속의 용접·용단(溶斷) 또는 가열작업을 하는 경우에 준수하여야 할 사항에 대하여 다음 빈칸에 알맞은 답을 쓰시오.

(1) 발생기(이동식 아세틸렌 용접장치의 발생기는 제외한다)의 (①), (②), (③), 매 시 평균 가스발생량 및 1회 카바이드 공급량을 발생기실 내의 보기 쉬운 장소에 게시할 것
(2) 발생기실에는 관계 근로자가 아닌 사람이 출입하는 것을 금지할 것
(3) 발생기에서 (④) 이내 또는 발생기실에서 (⑤) 이내의 장소에서는 흡연, 화기의 사용 또는 불꽃이 발생할 위험한 행위를 금지시킬 것

Keyword | 아세틸렌 용접장치로 금속의 용접·용단작업 시 준수사항

정답
① 종류
② 형식
③ 제작업체명
④ 5m
⑤ 3m

법령 산업안전보건기준에 관한 규칙 제290조

개정 / 2025

08 산업안전보건법령상 사업주가 근로자에게 실시하여야 하는 안전보건교육 중, 근로자 채용 시의 교육 및 작업내용 변경 시의 교육 내용에 대한 사항 4가지를 쓰시오.

Keyword | 근로자 채용 시 및 작업내용 변경 시의 안전보건교육 내용

정답
① 산업안전 및 산업재해 예방에 관한 사항
② 산업보건 및 건강장해 예방에 관한 사항
③ 위험성평가에 관한 사항
④ 산업안전보건법령 및 산업재해보상보험 제도에 관한 사항
⑤ 직무스트레스 예방 및 관리에 관한 사항
⑥ 직장 내 괴롭힘, 고객의 폭언 등으로 인한 건강장해 예방 및 관리에 관한 사항
⑦ 기계·기구의 위험성과 작업의 순서 및 동선에 관한 사항
⑧ 작업 개시 전 점검에 관한 사항
⑨ 정리정돈 및 청소에 관한 사항
⑩ 사고 발생 시 긴급조치에 관한 사항
⑪ 물질안전보건자료에 관한 사항

법령 산업안전보건법 시행규칙 별표 5

09 산업안전보건법령상 타워크레인의 설치·조립·해체작업 시 근로자의 위험 방지를 위하여 작성되어야 하는 작업계획서에 포함되어야 하는 사항 4가지를 쓰시오.

Keyword | 타워크레인 설치·조립·해체작업 시 작업계획서의 포함사항

정답
① 타워크레인의 종류 및 형식
② 설치·조립 및 해체순서
③ 작업도구·장비·가설설비 및 방호설비
④ 작업인원의 구성 및 작업근로자의 역할 범위
⑤ 산업안전보건법령에 따른 타워크레인의 지지 방법

법령 산업안전보건기준에 관한 규칙 별표 4

10 산업안전보건법령상 과압에 따른 폭발을 방지하기 위하여 반드시 파열판을 설치하여야 하는 경우 3가지를 쓰시오.

Keyword | 파열판을 설치해야 하는 경우

정답
① 반응 폭주 등 급격한 압력상승의 우려가 있는 경우
② 독성물질의 누출로 인하여 주위의 작업환경을 오염시킬 우려가 있는 경우
③ 운전 중 안전밸브에 이상 물질이 누적되어 안전밸브가 작동되지 아니할 우려가 있는 경우

법령 산업안전보건기준에 관한 규칙 제262조

11 응급구호 표지를 그림으로 나타내고, 그에 맞는 색상을 쓰시오.

Keyword | 안전보건표지의 종류와 형태

정답

- 바탕 : 녹색
- 기본모형 : 흰색
- 관련부호 및 그림 : 흰색

법령 산업안전보건법 시행규칙 별표 6, 7

12 정전기에 의한 화재 또는 폭발 등의 위험이 발생할 우려가 있는 경우에 이를 방지하기 위한 정전기 발생 방지대책에 대한 사항 3가지를 쓰시오.

Keyword | 정전기 발생 방지대책

정답
① 확실한 방법으로 접지
② 도전성 재료 사용
③ 가습
④ 제전(除電)장치 사용

13 다음 FT도에서 컷셋(cut set)을 모두 구하시오.

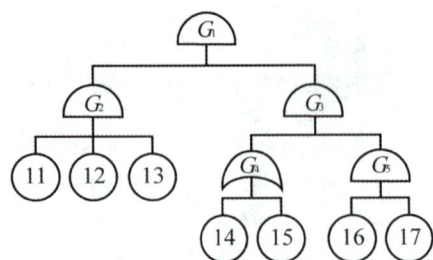

Keyword | 컷셋(cut set)

풀이
$G_1 = G_2 \times G_3$
$G_2 = ⑪ \times ⑫ \times ⑬$
$G_3 = G_4 \times G_5 = (⑭ + ⑮) \times (⑯ \times ⑰)$
$G_1 = (⑪ \times ⑫ \times ⑬) \times (⑭ + ⑮) \times (⑯ \times ⑰)$
$\quad = (⑪ \times ⑫ \times ⑬ \times ⑯ \times ⑰) \times (⑭ + ⑮)$
$\quad = (⑪, ⑫, ⑬, ⑭, ⑯, ⑰),$
$\quad \quad (⑪, ⑫, ⑬, ⑮, ⑯, ⑰)$

정답
(⑪, ⑫, ⑬, ⑭, ⑯, ⑰),
(⑪, ⑫, ⑬, ⑮, ⑯, ⑰)

14 상시근로자 400명이 일하는 어느 사업장에서 연간 재해자수가 15명이 발생하였고 총근로손실일수는 100일 때, 이 사업장의 강도율을 구하시오. (단, 일 근무시간은 8시간이며, 연 근로일수는 250일이다.)

Keyword | 강도율

풀이
$$강도율 = \frac{총근로손실일수}{연간\ 총근로시간\ 수} \times 1,000$$
$$= \frac{100}{400 \times 8 \times 250} \times 1,000 = 0.13$$

정답 0.13

2021년 제1회 기출복원문제

필답형

01 보호구 안전인증 고시에 따른 방진마스크의 시험 성능기준에 대한 사항 5가지를 쓰시오.

Keyword | 방진마스크의 시험 성능기준

정답
① 안면부 흡기저항
② 여과재 분진 등 포집효율
③ 안면부 배기저항
④ 안면부 누설률
⑤ 배기밸브 작동
⑥ 시야
⑦ 강도, 신장률 및 영구변형률
⑧ 불연성
⑨ 음성전달판
⑩ 투시부의 내충격성
⑪ 여과재 질량
⑫ 여과재 호흡저항
⑬ 안면부 내부의 이산화탄소 농도

법령 보호구 안전인증 고시 별표 4

02 FTA에 의한 재해사례 연구 순서 4단계를 순서대로 쓰시오.

Keyword | FTA에 의한 재해사례 연구 순서

정답
① 1단계 : 정상사상의 선정
② 2단계 : 각 사상의 재해원인 규명
③ 3단계 : FT도 작성 및 분석
④ 4단계 : 개선 계획의 작성

03
[개정/2025] 산업안전보건법령상 사업주가 근로자에게 실시하여야 하는 안전보건교육 중 근로자 채용 시의 교육 및 작업내용 변경 시의 교육 내용에 대한 사항 4가지를 쓰시오.

Keyword | 근로자 채용 시 및 작업내용 변경 시의 안전보건교육 내용

정답
① 산업안전 및 산업재해 예방에 관한 사항
② 산업보건 및 건강장해 예방에 관한 사항
③ 위험성평가에 관한 사항
④ 산업안전보건법령 및 산업재해보상보험 제도에 관한 사항
⑤ 직무스트레스 예방 및 관리에 관한 사항
⑥ 직장 내 괴롭힘, 고객의 폭언 등으로 인한 건강장해 예방 및 관리에 관한 사항
⑦ 기계·기구의 위험성과 작업의 순서 및 동선에 관한 사항
⑧ 작업 개시 전 점검에 관한 사항
⑨ 정리정돈 및 청소에 관한 사항
⑩ 사고 발생 시 긴급조치에 관한 사항
⑪ 물질안전보건자료에 관한 사항

[법령] 산업안전보건법 시행규칙 별표 5

04
재해발생 이론 중 하인리히의 도미노 이론 5단계와 아담스의 연쇄 이론 5단계를 순서대로 쓰시오.

(1) 하인리히의 도미노 이론
(2) 아담스의 연쇄 이론

Keyword | 하인리히 도미노 이론과 아담스의 연쇄 이론

정답
(1) 하인리히의 도미노 이론
  ① 1단계 : 사회적 환경 및 유전적 요소
  ② 2단계 : 개인적 결함
  ③ 3단계 : 불안전행동 및 불안전상태
  ④ 4단계 : 사고
  ⑤ 5단계 : 상해(산업재해)
(2) 아담스의 연쇄이론
  ① 1단계 : 관리구조
  ② 2단계 : 작전적 에러
  ③ 3단계 : 전술적 에러
  ④ 4단계 : 사고
  ⑤ 5단계 : 상해

05 산업안전보건법령상 근로자가 상시 작업하는 장소에 대해 사업주가 제공하여야 하는 작업면의 조도의 기준으로 다음 빈칸에 들어갈 알맞은 기준을 쓰시오.

(1) 초정밀 작업 : (①)Lux 이상
(2) 정밀 작업 : (②)Lux 이상
(3) 보통 작업 : (③)Lux 이상
(4) 그 밖의 작업 : (④)Lux 이상

Keyword | 작업면의 조도 기준

정답
① 750
② 300
③ 150
④ 75

법령 산업안전보건기준에 관한 규칙 제8조

참고 작업면의 조도 기준

초정밀작업	정밀작업	보통작업	기타 작업
750Lux	300Lux	150Lux	75Lux

06 평균근로자 300명이 하루 8시간, 연간 300일 동안 근로하는 사업장에서 1년간 신체장해등급에 따른 사망 2명, 4급 1명, 10급 1명의 재해자와 휴업일수 300일이 발생했을 때의 강도율은 얼마인지 구하시오. (단, 근로손실일수는 사망 : 7,500일, 4급 : 5,500일, 10급 : 600일)

Keyword | 강도율

풀이

$$강도율 = \frac{근로손실일수}{연간총근로시간수} \times 1,000$$

$$요양근로손실일수 = 요양(휴업)일수 \times \frac{300}{365}$$

이므로,

$$\frac{(7,500 \times 2) + 5,500 + 600 + \left(300 \times \frac{300}{365}\right)}{300 \times 8 \times 300} \times 1,000$$
$$= 29.65$$

정답 29.65

참고 사망 및 장해등급별 요양근로손실일수

등급	사망, 1~3		4	5
일수	7,500		5,500	4,000
등급	6	7	8	9	10
일수	3,000	2,200	1,500	1,000	600

07 다음은 가설통로를 설치할 때 사업주가 준수하여야 하는 사항 중 일부이다. 다음 빈칸에 들어갈 알맞은 답을 쓰시오.

(1) 경사가 (①)를 초과하는 때에는 미끄러지지 아니하는 구조로 할 것
(2) 수직갱에 가설된 통로의 길이가 15m 이상인 경우에는 (②)m 이내마다 계단참을 설치할 것
(3) 건설공사에 사용하는 높이 8m 이상인 비계다리에는 (③)m 이내마다 계단참을 설치할 것

Keyword | 가설통로 설치 시 준수사항

정답
① 15°
② 10
③ 7

법령 산업안전보건기준에 관한 규칙 제23조

참고 그 외 가설통로 설치 시 준수사항
㉮ 견고한 구조로 할 것
㉯ 경사는 30° 이하로 할 것
㉰ 추락할 위험이 있는 장소에는 안전난간을 설치할 것

08 용접작업을 하는 작업자가 전압이 300V인 충전부분에 물에 젖은 손이 접촉하여 심실세동 반응이 나타났을 때, 인체에 통전된 심실세동전류(mA)와 통전시간(ms)을 구하시오. (단, 인체 전기저항은 1,000Ω 으로 한다.)

(1) 심실세동전류(mA)
(2) 통전시간(ms)

Keyword | 심실세동전류와 통전시간

풀이
(1) 심실세동전류(mA)
인체가 물에 닿을 경우 저항은 1/25 감소하므로,

$$전류(I) = \frac{전압(V)}{저항(R)}$$
$$= \frac{300}{1,000 \times \frac{1}{25}}$$
$$= 7.5[A] = 7,500[mA]$$

(2) 통전시간(ms)

$$전류(I) = \frac{165}{\sqrt{통전시간(T)}}$$
$$7,500 = \frac{165}{\sqrt{T}}$$
$$T = \frac{(165)^2}{(7,500)^2}$$
$$= 0.000484[s] = 0.48[ms]$$

정답
(1) 7,500mA
(2) 0.48ms

09 산업안전보건법령상 인체에 해로운 분진, 흄(fume), 미스트(mist), 증기 또는 가스 상태의 물질을 배출하기 위하여 설치하는 국소배기장치의 후드 설치 시 준수하여야 하는 사항 3가지를 쓰시오.

> **Keyword** | 국소배기장치의 후드 설치 기준
>
> **정답**
> ① 유해물질이 발생하는 곳마다 설치할 것
> ② 유해인자의 발생형태와 비중, 작업방법 등을 고려하여 해당 분진 등의 발산원을 제어할 수 있는 구조로 설치할 것
> ③ 후드 형식은 가능하면 포위식 또는 부스식 후드를 설치할 것
> ④ 외부식 또는 리시버식 후드는 해당 분진 등의 발산원에 가장 가까운 위치에 설치할 것
>
> **법령** 산업안전보건기준에 관한 규칙 제72조

10 산업안전보건법령상 노사협의체의 설치 대상 사업 1가지와 정기회의 개최 주기를 쓰시오.

(1) 노사협의체의 설치 대상 사업
(2) 정기회의 개최 주기

> **Keyword** | 노사협의체의 설치 대상 사업과 정기회의 개최 주기
>
> **정답**
> (1) 공사금액 120억원 이상의 건설공사(토목공사업은 150억원 이상)
> (2) 2개월마다
>
> **법령** 산업안전보건법 시행령 제63조, 제65조

11 산업안전보건법령상 공사용 가설도로를 설치하는 경우 사업주가 준수하여야 하는 사항 3가지를 쓰시오.

> **Keyword** | 공사용 가설도로 설치 시 준수사항
>
> **정답**
> ① 도로는 장비 및 차량이 안전하게 운행할 수 있도록 견고하게 설치할 것
> ② 도로와 작업장이 접하여 있을 경우에는 울타리 등을 설치할 것
> ③ 도로는 배수를 위하여 경사지게 설치하거나 배수시설을 설치할 것
> ④ 차량의 속도제한 표지를 부착할 것
>
> **법령** 산업안전보건기준에 관한 규칙 제379조

12 산업안전보건법령상 공정안전보고서에 포함되어야 하는 사항 4가지를 쓰시오. (단, 그 밖에 공정상의 안전과 관련하여 고용노동부장관이 필요하다고 인정하여 고시하는 사항은 제외한다.)

> **Keyword | 공정안전보고서의 포함사항**
>
> **정답**
> ① 공정안전자료
> ② 공정위험성평가서
> ③ 안전운전계획
> ④ 비상조치계획
>
> **법령** 산업안전보건법 시행령 제44조

13 다음은 롤러기의 방호장치인 급정지장치 조작부의 설치 위치에 대한 내용이다. 다음 빈칸에 들어갈 알맞은 답을 쓰시오.

(1) 손 조작식 : 밑면으로부터 (①)
(2) 복부 조작식 : 밑면으로부터 (②)
(3) 무릎 조작식 : 밑면으로부터 (③)

> **Keyword | 롤러기 급정지장치 조작부의 설치 위치**
>
> **정답**
> ① 1.8m 이내
> ② 0.8m 이상 1.1m 이내
> ③ 0.6m 이내
>
> **법령** 방호장치 자율안전기준 고시 별표 3

14 연삭 숫돌의 파괴원인 4가지를 쓰시오.

> **Keyword | 연삭 숫돌의 파괴 원인**
>
> **정답**
> ① 숫돌 자체에 균열이 있을 때
> ② 숫돌의 회전 속도가 너무 빠를 때
> ③ 숫돌의 측면을 사용하여 작업할 때
> ④ 숫돌이 외부의 강한 충격을 받았을 때
> ⑤ 숫돌의 균형이 맞지 않을 때
> ⑥ 플랜지 직경이 숫돌 직경의 1/3 이하일 때(플랜지는 숫돌 지름의 1/3 이상일 것)
> ⑦ 숫돌의 치수가 적당하지 않을 때

2021년 제2회 기출복원문제

필답형

01 다음 그림은 시스템의 신뢰도를 나타내고 있다. 전체의 신뢰도를 0.85로 설계하고자 할 때, 부품 R_x의 신뢰도를 구하시오.

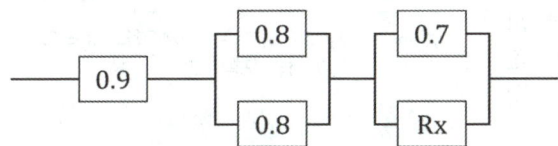

Keyword | 시스템의 신뢰도

[풀이]
$0.85 = 0.9 \times \{1-(1-0.8)(1-0.8)\}$
$\qquad \times \{1-(1-0.7)(1-R_x)\}$
$0.85 = 0.864 \times \{1-(1-0.7) \times (1-R_x)\}$
$\dfrac{0.85}{0.864} = \{1-(1-0.7) \times (1-R_x)\}$
$0.984 = 1-(1-0.7) \times (1-R_x)$
$R_x = 0.945 ≒ 0.95$

[정답] 0.95

02 비계(달비계, 달대비계 및 말비계는 제외)의 높이가 2m 이상인 작업장소에 설치하여야 하는 작업발판의 기준에 대하여 다음 빈칸에 들어갈 알맞은 답을 쓰시오.

(1) 발판재료는 작업할 때의 하중을 견딜 수 있도록 견고한 것으로 할 것
(2) 작업발판의 폭은 (①)cm 이상으로 하고, 발판재료 간의 틈은 (②)cm 이하로 할 것
(3) 추락의 위험이 있는 장소에는 (③)을 설치할 것

Keyword | 비계의 작업발판 기준

[정답]
① 40
② 3
③ 안전난간

[법령] 산업안전보건기준에 관한 규칙 제56조

03 하인리히의 재해 구성 비율 1 : 29 : 300의 법칙에 대한 알맞은 정의를 쓰시오.

> Keyword | 하인리히의 재해 구성 비율 법칙
>
> 정답
> 동일사고를 반복하여 일으켰다고 하면 상해가 없는 경우가 300회, 경상의 경우가 29회, 중상의 경우가 1회의 비율로 발생한다는 것

04 차량계 하역운반기계를 사용하여 작업을 하는 경우, 근로자의 위험을 방지하기 위하여 작업계획서를 작성하고 그 계획에 따라 작업을 하도록 하여야 한다. 그 작업계획서에 포함되어야 하는 사항 2가지를 쓰시오.

> Keyword | 차량계 하역운반기계 작업 시 작업계획서의 포함사항
>
> 정답
> ① 해당 작업에 따른 추락·낙하·전도·협착 및 붕괴 등의 위험 예방대책
> ② 차량계 하역운반기계 등의 운행경로 및 작업방법
>
> 법령 산업안전보건기준에 관한 규칙 별표 4

05 위험장소 경고 표지를 그림으로 나타내고, 그에 맞는 색상을 쓰시오.

> Keyword | 안전보건표지의 종류와 형태
>
> 정답
>
> • 바탕 : 노란색
> • 기본모형 : 검은색
> • 관련부호 및 그림 : 검은색
>
> 법령 산업안전보건법 시행규칙 별표 6, 7

06
다음 충전전로의 선간전압(kV)에 따른 알맞은 접근 한계거리를 쓰시오.

(1) 0.38kV
(2) 1.5kV
(3) 6.6kV
(4) 22.9kV

Keyword | 선간전압에 따른 접근 한계거리

정답
(1) 30cm
(2) 45cm
(3) 60cm
(4) 90cm

법령 산업안전보건기준에 관한 규칙 제321조

참고 선간전압에 따른 접근 한계거리

선간전압(kV)	접근한계거리(cm)	선간전압(kV)	접근한계거리(cm)
~0.3	접촉금지	121~145	150
0.3~0.75	30	145~169	170
0.75~2	45	169~242	230
2~15	60	242~362	380
15~37	90	362~550	550
37~88	110	550~800	790
88~121	130		

07
아세틸렌과 클로로벤젠의 폭발하한계와 폭발상한계가 다음과 같을 때 물음에 알맞은 답을 쓰시오.

─┤ 보기 ├─
- 아세틸렌 : 2.5~81
- 클로로벤젠 : 1.3~7.1

(1) 아세틸렌의 위험도를 구하시오.
(2) 아세틸렌이 70vol%, 클로로벤젠이 30vol%인 혼합기체의 공기 중 폭발하한계 값(vol%)을 구하시오.

Keyword | 위험도와 혼합기체의 폭발상·하한계

풀이
(1) 위험도(H)

$$H = \frac{\text{폭발상한계}(U) - \text{폭발하한계}(L)}{\text{폭발하한계}(L)}$$

$$= \frac{81 - 2.5}{2.5} = 31.4$$

(2) 혼합기체의 폭발하한계(L)

$$L = \frac{100}{\dfrac{V_1}{L_1} + \dfrac{V_2}{L_2} + \dfrac{V_3}{L_3} \cdots}$$

여기서, V_n : 각 혼합가스의 혼합비(%)
L_n : 각 혼합가스의 폭발하한계

$$L = \frac{100}{\dfrac{70}{2.5} + \dfrac{30}{1.3}} = 1.957 = 1.96[\text{vol\%}]$$

정답
(1) 31.4
(2) 1.96(vol%)

08 연평균 근로자수가 400명이고, 연간 재해로 인한 재해자수가 8명인 어느 한 사업장이 있다. 이 사업장의 연천인율은 얼마인지 구하시오.

Keyword | 연천인율

[풀이]

연천인율 = $\frac{\text{연간 재해자수}}{\text{연평균 근로자수}} \times 1,000$

= $\frac{8}{400} \times 1,000 = 20$

[정답] 20

(개정 / 2024)

09 다음과 같은 건설업의 산업안전보건관리비는 얼마인지 구하시오.

─ 보기 ─
- 공사종류 : 건축공사
- 낙찰률 : 70%
- 직접재료비 : 25억
- 관급재료비 : 3억
- 직접노무비 : 10억

Keyword | 건설업 산업안전보건관리비의 계상

[풀이]

㉮ 대상액 = 25억 + 3억 + 10억 = 38억
㉯ 대상액이 5억원 이상 50억원 미만 건축공사의 산업안전보건관리비 = (직접재료비 + 관급재료비 + 직접노무비) × 계상기준표 비율(2.28%) + 기초액(4,325,000원)이므로, 아래와 같이 산출하여 계상한다.
㉰ 관급자재비를 포함하여 산출한 산업안전보건관리비 : (25억 + 3억 + 10억) × 2.28% + 4,325,000원 = 90,965,000원
㉱ 관급자재비를 제외하고 산출한 산업안전보건관리비의 1.2배 : {(25억 + 10억) × 2.28% + 4,325,000원} × 1.2 = 100,950,000원
㉲ ㉰와 ㉱를 비교하여 작은 값으로 계상 : 90,965,000원

[정답] 90,965,000원

[법령] 건설업 산업안전보건관리비 계상 및 사용기준 제4조

[참고] 공사종류 및 규모별 산업안전보건관리비 계상기준표

공사종류	5억 미만 적용비율	5억 이상 50억 미만	
		적용비율	기초액
건축공사	3.11%	2.28%	4,325천원
토목공사	3.15%	2.53%	3,300천원
중건설공사	3.64%	3.05%	2,975천원
특수건설	2.07%	1.59%	2,450천원

10 연삭기 덮개의 시험방법 중 연삭기 작동시험의 확인사항에 대하여 다음 빈칸에 알맞은 답을 쓰시오.

- 연삭(①)과 덮개의 접촉 여부
- 탁상용 연삭기는 덮개, (②) 및 (③) 부착 상태의 적합성 여부

Keyword | 연삭기 덮개의 시험방법

정답
① 숫돌
② 워크레스트
③ 조정편

법령 방호장치 자율안전기준 고시 별표 4의2

11 양립성의 종류에 대하여 3가지를 쓰고, 각각의 예시를 쓰시오.

Keyword | 양립성의 종류와 예시

정답
① 개념 양립성 : 비행기 모형과 비행장
② 운동 양립성 : 라디오의 음량을 줄일 때 조절장치를 반시계 방향으로 회전
③ 공간 양립성 : 버튼의 위치와 관련 디스플레이의 위치가 양립
④ 양식 양립성 : 청각적 자극 제시와 이에 대한 음성 대답

12 화물의 낙하에 의하여 지게차의 운전자에 위험을 미칠 우려가 있는 작업장에서 사용되는 지게차의 헤드가드가 갖추어야 하는 사항 2가지를 쓰시오.

Keyword | 지게차 헤드가드가 갖추어야 할 사항

정답
① 강도는 지게차의 최대하중의 2배 값(4톤을 넘는 값에 대해서는 4톤으로 한다)의 등분포정하중(等分布靜荷重)에 견딜 수 있을 것
② 상부틀의 각 개구의 폭 또는 길이가 16cm 미만일 것
③ 운전자가 앉아서 조작하거나 서서 조작하는 지게차의 헤드가드는 한국산업표준에서 정하는 높이 기준 이상일 것

법령 산업안전보건기준에 관한 규칙 제180조

개정 / 2025

13 산업안전보건법령상 사업주가 근로자에게 실시해야 하는 관리감독자의 안전보건교육 내용 중 정기교육에 대한 사항 4가지를 쓰시오. (단, 그 밖의 관리감독자의 직무에 관한 사항은 제외한다.)

Keyword | 관리감독자의 정기 안전보건교육 내용

정답
① 산업안전 및 산업재해 예방에 관한 사항
② 산업보건 및 건강장해 예방에 관한 사항
③ 위험성평가에 관한 사항
④ 유해ㆍ위험 작업환경 관리에 관한 사항
⑤ 산업안전보건법령 및 산업재해보상보험 제도에 관한 사항
⑥ 직무스트레스 예방 및 관리에 관한 사항
⑦ 직장 내 괴롭힘, 고객의 폭언 등으로 인한 건강장해 예방 및 관리에 관한 사항
⑧ 작업공정의 유해ㆍ위험과 재해 예방대책에 관한 사항
⑨ 사업장 내 안전보건관리체제 및 안전ㆍ보건조치 현황에 관한 사항
⑩ 표준안전 작업방법 결정 및 지도ㆍ감독 요령에 관한 사항
⑪ 현장근로자와의 의사소통능력 및 강의능력 등 안전보건교육 능력 배양에 관한 사항
⑫ 비상시 또는 재해 발생 시 긴급조치에 관한 사항

법령 산업안전보건법 시행규칙 별표 5

14 산업안전보건법령상 크레인을 사용하는 작업 시 작업시작 전 점검해야 할 사항 3가지를 쓰시오.

Keyword | 크레인의 작업시작 전 점검사항

정답
① 권과방지장치ㆍ브레이크ㆍ클러치 및 운전장치의 기능 점검
② 주행로의 상측 및 트롤리(trolley)가 횡행하는 레일의 상태 점검
③ 와이어로프가 통하고 있는 곳의 상태 점검

법령 산업안전보건기준에 관한 규칙 별표 3

2021년 제3회 기출복원문제

01 다음은 지게차의 헤드가드에 대한 설명이다. 다음의 빈칸에 들어갈 알맞은 답을 쓰시오.

- 상부 틀의 각 개구의 폭 또는 길이는 (①)cm 미만일 것
- 강도는 최대하중의 (②)배(4톤을 넘는 값에 대해서는 4톤으로 한다)에 해당하는 등분포정하중에 견딜 수 있을 것

Keyword | 지게차 헤드가드가 갖추어야 할 사항

정답
① 16
② 2

법령 산업안전보건기준에 관한 규칙 제180조

---

02 산업용 로봇의 작동 범위에서 교시 등의 작업을 하는 경우에 해당 로봇의 예상하지 못한 오작동 또는 오조작에 의한 위험을 방지하기 위해 조치하여야 하는 사항 4가지를 쓰시오. (단, 그 밖에 로봇의 예기치 못한 작동 또는 오조작에 의한 위험 방지를 하기 위하여 필요한 조치는 제외한다.)

Keyword | 산업용 로봇의 위험 방지조치

정답
① 로봇의 조작방법 및 순서
② 작업 중의 매니퓰레이터의 속도
③ 2명 이상의 근로자에게 작업을 시킬 경우의 신호방법
④ 이상을 발견했을 경우의 조치
⑤ 이상을 발견하여 로봇의 운전을 정지시킨 후 이를 재가동 시킬 경우의 조치

법령 산업안전보건기준에 관한 규칙 제222조

03 산업안전보건법령상 산업안전보건위원회가 갖추어야 할 회의록에 대하여 포함되어야 하는 사항 3가지를 쓰시오. (단, 그 밖의 토의사항은 제외한다.)

> **Keyword** | 산업안전보건위원회의 회의록의 포함사항
>
> **정답**
> ① 개최 일시 및 장소
> ② 출석위원
> ③ 심의 내용 및 의결 · 결정 사항
>
> **법령** 산업안전보건법 시행령 제37조

04 달비계에 사용해서는 안 되는 달기 체인의 기준 3가지를 쓰시오.

> **Keyword** | 달기 체인의 사용금지 기준
>
> **정답**
> ① 달기 체인의 길이가 달기 체인이 제조된 때의 길이의 5%를 초과한 것
> ② 링의 단면지름이 달기 체인이 제조된 때의 해당 링의 지름의 10%를 초과하여 감소한 것
> ③ 균열이 있거나 심하게 변형된 것
>
> **법령** 산업안전보건기준에 관한 규칙 제63조

05 작업장에서 선반 작업을 하는 경우 선반 작업장은 정밀작업의 조도 기준으로 설계되어야 한다. 정밀작업의 조도 기준을 쓰시오.

> **Keyword** | 작업면의 조도 기준
>
> **정답** 300Lux 이상
>
> **법령** 산업안전보건기준에 관한 규칙 제8조
>
> **참고** 작업면의 조도 기준
>
> | 초정밀작업 | 정밀작업 | 보통작업 | 기타 작업 |
> |---|---|---|---|
> | 750Lux | 300Lux | 150Lux | 75Lux |

06 산업안전보건법령상 누전에 의한 감전의 위험을 방지하기 위하여 접지를 해야 한다. 코드와 플러그를 접속하여 사용하는 전기기계·기구에 대한 사항 5가지를 쓰시오.

Keyword | 접지를 해야 하는 코드와 플러그 사용 전기기계·기구

정답
① 사용전압이 대지전압 150V를 넘는 것
② 냉장고·세탁기·컴퓨터 및 주변기기 등과 같은 고정형 전기기계·기구
③ 고정형·이동형 또는 휴대형 전동기계·기구
④ 물 또는 도전성(導電性)이 높은 곳에서 사용하는 전기기계·기구, 비접지형 콘센트
⑤ 휴대형 손전등

법령 산업안전보건기준에 관한 규칙 제302조

참고 접지를 해야 하는 전기를 사용하지 않는 설비 중 금속체
㉮ 전동식 양중기의 프레임과 궤도
㉯ 전선이 붙어 있는 비전동식 양중기의 프레임
㉰ 고압 이상의 전기를 사용하는 전기 기계·기구 주변의 금속제 칸막이·망 및 이와 유사한 장치

---

07 근로자 수가 600명이고, 연 근로시간수가 2,400시간인 어느 사업장이 있다. 이 사업장의 연간재해건수가 120건이고 근로손실일수가 800일일 때, 종합재해지수를 구하시오. (단, 소수 넷째 자리에서 반올림하여 소수 셋째 자리까지 적으시오.)

Keyword | 종합재해지수

풀이
㉮ 도수율 $= \dfrac{재해건수}{연\ 근로시간수} \times 1,000,000$
$= \dfrac{120}{600 \times 2,400} \times 1,000,000 = 83.333$

㉯ 강도율 $= \dfrac{근로손실일수}{연\ 근로시간수} \times 1,000$
$= \dfrac{800}{600 \times 2,400} \times 1,000 = 0.556$

㉰ 종합재해지수 $= \sqrt{도수율 \times 강도율}$
$= \sqrt{83.333 \times 0.556} = 6.807$

정답 6.807

08 미국 국방부에서 사용하는 안전성 및 신뢰성과 관련된 군사 표준 MIL-STD-882B의 위험도 분류 4가지를 쓰시오.

> Keyword | MIL-STD-882B의 위험도 분류
>
> 정답
> ① 1단계 : 파국적
> ② 2단계 : 위기적
> ③ 3단계 : 한계적
> ④ 4단계 : 무시가능

09 보호구 안전인증 고시상 분리식 방진마스크의 여과재 분진 등의 포집효율을 쓰시오.

(1) 특급
(2) 1급
(3) 2급

> Keyword | 분리식 방진마스크의 포집효율
>
> 정답
> (1) 특급 : 99.95% 이상
> (2) 1급 : 94% 이상
> (3) 2급 : 80% 이상
>
> 법령 보호구 안전인증 고시 별표 4

10 산업안전보건법령상 용융고열물을 취급하는 설비를 내부에 설치한 건축물에 대하여 수증기 폭발을 방지하기 위하여 조치하여야 할 사항 2가지를 쓰시오.

> Keyword | 용융고열물 취급 설비 건축물의 수증기 폭발 방지조치
>
> 정답
> ① 바닥은 물이 고이지 아니하는 구조로 할 것
> ② 지붕·벽·창 등은 빗물이 새어들지 아니하는 구조로 할 것
>
> 법령 산업안전보건기준에 관한 규칙 제249조
>
> 참고 용융(鎔融)고열물
> 고체에 열을 가해 액체로 된 고열의 광물을 말한다.

11 가스장치실을 설치하는 경우에 준수하여야 하는 가스장치실의 구조 3가지를 쓰시오.

Keyword | 가스장치실의 설치 구조

정답
① 가스가 누출된 경우에는 그 가스가 정체되지 않도록 할 것
② 지붕과 천장에는 가벼운 불연성 재료를 사용할 것
③ 벽에는 불연성 재료를 사용할 것

법령 산업안전보건기준에 관한 규칙 제292조

12 다음은 근로자의 추락 등의 위험을 방지하기 위하여 안전난간을 설치하는 경우에 대한 설명이다. 다음 빈칸에 들어갈 알맞은 답을 쓰시오.

(1) 상부 난간대는 바닥면·발판 또는 경사로의 표면으로부터 (①)cm 이상 지점에 설치하고, 상부 난간대를 120cm 이하에 설치하는 경우에는 중간 난간대는 상부 난간대와 바닥면 등의 중간에 설치할 것
(2) 난간대는 지름 (②)cm 이상의 금속제 파이프나 그 이상의 강도가 있는 재료일 것
(3) 안전난간은 구조적으로 가장 취약한 지점에서 가장 취약한 방향으로 작용하는 (③)kg 이상의 하중에 견딜 수 있는 튼튼한 구조일 것

Keyword | 안전난간의 구조 및 설치요건

정답
① 90
② 2.7
③ 100

법령 산업안전보건기준에 관한 규칙 제13조

참고 그 외 안전난간의 설치요건
㉮ 상부 난간대를 120cm 이상 지점에 설치하는 경우에는 중간 난간대를 2단 이상으로 균등하게 설치하고 난간의 상하 간격은 60cm 이하가 되도록 할 것
㉯ 발끝막이판은 바닥면 등으로부터 10cm 이상의 높이를 유지할 것
㉰ 난간기둥은 상부 난간대와 중간 난간대를 견고하게 떠받칠 수 있도록 적정한 간격을 유지할 것
㉱ 상부 난간대와 중간 난간대는 난간 길이 전체에 걸쳐 바닥면 등과 평행을 유지할 것

13 인간의 주의의 특성에 대해 3가지를 쓰시오.

> Keyword | 주의의 특성
>
> 정답
> ① 선택성
> ② 변동성
> ③ 방향성

14 산업안전보건법령상 건설공사 중 유해위험방지계획서를 제출하여야 하는 대상 공사 4가지를 쓰시오.

> Keyword | 유해위험방지계획서 제출 대상 건설공사
>
> 정답
> ① 다음의 건축물 또는 시설 등의 건설·개조 또는 해체 공사
>   ㉠ 지상높이가 31m 이상인 건축물 또는 인공구조물
>   ㉡ 연면적 30,000m² 이상인 건축물
>   ㉢ 연면적 5,000m² 이상인 다음의 어느 하나에 해당하는 시설
>   • 문화 및 집회시설(전시장 및 동물원·식물원은 제외)
>   • 판매시설, 운수시설(고속철도의 역사 및 집배송시설은 제외),
>   • 종교시설, 의료시설 중 종합병원, 숙박시설 중 관광숙박시설, 지하도상가, 냉동·냉장 창고시설
> ② 연면적 5,000m² 이상인 냉동·냉장 창고시설의 설비공사 및 단열공사
> ③ 최대 지간길이가 50m 이상인 다리의 건설 등 공사
> ④ 터널의 건설 등 공사
> ⑤ 다목적댐, 발전용댐, 저수용량 2천만톤 이상의 용수 전용 댐 및 지방상수도 전용 댐의 건설 등 공사
> ⑥ 깊이 10m 이상인 굴착공사
>
> 법령 산업안전보건법 시행령 제42조

2022년 제1회 기출복원문제

필답형

01 산업안전보건법령상 타워크레인의 설치·조립·해체작업 시 근로자의 위험 방지를 위하여 작성되어야 하는 작업계획서에 포함되어야 하는 사항 4가지를 쓰시오.

Keyword | 타워크레인 설치·조립·해체작업 시 작업계획서의 포함사항

정답
① 타워크레인의 종류 및 형식
② 설치·조립 및 해체순서
③ 작업도구·장비·가설설비 및 방호설비
④ 작업인원의 구성 및 작업근로자의 역할 범위
⑤ 산업안전보건법령에 따른 타워크레인의 지지 방법

법령 산업안전보건기준에 관한 규칙 별표 4

02 사업주는 위험물을 저장·취급하는 화학설비 및 그 부속설비를 설치하는 경우에는 폭발이나 화재에 따른 피해를 줄일 수 있도록 설비 및 시설 간에 충분한 안전거리를 유지하여야 한다. 다음의 구분에 따른 안전거리를 쓰시오.

(1) 단위공정시설 및 설비로부터 다른 단위공정시설 및 설비의 사이
(2) 플레어스택으로부터 단위공정시설 및 설비, 위험물질 저장탱크 또는 위험물질 하역설비의 사이
(3) 위험물질 저장탱크로부터 단위공정시설 및 설비, 보일러 또는 가열로의 사이
(4) 사무실·연구실·실험실·정비실 또는 식당으로부터 단위공정시설 및 설비, 위험물질 저장탱크, 위험물질 하역설비, 보일러 또는 가열로의 사이

Keyword | 화학설비 및 그 부속설비 설치 시 설비 및 시설 간 안전거리

정답
(1) 설비의 바깥 면으로부터 10m 이상
(2) 플레어스택으로부터 반경 20m 이상
(3) 저장탱크의 바깥 면으로부터 20m 이상
(4) 사무실 등의 바깥 면으로부터 20m 이상

법령 산업안전보건기준에 관한 규칙 별표 8

03 Swain의 작위적 오류(commission error)와 부작위적 오류(omission error)에 대한 정의를 쓰시오.

(1) 작위적 오류(commission error)
(2) 부작위적 오류(omission error)

> Keyword | Swain의 작위적 오류와 부작위적 오류
>
> **정답**
> (1) 작위적 오류
>   필요한 작업 또는 절차의 불확실한 수행으로 인해 발생하는 에러
> (2) 부작위적 오류
>   필요한 작업 또는 절차를 수행하지 않음으로 인해 발생하는 에러

04 인간관계의 메커니즘 중 다음의 설명에 해당하는 알맞은 답을 쓰시오.

(1) 남의 행동이나 판단을 표본으로 하여 그것과 같거나 또는 그것에 가까운 행동 또는 판단을 취하려는 것
(2) 자기 속에 억압된 것을 다른 사람의 것으로 생각하는 것
(3) 다른 사람의 행동양식이나 태도를 투입시키거나 다른 사람 가운데서 자기와 비슷한 것을 발견하려는 것

> Keyword | 인간관계 메커니즘
>
> **정답**
> (1) 모방
> (2) 투사
> (3) 동일화

05 거리가 2m 떨어진 곳에서의 조도가 150Lux일 때, 3m 떨어진 곳에서의 조도는 얼마인지 구하시오.

> Keyword | 조도
>
> **풀이**
> ㉮ 조도 = $\dfrac{광도}{(거리)^2}$
> ㉯ 거리가 2m 떨어진 곳에서의 조도 :
> $150[\text{lux}] = \dfrac{광도}{2^2}$
>   광도 $= 150[\text{lux}] \times 2^2 = 600[\text{cd}]$
> ㉰ 거리가 3m 떨어진 곳에서의 조도 :
> $\dfrac{600}{3^2} = 66.67[\text{lux}]$
>
> **정답** 66.67

06 산업안전보건법령상 건설공사의 산업재해 예방조치에 대한 설명으로 다음 빈칸에 들어갈 알맞은 답을 쓰시오.

> 총공사금액이 (①) 이상인 건설공사의 건설공사발주자는 산업재해 예방을 위하여 건설공사의 계획, 설계 및 시공 단계에서 다음 각 호의 구분에 따른 조치를 하여야 한다.
> (1) 건설공사 계획단계 : 해당 건설공사에서 중점적으로 관리하여야 할 유해·위험요인과 이의 감소방안을 포함한 (②)을 작성할 것
> (2) 건설공사 설계단계 : 제1호에 따른 (②)을 설계자에게 제공하고, 설계자로 하여금 유해·위험요인의 감소방안을 포함한 (③)을 작성하게 하고 이를 확인할 것
> (3) 건설공사 시공단계 : 건설공사발주자로부터 건설공사를 최초로 도급받은 수급인에게 제2호에 따른 (③)을 제공하고, 그 수급인에게 이를 반영하여 안전한 작업을 위한 (④)을 작성하게 하고 그 이행 여부를 확인할 것

Keyword | 건설공사발주자의 산업재해 예방조치

정답
① 50억원
② 기본안전보건대장
③ 설계안전보건대장
④ 공사안전보건대장

법령 산업안전보건법 제67조

---

07 차량계 하역운반기계 등을 이송하기 위하여 자주(自走) 또는 견인에 의하여 화물자동차에 싣거나 내리는 작업을 할 때에 발판·성토 등을 사용하는 경우에는 해당 차량계 하역운반기계 등의 전도 또는 굴러떨어짐에 의한 위험을 방지하기 위하여 준수하여야 하는 사항 4가지를 쓰시오.

Keyword | 차량계 하역운반기계 등의 이송 시 준수사항

정답
① 싣거나 내리는 작업은 평탄하고 견고한 장소에서 할 것
② 발판을 사용하는 경우에는 충분한 길이·폭 및 강도를 가진 것을 사용하고 적당한 경사를 유지하기 위하여 견고하게 설치할 것
③ 가설대 등을 사용하는 경우에는 충분한 폭 및 강도와 적당한 경사를 확보할 것
④ 지정운전자의 성명·연락처 등을 보기 쉬운 곳에 표시하고 지정운전자 외에는 운전하지 않도록 할 것

법령 산업안전보건기준에 관한 규칙 제174조

08 연근로시간이 2,400시간이고, 근로자수가 2,000명인 어느 사업장이 있다. 이 사업장에서 11건의 재해가 발생했고, 재해자수는 10명, 사망자수는 2명일 때 사망만인율을 구하시오.

Keyword | 사망만인율

풀이

$$\text{사망만인율} = \frac{\text{사고사망자수}}{\text{상시근로자수}} \times 10,000$$
$$= \frac{2}{2,000} \times 10,000 = 10$$

정답 10

개정 / 2024

09 산업안전보건법령상 사다리식 통로 등을 설치하는 경우 준수하여야 하는 사항 4가지를 쓰시오.

Keyword | 사다리식 통로 설치 시 준수사항

정답
① 견고한 구조로 할 것
② 심한 손상·부식 등이 없는 재료를 사용할 것
③ 발판의 간격은 일정하게 할 것
④ 발판과 벽과의 사이는 15cm 이상의 간격을 유지할 것
⑤ 폭은 30cm 이상으로 할 것
⑥ 사다리가 넘어지거나 미끄러지는 것을 방지하기 위한 조치를 할 것
⑦ 사다리의 상단은 걸쳐놓은 지점으로부터 60cm 이상 올라가도록 할 것
⑧ 사다리식 통로의 길이가 10m 이상인 경우에는 5m 이내마다 계단참을 설치할 것
⑨ 사다리식 통로의 기울기는 75° 이하로 할 것. 다만, 고정식 사다리식 통로의 기울기는 90° 이하로 하고, 그 높이가 7m 이상인 경우에는 다음의 구분에 따른 조치를 할 것
 • 등받이울이 있어도 근로자 이동에 지장이 없는 경우 : 바닥으로부터 높이가 2.5m 되는 지점부터 등받이울을 설치할 것
 • 등받이울이 있으면 근로자가 이동이 곤란한 경우 : 바닥으로부터 높이가 2.5m 되는 지점부터 등받이울을 설치할 것
⑩ 접이식 사다리 기둥은 사용 시 접혀지거나 펼쳐지지 않도록 철물 등을 사용하여 견고하게 조치할 것

법령 산업안전보건기준에 관한 규칙 제24조

10 산업안전보건법령상 아세틸렌 용접장치 검사 시 안전기의 설치위치를 확인하려고 할 때 다음 빈칸에 알맞은 답을 쓰시오.

(1) 사업주는 아세틸렌 용접장치의 (①)마다 안전기를 설치하여야 한다. 다만 주관 및 (①)에 가장 가까운 (②)마다 안전기를 부착한 경우에는 그러하지 아니하다.
(2) 사업주는 가스용기가 (③)와 분리되어 있는 아세틸렌 용접장치에 대하여 (③)와 가스용기 사이에 안전기를 설치하여야 한다.

Keyword | 아세틸렌 용접장치의 안전기 설치위치

정답
① 취관
② 분기관
③ 발생기

법령 산업안전보건기준에 관한 규칙 제289조

---

11 2줄걸이로 인양작업을 할 때 화물의 하중을 직접 지지하는 달기 와이어로프의 절단하중이 2,000kg이다. 이때 최대 안전하중(kg)은 얼마인지 구하시오.

Keyword | 안전율과 최대 안전하중

풀이
㉮ 안전율 = $\dfrac{\text{절단하중} \times \text{줄걸이 개수}}{\text{최대안전하중}}$
㉯ 화물의 하중을 직접 지지하는 달기 와이어로프 또는 달기 체인의 안전율 : 5 이상
㉰ 최대안전하중 = $\dfrac{\text{절단하중} \times \text{줄걸이 개수}}{\text{안전율}}$
= $\dfrac{2{,}000 \times 2}{5} = 800\,[\text{kg}]$

정답 800

---

12 방호조치를 하지 아니하고는 양도, 대여, 설치 또는 진열해서는 안 되는 기계·기구 2가지를 쓰시오.

Keyword | 방호조치 없이 양도 등이 안 되는 기계·기구

정답
① 예초기
② 원심기
③ 공기압축기
④ 금속절단기
⑤ 지게차
⑥ 포장기계(진공포장기, 래핑기로 한정)

법령 산업안전보건법 시행령 별표 20

13 산업안전보건법령상 사업주가 근로자에게 작업이나 통행 등으로 인하여 전기기계·기구 또는 전로 등의 충전부분에 접촉하거나 접근함으로써 감전 위험이 있는 충전부분에 대하여 감전을 방지하기 위한 방호 방법 3가지를 쓰시오.

Keyword | 전기기계·기구 등의 충전부 방호 방법

정답
① 충전부가 노출되지 않도록 폐쇄형 외함(外函)이 있는 구조로 할 것
② 충전부에 충분한 절연효과가 있는 방호망이나 절연덮개를 설치할 것
③ 충전부는 내구성이 있는 절연물로 완전히 덮어 감쌀 것
④ 발전소·변전소 및 개폐소 등 구획되어 있는 장소로서 관계 근로자가 아닌 사람의 출입이 금지되는 장소에 충전부를 설치하고, 위험표시 등의 방법으로 방호를 강화할 것
⑤ 전주 위 및 철탑 위 등 격리되어 있는 장소로서 관계 근로자가 아닌 사람이 접근할 우려가 없는 장소에 충전부를 설치할 것

법령 산업안전보건기준에 관한 규칙 제301조

14 산업안전보건법령상 안전인증 대상 보호구의 종류 3가지를 쓰시오.

Keyword | 안전인증대상 보호구

정답
① 추락 및 감전 위험방지용 안전모
② 안전화
③ 안전장갑
④ 방진마스크
⑤ 방독마스크
⑥ 송기마스크
⑦ 전동식 호흡보호구
⑧ 보호복
⑨ 안전대
⑩ 차광 및 비산물 위험방지용 보안경
⑪ 용접용 보안면
⑫ 방음용 귀마개 또는 귀덮개

법령 산업안전보건법 시행령 제74조

2022년 제2회 기출복원문제

필답형

01 산업안전보건법령상 사업장의 안전 및 보건을 유지하기 위하여 작성하여야 하는 안전보건관리규정에 포함되는 사항 4가지를 쓰시오. (단, 그 밖에 안전 및 보건에 관한 사항은 제외한다.)

Keyword | 안전보건관리규정의 포함사항

정답
① 안전 및 보건에 관한 관리조직과 그 직무에 관한 사항
② 안전보건교육에 관한 사항
③ 작업장의 안전 및 보건 관리에 관한 사항
④ 사고 조사 및 대책 수립에 관한 사항

법령 산업안전보건법 제25조

---

02 산업안전보건법령상 부두·안벽 등 하역작업을 하는 장소에 대하여 조치하여야 하는 사항 3가지를 쓰시오.

Keyword | 하역작업장의 조치사항

정답
① 작업장 및 통로의 위험한 부분에는 안전하게 작업할 수 있는 조명을 유지할 것
② 부두 또는 안벽의 선을 따라 통로를 설치하는 경우에는 폭을 90cm 이상으로 할 것
③ 육상에서의 통로 및 작업장소로서 다리 또는 선거(船渠) 갑문(閘門)을 넘는 보도(步道) 등의 위험한 부분에는 안전난간 또는 울타리 등을 설치할 것

법령 산업안전보건기준에 관한 규칙 제390조

03 어떠한 기계를 1시간 동안 가동하였을 때 고장발생 확률이 0.004였다. 이때 다음 물음에 알맞은 답을 쓰시오.

(1) 기계의 평균고장간격을 구하시오.
(2) 기계를 10시간 동안 가동하였을 때의 신뢰도를 구하시오.

Keyword | 기계의 평균고장간격과 신뢰도

풀이

(1) 평균고장간격

$$\text{평균고장간격} = \frac{1}{\text{고장발생확률}(\lambda)}$$
$$= \frac{1}{0.004} = 250\text{시간}$$

(2) 신뢰도
$$\text{신뢰도 } R(t) = e^{-\lambda t}$$
$$= e^{-(0.004 \times 10)} = 0.96$$

정답

(1) 250시간
(2) 0.96

---

04 산업안전보건법령상 용접·용단 작업을 하는 경우에 화재감시자를 지정하여 배치하여야 하는 장소 3가지를 쓰시오.

Keyword | 용접·용단 작업을 하는 경우에 화재감시자를 배치해야 하는 장소

정답

① 작업반경 11m 이내에 건물구조 자체나 내부에 가연성 물질이 있는 장소(개구부 등으로 개방된 부분을 포함한다.)
② 작업반경 11m 이내의 바닥 하부에 가연성 물질이 11m 이상 떨어져 있지만 불꽃에 의해 쉽게 발화될 우려가 있는 장소
③ 가연성 물질이 금속으로 된 칸막이, 벽, 천장 또는 지붕의 반대쪽 면에 인접해 있어 열전도나 열복사에 의해 발화될 우려가 있는 장소

법령 산업안전보건기준에 관한 규칙 제241조의2

05 산업안전보건법령상 다음 그림에 알맞은 안전보건표지의 명칭을 쓰시오.

(1)

(2)

(3)

(4)

Keyword | 안전보건표지의 종류와 형태

정답
(1) 부식성물질 경고
(2) 화기금지
(3) 폭발성물질 경고
(4) 고압전기 경고

법령 산업안전보건법 시행규칙 별표 6

---

06 사업장에 유해하거나 위험한 설비가 있는 경우 그 설비로부터의 위험물질 누출, 화재 및 폭발 등으로 인하여 사업장 내의 근로자에게 즉시 피해를 주거나 사업장 인근 지역에 피해를 줄 수 있는 사고를 예방하기 위하여 작성해야 하는 공정안전보고서에 포함되어야 하는 사항 4가지를 쓰시오.

Keyword | 공정안전보고서의 포함사항

정답
① 공정안전자료
② 공정위험성평가서
③ 안전운전계획
④ 비상조치계획
⑤ 그 밖에 공정상의 안전과 관련하여 고용노동부장관이 필요하다고 인정하여 고시하는 사항

법령 산업안전보건법 시행령 제44조

---

07 화재의 분류와 그에 따른 표시 색상에 대하여 다음 빈칸에 알맞은 답을 쓰시오.

유형	화재의 분류	표시 색상
A급	일반화재	(①)
B급	(②)	(③)
C급	(④)	청색
D급	(⑤)	무색

Keyword | 화재의 분류와 표시 색상

정답
① 백색
② 유류화재
③ 황색
④ 전기화재
⑤ 금속화재

[개정 / 2025]

08 산업안전보건법령상 특수형태근로종사자에 대한 안전보건교육 내용 중 최초 노무 제공 시 교육하여야 하는 사항 5가지를 쓰시오.

Keyword | 특수형태근로종사자의 최초 노무 제공 시 안전보건교육 내용

정답
① 산업안전 및 산업재해 예방에 관한 사항
② 산업보건 및 건강장해 예방에 관한 사항
③ 건강증진 및 질병 예방에 관한 사항
④ 유해·위험 작업환경 관리에 관한 사항
⑤ 산업안전보건법령 및 산업재해보상보험 제도에 관한 사항
⑥ 직무스트레스 예방 및 관리에 관한 사항
⑦ 직장 내 괴롭힘, 고객의 폭언 등으로 인한 건강장해 예방 및 관리에 관한 사항
⑧ 기계·기구의 위험성과 작업의 순서 및 동선에 관한 사항
⑨ 작업 개시 전 점검에 관한 사항
⑩ 정리정돈 및 청소에 관한 사항
⑪ 사고 발생 시 긴급조치에 관한 사항
⑫ 물질안전보건자료에 관한 사항
⑬ 교통안전 및 운전안전에 관한 사항
⑭ 보호구 착용에 대한 사항

법령 산업안전보건법 시행규칙 별표 5

09 다음은 기계 및 설비를 나열한 것이다. 이 중에서 근로자의 안전 및 보건에 위해를 미칠 수 있다고 인정되어 안전인증의 대상이 되는 기계 및 설비를 모두 고르시오.

― 보기 ―
프레스, 크레인, 컨베이어, 파쇄기, 압력용기, 산업용 로봇, 혼합기

Keyword | 안전인증대상 기계 및 설비

정답
① 프레스
② 크레인
③ 압력용기

법령 산업안전보건법 시행령 제74조

참고 그 외 안전인증대상 기계 및 설비
㉮ 전단기 및 절곡기
㉯ 리프트
㉰ 롤러기
㉱ 사출성형기
㉲ 고소작업대
㉳ 곤돌라

10 산업안전보건법령상 사다리식 통로 등을 설치하는 경우 준수하여야 하는 사항 4가지를 쓰시오.

> Keyword | 사다리식 통로 설치 시 준수사항
>
> **정답**
> ① 견고한 구조로 할 것
> ② 심한 손상·부식 등이 없는 재료를 사용할 것
> ③ 발판의 간격은 일정하게 할 것
> ④ 발판과 벽과의 사이는 15cm 이상의 간격을 유지할 것
> ⑤ 폭은 30cm 이상으로 할 것
> ⑥ 사다리가 넘어지거나 미끄러지는 것을 방지하기 위한 조치를 할 것
> ⑦ 사다리의 상단은 걸쳐놓은 지점으로부터 60cm 이상 올라가도록 할 것
> ⑧ 사다리식 통로의 길이가 10m 이상인 경우에는 5m 이내마다 계단참을 설치할 것
> ⑨ 사다리식 통로의 기울기는 75° 이하로 할 것. 다만, 고정식 사다리식 통로의 기울기는 90° 이하로 하고, 그 높이가 7m 이상인 경우에는 다음 구분에 따른 조치를 할 것
> • 등받이울이 있어도 근로자 이동에 지장이 없는 경우 : 바닥으로부터 높이가 2.5m 되는 지점부터 등받이울을 설치할 것
> • 등받이울이 있으면 근로자가 이동이 곤란한 경우 : 바닥으로부터 높이가 2.5m 되는 지점부터 등받이울을 설치할 것
> ⑩ 접이식 사다리 기둥은 사용 시 접혀지거나 펼쳐지지 않도록 철물 등을 사용하여 견고하게 조치할 것
>
> **법령** 산업안전보건기준에 관한 규칙 제24조

11 사상의 안전도를 사용하여 시스템의 안전도를 나타내는 시스템 모델의 하나로, 귀납적이고 정량적인 분석 기법에 대한 명칭을 쓰시오.

> Keyword | ETA
>
> **정답** 사건 수 분석(ETA ; Event Tree Analysis)

12 Fail Safe와 Fool Proof의 정의를 쓰시오.

(1) Fail Safe
(2) Fool Proof

Keyword | 페일-세이프와 풀-프루프

정답
(1) Fail Safe
시스템의 일부에 고장이 발생해도 안전한 가동이 자동으로 취해질 수 있는 구조로 설계하는 방식
(2) Fool Proof
미숙련자가 잘 모르고 제품을 사용하더라도 고장이 발생하지 않도록 하거나 작동하지 않도록 하여 안전을 확보하는 방식

13 전기기계·기구를 적절하게 설치하려는 경우, 사업주가 고려해야 할 사항 3가지를 쓰시오.

Keyword | 전기기계·기구의 적절한 설치를 위한 고려사항

정답
① 전기기계·기구의 충분한 전기적 용량 및 기계적 강도
② 습기·분진 등 사용장소의 주위 환경
③ 전기적·기계적 방호수단의 적정성

14 비, 눈, 그 밖의 기상상태의 악화로 작업중지 또는 비계를 조립·해체하거나 변경 후 그 비계에서 작업을 하는 경우, 해당 작업을 시작하기 전 점검하고 이상을 발견하면 즉시 보수하여야 하는 사항에 대해 4가지를 쓰시오.

Keyword | 비계작업의 중지·조립·해체·변경 후 다시 작업시작 전 점검 및 보수사항

정답
① 발판 재료의 손상 여부 및 부착 또는 걸림 상태
② 해당 비계의 연결부 또는 접속부의 풀림 상태
③ 연결 재료 및 연결 철물의 손상 또는 부식 상태
④ 손잡이의 탈락 여부
⑤ 기둥의 침하, 변형, 변위 또는 흔들림 상태
⑥ 로프의 부착 상태 및 매단 장치의 흔들림 상태
법령 산업안전보건기준에 관한 규칙 제58조

2022년 제3회 기출복원문제

필답형

01 다음 FT도에서 기본사상 ①, ③, ⑤, ⑦의 발생확률은 각 20%이고, 기본사상 ②, ④, ⑥의 발생확률은 각 10%일 때, 정상사상 A_1의 발생확률을 구하시오. (단, % 단위는 소수점 다섯 번째 자리까지 표시한다.)

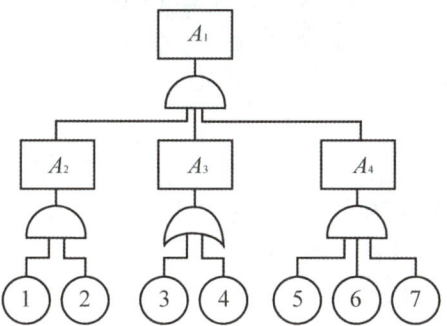

Keyword | FT도의 발생확률

풀이
㉮ $A_1 = A_2 \times A_3 \times A_4$
㉯ $A_2 = ① \times ②$
　$A_3 = \{1-(1-③)\times(1-④)\}$
　$A_4 = ⑤ \times ⑥ \times ⑦$
㉰ $A_1 = (0.2 \times 0.1) \times \{1-(1-0.2)\times(1-0.1)\}$
　　　$\times (0.2 \times 0.1 \times 0.2)$
　　$= 0.0000224 = 0.00224\%$

정답 0.00224%

02 산업안전보건법령상 로봇의 작동범위 내에서 교시 등의 작업을 할 때 관리감독자가 작업시작 전에 점검하여야 하는 사항 3가지를 쓰시오.

Keyword | 로봇의 교시 등 작업시작 전 점검사항

정답
① 외부 전선의 피복 또는 외장의 손상 유무
② 매니퓰레이터(manipulator) 작동의 이상 유무
③ 제동장치 및 비상정지장치의 기능

법령 산업안전보건기준에 관한 규칙 별표 3

03 산업안전보건법령상 안전인증대상 보호구의 종류 8가지를 쓰시오.

> Keyword | 안전인증대상 보호구
>
> **정답**
> ① 추락 및 감전 위험방지용 안전모
> ② 안전화
> ③ 안전장갑
> ④ 방진마스크
> ⑤ 방독마스크
> ⑥ 송기마스크
> ⑦ 전동식 호흡보호구
> ⑧ 보호복
> ⑨ 안전대
> ⑩ 차광 및 비산물 위험방지용 보안경
> ⑪ 용접용 보안면
> ⑫ 방음용 귀마개 또는 귀덮개
>
> [법령] 산업안전보건법 시행령 제74조

04 산업안전보건법령상 교류아크용접기(자동으로 작동되는 것은 제외)에 자동전격방지기를 설치하여야 하는 장소 3가지를 쓰시오.

> Keyword | 교류아크용접기에 자동전격방지기를 설치해야 하는 장소
>
> **정답**
> ① 선박의 이중 선체 내부, 밸러스트 탱크(ballast tank, 평형수 탱크), 보일러 내부 등 도전체에 둘러싸인 장소
> ② 추락할 위험이 있는 높이 2m 이상의 장소로 철골 등 도전성이 높은 물체에 근로자가 접촉할 우려가 있는 장소
> ③ 근로자가 물·땀 등으로 인하여 도전성이 높은 습윤 상태에서 작업하는 장소
>
> [법령] 산업안전보건기준에 관한 규칙 제306조

05 어느 사업장에서 재해로 인하여 신체장해등급 판정자가 사망 2명, 1급 1명, 2급 1명, 3급 1명, 9급 1명, 10급 4명이 발생했을 때의 총 요양근로손실일수를 구하시오.

Keyword | 총 요양근로손실일수

[풀이]
총 요양근로손실일수
$= (7,500 \times 2) + (7,500 \times 1) + (7,500 \times 1)$
$\quad + (7,500 \times 1) + (1,000 \times 1) + (600 \times 4)$
$= 40,900$

[정답] 40,900일

[참고] 사망 및 장해등급별 요양근로손실일수

등급	사망, 1~3		4	5
일수	7,500		5,500	4,000
등급	6	7	8	9	10
일수	3,000	2,200	1,500	1,000	600

06 다음은 정전기로 인한 화재 폭발사고를 방지하기 위한 조치사항이다. 빈칸에 들어갈 알맞은 답을 쓰시오.

사업주는 정전기에 의한 화재 또는 폭발 등의 위험이 발생할 우려가 있는 경우에는 해당 설비에 대하여 확실한 방법으로 (①)를 하거나, (②) 재료를 사용하거나 가습 및 점화원이 될 우려가 없는 (③)를 사용하는 등 정전기의 발생을 억제거나 제거하기 위하여 필요한 조치를 하여야 한다.

Keyword | 교류아크용접기에 자동전격방지기를 설치해야 하는 장소

[정답]
① 접지
② 도전성
③ 제전장치

[법령] 산업안전보건기준에 관한 규칙 제325조

07 기계설비 방호의 기본원리에 대한 사항 3가지를 쓰시오.

Keyword | 기계설비 방호의 기본원리

[정답]
① 위험 제거
② 차단
③ 덮어씌움
④ 위험에 적응

08 산업안전보건법령상 안전보건관리담당자의 직무에 대한 사항 4가지를 쓰시오.

Keyword | 안전보건관리담당자의 직무

정답
① 안전보건교육 실시에 관한 보좌 및 지도·조언
② 위험성평가에 관한 보좌 및 지도·조언
③ 작업환경측정 및 개선에 관한 보좌 및 지도·조언
④ 각종 건강진단에 관한 보좌 및 지도·조언
⑤ 산업재해 발생의 원인 조사, 산업재해 통계의 기록 및 유지를 위한 보좌 및 지도·조언
⑥ 산업안전·보건과 관련된 안전장치 및 보호구 구입 시 적격품 선정에 관한 보좌 및 지도·조언

법령 산업안전보건법 시행령 제25조

(개정 / 2025)

09 산업안전보건법령상 사업주가 근로자에게 실시하여야 하는 안전보건교육 중에서 근로자의 정기교육에 대한 사항 4가지를 쓰시오.

Keyword | 근로자의 정기 안전보건교육 내용

정답
① 산업안전 및 산업재해 예방에 관한 사항
② 산업보건 및 건강장해 예방에 관한 사항
③ 위험성평가에 관한 사항
④ 건강증진 및 질병 예방에 관한 사항
⑤ 유해·위험 작업환경 관리에 관한 사항
⑥ 산업안전보건법령 및 산업재해보상보험제도에 관한 사항
⑦ 직무스트레스 예방 및 관리에 관한 사항
⑧ 직장 내 괴롭힘, 고객의 폭언 등으로 인한 건강장해 예방 및 관리에 관한 사항

법령 산업안전보건법 시행규칙 별표 5

10 인간-기계시스템(man-machine system)의 정보처리에 대한 기능 4가지를 쓰시오.

> **Keyword** | 인간-기계시스템의 정보처리에 대한 기능
>
> **정답**
> ① 정보 보관
> ② 감지
> ③ 정보처리 및 의사결정
> ④ 행동

11 산업안전보건법령상 화학설비 및 부속설비에 관련하여 다음 빈칸에 들어갈 알맞은 답을 쓰시오.

사업주는 급성 독성물질이 지속적으로 외부에 유출될 수 있는 화학설비 및 그 부속설비에 파열판과 안전밸브를 (①)로 설치하고, 그 사이에는 (②) 또는 (③)를 설치하여야 한다.

> **Keyword** | 화학설비 및 부속설비에 파열판 및 안전밸브의 직렬설치
>
> **정답**
> ① 직렬
> ② 압력 지시계
> ③ 자동경보장치
> **법령** 산업안전보건기준에 관한 규칙 제263조

12 산업안전보건법령상 안전보건관리규정에 포함되어야 할 사항 4가지를 쓰시오. (단, 그 밖에 안전 및 보건에 관한 사항은 제외한다.)

> **Keyword** | 안전보건관리규정의 포함사항
>
> **정답**
> ① 안전 및 보건에 관한 관리조직과 그 직무에 관한 사항
> ② 안전보건교육에 관한 사항
> ③ 작업장의 안전 및 보건 관리에 관한 사항
> ④ 사고 조사 및 대책 수립에 관한 사항
> **법령** 산업안전보건법 제25조

13 말비계 조립 시 준수사항에 관련하여 다음 빈칸에 들어갈 알맞은 답을 쓰시오.

(1) 지주부재의 하단에는 (①)를 하고, 근로자가 양측 끝부분에 올라서서 작업하지 아니하도록 할 것
(2) 지주부재와 수평면과의 기울기를 (②)° 이하로 하고, 지주부재와 지주부재 사이를 고정시키는 보조부재를 설치할 것
(3) 말비계의 높이가 (③)m를 초과할 경우에는 작업발판의 폭을 (④)cm 이상으로 할 것

Keyword | 말비계 조립 시 준수사항

정답
① 미끄럼 방지장치
② 75
③ 2
④ 40

법령 산업안전보건기준에 관한 규칙 제67조

---

14 추락방호망 설치에 관련하여 다음 빈칸에 들어갈 알맞은 답을 쓰시오.

(1) 추락방호망의 설치위치는 가능하면 작업면으로부터 가까운 지점에 설치하여야 하며, 작업면으로부터 망의 설치지점까지의 수직거리는 (①)m를 초과하지 아니할 것
(2) 추락방호망은 수평으로 설치하고, 망의 처짐은 짧은 변 길이의 12% 이상이 되도록 할 것
(3) 건축물 등의 바깥쪽으로 설치하는 경우 망의 내민 길이는 벽면으로부터 (②)m 이상 되도록 할 것(다만, 그물코가 20mm 이하인 망을 사용한 경우에는 낙하물방지망을 설치한 것으로 본다.)

Keyword | 추락방호망의 설치기준

정답
① 10
② 3

법령 산업안전보건기준에 관한 규칙 제42조

2023년 제1회 기출복원문제

필답형

01 산업안전보건법령상 유해위험방지계획서를 제출하여야 하는 기계·기구 및 설비의 종류를 3가지 쓰시오. (단, 건설공사는 제외한다.)

Keyword | 유해위험방지계획서 제출 대상 기계·기구 및 설비의 종류

정답
① 금속이나 그 밖의 광물의 용해로
② 화학설비
③ 건조설비
④ 가스집합 용접장치
⑤ 근로자의 건강에 상당한 장해를 일으킬 우려가 있는 물질로서 고용노동부령으로 정하는 물질의 밀폐·환기·배기를 위한 설비

법령 산업안전보건법 시행령 제42조

02 산업안전보건법령상 소음작업에 관련하여 다음 빈칸에 들어갈 알맞은 답을 쓰시오.

(1) 소음작업이란 (①) 이상의 소음이 하루 8시간 동안 발생하는 작업을 말한다.
(2) 강렬한 소음작업이란 90dB 이상의 소음이 하루 (②)시간 이상 발생하는 작업을 말한다.
(3) 강렬한 소음작업이란 100dB 이상의 소음이 하루 (③)시간 이상 발생하는 작업을 말한다.

Keyword | 소음작업의 기준

정답
① 85dB
② 8
③ 2

법령 산업안전보건기준에 관한 규칙 제512조

참고 강렬한 소음작업의 기준

허용음압(dB)	90	95	100
1일 노출시간(hr)	8	4	2
허용음압(dB)	105	110	115
1일 노출시간(hr)	1	1/2	1/4

03 산업안전보건법령상 과압에 따른 폭발을 방지하기 위하여 반드시 파열판을 설치하여야 하는 경우 3가지를 쓰시오.

> Keyword | 파열판을 설치해야 하는 경우
>
> 정답
> ① 반응 폭주 등 급격한 압력상승의 우려가 있는 경우
> ② 독성물질의 누출로 인하여 주위의 작업환경을 오염시킬 우려가 있는 경우
> ③ 운전 중 안전밸브에 이상 물질이 누적되어 안전밸브가 작동되지 않을 우려가 있는 경우
>
> 법령 산업안전보건기준에 관한 규칙 제262조

04 근로자 수가 400명이고, 하루 8시간 동안 연 280일을 근무하는 어느 사업장이 있다. 이 사업장의 연간 재해건수가 80건이고, 근로손실일수가 800일, 재해자 수는 100명일 때, 종합재해지수를 구하시오.

> Keyword | 종합재해지수
>
> 풀이
> ㉮ 도수율 = $\dfrac{재해건수}{연\ 근로시간수} \times 1,000,000$
> $= \dfrac{80}{400 \times 8 \times 280} \times 1,000,000 = 89.29$
> ㉯ 강도율 = $\dfrac{근로손실일수}{연\ 근로시간수} \times 1,000$
> $= \dfrac{800}{400 \times 8 \times 280} \times 1,000 = 0.89$
> ㉰ 종합재해지수 = $\sqrt{89.29 \times 0.89} = 8.91$
>
> 정답 8.91

05 산업안전보건법령상 근로자가 상시 작업하는 장소에 대해 사업주가 제공하여야 하는 작업면의 조도의 기준으로, 다음 빈칸에 들어갈 알맞은 기준을 쓰시오.

(1) 초정밀 작업 : (①)Lux 이상
(2) 정밀 작업 : (②)Lux 이상
(3) 보통 작업 : (③)Lux 이상
(4) 그 밖의 작업 : (④)Lux 이상

> Keyword | 작업면의 조도 기준
>
> 정답
> ① 750
> ② 300
> ③ 150
> ④ 75
>
> 법령 산업안전보건기준에 관한 규칙 제8조

06 비, 눈, 그 밖의 기상상태의 악화로 작업중지 또는 비계를 조립·해체하거나 변경 후 그 비계에서 작업을 하는 경우, 해당 작업을 시작하기 전 점검하고 이상을 발견하면 즉시 보수하여야 하는 사항에 대해 3가지를 쓰시오.

Keyword | 비계작업의 중지·조립·해체·변경 후 다시 작업시작 전 점검 및 보수사항

정답
① 발판 재료의 손상 여부 및 부착 또는 걸림 상태
② 해당 비계의 연결부 또는 접속부의 풀림 상태
③ 연결 재료 및 연결 철물의 손상 또는 부식 상태
④ 손잡이의 탈락 여부
⑤ 기둥의 침하, 변형, 변위 또는 흔들림 상태
⑥ 로프의 부착 상태 및 매단 장치의 흔들림 상태

법령 산업안전보건기준에 관한 규칙 제58조

---

07 다음 충전전로의 선간전압(kV)에 따른 알맞은 접근 한계거리를 쓰시오.

(1) 0.38kV
(2) 1.5kV
(3) 6.6kV
(4) 22.9kV

Keyword | 선간전압에 따른 접근 한계거리

정답
(1) 30cm
(2) 45cm
(3) 60cm
(4) 90cm

법령 산업안전보건기준에 관한 규칙 제321조

참고 선간전압에 따른 접근 한계거리

선간전압(kV)	접근한계거리(cm)	선간전압(kV)	접근한계거리(cm)
~0.3	접촉금지	121~145	150
0.3~0.75	30	145~169	170
0.75~2	45	169~242	230
2~15	60	242~362	380
15~37	90	362~550	550
37~88	110	550~800	790
88~121	130		

08 산업안전보건법령상 타워크레인을 설치(상승작업을 포함)·해체하는 작업에 해당하는 근로자에게 실시하여야 하는 특별교육에 대한 내용 4가지를 쓰시오. (단, 그 밖에 안전·보건관리에 필요한 사항은 제외한다.)

> **Keyword** | 타워크레인 설치·해체작업 시 근로자의 특별교육 내용
>
> **정답**
> ① 붕괴·추락 및 재해 방지에 관한 사항
> ② 설치·해체 순서 및 안전작업방법에 관한 사항
> ③ 부재의 구조·재질 및 특성에 관한 사항
> ④ 신호방법 및 요령에 관한 사항
> ⑤ 이상 발생 시 응급조치에 관한 사항
> **법령** 산업안전보건법 시행규칙 별표 5

09 다음은 위험성평가의 실시에 대한 사항을 나열한 것이다. 위험성평가의 실시 순서로 알맞은 번호를 차례대로 쓰시오.

―보기―
① 파악된 유해·위험요인별 위험성의 추정
② 위험성평가 실시내용 및 결과에 관한 기록
③ 근로자의 작업과 관계되는 유해·위험요인의 파악
④ 위험성 감소대책의 수립 및 실행
⑤ 평가대상의 선정 등 사전준비
⑥ 추정한 위험성이 허용 가능한 위험성인지 여부의 결정

> **Keyword** | 위험성평가의 실시 순서
>
> **정답**
> ⑤ → ③ → ① → ⑥ → ④ → ②
> ㉮ 평가대상의 선정 등 사전준비
> ㉯ 근로자의 작업과 관계되는 유해·위험요인의 파악
> ㉰ 파악된 유해·위험요인별 위험성의 추정
> ㉱ 추정한 위험성이 허용 가능한 위험성인지 여부의 결정
> ㉲ 위험성 감소대책의 수립 및 실행
> ㉳ 위험성평가 실시내용 및 결과에 관한 기록

10 보호구 안전인증대상 고시상 사용 구분에 따른 차광보안경의 종류 4가지를 쓰시오.

> **Keyword** | 차광보안경의 종류
>
> **정답**
> ① 자외선용
> ② 적외선용
> ③ 복합용
> ④ 용접용
> **법령** 보호구 안전인증 고시 별표 10

11 산업안전보건법령상 가연성 물질이 있는 장소에서 화재위험작업을 하는 경우 사업주가 화재 예방을 위하여 준수하여야 할 사항 3가지를 쓰시오.

> Keyword | 화재위험작업 시 준수사항
>
> **정답**
> ① 작업 준비 및 작업 절차 수립
> ② 작업장 내 위험물의 사용·보관 현황 파악
> ③ 화기작업에 따른 인근 가연성 물질에 대한 방호조치 및 소화기구 비치
> ④ 용접불티 비산방지덮개, 용접방화포 등 불꽃, 불티 등 비산방지조치
> ⑤ 인화성 액체의 증기 및 인화성 가스가 남아 있지 않도록 환기 등의 조치
> ⑥ 작업근로자에 대한 화재예방 및 피난교육 등 비상조치
>
> **법령** 산업안전보건기준에 관한 규칙 제241조

12 가설통로를 설치할 때 사업주가 준수하여야 할 가설통로의 구조 4가지를 쓰시오.

> Keyword | 가설통로 설치 시 준수사항
>
> **정답**
> ① 견고한 구조로 할 것
> ② 경사는 30° 이하로 할 것(다만, 계단을 설치하거나 높이 2m 미만의 가설통로로서 튼튼한 손잡이를 설치한 경우에는 그러하지 아니하다.)
> ③ 경사가 15°를 초과하는 경우에는 미끄러지지 아니하는 구조로 할 것
> ④ 추락할 위험이 있는 장소에는 안전난간을 설치할 것(다만, 작업상 부득이한 경우에는 필요한 부분만 임시로 해체할 수 있다.)
> ⑤ 수직갱에 가설된 통로의 길이가 15m 이상인 경우에는 10m 이내마다 계단참을 설치할 것
> ⑥ 건설공사에 사용하는 높이 8m 이상인 비계다리에는 7m 이내마다 계단참을 설치할 것
>
> **법령** 산업안전보건기준에 관한 규칙 제23조

13 다음의 작업에 대해 알맞은 보호구의 명칭을 쓰시오.

(1) 물체가 떨어지거나 날아올 위험이 있는 작업 또는 근로자가 추락할 위험이 있는 작업
(2) 높이 또는 깊이 2m 이상의 추락할 위험이 있는 장소에서 하는 작업
(3) 물체가 흩날릴 위험이 있는 작업
(4) 고열에 의한 화상 등의 위험이 있는 작업

Keyword | 보호구의 종류

정답
(1) 안전모
(2) 안전대
(3) 보안경
(4) 방열복

---

14 산업안전보건법령상 공정안전보고서를 작성하고 제출하여야 하는 다음 유해·위험물질의 알맞은 규정량을 쓰시오.

(1) 인화성 가스의 제조·취급 : (①)kg
(2) 암모니아의 제조·취급·저장 : (②)kg
(3) 황산(중량 20% 이상)의 제조·취급·저장 : (③)kg
(4) 염산(중량 20% 이상)의 제조·취급·저장 : (④)kg

Keyword | 유해·위험물질 규정량

정답
① 5,000
② 10,000
③ 20,000
④ 20,000

법령 산업안전보건법 시행령 별표 13

참고 유해·위험물질 규정량

구분	규정량(kg)
인화성 가스	제조·취급 : 5,000 / 저장 : 200,000
인화성 액체	제조·취급 : 5,000 / 저장 : 200,000
메틸 이소시아네이트	제조·취급·저장 : 1,000
포스겐	제조·취급·저장 : 500
아크릴로니트릴	제조·취급·저장 : 10,000
암모니아	제조·취급·저장 : 10,000
불산 (중량 10% 이상)	제조·취급·저장 : 10,000
염산 (중량 20% 이상)	제조·취급·저장 : 20,000
황산 (중량 20% 이상)	제조·취급·저장 : 20,000
암모니아수 (중량 20% 이상)	제조·취급·저장 : 50,000

2023년 제2회 기출복원문제

필답형

01 잠함 또는 우물통의 내부에서 굴착 작업을 하는 경우 급격한 침하에 의한 위험을 방지하기 위하여 준수하여야 할 사항 2가지를 쓰시오.

> **Keyword |** 잠함 또는 우물통 내부작업 시 급격한 침하에 의한 위험 방지대책
>
> **정답**
> ① 침하관계도에 따라 굴착 방법 및 재하량(載荷量) 등을 정할 것
> ② 바닥으로부터 천장 또는 보까지의 높이는 1.8m 이상으로 할 것
>
> **법령** 산업안전보건기준에 의한 규칙 제376조

02 각 장소에 알맞은 안전보건표지의 명칭을 쓰시오.

(1) 돌 및 블록 등 물체가 떨어질 우려가 있는 물체가 있는 장소
(2) 미끄러운 장소 등 넘어질 위험이 있는 장소
(3) 휘발유 등 화기를 다룰 때 극히 주의해야 하는 물질이 있는 장소
(4) 가열·압축하거나 강산·알칼리 등을 첨가하여 강한 산화성을 띠는 물질이 있는 장소

> **Keyword |** 안전보건표지의 종류와 형태
>
> **정답**
> (1) 낙하물 경고
> (2) 몸균형 상실 경고
> (3) 인화성물질 경고
> (4) 산화성물질 경고
>
> **법령** 산업안전보건법 시행규칙 별표 6
>
> **참고** 안전보건표지의 종류와 형태
>
> | 낙하물 경고 | 몸균형 상실 경고 | 인화성 물질 경고 | 산화성 물질 경고 |
> |---|---|---|---|

03

목재 가공용 둥근톱 기계의 분할날 설치에 관련하여 다음 빈칸에 들어갈 알맞은 것을 쓰시오.

(1) 분할날과 톱날 후면과의 간격은 (①) 이내일 것
(2) 분할날 조임볼트는 (②)개 이상일 것
(3) 분할날 조임볼트는 (③)가 되어 있을 것

Keyword | 목재 가공용 둥근톱 기계의 분할날 설치 기준

정답
① 12mm
② 2
③ 이완방지조치

법령 방호장치 자율안전기준 고시

참고 둥근톱 방호장치의 고정식 덮개의 간격
㉮ 덮개 하단과 테이블 사이의 간격 : 25mm 이내
㉯ 덮개 하단과 가공재 사이의 간격 : 8mm 이내

04

다음 충전전로의 선간전압(kV)에 따른 알맞은 접근한계거리를 쓰시오.

(1) 2kV 초과 15kV 이하
(2) 121kV 초과 145kV 이하
(3) 242kV 초과 362kV 이하
(4) 550kV 초과 800kV 이하

Keyword | 선간전압에 따른 접근한계거리

정답
(1) 60cm
(2) 150cm
(3) 380cm
(4) 790cm

법령 산업안전보건기준에 관한 규칙 제321조

참고 선간전압에 따른 접근 한계거리

선간전압(kV)	접근한계거리(cm)	선간전압(kV)	접근한계거리(cm)
~0.3	접촉금지	121~145	150
0.3~0.75	30	145~169	170
0.75~2	45	169~242	230
2~15	60	242~362	380
15~37	90	362~550	550
37~88	110	550~800	790
88~121	130		

개정 / 2024

05 산업안전보건법령상 달비계(곤돌라의 달비계는 제외)의 최대 적재하중을 정하는 경우 안전계수와 관련하여 다음 빈칸에 들어갈 알맞은 답을 쓰시오.

(1) 달기 와이어로프 및 달기 강선의 안전계수 : (①) 이상
(2) 달기 체인 및 달기 훅의 안전계수 : (②) 이상
(3) 달기 강대와 달비계의 하부 및 상부 지점의 안전계수 :
    강재의 경우 (③) 이상, 목재의 경우 (④) 이상

Keyword | 달비계 최대 적재하중의 안전계수

정답
① 10
② 5
③ 2.5
④ 5

법령 산업안전보건기준에 의한 규칙 제55조 (법령 개정으로 안전계수 조항이 삭제되었습니다.)

---

06 파단하중이 42.8kN인 와이어로프에 1,200kg의 중량을 걸어 108°의 각도로 들어 올릴 때 다음 물음에 답을 쓰시오.

(1) 와이어로프의 안전율을 구하시오.
(2) 위에서 구한 와이어로프의 안전율이 사용조건을 만족하는지 불만족하는지 쓰고, 그 이유에 대해 쓰시오.

Keyword | 와이어로프의 안전율

풀이

㉮ 와이어로프에 걸리는 하중 $= \dfrac{\omega}{2} \div \cos\dfrac{\theta}{2}$

$= \dfrac{1,200}{2} \div \cos\dfrac{108}{2} = 1,020.78[kg]$

㉯ 안전율 $= \dfrac{파단하중}{사용하중}$

$= \dfrac{(42.8 \times 1,000)N}{(1,020.78 \times 9.8)N} = 4.28$

여기서, 1kg = 9.8N, 1kN = 1,000N

정답
(1) 4.28
(2) 불만족. 화물의 하중을 직접 지지하는 달기 와이어로프의 안전율은 5 이상이어야 한다.

법령 산업안전보건기준에 의한 규칙 제163조

07 산업안전보건위원회의 근로자위원의 자격요건에 대한 사항 3가지를 쓰시오.

> Keyword | 산업안전보건위원회의 근로자위원 자격요건
>
> 정답
> ① 근로자대표
> ② 근로자대표가 지명하는 1명 이상의 명예산업안전감독관
> ③ 근로자대표가 지명하는 9명 이내의 해당 사업장의 근로자
>
> 법령 산업안전보건법 시행령 제35조

08 산업안전보건법령상 로봇작업에서 사업주가 근로자에게 실시하여야 하는 특별교육에 대한 내용 4가지를 쓰시오.

> Keyword | 로봇작업 시 근로자의 특별교육 내용
>
> 정답
> ① 로봇의 기본원리·구조 및 작업방법에 관한 사항
> ② 이상 발생 시 응급조치에 관한 사항
> ③ 안전시설 및 안전기준에 관한 사항
> ④ 조작방법 및 작업순서에 관한 사항
>
> 법령 산업안전보건법 시행규칙 별표 5

09 터널의 강(鋼)아치 지보공을 조립할 때 준수하여야 할 사항 3가지를 쓰시오.

> Keyword | 터널 강아치 지보공 조립 시 준수사항
>
> 정답
> ① 조립간격은 조립도에 따를 것
> ② 주재가 아치작용을 충분히 할 수 있도록 쐐기를 박는 등 필요한 조치를 할 것
> ③ 연결볼트 및 띠장 등을 사용하여 주재 상호간을 튼튼하게 연결할 것
> ④ 터널 등의 출입구 부분에는 받침대를 설치할 것
> ⑤ 낙하물이 근로자에게 위험을 미칠 우려가 있는 경우 널판 등을 설치할 것
>
> 법령 산업안전보건기준에 관한 규칙 제364조

10 다음 방폭구조 명칭에 해당하는 방폭구조의 기호를 쓰시오.

(1) 안전증방폭구조
(2) 충전방폭구조
(3) 유입방폭구조
(4) 특수방폭구조

Keyword | 방폭구조의 종류(기호)

정답
(1) e
(2) q
(3) o
(4) s

참고 그 외 방폭구조의 종류(기호)
㉮ 압력방폭구조(p)
㉯ 내압압력구조(d)
㉰ 본질안전방폭구조(ia 또는 ib)

---

11 방호조치를 하지 아니하고는 양도, 대여, 설치 또는 진열해서는 안 되는 기계·기구 2가지를 쓰시오.

Keyword | 방호조치 없이 양도 등이 안 되는 기계·기구

정답
① 예초기
② 원심기
③ 공기압축기
④ 금속절단기
⑤ 지게차
⑥ 포장기계(진공포장기, 래핑기로 한정)

법령 산업안전보건법 시행령 별표 20

---

12 누전에 의한 감전사고를 방지하기 위하여 해당 전로에 누전차단기를 설치하여야 하는 전기기계·기구 3가지를 쓰시오.

Keyword | 감전방지용 누전차단기를 설치해야 하는 전기기계·기구

정답
① 대지전압이 150V를 초과하는 이동형 또는 휴대형 전기기계·기구
② 물 등 도전성이 높은 액체가 있는 습윤장소에서 사용하는 저압용 전기기계·기구
③ 철판·철골 위 등 도전성이 높은 장소에서 사용하는 이동형 또는 휴대형 전기기계·기구
④ 임시배선의 전로가 설치되는 장소에서 사용하는 이동형 또는 휴대형 전기기계·기구

법령 산업안전보건기준에 관한 규칙 제304조

13 안전보건관리규정의 작성에 관한 내용 중 다음 물음에 알맞은 답을 쓰시오.

(1) 소프트웨어 개발 및 공급업에서 안전보건관리규정을 작성해야 하는 상시근로자의 수를 쓰시오.
(2) 안전보건관리규정에 포함하여야 하는 사항 3가지를 쓰시오.

Keyword | 안전보건관리규정 작성 대상 사업의 상시근로자 수와 포함사항

정답
(1) 300명 이상
(2) ① 안전 및 보건에 관한 관리조직과 그 직무에 관한 사항
② 안전보건교육에 관한 사항
③ 작업장의 안전 및 보건 관리에 관한 사항
④ 사고 조사 및 대책 수립에 관한 사항
⑤ 그 밖에 안전 및 보건에 관한 사항

법령 산업안전보건법 시행규칙 별표 2
산업안전보건법 제25조

참고 안전보건관리규정 작성 대상 사업의 종류 및 상시근로자 수

사업의 종류	상시근로자 수
농업, 어업, **소프트웨어 개발 및 공급업**, 컴퓨터 프로그래밍, 시스템 통합 및 관리업, 영상 · 오디오물 제공 서비스업, 정보서비스업, 금융 및 보험업, 임대업(부동산 제외), 전문, 과학 및 기술 서비스업(연구개발업은 제외), 사업지원 서비스업, 사회복지 서비스업	300명 이상
위 사업을 제외한 사업	100명 이상

14 유해위험방지계획서를 제출해야 하는 경우 건설공사에 해당하는 서류의 제출기한과 첨부하여야 하는 서류 3가지를 쓰시오.

(1) 제출기한
(2) 첨부서류

Keyword | 건설공사 유해위험방지계획서 제출기한과 첨부서류

정답
(1) 해당 공사의 착공 전날까지
(2) ① 공사 개요서
② 공사현장의 주변 현황 및 주변과의 관계를 나타내는 도면
③ 전체 공정표
④ 산업안전보건관리비 사용계획서
⑤ 안전관리 조직표
⑥ 재해발생 위험 시 연락 및 대피방법

법령 산업안전보건법 시행규칙 제42조
산업안전보건법 시행규칙 별표 10

2023년 제3회 기출복원문제

필답형

01
HAZOP 가이드 워드의 종류 및 정의와 관련하여 다음 설명에 알맞은 가이드 워드를 쓰시오.

(1) 설계의도 외에 다른 변수가 부가되는 상태
(2) 설계의도대로 완전히 이루어지지 않는 상태
(3) 설계의도대로 설치되지 않거나 완전 유지되지 않는 상태
(4) 변수가 양적으로 증가되는 상태

Keyword | HAZOP 가이드 워드

정답
(1) As well as(부가)
(2) Parts of(부분)
(3) Other than(기타)
(4) More(증가)

참고 그 외 HAZOP 가이드 워드
㉮ No 또는 Not : 완전한 부정
㉯ Less : 양적으로 감소되는 상태
㉰ Reverse : 설계 의도와 정반대 상태

02
양중기의 와이어로프 등 달기구의 안전계수에 관련하여 다음 빈칸에 알맞은 답을 쓰시오.

(1) 근로자가 탑승하는 운반구를 지지하는 달기 와이어로프 또는 달기 체인의 경우 : (①) 이상
(2) 화물의 하중을 직접 지지하는 달기 와이어로프 또는 달기 체인의 경우 : (②) 이상
(3) 훅, 샤클, 클램프, 리프팅 빔의 경우 : (③) 이상

Keyword | 달기구의 안전계수

정답
(1) 10
(2) 5
(3) 3

법령 산업안전보건기준에 의한 규칙 제163조

03 미니멀 컷셋(minimal cut set)과 미니멀 패스셋(minimal path set)에 대해 알맞은 정의를 쓰시오.

(1) 미니멀 컷셋
(2) 미니멀 패스셋

Keyword | 미니컬 컷셋과 미니멀 패스셋

정답
(1) 미니멀 컷셋 : 정상사상을 발생시키는 기본사상의 최소집합
(2) 미니멀 패스셋 : 정상사상을 발생시키지 않는 기본사상의 최소집합

04 사망만인율의 공식과 사망자 수에 해당하지 않는 사례를 쓰시오.

(1) 공식
(2) 사망자 수에 해당되지 않는 사례

Keyword | 사망만인율

정답
(1) 사망만인율 $= \dfrac{\text{사망자 수}}{\text{산재보험적용 근로자 수}} \times 10{,}000$
(2) ① 사업장 밖의 교통사고
② 통상의 출퇴근에 의한 사망

05 산업안전보건법령상 안전관리자를 정수 이상으로 증원·교체·임명할 수 있는 경우 3가지를 쓰시오.

Keyword | 안전관리자를 증원·교체·임명할 수 있는 경우

정답
① 해당 사업장의 연간재해율이 같은 업종의 평균재해율의 2배 이상인 경우
② 중대재해가 연간 2건 이상 발생한 경우
③ 관리자가 질병이나 그 밖의 사유로 3개월 이상 직무를 수행할 수 없게 된 경우
④ 화학적 인자로 인한 직업성 질병자가 연간 3명 이상 발생한 경우

법령 산업안전보건법 시행규칙 제12조

06 특급 방진마스크를 사용하여야 하는 장소 2곳을 쓰시오.

Keyword | 특급 방진마스크의 사용장소

정답
① 베릴륨 등과 같이 독성이 강한 물질을 함유한 분진 등 발생장소
② 석면 취급장소

법령 보호구 안전인증 고시 별표 4

07 산업안전보건법령상 다음의 유해·위험기계에 설치해야 하는 방호장치를 쓰시오.

(1) 원심기
(2) 공기압축기
(3) 금속절단기

Keyword | 유해·위험기계의 방호장치

정답
(1) 회전체 접촉 예방장치
(2) 압력방출장치
(3) 날 접촉 예방장치

법령 산업안전보건법 시행규칙 제98조

참고 그 외 유해·위험기계의 방호장치
㉮ 예초기 : 날 접촉 예방장치
㉯ 지게차 : 헤드가드, 백레스트, 전조등, 후미등, 안전벨트
㉰ 포장기계 : 구동부 방호 연동장치

08 인체계측자료의 응용원칙 3가지를 쓰시오.

Keyword | 인체계측자료의 응용원칙

정답
① 최대치수와 최소치수 설계(극단치 설계)
② 조절범위(조절식 설계)
③ 평균치를 기준으로 한 설계

09 산업안전보건법령상 안전 및 보건에 관한 중요 사항을 심의·의결하기 위해 구성해야 하는 협의체의 명칭과 정기회의의 개최주기를 쓰고, 근로자위원과 사용자위원 각 1명씩 쓰시오.

(1) 명칭
(2) 정기회의의 개최주기
(3) 근로자위원
(4) 사용자위원

Keyword | 산업안전보건위원회의 회의 및 근로자·사용자위원 자격요건

정답
(1) 명칭 : 산업안전보건위원회
(2) 정기회의의 개최주기 : 분기마다 1회
(3) 근로자위원
   ① 근로자대표
   ② 근로자대표가 지명하는 1명 이상의 명예 산업안전감독관
   ③ 근로자대표가 지명하는 9명 이내의 해당 사업장의 근로자
(4) 사용자위원
   ① 해당 사업의 대표자
   ② 안전관리자
   ③ 보건관리자
   ④ 산업보건의
   ⑤ 해당 사업의 대표자가 지명하는 9명 이내의 해당 사업장 부서의 장

법령 산업안전보건법 제24조
산업안전보건법 시행령 제35조, 제37조

10 산업안전보건법령상 건설업 기초안전교육의 내용 2가지를 쓰시오.

Keyword | 건설업 기초안전교육의 내용

정답
① 건설공사의 종류 및 시공 절차
② 산업재해 유형별 위험요인 및 안전보건조치
③ 안전보건관리체제 현황 및 산업안전보건 관련 근로자 권리·의무

법령 산업안전보건법 시행규칙 별표 5

11 산업안전보건법령상 파열판 및 안전밸브의 설치 및 작동요건에 관련하여 다음 빈칸에 알맞은 답을 쓰시오.

(1) 사업주는 급성 독성물질이 지속적으로 외부에 유출될 수 있는 화학설비 및 그 부속설비에 파열판과 안전밸브를 (①)로 설치하고, 그 사이에는 압력지시계 또는 (②)를 설치하여야 한다.
(2) 안전밸브 등을 통하여 보호하려는 설비의 최고사용압력 이하에서 작동되도록 하여야 한다. 다만, 안전밸브 등이 2개 이상 설치된 경우에 1개는 최고사용압력의 (③)배 [외부화재를 대비한 경우에는 (④)배] 이하에서 작동되도록 설치할 수 있다.

Keyword | 파열판 및 안전밸브의 설치 및 작동요건

정답
① 직렬
② 자동경보장치
③ 1.05
④ 1.1

법령 산업안전보건기준에 관한 규칙 제263조, 제264조

---

12 용접작업을 하는 작업자가 전압이 300V인 충전부분에 물에 젖은 손이 접촉되어 감전, 사망하였다. 이때 인체에 통전된 심실세동전류(mA)와 통전시간(ms)을 구하시오. (단, 인체 전기저항은 1,000Ω 으로 한다.)

(1) 심실세동전류[mA]
(2) 통전시간[ms]

Keyword | 심실세동전류와 통전시간

풀이
(1) 심실세동전류(mA)
인체가 물에 닿을 경우 저항은 1/25 감소하므로,

$$전류(I) = \frac{전압(V)}{저항(R)} = \frac{300}{1,000 \times \frac{1}{25}} = 7.5[A] = 7,500[mA]$$

(2) 통전시간(ms)

$$전류(I) = \frac{165}{\sqrt{통전시간(T)}}$$

$$7,500 = \frac{165}{\sqrt{T}}$$

$$T = \frac{(165)^2}{(7,500)^2} = 0.000484[s] = 0.48[ms]$$

정답
(1) 7,500mA
(2) 0.48ms

13 산업안전보건법령상 안전관리자의 최소 인원에 대하여 다음 빈칸에 알맞은 답을 쓰시오.

(1) 사업장의 상시근로자 수 600명 이상 식료품 제조업 : (①)명
(2) 사업장의 상시근로자 수 300명 이상 플라스틱제품 제조업 : (②)명
(3) 사업장의 상시근로자 수 200명 이상 1차 금속 제조업 : (③)명
(4) 공사금액 1,000억원 이상 건설업 : (④)명

Keyword | 사업 종류별 안전관리자의 수

정답
① 2
② 1
③ 1
④ 2

법령 산업안전보건법 시행령 별표 3

참고 사업 종류 및 상시근로자 수에 따른 안전관리자의 수

사업의 종류	상시근로자의 수	안전관리자의 수
2. 식료품 제조업, 음료 제조업 9. 고무 및 플라스틱 제품 제조업 11. 1차 금속 제조업	50명 이상 500명 미만	1명 이상
	500명 이상	2명 이상
49. 건설업	50억원 이상 800억원 미만	1명 이상
	800억원 이상 1,500억원 미만	2명 이상

14 연삭숫돌의 파괴원인 4가지를 쓰시오.

Keyword | 연삭숫돌의 파괴원인

정답
① 숫돌 자체에 균열이 있을 때
② 숫돌의 회전 속도가 너무 빠를 때
③ 숫돌의 측면을 사용하여 작업할 때
④ 숫돌이 외부의 강한 충격을 받았을 때
⑤ 숫돌의 균형이 맞지 않을 때
⑥ 플랜지 직경이 숫돌 직경의 1/3 이하일 때(플랜지는 숫돌 지름의 1/3 이상일 것)
⑦ 숫돌의 치수가 적당하지 않을 때

2024년 제1회 기출복원문제

필답형

01 클러치 맞물림 개수가 4개, 300SPM의 동력 프레스기의 양수기동식 안전장치의 안전거리(mm)를 계산하시오.

Keyword | 양수기동식 프레스 방호장치의 안전거리

[풀이]

$$안전거리(D) = 1.6 \times Tm$$
$$= 1.6 \times \left(\frac{1}{2} + \frac{1}{N}\right) \times \frac{60{,}000}{SPM}$$

여기서, D : 안전거리(mm)
Tm : 양손으로 누름버튼을 누른 뒤 슬라이드가 하사점에 도달하기까지의 최대 소요시간(ms)
N : 클러치의 맞물림 개수
SPM : 매분 행정수

$$D = 1.6 \times \left(\frac{1}{2} + \frac{1}{4}\right) \times \frac{60{,}000}{300} = 240$$

[정답] 240mm

---

02 다음은 공정안전보고서에 적용하는 공정위험성 평가기법들을 나열한 것이다. 이 중 저장탱크설비, 유틸리티설비 및 제조공정 중 고체 건조·분쇄설비 등 간단한 단위공정에 대한 적용 기법 2가지를 고르시오.

—— 보기 ——
① 이상위험도분석기법
② 작업자실수분석기법
③ 방호계층분석기법
④ 상대 위험순위결정기법

Keyword | 저장탱크 설비 등의 공정위험성 평가기법

[정답]
② 작업자실수분석기법
④ 상대 위험순위결정기법

[법령] 공정안전보고서의 제출·심사·확인 및 이행상태평가 등에 관한 규정 제29조

[참고] 제조공정 중 반응, 분리(증류, 추출 등), 이송시스템 및 전기·계장시스템 등의 단위공정에 대한 적용 기법
① 이상위험도분석기법
③ 방호계층분석기법

03 손쳐내기식 방호장치를 사용하는 기계·기구의 명칭 1가지와 그 종류에 대한 기호를 쓰시오.

(1) 기계·기구의 명칭
(2) 기호

Keyword | 손쳐내기식 방호장치

정답
(1) 프레스 또는 전단기
(2) D

법령 방호장치 안전인증 고시 별표 1

참고 프레스 또는 전단기 방호장치의 종류 및 분류
㉮ 광전자식 : A-1, A-2
㉯ 양수조작식 : B-1, B-2
㉰ 가드식 : C
㉱ 손쳐내기식 : D
㉲ 수인식 : E

---

04 산업안전보건법령상 철골 공사 작업을 중지하여야 하는 조건에 대하여 다음 빈칸에 들어갈 알맞은 답을 쓰시오.

- 풍속이 (①) 이상인 경우
- 강우량이 (②) 이상인 경우
- 강설량이 (③) 이상인 경우

Keyword | 철골작업 중지의 날씨 기준

정답
① 10m/s
② 1mm/h
③ 1cm/h

법령 산업안전보건기준에 관한 규칙 제383조

---

05 산업안전보건법령상 안전보건관리규정에 포함되어야 할 사항 3가지를 쓰시오. (단, 그 밖에 안전 및 보건에 관한 사항은 제외)

Keyword | 안전보건관리규정의 포함사항

정답
① 안전 및 보건에 관한 관리조직과 그 직무에 관한 사항
② 안전보건교육에 관한 사항
③ 작업장의 안전 및 보건 관리에 관한 사항
④ 사고 조사 및 대책 수립에 관한 사항

법령 산업안전보건법 제25조

06 어느 사업장의 근로자 수가 1,440명이고 주당 40시간씩 연간 50주 근무하며, 조기출근 및 잔업시간 합계가 100,000시간이다. 이때 재해건수 40건으로 인한 근로손실일수가 1,200일이고 사망재해는 1건 발생했을 때, 이 사업장의 강도율을 계산하시오.

Keyword | 강도율

풀이

$$강도율 = \frac{근로손실일수}{연근로총시간수} \times 1,000$$
$$= \frac{1,200 + 7,500}{(1,440 \times 40 \times 50) + 100,000} \times 1,000$$
$$= 2.92$$

정답 2.92

참고 사망 및 장해등급별 요양근로손실일수

등급	사망, 1~3			4	5
일수	7,500			5,500	4,000
등급	6	7	8	9	10
일수	3,000	2,200	1,500	1,000	600

07 산업안전보건법령상 다음 그림에 알맞은 안전보건표지의 명칭을 쓰시오.

(1)
(2)
(3)
(4)

Keyword | 안전보건표지의 종류와 형태

정답
(1) 물체이동금지
(2) 부식성물질 경고
(3) 폭발성물질 경고
(4) 들것

법령 산업안전보건법 시행규칙 별표 6

08 다음은 안전밸브의 형식표시이다. 각 구조에 맞는 형식표시의 내용을 쓰시오.

보기
SF Ⅱ 1-B

(1) S
(2) F
(3) Ⅱ
(4) 1
(5) B

Keyword | 안전밸브의 형식표시

정답
(1) S(요구성능) : 증기의 분출압력을 요구
(2) F(유량제한기구) : 전량식
(3) Ⅱ(호칭지름) : 25mm 초과 50mm 이하
(4) 1(호칭압력) : 1MPa 이하
(5) B(형식) : 평형형

법령 방호장치 안전인증 고시 별표 3

참고 안전밸브의 형식표시
㉮ 요구성능 : S(증기), G(가스)
㉯ 유량제한기구 : L(양정식), F(전량식)
㉰ 호칭지름 : Ⅰ(25 이하), Ⅱ(25 초과 50 이하), Ⅲ(50 초과 80 이하), Ⅳ(80 초과 100 이하), Ⅴ(100 초과)
㉱ 호칭압력 : 1(1 이하), 3(1 초과 3 이하), 5(3 초과 5 이하), 10(5 초과 10 이하)
㉲ 형식 : B(평형형), C(비평형형)

09 산업안전보건법령상 다음 빈칸에 들어갈 알맞은 답을 쓰시오.

- 고용노동부장관은 사업주가 필요한 안전조치 또는 보건조치를 이행하지 아니하여 중대재해가 발생한 사업장에 안전보건진단을 받아 (①)을 수립하여 시행할 것을 명할 수 있다.
- 사업주는 수립·시행 명령을 받은 날부터 (②)일 이내에 관할 지방고용노동관서의 장에게 해당 계획서를 제출해야 한다.

Keyword | 안전보건개선계획의 수립·시행 명령

정답
① 안전보건개선계획
② 60

법령 산업안전보건법 제49조
산업안전보건법 시행규칙 제61조

10 산업안전보건법령상 안전인증 심사 중 형식별 제품심사의 기간을 60일로 하는 안전인증대상 보호구 5가지를 쓰시오.

> **Keyword** | 안전인증 심사 중 형식별 제품심사
>
> **정답**
> ① 추락 및 감전 위험방지용 안전모
> ② 안전화
> ③ 안전장갑
> ④ 방진마스크
> ⑤ 방독마스크
> ⑥ 송기마스크
> ⑦ 전동식 호흡보호구
> ⑧ 보호복
>
> **법령** 산업안전보건법 시행규칙 제110조

11 산업안전보건법령상 안전모의 성능시험 항목 4가지를 쓰시오.

> **Keyword** | 안전모의 성능시험 항목
>
> **정답**
> ① 내관통성 시험
> ② 충격흡수성 시험
> ③ 내전압성 시험
> ④ 내수성 시험
> ⑤ 난연성 시험
> ⑥ 턱끈풀림 시험
>
> **법령** 보호구 안전인증 고시 별표 1

12 방호조치를 하지 아니하고는 양도, 대여, 설치 또는 진열해서는 안 되는 기계·기구 2가지를 쓰시오.

> **Keyword** | 방호조치 없이 양도 등이 안 되는 기계·기구
>
> **정답**
> ① 예초기
> ② 원심기
> ③ 공기압축기
> ④ 금속절단기
> ⑤ 지게차
> ⑥ 포장기계(진공포장기, 래핑기로 한정)
>
> **법령** 산업안전보건법 시행령 별표 20

13 산업안전보건법령상 누전차단기를 접속하는 경우 감전 위험을 방지하기 위하여 준수하여야 할 사항에 대하여 다음 빈칸에 들어갈 알맞은 답을 쓰시오.

> 전기기계·기구에 설치되어 있는 누전차단기는 정격감도전류가 (①)mA 이하이고 작동시간은 (②)초 이내일 것. 다만, 정격전부하전류가 50A 이상인 전기기계·기구에 접속되는 누전차단기는 오작동을 방지하기 위하여 정격감도전류는 (③)mA 이하로, 작동시간은 (④)초 이내로 할 수 있다.

Keyword | 누전차단기 접속 시 준수사항

정답
① 30
② 0.03
③ 200
④ 0.1

법령 산업안전보건기준에 관한 규칙 제304조

---

14 산업안전보건법령상 다음 빈칸에 들어갈 알맞은 답을 쓰시오.

> (1) 사업주가 작업중지명령 해제신청서를 제출하는 경우에는 미리 유해·위험요인 개선내용에 대하여 중대재해가 발생한 해당 작업 (①)의 의견을 들어야 한다.
> (2) 지방고용노동관서의 장은 작업중지명령 해제를 요청받은 경우에는 (②)으로 하여금 안전·보건을 위하여 필요한 조치를 확인하도록 하고, 천재지변 등 불가피한 경우를 제외하고는 해제요청일 다음 날부터 (③)일 이내(토요일과 공휴일을 포함하되, 토요일과 공휴일이 연속하는 경우에는 3일까지만 포함한다)에 (④)를 개최하여 심의한 후 해당 조치가 완료되었다고 판단될 경우에는 즉시 작업중지명령을 해제해야 한다.

Keyword | 작업중지명령의 해제

정답
① 근로자
② 근로감독관
③ 4
④ 작업중지해제 심의위원회

법령 산업안전보건법 시행규칙 제69조

2024년 제2회 기출복원문제

필답형

01 산업안전보건법령상 해당 제품의 생산 공정과 직접적으로 관련된 건설물·기계·기구 및 설비 등 전부를 설치·이전하거나 그 주요 구조 부분을 변경하려는 경우 사업주가 유해위험방지계획서를 제출할 때 사업장별로 제조업 등 유해위험방지계획서에 첨부되어야 할 서류 3가지를 쓰시오.

Keyword | 건설물 등의 설치·이전·구조 변경 시 유해위험방지계획서 제출 첨부서류

정답
① 건축물 각 층의 평면도
② 기계·설비의 개요를 나타내는 서류
③ 기계·설비의 배치도면
④ 원재료 및 제품의 취급, 제조 등의 작업방법의 개요

법령 산업안전보건법 시행규칙 제42조

02 산업안전보건법령상 설치·이전하는 경우 안전인증을 받아야 하는 기계의 종류 3가지를 쓰시오.

Keyword | 설치·이전 시 안전인증대상 기계

정답
① 크레인
② 리프트
③ 곤돌라

법령 산업안전보건법 시행규칙 제107조

참고 주요 구조 부분을 변경하는 경우 안전인증을 받아야 하는 기계 및 설비
㉮ 프레스
㉯ 전단기 및 절곡기
㉰ 크레인
㉱ 리프트
㉲ 압력용기
㉳ 롤러기
㉴ 사출성형기
㉵ 고소작업대
㉶ 곤돌라

03 산업안전보건법령상 안전보건표지의 관계자외 출입금지 표지판 중 다음 빈칸에 공통으로 들어갈 항목 2가지를 쓰시오.

501 허가대상물질 작업장	502 석면취급/해체 작업장	503 금지대상물질의 취급실험실 등
관계자외 출입금지 (허가물질 명칭) 제조/사용/보관 중 (①) (②)	관계자외 출입금지 석면 취급/해체 중 (①) (②)	관계자외 출입금지 발암물질 취급 중 (①) (②)

Keyword | 안전보건표지의 종류와 형태

정답
① 보호구/보호복 착용
② 흡연 및 음식물 섭취 금지

법령 산업안전보건법 시행규칙 별표 6

---

04 산업안전보건법령상 사업주가 근로자에게 작업장에서 취급하는 물질안전보건자료 대상물질의 물질안전보건자료에 관해 교육하여야 하는 경우 2가지를 쓰시오.

Keyword | 물질안전보건자료에 관한 교육이 필요한 경우

정답
① 물질안전보건자료대상물질을 제조·사용·운반 또는 저장하는 작업에 근로자를 배치하게 된 경우
② 새로운 물질안전보건자료대상물질이 도입된 경우
③ 유해성·위험성 정보가 변경된 경우

법령 산업안전보건법 시행규칙 제169조

---

05 산업안전보건법령상 안전보건관리규정의 작성과 관련하여 다음 물음에 답하시오.

(1) 안전보건관리규정에 포함되어야 할 사항 3가지를 쓰시오.
(2) 안전보건관리규정을 작성해야 하는 자동차 제조업의 상시근로자 수는 몇 명 이상이어야 하는지 쓰시오.

Keyword | 안전보건관리규정의 포함사항과 작성해야 할 사업의 상시근로자 수

정답
(1) ① 안전 및 보건에 관한 관리조직과 그 직무에 관한 사항
② 안전보건교육에 관한 사항
③ 작업장의 안전 및 보건 관리에 관한 사항
④ 사고 조사 및 대책 수립에 관한 사항
⑤ 그 밖에 안전 및 보건에 관한 사항
(2) 100명 이상

법령 산업안전보건법 제25조
산업안전보건법 시행규칙 별표 2

06 산업안전보건법령상 안전검사대상 기계 등의 안전검사 주기에 대하여 다음 빈칸에 들어갈 알맞은 답을 쓰시오.

크레인(이동식 크레인은 제외), 리프트(이삿짐운반용 리프트는 제외) 및 곤돌라 : 사업장에 설치가 끝난 날부터 (①) 이내에 최초 안전검사를 실시하되, 그 이후부터 (②)마다(건설현장에서 사용하는 것은 최초로 설치한 날부터 (③)마다)

Keyword | 안전검사대상 기계 등의 안전검사 주기

정답
① 3년
② 2년
③ 6개월

법령 산업안전보건법 시행규칙 126조

참고 그 외 안전검사대상 기계의 안전검사 주기

안전검사대상 기계	안전검사 주기
이동식 크레인	신규등록 이후 3년 이내에 최초 안전검사를 실시하되, 그 이후부터 2년마다
이삿짐 운반용 리프트	
고소작업대	
프레스	사업장에 설치가 끝난 날부터 3년 이내에 최초 안전검사를 실시하되, 그 이후부터 2년마다(공정안전보고서를 제출하여 확인을 받은 압력용기는 4년마다)
전단기	
압력용기	
국소 배기장치	
원심기	
롤러기	
사출성형기	
컨베이어	
산업용 로봇	
혼합기	
파쇄기 또는 분쇄기	

07 산업안전보건법령상 중대산업사고의 정의와 중대산업사고의 예방을 위하여 작성하고 고용노동부장관에게 제출하여 심사를 받아야 하는 보고서의 명칭을 쓰시오.

(1) 중대산업사고의 정의
(2) 제출해야 할 보고서

Keyword | 중대산업사고의 정의와 공정안전보고서

정답
(1) 정의 : 유해하거나 위험한 설비가 있는 경우 그 설비로부터의 위험물질 누출, 화재 및 폭발 등으로 인하여 사업장 내의 근로자에게 즉시 피해를 주거나 사업장 인근 지역에 피해를 줄 수 있는 사고
(2) 보고서의 명칭 : 공정안전보고서

법령 산업안전보건법 제44조

08 산업안전보건법령상 건설용 리프트·곤돌라를 이용하는 작업에 종사하는 근로자에게 사업주가 실시하여야 하는 특별 안전·보건교육에 대한 내용 2가지를 쓰시오. (단, 그 밖에 안전·보건관리에 필요한 사항은 제외한다.)

Keyword | 건설용 리프트·곤돌라 작업 시 근로자의 특별교육 내용

정답
① 방호장치의 기능 및 사용에 관한 사항
② 기계, 기구, 달기체인 및 와이어 등의 점검에 관한 사항
③ 화물의 권상·권하 작업방법 및 안전작업 지도에 관한 사항
④ 기계·기구에 특성 및 동작원리에 관한 사항
⑤ 신호방법 및 공동작업에 관한 사항
법령 산업안전보건법 시행규칙 별표 5

09 산업안전보건법령상 사업주가 화물운반용 또는 고정용으로 사용할 수 없는 섬유로프 2가지를 쓰시오.

Keyword | 섬유로프의 사용금지

정답
① 꼬임이 끊어진 것
② 심하게 손상되거나 부식된 것
법령 산업안전보건기준에 관한 규칙 제387조

10 비등액체팽창 증기폭발(BLEVE)에 영향을 주는 인자 3가지를 쓰시오.

Keyword | 비등액체팽창 증기폭발(BLEVE)의 영향 인자

정답
① 저장용기에 저장된 물질의 종류
② 저장용기에 저장된 물질의 인화성
③ 저장용기의 재질
④ 저장용기 주위의 온도와 압력
⑤ 저장탱크의 재질

11 산업안전보건법령상 다음에서 설명하는 양중기의 명칭에 대하여 알맞은 답을 쓰시오.

(1) 동력을 사용하여 중량물을 매달아 상하 및 좌우(수평 또는 선회)로 운반하는 것을 목적으로 하는 기계 또는 기계장치
(2) 훅이나 그 밖의 달기구 등을 사용하여 화물을 권상 및 횡행 또는 권상동작만을 하여 양중하는 것

Keyword | 양중기의 종류

정답
(1) 크레인
(2) 호이스트

법령 산업안전보건기준에 관한 규칙 제132조

참고 양중기의 종류
㉮ 크레인[호이스트(hoist) 포함한다]
㉯ 이동식 크레인
㉰ 리프트(이삿짐운반용 리프트의 경우 적재하중이 0.1톤 이상인 것으로 한정한다)
㉱ 곤돌라
㉲ 승강기

---

12 산업안전보건법령상 산업안전보건위원회가 갖추어야 할 회의록에 대하여 포함되어야 하는 사항 3가지를 쓰시오. (단, 그 밖의 토의사항은 제외한다.)

Keyword | 산업안전보건위원회의 회의록의 포함사항

정답
① 개최 일시 및 장소
② 출석위원
③ 심의 내용 및 의결·결정 사항

법령 산업안전보건법 시행령 제37조

참고 산업안전보건위원회의 근로자위원 및 사용자위원의 자격요건
㉮ 근로자위원
  ㉠ 근로자대표
  ㉡ 근로자대표가 지명하는 1명 이상의 명예산업안전감독관
  ㉢ 근로자대표가 지명하는 9명 이내의 해당 사업장의 근로자
㉯ 사용자위원
  ㉠ 해당 사업의 대표자
  ㉡ 안전관리자
  ㉢ 보건관리자
  ㉣ 산업보건의
  ㉤ 해당 사업의 대표자가 지명하는 9명 이내의 해당 사업장 부서의 장

13 1,500kg의 화물을 2줄걸이로 상부 각도 60°로 들어 올릴 때의 안전율을 계산하고, 위의 들기 작업에서 안전율의 만족/불만족 여부를 판단하고 그 이유에 대하여 쓰시오. (단, 와이어로프의 파단하중은 42.8kN이다.)

(1) 안전율
(2) 판단 판단과 이유

Keyword | 와이어로프의 안전율

[풀이]

㉮ 와이어로프에 걸리는 하중 $= \dfrac{w}{2} \div \cos\dfrac{\theta}{2}$

$= \dfrac{1{,}500 \times 9.8[\text{N}]}{2} \div \cos\dfrac{60}{2} = 8.5[\text{kN}]$

여기서, 1kg = 9.8N

㉯ 안전율 $= \dfrac{\text{파단하중}}{\text{사용하중}}$

$= \dfrac{42.8[\text{kN}]}{8.5[\text{kN}]} = 5.04$

[정답]
(1) 5.04
(2) 만족. 화물의 하중을 직접 지지하는 달기 와이어로프의 안전율은 5 이상이어야 한다.

[법령] 산업안전보건기준에 의한 규칙 제163조

---

14 산업안전보건법령상 산업용 로봇의 작동 범위에서 교시 등의 작업을 하는 경우에 해당 로봇의 예상하지 못한 오작동 또는 오조작에 의한 위험을 방지하기 위해 조치하여야 하는 사항 4가지를 쓰시오. (단, 그 밖에 로봇의 예기치 못한 작동 또는 오조작에 의한 위험 방지를 하기 위하여 필요한 조치는 제외한다.)

Keyword | 산업용 로봇의 위험 방지조치

[정답]
① 로봇의 조작방법 및 순서
② 작업 중의 매니퓰레이터의 속도
③ 2명 이상의 근로자에게 작업을 시킬 경우의 신호방법
④ 이상을 발견했을 경우의 조치
⑤ 이상을 발견하여 로봇의 운전을 정지시킨 후 이를 재가동 시킬 경우의 조치

[법령] 산업안전보건기준에 관한 규칙 제222조

2024년 제3회 기출복원문제

필답형

01 상시근로자수가 20,000명인 어느 사업장에서 8건의 재해가 발생했고, 재해자수는 10명, 사망자수는 5명일 때 사망만인율은 얼마인지 구하시오.

Keyword | 사망만인율

풀이
$$\text{사망만인율} = \frac{\text{사고사망자수}}{\text{상시근로자수}} \times 10,000$$
$$= \frac{5}{20,000} \times 10,000 = 2.5$$

정답 2.5

---

02 산업안전보건법령상 작업발판 일체형 거푸집의 종류 4가지를 쓰시오.

Keyword | 작업발판 일체형 거푸집의 종류

정답
① 갱 폼(gang form)
② 슬립 폼(slip form)
③ 클라이밍 폼(climbing form)
④ 터널 라이닝 폼(tunnel lining form)

법령 산업안전보건기준에 관한 규칙 제331조의3

03 다음은 산업업안전보건법령상 누전에 의한 감전의 위험을 방지하기 위하여 접지를 실시해야 하는 사항을 나열한 것이다. 이 중 코드와 플러그를 접속하여 접지를 해야 하는 전기기계·기구 2가지를 고르시오.

── 보기 ──
① 사용전압이 대지전압 70V를 넘는 전기기계·기구
② 냉장고·세탁기·컴퓨터 및 주변기기 등과 같은 고정형 전기기계·기구
③ 고정형 손전등
④ 물 또는 도전성(導電性)이 높은 곳에서 사용하는 전기기계·기구, 비접지형 콘센트

Keyword | 접지를 해야 하는 코드와 플러그 사용 전기기계·기구

정답 ②, ④

법령 산업안전보건기준에 관한 규칙 제302조

참고 그 외 접지를 해야 하는 코드와 플러그 사용 전기기계·기구
㉮ 사용전압이 대지전압 150V를 넘는 것
㉯ 고정형·이동형 또는 휴대형 전동기계·기구
㉰ 휴대형 손전등

04 내전압용 절연장갑의 성능기준에 있어 각 등급의 최대사용전압에 대한 다음 표의 빈칸에 들어갈 답을 쓰시오.

등급	최대사용전압		색상
	교류(V, 실효값)	직류(V)	
00	500	(①)	갈색
0	(②)	1,500	빨간색
1	7,500	11,250	흰색
2	17,000	25,500	노란색
3	26,500	39,750	녹색
4	(③)	(④)	등색

Keyword | 내전압용 절연장갑의 성능기준

정답
① 750
② 1,000
③ 36,000
④ 54,000

법령 보호구 안전인증 고시 별표 3

05 다음 그림은 보호구 안전인증 고시상 안전그네와 연결하여 추락사고 발생 시 추락을 방지해주는 장치이다. 다음 물음에 알맞은 답을 쓰시오.

┤ 보기 ├

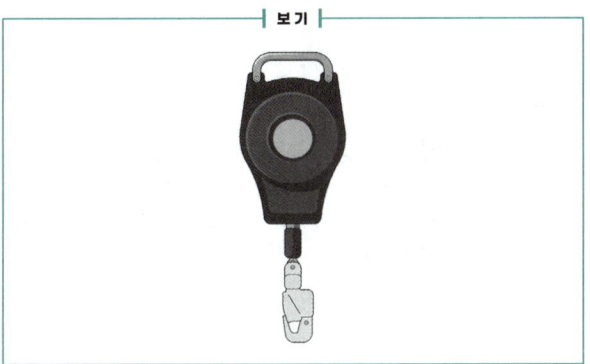

(1) 그림에 해당하는 보호구의 명칭을 쓰시오.
(2) 해당 보호구가 갖추어야 하는 구조 조건 2가지를 쓰시오.

Keyword | 안전블록이 갖추어야 할 구조

정답
(1) 명칭 : 안전블록
(2) 갖추어야 하는 구조
  ① 자동잠김장치를 갖출 것
  ② 안전블록의 부품은 부식방지처리를 할 것

법령 보호구 안전인증 고시 별표 9

06 다음은 산업안전보건법령상 위험물질에 해당하는 것을 나열한 것이다. 다음 질문에 알맞은 답을 쓰시오.

┤ 보기 ├

리튬, 마그네슘 분말, 아세틸렌, 등유, 과염소산

(1) 인화성 가스
(2) 인화성 액체
(3) 산화성 액체 및 고체

Keyword | 위험물질의 종류

정답
(1) 인화성 가스 : 아세틸렌
(2) 인화성 액체 : 등유
(3) 산화성 액체 및 고체 : 과염소산

법령 산업안전보건기준에 관한 규칙 별표 1

참고 위험물의 종류

구분	종류
인화성 가스	수소, **아세틸렌**, 에틸렌, 메탄, 에탄, 프로판, 부탄 등
인화성 액체	크실렌, 아세트산아밀, **등유**, 경유, 테레핀유, 이소아밀알코올, 아세트산, 하이드라진 등
물반응성 물질 및 인화성 고체	**리튬**, 칼륨, 나트륨, 황, 황린, 황화인, 적린, 셀룰로이드류, 알킬알루미늄, 알킬리튬, **마그네슘 분말** 등
산화성 액체 및 산화성 고체	차아염소산, 아염소산, 염소산, **과염소산**, 브롬산, 요오드산, 과산화수소 및 무기 과산화물, 질산, 과망간산, 중크롬산 등

07 다음은 재해발생 형태에 따른 상황을 나열한 것이다. 다음 설명에 해당하는 재해발생 형태를 쓰시오.

> (1) 폭발과 화재, 두 현상이 복합적으로 발생한 경우
> (2) 바닥면과 신체가 떨어져 있는 상태로 더 낮은 위치로 떨어진 경우
> (3) 바닥면과 신체가 접해 있는 상태에서 더 낮은 위치로 떨어진 경우
> (4) 재해자가 넘어짐으로 인하여 기계의 동력전달 부위 등에 끼임 사고가 발생하여 신체부위가 절단된 경우

Keyword | 재해발생 형태

정답
(1) 폭발
(2) 떨어짐
(3) 넘어짐
(4) 끼임

참고 산업재해 기록·분류에 관한 지침에 따라 두 가지 이상의 발생 형태가 연쇄적으로 발생된 사고의 경우는 상해 결과 또는 피해를 크게 유발한 형태로 분류한다.

08 1급 방진마스크를 사용하여야 하는 장소 3곳을 쓰시오.

Keyword | 1급 방진마스크의 사용장소

정답
① 특급마스크 착용장소를 제외한 분진 등 발생장소
② 금속흄 등과 같이 열적으로 생기는 분진 등 발생장소
③ 기계적으로 생기는 분진 등 발생장소(규소 등과 같이 2급 방진마스크를 착용하여도 무방한 경우는 제외)

법령 보호구 안전인증 고시 별표 4

참고 특급 방진마스크의 사용장소
㉮ 베릴륨 등과 같이 독성이 강한 물질들을 함유한 분진 등의 발생장소
㉯ 석면 취급장소

09 산업안전보건법령상 근로자가 반복하여 계속적으로 중량물을 취급하는 작업을 할 때 작업시작 전 점검사항 2가지를 쓰시오. (단, 그 밖에 하역운반기계 등의 적절한 사용방법은 제외한다.)

Keyword | 반복된 중량물 취급작업 시 작업시작 전 점검사항

정답
① 중량물 취급의 올바른 자세 및 복장
② 위험물이 날아 흩어짐에 따른 보호구의 착용
③ 카바이드 · 생석회(산화칼슘) 등과 같이 온도 상승이나 습기에 의하여 위험성이 존재하는 중량물의 취급방법

법령 산업안전보건기준에 관한 규칙 별표 3

10 인체에 대전된 정전기에 의한 화재 또는 폭발 위험이 있는 경우 사업주의 조치 사항 4가지를 쓰시오.

Keyword | 정전기로 인한 화재 폭발 등 방지조치

정답
① 정전기 대전방지용 안전화 착용
② 제전복(除電服) 착용
③ 정전기 제전용구 사용
④ 작업장 바닥 등에 도전성을 갖출 것

법령 산업안전보건기준에 관한 규칙 제325조

11 연삭 숫돌의 파괴원인 4가지를 쓰시오.

Keyword | 연삭 숫돌의 파괴 원인

정답
① 숫돌 자체에 균열이 있을 때
② 숫돌의 회전 속도가 너무 빠를 때
③ 숫돌의 측면을 사용하여 작업할 때
④ 숫돌이 외부의 강한 충격을 받았을 때
⑤ 숫돌의 균형이 맞지 않을 때
⑥ 플랜지 직경이 숫돌 직경의 1/3 이하일 때(플랜지는 숫돌 지름의 1/3 이상일 것)
⑦ 숫돌의 치수가 적당하지 않을 때

12 산업안전보건법령상 양중기의 종류 5가지를 쓰시오.

Keyword | 양중기의 종류

정답
① 크레인(호이스트를 포함한다)
② 이동식 크레인
③ 리프트(이삿짐운반용 리프트의 경우에는 적재하중이 0.1톤 이상인 것으로 한정한다)
④ 곤돌라
⑤ 승강기
법령 산업안전보건기준에 관한 규칙 제132조

13 다음 빈칸에 들어갈 알맞은 답을 쓰시오.

사업주는 사업장에 대통령령으로 정하는 유해하거나 위험한 설비가 있는 경우(이하 "중대산업사고"라 한다)를 예방하기 위하여 대통령령으로 정하는 바에 따라 (①)를 작성하고 고용노동부장관에게 제출하여 심사를 받아야 한다. 사업주는 (①)를 작성할 때 (②)의 심의를 거쳐야 한다.

Keyword | 공정안전보고서의 작성 · 제출

정답
① 공정안전보고서
② 산업안전보건위원회
법령 산업안전보건법 제44조

14 산업안전보건법령상 이사회 보고 · 승인 대상 회사 등 "대통령령으로 정하는 회사"란 다음에서 설명하고 있는 회사를 말한다. 빈칸에 들어갈 알맞은 답을 쓰시오.

• 상시근로자 (①) 이상을 사용하는 회사
• 시공능력의 평가 및 공시에 따라 평가하여 공시된 시공능력의 순위 상위 (②) 이내의 건설회사

Keyword | 이사회 보고 · 승인 대상 회사

정답
① 500명
② 1,000위
법령 산업안전보건법 시행령 제13조

PART 08

산업안전기사 작업형 기출복원문제

CONTENTS

2019년 | 산업안전기사 작업형 기출복원문제
2020년 | 산업안전기사 작업형 기출복원문제
2021년 | 산업안전기사 작업형 기출복원문제
2022년 | 산업안전기사 작업형 기출복원문제
2023년 | 산업안전기사 작업형 기출복원문제
2024년 | 산업안전기사 작업형 기출복원문제

2019년 제1회 제1부 기출복원문제

작업형

01 화면에서 보이는 장치의 명칭과 해당 장치가 갖추어야 하는 구조 2가지를 쓰시오.

Keyword | 안전블록이 갖추어야 할 구조

정답
(1) 명칭 : 안전블록
(2) 갖추어야 하는 구조
　① 자동잠김장치를 갖출 것
　② 안전블록의 부품은 부식방지처리를 할 것

법령 보호구 안전인증 고시 별표 9

02 화면은 퍼지 작업을 하는 모습이다. 다음 보기의 가스를 사용하는 경우 퍼지의 실시 목적을 쓰시오.

(1) 가연성가스 및 지연성가스
(2) 독성가스
(3) 불활성가스

Keyword | 퍼지 작업의 실시 목적

정답
(1) 가연성가스 및 지연성가스 : 화재폭발 및 산소결핍에 의한 질식사고 방지
(2) 독성가스 : 중독사고 방지
(3) 불활성가스 : 산소결핍에 의한 질식사고 방지

법령 방호장치 자율안전기준 고시 별표 2

03 화면은 아크용접 작업을 하는 모습이다. 교류아크 용접기용 자동전격방지기의 종류 4가지를 쓰시오.

Keyword | 자동전격방지기의 종류

정답
① 외장형
② 내장형
③ 저저항시동형(L형)
④ 고저항시동형(H형)

법령 방호장치 자율안전기준 고시 별표 2

04 화면에서 보여주는 안전인증대상 안전모의 시험성능 기준과 관련하여 빈칸을 채우시오.

(1) 내관통성 시험 : AE, ABE종 안전모는 관통거리가 (①)mm 이하이고, AB종 안전모는 관통거리가 (②)mm 이하이어야 한다.
(2) 충격흡수성 시험 : 최고전달충격력이 (③)N을 초과해서는 안 되며, 모체와 착장체의 기능이 상실되지 않아야 한다.

Keyword | 안전모의 시험성능기준

정답
① 9.5
② 11.1
③ 4,450

법령 보호구 안전인증 고시 별표 1

05 화면은 석면을 사용하여 브레이크 라이닝 패드 제작 작업을 하는 모습이다. 해당 작업 시 안전작업 수칙 3가지를 쓰시오.

Keyword | 석면 작업 시 안전 수칙

정답
① 국소배기장치, 석면분진 포집장치 등을 설치한다.
② 석면이 흩날리지 않도록 습기를 유지한다.
③ 특급 방진마스크를 착용한다.
④ 다른 작업장소와 격리한다.

06 화면은 임시 배전반 점검 작업을 하던 중 발생한 사고이다. 해당 사고의 재해발생 형태와 위험요인 2가지를 쓰시오.

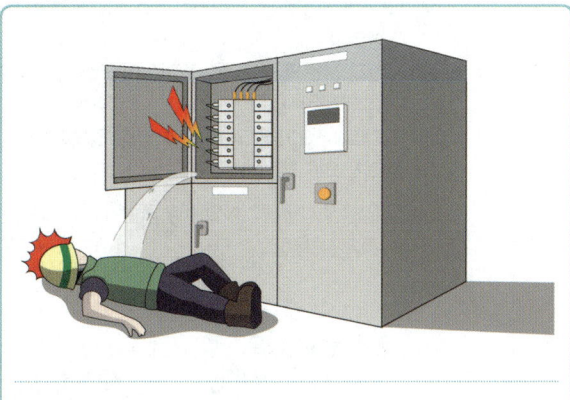

• 영상 설명 •
작업자가 임시 배전반 점검을 하기 위해 맨손으로 만지는 순간 감전되어 쓰러진다. 배전반에는 누전차단기가 설치되어 있지 않다.

Keyword | 배전반 점검 작업 시 감전의 위험요인

정답
(1) 재해발생 형태 : 감전
(2) 위험요인
 ① 작업자가 절연용 보호구를 착용하지 않았다.
 ② 개폐기 문에 통전금지 표지판을 설치하고 감시인을 배치하지 않았다.
 ③ 작업 시작 전 전원을 차단하지 않았다.

07 화면은 건물 해체 작업을 하는 모습이다. 해당 작업 시 작업자와 해체 장비간 이격거리는 최소 몇 m 이상이어야 하는지 쓰시오.

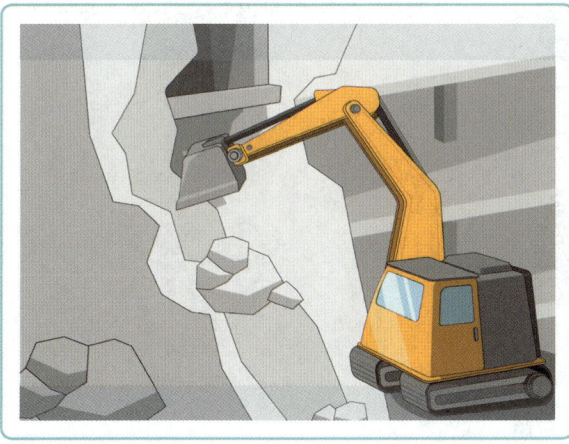

Keyword | 건물 해체 작업 시 장비와 이격거리

정답 4m

08 화면은 VDT 작업을 하는 모습이다. 해당 작업의 개선사항 3가지를 쓰시오.

• 영상 설명 •
작업자의 의자 높이가 낮아 다리를 구부리고 있고, 모니터가 너무 가깝게 놓여 있고, 책상도 높게 위치해 있다.

> Keyword | VDT 작업 시 올바른 자세
>
> **정답**
> ① 모니터가 너무 가까우므로 40~50cm 거리로 조정한다.
> ② 상완과 전완의 각도가 90° 이상이 되도록 키보드를 조정한다.
> ③ 의자에 깊숙이 앉고 무릎의 굽힘 각도가 90° 정도가 되도록 높이를 조정한다.
>
> **법령** 영상표시단말기(VDT) 취급근로자 작업관리지침 제6조

09 화면은 항타기·항발기 작업을 하는 모습이다. 해당 작업의 위험요인 2가지를 쓰시오.

• 영상 설명 •
항타기·항발기로 땅을 굴착하고 전주를 세우는 과정에서 고정된 전주가 조금 돌아가며 인접 활선전로에 접촉하여 스파크가 일어난다.

> Keyword | 충전전로에서 차량 작업 시 위험요인
>
> **정답**
> ① 차량 등과 활선전로 간 이격거리 미준수
> ② 활선전로에 절연용 방호구 미설치
> ③ 울타리 미설치 및 감시인 미배치
>
> **법령** 산업안전보건기준에 관한 규칙 제322조

2019년 제1회 제2부 기출복원문제

작업형

01 화면은 단무지 공장에서 작업 중 발생한 사고이다. 해당 사고의 원인을 피부저항과 관련하여 설명하시오.

• 영상 설명 •
작업자는 단무지가 들어있는 수조에서 수중펌프를 설치하는 작업을 하고 있다. 수조는 무릎 정도 물이 차 있고, 수중펌프를 작동함과 동시에 감전 사고를 당한다.

Keyword | 수중에서의 피부저항 값

정답
인체가 젖은 상태에서 피부저항은 건조 시의 1/25로 감소하기 때문에 감전되기 쉽다.

참고 피부의 건습 차에 의한 피부저항 값
• 땀이 나 있는 경우 : 건조 시의 1/12 ~ 1/20로 감소
• 물에 젖은 경우 : 건조 시의 1/25로 감소

02 화면은 유해물질 취급 작업을 하는 모습이다. 유해물질이 인체에 유입될 수 있는 경로 3가지를 쓰시오.

• 영상 설명 •
작업자가 실험실에서 황산이 들어있는 유리용기를 만지다 떨어뜨려 손에 묻는다. 작업자는 아무런 보호구를 착용하고 있지 않다.

Keyword | 유해물질의 인체 유입 경로

정답
① 호흡기
② 소화기
③ 피부점막

03 산업안전보건법상 누전차단기를 설치해야 하는 기계·기구 3가지를 쓰시오.

• 영상 설명 •
작업자는 콘센트에 연결된 그라인더를 사용하여 앵글 작업을 하고 있다. 다른 작업자가 콘센트에 본인 그라인더의 플러그를 꽂으려 하다 감전된다. 작업장 바닥에는 물이 고여있다.

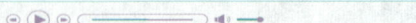

Keyword | 누전차단기 설치 대상 기계·기구

정답
① 대지전압이 150V를 초과하는 이동형 또는 휴대형 전기기계·기구
② 물 등 도전성이 높은 액체가 있는 습윤장소에서 사용하는 저압용 전기기계·기구
③ 철판·철골 위 등 도전성이 높은 장소에서 사용하는 이동형 또는 휴대형 전기기계·기구
④ 임시배선의 전로가 설치되는 장소에서 사용하는 이동형 또는 휴대형 전기기계·기구

법령 산업안전보건기준에 관한 규칙 제304조

04 둥근톱 기계에 고정식 톱날 접촉 예방장치를 설치하고자 한다. 이때 덮개 하단과 테이블 사이의 간격과 덮개 하단과 가공재 사이의 간격은 얼마로 하여야 하는지 쓰시오.

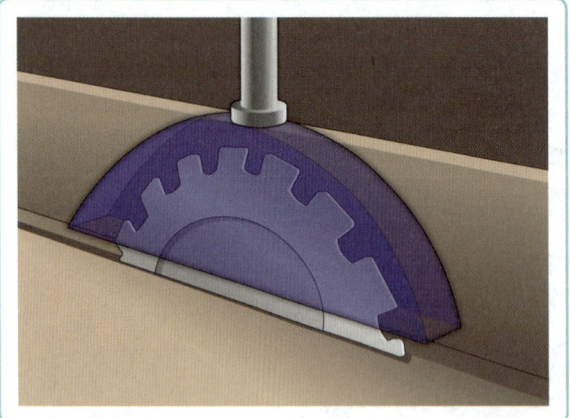

Keyword | 둥근톱 방호장치의 고정식 덮개의 간격

정답
(1) 덮개 하단과 테이블 사이의 간격 : 25mm 이내
(2) 덮개 하단과 가공재 사이의 간격 : 8mm 이내

법령 방호장치 자율안전기준 고시 별표 5

05 화면은 밀폐공간에서 작업을 하는 모습이다. 해당 작업 시 관리감독자의 업무 3가지를 쓰시오.

• 영상 설명 •
작업자는 방독마스크를 착용하고 밀폐공간에서 혼자서 작업하고 있고, 감시인은 배치되어 있지 않다. 작업장 밖에서 다른 작업자가 국소배기장치의 코드를 실수로 뽑아 전원이 꺼지며 내부의 작업자가 쓰러진다.

Keyword | 밀폐공간 작업 시 관리감독자의 업무

정답
① 산소가 결핍된 공기나 유해가스에 노출되지 않도록 작업 시작 전에 해당 근로자의 작업을 지휘하는 업무
② 작업을 하는 장소의 공기가 적절한지를 작업 시작 전에 측정하는 업무
③ 측정장비·환기장치 또는 공기호흡기 또는 송기마스크를 작업 시작 전에 점검하는 업무
④ 근로자에게 공기호흡기 또는 송기마스크의 착용을 지도하고 착용 상황을 점검하는 업무

법령 산업안전보건기준에 관한 규칙 별표 2

06 화면에서 보여주는 안전대의 명칭과 번호에 해당하는 부위의 명칭을 쓰시오.

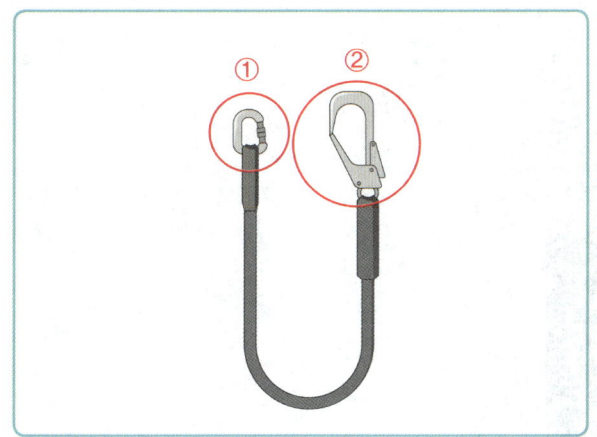

Keyword | 안전대의 명칭

정답
(1) 안전대의 명칭 : 죔줄
(2) 해당 부위의 명칭
① 훅
② 카라비너

법령 보호구 안전인증 고시 별표 9

07 화면은 항타기·항발기 작업을 하는 모습이다. 고압전선로 주변에서 항타기·항발기 작업 시 안전작업수칙 3가지를 쓰시오.

• 영상 설명 •
항타기·항발기로 땅을 굴착하고 전주를 세우는 과정에서 고정된 전주가 조금 돌아가며 인접 활선전로에 접촉하여 스파크가 일어난다.

> Keyword | 충전전로에서 차량 작업 시 안전작업수칙
>
> 정답
> ① 충전전로 인근에서 차량, 기계장치 등의 작업이 있는 경우에는 차량 등을 충전부로부터 3m 이상 이격시켜 유지하되, 대지전압이 50kV를 넘는 경우 10kV 증가할 때마다 10cm씩 증가시켜야 한다.
> ② 충전전로의 전압에 적합한 절연용 방호구 등을 설치한 경우에는 이격거리를 절연용 방호구 앞면까지로 할 수 있다.
> ③ 작업자가 차량 등의 그 어느 부분과도 접촉하지 않게 울타리를 설치하거나 감시인 배치 등의 조치를 하여야 한다.
> ④ 충전전로 인근에서 접지된 차량 등이 충전전로와 접촉할 우려가 있을 경우에는 지상의 근로자가 접지점에 접촉하지 않도록 조치하여야 한다.
> 법령 산업안전보건기준에 관한 규칙 제322조

08 화면은 터널공사 작업을 하는 모습이다. 해당 작업 시 낙반 등에 의한 위험이 있을 경우 조치하여야 하는 사항 3가지를 쓰시오.

> Keyword | 터널 작업 시 낙반 등에 의한 위험 방지 조치
>
> 정답
> ① 터널지보공 설치
> ② 록볼트 설치
> ③ 부석(浮石)의 제거
> 법령 산업안전보건기준에 관한 규칙 제351조

09 화면에서 보여주는 귀덮개(EM)의 차음성능과 관련하여 빈칸을 채우시오.

중심주파수(Hz)	차음치(dB)
1,000	(①) 이상
2,000	(②) 이상
4,000	(③) 이상

Keyword | 귀덮개(EM)의 차음성능

정답
① 25
② 30
③ 35

법령 보호구 안전인증 고시 별표 12

참고 귀마개·귀덮개의 차음성능 기준

중심 주파수(Hz)	차음치(dB)		
	EP-1	EP-2	EM
125	10 이상	10 미만	5 이상
250	15 이상	10 미만	10 이상
500	15 이상	10 미만	20 이상
1,000	20 이상	20 미만	25 이상
2,000	25 이상	20 이상	30 이상
4,000	25 이상	25 이상	35 이상
8,000	20 이상	20 이상	35 이상

2019년 제1회 제3부 기출복원문제

작업형

01 화면은 박공지붕 설치 작업을 하던 중 발생하는 사고의 모습이다. 재해를 예방하기 위한 안전대책 3가지를 쓰시오.

> **Keyword** | 박공지붕 설치 작업 시 안전대책
>
> **정답**
> ① 안전대 부착설비 및 안전대 착용
> ② 추락 방호망 및 낙하물 방지망 설치
> ③ 낙하 위험 작업구간 출입통제
> ④ 안전한 장소에서의 휴식
> ⑤ 구름멈춤대, 쐐기 등으로 적재물 고정

• 영상 설명 •
작업자들은 박공지붕 설치 작업 중 휴식을 취하고 있다. 주변에 적재되어 있던 자재가 굴러떨어져 휴식 중이던 작업자를 덮쳐 추락한다. 건물에는 추락 방호망, 낙하물 방호망과 안전대도 미설치된 상태이다.

02 화면은 항타기·항발기 작업을 하는 모습이다. 고압전선로 주변에서 항타기·항발기 작업 시 안전작업수칙 3가지를 쓰시오.

• 영상 설명 •
항타기·항발기로 땅을 굴착하고 전주를 세우는 과정에서 활선전로에 접촉하여 스파크가 일어난다.

Keyword | 충전전로에서 차량 작업 시 안전작업수칙

정답
① 충전전로 인근에서 차량, 기계장치 등의 작업이 있는 경우에는 차량 등을 충전부로부터 3m 이상 이격시켜 유지하되, 대지전압이 50kV를 넘는 경우 10kV 증가할 때마다 10cm씩 증가시켜야 한다.
② 충전전로의 전압에 적합한 절연용 방호구 등을 설치한 경우에는 이격거리를 절연용 방호구 앞면까지로 할 수 있다.
③ 작업자가 차량 등의 그 어느 부분과도 접촉하지 않게 울타리를 설치하거나 감시인 배치 등의 조치를 하여야 한다.

법령 산업안전보건기준에 관한 규칙 제322조

03 화면은 석면 취급 작업을 하는 모습이다. 작업자가 마스크를 착용하고 있으나 석면분진 폭로위험에 노출되어 있어 직업병이 우려된다. 그 이유를 설명하고, 장기간 석면에 노출될 경우 우려되는 직업병의 종류 3가지를 쓰시오.

• 영상 설명 •
작업자는 안면부 여과식 마스크를 착용하고 석면 취급 작업을 하고 있다.

Keyword | 석면 취급 작업 시 특급 방진마스크 착용과 발생 가능 직업병

정답
(1) 이유 : 석면 취급 장소는 특급 방진마스크를 착용하여야 하는데, 안면부 여과식 마스크를 착용함.
(2) 발생 가능 직업병
① 폐암
② 석면폐증
③ 악성중피종

04 화면은 용접 작업을 하던 중 발생한 사고이다. 해당 사고의 재해발생 형태와 위험요인 2가지를 쓰시오.

- 영상 설명 •
작업자는 용접 작업을 준비하며, 용접기 케이블을 전원부에 연결하고 있다. 이때 전원은 켜져 있으며, 작업자는 목장갑을 착용하고 있다. 연결 후 용접기를 드는 순간 쓰러진다.

Keyword | 용접 작업 시 재해발생 형태와 위험요인

정답
(1) 재해발생 형태 : 감전
(2) 위험요인
① 전원을 차단하지 않고 연결 작업을 했다.
② 절연용 보호구를 착용하지 않았다.
③ 누전차단기를 설치하지 않았다.

05 화면은 임시 배전반 점검을 하던 중 발생한 사고이다. 해당 사고의 원인 2가지를 쓰시오.

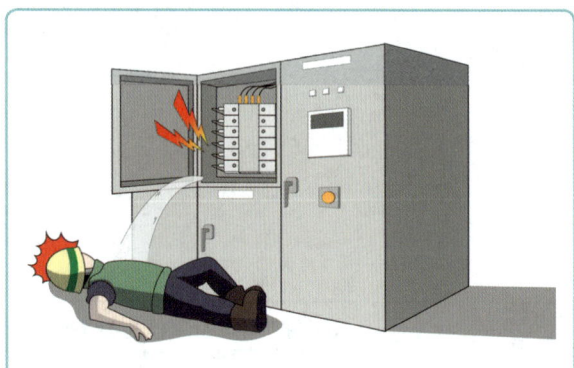

- 영상 설명 •
작업자는 임시 배전반 점검을 하고 있다. 다른 작업자가 차단기의 전원을 올려 감전이 발생한다.

Keyword | 배전반 점검 작업 시 사고 발생원인

정답
① 절연장갑 등 절연용 보호구를 착용하지 않았다.
② 개폐기 함에 잠금장치 및 통전금지 표찰을 부착하지 않았다.
③ 해당 작업 시 전기위험에 대한 안전교육을 실시하지 않았다.

06 화면은 작업자가 지게차에 주유를 하던 중 발생한 사고이다. 해당 사고에서 작업자의 불안전한 행동과 재해발생 형태를 쓰시오.

• 영상 설명 •
작업자는 지게차에 경유를 주입하고 있다. 지게차에는 시동이 걸려있고, 작업자는 주유 중 다른 작업자와 흡연을 하면서 대화하다가 지게차에 폭발이 발생한다.

Keyword | 주유 작업 시 사고에서 작업자의 불안전한 행동과 재해발생 형태

[정답]
(1) 불안전한 행동
   ① 인화성 물질 취급장소 주변에서 흡연
   ② 지게차 시동을 걸어놓은 채로 주유
(2) 재해발생 형태 : 폭발

---

07 화면에서 보여주는 고무제 안전화의 사용장소에 따른 분류 2가지를 쓰시오.

• 영상 설명 •
화면은 도금작업장에서 착용하는 고무제 안전화를 보여준다.

Keyword | 고무제 안전화의 사용장소에 따른 분류

[정답]
① 일반용 : 일반작업장
② 내유용 : 탄화수소류의 윤활유 등을 취급하는 작업장

[법령] 보호구 안전인증 고시 별표 2의2

08 화면은 두 작업자가 변압기의 2차 전압을 측정하는 모습이다. 해당 작업의 위험요인 3가지를 쓰시오.

한 작업자가 변압기의 2차 전압을 측정하기 위해 다른 작업자에게 전원을 투입하라는 신호를 보낸다. 측정 후 전원 차단 신호를 보내고 측정기를 철거하다 감전이 발생한다. 이때 작업자는 맨손이며, 슬리퍼를 신고 있다.

Keyword | 변압기 전압 측정 작업 시 위험요인

정답
① 작업자의 절연용 보호구(절연장갑, 절연화 등) 미착용
② 작업자 간의 신호전달 불량
③ 작업자의 안전수칙 미준수(활선 및 정전 상태 미확인 후 작업)

09 화면에서 보여주는 용접용 보안면의 등급을 나누는 기준과 투과율의 종류 3가지를 쓰시오.

Keyword | 용접용 보안면의 등급

정답
(1) 등급 분류 기준 : 차광도 번호
(2) 투과율의 종류
　① 자외선 투과율
　② 적외선 투과율
　③ 시감 투과율
법령 보호구 안전인증 고시 별표 11

2019년 제2회 제1부 기출복원문제

작업형

01 화면은 밀폐된 선박 탱크 내부에서 슬러지 제거 작업을 하는 모습이다. 해당 작업 시 작업자가 착용하여야 하는 보호구 2가지를 쓰시오.

Keyword | 밀폐공간 작업 시 착용할 보호구

정답
① 송기마스크
② 공기호흡기

법령 산업안전보건기준에 관한 규칙 제620조

• 영상 설명 •
작업자가 밀폐공간에서 작업을 하던 중 갑자기 의식을 잃고 쓰러진다.

02 화면은 사출성형기 작업을 하던 중 발생한 사고이다. 해당 사고를 방지하기 위한 대책 3가지를 쓰시오.

Keyword | 사출성형기 작업 시 사고방지 대책

정답
① 전원을 차단하고 작업을 한다.
② 개인용 보호구를 착용한다.
③ 이물질 제거 시 전용 공구를 사용한다.
④ 방호덮개를 설치한다.

• 영상 설명 •
작업자가 사출성형기 작업을 하다가 기계가 멈추자 내부의 이물질을 잡아당겨 꺼내던 중 감전을 당하여 쓰러진다. 작업자는 맨손이다.

03 화면은 김치 제조 공장에서 슬라이스 작업 중 발생한 사고이다. 해당 사고의 위험요인 2가지를 쓰시오.

• 영상 설명 •
김치 제조 공장에서 무채 슬라이스 작업을 하다가 기계가 멈춰서 점검하던 중 갑자기 작동하여 재해가 발생하였다.

> Keyword | 무채 슬라이스 작업의 위험요인
>
> 정답
> ① 전원을 차단하지 않고 기계를 점검하였다.
> ② 인터록 장치가 설치되어 있지 않다.
> ③ 이물질을 손으로 제거하였다.

04 화면은 흙막이 지보공 설치 작업을 하는 모습이다. 흙막이 지보공의 설치 후 정기적 점검사항 4가지를 쓰시오.

> Keyword | 흙막이 지보공 설치 후 정기 점검사항
>
> 정답
> ① 부재의 손상·변형·부식·변위 및 탈락의 유무와 상태
> ② 버팀대의 긴압의 정도
> ③ 부재의 접속부·부착부·교차부의 상태
> ④ 침하의 정도
>
> 법령 산업안전보건기준에 관한 규칙 제347조

05 화면은 컨베이어 작업을 하던 중 발생한 사고이다. 해당 사고의 가해물과 원인 2가지를 쓰시오.

• 영상 설명 •
작업자가 전원을 차단하지 않고 컨베이어에 낀 이물질 제거 작업을 하던 중 손이 말려 들어간다.

Keyword | 컨베이어 작업의 가해물과 사고 원인

정답
(1) 가해물 : 컨베이어
(2) 사고의 원인
 ① 전원을 차단하지 않고 작업을 하였다.
 ② 직접 손으로 이물질을 제거하였다.

---

06 화면에 보이는 고무제 안전화의 사용장소에 따른 분류 2가지를 쓰시오.

• 영상 설명 •
화면은 도금작업장에서 착용하는 고무제 안전화를 보여준다.

Keyword | 고무제 안전화의 사용장소에 따른 분류

정답
① 일반용 : 일반작업장
② 내유용 : 탄화수소류의 윤활유 등을 취급하는 작업장
법령 보호구 안전인증 고시 별표 2의2

---

07 화면은 작업발판에서 작업을 하는 모습이다. 작업발판의 설치기준 중 작업발판의 폭과 발판 틈새의 적절한 간격을 쓰시오.

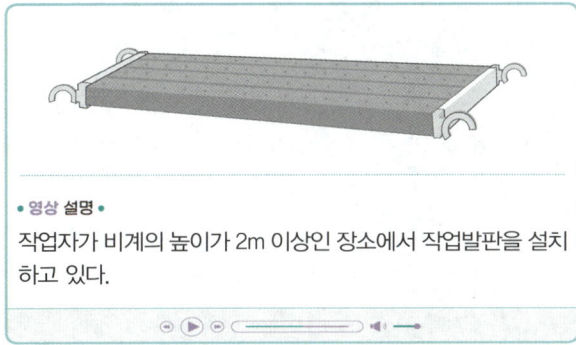

• 영상 설명 •
작업자가 비계의 높이가 2m 이상인 장소에서 작업발판을 설치하고 있다.

Keyword | 작업발판의 설치기준

정답
(1) 발판의 폭 : 40cm 이상
(2) 발판재료 간의 틈 : 3cm 이하
법령 산업안전보건기준에 관한 규칙 제56조

08 화면은 지게차 작업을 하는 모습이다. 지게차의 작업시작 전 점검사항 3가지를 쓰시오.

Keyword | 지게차의 작업시작 전 점검사항

[정답]
① 제동장치 및 조종장치 기능의 이상 유무
② 하역장치 및 유압장치 기능의 이상 유무
③ 바퀴의 이상 유무
④ 전조등 · 후미등 · 방향지시기 및 경보장치 기능의 이상 유무
[법령] 산업안전보건기준에 관한 규칙 별표 3

09 화면은 공기압축기의 가동 작업을 하는 모습이다. 공기압축기의 가동 전 점검하여야 하는 사항 3가지를 쓰시오.

Keyword | 공기압축기의 가동 전 점검사항

[정답]
① 공기저장 압력용기의 외관 상태
② 드레인밸브(drain valve)의 조작 및 배수
③ 압력방출장치의 기능
④ 언로드밸브(unloading valve)의 기능
⑤ 윤활유의 상태
⑥ 회전부의 덮개 또는 울
⑦ 그 밖의 연결 부위의 이상 유무
[법령] 산업안전보건기준에 관한 규칙 별표 3

2019년 제2회 제2부 기출복원문제

작업형

개정 / 2023

01 화면은 터널 공사 작업을 하는 모습이다. 해당 작업 시 터널의 계측방법 3가지를 쓰시오.

Keyword | NATM 공법 터널공사의 계측관리 사항 기준

정답
① 록볼트 축력 측정
② 천단침하 측정
③ 내공변위 측정
④ 숏크리트 응력 측정
⑤ 지중 및 지표침하 측정

법령 굴착공사 표준안전 작업지침 제12조

참고 위 사항은 2023년에 작업지침이 개정되면서 해당 조항이 삭제되었습니다.

02 화면은 작업발판에서 작업을 하는 모습이다. 작업발판의 설치기준 중 작업발판의 폭과 발판 틈새의 적절한 간격을 쓰시오.

• 영상 설명 •
작업자가 비계의 높이가 2m 이상인 장소에서 작업발판을 설치하여 작업하고 있다.

Keyword | 작업발판의 설치기준

정답
(1) 발판의 폭 : 40cm 이상
(2) 발판재료 간의 틈 : 3cm 이하

법령 산업안전보건기준에 관한 규칙 제56조

03 화면은 롤러기 작업을 하는 모습이다. 롤러기 방호장치인 급정지장치의 종류에 따른 설치 위치를 쓰시오.

Keyword | 롤러기 급정지장치 조작부의 설치 위치

정답
① 손조작식 : 밑면에서 1.8m 이내
② 복부조작식 : 밑면에서 0.8m 이상 1.1m 이내
③ 무릎조작식 : 밑면에서 0.6m 이내

법령 방호장치 자율안전기준 고시 별표 3

04 화면은 방열복의 모습이다. 방열복 내열원단의 시험성능 기준 3가지를 쓰시오.

Keyword | 방열복 내열원단의 시험성능 기준

정답
① 난연성
② 내열성
③ 내한성
④ 절연저항
⑤ 인장강도

법령 보호구 안전인증 고시 별표 8

05 화면은 지하의 밀폐공간에서 작업을 하는 모습이다. 해당 작업 시 준수하여야 하는 사항 3가지를 쓰시오.

Keyword | 밀폐공간 작업 시 준수사항

정답
① 작업시작 전 해당 작업장의 적정공기 상태가 유지되도록 환기하여야 한다.
② 밀폐공간에 근로자를 입장 및 퇴장시킬 때 인원수를 점검하여야 한다.
③ 밀폐공간에 관계자 외 출입을 금지하고, 출입금지 표지를 게시한다.
④ 작업장과 외부 감시인 간에 연락을 취할 수 있는 설비를 설치하여야 한다.
⑤ 작업장의 환기가 되지 않거나 곤란한 경우 공기호흡기 또는 송기마스크를 착용하게 한다.

법령 산업안전보건기준에 관한 규칙 제620∼624조

06 화면은 지게차 작업을 하는 모습이다. 지게차 작업 시작 전 점검사항 3가지를 쓰시오.

Keyword | 지게차의 작업시작 전 점검사항

정답
① 제동장치 및 조종장치 기능의 이상 유무
② 하역장치 및 유압장치 기능의 이상 유무
③ 바퀴의 이상 유무
④ 전조등·후미등·방향지시기 및 경보장치 기능의 이상 유무

법령 산업안전보건기준에 관한 규칙 별표 3

07 화면은 지하의 밀폐공간에서 작업을 하는 모습이다. 해당 작업 시 작업자가 착용하여야 하는 호흡용 보호구 2가지를 쓰시오.

Keyword | 밀폐공간 작업 시 착용할 보호구

정답
① 공기호흡기
② 송기마스크

법령 산업안전보건기준에 관한 규칙 제620조

08 화면은 전기형강 작업을 하는 모습이다. 해당 작업 중 작업자가 착용하고 있는 안전대의 종류를 쓰시오.

Keyword | 안전대의 종류

정답 U자형 안전대

[개정 / 2022]

09 화면은 항타기·항발기 작업을 하는 모습이다. 해당 기계를 조립 및 해체 시 점검하여야 하는 사항 3가지를 쓰시오.

• 영상 설명 •
항타기·항발기로 땅을 굴착하고 전주를 세우는 과정에서 고정된 전주가 조금 돌아가며 인접 활선전로에 접촉하여 스파크가 일어난다.

Keyword | 항타기·항발기 조립 또는 해체 시 점검사항

[정답]
① 본체 연결부의 풀림 또는 손상의 유무
② 권상용 와이어로프·드럼 및 도르래의 부착 상태의 이상 유무
③ 권상장치의 브레이크 및 쐐기장치 기능의 이상 유무
④ 권상기의 설치 상태의 이상 유무
⑤ 리더(leader)의 버팀 방법 및 고정 상태의 이상 유무
⑥ 본체·부속장치 및 부속품의 강도가 적합한지 여부
⑦ 본체·부속장치 및 부속품에 심한 손상·마모·변형 또는 부식이 있는지 여부

[법령] 산업안전보건기준에 관한 규칙 제207조

2019년 제2회 제3부 기출복원문제

작업형

01 화면은 터널 발파 작업을 하는 모습이다. 해당 작업의 위험요인을 쓰시오.

Keyword | 터널 발파 작업의 위험요인

정답
철근을 사용하여 화약을 장전시킬 경우 충격, 정전기, 마찰 등으로 폭발 위험이 있다.

• 영상 설명 •
작업자가 터널 굴착을 위해 발파 작업을 하고 있다. 철근을 사용하여 장전구 안으로 화약을 밀어 넣는 모습이다.

02 화면은 샌드페이퍼 작업을 하던 중 발생한 사고이다. 해당 사고의 위험요인 3가지를 쓰시오.

Keyword | 샌드페이퍼 작업의 위험요인

정답
① 손으로 재료를 지지하고 있다.
② 회전기계 작업을 하는데 면장갑을 착용하고 있다.
③ 작업에 집중하지 않았다.

• 영상 설명 •
작업자가 손으로 직접 재료를 잡고 샌드페이퍼 작업하고 있다. 작업자는 면장갑을 착용하고 있고 보안경은 착용하지 않았다. 작업 중 옆의 작업자와 담소를 나누다 옷이 말려 들어간다.

03 화면은 개인용 보호구 중 하나이다. 해당 보호구의 명칭과 등급의 3종류, 그리고 산소농도가 몇 % 이상인 장소에서 사용하는지 쓰시오.

Keyword | 방진마스크의 등급과 사용 장소

정답
(1) 명칭 : 방진마스크
(2) 등급 : 특급, 1급, 2급
(3) 산소농도 : 18% 이상인 장소에서 사용

법령 보호구 안전인증 고시 별표 4

04 화면은 특수 화학설비의 모습이다. 해당 설비의 이상 상태를 조기에 파악하고 이에 따른 폭발·화재 또는 위험물의 누출을 방지하기 위하여 설치하여야 하는 장치 2가지를 쓰시오.

Keyword | 특수 화학설비의 이상 상태 파악 및 누출 방지 장치

정답
① 자동경보장치
② 긴급차단장치

법령 산업안전보건기준에 관한 규칙 제274, 275조

05 화면은 작업발판에서 작업을 하는 모습이다. 작업발판의 설치기준 중 작업발판의 폭과 발판 틈새의 적절한 간격을 쓰시오.

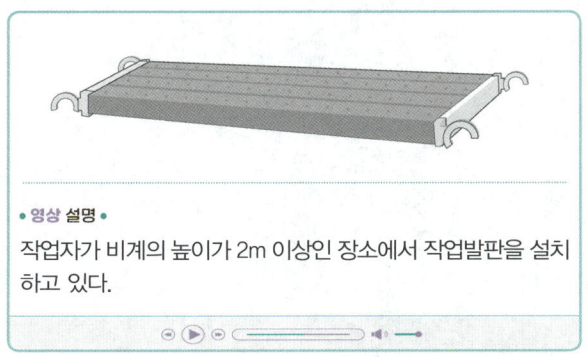

• 영상 설명 •
작업자가 비계의 높이가 2m 이상인 장소에서 작업발판을 설치하고 있다.

Keyword | 작업발판의 설치기준

정답
(1) 발판의 폭 : 40cm 이상
(2) 발판재료 간의 틈 : 3cm 이하

법령 산업안전보건기준에 관한 규칙 제56조

06 화면은 지하의 밀폐공간에서 작업을 하는 모습이다. 해당 작업 시 준수하여야 하는 사항 3가지를 쓰시오.

Keyword | 밀폐공간 작업 시 준수사항

정답
① 작업시작 전 해당 작업장의 적정공기 상태가 유지되도록 환기하여야 한다.
② 밀폐공간에 근로자를 입장 및 퇴장시킬 때 인원수를 점검하여야 한다.
③ 밀폐공간에 관계자 외 출입을 금지하고, 출입금지 표지를 게시한다.
④ 작업장과 외부 감시인 간에 연락을 취할 수 있는 설비를 설치하여야 한다.
⑤ 작업장의 환기가 되지 않거나 곤란한 경우 공기호흡기 또는 송기마스크를 착용하게 한다.

법령 산업안전보건기준에 관한 규칙 제620~624조

07 화면은 김치 제조 공장에서 슬라이스 작업 중 발생한 사고이다. 해당 사고의 위험요인 2가지를 쓰시오.

• 영상 설명 •
김치 제조 공장에서 무채 슬라이스 작업을 하다가 기계가 멈춰서 점검하던 중 갑자기 작동하여 재해가 발생하였다.

Keyword | 무채 슬라이스 작업의 위험요인

정답
① 전원을 차단하지 않고 기계를 점검하였다.
② 인터록 장치가 설치되어 있지 않다.
③ 이물질을 손으로 제거하였다.

08 화면은 자동차 부품을 도금한 후 세척 작업을 하는 모습이다. 화면을 참고하여 위험예지훈련을 하고자 할 때 작업자의 행동목표 2가지를 쓰시오.

• 영상 설명 •
작업자는 브레이크 라이닝 세척 작업을 하고 있다. 작업자는 운동화를 신고 있고, 흡연하고 있다.

Keyword | 세척 작업 시 작업자의 행동목표

정답
① 작업 중 흡연을 금지하자.
② 세척 작업 시 불침투성 보호 장화를 착용하자.

09 화면은 방열복의 모습이다. 방열복 내열원단의 시험성능 기준에 대하여 빈칸을 채우시오.

(1) 난연성 : 잔염 및 잔진시간이 (①) 미만이고, 녹거나 떨어지지 말아야 하며, 탄화길이가 (②) 이내일 것
(2) 절연저항 : 표면과 이면의 절연저항이 (③) 이상일 것

Keyword | 방열복 내열원단의 시험성능 기준

정답
① 2초
② 102mm
③ 1MΩ

법령 보호구 안전인증 고시 별표 8
참고 방열복 내열원단의 시험성능 기준
㉮ 난연성
㉯ 내열성
㉰ 내한성
㉱ 절연저항
㉲ 인장강도

2019년 제3회 제1부 기출복원문제

작업형

01 화면은 건물 해체 작업을 하는 모습이다. 해당 작업 시 해체공사 작업계획서에 포함되어야 하는 사항 3가지를 쓰시오.

Keyword | 건물 해체 작업 시 작업계획서의 내용

정답
① 해체의 방법 및 해체 순서 도면
② 가설설비·방호설비·환기설비 및 살수·방화설비 등의 방법
③ 사업장 내 연락방법
④ 해체물의 처분계획
⑤ 해체작업용 기계·기구 등의 작업계획서
⑥ 해체작업용 화약류 등의 사용계획서
⑦ 그 밖에 안전·보건에 관련된 사항

법령 산업안전보건기준에 관한 규칙 별표 4

개정 / 2021

02 화면과 같이 작업장 내에서 차량으로 이동할 때 준수하여야 하는 사항 3가지를 쓰시오.

● 영상 설명 ●
작업자는 작업장 내에서 구내운반차를 이용하여 화물을 운반하고 있다.

Keyword | 구내운반차 사용 시 준수사항

정답
① 주행을 제동하거나 정지상태를 유지하기 위하여 유효한 제동장치를 갖출 것
② 경음기를 갖출 것
③ 운전석이 차 실내에 있는 것은 좌우에 한개씩 방향지시기를 갖출 것
④ 전조등과 후미등을 갖출 것
⑤ 후진 중에 충돌할 위험이 있는 경우에는 구내운반차에 후진경보기와 경광등을 설치할 것

법령 산업안전보건기준에 관한 규칙 제184조

03 화면은 화물 인양 중 떨어뜨려 지나가던 작업자가 맞는 사고이다. 해당 사고의 재해발생 형태와 그 정의를 쓰시오.

• 영상 설명 •
작업자가 천장 크레인으로 화물을 인양하고 있다. 작업자는 한 손으로 스위치를 조작하고, 다른 한 손으로는 화물을 잡고 있다. 화물에는 유도로프가 없고, 1줄걸이로 연결되어 있으며, 훅 해지 장치가 없다. 화물을 인양하던 중 인양물이 흔들리면서 작업자와 충돌한다.

Keyword | 재해발생 형태와 정의

정답
(1) 재해발생 형태 : 맞음
(2) 재해발생 형태의 정의
  ① 날아오거나 떨어진 물체에 맞음.
  ② 고정되어 있던 물체가 고정부에서 이탈하거나 설비 등으로부터 물질이 분출되어 사람을 가해하는 경우

04 화면은 브레이크 라이닝 패드를 화학약품을 사용하여 세척하는 모습이다. 작업자가 착용하여야 하는 보호구를 3가지 쓰시오.

Keyword | 화약약품으로 세척 시 착용해야 할 보호구

정답
① 유기화합물용 방독마스크
② 보안경
③ 불침투성 보호장갑
④ 불침투성 보호장화
⑤ 불침투성 보호복

05 화면은 드럼통 운반 작업을 하는 모습이다. 해당 작업 중 위험요인 2가지를 쓰시오.

• 영상 설명 •
작업자는 드럼통을 직접 운반하고 있다. 바닥에서 드럼통을 들어 올리다 허리가 삐끗해서 발등에 떨어진다.

Keyword | 드럼통 운반 작업 시 위험요인

정답
① 안전화를 착용하지 않았다.
② 중량물을 혼자 들어 올린다.
③ 전용 운반 도구를 사용하지 않았다.

06 화면은 터널 발파작업을 하는 모습이다. 해당 작업의 위험요인을 쓰시오.

• 영상 설명 •
작업자는 터널 굴착을 위해 발파 작업을 하고 있다. 철근을 사용하여 장전구 안으로 화약을 밀어 넣는 모습이다.

Keyword | 터널 발파작업의 위험요인

정답
철근을 사용하여 화약을 장전시킬 경우 충격, 정전기, 마찰 등으로 폭발 위험이 있다.

07 화면은 밀폐공간 작업을 하는 모습이다. 밀폐공간의 적정공기 수준에 관하여 빈칸을 채우시오.

적정공기란 산소농도의 범위가 (①)% 이상 (②)% 미만, 탄산가스의 농도가 (③)% 미만, 일산화탄소의 농도가 (④)ppm 미만, 황화수소의 농도가 (⑤)ppm 미만인 수준의 공기를 말한다.

Keyword | 밀폐공간 작업 시 적정공기의 정의

정답
① 18
② 23.5
③ 1.5
④ 30
⑤ 10

법령 산업안전보건기준에 관한 규칙 제618조

08 화면은 롤러기를 청소하던 중 손이 말려 들어간 사고이다. 해당 작업의 재해원인 2가지를 쓰시오.

• 영상 설명 •
작업자가 인쇄윤전기의 전원을 끄지 않고 걸레로 롤러를 닦고 있다. 작업자는 체중을 실어 맞물리는 지점까지 닦던 중 걸레가 롤러에 말려 들어가서 손이 끼인다.

> Keyword | 롤러기 작업의 재해원인
>
> 정답
> ① 작업 전 전원 미차단
> ② 회전기계 작업 중 장갑 사용
> ③ 방호장치 미설치
> ④ 이물질 제거 시 전용공구 미사용

09 화면은 동력식 수동대패 작업을 하는 모습이다. 해당 장비에 설치하여야 하는 방호장치 이름과 해당 방호장치에 덮개 설치방법 2가지를 쓰시오.

> Keyword | 둥근톱 방호장치와 덮개 설치 방법(종류)
>
> 정답
> (1) 방호장치 : 날 접촉 예방장치
> (2) 방호장치의 덮개 설치방법
>   ① 고정식 덮개
>   ② 가동식 덮개
>
> 법령 산업안전보건기준에 관한 규칙 별표 5

작업형

2019년 제3회 제2부 기출복원문제

01 화면은 철로에서 작업을 하던 중 발생한 사고이다. 해당 사고의 예방대책 3가지를 쓰시오.

Keyword | 철로 작업 시 예방대책

정답
① 개인용 보호구를 착용한다.
② 작업 중 잡담을 하지 않는다.
③ 작업 중 감시인을 배치하여 위험이 발생하기 전 사전조치를 한다.

• 영상 설명 •
두 명의 작업자가 철로에서 작업을 하고 있다. 한 작업자는 보호구를 착용하지 않았고 잡담을 하고 있다.

02 화면은 인화성 물질 저장창고에서 작업을 하던 중 발생한 폭발 사고이다. 해당 사고의 폭발 종류와 그 정의를 쓰시오.

Keyword | 인화성 물질의 폭발

정답
(1) 폭발의 종류 : 증기운폭발(UVCE)
(2) 폭발의 정의 : 인화성 가스가 대기 중에 유출되어 구름 형태로 모여 점화원에 의하여 순간적으로 폭발하는 현상

• 영상 설명 •
작업자가 인화성 물질 저장창고에서 나온 뒤 외투를 벗고 있다. 창고에서 가스가 새어 나오고 있고, '펑' 하는 소리와 함께 폭발한다.

03 화면은 임시 배전반 점검 작업을 하던 중 발생한 사고이다. 해당 사고의 재해발생 형태와 위험요인 2가지를 쓰시오.

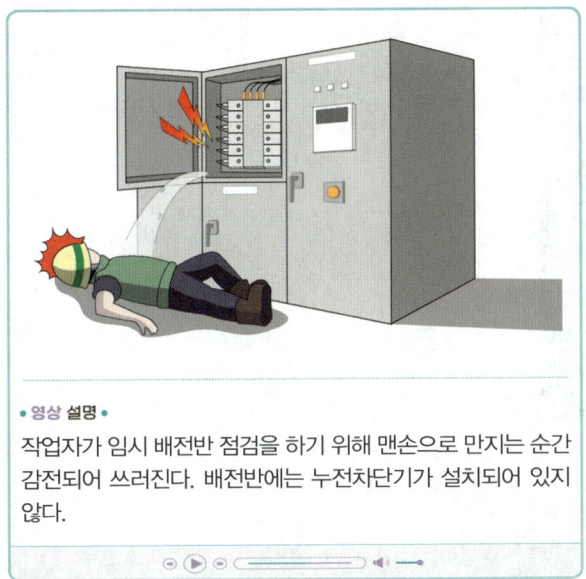

• 영상 설명 •
작업자가 임시 배전반 점검을 하기 위해 맨손으로 만지는 순간 감전되어 쓰러진다. 배전반에는 누전차단기가 설치되어 있지 않다.

> Keyword | 배전반 점검 작업 시 감전의 위험요인

정답
(1) 재해발생 형태 : 감전
(2) 위험요인
  ① 작업자가 절연용 보호구를 착용하지 않았다.
  ② 개폐기 문에 통전금지 표지판을 설치하고 감시인을 배치하지 않았다.
  ③ 작업 시작 전 전원을 차단하지 않았다.

04 화면은 스프레이 도장 작업을 하는 모습이다. 해당 작업 시 착용하여야 하는 마스크와 흡수제 종류 3가지를 쓰시오.

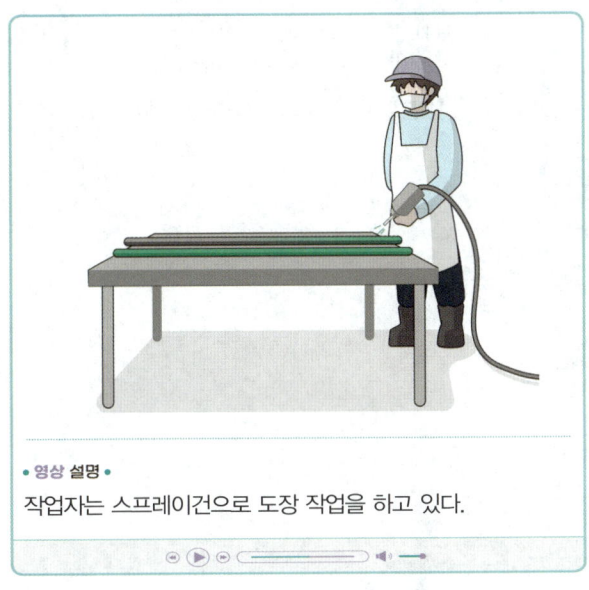

• 영상 설명 •
작업자는 스프레이건으로 도장 작업을 하고 있다.

> Keyword | 스프레이 도장 작업 시 착용해야 할 마스크와 흡수제

정답
(1) 마스크 : 방독마스크
(2) 흡수제
  ① 활성탄
  ② 큐프라마이트
  ③ 소다라임
  ④ 실리카겔
  ⑤ 호프카라이트

05 화면은 롤러기를 청소하던 중 손이 말려 들어간 사고이다. 해당 작업 시 안전 작업 수칙 3가지를 쓰시오.

Keyword | 롤러기 작업 시 안전 작업 수칙

정답
① 작업 전 전원을 차단하고 작업한다.
② 회전기계 작업 중 장갑 사용을 금지한다.
③ 방호장치를 설치한다.
④ 이물질 제거 시 전용공구를 사용한다.

• 영상 설명 •
작업자는 인쇄윤전기의 전원을 끄지 않고 걸레로 롤러를 닦고 있다. 작업자는 체중을 실어 맞물리는 지점까지 닦던 중 걸레가 롤러에 말려 들어가서 손이 끼인다.

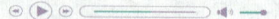

06 화면은 작업발판에서 작업을 하는 모습이다. 작업발판의 설치기준 중 작업발판의 폭과 발판 틈새의 적절한 간격을 쓰시오.

Keyword | 작업발판의 설치기준

정답
(1) 발판의 폭 : 40cm 이상
(2) 발판재료 간의 틈 : 3cm 이하

법령 산업안전보건기준에 관한 규칙 제56조

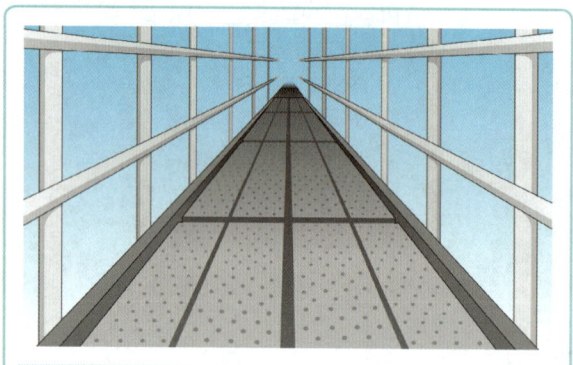

• 영상 설명 •
작업자가 비계의 높이가 2m 이상인 장소에서 작업발판을 설치하여 작업하고 있다.

07 화면은 교량 점검 작업을 하던 중 발생한 사고이다. 해당 사고의 재해원인 3가지를 쓰시오.

• 영상 설명 •
작업자가 흔들리는 작업발판 위에서 교량 하부를 점검하던 중 추락한다. 교량에는 안전난간이 없고, 추락방호망이 설치되지 않았으며, 작업자는 안전대를 미착용하고 있다.

Keyword | 교량 점검 작업 시 재해원인

정답
① 작업발판 불량
② 안전난간 미설치
③ 안전대 및 안전대 부착설비 미사용
④ 추락방호망 미설치

08 화면은 동력식 수동대패 작업을 하는 모습이다. 해당 장비에 설치하여야 하는 방호장치 이름과 해당 방호장치에 덮개 설치방법 2가지를 쓰시오.

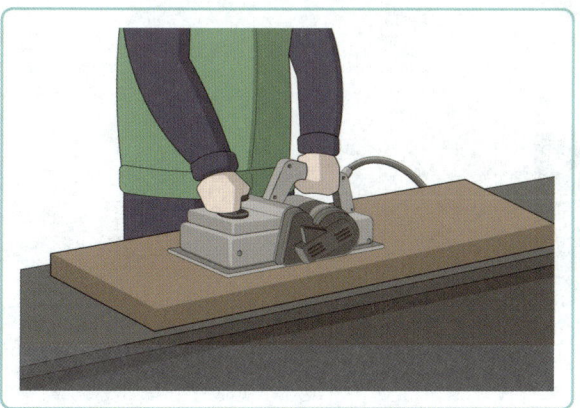

Keyword | 둥근톱 방호장치와 덮개 설치 방법 (종류)

정답
(1) 방호장치 : 날 접촉 예방장치
(2) 방호장치의 덮개 설치방법
① 고정식 덮개
② 가동식 덮개

법령 산업안전보건기준에 관한 규칙 별표 5

09 화면은 컨베이어, 선반, 휴대용 연삭기의 모습이다. 해당 기계기구의 방호장치를 1가지씩 쓰시오.

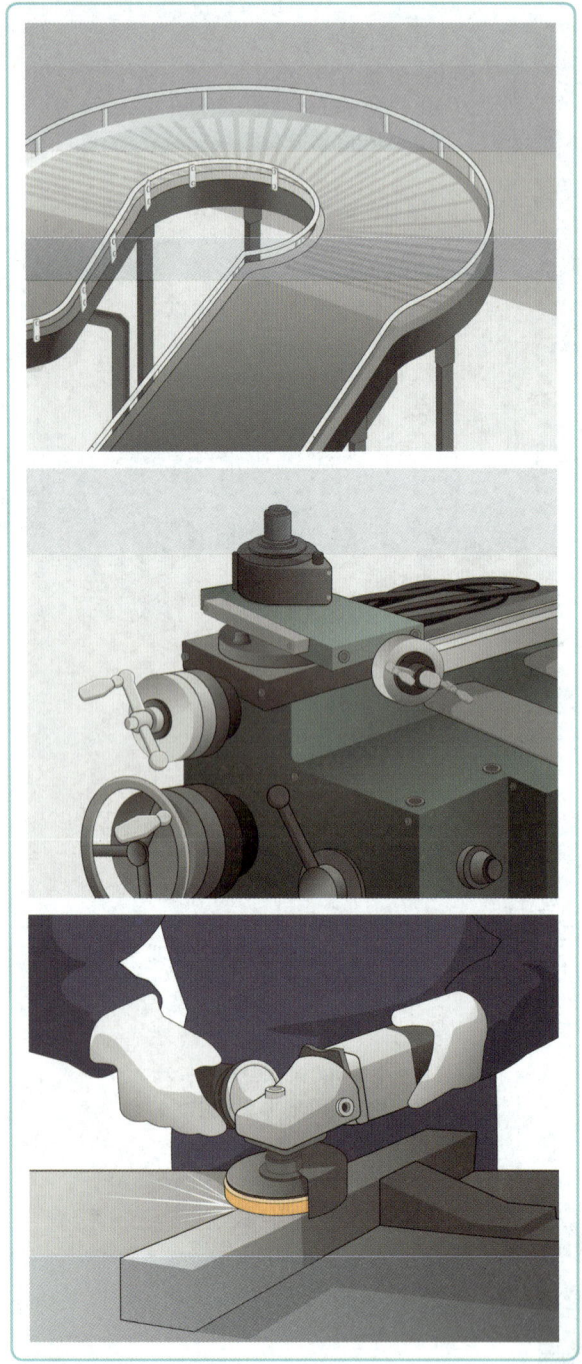

Keyword | 위험 기계기구의 방호장치

정답
(1) 컨베이어
 ① 비상정지장치
 ② 이탈 방지장치
 ③ 덮개
 ④ 울
(2) 선반
 ① 덮개
 ② 울
 ③ 칩 비산 방지 덮개
(3) 휴대용 연삭기
 ① 덮개

2019년 제3회 제3부 기출복원문제

01 화면은 방독마스크의 모습이다. 해당 보호구의 시험 성능기준 3가지를 쓰시오.

Keyword | 방독마스크의 시험 성능기준

정답
① 안면부 흡기저항
② 안면부 배기저항
③ 안면부 누설률
④ 정화통의 제독능력
⑤ 배기밸브 작동
⑥ 시야
⑦ 강도, 신장률 및 영구변형률
⑧ 불연성
⑨ 음성전달판
⑩ 투시부의 내충격성
⑪ 정화통 질량
⑫ 정화통 호흡저항

법령 보호구 안전인증 고시 별표 5

02 화면은 인화성 물질 저장창고에서 작업을 하던 중 발생한 폭발 사고이다. 해당 사고의 원인이 된 발화원의 형태와 그 종류 2가지를 쓰시오.

• 영상 설명 •
작업자는 인화성 물질 저장창고에서 나온 뒤 외투를 벗고 있다. 창고에서 가스가 새어 나오고 있고, '펑' 하는 소리와 함께 폭발한다.

Keyword | 인화성 물질 폭발의 발화원과 종류

정답
(1) 발화원의 형태 : 정전기 스파크
(2) 종류
　① 박리대전
　② 마찰대전

03 화면은 전동 권선기에 동선을 감던 중 발생한 사고이다. 해당 작업의 재해발생형태와 재해발생 원인 2가지를 쓰시오.

> Keyword | 전동 권선기 작업의 재해발생형태와 원인
>
> **정답**
> (1) 재해발생형태 : 감전
> (2) 재해발생 원인
>   ① 작업 전 정전작업 미실시
>   ② 절연용 보호구(절연장갑) 미착용

• 영상 설명 •
작업자는 면장갑을 착용하고 전동 권선기에 동선을 감고 있다. 기계가 멈추자 기계를 열고 점검하던 중 작업자가 쓰러진다.

---

04 화면은 이동식 비계에서 작업을 하던 중 발생한 사고이다. 해당 사고의 재해발생형태와 그 정의를 쓰시오.

> Keyword | 이동식 비계 작업 중 사고의 재해발생형태와 정의
>
> **정답**
> (1) 재해발생형태 : 맞음
> (2) 정의
>   ① 날아오거나 떨어진 물체에 맞음
>   ② 고정되어 있던 물체가 고정부에서 이탈하거나 설비 등으로부터 물질이 분출되어 사람을 가해하는 경우
>
> **참고** 재해발생형태 용어 개정
> 낙하 → 맞음

• 영상 설명 •
작업자가 안전난간이 없는 이동식 비계 위에서 파이프를 올리는 작업을 하고 있다. 파이프는 1줄걸이로 묶어 올리다 파이프가 떨어지며 아래의 작업자와 충돌한다.

05 화면은 타워크레인 작업을 하는 모습이다. 이동식 크레인 작업 시 운전자가 준수하여야 하는 사항 3가지를 쓰시오.

• 영상 설명 •
작업자는 타워크레인으로 화물을 운반하고 있다. 운반 시 신호수와 신호 방법이 맞지 않아 화물이 흔들리다 추락하고, 아래에 있던 작업자가 화물에 맞아 쓰러진다.

Keyword | 타워크레인 작업 시 운전자 준수사항

정답
① 작업자 머리 위로 화물을 통과시키지 않는다.
② 작업 중 운전석 이탈을 금지한다.
③ 일정한 신호 방법을 정하고 신호수의 신호에 따라 작업한다.

06 화면은 컨베이어 작업을 하던 중 발생한 사고이다. 해당 사고에서 작업자의 불안전 행동 2가지를 쓰시오.

Keyword | 컨베이어 작업에서 불안전 행동

정답
① 작업 시작 전 컨베이어의 전원을 차단하지 않고 작업하였다.
② 작동 중인 컨베이어에 올라가 불안정한 자세로 작업하였다.

07 화면은 스프레이 도장 작업을 하는 모습이다. 해당 작업 시 착용하여야 하는 마스크와 흡수제 종류 3가지를 쓰시오.

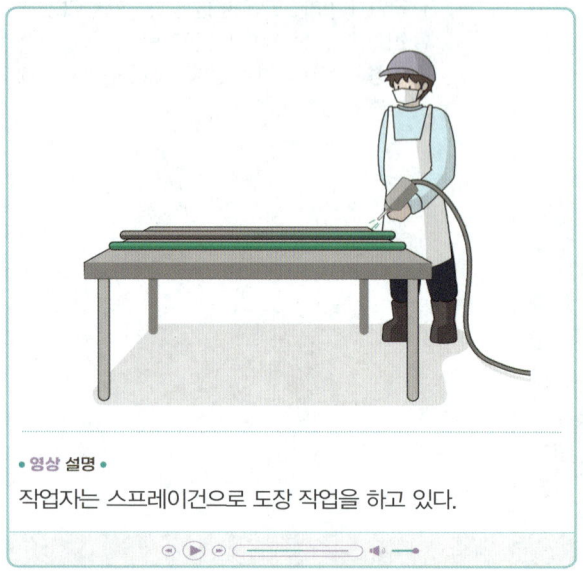

• 영상 설명 •
작업자는 스프레이건으로 도장 작업을 하고 있다.

Keyword | 스프레이 도장 작업 시 착용해야 할 마스크와 흡수제

정답
(1) 마스크 : 방독마스크
(2) 흡수제
　① 활성탄
　② 큐프라마이트
　③ 소다라임
　④ 실리카겔
　⑤ 호프카라이트

08 화면은 전주 작업을 하던 중 발생하는 사고의 모습이다. 해당 작업의 재해발생 원인 2가지를 쓰시오.

• 영상 설명 •
작업자는 안전대를 미착용한 상태로 전주 작업을 하고 있다. 작업 중 전주의 장애물에 머리를 부딪혀 추락한다.

Keyword | 전주 작업의 재해발생 원인

정답
① 안전대 미착용
② 머리 위 시야 확보 소홀
③ 통행에 방해되는 장애물 미이설

09 화면은 고소작업대를 이용하여 작업을 하는 모습이다. 해당 작업 시 준수하여야 하는 사항 3가지를 쓰시오.

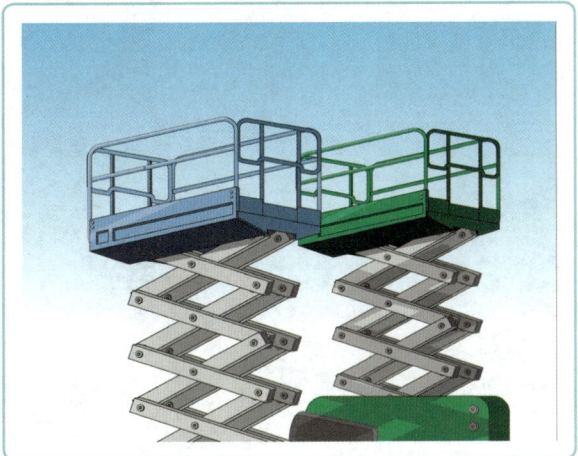

Keyword | 고소작업대 작업 시 준수사항

정답
① 작업자가 안전모·안전대 등의 보호구를 착용하도록 할 것
② 관계자가 아닌 사람이 작업구역에 들어오는 것을 방지하기 위하여 필요한 조치를 할 것
③ 안전한 작업을 위하여 적정수준의 조도를 유지할 것
④ 전로(電路)에 근접하여 작업을 하는 경우에는 작업감시자를 배치하는 등 감전사고를 방지하기 위하여 필요한 조치를 할 것
⑤ 작업대를 정기적으로 점검하고 붐·작업대 등 각 부위의 이상 유무를 확인할 것
⑥ 전환스위치는 다른 물체를 이용하여 고정하지 말 것
⑦ 작업대는 정격하중을 초과하여 물건을 싣거나 탑승하지 말 것
⑧ 작업대의 붐대를 상승시킨 상태에서 탑승자는 작업대를 벗어나지 말 것

법령 산업안전보건기준에 관한 규칙 제186조

NOTE

2020년 제1회 제1부 기출복원문제

작업형

01 화면은 지게차 작업을 하는 모습이다. 지게차의 작업시작 전 점검사항 3가지를 쓰시오.

Keyword | 지게차의 작업시작 전 점검사항

정답
① 제동장치 및 조종장치 기능의 이상 유무
② 하역장치 및 유압장치 기능의 이상 유무
③ 바퀴의 이상 유무
④ 전조등·후미등·방향지시기 및 경보장치 기능의 이상 유무

법령 산업안전보건기준에 관한 규칙 별표 3

02 화면은 전주 작업을 하는 모습이다. 해당 작업의 위험요인 2가지를 쓰시오.

• 영상 설명 •
작업자는 전주의 볼트를 딛고 서서 변압기 볼트를 조이는 작업을 하고 있다. 작업자는 안전대를 착용하고 있으나, 전주에 고정하지 않고 있다.

Keyword | 전주 작업의 위험요인

정답
① 안전대를 전주에 고정하지 않고 작업하고 있다.
② 불안정한 작업발판을 딛고 있다.

03 화면은 이동식 크레인 작업을 하는 모습이다. 해당 작업시작 전 점검하여야 하는 사항 2가지를 쓰시오.

> Keyword | 이동식 크레인의 작업시작 전 점검사항

정답
① 권과방지장치나 그 밖의 경보장치의 기능
② 브레이크·클러치 및 조정장치의 기능
③ 와이어로프가 통하고 있는 곳 및 작업장소의 지반 상태

[법령] 산업안전보건기준에 관한 규칙 별표 3

04 화면은 이동식 비계 위에서 작업하는 모습이다. 이동식 비계를 조립하여 작업하는 경우 준수사항 3가지를 쓰시오.

> Keyword | 이동식 비계를 조립하여 작업 시 준수사항

정답
① 이동식 비계의 바퀴에는 뜻밖의 갑작스러운 이동 또는 전도를 방지하기 위하여 브레이크·쐐기 등으로 바퀴를 고정시킨 다음, 비계의 일부를 견고한 시설물에 고정하거나 아웃트리거를 설치하는 등 필요한 조치를 할 것
② 승강용사다리는 견고하게 설치할 것
③ 비계의 최상부에서 작업을 하는 경우에는 안전난간을 설치할 것
④ 작업발판은 항상 수평을 유지하고 작업발판 위에서 안전난간을 딛고 작업을 하거나 받침대 또는 사다리를 사용하여 작업하지 않도록 할 것
⑤ 작업발판이 최대적재하중은 250kg을 초과하지 않도록 할 것

[법령] 산업안전보건기준에 관한 규칙 제68조

05 화면은 프레스 작업을 하는 모습이다. 해당 작업 시 금형 사이에 신체가 협착되는 사고를 방지하기 위해 설치하여야 하는 방호장치명을 쓰시오.

Keyword | 프레스의 방호장치

정답 U자형 덮개

• 영상 설명 •
작업자가 프레스 작업 중 실수로 프레스 페달을 밟아 금형 사이에 손이 끼인다.

06 화면은 작업발판의 모습이다. 높이 2m 이상인 작업 장소에 설치하여야 하는 작업발판의 설치기준 3가지를 쓰시오. (단, 작업발판의 폭과 틈의 간격은 제외한다.)

Keyword | 작업발판의 설치기준

정답
① 발판재료는 작업할 때의 하중을 견딜 수 있도록 견고한 것으로 할 것
② 추락의 위험이 있는 장소에는 안전난간을 설치할 것
③ 작업발판의 지지물은 하중에 의하여 파괴될 우려가 없는 것을 사용할 것
④ 작업발판 재료는 뒤집히거나 떨어지지 않도록 2개 이상의 지지물에 연결하거나 고정시킬 것
⑤ 작업발판을 작업에 따라 이동시킬 경우에는 위험 방지에 필요한 조치를 취할 것

법령 산업안전보건기준에 관한 규칙 제56조

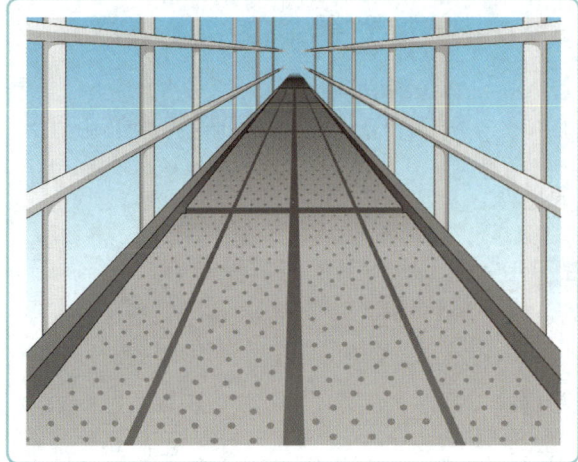

07 산업안전보건법상 누전차단기를 설치해야 하는 기계·기구 3가지를 쓰시오.

Keyword | 누전차단기 설치 대상 기계·기구

정답
① 대지전압이 150V를 초과하는 이동형 또는 휴대형 전기기계·기구
② 물 등 도전성이 높은 액체가 있는 습윤장소에서 사용하는 저압용 전기기계·기구
③ 철판·철골 위 등 도전성이 높은 장소에서 사용하는 이동형 또는 휴대형 전기기계·기구
④ 임시배선의 전로가 설치되는 장소에서 사용하는 이동형 또는 휴대형 전기기계·기구

법령 산업안전보건기준에 관한 규칙 제304조

• 영상 설명 •
작업자는 콘센트에 연결된 그라인더를 사용하여 앵글 작업을 하고 있다. 다른 작업자가 콘센트에 본인 그라인더의 플러그를 꽂으려 하다 감전된다. 작업장 바닥에는 물이 고여 있다.

08 화면은 밀폐된 선박 탱크 내부에서 작업을 하던 중 발생한 사고이다. 해당 사고에 대비하여 비치하여야 하는 비상시 피난용구 3가지를 쓰시오.

Keyword | 밀폐된 선박 탱크 작업 중 비상시 피난용구

정답
① 공기호흡기
② 송기마스크
③ 사다리
④ 섬유로프

법령 산업안전보건기준에 관한 규칙 제625조

• 영상 설명 •
작업자가 밀폐된 선박 탱크 내부에서 슬러지 제거 작업 중 갑자기 의식을 잃고 쓰러진다.

09 화면은 건설용 리프트의 모습이다. 화면을 보고 건설용 리프트의 방호장치명을 쓰시오.

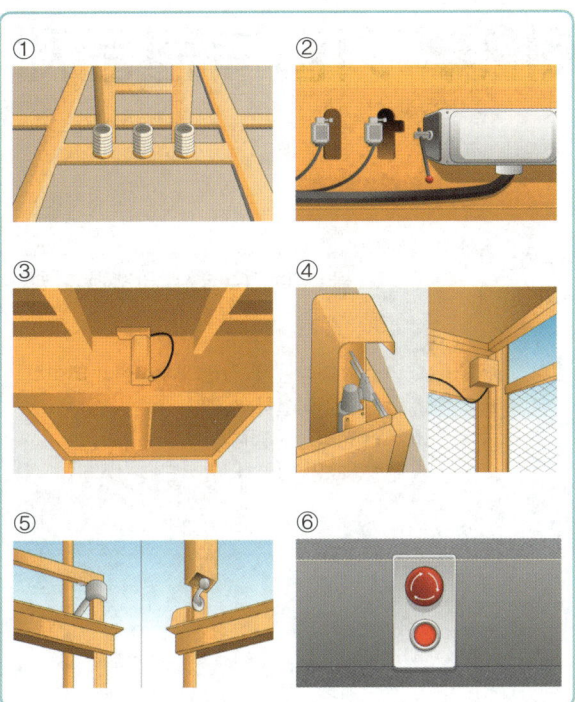

Keyword | 건설용 리프트의 방호장치

정답
① 완충스프링
② 3상 전원차단장치
③ 과부하방지장치
④ 출입문 연동장치
⑤ 방호울 출입문 연동장치
⑥ 비상정지장치

2020년 제1회 제2부 기출복원문제

작업형

01 화면은 공장 지붕 작업을 하던 중 발생한 추락사고의 모습이다. 해당 사고의 재해발생 원인 2가지를 쓰시오.

• 영상 설명 •
작업자가 공장 지붕 패널 설치 작업을 하고 있다. 작업자는 안전대를 착용하지 않은 상태로 작업을 하던 중 발을 헛디뎌 추락한다. 현장에는 안전난간, 추락방호망이 설치되어 있지 않다.

> Keyword | 공장 지붕 작업 중 사고의 재해발생 원인
>
> **정답**
> ① 안전대 미착용 및 안전대 부착설비 미설치
> ② 안전난간 미설치
> ③ 주변 정리정돈 불량
> ④ 추락방호망 미설치

02 화면은 이동식 사다리 작업을 하던 중 발생한 사고이다. 해당 사고의 위험요인 3가지를 쓰시오.

• 영상 설명 •
작업자는 이동식 사다리에 올라가 고온 증기 배관을 점검하고 있다. 작업자는 아무런 보호구를 착용하지 않고 있다.

> Keyword | 이동식 사다리 작업의 위험요인
>
> **정답**
> ① 작업발판의 설치 상태가 불안하여 추락의 위험이 있다.
> ② 보안경을 착용하지 않아 눈 재해가 발생할 수 있다.
> ③ 보호구를 착용하지 않아 화상의 위험이 있다.

03 화면은 천장 크레인 작업을 하는 모습이다. 해당 작업의 위험요인 2가지를 쓰시오.

• 영상 설명 •
작업자가 천장 크레인을 이용하여 배관을 운반하고 있다. 와이어로프는 일부 손상되어 있고, 배관은 1줄걸이로 걸려있으며, 훅 해지장치가 없다. 보조로프가 없어 손으로 지지하며 운반하던 중 작업자가 배관에 충돌한다.

Keyword | 천장 크레인 작업의 위험요인

정답
① 보조로프를 사용하지 않았다.
② 줄걸이 방법이 불량하다.
③ 손으로 화물을 지지하고 있다.
④ 훅 해지장치가 설치되지 않았다.

04 화면은 전주의 전기형강 작업을 하는 모습이다. 정전 작업 후 전원 공급 시 조치하여야 하는 사항 3가지를 쓰시오.

Keyword | 정전 작업 후 전원 공급 시 조치사항

정답
① 작업기구, 단락 접지기구 등을 제거하고 전기기기 등이 안전하게 통전될 수 있는지를 확인할 것
② 모든 작업자가 작업이 완료된 전기기기 등에서 떨어져 있는지를 확인할 것
③ 잠금장치와 꼬리표는 설치한 근로자가 직접 철거할 것
④ 모든 이상 유무를 확인한 후 전기기기 등의 전원을 투입할 것

법령 산업안전보건기준에 관한 규칙 제319조

05 화면은 전기드릴 작업을 하는 모습이다. 해당 작업의 위험요인과 안전대책을 1가지씩 쓰시오.

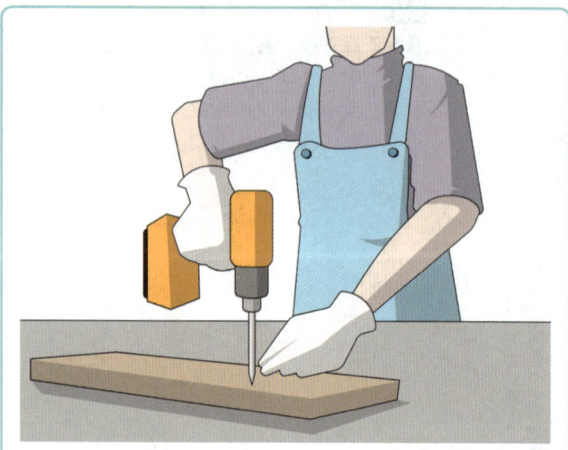

• 영상 설명 •
작업자가 각목을 손으로 잡고 전기드릴로 구멍을 뚫는 작업을 하고 있다. 작업자는 보안경을 착용하지 않았고, 면장갑을 착용하고 있다.

Keyword | 전기드릴 작업의 위험요인과 안전대책

정답
(1) 위험요인
　① 공작물을 손으로 잡고 작업하고 있다.
　② 보안경을 착용하지 않았다.
　③ 면장갑을 착용하였다.
(2) 안전대책
　① 공작물을 바이스로 고정하여 작업한다.
　② 보안경을 착용한다.
　③ 면장갑 착용을 금지한다.

06 화면은 프레스의 모습이다. 프레스의 방호장치 중 A-1이라 불리는 방호장치명과 방호장치의 기능을 쓰시오.

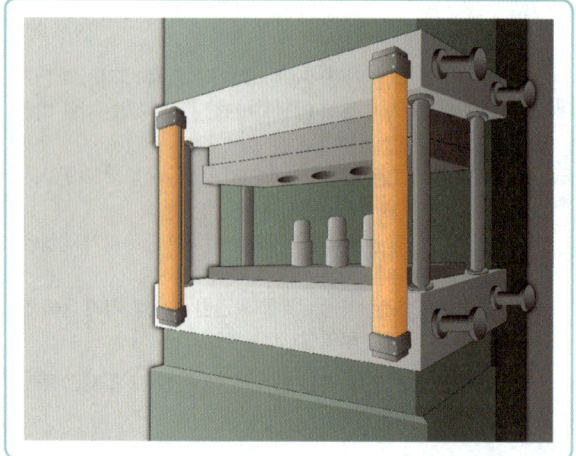

Keyword | 프레스의 방호장치

정답
(1) 방호장치명 : 광전자식 방호장치
(2) 광전자식 방호장치(A-1)의 기능 : 투광부, 수광부, 컨트롤 부분으로 구성된 것으로서, 신체의 일부가 광선을 차단하면 기계를 급정지시킴.

법령 방호장치 안전인증 고시 별표 1

참고 프레스 또는 전단기 방호장치의 종류
㉮ 광전자식 방호장치 : A-1, A-2
㉯ 양수조작식 방호장치 : B-1, B-2
㉰ 가드식 방호장치 : C
㉱ 손쳐내기식 방호장치 : D
㉲ 수인식 방호장치 : E

07 화면은 밀폐공간에서 작업을 하는 모습이다. 해당 작업의 위험요인 2가지를 쓰시오.

• 영상 설명 •
작업자는 방독마스크를 착용하고 밀폐공간에서 혼자서 작업하고 있고, 감시인은 배치되어 있지 않다. 작업장 밖에서 다른 작업자가 국소배기장치의 코드를 실수로 뽑아 전원이 꺼지며 내부의 작업자가 쓰러진다.

Keyword | 밀폐공간 작업의 위험요인

정답
① 국소배기장치의 전원부에 잠금장치를 하지 않았다.
② 감시인을 배치하지 않았다.
③ 호흡용 보호구를 착용하지 않았다.
④ 작업 시작 전 산소 농도 및 유해가스 농도를 측정하지 않았다.

08 화면은 마그네틱 크레인으로 화물을 운반하던 중 발생하는 사고이다. 해당 작업의 위험요인 3가지를 쓰시오.

• 영상 설명 •
작업자가 마그네틱 크레인으로 금형을 운반하고 있다. 한 손은 스위치를 조작하며 다른 손으로 금형을 잡고 이동하던 중 작업자가 넘어지면서 스위치를 잘못 건드려 금형이 발에 떨어진다. 작업자는 안전모를 미착용하고, 크레인에는 훅 해지장치가 없다.

Keyword | 마그네틱 크레인 작업 중 사고의 위험요인

정답
① 양손으로 작업하여 스위치 오조작 가능
② 낙하 위험장소에서 작업
③ 작업 지휘자 없이 단독 작업
④ 훅 해지장치 미사용
⑤ 안전모 미착용

09 화면은 아파트 창틀 작업을 하던 중 발생한 추락사고의 모습이다. 해당 작업에서 추락사고의 원인 3가지를 쓰시오.

Keyword | 아파트 창틀 작업 중 추락사고의 원인

정답
① 안전대 미착용 및 안전대 부착설비 미설치
② 안전난간 미설치
③ 주변 정리정돈 불량
④ 추락방호망 미설치

• 영상 설명 •
한 작업자가 작업발판 설치를 위해 다른 작업자에게 작업발판을 건네주고 설치 장소로 이동하던 중 바닥으로 추락한다. 주변은 정리가 되어있지 않고, 안전난간이 설치되어 있지 않다.

2020년 제1회 제3부 기출복원문제

작업형

01 화면은 크레인 작업을 하는 모습이다. 해당 작업의 위험요인 3가지를 쓰시오.

• 영상 설명 •
작업자가 크레인을 이용하여 파이프를 운반하고 있다. 파이프는 2줄걸이로 걸려있고 훅 해지장치가 없으며, 보조로프가 없어 손으로 지지하고 있다. 운반 중 파이프가 흔들리다 떨어져 아래의 작업자와 충돌한다.

Keyword | 크레인 작업의 위험요인

정답
① 인양 중인 화물이 작업자 머리 위로 통과하지 않도록 조치하지 않았다.
② 보조로프를 사용하지 않았다.
③ 작업반경 내 관계자 외 출입금지 조치를 하지 않았다.
④ 훅 해지장치가 설치되지 않았다.

02 화면은 유기화합물에 제품을 담그는 작업을 하는 모습이다. 해당 작업 시 작업자가 신체부위별로 착용하여야 하는 보호구를 쓰시오.

• 영상 설명 •
작업자가 맨손으로 유기화합물에 제품을 담그는 작업을 하고 있다. 작업자는 아무런 보호구를 착용하고 있지 않다.

Keyword | 유기화합물 작업 시 착용해야 하는 신체 부위별 보호구

정답
① 눈 : 보안경
② 코, 입 : 방독마스크
③ 피부 : 불침투성 보호복
④ 손 : 불침투성 보호장갑

03 화면은 섬유기계 작업을 하는 모습이다. 해당 작업 시 작업자가 착용하여야 하는 보호구 3가지를 쓰시오.

• 영상 설명 •
작업자가 섬유기계 작업을 하고 있다. 기계가 멈추고 작업자는 면장갑을 착용하고 이물질을 제거하고 있으며, 기계가 갑자기 작동하여 손이 끼인다.

Keyword | 섬유기계 작업 시 착용해야 하는 보호구

정답
① 안전모
② 보안경
③ 방진마스크
④ 안전화
⑤ 귀마개 또는 귀덮개

04 둥근톱 기계에 고정식 톱날 접촉 예방장치를 설치하고자 한다. 이때 덮개 하단과 테이블 사이의 간격과 덮개 하단과 가공재 사이의 간격은 얼마로 하여야 하는지 쓰시오.

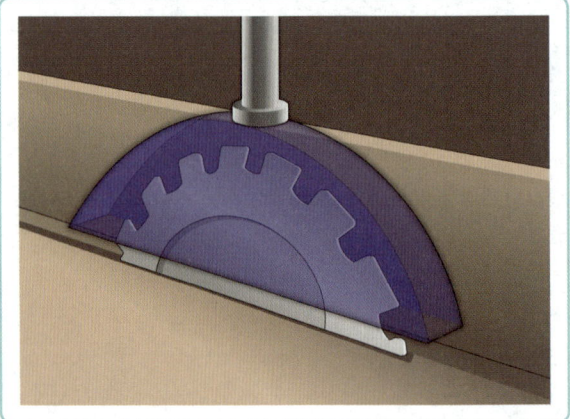

Keyword | 둥근톱 방호장치의 고정식 덮개의 간격

정답
(1) 덮개 하단과 테이블 사이의 간격 : 25mm 이내
(2) 덮개 하단과 가공재 사이의 간격 : 8mm 이내
법령 방호장치 자율안전기준 고시 별표 5

05 화면은 습윤한 장소에 설치된 이동전선의 모습이다. 습윤한 장소에서 사용되는 이동전선에 대하여 사용 전 점검하여야 하는 사항 2가지를 쓰시오.

Keyword | 습윤한 장소에서 사용되는 이동전선의 사용 전 점검사항

정답
① 충분한 절연효과가 있는 것을 사용할 것
② 접속부는 충분히 절연효과가 있는 것을 사용할 것
③ 전선 피복의 손상 유무를 점검할 것
④ 누전차단기를 설치할 것

06 화면은 작업자가 플랜지 아래 부위에 용접을 하는 모습이다. 해당 작업에 존재하는 위험요인 3가지를 쓰시오.

• 영상 설명 •
작업자가 혼자 교류아크용접 작업장에서 대형 관의 플랜지 아래 부위를 아크용접하고 있다. 주변에는 인화성 물질로 보이는 통 등이 쌓여있고, 바닥은 정리되지 않은 상태이며, 불똥이 튀고 있다.

Keyword | 플랜지 용접 작업의 위험요인

정답
① 용접불티 비산방지덮개, 용접방화포 등 불꽃, 불티 등의 비산방지조치 미흡
② 작업현장 주변에 인화성 물질 방치
③ 화재감시자 미배치
④ 작업장 정리상태 불량

07 화면은 지붕 철골 작업을 하던 중 발생한 사고이다. 해당 사고의 방지를 위한 조치사항 2가지를 쓰시오.

• 영상 설명 •
작업자가 공장 지붕 철골 작업을 하다가 이동 중 미끄러지면서 아래로 추락한다.

Keyword | 공장 지붕 작업 시 사고 방지를 위한 조치사항

정답
① 안전대 부착설비 설치 및 안전대 착용
② 추락방호망 설치
③ 작업발판 설치

08 화면은 전기드릴 작업을 하는 모습이다. 해당 작업의 위험요인 2가지를 쓰시오.

Keyword | 전기드릴 작업의 위험요인

정답
① 공작물을 맨손으로 잡고 작업
② 보안경 등의 안전보호구 미착용
③ 회전기계 사용 중 면장갑 착용
④ 이물질 제거 작업 시 전원 미차단
⑤ 이물질 제거 작업 시 전용공구 미사용

• 영상 설명 •
작업자가 공작물을 맨손으로 잡고 전기드릴 작업을 하며, 작업 중 이물질을 입으로 불어서 제거하고 있다. 작업자는 보안경을 착용하지 않고, 면장갑을 착용하고 있다.

09 화면은 크레인 작업을 하는 모습이다. 크레인의 안전검사 주기와 관련하여 빈칸을 채우시오.

Keyword | 크레인의 안전검사 주기

정답
① 3
③ 2
법령 산업안전보건법 시행규칙 제126조

사업장에 설치가 끝난 날부터 (①)년 이내에 최초 안전검사를 실시하되, 그 이후부터 (②)년마다 실시한다. 건설현장에서 사용하는 것은 최초로 설치한 날부터 6개월마다 실시한다.

2020년 제2회 제1부 기출복원문제 (작업형)

01 화면은 고속절단기 작업을 하는 모습이다. 해당 작업 시 작업자가 추가로 착용하여야 하는 보호구 3가지를 쓰시오.

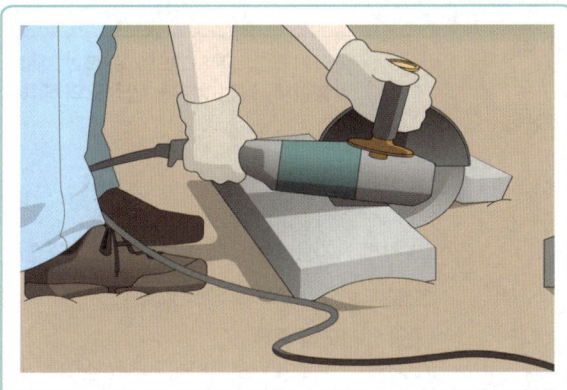

• 영상 설명 •
작업자가 고속절단기를 사용하여 파이프를 절단하고 있다. 주변으로는 불똥이 튀고 있고, 작업자는 안전모와 안전화를 착용하고 있다.

Keyword | 고속절단기 작업 시 착용해야 하는 보호구

정답
① 보안경
② 귀마개
③ 방진마스크

02 화면은 터널 굴착공사를 하는 모습이다. 해당 작업 시 계측방법 3가지를 쓰시오.

Keyword | 터널의 계측방법

정답
① 천단침하 측정
② 내공변위 측정
③ 지중변위 측정
④ 지표면 침하 측정
⑤ 록볼트 축력 측정
⑥ 숏크리트 응력 측정
⑦ 터널 내 탄성파 속도 측정
⑧ 주변 구조물의 변형 상태 조사
⑨ 지하수위 측정

03 화면은 유해물질 취급 작업을 하는 모습이다. 유해물질이 인체에 유입될 수 있는 경로 3가지를 쓰시오.

• 영상 설명 •
작업자가 실험실에서 황산이 들어있는 유리용기를 만지다 떨어뜨려 손에 묻는다. 작업자는 아무런 보호구를 착용하고 있지 않다.

Keyword | 유해물질의 인체 유입 경로

정답
① 호흡기
② 소화기
③ 피부점막

04 화면은 항타기 작업을 하던 중 발생한 사고이다. 해당 사고와 관련하여 가해물과 재해발생형태, 머리부위 감전 위험을 방지하기 위해 착용하여야 하는 안전모의 종류를 쓰시오.

• 영상 설명 •
항타기로 전주를 세우는 과정에서 고정된 전주가 조금 돌아가다 떨어져 작업자와 충돌한다.

Keyword | 항타기 작업 중 사고의 가해물과 재해발생형태, 감전 방지용 안전모의 종류

정답
(1) 가해물 : 전주
(2) 재해발생형태 : 맞음
(3) 감전 방지용 안전모의 종류 : AE형, ABE형

법령 보호구 안전인증 고시 별표 1
참고 안전모의 종류
㉮ AB형 : 물체의 낙하·비래·추락에 의한 위험을 방지·경감시키기 위한 것
㉯ AE형 : 물체의 낙하·비래에 의한 위험을 방지·경감하고, 머리부위 감전 위험을 방지
㉰ ABE형 : 물체의 낙하·비래·추락에 의한 위험을 방지·경감하고, 머리부위 감전 위험을 방지

05 화면은 임시 배전반 점검 작업을 하던 중 발생한 사고이다. 해당 사고의 위험요인 2가지를 쓰시오.

• 영상 설명 •
한 작업자는 임시 배전반에서 맨손으로 수공구를 사용하여 점검하고 있다. 다른 작업자가 통행을 위해 차단기 문을 닫으면서 손이 끼인다.

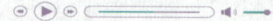

Keyword | 배전반 점검 작업 중 사고의 위험요인

정답
① 작업 지휘자를 배치하지 않았다.
② 차단기 문에 작업 표지판을 설치하지 않았다.

06 화면은 퍼지 작업을 하는 모습이다. 퍼지 작업의 종류 3가지를 쓰시오.

• 영상 설명 •
작업자가 불활성가스를 주입하여 산소의 농도를 낮추는 퍼지 작업을 하고 있다.

> Keyword | 퍼지 작업의 종류
>
> 정답
> ① 진공퍼지
> ② 압력퍼지
> ③ 스위프퍼지
> ④ 사이폰퍼지

07 화면은 김치 제조 공장에서 무채 슬라이스 작업 중 발생한 사고이다. 무채를 잘라내는 부분에 형성되는 위험점과 그 정의를 쓰시오.

• 영상 설명 •
김치 제조 공장에서 무채 슬라이스 작업을 하다가 기계가 멈춰서 점검하던 중 갑자기 작동하여 재해가 발생하였다.

> Keyword | 무채 슬라이스 작업의 위험점과 정의
>
> 정답
> (1) 위험점 : 절단점
> (2) 정의 : 회전하는 운동 부분 자체에서 초래되는 위험점

[개정 / 2022]

08 화면은 항타기·항발기 작업을 하는 모습이다. 해당 기계를 조립 및 해체 시 점검하여야 하는 사항 3가지를 쓰시오.

Keyword | 항타기·항발기 조립 또는 해체 시 점검사항

정답
① 본체 연결부의 풀림 또는 손상의 유무
② 권상용 와이어로프·드럼 및 도르래의 부착 상태의 이상 유무
③ 권상장치의 브레이크 및 쐐기장치 기능의 이상 유무
④ 권상기의 설치 상태의 이상 유무
⑤ 리더(leader)의 버팀 방법 및 고정 상태의 이상 유무
⑥ 본체·부속장치 및 부속품의 강도가 적합한지 여부
⑦ 본체·부속장치 및 부속품에 심한 손상·마모·변형 또는 부식이 있는지 여부

[법령] 산업안전보건기준에 관한 규칙 제207조

09 화면은 프레스의 모습이다. 프레스에 사용할 수 있는 방호장치의 종류 4가지와 화면의 작업자가 무력화시킨 방호장치의 명칭을 쓰시오.

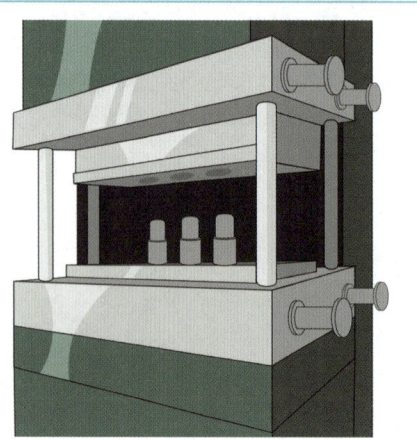

● 영상 설명 ●
작업자가 투광부와 수광부가 부착되어 있는 프레스에서 작업을 하고 있다. 페달을 밟아 철판에 구멍을 뚫는 작업을 하고 있고, 작업자가 방호장치를 치우고 작업을 하던 중 손이 끼인다.

Keyword | 프레스의 방호장치

정답
(1) 방호장치의 종류
 ① 게이트가드식 방호장치
 ② 손쳐내기식 방호장치
 ③ 수인식 방호장치
 ④ 양수조작식 방호장치
(2) 작업자가 무력화시킨 방호장치 : 광전자식 방호장치

[법령] 방호장치 안전인증 고시 별표 1

2020년 제2회 제2부 기출복원문제

작업형

01 화면은 전동 권선기에 동선을 감던 중 발생한 사고이다. 해당 작업의 재해발생 형태와 재해발생 원인 2가지를 쓰시오.

• 영상 설명 •
작업자가 면장갑을 착용하고 전동 권선기에 동선을 감고 있다. 기계가 멈추자 기계를 열고 점검하던 중 작업자가 쓰러진다.

Keyword | 전동 권선기 작업 중 사고의 재해발생 형태와 원인

정답
(1) 재해발생 형태 : 감전
(2) 재해발생 원인
  ① 작업 전 정전작업 미실시
  ② 절연용 보호구(절연장갑) 미착용

02 화면은 섬유기계 작업을 하던 중 발생한 사고이다. 해당 사고의 위험요인 2가지를 쓰시오.

• 영상 설명 •
작업자가 섬유기계 작업을 하고 있다. 기계가 멈추고 작업자는 면장갑을 착용하고 이물질을 제거하고 있으며, 기계가 갑자기 작동하여 손이 말려 들어간다.

Keyword | 섬유기계 작업 중 사고의 위험요인

정답
① 전원을 차단하지 않고 작업을 하고 있다.
② 기계에 인터록 장치가 설치되지 않았다.
③ 면장갑을 착용하고 점검 작업을 했다.

03 화면은 프레스의 모습이다. 해당 작업시작 전 점검하여야 하는 사항 3가지를 쓰시오.

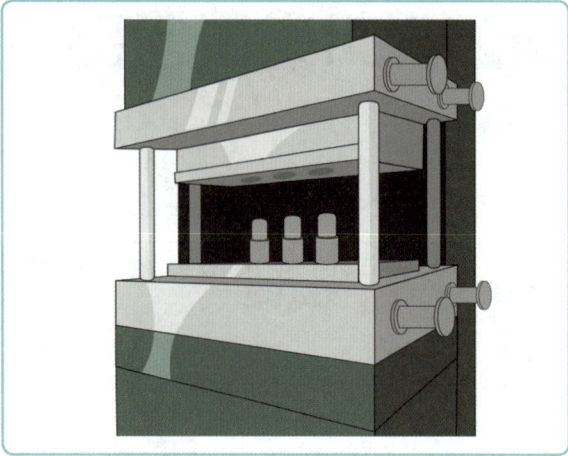

Keyword | 프레스의 작업시작 전 점검사항

정답
① 클러치 및 브레이크의 기능
② 크랭크축 · 플라이휠 · 슬라이드 · 연결봉 및 연결 나사의 풀림 유무
③ 1행정 1정지기구 · 급정지장치 및 비상정지장치의 기능
④ 슬라이드 또는 칼날에 의한 위험방지 기구의 기능
⑤ 프레스의 금형 및 고정볼트 상태
⑥ 방호장치의 기능
⑦ 전단기의 칼날 및 테이블의 상태

법령 산업안전보건기준에 관한 규칙 별표 3

04 화면은 휴대용 연삭기 작업을 하는 모습이다. 해당 작업 시 작업자가 미착용한 보호구 2가지를 쓰시오.

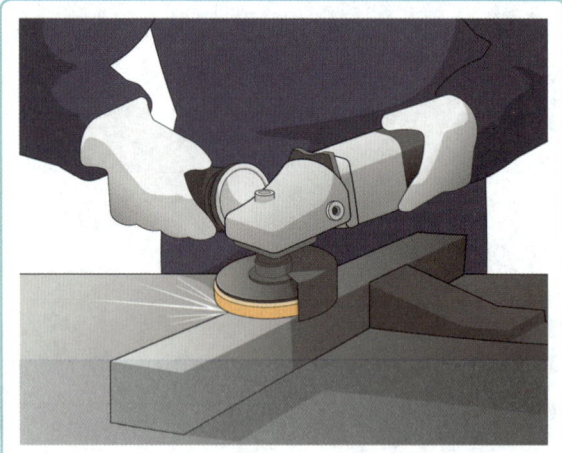

• 영상 설명 •
작업자가 휴대용 연삭기를 사용하여 연마 작업을 하고 있다. 작업자는 아무런 보호구를 착용하지 않고 있으며, 작업 후 손으로 눈을 비비고 있다.

Keyword | 휴대용 연삭기 작업 시 착용해야 하는 보호구

정답
① 보안경
② 방진마스크
③ 귀마개

05 화면은 밀폐공간 작업을 하는 모습이다. 밀폐공간에서의 재해발생 시 구조자가 착용하여야 하는 호흡용 보호구를 쓰시오.

Keyword | 밀폐공간 작업 시 착용해야 하는 보호구

정답
① 공기호흡기
② 송기마스크

법령 산업안전보건기준에 관한 규칙 제625조

06 화면은 흙막이 지보공 설치 작업을 하는 모습이다. 흙막이 지보공의 설치 후 정기적 점검사항 4가지를 쓰시오.

Keyword | 흙막이 지보공 설치 후 정기적 점검사항

정답
① 부재의 손상·변형·부식·변위 및 탈락의 유무와 상태
② 버팀대의 긴압의 정도
③ 부재의 접속부·부착부·교차부의 상태
④ 침하의 정도

법령 산업안전보건기준에 관한 규칙 제347조

07 화면은 모터의 벨트 점검 작업을 하던 중 발생한 사고의 모습이다. 해당 사고에서 나타나는 위험점과 재해발생 형태 및 그 정의를 쓰시오.

• 영상 설명 •
작업자가 모터 벨트를 점검하고 있다. 기름때를 걸레로 닦아내던 중 벨트와 덮개 사이에 손이 끼인다.

> Keyword | 모터 벨트 점검 작업 중 사고의 위험점과 재해발생 형태 및 정의

정답
(1) 위험점 : 끼임점
(2) 재해발생 형태 : 끼임
(3) 재해발생 형태의 정의 : 기계의 움직이는 부분 사이 또는 움직이는 부분과 고정 부분 사이에 신체 또는 신체의 일부분이 끼이거나 물리는 것

---

08 화면은 작업발판에서 작업을 하는 모습이다. 높이 2m 이상인 작업 장소에 설치하여야 하는 작업발판의 설치기준 중 작업발판의 폭과 발판 틈새의 적절한 간격을 쓰시오.

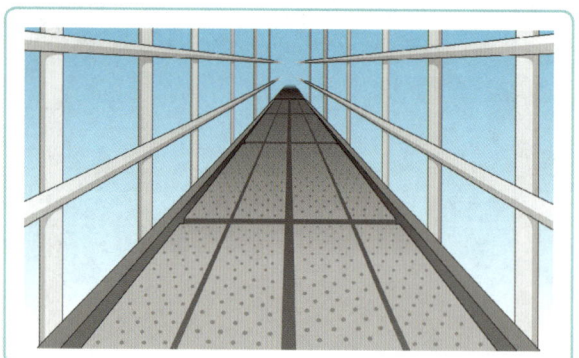

> Keyword | 작업발판의 설치기준

정답
(1) 발판의 폭 : 40cm 이상
(2) 발판재료 간의 틈 : 3cm 이하

[법령] 산업안전보건기준에 관한 규칙 제56조

09 화면은 이동식 크레인 화물 인양 작업을 하는 모습이다. 해당 작업의 위험요인 3가지를 쓰시오.

Keyword | 이동식 크레인 화물 인양 작업의 위험요인

정답
① 유도로프 미사용
② 1줄걸이로 화물 인양 상태 불량
③ 훅 해지장치 미사용
④ 작업장 정리 상태 불량
⑤ 작업 지휘자 없이 단독 작업

• 영상 설명 •
작업자가 이동식 크레인으로 화물을 인양하고 있다. 작업자는 한 손으로 스위치를 조작하고 한 손으로는 화물을 잡고 있다. 화물에는 유도로프가 없고 1줄걸이로 연결되어 있으며, 훅 해지장치가 없다. 화물을 인양하던 중 인양물이 흔들리면서 한쪽으로 기울어 추락한다. 작업자는 바닥의 자재에 부딪혀 넘어진다.

2020년 제2회 제3부 기출복원문제

작업형

01 화면은 지하의 밀폐공간에서 작업을 하는 모습이다. 해당 작업 시 작업자가 착용하여야 하는 호흡용 보호구 2가지를 쓰시오.

Keyword | 밀폐공간 작업 시 착용해야 하는 보호구

정답
① 공기호흡기
② 송기마스크

법령 | 산업안전보건기준에 관한 규칙 제620조

02 화면은 터널공사 작업을 하는 모습이다. 해당 작업 시 낙반 등에 의한 위험이 있을 경우 위험방지조치 2가지를 쓰시오.

Keyword | 터널 작업 시 낙반 등에 의한 위험방지 조치

정답
① 터널지보공 설치
② 록볼트 설치
③ 부석(浮石)의 제거

법령 | 산업안전보건기준에 관한 규칙 제351조

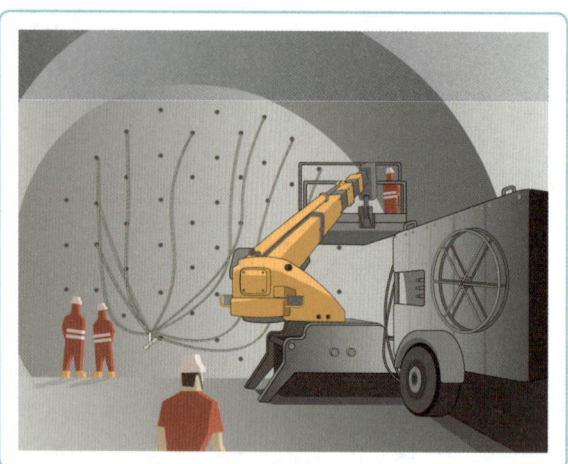

03 추락방호망의 설치기준에 대하여 빈칸을 채우시오.

(1) 추락방호망의 설치위치는 가능하면 작업면으로부터 가까운 지점에 설치한다. 다만, 작업면으로부터 망의 설치지점까지 수직거리는 (①)m를 초과하지 아니한다.
(2) 추락방호망은 (②)으로 설치하고, 망의 처짐은 짧은 변 길이의 (③)% 이상이 되도록 한다.

Keyword | 추락방호망의 설치기준

정답
① 10
② 수평
③ 12

법령 산업안전보건기준에 관한 규칙 제42조

---

04 화면은 이동식 크레인 작업을 하는 모습이다. 이동식 크레인 작업 시 운전자가 준수하여야 하는 사항 3가지를 쓰시오.

• 영상 설명 •
작업자는 이동식 크레인으로 화물을 운반하고 있다. 운반 시 신호수와 신호 방법이 맞지 않아 화물이 흔들리다 추락하고, 아래에 있던 작업자가 화물에 맞아 쓰러진다.

Keyword | 이동식 크레인 작업 시 운전자 준수사항

정답
① 작업자 머리 위로 화물을 통과시키지 않는다.
② 작업 중 운전석 이탈을 금지한다.
③ 일정한 신호 방법을 정하고 신호수의 신호에 따라 작업한다.

---

05 화면은 고압 전선 작업을 하던 발생한 사고이다. 해당 사고의 재해발생 형태와 정의를 쓰시오.

• 영상 설명 •
작업자가 고압이 흐르는 활선 점검 작업을 하던 중 전선을 맨손으로 만지다 쓰러진다.

Keyword | 고압 전선 작업 중 사고의 재해발생 형태와 정의

정답
(1) 재해발생 형태 : 감전
(2) 정의 : 충전부 등에 신체의 일부가 접촉되는 사고

06 화면은 활선작업을 하는 모습이다. 해당 작업의 핵심 위험요인 3가지를 쓰시오.

• 영상 설명 •
한 명의 작업자가 절연모와 절연장갑, 안전대를 착용하지 않고 고소작업차에 탑승하여 충전전로에 손으로 절연용 방호구를 설치하고 있다. 작업자 및 차량이 활선에 가까운 모습이다.

Keyword | 활선작업의 위험요인

정답
① 안전대 및 안전대 부착설비 미사용
② 절연용 보호구 미착용
③ 활선작업용 기구 및 장치 미사용
④ 고소작업차 크레인의 이격거리 미준수
⑤ 충전전로에 절연용 방호구 미설치

---

07 화면은 작업자가 폭발성 물질 창고에 들어가기 위해 신발에 물을 묻히고 들어가는 모습이다. 그 이유와 화재 시 적절한 소화방법을 쓰시오.

Keyword | 폭발성 물질창고 출입 전 물을 묻히는 이유와 소화방법

정답
(1) 이유 : 신발과 바닥 사이의 정전기로 인한 폭발을 방지하기 위함.
(2) 소화방법 : 다량의 주수에 의한 냉각소화

08 화면은 롤러기를 청소하던 중 손이 말려 들어간 사고이다. 해당 작업의 재해원인 2가지를 쓰시오.

• 영상 설명 •
작업자가 인쇄윤전기의 전원을 끄지 않고 걸레로 롤러를 닦고 있다. 작업자는 체중을 실어 맞물리는 지점까지 닦던 중 걸레가 롤러에 말려 들어가서 손이 끼인다.

Keyword | 롤러기 작업 중 사고의 재해원인

정답
① 작업 전 전원 미차단
② 회전기계 작업 중 장갑 사용
③ 방호장치 미설치
④ 이물질 제거 시 전용공구 미사용

09 화면은 가스용접 작업을 하는 모습이다. 해당 작업의 위험요인 2가지를 쓰시오.

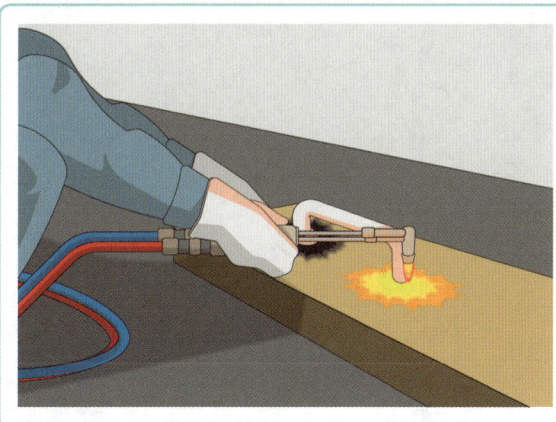

• 영상 설명 •
작업자가 맨얼굴로 면장갑을 착용하고 가스용접 작업을 하고 있다. 작업 중 산소통 줄이 짧아 당기는 순간 호스가 뽑히고 불꽃이 튄다. 바닥에는 가스 용기가 눕혀 있고 안전장치가 없다.

Keyword | 가스용접 작업의 위험요인

정답
① 개인용 보호구(용접용 보안면, 용접용 안전장갑 등)를 착용하지 않았다.
② 산소통의 호스를 조임기구로 누출방지조치를 하지 않았다.
③ 가스 용기가 바닥에 눕혀 있다.

2020년 제2회 제4부 기출복원문제

작업형

01 화면은 단무지 공장에서 작업 중 발생한 사고이다. 해당 사고의 원인을 피부저항과 관련하여 설명하시오.

• 영상 설명 •
작업자가 단무지가 들어있는 수조에서 수중펌프를 설치하는 작업을 하고 있다. 수조는 무릎 정도 물이 차 있고, 수중펌프를 작동함과 동시에 감전 사고를 당한다.

Keyword | 수중에서의 피부저항 값

정답
인체가 젖은 상태에서 피부저항은 건조 시의 1/25로 감소하기 때문에 감전되기 쉽다.

참고 피부의 건습 차에 의한 피부저항 값
- 땀이 나 있는 경우 : 건조 시의 1/12 ~ 1/20로 감소
- 물에 젖은 경우 : 건조 시의 1/25로 감소

02 화면은 DMF(디메틸포름아미드) 작업을 하는 모습이다. 해당 작업 시 작업자가 착용하여야 하는 보호구 3가지를 쓰시오.

Keyword | DMF(디메틸포름아미드) 작업 시 착용해야 하는 보호구

정답
① 보안경
② 불침투성 보호장갑
③ 불침투성 보호복
④ 불침투성 보호장화

03 화면은 화학물질 취급 작업을 하는 모습이다. 해당 작업 시 신체별로 착용하여야 하는 보호구를 쓰시오.

(1) 눈
(2) 손
(3) 피부

> **Keyword** | 화학물질 취급 작업 시 착용해야 하는 신체부위별 보호구
>
> **정답**
> (1) 눈 : 보안경
> (2) 손 : 불침투성 보호장갑
> (3) 피부 : 불침투성 보호복

04 화면은 작업발판 설치 작업을 하는 모습이다. 해당 작업의 추락방지 대책과 낙하방지 대책을 쓰시오.

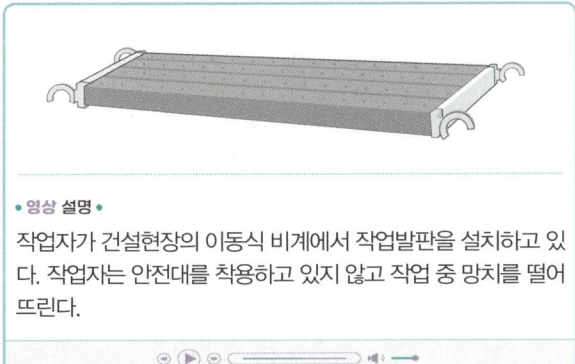

• 영상 설명 •
작업자가 건설현장의 이동식 비계에서 작업발판을 설치하고 있다. 작업자는 안전대를 착용하고 있지 않고 작업 중 망치를 떨어뜨린다.

> **Keyword** | 작업발판 설치 작업 시 추락방지 대책과 낙하방지 대책
>
> **정답**
> (1) 추락방지 대책
>   ① 추락방호망 설치
>   ② 안전대 착용 후 작업
> (2) 낙하방지 대책
>   ① 낙하물방지망 설치

05 화면은 승강기 피트 내부 작업을 하는 모습이다. 해당 작업에 설치하여야 하는 방호조치 3가지를 쓰시오.

• 영상 설명 •
작업자가 승강기 피트 내부에서 작업 중 발을 헛디뎌 승강기 개구부로 추락한다.

> **Keyword** | 승강기 피트 작업 시 설치해야 하는 방호조치
>
> **정답**
> ① 안전난간
> ② 추락방호망
> ③ 수직형 추락방망
> ④ 덮개
> ⑤ 울타리

06 화면은 임시 배전반 점검을 하던 중 발생한 사고이다. 해당 사고의 원인 2가지를 쓰시오.

Keyword | 배전반 점검 작업 시 사고 발생원인

정답
① 절연장갑 등 절연용 보호구를 착용하지 않았다.
② 개폐기 함에 잠금장치 및 통전금지 표찰을 부착하지 않았다.
③ 해당 작업 시 전기위험에 대한 안전교육을 실시하지 않았다.

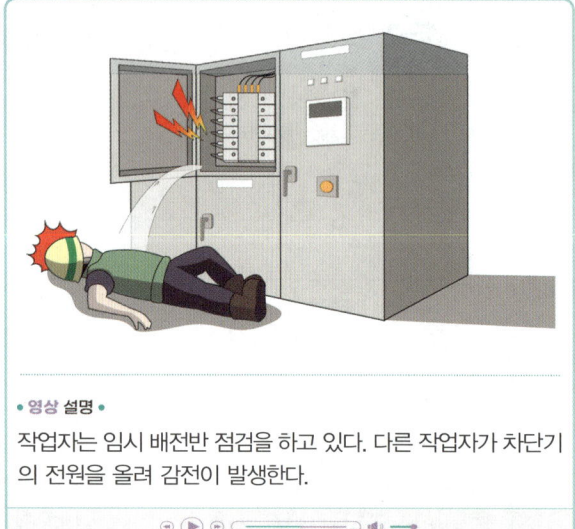

• 영상 설명 •
작업자는 임시 배전반 점검을 하고 있다. 다른 작업자가 차단기의 전원을 올려 감전이 발생한다.

07 화면은 트럭의 적재함 수리 작업을 하던 중 발생한 사고이다. 차량계 하역운반기계 등의 수리 또는 부속장치의 장착 및 해체 작업을 하는 때에 작업시작 전 조치하여야 하는 사항 3가지를 쓰시오.

Keyword | 차량계 하역운반기계 등의 수리 · 해체 작업시작 전 조치사항

정답
① 작업순서를 결정하고 작업을 지휘한다.
② 안전지지대 또는 안전블록 등의 사용 상황 등을 점검한다.
③ 작업 지휘자를 배치한다.

• 영상 설명 •
작업자가 트럭의 적재함 아래의 유압실린더를 수리하고 있다. 수리하던 중 유압실린더의 압력이 빠지면서 작업자가 끼인다.

08 화면은 활선작업을 하는 모습이다. 해당 작업의 핵심 위험요인 3가지를 쓰시오.

Keyword | 활선작업의 위험요인

정답
① 안전대 및 안전대 부착설비 미사용
② 절연용 보호구 미착용
③ 활선작업용 기구 및 장치 미사용
④ 고소작업차 크레인의 이격거리 미준수
⑤ 충전전로에 절연용 방호구 미설치

• 영상 설명 •
한 명의 작업자가 절연모와 절연장갑, 안전대를 착용하지 않고 고소작업차에 탑승하여 충전전로에 손으로 절연용 방호구를 설치하고 있다. 작업자 및 차량이 활선에 가까운 모습이다.

09 화면은 아파트 건설현장의 모습이다. 추락 및 낙하의 사고를 방지하기 위해 설치하여야 하는 대책을 2가지 쓰시오.

Keyword | 추락 및 낙하 사고 방지를 위해 설치해야 하는 대책

정답
① 추락방호망
② 낙하물방지망
③ 안전난간
④ 수직보호망
⑤ 방호선반
⑥ 작업발판

2020년 제3회 제1부 기출복원문제

작업형

01 화면은 트럭의 적재함 수리 작업을 하던 중 발생한 사고이다. 해당 사고를 예방하기 위해 설치하여야 하는 안전장치 2가지를 쓰시오.

• 영상 설명 •
작업자가 트럭의 적재함 아래의 유압실린더를 수리하고 있다. 수리하던 중 유압실린더의 압력이 빠지면서 작업자가 끼인다.

Keyword | 트럭 적재함 수리 작업 시 안전장치

정답
① 안전지주
② 안전블럭

02 둥근톱 기계에 고정식 톱날 접촉 예방장치를 설치하고자 한다. 이때 덮개 하단과 테이블 사이의 간격과 덮개 하단과 가공재 사이의 간격은 얼마로 하여야 하는지 쓰시오.

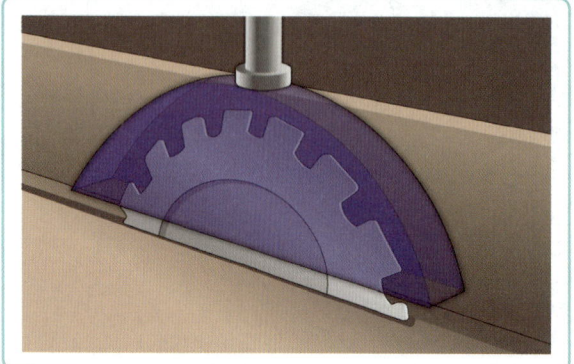

Keyword | 둥근톱 방호장치의 고정식 덮개의 간격

정답
(1) 덮개 하단과 테이블 사이의 간격 : 25mm 이내
(2) 덮개 하단과 가공재 사이의 간격 : 8mm 이내

법령 방호장치 자율안전기준 고시 별표 5

03 화면은 건물 해체 작업을 하는 모습이다. 해당 작업 시 사용하는 장비의 명칭과 해체공사 작업계획 수립 시 준수하여야 하는 사항 2가지를 쓰시오.

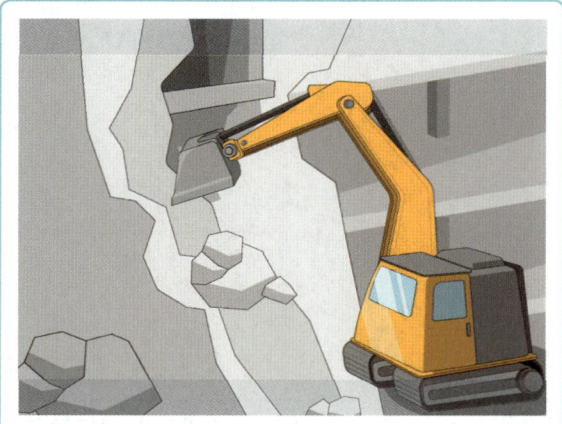

Keyword | 건물 해체 장비 및 해체공사 작업계획 수립 시 준수사항

정답
(1) 장비 명칭 : 압쇄기
(2) 준수사항
① 작업구역 내에는 관계자 이외의 자에 대하여 출입을 통제하여야 한다.
② 강풍, 폭우, 폭설 등 악천후 시에는 작업을 중지하여야 한다.
③ 사용 기계·기구 등을 인양하거나 내릴 때는 그물망이나 그물포대 등을 사용토록 하여야 한다.
④ 외벽과 기둥 등을 전도시키는 작업을 할 경우에는 전도 낙하위치 검토 및 파편 비산거리 등을 예측하여 작업반경을 설정하여야 한다.
⑤ 전도작업을 수행할 때는 작업자 이외의 다른 작업자는 대피시키도록 하고, 완전 대피상태를 확인한 다음 전도시키도록 하여야 한다.
⑥ 해체 건물 외곽에 방호용 비계를 설치하여야 하며, 해체물의 전도, 낙하, 비산의 안전거리를 유지하여야 한다.
⑦ 파쇄공법의 특성에 따라 방진벽, 비산차단벽, 분진억제 살수시설을 설치하여야 한다.
⑧ 작업자 상호간의 적정한 신호규정을 준수하고, 신호방식 및 신호기기 사용법은 사전교육에 의해 숙지되어야 한다.
⑨ 적정한 위치에 대피소를 설치하여야 한다.

법령 해체공사 표준안전작업지침 제16조

04 화면은 배전반 점검 작업을 하던 중 발생한 사고이다. 해당 사고의 위험요인 2가지를 쓰시오.

• 영상 설명 •
작업자가 의자 위에서 배전반을 점검하고 있다. 의자는 불안정하여 흔들리는 모습이다.

Keyword | 배전반 점검 작업 중 사고의 위험요인

① 절연장갑을 착용하지 않고 점검하였다.
② 의자가 불안정하여 추락할 위험이 있다.

05 화면은 섬유기계 작업을 하던 중 발생한 사고이다. 해당 사고의 위험요인 2가지를 쓰시오.

> • 영상 설명 •
> 작업자가 섬유기계 작업을 하고 있다. 기계가 멈추고 작업자는 면장갑을 착용하고 이물질을 제거하고 있으며, 기계가 갑자기 작동하여 손이 말려 들어간다.

Keyword | 섬유기계 작업 중 사고의 위험요인

① 전원을 차단하지 않고 작업을 하고 있다.
② 기계에 인터록 장치가 설치되지 않았다.
③ 면장갑을 착용하고 점검 작업을 했다.

06 화면은 컨베이어 작업을 하던 중 발생한 사고이다. 해당 사고의 위험요인 3가지를 쓰시오.

> • 영상 설명 •
> 작업자가 컨베이어 위에서 파지를 분류하고 있다. 장비로 파지를 들어 작업자 머리 위를 통과하고 있으며 파지를 내리다 작업자에게 떨어진다. 작업자는 안전모를 착용하지 않고 있다.

Keyword | 컨베이어 파지 분류 작업 중 사고의 위험요인

정답
① 작업자가 안전모를 착용하지 않고 있다.
② 작업자 머리 위로 장비를 운용하고 있다.
③ 작업자가 작동 중인 컨베이어 위에서 작업하고 있다.

07 화면은 지하의 밀폐공간에서 작업을 하는 모습이다. 해당 작업 시 준수하여야 하는 사항 3가지를 쓰시오.

Keyword | 밀폐공간 작업 시 준수사항

① 작업 시작 전 해당 작업장의 적정공기 상태가 유지되도록 환기하여야 한다.
② 밀폐공간에 근로자를 입장 및 퇴장시킬 때 인원수를 점검하여야 한다.
③ 밀폐공간에 관계자 외 출입을 금지하고, 출입금지 표지를 게시한다.
④ 작업장과 외부 감시인 간에 연락을 취할 수 있는 설비를 설치하여야 한다.
⑤ 작업장의 환기가 되지 않거나 곤란한 경우 공기호흡기 또는 송기마스크를 착용하게 한다.

법령 산업안전보건기준에 관한 규칙 제620~624조

08 화면은 박공지붕 설치 작업을 하던 중 발생하는 사고의 모습이다. 재해를 예방하기 위한 안전대책 3가지를 쓰시오.

• 영상 설명 •
작업자들은 박공지붕 설치 작업 중 휴식을 취하고 있다. 주변에 적재되어 있던 자재가 굴러떨어져 휴식 중이던 작업자를 덮쳐 추락한다. 건물에는 추락 방호망, 낙하물 방호망과 안전대도 미설치된 상태이다.

Keyword | 박공지붕 설치 작업 시 안전대책

정답
① 안전대 부착설비 및 안전대 착용
② 추락 방호망 및 낙하물 방지망 설치
③ 낙하 위험 작업구간 출입통제
④ 안전한 장소에서의 휴식
⑤ 구름멈춤대, 쐐기 등으로 적재물 고정

09 화면은 유해물질 취급 작업을 하는 모습이다. 해당 작업 시 유해물질이 인체에 흡수되는 경로를 3가지 쓰시오.

• 영상 설명 •
작업자가 실험실에서 황산이 들어있는 유리용기를 만지다 떨어뜨려 손에 묻는다. 작업자는 아무런 보호구를 착용하고 있지 않다.

Keyword | 유해물질의 인체 유입 경로

정답
① 호흡기
② 소화기
③ 피부점막

2020년 제3회 제2부 기출복원문제

작업형

01 화면은 지게차 포크 위에서 작업을 하는 모습이다. 해당 작업의 위험요인 3가지를 쓰시오.

• 영상 설명 •
작업자가 지게차 포크 위에서 전등 교체 작업을 하고 있다. 작업 중 다른 작업자가 지게차를 움직이고, 포크 위의 작업자는 보호구를 착용하고 있지 않다.

Keyword | 지게차 포크 위 작업의 위험요인

정답
① 지게차 포크 위에 올라서서 교체 작업을 하고 있다.
② 작업자가 절연용 보호구를 착용하지 않아 감전의 위험이 있다.
③ 지게차의 열쇠를 뽑지 않아 운전자 외에 다른 작업자가 조작하지 못하게 관리하지 않았다.
④ 안전모, 안전대 등 추락방지용 보호구를 착용하지 않았다.

02 화면은 용접 작업을 하던 중 발생한 사고이다. 해당 사고의 재해발생 형태와 위험요인 2가지를 쓰시오.

• 영상 설명 •
작업자는 용접 작업을 준비하며, 용접기 케이블을 전원부에 연결하고 있다. 이때 전원은 켜져 있으며, 작업자는 목장갑을 착용하고 있다. 연결 후 용접기를 드는 순간 쓰러진다.

Keyword | 용접 작업 중 사고의 재해발생 형태와 위험요인

정답
(1) 재해발생 형태 : 감전
(2) 위험요인
① 전원을 차단하지 않고 연결 작업을 했다.
② 절연용 보호구를 착용하지 않았다.
③ 누전차단기를 설치하지 않았다.

03 화면은 천장 크레인 작업을 하는 모습이다. 해당 작업의 위험요인 3가지를 쓰시오.

• 영상 설명 •
작업자가 천장 크레인을 이용하여 배관을 운반하고 있다. 배관은 1줄걸이로 걸려있고, 훅 해지장치가 없다. 보조로프가 없어 손으로 지지하며 운반하던 중 작업자가 배관에 충돌한다.

Keyword | 천장 크레인 작업의 위험요인

정답
① 보조로프를 사용하지 않았다.
② 줄걸이 방법이 불량하다.
③ 훅 해지장치가 설치되지 않았다.

04 화면은 특수 화학설비의 모습이다. 특수 화학설비 내부의 이상 상태를 조기에 파악하기 위해 설치하여야 하는 방호장치 3가지를 쓰시오.

Keyword | 특수 화학설비의 이상 상태 파악을 위한 방호장치

정답
① 계측장치
② 자동경보장치
③ 긴급차단장치
④ 예비동력원

법령 산업안전보건기준에 관한 규칙 제273~276조

05 화면은 전기형강 작업을 하는 모습이다. 해당 작업의 위험요인 3가지를 쓰시오.

Keyword | 전봇대 전기형강 작업의 위험요인

정답
① 작업 중 흡연을 하고 있다.
② 작업발판이 불안정하다.
③ C.O.S를 발판 아래에 걸쳐놓아 오조작의 위험이 있다.

• 영상 설명 •
작업자가 전기형강 작업을 하고 있다. 전봇대의 불안정한 발판을 딛고 작업하고 있으며, 작업 중 흡연을 하고 있다. 작업발판 아래에 C.O.S(Cut Out Switch)가 걸쳐있다.

06 화면은 사출성형기 작업을 하던 중 발생한 사고이다. 해당 사고를 방지하기 위한 대책 3가지를 쓰시오.

Keyword | 사출성형기 작업 시 사고방지 대책

정답
① 전원을 차단하고 작업을 한다.
② 개인용 보호구를 착용한다.
③ 이물질 제거 시 전용 공구를 사용한다.
④ 방호덮개를 설치한다.

• 영상 설명 •
작업자가 사출성형기 작업을 하다가 기계가 멈추자 내부의 이물질을 잡아당겨 꺼내던 중 감전을 당하여 쓰러진다. 작업자는 맨손이다.

07 화면은 자동차 부품 세척 작업을 하는 모습이다. 화면을 참고하여 위험예지훈련을 하고자 할 때 작업자의 행동목표 2가지를 쓰시오.

Keyword | 세척 작업 시 작업자의 행동목표

정답
① 작업 중 흡연을 금지하자.
② 개인용 보호구를 착용하자(불침투성 보호장갑, 보호장화 등).

• 영상 설명 •
작업자는 자동차 부품 세척 작업을 하고 있다. 작업자는 운동화를 신고 있고, 흡연하고 있다.

08 화면은 항타기 작업을 하는 모습이다. 항타기의 도르래와 관련하여 빈칸을 채우시오.

- 권상장치의 드럼축과 권상장치로부터 첫 번째 도르래의 축 간의 거리를 권상장치 드럼폭의 (①)배 이상으로 한다.
- 도르래는 권상장치의 드럼 (②)을 지나야 하며, 축과 (③)에 있어야 한다.

Keyword | 항타기 도르래의 부착 기준

정답
① 15
② 중심
③ 수직면상

법령 산업안전보건기준에 관한 규칙 제216조

---

09 화면은 스팀배관 점검 작업을 하던 중 발생한 사고이다. 해당 사고의 결과로 예상되는 재해발생형태를 쓰시오.

• 영상 설명 •
작업자가 스팀배관 보수 작업을 하고 있다. 작업자는 안전모, 장갑, 보안경을 착용하지 않고 있다. 보수 작업 중 배관을 툭 치니 스팀이 새어 나온다.

Keyword | 스팀배관 점검 작업 중 사고의 재해발생형태

정답 이상온도 접촉

2020년 제3회 제3부 기출복원문제

작업형

01 화면은 VDT 작업을 하는 모습이다. 해당 작업으로 인하여 발생할 수 있는 장애 3가지를 쓰시오.

Keyword | VDT 작업으로 인한 발생 장애

정답
① 눈의 피로
② 피부 장애
③ 경견완증후군
④ 정신신경계 증상

• 영상 설명 •
작업자의 의자 높이가 낮아 다리를 구부리고 있고, 모니터가 너무 가깝게 놓여 있고, 책상도 높게 위치해 있다.

02 화면은 승강기 피트 내부 작업을 하던 중 발생한 사고이다. 해당 작업 시 준수하여야 하는 사항 3가지를 쓰시오.

Keyword | 승강기 피트 작업 시 준수사항

정답
① 추락 방호망 설치
② 안전한 작업발판 사용
③ 안전대 및 안전대 부착설비 사용

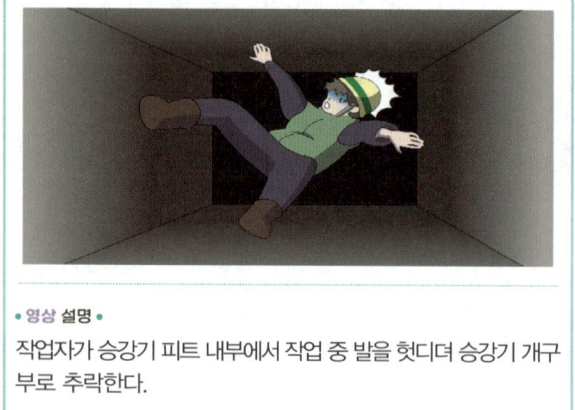

• 영상 설명 •
작업자가 승강기 피트 내부에서 작업 중 발을 헛디뎌 승강기 개구부로 추락한다.

03 화면은 상수도 배관 용접 작업을 하는 모습이다. 습윤한 장소에서 용접 작업 시 용접기에 부착하여야 하는 방호장치를 쓰시오.

Keyword | 용접기의 방호장치

정답 자동전격방지기(자동전격방지장치)

04 화면은 이동식 사다리를 전주에 기대고 작업을 하던 중 발생한 사고이다. 이동식 사다리를 설치하여 사용 시 준수사항 3가지를 쓰시오.

Keyword | 이동식 사다리의 설치·사용 시 준수사항

정답
① 길이가 6m를 초과하면 안 된다.
② 다리의 벌림은 벽 높이의 1/4 정도가 적당하다.
③ 벽면 상부로부터 최소한 60cm 이상의 연장길이가 있어야 한다.

법령 가설공사 표준안전 작업지침 제20조

• 영상 설명 •
작업자가 전주에 사다리를 기대고 작업하던 중 사다리가 미끄러져 작업자가 넘어진다.

05 화면은 연삭기로 연마 작업을 하는 모습이다. 해당 작업의 위험요인 3가지를 쓰시오.

Keyword | 연삭기 작업의 위험요인

정답
① 작업자가 보안경을 착용하지 않았다.
② 연삭기에 덮개가 설치되지 않았다.
③ 연삭기 측면을 사용하여 작업하였다.

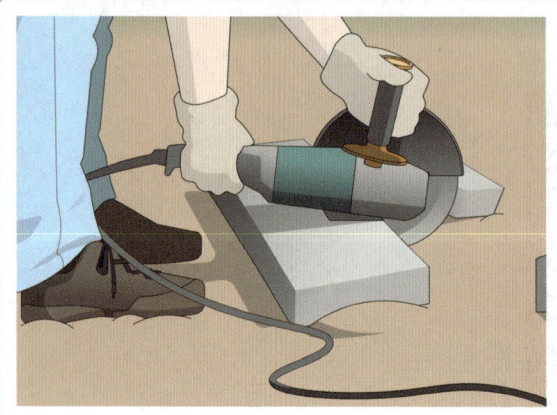

• 영상 설명 •
작업자가 보안경을 착용하지 않고 덮개가 없는 연삭기의 측면으로 대리석을 연마하고 있다. 작업장에는 정리정돈이 되어있지 않고 바닥에는 물기가 있다.

06 화면은 터널 발파작업을 하는 모습이다. 해당 작업의 위험요인을 쓰시오.

Keyword | 터널 발파작업의 위험요인

정답
철근을 사용하여 화약을 장전시킬 경우 충격, 정전기, 마찰 등으로 폭발 위험이 있다.

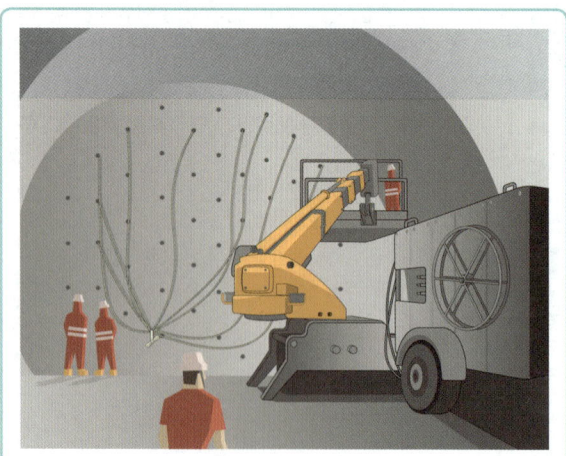

• 영상 설명 •
작업자가 터널 굴착을 위해 발파 작업을 하고 있다. 철근을 사용하여 장전구 안으로 화약을 밀어 넣는 모습이다.

07 화면은 건설용 리프트 작업을 하는 모습이다. 리프트 작업시작 전 점검하여야 하는 사항 2가지를 쓰시오.

Keyword | 리프트 작업의 작업시작 전 점검사항

정답
① 방호장치 및 브레이크·클러치의 기능
② 와이어로프가 통하는 곳의 상태

법령 산업안전보건기준에 관한 규칙 별표 3

08 화면은 수소 저장소의 모습이다. 수소 취급 시 위험요인을 고려한 수소의 특성 2가지를 쓰시오.

Keyword | 수소의 특성

정답
① 공기보다 가볍다.
② 연소 시 발열량이 크다.
③ 폭발범위가 넓어 누출 시 대형 폭발 위험성이 크다.

09 화면은 유해물질 취급 작업을 하는 모습이다. 유해물질 취급 시 주의사항 4가지를 쓰시오.

Keyword | 유해물질 취급 시 주의사항

정답
① 유해물질에 대한 사전조사
② 유해물질 발생원인 봉쇄
③ 작업장 정돈 및 청소
④ 작업장 격리
⑤ 설비의 밀폐화
⑥ 실내 환기와 점화원 제거

2020년 제4회 제1부 기출복원문제

작업형

01 화면은 기계 점검 작업을 하던 중 발생한 사고이다. 손이 말려 들어가는 부분의 위험점과 그 정의를 쓰시오.

Keyword | 회전말림점의 정의

정답
(1) 위험점 : 회전말림점
(2) 정의 : 회전하는 물체에 작업복 등이 말려드는 위험이 존재하는 위험점

02 화면은 퍼지 작업을 하는 모습이다. 퍼지 작업의 종류 3가지를 쓰시오.

• 영상 설명 •
작업자가 불활성가스를 주입하여 산소의 농도를 낮추는 퍼지 작업을 하고 있다.

Keyword | 퍼지 작업의 종류

정답
① 진공퍼지
② 압력퍼지
③ 스위프퍼지
④ 사이폰퍼지

03 화면은 양중기(이동식 크레인) 작업을 하는 모습이다. 해당 작업시작 전 점검사항 3가지를 쓰시오.

Keyword | 이동식 크레인의 작업시작 전 점검사항

정답
① 권과방지장치나 그 밖의 경보장치의 기능
② 브레이크 · 클러치 및 조정장치의 기능
③ 와이어로프가 통하고 있는 곳 및 작업장소의 지반 상태

법령 산업안전보건기준에 관한 규칙 별표 3

● 영상 설명 ●
작업자가 이동식 크레인에 와이어로프로 화물을 매달아 올리는 작업을 하고 있다.

04 화면은 스팀배관 점검 작업을 하던 중 발생한 사고이다. 해당 사고의 위험요인 2가지를 쓰시오.

Keyword | 스팀배관 점검 작업의 위험요인

정답
① 개인용 보호구를 착용하지 않고 있다(안전모, 보안경, 장갑).
② 배관의 잔압을 제거하지 않고 작업하였다.

● 영상 설명 ●
작업자가 스팀배관 보수 작업을 하고 있다. 작업자는 안전모, 장갑, 보안경을 착용하지 않고 있다. 보수 작업 중 배관을 툭 치니 스팀이 새어 나온다.

05 화면은 유해물질 취급 작업을 하는 모습이다. 유해물질 취급 시 주의사항 4가지를 쓰시오.

> Keyword | 유해물질 취급 시 주의사항
>
> 정답
> ① 유해물질에 대한 사전조사
> ② 유해물질 발생원인 봉쇄
> ③ 작업장 정돈 및 청소
> ④ 작업장 격리
> ⑤ 설비의 밀폐화
> ⑥ 실내 환기와 점화원 제거

06 화면은 프레스 작업을 하던 중 발생한 사고이다. 해당 사고의 위험요인 2가지를 쓰시오.

> Keyword | 프레스 작업의 위험요인
>
> 정답
> ① 전원을 차단하지 않고 이물질을 제거했다.
> ② 이물질 제거용 수공구를 사용하지 않았다.
> ③ 페달에 U자형 덮개가 설치되지 않았다.

• 영상 설명 •
작업자가 프레스 작업 중 직접 손을 넣어 기계에 걸린 이물질을 제거하다 실수로 페달을 밟아 프레스가 작동한다.

07 화면은 브레이크 라이닝 패드를 화학약품을 사용하여 세척하는 모습이다. 작업자가 착용하여야 하는 보호구를 3가지 쓰시오.

> Keyword | 화약약품으로 세척 시 착용해야 하는 보호구
>
> 정답
> ① 유기화합물용 방독마스크
> ② 보안경
> ③ 불침투성 보호장갑
> ④ 불침투성 보호장화
> ⑤ 불침투성 보호복

08 화면은 전기드릴 작업을 하는 모습이다. 해당 작업의 위험요인 2가지를 쓰시오.

• 영상 설명 •
작업자가 전기드릴로 각목에 구멍을 뚫는데, 각목이 고정되지 않아 움직인다. 작업자는 보안경을 착용하지 않았고, 면장갑을 착용하고 있다.

Keyword | 전기드릴 작업의 위험요인

정답
① 드릴 작업 중 면장갑을 착용하고 있다.
② 보안경을 착용하지 않았다.
③ 각목을 바이스 등으로 고정하지 않았다.

09 화면은 컨베이어를 이용하여 화물을 적재하는 모습이다. 해당 작업의 위험요인 2가지를 쓰시오.

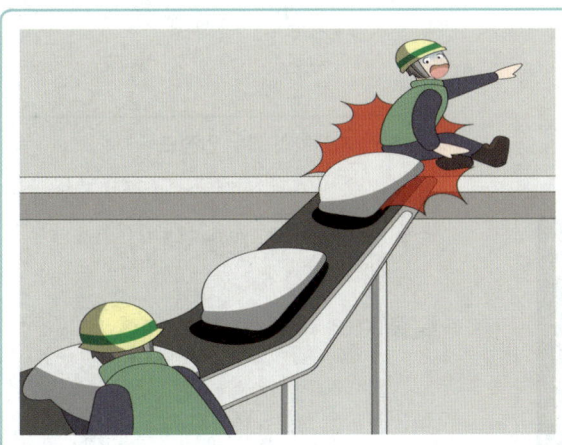

• 영상 설명 •
작업자 두 명이 경사진 컨베이어로 포대를 운반하고 있다. 위쪽 작업자는 컨베이어 양 끝부분을 딛고 서 있고, 아래쪽 작업자가 컨베이어 벨트에 포대를 올려준다. 컨베이어 위에 서 있던 작업자의 발에 포대가 부딪쳐 무게중심을 잃고 쓰러지면서 팔이 기계에 끼인다.

Keyword | 컨베이어 화물 적재 작업의 위험요인

정답
① 불안정한 작업자세(컨베이어 양 끝을 딛고 서 있음)
② 작업발판 미사용

2020년 제4회 제2부 기출복원문제

작업형

01 화면은 밀폐공간에서 작업을 하는 모습이다. 해당 작업 시 사업주(관리감독자)의 업무 3가지를 쓰시오.

Keyword | 밀폐공간 작업 시 사업주(관리감독자)의 업무

정답
① 산소가 결핍된 공기나 유해가스에 노출되지 않도록 작업 시작 전에 해당 근로자의 작업을 지휘하는 업무
② 작업을 하는 장소의 공기가 적절한지 작업 시작 전에 측정하는 업무
③ 측정장비·환기장치 또는 송기마스크 등을 작업 시작 전에 점검하는 업무
④ 근로자에게 송기마스크 등의 착용을 지도하고 착용 상황을 점검하는 업무

법령 산업안전보건기준에 관한 규칙 별표 2

02 화면은 지게차 작업을 하는 모습이다. 지게차가 5km/h로 주행할 경우 지게차의 좌우 안정도를 쓰시오.

Keyword | 지게차의 좌우 안정도

풀이
주행 시 좌우 안정도(%) = $15 + 1.1 \times V$
$= 15 + 1.1 \times 5$
$= 20.5$

정답 20.5% 이내

03 화면은 이동식 비계에서 작업하는 모습이다. 해당 작업 중 위험요인 3가지를 쓰시오.

Keyword | 이동식 비계 작업의 위험요인

정답
① 이동식 비계에 안전난간 미설치
② 이동식 비계에 바퀴 미고정(브레이크, 쐐기 등 미사용)
③ 불안정한 작업발판

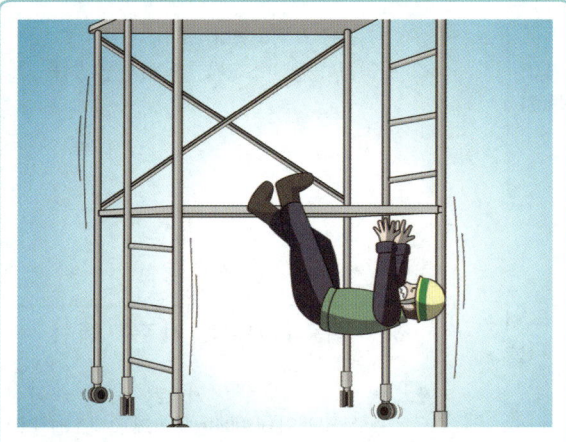

• 영상 설명 •
작업자가 안전난간이 없는 이동식 비계 위에서 작업을 하고 있다. 작업발판은 고정되지 않아 불안정하며 비계가 흔들리는 모습이 보이고, 목재로 된 작업발판이 비계에 걸쳐져 있다.

04 화면은 임시 배전반 점검 작업을 하는 모습이다. 해당 작업의 위험요인 2가지를 쓰시오.

Keyword | 배전반 점검 작업의 위험요인

정답
① 절연용 보호구를 착용하지 않았다.
② 누전차단기를 설치하지 않았다.
③ 임시 배전반 접지를 하지 않았다.

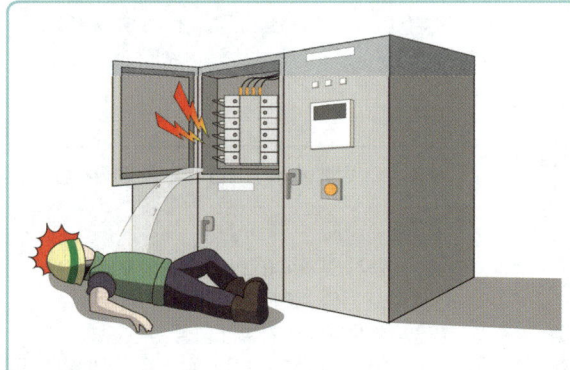

• 영상 설명 •
작업자가 임시 배전반 점검을 하기 위해 맨손으로 만지는 순간 감전되어 쓰러진다. 배전반에는 누전차단기가 설치되어 있지 않다.

05 화면은 띠톱으로 목재 절단 작업을 하는 모습이다. 해당 작업의 위험요인 2가지를 쓰시오.

> • 영상 설명 •
> 작업자가 띠톱으로 목재 절단 작업을 하던 중 면장갑이 걸려 찢어지며 손에 상처가 난다. 작업자는 보안경과 방진마스크를 착용하지 않았다.

Keyword | 띠톱 목재 절단 작업의 위험요인

정답
① 면장갑을 착용하였다.
② 보안경, 방진마스크를 착용하지 않았다.

06 화면은 이동식 비계 위에서 작업하는 모습이다. 이동식 비계를 조립하여 작업하는 경우 준수사항 3가지를 쓰시오.

Keyword | 이동식 비계 작업 시 준수사항

정답
① 이동식 비계의 바퀴에는 뜻밖의 갑작스러운 이동 또는 전도를 방지하기 위하여 브레이크·쐐기 등으로 바퀴를 고정시킨 다음, 비계의 일부를 견고한 시설물에 고정하거나 아웃트리거를 설치하는 등 필요한 조치를 할 것
② 승강용사다리는 견고하게 설치할 것
③ 비계의 최상부에서 작업을 하는 경우에는 안전난간을 설치할 것
④ 작업발판은 항상 수평을 유지하고 작업발판 위에서 안전난간을 딛고 작업을 하거나 받침대 또는 사다리를 사용하여 작업하지 않도록 할 것
⑤ 작업발판이 최대적재하중은 250kg을 초과하지 않도록 할 것

법령 산업안전보건기준에 관한 규칙 제68조

07 화면은 컨베이어의 모습이다. 컨베이어의 작업시작 전 점검사항 3가지를 쓰시오.

Keyword | 컨베이어의 작업시작 전 점검사항

정답
① 원동기 및 풀리(pulley) 기능의 이상 유무
② 이탈 등의 방지장치 기능의 이상 유무
③ 비상정지장치 기능의 이상 유무
④ 원동기·회전축·기어 및 풀리 등의 덮개 또는 울 등의 이상 유무

법령 산업안전보건기준에 관한 규칙 별표 3

08 화면은 고압선 주변에서 이동식 크레인으로 작업하는 모습이다. 해당 작업 시 조치하여야 하는 사항 3가지를 쓰시오.

- 영상 설명 -
작업자가 고압선 주변에서 이동식 크레인 작업을 하던 중 크레인의 붐대가 전선에 닿아 감전사고가 발생했다.

Keyword | 충전전로에서 차량 작업 시 안전작업 수칙

정답
① 충전전로 인근에서 차량, 기계장치 등의 작업이 있는 경우에는 차량 등을 충전부로부터 3m 이상 이격시켜 유지하되, 대지전압이 50kV를 넘는 경우 10kV 증가할 때마다 10cm씩 증가시켜야 한다.
② 충전전로의 전압에 적합한 절연용 방호구 등을 설치한 경우에는 이격거리를 절연용 방호구 앞면까지로 할 수 있다.
③ 작업자가 차량 등의 그 어느 부분과도 접촉하지 않게 울타리를 설치하거나 감시인 배치 등의 조치를 하여야 한다.
④ 충전전로 인근에서 접지된 차량 등이 충전전로와 접촉할 우려가 있을 경우에는 지상의 근로자가 접지점에 접촉하지 않도록 조치하여야 한다.

법령 | 산업안전보건기준에 관한 규칙 제322조

09 화면은 터널 굴착 작업을 하는 모습이다. 해당 작업 시 준수하여야 하는 사항 3가지를 쓰시오.

- 영상 설명 -
작업자가 터널 굴착을 위해 발파 작업을 하고 있다.

Keyword | 터널 발파 작업 시 준수사항

정답
① 발파공의 충전재료는 점토·모래 등 발화성 또는 인화성의 위험이 없는 재료를 사용할 것
② 화약이나 폭약을 장전하는 경우 그 부근에서 화기를 사용하거나 흡연을 하지 않도록 할 것
③ 장전구는 마찰·충격·정전기 등에 의한 폭발의 위험이 없는 안전한 것을 사용할 것
④ 얼어붙은 다이너마이트는 화기에 접근시키거나 그 밖의 고열물에 직접 접촉시키는 등 위험한 방법으로 융해되지 않도록 할 것
⑤ 전기뇌관에 의한 발파의 경우 점화하기 전에 화약류를 장전한 장소로부터 30m 이상 떨어진 안전한 장소에서 전선에 대하여 저항측정 및 도통시험을 할 것

법령 | 산업안전보건기준에 관한 규칙 제348조

2020년 제4회 제3부 기출복원문제

작업형

01 화면은 용광로 작업을 하는 모습이다. 해당 작업 시 작업자가 착용하여야 하는 신체부위별 보호구 3가지를 쓰시오.

Keyword | 용광로 작업 시 착용해야 하는 보호구

정답
① 머리, 눈, 얼굴 : 방열두건 또는 보안면
② 몸 : 방열복
③ 손 : 방열장갑

02 화면은 유해물질 취급 작업을 하던 중 발생한 사고의 모습이다. 해당 사고의 재해발생형태와 정의를 쓰시오.

• 영상 설명 •
작업자가 실험실에서 황산이 들어있는 유리용기를 만지다 떨어뜨려 손에 묻는다. 작업자는 아무런 보호구를 착용하고 있지 않다.

Keyword | 유해물질 취급 작업 중 사고의 재해발생형태와 정의

정답
(1) 재해발생형태 : 화학물질 누출·접촉
(2) 정의 : 유해·위험물질에 노출·접촉 또는 흡입한 경우

참고 재해발생형태 용어 개정
유해·위험물질 노출·접촉 → 화학물질 누출·접촉

03 화면은 지게차 작업을 하던 중 발생한 사고이다. 해당 재해의 위험요인 3가지를 쓰시오.

Keyword | 지게차 작업 중 재해의 위험요인

정답
① 화물의 과적으로 인하여 운전자의 시야를 확보하지 않음.
② 화물을 로프 등으로 결박하지 않음.
③ 시야 확보가 되지 않음에도 유도자를 배치하지 않음.

• 영상 설명 •
지게차 운전자가 화물을 높게 적재하여 운반하고 있다. 시야가 확보되지 않아 운행 중 통로의 작업자와 충돌한다. 화물은 로프 등으로 결박되어 있지 않다.

04 화면은 아파트 창틀 작업을 하던 중 발생한 추락사고의 모습이다. 해당 작업에서 추락사고의 원인 3가지를 쓰시오.

Keyword | 아파트 창틀 작업 중 추락사고의 원인

정답
① 안전대 미착용 및 안전대 부착설비 미설치
② 안전난간 미설치
③ 주변 정리정돈 불량
④ 추락방호망 미설치

• 영상 설명 •
한 작업자가 작업발판 설치를 위해 다른 작업자에게 작업발판을 건네주고 설치 장소로 이동하던 중 바닥으로 추락한다. 주변은 정리가 되어있지 않고, 안전난간이 설치되어 있지 않다.

05 화면은 인화성 물질 저장창고에서 작업을 하는 모습이다. 해당 작업 시 폭발 원인이 될 수 있는 발화원의 종류 2가지와 그 정의를 쓰시오.

• 영상 설명 •
작업자가 인화성 물질 저장창고에서 나온 뒤 외투를 벗고 있다. 창고에서 가스가 새어 나오고 있고, '펑' 하는 소리와 함께 폭발한다.

Keyword | 인화성 물질 폭발의 발화원의 종류

정답
(1) 발화원의 종류
 ① 마찰대전
 ② 박리대전
(2) 정의
 ① 마찰대전 : 고체, 액체류 또는 분체류 등의 물체가 마찰을 일으켰을 때나 마찰에 의하여 전하 분리가 일어나 정전기가 발생하는 현상
 ② 박리대전 : 서로 밀착되고 있는 물체가 떨어질 때 전하 분리가 일어나 정전기가 발생하는 현상

06 화면은 두 작업자가 변압기의 2차 전압을 측정하던 중 발생한 사고이다. 해당 사고의 재해발생형태와 가해물을 쓰시오.

• 영상 설명 •
한 작업자가 변압기의 2차 전압을 측정하기 위해 다른 작업자에게 전원을 투입하라는 신호를 보낸다. 측정 후 전원 차단 신호를 보내고 측정기를 철거하다 감전이 발생한다. 이때 작업자는 맨손이며, 슬리퍼를 신고 있다.

Keyword | 변압기 전압 측정 작업 중 사고의 재해 발생형태와 가해물

정답
(1) 재해발생형태 : 감전
(2) 가해물 : 전류

07 화면은 목재 절단 작업 중 발생한 사고이다. 해당 사고의 재해발생형태와 가해물을 쓰시오.

• 영상 설명 •
작업자가 목재 토막을 작업대 위에 올려놓고 전동 톱을 사용하여 절단하고 있다. 작업 중 작업발판이 흔들려 작업자가 균형을 잃고 넘어진다.

Keyword | 목재 절단 작업 중 사고의 재해발생형태와 가해물

정답
(1) 재해발생형태 : 넘어짐
(2) 가해물 : 바닥

08 화면은 탁상 연마기 작업을 하던 중 발생한 사고이다. 해당 사고의 기인물과 연마 작업 시 파편이나 칩의 비래를 대비하기 위해 설치하여야 하는 방호장치를 쓰시오.

• 영상 설명 •
작업자가 탁상용 연마기로 파이프를 연마하는 작업 중 칩이 튀어 눈에 들어갔다.

Keyword | 연마기 작업 중 사고의 기인물과 방호장치

정답
(1) 기인물 : 탁상용 연마기
(2) 방호장치 : 칩비산방지판

09 화면은 롤러기를 청소하던 중 손이 말려 들어간 사고이다. 해당 작업의 재해원인과 안전대책을 2가지씩 쓰시오.

• 영상 설명 •
작업자가 인쇄윤전기의 전원을 끄지 않고 걸레로 롤러를 닦고 있다. 작업자는 체중을 실어 맞물리는 지점까지 닦던 중 걸레가 롤러에 말려 들어가서 손이 끼인다.

Keyword | 롤러기 작업 중 사고의 재해원인과 안전대책

정답
(1) 재해원인
① 작업 전 전원 미차단
② 회전기계 작업 중 장갑 사용
③ 방호장치 미설치
④ 이물질 제거 시 전용공구 미사용
(2) 안전대책
① 작업 전 전원을 차단하고 작업한다.
② 회전기계 작업 중 장갑을 사용하지 않는다.
③ 방호장치를 설치한다.
④ 이물질 제거 시 전용공구를 사용한다.

2021년 제1회 제1부 기출복원문제

작업형

01 화면은 양중기(이동식 크레인) 작업을 하는 모습이다. 해당 작업시작 전 점검사항 3가지를 쓰시오.

• 영상 설명 •
작업자가 이동식 크레인에 와이어로프로 화물을 매달아 올리는 작업을 하고 있다.

Keyword | 이동식 크레인의 작업시작 전 점검사항

정답
① 권과방지장치나 그 밖의 경보장치의 기능
② 브레이크·클러치 및 조정장치의 기능
③ 와이어로프가 통하고 있는 곳 및 작업장소의 지반 상태

법령 산업안전보건기준에 관한 규칙 별표 3

02 화면은 밀폐공간에서 작업을 하는 모습이다. 해당 작업의 안전작업수칙 2가지를 쓰시오.

• 영상 설명 •
작업자가 밀폐공간에서 그라인더 작업을 하고 있다. 다른 작업자가 외부에 설치된 국소배기장치를 발로 차서 전원이 끊어지고, 내부의 작업자가 의식을 잃고 쓰러진다.

Keyword | 밀폐공간 작업 시 안전작업수칙

정답
① 작업 시작 전 산소 및 유해가스 농도 측정
② 작업 전, 중 수시로 환기
③ 감시인을 배치하여 작업자와 수시로 연락
④ 작업자는 송기마스크를 착용하고 작업

03 화면은 교량 점검 작업을 하던 중 발생한 사고이다. 해당 사고의 재해원인 3가지를 쓰시오.

> Keyword | 교량 점검 작업 시 재해원인
>
> 정답
> ① 작업발판 불량
> ② 안전난간 미설치
> ③ 안전대 및 안전대 부착설비 미사용
> ④ 추락방호망 미설치

• 영상 설명 •
작업자가 흔들리는 작업발판 위에서 교량 하부를 점검하던 중 추락한다. 교량에는 안전난간이 없고, 추락방호망이 설치되지 않았으며, 작업자는 안전대를 미착용하고 있다.

04 산업안전보건법에 따라 용융고열물을 취급하는 설비(피트)에 대하여 수증기 폭발을 방지하기 위한 조치사항 2가지를 쓰시오.

> Keyword | 용융고열물 취급 설비의 수증기 폭발 방지조치
>
> 정답
> ① 지하수가 내부로 새어드는 것을 방지할 수 있는 구조로 할 것. 다만, 내부에 고인 지하수를 배출할 수 있는 설비를 설치한 경우에는 그러하지 아니하다.
> ② 작업용수 또는 빗물 등이 내부로 새어드는 것을 방지할 수 있는 격벽 등의 설비를 주위에 설치할 것
>
> 법령 산업안전보건기준에 관한 규칙 제248조
>
> 참고 용융(鎔融)고열물
> 고체에 열을 가해 액체로 된 고열의 광물을 말한다.

05 화면은 롤러기를 청소하던 중 손이 말려 들어간 사고이다. 해당 작업의 재해원인과 안전대책을 2가지씩 쓰시오.

• 영상 설명 •
작업자가 인쇄윤전기의 전원을 끄지 않고 걸레로 롤러를 닦고 있다. 작업자는 체중을 실어 맞물리는 지점까지 닦던 중 걸레가 롤러에 말려 들어가서 손이 끼인다.

Keyword | 롤러기 작업 중 사고의 재해원인과 안전대책

정답
(1) 재해원인
① 작업 전 전원 미차단
② 회전기계 작업 중 장갑 사용
③ 방호장치 미설치
④ 이물질 제거 시 전용공구 미사용
(2) 안전대책
① 작업 전 전원을 차단하고 작업한다.
② 회전기계 작업 중 장갑을 사용하지 않는다.
③ 방호장치를 설치한다.
④ 이물질 제거 시 전용공구를 사용한다.

06 화면은 이동식 비계 위에서 작업하는 모습이다. 이동식 비계를 조립하여 작업하는 경우 준수사항 3가지를 쓰시오.

Keyword | 이동식 비계 작업 시 준수사항

정답
① 이동식 비계의 바퀴에는 뜻밖의 갑작스러운 이동 또는 전도를 방지하기 위하여 브레이크·쐐기 등으로 바퀴를 고정시킨 다음, 비계의 일부를 견고한 시설물에 고정하거나 아웃트리거를 설치하는 등 필요한 조치를 할 것
② 승강용사다리는 견고하게 설치할 것
③ 비계의 최상부에서 작업을 하는 경우에는 안전난간을 설치할 것
④ 작업발판은 항상 수평을 유지하고 작업발판 위에서 안전난간을 딛고 작업을 하거나 받침대 또는 사다리를 사용하여 작업하지 않도록 할 것
⑤ 작업발판이 최대적재하중은 250kg을 초과하지 않도록 할 것

법령 산업안전보건기준에 관한 규칙 제68조

07 중량물 취급 작업 시 작업계획서에 포함하여야 하는 내용을 4가지 쓰시오.

> Keyword | 중량물 취급 작업 시 작업계획서의 포함사항
>
> 정답
> ① 추락 위험을 예방할 수 있는 안전대책
> ② 낙하 위험을 예방할 수 있는 안전대책
> ③ 전도 위험을 예방할 수 있는 안전대책
> ④ 협착 위험을 예방할 수 있는 안전대책
> ⑤ 붕괴 위험을 예방할 수 있는 안전대책
> 법령 산업안전보건기준에 관한 규칙 별표 4

08 충전전로에서의 전기 작업 시 조치사항에 대하여 빈칸을 채우시오.

(1) 충전전로를 취급하는 작업에 적합한 (①)를 착용해야 한다.
(2) 충전전로에 근접한 장소에서 전기작업을 하는 경우에는 해당 전압에 적합한 (②)를 설치해야 한다. 다만, 저압인 경우에는 해당 전기작업자가 (①)를 착용해야 한다.

> Keyword | 충전전로에서의 전기 작업 중 조치사항
>
> 정답
> ① 절연용 보호구
> ② 절연용 방호구
> 법령 산업안전보건기준에 관한 규칙 제321조

09 화면은 샌드페이퍼 작업을 하는 모습이다. 작업자의 손이 말려 들어가는 부분에 형성되는 위험점과 정의를 쓰시오.

• 영상 설명 •
작업자가 샌드페이퍼를 감아 손으로 지지하고 있다. 주변 작업자와 대화를 하고 있으며, 면장갑을 착용하고 있다.

> Keyword | 샌드페이퍼 작업 중 사고의 위험점과 정의
>
> 정답
> (1) 위험점 : 회전말림점
> (2) 위험점의 정의 : 회전하는 물체에 작업복 등이 말려드는 위험이 존재하는 위험점

2021년 제1회 제2부 기출복원문제

작업형

01 화면은 컨베이어의 모습이다. 컨베이어의 작업시작 전 점검사항 3가지를 쓰시오.

Keyword | 컨베이어의 작업시작 전 점검사항

정답
① 원동기 및 풀리(pulley) 기능의 이상 유무
② 이탈 등의 방지장치 기능의 이상 유무
③ 비상정지장치 기능의 이상 유무
④ 원동기·회전축·기어 및 풀리 등의 덮개 또는 울 등의 이상 유무

법령 산업안전보건기준에 관한 규칙 별표 3

02 화면은 유해물질 취급 작업을 하던 중 발생한 사고의 모습이다. 해당 사고의 재해발생형태와 정의를 쓰시오.

• 영상 설명 •
작업자가 실험실에서 황산이 들어있는 유리용기를 만지다 떨어뜨려 손에 묻는다. 작업자는 아무런 보호구를 착용하고 있지 않다.

Keyword | 유해물질 취급 작업 중 사고의 재해발생형태와 정의

정답
(1) 재해발생형태 : 화학물질 누출·접촉
(2) 정의 : 유해·위험물질에 노출·접촉 또는 흡입한 경우

참고 재해발생형태 용어 개정
유해·위험물질 노출·접촉 → 화학물질 누출·접촉

03 화면은 절단기로 대리석을 절단하는 모습이다. 해당 작업에서 작업자의 불안전한 행동 3가지를 쓰시오.

Keyword | 대리석 절단 작업 중 작업자의 불안전한 행동

정답
① 이물질 제거 시 전용공구 미사용
② 개인 보호구 미착용(보안경, 방진마스크 등)
③ 점검 작업 전 전원 미차단

• 영상 설명 •
작업자가 둥근톱으로 대리석을 자르는 작업을 하고 있다. 작업 중 왼쪽의 둥근톱이 갑자기 정지하자, 면장갑을 낀 손으로 날을 점검하고 있다. 반대편 둥근톱은 여전히 작동 중이고, 작업자는 보호구를 착용하지 않았다.

04 화면은 브레이크 라이닝 패드를 화학약품을 사용하여 세척하는 모습이다. 작업자가 착용하여야 하는 보호구를 3가지 쓰시오.

Keyword | 화약약품으로 세척 시 착용해야 하는 보호구

정답
① 유기화합물용 방독마스크
② 보안경
③ 불침투성 보호장갑
④ 불침투성 보호장화
⑤ 불침투성 보호복

05 화면은 작업자가 지게차에 주유를 하던 중 발생한 사고이다. 해당 사고에서 작업자의 불안전한 행동과 재해발생형태를 쓰시오.

• 영상 설명 •
작업자는 지게차에 경유를 주입하고 있다. 지게차에는 시동이 걸려있고, 작업자는 주유 중 다른 작업자와 흡연을 하면서 대화하다가 지게차에 폭발이 발생한다.

Keyword | 주유 작업 시 사고에서 작업자의 불안전한 행동과 재해발생형태

정답
(1) 불안전한 행동
  ① 인화성 물질 취급장소 주변에서 흡연
  ② 지게차 시동을 걸어놓은 채로 주유
(2) 재해발생형태 : 폭발

---

06 가설통로를 설치하는 경우 준수하여야 하는 사항에 대하여 빈칸을 채우시오.

(1) 견고한 구조로 한다.
(2) 경사는 (①)° 이하로 할 것. 다만, 계단을 설치하거나 높이 2m 미만의 가설통로로서 튼튼한 손잡이를 설치한 경우에는 제외한다.
(3) 경사가 (②)°를 초과하는 경우에는 미끄러지지 아니하는 구조로 한다.
(4) 추락할 위험이 있는 장소에는 안전난간을 설치할 것. 다만, 작업상 부득이한 경우에는 필요한 부분만 임시로 해체 가능하다.
(5) 수직갱에 가설된 통로의 길이가 (③)m 이상인 경우에는 (④)m 이내마다 계단참을 설치한다.
(6) 건설공사에 사용하는 높이 8m 이상인 비계다리에는 7m 이내마다 계단참을 설치한다.

Keyword | 가설통로 설치 시 준수사항

정답
① 30
② 15
③ 15
④ 10

법령 산업안전보건기준에 관한 규칙 제23조

07 화면은 아파트 창틀 작업을 하던 중 발생한 추락사고의 모습이다. 해당 작업에서 추락사고의 원인 3가지를 쓰시오.

> Keyword | 아파트 창틀 작업 중 추락사고의 원인
>
> **정답**
> ① 안전대 미착용 및 안전대 부착설비 미설치
> ② 안전난간 미설치
> ③ 주변 정리정돈 불량
> ④ 추락방호망 미설치

• 영상 설명 •
한 작업자가 작업발판 설치를 위해 다른 작업자에게 작업발판을 건네주고 설치 장소로 이동하던 중 바닥으로 추락한다. 주변은 정리가 되어있지 않고, 안전난간이 설치되어 있지 않다.

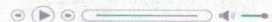

08 화면은 이동식 비계 위에서 작업하는 모습이다. 이동식 비계를 조립하여 작업하는 경우 준수사항 3가지를 쓰시오.

> Keyword | 이동식 비계 작업 시 준수사항
>
> **정답**
> ① 이동식 비계의 바퀴에는 뜻밖의 갑작스러운 이동 또는 전도를 방지하기 위하여 브레이크·쐐기 등으로 바퀴를 고정시킨 다음, 비계의 일부를 견고한 시설물에 고정하거나 아웃트리거를 설치하는 등 필요한 조치를 할 것
> ② 승강용사다리는 견고하게 설치할 것
> ③ 비계의 최상부에서 작업을 하는 경우에는 안전난간을 설치할 것
> ④ 작업발판은 항상 수평을 유지하고 작업발판 위에서 안전난간을 딛고 작업을 하거나 받침대 또는 사다리를 사용하여 작업하지 않도록 할 것
> ⑤ 작업발판이 최대적재하중 250kg을 초과하지 않도록 할 것
>
> 법령 | 산업안전보건기준에 관한 규칙 제68조

09 화면은 전동 권선기에 동선을 감던 중 발생한 사고이다. 해당 작업의 재해발생 형태와 재해발생 원인 2가지를 쓰시오.

• 영상 설명 •
작업자가 면장갑을 착용하고 전동 권선기에 동선을 감고 있다. 기계가 멈추자 기계를 열고 점검하던 중 작업자가 쓰러진다.

Keyword | 전동 권선기 작업 중 사고의 재해발생 형태와 원인

정답
(1) 재해발생 형태 : 감전
(2) 재해발생 원인
　① 작업 전 정전작업 미실시
　② 절연용 보호구(절연장갑) 미착용

2021년 제1회 제3부 기출복원문제

작업형

01 화면은 지게차 작업을 하던 중 발생한 사고이다. 해당 재해의 위험요인 3가지를 쓰시오.

• 영상 설명 •
지게차 운전자가 화물을 높게 적재하여 운반하고 있다. 시야가 확보되지 않아 운행 중 통로의 작업자와 충돌한다. 화물은 로프 등으로 결박되어 있지 않다.

Keyword | 지게차 작업 중 재해의 위험요인

정답
① 화물의 과적으로 인하여 운전자의 시야를 확보하지 않음.
② 화물을 로프 등으로 결박하지 않음.
③ 시야 확보가 되지 않음에도 유도자를 배치하지 않음.

02 화면은 크레인 작업을 하는 모습이다. 크레인 작업 시 화물의 낙하 · 비래 위험을 방지하기 위한 재해 예방대책 3가지를 쓰시오.

• 영상 설명 •
작업자가 크레인으로 화물을 운반하고 있다. 화물에는 훅 해지장치 및 보조로프가 없고, 2줄걸이로 체결되어 있다. 운반을 하던 중 신호수 간의 신호가 맞지 않아 화물이 철골에 부딪힌다.

Keyword | 크레인 작업 시 화물의 낙하 · 비래 위험 방지 대책

정답
① 보조로프 사용
② 훅 해지장치 점검
③ 줄걸이 방법 변경
④ 신호수 간의 동일한 신호체계 사용
⑤ 와이어로프 상태 점검
⑥ 작업반경 내 관계자 외 출입금지

03 화면은 항타기·항발기 작업을 하는 모습이다. 해당 작업의 위험요인 2가지를 쓰시오.

• 영상 설명 •

항타기·항발기로 땅을 굴착하고 전주를 세우는 과정에서 고정된 전주가 조금 돌아가며 인접 활선전로에 접촉하여 스파크가 일어난다.

Keyword | 충전전로에서 차량 작업 시 위험요인

정답
① 차량 등과 활선전로 간 이격거리 미준수
② 활선전로에 절연용 방호구 미설치
③ 울타리 미설치 및 감시인 미배치

법령 산업안전보건기준에 관한 규칙 제322조

---

04 화면은 크레인 작업을 하는 모습이다. 크레인 작업 시 그 작업에 종사하는 관계 근로자가 준수하여야 하는 조치사항 3가지를 쓰시오.

Keyword | 크레인 작업 시 관계 근로자의 준수사항

정답
① 인양할 하물(荷物)을 바닥에서 끌어당기거나 밀어내는 작업을 하지 아니할 것
② 유류드럼이나 가스통 등 운반 도중에 떨어져 폭발하거나 누출될 가능성이 있는 위험물 용기는 보관함(또는 보관고)에 담아 안전하게 매달아 운반할 것
③ 고정된 물체를 직접 분리·제거하는 작업을 하지 아니할 것
④ 미리 작업자의 출입을 통제하여 인양 중인 하물이 작업자의 머리 위로 통과하지 않도록 할 것
⑤ 인양할 하물이 보이지 않는 경우에는 어떠한 동작도 하지 않을 것(신호하는 사람에 의하여 작업을 하는 경우는 제외)

법령 산업안전보건기준에 관한 규칙 제146조

05 화면은 승강기 피트 내부 작업을 하는 모습이다. 해당 작업에 설치하여야 하는 방호조치 3가지를 쓰시오.

• 영상 설명 •
작업자가 승강기 피트 내부에서 작업 중 발을 헛디뎌 승강기 개구부로 추락한다.

Keyword | 승강기 피트 작업 시 설치해야 하는 방호조치

정답
① 안전난간
② 추락방호망
③ 수직형 추락방망
④ 덮개
⑤ 울타리

06 화면은 롤러기 작업을 하는 모습이다. 롤러기 방호장치인 급정지장치의 종류에 따른 설치 위치를 쓰시오.

Keyword | 롤러기 급정지장치 조작부의 설치 위치

정답
① 손조작식 : 밑면에서 1.8m 이내
② 복부조작식 : 밑면에서 0.8m 이상 1.1m 이내
③ 무릎조작식 : 밑면에서 0.6m 이내
법령 방호장치 자율안전기준 고시 별표 3

07 화면은 밀폐공간 작업을 하는 모습이다. 작업장의 적정공기 수준에 관하여 빈칸을 채우시오.

(1) 산소농도의 범위 : (①)% 이상 (②)% 미만
(2) 탄산가스의 농도 : (③)% 미만
(3) 일산화탄소의 농도 : (④)ppm 미만
(4) 황화수소의 농도 : (⑤)ppm 미만

Keyword | 밀폐공간 작업 시 적정공기의 정의

정답
① 18
② 23.5
③ 1.5
④ 30
⑤ 10
법령 방호장치 자율안전기준 고시 별표 3

08 화면은 전기드릴 작업을 하는 모습이다. 해당 작업의 위험요인 2가지를 쓰시오.

Keyword | 전기드릴 작업의 위험요인

정답
① 공작물을 맨손으로 잡고 작업
② 보안경 등의 안전보호구 미착용
③ 회전기계 사용 중 면장갑 착용
④ 이물질 제거 작업 시 전원 미차단
⑤ 이물질 제거 작업 시 전용공구 미사용

• 영상 설명 •
작업자가 공작물을 맨손으로 잡고 전기드릴 작업을 하며, 작업 중 이물질을 입으로 불어서 제거하고 있다. 작업자는 보안경을 착용하지 않고, 면장갑을 착용하고 있다.

09 화면은 휴대용 연삭기 작업을 하는 모습이다. 해당 작업에서 사용하는 휴대용 연삭기의 방호장치와 방호장치의 개구부 설치 각도를 쓰시오.

Keyword | 휴대용 연삭기의 방호장치와 설치 각도

정답
(1) 방호장치 : 덮개
(2) 방호장치의 개구부 설치 각도(숫돌 노출 각도) : 180° 이내
법령 방호장치 자율안전기준 고시 별표 4

• 영상 설명 •
작업자가 휴대용 연삭기를 사용하여 연마 작업을 하고 있다. 작업자는 아무런 보호구를 착용하지 않고 있으며, 작업 후 손으로 눈을 비비고 있다.

2021년 제2회 제1부 기출복원문제

작업형

01 화면은 아파트 창틀 작업을 하던 중 발생한 추락사고의 모습이다. 해당 작업에서 추락사고의 원인 3가지를 쓰시오.

Keyword | 아파트 창틀 작업 중 추락사고의 원인

정답
① 안전대 미착용 및 안전대 부착설비 미설치
② 안전난간 미설치
③ 주변 정리정돈 불량
④ 추락방호망 미설치

• 영상 설명 •
한 작업자가 작업발판 설치를 위해 다른 작업자에게 작업발판을 건네주고 설치 장소로 이동하던 중 바닥으로 추락한다. 주변은 정리가 되어있지 않고, 안전난간이 설치되어 있지 않다.

02 화면은 휴대용 연삭기로 연마 작업을 하는 모습이다. 해당 작업에서 감전 사고를 예방하기 위한 안전대책 3가지를 쓰시오.

Keyword | 휴대용 연삭기 작업 시 감전 사고 예방 대책

정답
① 누전차단기 설치
② 전선은 충분한 절연효과가 있는 것을 사용
③ 젖은 손으로 전기기계·기구 사용 금지
④ 전선의 접속부를 충분히 피복하거나 적합한 접속기구 사용

• 영상 설명 •
작업자가 강재에 물을 뿌리며 연마 작업을 하고 있다. 작업자는 절연장갑을 착용하고 있으며, 바닥에는 물기가 많다. 전선의 접속부가 바닥에 닿는 순간 작업자가 감전된다.

03 화면은 롤러기를 청소하던 중 손이 말려 들어간 사고이다. 해당 작업의 재해원인과 안전대책을 2가지씩 쓰시오.

Keyword | 롤러기 작업 중 사고의 재해원인과 안전대책

정답
(1) 재해원인
　① 작업 전 전원 미차단
　② 회전기계 작업 중 장갑 사용
　③ 방호장치 미설치
　④ 이물질 제거 시 전용공구 미사용
(2) 안전대책
　① 작업 전 전원을 차단하고 작업한다.
　② 회전기계 작업 중 장갑을 사용하지 않는다.
　③ 방호장치를 설치한다.
　④ 이물질 제거 시 전용공구를 사용한다.

• 영상 설명 •
작업자가 인쇄윤전기의 전원을 끄지 않고 걸레로 롤러를 닦고 있다. 작업자는 체중을 실어 맞물리는 지점까지 닦던 중 걸레가 롤러에 말려 들어가서 손이 끼인다.

04 화면은 에어 컴프레서를 이용하는 모습이다. 작업자가 착용하여야 하는 보호구 2가지를 쓰시오.

Keyword | 에어 컴프레서 작업 시 착용해야 하는 보호구

정답
① 보안경
② 방진마스크

• 영상 설명 •
작업자가 에어 컴프레서를 이용하여 먼지를 청소하던 중 눈을 부여잡고 쓰러진다.

05 화면은 샌드페이퍼를 사용하는 모습이다. 해당 작업의 위험요인 3가지를 쓰시오.

• 영상 설명 •
작업자가 샌드페이퍼를 감아 손으로 지지하고 있다. 주변 작업자와 대화를 하고 있으며, 면장갑을 착용하고 있다.

Keyword | 샌드페이퍼 작업 중 위험요인

정답
① 샌드페이퍼를 손으로 지지하고 있음.
② 회전기계 작업 중 면장갑을 착용하고 있음.
③ 작업에 집중하지 못함.
④ 회전부에 덮개가 설치되지 않음.

06 화면은 두 작업자가 변압기의 2차 전압을 측정하는 모습이다. 해당 작업의 위험요인 3가지를 쓰시오.

• 영상 설명 •
한 작업자가 변압기의 2차 전압을 측정하기 위해 다른 작업자에게 전원을 투입하라는 신호를 보낸다. 측정 후 전원 차단 신호를 보내고 측정기를 철거하다 감전이 발생한다. 이때 작업자는 맨손이며, 슬리퍼를 신고 있다.

Keyword | 변압기 전압 측정 작업 시 위험요인

정답
① 작업자의 절연용 보호구(절연장갑, 절연화 등) 미착용
② 작업자 간의 신호전달 불량
③ 작업자의 안전수칙 미준수(활선 및 정전 상태 미확인 후 작업)

07 화면은 전동 권선기에 동선을 감던 중 발생한 사고이다. 해당 작업의 재해발생 형태와 재해발생 원인 2가지를 쓰시오.

• 영상 설명 •
작업자는 면장갑을 착용하고 전동 권선기에 동선을 감고 있다. 기계가 멈추자 기계를 열고 점검하던 중 작업자가 쓰러진다.

Keyword | 전동 권선기 작업의 재해발생 형태와 원인

정답
(1) 재해발생 형태 : 감전
(2) 재해발생 원인
 ① 작업 전 정전작업 미실시
 ② 절연용 보호구(절연장갑) 미착용

---

08 화면은 이동식 비계 위에서 작업하는 모습이다. 이동식 비계를 조립하여 작업하는 경우 준수사항 3가지를 쓰시오.

Keyword | 이동식 비계 작업 시 준수사항

정답
① 이동식 비계의 바퀴에는 뜻밖의 갑작스러운 이동 또는 전도를 방지하기 위하여 브레이크·쐐기 등으로 바퀴를 고정시킨 다음, 비계의 일부를 견고한 시설물에 고정하거나 아웃트리거를 설치하는 등 필요한 조치를 할 것
② 승강용사다리는 견고하게 설치할 것
③ 비계의 최상부에서 작업을 하는 경우에는 안전난간을 설치할 것
④ 작업발판은 항상 수평을 유지하고 작업발판 위에서 안전난간을 딛고 작업을 하거나 받침대 또는 사다리를 사용하여 작업하지 않도록 할 것
⑤ 작업발판이 최대적재하중은 250kg을 초과하지 않도록 할 것

[법령] 산업안전보건기준에 관한 규칙 제68조

09 화면은 타워크레인 작업을 하는 모습이다. 크레인 작업 시 그 작업에 종사하는 관계 근로자가 준수하여야 하는 조치사항 3가지를 쓰시오.

Keyword | 크레인 작업 시 관계 근로자의 준수사항

정답
① 인양할 하물(荷物)을 바닥에서 끌어당기거나 밀어내는 작업을 하지 아니할 것
② 유류드럼이나 가스통 등 운반 도중에 떨어져 폭발하거나 누출될 가능성이 있는 위험물 용기는 보관함(또는 보관고)에 담아 안전하게 매달아 운반할 것
③ 고정된 물체를 직접 분리·제거하는 작업을 하지 아니할 것
④ 미리 작업자의 출입을 통제하여 인양 중인 하물이 작업자의 머리 위로 통과하지 않도록 할 것
⑤ 인양할 하물이 보이지 않는 경우에는 어떠한 동작도 하지 않을 것(신호하는 사람에 의하여 작업을 하는 경우는 제외)

법령 산업안전보건기준에 관한 규칙 제146조

작업형

2021년 제2회 제2부 기출복원문제

01 화면은 지게차 작업을 하던 중 발생한 사고이다. 해당 재해의 위험요인 3가지를 쓰시오.

Keyword | 지게차 작업 중 재해의 위험요인

정답
① 화물의 과적으로 인하여 운전자의 시야를 확보하지 않음.
② 화물을 로프 등으로 결박하지 않음.
③ 시야 확보가 되지 않음에도 유도자를 배치하지 않음.

• 영상 설명 •
지게차 운전자가 화물을 높게 적재하여 운반하고 있다. 시야가 확보되지 않아 운행 중 통로의 작업자와 충돌한다. 화물은 로프 등으로 결박되어 있지 않다.

02 화면은 섬유기계 작업을 하는 모습이다. 작업자가 착용하여야 하는 보호구 3가지를 쓰시오.

Keyword | 섬유기계 작업 시 착용해야 하는 보호구

정답
① 보안경
② 방진마스크
③ 귀마개 또는 귀덮개

• 영상 설명 •
섬유공장에 실을 감는 기계가 보인다. 작업자는 목장갑을 착용하고 있으며 기계에 먼지를 손으로 닦아낸다. 작업자는 찡그린 표정이다.

03 화면은 천장 크레인 화물 인양 작업을 하던 중 발생한 사고이다. 해당 재해의 위험요인 3가지를 쓰시오.

Keyword | 천장 크레인 화물 인양 작업의 위험요인

정답
① 유도로프 미사용
② 1줄걸이로 화물 인양 상태 불량
③ 훅 해지장치 미사용
④ 작업 지휘자 없이 단독 작업

• 영상 설명 •
작업자가 천장 크레인으로 화물을 인양하고 있다. 작업자는 한 손으로 스위치를 조작하고, 다른 한 손으로는 화물을 잡고 있다. 화물에는 유도로프가 없고, 1줄걸이로 연결되어 있으며, 훅 해지장치가 없다. 화물을 인양하던 중 인양물이 흔들리면서 작업자와 충돌한다.

04 화면은 전주 발판을 딛고 변압기 볼트를 조이는 모습이다. 해당 작업의 위험요인 2가지를 쓰시오.

Keyword | 전주 발판 작업의 위험요인

정답
① 불안정한 작업발판
② 안전대 미고정

• 영상 설명 •
작업자가 안전대를 전주에 체결하지 않고 작업하고 있으며, 전주의 작업발판(볼트)을 딛고 변압기 볼트를 조이는 작업을 하다 추락하였다.

05
가설통로를 설치하는 경우 준수하여야 하는 사항에 대하여 빈칸을 채우시오.

(1) 견고한 구조로 한다.
(2) 경사는 (①)° 이하로 할 것. 다만, 계단을 설치하거나 높이 2m 미만의 가설통로로서 튼튼한 손잡이를 설치한 경우에는 제외한다.
(3) 경사가 (②)° 를 초과하는 경우에는 미끄러지지 아니하는 구조로 한다.
(4) 추락할 위험이 있는 장소에는 안전난간을 설치할 것. 다만, 작업상 부득이한 경우에는 필요한 부분만 임시로 해체 가능하다.
(5) 수직갱에 가설된 통로의 길이가 (③)m 이상인 경우에는 (④)m 이내마다 계단참을 설치한다.
(6) 건설공사에 사용하는 높이 8m 이상인 비계다리에는 7m 이내마다 계단참을 설치한다.

Keyword | 가설통로 설치 시 준수사항

정답
① 30
② 15
③ 15
④ 10

법령 산업안전보건기준에 관한 규칙 제23조

06
화면은 항타기·항발기 작업을 하는 모습이다. 고압전선로 주변에서 항타기·항발기 작업 시 안전작업수칙 3가지를 쓰시오.

• **영상 설명** •
항타기·항발기로 땅을 굴착하고 전주를 세우는 과정에서 고정된 전주가 조금 돌아가며 인접 활선전로에 접촉하여 스파크가 일어난다.

Keyword | 충전전로에서 차량 작업 시 안전작업수칙

정답
① 충전전로 인근에서 차량, 기계장치 등의 작업이 있는 경우에는 차량 등을 충전부로부터 3m 이상 이격시켜 유지하되, 대지전압이 50kV를 넘는 경우 10kV 증가할 때마다 10cm씩 증가시켜야 한다.
② 충전전로의 전압에 적합한 절연용 방호구 등을 설치한 경우에는 이격거리를 절연용 방호구 앞면까지로 할 수 있다.
③ 작업자가 차량 등의 그 어느 부분과도 접촉하지 않게 울타리를 설치하거나 감시인 배치 등의 조치를 하여야 한다.
④ 충전전로 인근에서 접지된 차량 등이 충전전로와 접촉할 우려가 있을 경우에는 지상의 근로자가 접지점에 접촉하지 않도록 조치하여야 한다.

법령 산업안전보건기준에 관한 규칙 제322조

07 화면은 VDT 작업을 하는 모습이다. 해당 작업의 개선사항 3가지를 쓰시오.

• 영상 설명 •
작업자의 의자 높이가 낮아 다리를 구부리고 있고, 모니터가 너무 가깝게 놓여 있다. 키보드의 높이는 너무 높아 팔이 접혀 있다.

Keyword | VDT 작업 시 올바른 자세

정답
① 무릎의 내각은 90° 전후가 되도록 한다.
② 화면과의 거리는 최소 40 cm 이상이 확보되도록 한다.
③ 팔꿈치의 내각은 90° 이상 되어야 한다.

법령 영상표시단말기(VDT) 취급근로자 작업관리지침 제6조

---

08 화면은 이동식 비계에서 작업하는 모습이다. 해당 작업 중 위험요인 3가지를 쓰시오.

• 영상 설명 •
작업자가 안전난간이 없는 이동식 비계 위에서 작업을 하고 있다. 작업발판은 고정되지 않아 불안정하며 비계가 흔들리는 모습이 보인다.

Keyword | 이동식 비계 작업의 위험요인

정답
① 이동식 비계에 안전난간 미설치
② 이동식 비계에 바퀴 미고정(브레이크, 쐐기 등 미사용)
③ 불안정한 작업발판

09 화면은 컨베이어, 선반, 휴대용 연삭기의 모습이다. 해당 기계기구의 방호장치를 1가지씩 쓰시오.

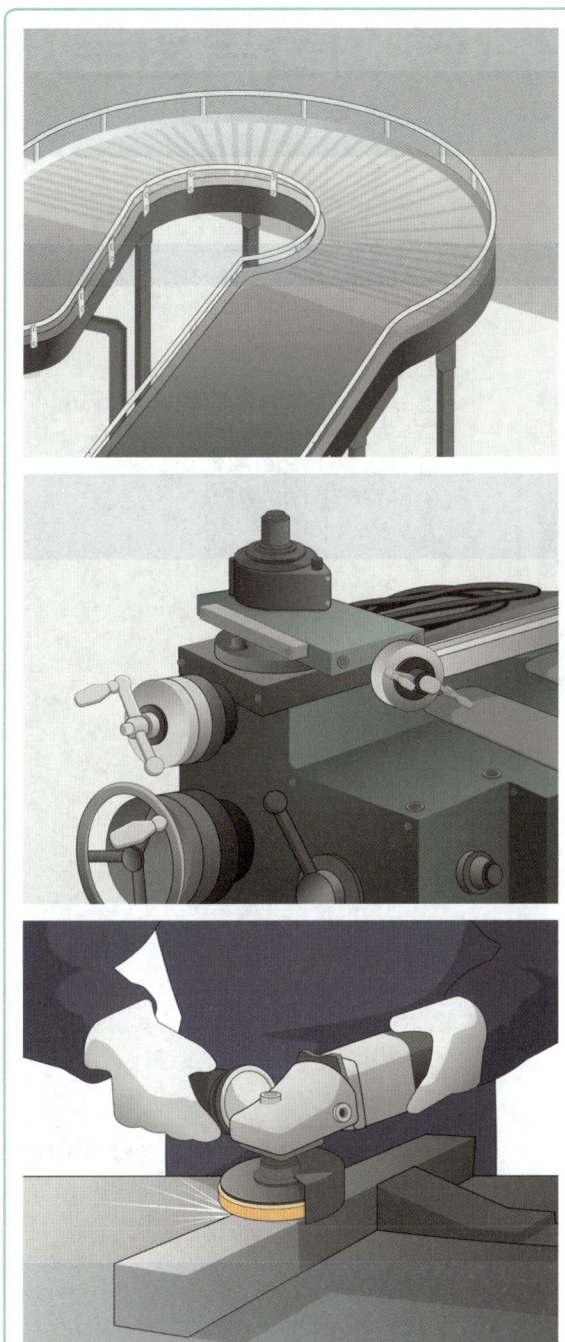

Keyword | 위험 기계기구의 방호장치

정답
(1) 컨베이어
　① 비상정지장치
　② 이탈 방지장치
　③ 덮개
　④ 울
(2) 선반
　① 덮개
　② 울
　③ 칩 비산 방지 덮개
(3) 휴대용 연삭기
　① 덮개

2021년 제2회 제3부 기출복원문제

작업형

01 화면은 마그네틱 크레인으로 화물을 운반하던 중 발생하는 사고이다. 해당 작업의 위험요인 3가지를 쓰시오.

Keyword | 마그네틱 크레인 작업 중 사고의 위험요인

정답
① 양손으로 작업하여 스위치 오조작 가능
② 낙하 위험장소에서 작업
③ 작업 지휘자 없이 단독 작업
④ 훅 해지장치 미사용
⑤ 안전모 미착용

• 영상 설명 •
작업자가 마그네틱 크레인으로 금형을 운반하고 있다. 한 손은 스위치를 조작하며 다른 손으로 금형을 잡고 이동하던 중 작업자가 넘어지면서 스위치를 잘못 건드려 금형이 발에 떨어진다. 작업자는 안전모를 미착용하고, 크레인에는 훅 해지장치가 없다.

02 충전전로에서의 전기 작업 시 조치사항에 대하여 빈칸을 채우시오.

(1) 충전전로를 취급하는 작업에 적합한 (①)를 착용해야 한다.
(2) 충전전로에 근접한 장소에서 전기작업을 하는 경우에는 해당 전압에 적합한 (②)를 설치해야 한다. 다만, 저압인 경우에는 해당 전기작업자가 (①)를 착용해야 한다.

Keyword | 충전전로에서의 전기 작업 중 조치사항

정답
① 절연용 보호구
② 절연용 방호구
법령 산업안전보건기준에 관한 규칙 제321조

03 화면은 컨베이어를 이용하여 화물을 적재하는 모습이다. 해당 작업의 위험요인 2가지를 쓰시오.

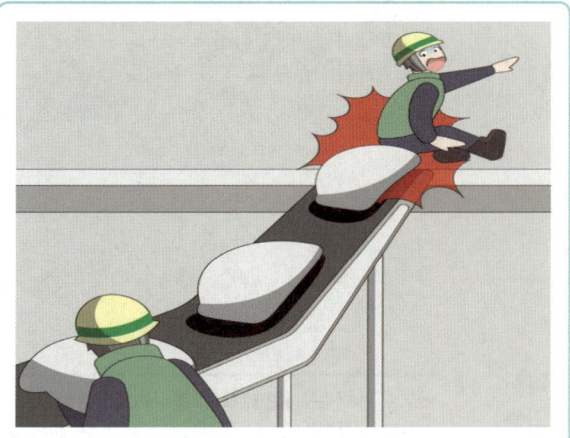

• 영상 설명 •
작업자 두 명이 경사진 컨베이어로 포대를 운반하고 있다. 위쪽 작업자는 컨베이어 양 끝부분을 딛고 서 있고, 아래쪽 작업자가 컨베이어 벨트에 포대를 올려준다. 컨베이어 위에 서 있던 작업자의 발에 포대가 부딪쳐 무게중심을 잃고 쓰러지면서 팔이 기계에 끼인다.

Keyword | 컨베이어 화물 적재 작업의 위험요인

정답
① 불안정한 작업자세(컨베이어 양 끝을 딛고 서 있음)
② 작업발판 미사용

04 화면은 지게차 작업을 하는 모습이다. 지게차 작업 시 작업계획서에 포함하여야 하는 사항 2가지를 쓰시오.

Keyword | 지게차 작업 시 작업계획서의 포함 내용

정답
① 해당 작업에 따른 추락·낙하·전도·협착 및 붕괴 등의 위험 예방대책
② 차량계 하역운반기계 등의 운행경로 및 작업방법

법령 산업안전보건기준에 관한 규칙 별표 4

05 화면은 배전반 점검 작업을 하던 중 발생한 사고이다. 해당 작업의 재해발생 형태와 가해물을 쓰시오.

• 영상 설명 •
두 명의 작업자가 배전반에서 점검 작업을 하고 있다. 작업자 한 명이 배전반 앞에서 절연내력 시험을 하며 스위치를 ON 시키는데, 뒤쪽의 다른 작업자가 쓰러진다.

Keyword | 배전반 작업 중 재해발생 형태와 가해물

정답
(1) 재해발생형태 : 감전
(2) 가해물 : 전류

06 화면은 샌드페이퍼 작업을 하는 모습이다. 작업자의 손이 말려 들어가는 부분에 형성되는 위험점과 정의를 쓰시오.

• 영상 설명 •
작업자가 샌드페이퍼를 감아 손으로 지지하고 있다. 주변 작업자와 대화를 하고 있으며, 면장갑을 착용하고 있다.

Keyword | 샌드페이퍼 작업 중 사고의 위험점과 정의

정답
(1) 위험점 : 회전말림점
(2) 위험점의 정의 : 회전하는 물체에 작업복 등이 말려드는 위험이 존재하는 위험점

07 화면은 유해물질 취급 작업을 하는 모습이다. 작업자가 착용하여야 할 보호구 3가지를 쓰시오.

• 영상 설명 •
작업자가 실험실에서 황산이 들어있는 유리용기를 만지다 떨어뜨린다. 작업자는 아무런 보호구를 착용하고 있지 않다.

Keyword | 유해물질 취급 작업 시 착용해야 하는 보호구

정답
① 유기화합물용 방독마스크
② 보안경
③ 불침투성 보호장갑
④ 불침투성 보호장화
⑤ 불침투성 보호복

08 화면은 작업자가 플랜지 아래 부위에 용접을 하는 모습이다. 해당 작업에 존재하는 위험요인 3가지를 쓰시오.

• 영상 설명 •
작업자가 혼자 교류아크용접 작업장에서 대형 관의 플랜지 아래 부위를 아크용접하고 있다. 주변에는 인화성 물질로 보이는 통 등이 쌓여있고, 바닥은 정리되지 않은 상태이며, 불똥이 튀고 있다.

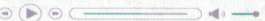

| Keyword | 플랜지 용접 작업의 위험요인

정답
① 용접불티 비산방지덮개, 용접방화포 등 불꽃, 불티 등의 비산방지조치 미흡
② 작업현장 주변에 인화성 물질 방치
③ 화재감시자 미배치
④ 작업장 정리상태 불량

09 화면은 프레스의 모습이다. 해당 작업시작 전 점검하여야 하는 사항 3가지를 쓰시오.

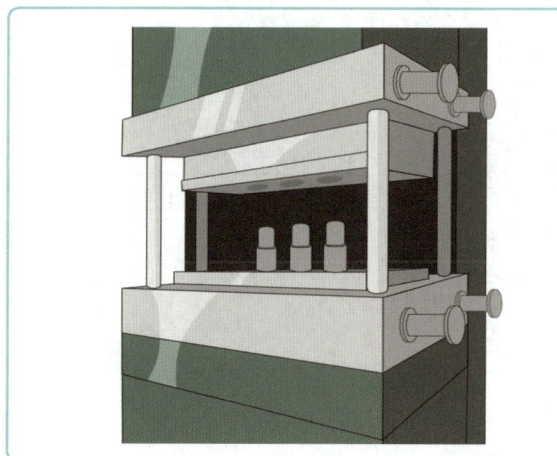

| Keyword | 프레스의 작업시작 전 점검사항

정답
① 클러치 및 브레이크의 기능
② 크랭크축·플라이휠·슬라이드·연결봉 및 연결 나사의 풀림 유무
③ 1행정 1정지기구·급정지장치 및 비상정지장치의 기능
④ 슬라이드 또는 칼날에 의한 위험방지 기구의 기능
⑤ 프레스의 금형 및 고정볼트 상태
⑥ 방호장치의 기능
⑦ 전단기의 칼날 및 테이블의 상태

법령 산업안전보건기준에 관한 규칙 별표 3

2021년 제3회 제1부 기출복원문제 — 작업형

01 화면은 교류아크용접 작업을 하는 모습이다. 작업자가 착용하여야 하는 보호구를 3가지 쓰시오.

• 영상 설명 •
작업자가 일반 모자와 면장갑을 착용하고, 교류아크용접 작업장에서 대형 관의 플랜지 아래 부위를 아크용접하고 있다.

Keyword | 아크용접 작업 시 착용해야 하는 보호구

정답
① 용접용 보안면
② 용접용 안전장갑
③ 용접용 앞치마
④ 용접용 안전화

02 화면에서 보여주는 낙하물 방지망의 설치기준에 대하여 빈칸을 채우시오.

(1) 높이 10m 이내마다 설치하고, 내민 길이는 벽면으로부터 2m 이상으로 할 것
(2) 수평면과의 각도는 (①)° 이상 (②)° 이하를 유지할 것

Keyword | 낙하물 방지망의 설치기준

정답
① 20
② 30
법령 산업안전보건기준에 관한 규칙 제14조

03 화면은 타워크레인 작업을 하는 모습이다. 타워크레인 작업 시 작업을 중지하여야 하는 기준에 대하여 빈칸을 채우시오.

(1) 순간풍속이 (①)m/s를 초과하는 경우 타워크레인의 설치·수리·점검 또는 해체 작업을 중지하여야 한다.
(2) 순간풍속이 (②)m/s를 초과하는 경우에는 타워크레인의 운전작업을 중지하여야 한다.

Keyword | 타워크레인의 작업 중지 기상 조건

정답
① 10
② 15

법령 산업안전보건기준에 관한 규칙 제37조

---

04 화면은 건물 해체 작업을 하는 모습이다. 해당 작업 시 해체공사 작업계획서에 포함되어야 하는 사항 3가지를 쓰시오.

Keyword | 건물 해체 작업 시 작업계획서의 내용

정답
① 해체의 방법 및 해체 순서 도면
② 가설설비·방호설비·환기설비 및 살수·방화설비 등의 방법
③ 사업장 내 연락방법
④ 해체물의 처분계획
⑤ 해체작업용 기계·기구 등의 작업계획서
⑥ 해체작업용 화약류 등의 사용계획서
⑦ 그 밖에 안전·보건에 관련된 사항

법령 산업안전보건기준에 관한 규칙 별표 4

05 화면은 롤러기를 청소하는 모습이다. 해당 작업의 위험점과 정의를 쓰시오.

• 영상 설명 •
작업자가 인쇄윤전기의 전원을 끄지 않고 걸레로 롤러를 닦고 있다. 작업자는 체중을 실어 맞물리는 지점까지 닦던 중 걸레가 롤러에 말려 들어가서 손이 끼인다.

> Keyword | 롤러기 작업 시 위험점과 정의
>
> **정답**
> (1) 위험점 : 물림점
> (2) 위험점의 정의 : 서로 반대 방향으로 맞물려 회전하는 두 개의 회전체에 물려 들어가는 위험점

06 화면은 터널 내부 굴착 작업을 하는 모습이다. 해당 작업 시 근로자 입장에서 존재하는 위험요인 2가지를 쓰시오.

• 영상 설명 •
터널 내부 굴착 후 컨베이어로 굴착토를 밖으로 운반하고 있다. 컨베이어에는 별도의 방호장치(덮개, 울 등)가 설치되어 있지 않으며, 주변으로 분진이 날린다. TBM 기계 주변에 방진마스크를 착용하지 않은 작업자들이 보인다.

> Keyword | 터널 굴착 작업의 위험요인
>
> **정답**
> ① 컨베이어에 방호장치(덮개, 울 등) 미설치
> ② 개인보호구 미착용(방진마스크)
> ③ 환기 및 살수 등의 대책 미비

07 화면은 물이 차 있는 상태에서 수중펌프를 작동시키던 중 발생하는 사고의 모습이다. 재해를 예방하기 위한 안전대책 3가지를 쓰시오.

• 영상 설명 •
작업자가 무릎 높이 정도 물이 차 있는 작업장에서 수중펌프를 작동함과 동시에 감전 사고를 당한다.

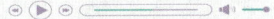

| Keyword | 수중펌프 작업 시 재해예방 안전대책 |

정답
① 작업 전 수중펌프와 전선의 절연 상태 점검
② 충분한 절연 효과가 있는 전선 사용
③ 수분의 침투가 불가능한 소재의 전선 사용
④ 누전차단기 설치

---

08 화면은 지게차 작업을 하는 모습이다. 지게차의 작업시작 전 점검사항 3가지를 쓰시오.

| Keyword | 지게차의 작업시작 전 점검사항 |

정답
① 제동장치 및 조종장치 기능의 이상 유무
② 하역장치 및 유압장치 기능의 이상 유무
③ 바퀴의 이상 유무
④ 전조등·후미등·방향지시기 및 경보장치 기능의 이상 유무

[법령] 산업안전보건기준에 관한 규칙 별표 3

09 화면은 방열복의 모습이다. 방열복 내열원단의 시험성능 기준에 대하여 빈칸을 채우시오.

(1) 난연성 : 잔염 및 잔진시간이 (①) 미만이고 녹거나 떨어지지 말아야 하며, 탄화 길이가 (②) 이내일 것
(2) 절연저항 : 표면과 이면의 절연저항이 (③) 이상일 것

Keyword | 방열복 내열원단의 시험성능 기준

정답
① 2초
② 102mm
③ 1MΩ

법령 보호구 안전인증 고시 별표 8

참고 방열복 내열원단의 시험성능 기준
㉮ 난연성
㉯ 내열성
㉰ 내한성
㉱ 절연저항
㉲ 인장강도

2021년 제3회 제2부 기출복원문제

작업형

01 화면은 컨베이어의 모습이다. 컨베이어의 작업시작 전 점검사항 3가지를 쓰시오.

Keyword | 컨베이어의 작업시작 전 점검사항

정답
① 원동기 및 풀리(pulley) 기능의 이상 유무
② 이탈 등의 방지장치 기능의 이상 유무
③ 비상정지장치 기능의 이상 유무
④ 원동기·회전축·기어 및 풀리 등의 덮개 또는 울 등의 이상 유무

법령 산업안전보건기준에 관한 규칙 별표 3

02 충전전로에서의 전기 작업 시 조치사항에 대하여 빈칸을 채우시오.

(1) 충전전로를 취급하는 작업에 적합한 (①)를 착용해야 한다.
(2) 충전전로에 근접한 장소에서 전기작업을 하는 경우에는 해당 전압에 적합한 (②)를 설치해야 한다. 다만, 저압인 경우에는 해당 전기작업자가 (①)를 착용해야 한다.

Keyword | 충전전로에서의 전기 작업 중 조치사항

정답
① 절연용 보호구
② 절연용 방호구

법령 산업안전보건기준에 관한 규칙 제321조

03 화면은 휴대용 연삭기 작업을 하는 모습이다. 해당 작업에서 사용하는 휴대용 연삭기의 방호장치와 방호장치의 개구부 설치 각도를 쓰시오.

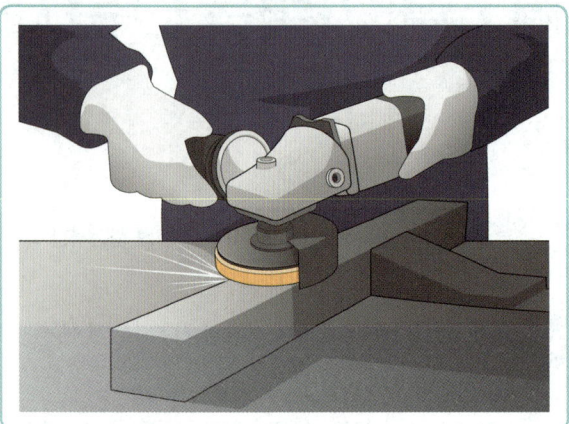

Keyword | 휴대용 연삭기의 방호장치와 개구부 설치 각도

정답
(1) 방호장치 : 덮개
(2) 방호장치의 개구부 설치 각도(숫돌 노출 각도) : 180° 이내

법령 방호장치 자율안전기준 고시 별표 4

04 화면은 아파트 창틀 작업을 하던 중 발생한 추락사고의 모습이다. 해당 작업에서 추락사고의 원인 3가지를 쓰시오.

• 영상 설명 •
한 작업자가 작업발판 설치를 위해 다른 작업자에게 작업발판을 건네주고 설치 장소로 이동하던 중 바닥으로 추락한다. 주변은 정리가 되어있지 않고, 안전난간이 설치되어 있지 않다.

Keyword | 아파트 창틀 작업 중 추락사고의 원인

정답
① 안전대 미착용 및 안전대 부착설비 미설치
② 안전난간 미설치
③ 주변 정리정돈 불량
④ 추락방호망 미설치

05 화면은 LPG 저장소에서 누출감지경보기의 미설치로 인해 발생한 사고의 모습이다. 누출감지경보기의 설치 위치와 경보 설정값은 몇 %가 적당한지 쓰시오.

> Keyword | 가스 누출감지경보기의 설치 위치와 경보 설정값

정답
① 설치 위치 : LPG는 공기보다 무거우므로 바닥에 인접한 곳에 설치
② 경보 설정값 : 폭발하한계의 25% 이하

06 화면은 유해물질 취급 작업을 하는 모습이다. 작업자가 착용하여야 할 보호구 3가지를 쓰시오.

• 영상 설명 •
작업자가 실험실에서 황산이 들어있는 유리용기를 만지다 떨어뜨린다. 작업자는 아무런 보호구를 착용하고 있지 않다.

> Keyword | 유해물질 취급 작업 시 착용해야 하는 보호구

정답
① 유기화합물용 방독마스크
② 보안경
③ 불침투성 보호장갑
④ 불침투성 보호장화
⑤ 불침투성 보호복

07 화면은 연마 작업을 하는 모습이다. 해당 작업에서 감전 사고를 예방하기 위한 안전대책 3가지를 쓰시오.

• 영상 설명 •
작업자가 강재에 물을 뿌리며 연마 작업을 하고 있다. 작업자는 고무장갑을 착용하고 있으며, 바닥에는 물기가 많다. 전선의 접속부가 바닥에 닿는 순간 작업자가 감전된다.

> Keyword | 연마 작업 시 감전 사고 예방대책

정답
① 누전차단기 설치
② 전선은 충분한 절연효과가 있는 것을 사용
③ 젖은 손으로 전기기계·기구 사용 금지
④ 전선의 접속부를 충분히 피복하거나 적합한 접속기구 사용

08 화면은 전주 작업을 하던 중 발생하는 사고의 모습이다. 해당 작업의 재해발생 원인 2가지를 쓰시오.

Keyword | 전주 작업의 재해발생 원인

정답
① 안전대 미착용
② 머리 위 시야 확보 소홀
③ 통행에 방해되는 장애물 미이설

• 영상 설명 •
작업자는 안전대를 미착용한 상태로 전주 작업을 하고 있다. 작업 중 전주의 장애물에 머리를 부딪혀 추락한다.

09 화면은 전기드릴 작업을 하는 모습이다. 해당 작업의 위험요인 2가지를 쓰시오.

Keyword | 전기드릴 작업의 위험요인

정답
① 공작물을 맨손으로 잡고 작업
② 보안경 등의 안전보호구 미착용
③ 회전기계 사용 중 면장갑 착용
④ 이물질 제거 작업 시 전원 미차단
⑤ 이물질 제거 작업 시 전용공구 미사용

• 영상 설명 •
작업자가 공작물을 맨손으로 잡고 전기드릴 작업을 하며, 작업 중 이물질을 입으로 불어서 제거하고 있다. 작업자는 보안경을 착용하지 않고, 면장갑을 착용하고 있다.

2021년 제3회 제3부 기출복원문제

작업형

01 화면은 고소작업대(이동식 크레인)에서 전선 작업을 하는 모습이다. 해당 작업의 위험요인 3가지를 쓰시오.

> **Keyword** | 고소작업대(이동식 크레인) 작업의 위험요인
>
> **정답**
> ① 이동식 크레인의 접근한계 거리 미준수
> ② 작업자의 절연용 보호구(절연모, 절연장갑) 미착용
> ③ 작업자의 안전대 미착용
> ④ 작업반경 내 작업자 출입 미통제

• 영상 설명 •

이동식 크레인의 붐대가 전주와 거의 붙어 있는 상태에서 작업자가 전선 작업을 하고 있다. 위쪽에는 안전대와 보호구를 착용하지 않은 작업자가 작업 도중 아래로 떨어지고, 아래쪽에는 안전모를 쓴 다른 작업자가 걸어가고 있다.

02 화면은 작업발판에서 작업을 하는 모습이다. 높이 2m 이상인 작업 장소에 설치하여야 하는 작업발판의 설치기준 중 작업발판의 폭과 발판 틈새의 적절한 간격을 쓰시오.

> **Keyword** | 작업발판의 설치기준
>
> **정답**
> (1) 발판의 폭 : 40cm 이상
> (2) 발판재료 간의 틈 : 3cm 이하
> **법령** 산업안전보건기준에 관한 규칙 제56조

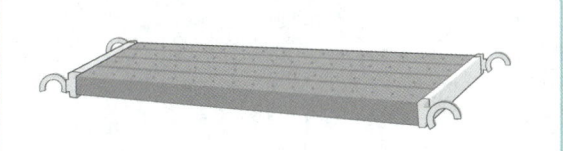

03 화면은 이동식 비계에서 작업하는 모습이다. 해당 작업 중 위험요인 3가지를 쓰시오.

Keyword | 이동식 비계 작업의 위험요인

정답
① 이동식 비계에 안전난간 미설치
② 이동식 비계에 바퀴 미고정(브레이크, 쐐기 등 미사용)
③ 불안정한 작업발판

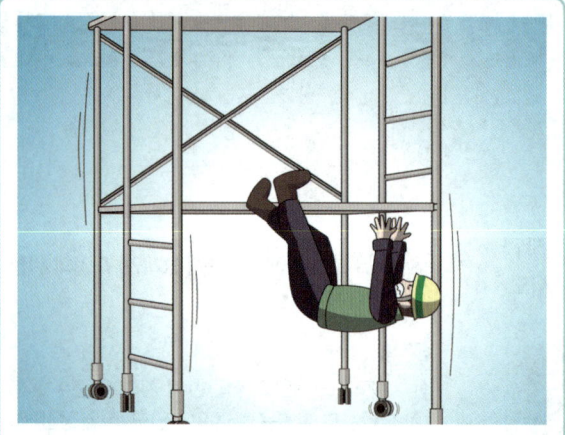

• 영상 설명 •
작업자가 안전난간이 없는 이동식 비계 위에서 작업을 하고 있다. 작업발판은 고정되지 않아 불안정하며 비계가 흔들리는 모습이 보인다.

04 화면은 브레이크 라이닝 패드를 화학약품을 사용하여 세척하는 모습이다. 작업자가 착용하여야 하는 보호구를 3가지 쓰시오.

Keyword | 화약약품으로 세척 시 착용해야 하는 보호구

정답
① 유기화합물용 방독마스크
② 보안경
③ 불침투성 보호장갑
④ 불침투성 보호장화
⑤ 불침투성 보호복

05 화면은 전주 발판을 딛고 변압기 볼트를 조이는 모습이다. 해당 작업의 위험요인 2가지를 쓰시오.

Keyword | 전주 발판 작업의 위험요인

정답
① 불안정한 작업발판
② 안전대 미고정

• 영상 설명 •
작업자가 안전대를 전주에 체결하지 않고 작업하고 있으며, 전주의 작업발판(볼트)을 딛고 변압기 볼트를 조이는 작업을 하다 추락하였다.

06 화면은 두 작업자가 변압기의 2차 전압을 측정하는 모습이다. 해당 작업의 위험요인 3가지를 쓰시오.

• 영상 설명
한 작업자가 변압기의 2차 전압을 측정하기 위해 다른 작업자에게 전원을 투입하라는 신호를 보낸다. 측정 후 전원 차단 신호를 보내고 측정기를 철거하다 감전이 발생한다. 이때 작업자는 맨손이며, 슬리퍼를 신고 있다.

Keyword | 변압기 전압 측정 작업 시 위험요인

정답
① 작업자의 절연용 보호구(절연장갑, 절연화 등) 미착용
② 작업자 간의 신호전달 불량
③ 작업자의 안전수칙 미준수(활선 및 정전 상태 미확인 후 작업)

07 화면은 박공지붕 설치 작업을 하던 중 발생하는 사고의 모습이다. 재해를 예방하기 위한 안전대책 3가지를 쓰시오.

• 영상 설명
작업자들은 박공지붕 설치 작업 중 휴식을 취하고 있다. 주변에 적재되어 있던 자재가 굴러떨어져 휴식 중이던 작업자를 덮쳐 추락한다. 건물에는 추락 방호망, 낙하물 방호망과 안전대도 미설치된 상태이다.

Keyword | 박공지붕 설치 작업 시 안전대책

정답
① 안전대 부착설비 및 안전대 착용
② 추락 방호망 및 낙하물 방지망 설치
③ 낙하 위험 작업구간 출입통제
④ 안전한 장소에서의 휴식
⑤ 구름멈춤대, 쐐기 등으로 적재물 고정

08 화면은 작업자가 플랜지 아래 부위에 용접을 하는 모습이다. 해당 작업에 존재하는 위험요인 3가지를 쓰시오.

Keyword | 플랜지 용접 작업의 위험요인

정답
① 용접불티 비산방지덮개, 용접방화포 등 불꽃, 불티 등의 비산방지조치 미흡
② 작업현장 주변에 인화성 물질 방치
③ 화재감시자 미배치
④ 작업장 정리상태 불량

• 영상 설명 •
작업자가 혼자 교류아크용접 작업장에서 대형 관의 플랜지 아래 부위를 아크용접하고 있다. 주변에는 인화성 물질로 보이는 통 등이 쌓여있고, 바닥은 정리되지 않은 상태이며, 불똥이 튀고 있다.

09 화면은 밀폐공간 작업의 모습이다. 밀폐공간작업 시 실시하여야 하는 특별안전보건교육 내용 4가지를 쓰시오. (단, 그 밖에 안전·보건관리에 필요한 사항은 제외한다.)

Keyword | 밀폐공간 작업 시 특별안전보건교육

정답
① 산소농도 측정 및 작업환경에 관한 사항
② 사고 시의 응급처치 및 비상시 구출에 관한 사항
③ 보호구 착용 및 보호 장비 사용에 관한 사항
④ 작업내용·안전작업방법 및 절차에 관한 사항
⑤ 장비·설비 및 시설 등의 안전점검에 관한 사항

법령 산업안전보건법 시행규칙 별표 5

2022년 제1회 제1부 기출복원문제 (작업형)

01 화면은 지게차 작업을 하던 중 발생한 사고이다. 해당 재해의 위험요인 3가지를 쓰시오.

• 영상 설명 •
지게차 운전자가 화물을 높게 적재하여 운반하고 있다. 시야가 확보되지 않아 운행 중 통로의 작업자와 충돌한다. 화물은 로프 등으로 결박되어 있지 않다.

Keyword | 지게차 작업 중 재해의 위험요인

정답
① 화물의 과적으로 인하여 운전자의 시야를 확보하지 않음.
② 화물을 로프 등으로 결박하지 않음.
③ 시야 확보가 되지 않음에도 유도자를 배치하지 않음.

02 화면은 연마 작업을 하는 모습이다. 해당 작업에서 감전 사고를 예방하기 위한 안전대책 2가지를 쓰시오.

• 영상 설명 •
작업자가 강재에 물을 뿌리며 연마 작업을 하고 있다. 작업자는 고무장갑을 착용하고 있으며, 바닥에는 물기가 많다. 전선의 접속부가 바닥에 닿는 순간 작업자가 감전된다.

Keyword | 연마 작업 시 감전 사고 예방대책

정답
① 누전차단기 설치
② 전선은 충분한 절연효과가 있는 것을 사용
③ 젖은 손으로 전기기계·기구 사용 금지
④ 전선의 접속부를 충분히 피복하거나 적합한 접속기구 사용

03 화면은 이동식 비계에서 작업하는 모습이다. 해당 작업 중 위험요인 3가지를 쓰시오.

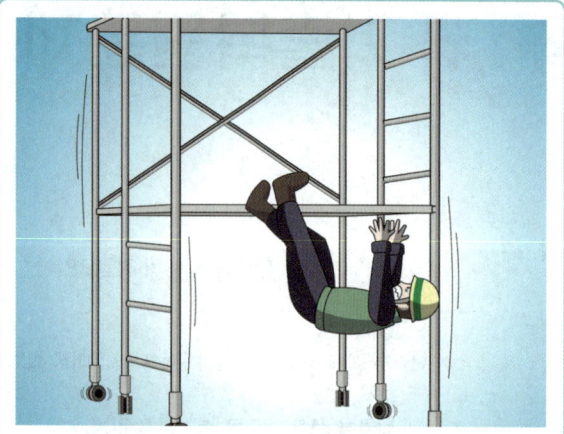

• 영상 설명

작업자가 안전난간이 없는 이동식 비계 위에서 작업을 하고 있다. 작업발판은 고정되지 않아 불안정하며 비계가 흔들리는 모습이 보이고, 목재로 된 작업발판이 비계에 걸쳐져 있다.

> Keyword | 이동식 비계 작업의 위험요인
>
> **정답**
> ① 이동식 비계에 안전난간 미설치
> ② 이동식 비계에 바퀴 미고정(브레이크, 쐐기 등 미사용)
> ③ 불안정한 작업발판

04 둥근톱 기계에 고정식 톱날 접촉 예방장치를 설치하고자 한다. 이때 덮개 하단과 테이블 사이의 간격과 덮개 하단과 가공재 사이의 간격은 얼마로 하여야 하는지 쓰시오.

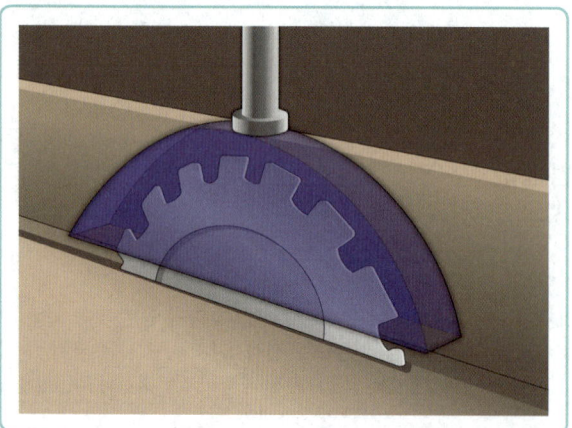

> Keyword | 둥근톱 방호장치의 고정식 덮개의 간격
>
> **정답**
> (1) 덮개 하단과 테이블 사이의 간격 : 25mm 이내
> (2) 덮개 하단과 가공재 사이의 간격 : 8mm 이내
> [법령] 방호장치 자율안전기준 고시 별표 5

05 화면은 작업발판의 모습이다. 높이 2m 이상인 작업 장소에 설치하여야 하는 작업발판의 설치기준 3가지를 쓰시오. (단, 작업발판의 폭과 틈의 간격은 제외한다.)

Keyword | 작업발판의 설치기준

정답
① 발판재료는 작업할 때의 하중을 견딜 수 있도록 견고한 것으로 할 것
② 추락의 위험이 있는 장소에는 안전난간을 설치할 것
③ 작업발판의 지지물은 하중에 의하여 파괴될 우려가 없는 것을 사용할 것
④ 작업발판 재료는 뒤집히거나 떨어지지 않도록 2개 이상의 지지물에 연결하거나 고정시킬 것
⑤ 작업발판을 작업에 따라 이동시킬 경우에는 위험 방지에 필요한 조치를 취할 것

법령 | 산업안전보건기준에 관한 규칙 제56조

06 화면은 항타기 작업을 하는 모습이다. 항타기의 도르래와 관련하여 빈칸을 채우시오.

- 권상장치의 드럼축과 권상장치로부터 첫 번째 도르래의 축 간의 거리를 권상장치 드럼폭의 (①)배 이상으로 한다.
- 도르래는 권상장치의 드럼 (②)을 지나야 하며, 축과 (③)에 있어야 한다.

Keyword | 항타기 도르래의 부착 기준

정답
① 15
② 중심
③ 수직면상

법령 | 산업안전보건기준에 관한 규칙 제216조

07 화면은 김치 제조 공장에서 무채 슬라이스 작업 중 발생한 사고이다. 무채를 잘라내는 부분에 형성되는 위험점과 그 정의를 쓰시오.

Keyword | 무채 슬라이스 작업의 위험점과 정의

정답
(1) 위험점 : 절단점
(2) 정의 : 회전하는 운동 부분 자체에서 초래되는 위험점

• 영상 설명 •
김치 제조 공장에서 무채 슬라이스 작업을 하다가 기계가 멈춰서 점검하던 중 갑자기 작동하여 재해가 발생하였다.

08 화면은 건설용 리프트 작업을 하는 모습이다. 리프트 작업시작 전 점검하여야 하는 사항 2가지를 쓰시오.

Keyword | 리프트 작업의 작업시작 전 점검사항

정답
① 방호장치 및 브레이크 · 클러치의 기능
② 와이어로프가 통하는 곳의 상태

법령 산업안전보건기준에 관한 규칙 별표 3

09 화면은 건물 해체 작업을 하는 모습이다. 해당 작업 시 해체공사 작업계획서에 포함되어야 하는 사항 3가지를 쓰시오.

Keyword | 건물 해체 작업 시 작업계획서의 내용

정답
① 해체의 방법 및 해체 순서 도면
② 가설설비·방호설비·환기설비 및 살수·방화설비 등의 방법
③ 사업장 내 연락방법
④ 해체물의 처분계획
⑤ 해체작업용 기계·기구 등의 작업계획서
⑥ 해체작업용 화약류 등의 사용계획서
⑦ 그 밖에 안전·보건에 관련된 사항

법령 산업안전보건기준에 관한 규칙 별표 4

2022년 제1회 제2부 기출복원문제 — 작업형

01 화면은 흙막이 지보공 설치 작업을 하는 모습이다. 흙막이 지보공의 설치 후 정기적 점검사항 3가지를 쓰시오.

Keyword | 흙막이 지보공 설치 후 정기적 점검사항

정답
① 부재의 손상·변형·부식·변위 및 탈락의 유무와 상태
② 버팀대의 긴압의 정도
③ 부재의 접속부·부착부·교차부의 상태
④ 침하의 정도

법령 산업안전보건기준에 관한 규칙 제347조

---

02 화면은 샌드페이퍼 작업을 하는 모습이다. 작업자의 손이 말려 들어가는 부분에 형성되는 위험점과 정의를 쓰시오.

• 영상 설명 •
작업자가 샌드페이퍼를 감아 손으로 지지하고 있다. 주변 작업자와 대화를 하고 있으며, 면장갑을 착용하고 있다.

Keyword | 샌드페이퍼 작업 중 사고의 위험점과 정의

정답
(1) 위험점 : 회전말림점
(2) 위험점의 정의 : 회전하는 물체에 작업복 등이 말려드는 위험이 존재하는 위험점

03 화면은 이동식 비계 작업을 하던 중 발생한 사고이다. 해당 재해의 위험요인 2가지를 쓰시오.

Keyword | 이동식 비계 작업의 위험요인

정답
① 작업자가 탑승한 상태로 이동식 비계를 이동하였다.
② 안전대를 착용하지 않았다.
③ 아웃트리거를 설치하거나 시설물에 고정하여 비계의 바퀴를 고정하지 않았다.
④ 승강용 사다리를 설치하지 않았다.

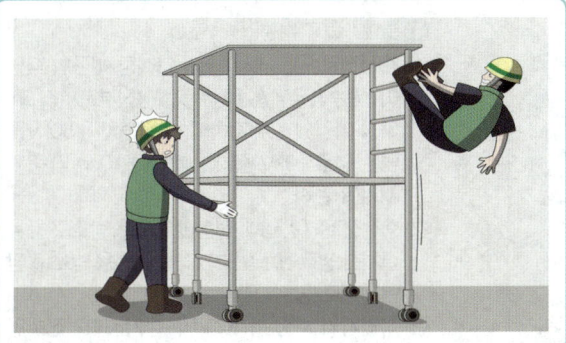

• 영상 설명 •
작업자가 안전모를 착용하였으나 안전대를 착용하지 않고 이동식 비계 위에서 작업을 하고 있다. 다른 작업자가 해당 비계를 이동시키던 중 장애물에 걸려 이동식 비계가 흔들리고, 위에서 작업하던 작업자가 추락한다. 이동식 비계는 안전난간이 설치되어 있고, 아웃트리거 및 승강용 사다리가 설치되어 있지 않다.

04 산업안전보건법상 누전차단기를 설치해야 하는 기계·기구 3가지를 쓰시오.

Keyword | 누전차단기 설치 대상 기계·기구

정답
① 대지전압이 150V를 초과하는 이동형 또는 휴대형 전기기계·기구
② 물 등 도전성이 높은 액체가 있는 습윤장소에서 사용하는 저압용 전기기계·기구
③ 철판·철골 위 등 도전성이 높은 장소에서 사용하는 이동형 또는 휴대형 전기기계·기구
④ 임시배선의 전로가 설치되는 장소에서 사용하는 이동형 또는 휴대형 전기기계·기구

법령 산업안전보건기준에 관한 규칙 제304조

• 영상 설명 •
작업자는 콘센트에 연결된 그라인더를 사용하여 앵글 작업을 하고 있다. 다른 작업자가 콘센트에 본인 그라인더의 플러그를 꽂으려 하다 감전된다. 작업장 바닥에는 물이 고여있다.

05 화면은 항타기·항발기 작업을 하는 모습이다. 고압전선로 주변에서 항타기·항발기 작업 시 안전작업수칙 3가지를 쓰시오.

• 영상 설명 •
항타기·항발기로 땅을 굴착하고 전주를 세우는 과정에서 고정된 전주가 조금 돌아가며 인접 활선전로에 접촉하여 스파크가 일어난다.

Keyword | 충전전로에서 차량 작업 시 안전작업수칙

【정답】
① 충전전로 인근에서 차량, 기계장치 등의 작업이 있는 경우에는 차량 등을 충전부로부터 3m 이상 이격시켜 유지하되, 대지전압이 50kV를 넘는 경우 10kV 증가할 때마다 10cm씩 증가시켜야 한다.
② 충전전로의 전압에 적합한 절연용 방호구 등을 설치한 경우에는 이격거리를 절연용 방호구 앞면까지로 할 수 있다.
③ 작업자가 차량 등의 그 어느 부분과도 접촉하지 않게 울타리를 설치하거나 감시인 배치 등의 조치를 하여야 한다.
④ 충전전로 인근에서 접지된 차량 등이 충전전로와 접촉할 우려가 있을 경우에는 지상의 근로자가 접지점에 접촉하지 않도록 조치하여야 한다.

【법령】 산업안전보건기준에 관한 규칙 제322조

06 화면은 습윤한 장소에 설치된 이동전선의 모습이다. 습윤한 장소에서 사용되는 이동전선에 대하여 사용 전 점검하여야 하는 사항 2가지를 쓰시오.

Keyword | 습윤한 장소에서 사용되는 이동전선의 사용 전 점검사항

【정답】
① 충분한 절연효과가 있는 것을 사용할 것
② 접속부는 충분히 절연효과가 있는 것을 사용할 것
③ 전선 피복의 손상 유무를 점검할 것
④ 누전차단기를 설치할 것

07 화면은 방열복의 모습이다. 방열복 내열원단의 시험성능 기준에 대하여 빈칸을 채우시오.

(1) 난연성 : 잔염 및 잔진시간이 (①) 미만이고 녹거나 떨어지지 말아야 하며, 탄화 길이가 (②) 이내일 것
(2) 절연저항 : 표면과 이면의 절연저항이 (③) 이상일 것

Keyword | 방열복 내열원단의 시험성능 기준

정답
① 2초
② 102mm
③ 1MΩ

법령 보호구 안전인증 고시 별표 8

참고 방열복 내열원단의 시험성능 기준
㉮ 난연성
㉯ 내열성
㉰ 내한성
㉱ 절연저항
㉲ 인장강도

08 화면은 고소작업대의 모습이다. 고소작업대 이동 시 준수하여야 하는 사항 3가지를 쓰시오.

Keyword | 고소작업대 이동 시 준수사항

정답
① 작업대를 가장 낮게 내릴 것
② 작업자를 태우고 이동하지 말 것. 다만, 이동 중 전도 등의 위험예방을 위하여 유도자를 배치하고 짧은 구간을 이동하는 경우에는 ①에 따라 가장 낮게 내린 상태에서 작업자를 태우고 이동할 수 있다.
③ 이동통로의 요철 상태 또는 장애물의 유무 등을 확인할 것

법령 산업안전보건기준에 관한 규칙 제186조

09 화면은 천장 크레인 화물 인양 작업을 하던 중 발생한 사고이다. 해당 재해의 위험요인 3가지를 쓰시오.

> **Keyword** | 천장 크레인 화물 인양 작업의 위험요인
>
> **정답**
> ① 유도로프 미사용
> ② 1줄걸이로 화물 인양 상태 불량
> ③ 훅 해지장치 미사용
> ④ 작업 지휘자 없이 단독 작업

• 영상 설명 •

작업자가 천장 크레인으로 화물을 인양하고 있다. 작업자는 한 손으로 스위치를 조작하고, 다른 한 손으로는 화물을 잡고 있다. 화물에는 유도로프가 없고, 1줄걸이로 연결되어 있으며, 훅 해지장치가 없다. 화물을 인양하던 중 인양물이 흔들리면서 작업자와 충돌한다.

2022년 제1회 제3부 기출복원문제

작업형

01 화면은 컨베이어의 모습이다. 컨베이어의 작업시작 전 점검사항 3가지를 쓰시오.

Keyword | 컨베이어의 작업시작 전 점검사항

정답
① 원동기 및 풀리(pulley) 기능의 이상 유무
② 이탈 등의 방지장치 기능의 이상 유무
③ 비상정지장치 기능의 이상 유무
④ 원동기・회전축・기어 및 풀리 등의 덮개 또는 울 등의 이상 유무

법령 산업안전보건기준에 관한 규칙 별표 3

02 화면은 지게차 작업을 하는 모습이다. 지게차 작업시 작업계획서에 포함하여야 하는 사항 2가지를 쓰시오.

Keyword | 지게차 작업 시 작업계획서의 포함 내용

정답
① 해당 작업에 따른 추락・낙하・전도・협착 및 붕괴 등의 위험 예방대책
② 차량계 하역운반기계 등의 운행경로 및 작업방법

법령 산업안전보건기준에 관한 규칙 별표 4

03 화면은 브레이크 라이닝 패드를 화학약품을 사용하여 세척하는 모습이다. 작업자가 착용하여야 하는 보호구를 3가지 쓰시오.

> Keyword | 화학약품으로 세척 시 착용해야 하는 보호구
>
> 정답
> ① 유기화합물용 방독마스크
> ② 보안경
> ③ 불침투성 보호장갑
> ④ 불침투성 보호장화
> ⑤ 불침투성 보호복

04 화면은 이동식 크레인 작업을 하는 모습이다. 이동식 크레인 작업 시 운전자가 준수하여야 하는 사항 3가지를 쓰시오.

• 영상 설명 •
작업자는 이동식 크레인으로 화물을 운반하고 있다. 운반 시 신호수와 신호 방법이 맞지 않아 화물이 흔들리다 추락하고, 아래에 있던 작업자가 화물에 맞아 쓰러진다.

> Keyword | 이동식 크레인 작업 시 운전자 준수사항
>
> 정답
> ① 작업자 머리 위로 화물을 통과시키지 않는다.
> ② 작업 중 운전석 이탈을 금지한다.
> ③ 일정한 신호 방법을 정하고 신호수의 신호에 따라 작업한다.

05 화면은 작업발판 설치 작업을 하는 모습이다. 해당 작업의 추락방지 대책과 낙하방지 대책을 쓰시오.

• 영상 설명 •
작업자가 건설현장의 이동식 비계에서 작업발판을 설치하고 있다. 작업자는 안전대를 착용하고 있지 않고 작업 중 망치를 떨어뜨린다.

> Keyword | 작업발판 설치 작업 시 추락방지 대책과 낙하방지 대책
>
> 정답
> (1) 추락방지 대책
>   ① 추락방호망 설치
>   ② 안전대 착용 후 작업
> (2) 낙하방지 대책
>   ① 낙하물방지망 설치

06 화면은 프레스 작업을 하던 중 발생한 사고이다. 해당 사고의 위험요인 2가지를 쓰시오.

• 영상 설명 •
작업자가 프레스 작업 중 직접 손을 넣어 기계에 걸린 이물질을 제거하다 실수로 페달을 밟아 프레스가 작동한다.

Keyword | 프레스 작업의 위험요인

정답
① 전원을 차단하지 않고 이물질을 제거했다.
② 이물질 제거용 수공구를 사용하지 않았다.
③ 페달에 U자형 덮개가 설치되지 않았다.

07 화면은 롤러기 작업을 하는 모습이다. 롤러기 방호장치인 급정지장치의 종류에 따른 설치 위치를 쓰시오.

Keyword | 롤러기 급정지장치 조작부의 설치 위치

정답
① 손조작식 : 밑면에서 1.8m 이내
② 복부조작식 : 밑면에서 0.8m 이상 1.1m 이내
③ 무릎조작식 : 밑면에서 0.6m 이내

법령 방호장치 자율안전기준 고시 별표 3

08 화면은 전동 권선기에 동선을 감던 중 발생한 사고이다. 해당 작업의 재해발생 형태와 재해발생 원인 2가지를 쓰시오.

• 영상 설명 •
작업자는 면장갑을 착용하고 전동 권선기에 동선을 감고 있다. 기계가 멈추자 기계를 열고 점검하던 중 작업자가 쓰러진다.

> Keyword | 전동 권선기 작업의 재해발생 형태와 원인

정답
(1) 재해발생 형태 : 감전
(2) 재해발생 원인
① 작업 전 정전작업 미실시
② 절연용 보호구(절연장갑) 미착용

---

09 화면은 모터의 벨트 점검 작업을 하던 중 발생한 사고의 모습이다. 해당 사고에서 나타나는 위험점과 그 정의를 쓰시오.

• 영상 설명 •
작업자가 모터 벨트를 점검하고 있다. 기름때를 걸레로 닦아내던 중 벨트와 덮개 사이에 손이 끼인다.

> Keyword | 모터 벨트 점검 작업 중 사고의 위험점과 정의

정답
(1) 위험점 : 끼임점
(2) 정의 : 기계의 움직이는 부분 사이 또는 움직이는 부분과 고정 부분 사이에 신체 또는 신체의 일부분이 끼이거나 물리는 것

2022년 제2회 제1부 기출복원문제

작업형

01 화면은 전기드릴 작업을 하는 모습이다. 해당 작업의 위험요인 2가지를 쓰시오.

Keyword | 전기드릴 작업의 위험요인

정답
① 드릴 작업 중 면장갑을 착용하고 있다.
② 보안경을 착용하지 않았다.
③ 각목을 바이스 등으로 고정하지 않았다.

• 영상 설명 •
작업자가 전기드릴로 각목에 구멍을 뚫는데, 각목이 고정되지 않아 움직인다. 작업자는 보안경을 착용하지 않았고, 면장갑을 착용하고 있다.

02 화면은 상수도 배관 용접 작업을 하는 모습이다. 습윤한 장소에서 용접 작업 시 용접기에 부착하여야 하는 방호장치를 쓰시오.

Keyword | 용접기의 방호장치

정답 자동전격방지기(자동 전격 방지 장치)

03 화면은 인화성 물질 저장창고에서 작업을 하던 중 발생한 폭발 사고이다. 해당 사고의 폭발 종류와 그 정의를 쓰시오.

> • 영상 설명 •
> 작업자가 인화성 물질 저장창고에서 나온 뒤 외투를 벗고 있다. 창고에서 가스가 새어 나오고 있고, '펑' 하는 소리와 함께 폭발한다.

Keyword | 인화성 물질의 폭발

정답
(1) 폭발의 종류 : 증기운폭발(UVCE)
(2) 폭발의 정의 : 인화성 가스가 대기 중에 유출되어 구름 형태로 모여 점화원에 의하여 순간적으로 폭발하는 현상

04 화면은 작업자가 폭발성 물질 창고에 들어가기 위해 신발에 물을 묻히고 들어가는 모습이다. 그 이유와 화재 시 적절한 소화방법을 쓰시오.

Keyword | 폭발성 물질창고 출입 전 물을 묻히는 이유와 소화방법

정답
(1) 이유 : 신발과 바닥 사이의 정전기로 인한 폭발을 방지하기 위함.
(2) 소화방법 : 다량의 주수에 의한 냉각소화

05 화면은 천장 크레인 작업을 하던 중 발생한 사고이다. 해당 사고의 재해예방대책 2가지를 쓰시오.

> • 영상 설명 •
> 작업자가 천장 크레인으로 화물을 운반하기 위해 크레인 조작 스위치를 조작하며 뒷걸음치다 맞은편에서 후진하던 지게차와 부딪힌다.

Keyword | 크레인 작업 중 재해예방대책

정답
① 작업지휘자 또는 유도자 배치
② 크레인 작업반경 내 근로자 출입 통제
③ 차량계 하역운반기계의 이동 경로에 근로자 출입 통제적으로 폭발하는 현상

06 화면은 김치 제조 공장에서 무채 슬라이스 작업 중 발생한 사고이다. 무채를 잘라내는 부분에 형성되는 위험점과 그 정의를 쓰시오.

• 영상 설명 •
김치 제조 공장에서 무채 슬라이스 작업을 하다가 기계가 멈춰서 점검하던 중 갑자기 작동하여 재해가 발생하였다.

> Keyword | 무채 슬라이스 작업의 위험점과 정의
>
> **정답**
> (1) 위험점 : 절단점
> (2) 정의 : 회전하는 운동 부분 자체에서 초래되는 위험점

07 화면은 프레스 작업을 하던 중 발생한 사고이다. 해당 사고의 위험요인 2가지를 쓰시오.

• 영상 설명 •
작업자가 프레스 작업 중 직접 손을 넣어 기계에 걸린 이물질을 제거하다 실수로 페달을 밟아 프레스가 작동한다.

> Keyword | 프레스 작업의 위험요인
>
> **정답**
> ① 전원을 차단하지 않고 이물질을 제거했다.
> ② 이물질 제거용 수공구를 사용하지 않았다.
> ③ 페달에 U자형 덮개가 설치되지 않았다.

08 화면은 충전전로 부근에서 이동식 비계 작업을 하는 모습이다. 해당 작업의 위험요인 3가지를 쓰시오.

• 영상 설명 •
작업자가 충전전로 부근에 설치된 이동식 비계 작업을 하고 있다. 비계는 바퀴가 고정되지 않았고, 작업자는 안전난간의 무릎 높이에 안전대를 체결했고, 안전모와 면장갑을 착용하였다. 비계에는 안전난간이 설치되어 있다.

> Keyword | 충전전로 부근 비계 작업의 위험요인
>
> 정답
> ① 충전전로에 절연용 방호구가 설치되지 않았다.
> ② 충전전로와 이동식 비계 사이의 이격거리가 확보되지 않았다.
> ③ 이동식 비계의 바퀴를 고정하지 않았고 아웃트리거를 설치하지 않았다.
> ④ 안전대가 낮은 곳에 체결되어 있다.
> ⑤ 절연용 보호구를 착용하지 않았다.

09 화면은 휴대용 연삭기 작업을 하는 모습이다. 해당 작업에서 사용하는 휴대용 연삭기의 방호장치와 방호장치의 개구부 설치 각도를 쓰시오.

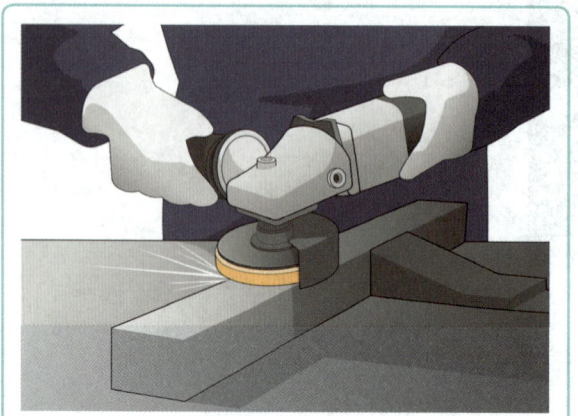

> Keyword | 휴대용 연삭기의 방호장치와 개구부 설치 각도
>
> 정답
> (1) 방호장치 : 덮개
> (2) 방호장치의 개구부 설치 각도(숫돌 노출 각도) : 180° 이내
>
> 법령 방호장치 자율안전기준 고시 별표 4

2022년 제2회 제2부 기출복원문제

작업형

01 화면은 지게차 작업을 하는 모습이다. 지게차의 작업시작 전 점검사항 3가지를 쓰시오.

Keyword | 지게차의 작업시작 전 점검사항

정답
① 제동장치 및 조종장치 기능의 이상 유무
② 하역장치 및 유압장치 기능의 이상 유무
③ 바퀴의 이상 유무
④ 전조등·후미등·방향지시기 및 경보장치 기능의 이상 유무

법령 산업안전보건기준에 관한 규칙 별표 3

02 화면은 고소작업대를 이동하는 모습이다. 해당 작업 시 준수하여야 하는 사항 3가지를 쓰시오.

Keyword | 고소작업대 이동 시 준수사항

정답
① 작업대를 가장 낮게 내릴 것
② 작업자를 태우고 이동하지 말 것. 다만, 이동 중 전도 등의 위험예방을 위하여 유도자를 배치하고 짧은 구간을 이동하는 경우에는 ①에 따라 가장 낮게 내린 상태에서 작업자를 태우고 이동할 수 있다.
③ 이동통로의 요철 상태 또는 장애물의 유무 등을 확인할 것

법령 산업안전보건기준에 관한 규칙 제186조

03 화면은 충전전로 인근에서 전기 작업을 하는 모습이다. 해당 작업 시 준수하여야 하는 사항 3가지를 쓰시오.

• 영상 설명 •
작업자가 보호구를 착용하지 않은 채로 크레인을 올리라는 신호를 보내고 있다. 크레인을 올리다 충전전로와 접촉하여 스파크가 발생한다. 작업구역 주변에는 지나다니는 작업자들이 보인다.

Keyword | 충전전로에서 전기 작업 시 준수사항

정답
① 충전전로를 방호, 차폐하거나 절연 등의 조치를 하는 경우에는 근로자의 신체가 전로와 직접 접촉하거나 도전재료, 공구 또는 기기를 통하여 간접 접촉되지 않도록 할 것
② 충전전로를 취급하는 근로자에게 그 작업에 적합한 절연용 보호구를 착용시킬 것
③ 충전전로에 근접한 장소에서 전기 작업을 하는 경우에는 해당 전압에 적합한 절연용 방호구를 설치할 것. 다만, 저압인 경우에는 해당 전기작업자가 절연용 보호구를 착용할 것
④ 고압 및 특별고압의 전로에서 전기 작업을 하는 근로자에게 활선작업용 기구 및 장치를 사용하도록 할 것
⑤ 절연용 방호구의 설치·해체 작업을 하는 경우에는 절연용 보호구를 착용하거나 활선작업용 기구 및 장치를 사용하도록 할 것
⑥ 유자격자가 아닌 작업자가 충전전로 인근의 높은 곳에서 작업할 때에 근로자의 몸 또는 긴 도전성 물체가 방호되지 않은 충전전로에서 대지전압이 50kV 이하인 경우에는 300cm 이내로, 대지전압이 50kV를 넘는 경우에는 10kV당 10cm씩 더한 거리 이내로 각각 접근할 수 없도록 할 것

법령 산업안전보건기준에 관한 규칙 제321조

---

04 화면은 와이어로프를 사용하여 작업하는 모습이다. 와이어로프의 사용금지 기준 3가지를 쓰시오.

Keyword | 와이어로프의 사용금지 기준

정답
① 이음매가 있는 것
② 와이어로프의 한 꼬임에서 끊어진 소선의 수가 10% 이상인 것
③ 지름의 감소가 공칭지름의 7%를 초과하는 것
④ 꼬인 것
⑤ 심하게 변형되거나 부식된 것
⑥ 열과 전기충격에 의해 손상된 것

법령 산업안전보건기준에 관한 규칙 제63조

05 화면은 아파트 창틀 작업을 하던 중 발생한 추락사고의 모습이다. 해당 작업에서 추락사고의 원인 3가지를 쓰시오.

• 영상 설명 •
한 작업자가 작업발판 설치를 위해 다른 작업자에게 작업발판을 건네주고 설치 장소로 이동하던 중 바닥으로 추락한다. 주변은 정리가 되어있지 않고, 안전난간이 설치되어 있지 않다.

Keyword | 아파트 창틀 작업 중 추락사고의 원인

정답
① 안전대 미착용 및 안전대 부착설비 미설치
② 안전난간 미설치
③ 주변 정리정돈 불량
④ 추락방호망 미설치

06 화면은 천장 크레인 화물 인양 작업을 하던 중 발생한 사고이다. 해당 재해의 위험요인 3가지를 쓰시오.

• 영상 설명 •
작업자가 천장 크레인으로 화물을 인양하고 있다. 작업자는 한 손으로 스위치를 조작하고, 다른 한 손으로는 화물을 잡고 있다. 화물에는 유도로프가 없고, 1줄걸이로 연결되어 있으며, 훅 해지장치가 없다. 화물을 인양하던 중 인양물이 흔들리면서 한쪽으로 기울어 낙하한다.

Keyword | 천장 크레인 화물 인양 작업의 위험요인

정답
① 유도로프 미사용
② 1줄걸이로 화물 인양 상태 불량
③ 훅 해지장치 미사용
④ 작업 지휘자 없이 단독 작업

07 화면은 컨베이어 점검 작업을 하던 중 발생한 폭발 사고이다. 해당 사고의 재해예방대책 2가지를 쓰시오.

> • 영상 설명 •
> 작업자가 장갑을 착용하고 컨베이어 점검 작업을 하고 있다. 컨베이어 위에 손을 올려두었다가 기계가 작동하여 손이 말려 들어간다.

Keyword | 컨베이어 점검 작업 중 재해예방대책

정답
① 전원 차단 후에 점검 작업을 한다.
② 컨베이어 벨트 구동부에 덮개 등의 방호장치를 설치한다.
③ 비상정지장치를 설치한다.
④ 장갑을 착용하지 않는다.

08 화면은 공기압축기의 가동 작업을 하는 모습이다. 공기압축기의 가동 전 점검하여야 하는 사항 3가지를 쓰시오.

Keyword | 공기압축기의 가동 전 점검사항

정답
① 공기저장 압력용기의 외관 상태
② 드레인밸브(drain valve)의 조작 및 배수
③ 압력방출장치의 기능
④ 언로드밸브(unloading valve)의 기능
⑤ 윤활유의 상태
⑥ 회전부의 덮개 또는 울
⑦ 그 밖의 연결 부위의 이상 유무

법령 산업안전보건기준에 관한 규칙 별표 3

09 추락방호망의 설치기준에 대하여 빈칸을 채우시오.

(1) 추락방호망의 설치위치는 가능하면 작업면으로부터 가까운 지점에 설치한다. 다만, 작업면으로부터 망의 설치지점까지 수직거리는 (①)m를 초과하지 아니한다.
(2) 추락방호망은 (②)으로 설치하고, 망의 처짐은 짧은 변 길이의 (③)% 이상이 되도록 한다.

Keyword | 추락방호망의 설치기준

정답
① 10
② 수평
③ 12

법령 산업안전보건기준에 관한 규칙 제42조

2022년 제2회 제3부 기출복원문제

작업형

01 화면은 작업발판에서 작업을 하는 모습이다. 높이 2m 이상인 작업 장소에 설치하여야 하는 작업발판의 설치기준 중 작업발판의 폭과 발판 틈새의 적절한 간격을 쓰시오.

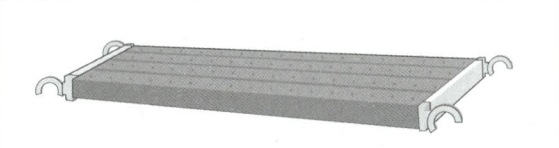

> **Keyword | 작업발판의 설치기준**
>
> **정답**
> (1) 발판의 폭 : 40cm 이상
> (2) 발판재료 간의 틈 : 3cm 이하
>
> **법령** 산업안전보건기준에 관한 규칙 제56조

02 화면은 롤러기를 청소하는 모습이다. 해당 작업의 위험점과 정의를 쓰시오.

• 영상 설명 •
작업자가 인쇄윤전기의 전원을 끄지 않고 걸레로 롤러를 닦고 있다. 작업자는 체중을 실어 맞물리는 지점까지 닦던 중 걸레가 롤러에 말려 들어가서 손이 끼인다.

> **Keyword | 롤러기 작업 시 위험점과 정의**
>
> **정답**
> (1) 위험점 : 물림점
> (2) 위험점의 정의 : 서로 반대 방향으로 맞물려 회전하는 두 개의 회전체에 물려 들어가는 위험점

03 화면은 둥근톱 작업을 하는 모습이다. 해당 작업의 위험요인과 설치하여야 하는 방호장치를 각각 2가지씩 쓰시오.

Keyword | 둥근톱 작업의 위험요인과 방호장치

정답
(1) 위험요인
① 방호장치가 설치되지 않았다.
② 개인보호구를 착용하지 않았다.
③ 작업에 집중하지 않았다.
(2) 방호장치
① 톱날접촉예방장치
② 반발예방장치

• 영상 설명 •
작업자가 둥근톱을 사용하여 목재 절단 작업을 하고 있다. 둥근톱에는 덮개가 없으며 작업자는 보안경 및 방진마스크를 미착용하였고, 면장갑을 착용하고 있다.

04 화면은 기계 청소를 하던 중 발생한 사고이다. 해당 사고의 재해발생형태와 위험요인 2가지를 쓰시오.

Keyword | 기계 청소 작업 중 사고의 재해발생형태와 위험요인

정답
(1) 재해발생형태 : 감전
(2) 위험요인
① 기계의 전원을 차단하지 않고 청소하였다.
② 누전차단기를 설치하지 않았다.
③ 절연용 보호구를 착용하지 않았다.

• 영상 설명 •
작업자가 기계를 청소하고 있다. 기계의 전원은 켜져 있고, 기계 주변에는 물이 흐르고 있다. 작업자가 맨손으로 기계를 만지자 작업자는 쓰러진다.

05 화면은 지하의 밀폐공간에서 작업을 하는 모습이다. 해당 작업 시 작업자가 착용하여야 하는 호흡용 보호구 2가지를 쓰시오.

Keyword | 밀폐공간 작업 시 착용해야 하는 보호구

정답
① 공기호흡기
② 송기마스크

법령 산업안전보건기준에 관한 규칙 제620조

06 화면은 특수 화학설비의 모습이다. 해당 설비의 이상 상태를 조기에 파악하고 이에 따른 폭발·화재 또는 위험물의 누출을 방지하기 위하여 설치하여야 하는 장치 2가지를 쓰시오.

Keyword | 특수 화학설비의 이상 상태 파악 및 누출 방지 장치

정답
① 자동경보장치
② 긴급차단장치

법령 산업안전보건기준에 관한 규칙 제274, 275조

07 화면은 보일러의 압력방출장치이다. 산업안전보건법상 보일러의 압력방출장치 설치 시 설치기준에 관하여 빈칸을 채우시오.

보일러 규격에 적합한 압력방출장치를 (①) 이하에서 작동되도록 1개 또는 2개 이상 설치해야 한다. 다만, 2개 이상 설치된 경우에는 (①) 이하에서 1개가 작동되고, 다른 압력방출장치는 최고사용압력 (②) 이하에서 작동되도록 부착해야 한다.

Keyword | 보일러 압력방출장치의 설치기준

정답
① 최고사용압력
② 1.05배

법령 산업안전보건기준에 관한 규칙 제116조

08 화면은 타워크레인 작업을 하던 중 발생한 사고이다. 해당 사고의 재해발생 요인 3가지를 쓰시오.

Keyword | 타워크레인 작업의 재해발생 요인

정답
① 보조로프를 사용하지 않았다.
② 신호수를 배치하지 않았다.
③ 작업 반경 내 관계 근로자 외 출입을 금지하지 않았다.

• 영상 설명 •
작업자가 타워크레인을 이용하여 H빔을 2줄걸이로 운반하고 있다. 보조로프가 없어 H빔이 흔들리고, 아래에 지나다니던 작업자와 충돌한다. 신호수는 미배치하였다.

09 화면은 이동식 비계에서 작업을 하는 모습이다. 해당 작업의 위험요인 2가지를 쓰시오.

Keyword | 이동식 비계 작업의 위험요인

정답
① 안전난간이 설치되지 않았다.
② 낙하물 방지망이 설치되지 않았다.
③ 작업구역 내에 출입금지 조치를 하지 않았다.
④ 화물을 인양하기 위해 달줄, 달포대를 사용하지 않았다.

• 영상 설명 •
작업자가 안전난간이 없는 이동식 비계 위에서 파이프를 올리는 작업을 하고 있다. 파이프는 1줄걸이로 묶어 올리다 파이프가 떨어지며 아래의 작업자와 충돌한다.

2022년 제3회 제1부 기출복원문제

작업형

01 화면은 교류아크용접 작업을 하는 모습이다. 작업자가 착용하여야 하는 보호구를 4가지 쓰시오.

Keyword | 아크용접 작업 시 착용해야 하는 보호구

정답
① 용접용 보안면
② 용접용 안전장갑
③ 용접용 앞치마
④ 용접용 안전화

• 영상 설명 •
작업자가 교류아크용접 작업을 하고 있다. 작업자는 일반 모자와 일반 장갑을 착용하고 있다.

02 화면은 배관 작업을 하던 중 발생한 사고이다. 해당 사고의 위험요인 2가지를 쓰시오.

Keyword | 스팀배관 작업 중 사고의 위험요인

정답
① 배관 내 스팀을 제거하지 않았다.
② 보안경을 착용하지 않았다.

• 영상 설명 •
작업자가 스팀배관의 보수 작업을 하고 있다. 배관을 건드리며 점검하다 스팀이 빠져나와 얼굴에 맞는다. 작업자는 안전모와 장갑을 착용하고 있고, 보안경은 착용하지 않았다.

03 화면은 밀폐공간 작업을 하는 모습이다. 밀폐공간의 적정공기 수준에 관하여 빈칸을 채우시오.

Keyword | 밀폐공간 작업 시 적정공기의 정의

정답
① 18
② 23.5
③ 1.5
④ 30
⑤ 10

법령 산업안전보건기준에 관한 규칙 제618조

적정공기란 산소농도의 범위가 (①)% 이상 (②)% 미만, 탄산가스의 농도가 (③)% 미만, 일산화탄소의 농도가 (④)ppm 미만, 황화수소의 농도가 (⑤)ppm 미만인 수준의 공기를 말한다.

04 화면은 전동 권선기에 동선을 감던 중 발생한 사고이다. 해당 작업의 재해발생 형태와 재해발생 원인 2가지를 쓰시오.

Keyword | 전동 권선기 작업의 재해발생 형태와 원인

정답
(1) 재해발생 형태 : 감전
(2) 재해발생 원인
　① 작업 전 정전작업 미실시
　② 절연용 보호구(절연장갑) 미착용

• 영상 설명 •
작업자는 면장갑을 착용하고 전동 권선기에 동선을 감고 있다. 기계가 멈추자 기계를 열고 점검하던 중 작업자가 쓰러진다.

05 화면은 전기드릴 작업을 하는 모습이다. 해당 작업의 위험요인 2가지를 쓰시오.

• 영상 설명 •
작업자가 전기드릴로 각목에 구멍을 뚫는데, 각목이 고정되지 않아 움직인다. 작업자는 보안경을 착용하지 않았고, 면장갑을 착용하고 있다.

Keyword | 전기드릴 작업의 위험요인

정답
① 드릴 작업 중 면장갑을 착용하고 있다.
② 보안경을 착용하지 않았다.
③ 각목을 바이스 등으로 고정하지 않았다.

06 화면은 크레인 작업을 하는 모습이다. 해당 작업의 위험요인 3가지를 쓰시오.

• 영상 설명 •
작업자가 크레인을 이용하여 파이프를 운반하고 있다. 파이프는 1줄걸이로 걸려있고 훅 해지장치가 없으며, 보조로프가 없어 손으로 지지하고 있다. 운반 중 파이프가 흔들리다 떨어져 작업자와 충돌한다.

Keyword | 크레인 작업의 위험요인

정답
① 보조로프를 사용하지 않았다.
② 줄걸이 방법이 불량하다.
③ 훅 해지장치가 설치되지 않았다.

07 화면은 이동식 크레인 작업을 하는 모습이다. 다음 설명을 보고 이동식 크레인의 방호장치 명칭을 쓰시오.

(1) 와이어로프가 지나치게 감기는 것을 방지하기 위한 장치
(2) 훅걸이용 와이어로프 등이 훅으로부터 벗겨지는 것을 방지하는 장치
(3) 이동식 크레인의 전도 사고를 방지하기 위하여 장비의 측면에 부착하는 장치

> Keyword | 이동식 크레인의 방호장치
>
> **정답**
> (1) 권과방지장치
> (2) 훅 해지장치
> (3) 아웃트리거

08 화면은 인화성 물질 저장창고에서 작업을 하는 모습이다. 해당 작업의 정전기 사고 방지대책 4가지를 쓰시오.

• 영상 설명 •
작업자가 인화성 물질 저장창고에서 나온 뒤 외투를 벗고 있다. 창고에서 가스가 새어 나오고 있고, '펑' 하는 소리와 함께 폭발한다.

> Keyword | 정전기 사고의 방지대책
>
> **정답**
> ① 제전복 착용
> ② 제전화 착용
> ③ 정전기 제전용구 사용
> ④ 도전성을 갖춘 바닥재 사용

09 화면은 유해물질 취급 작업을 하는 모습이다. 유해물질이 인체에 유입될 수 있는 경로와 유해물질 취급장소에 게시하여야 하는 사항을 각각 3가지씩 쓰시오.

> Keyword | 유해물질의 인체 유입 경로와 유해물질 취급장소에 게시해야 하는 사항
>
> **정답**
> (1) 인체 유입 경로
> ① 호흡기
> ② 소화기
> ③ 피부점막
> (2) 유해물질 취급장소에 게시해야 하는 사항
> ① 유해물질의 명칭
> ② 인체에 미치는 영향
> ③ 취급상 주의사항
> ④ 착용하여야 하는 보호구
> ⑤ 응급조치와 긴급 방재 요령

2022년 제3회 제2부 기출복원문제

작업형

01 화면은 지게차 작업을 하는 모습이다. 해당 작업의 최초 작업개시 전 작업계획서를 작성하는데, 그 외에 작업계획서를 작성하여야 하는 경우 3가지를 쓰시오.

> **Keyword** | 지게차 작업 시 최초 외에 작업계획서 작성 시기

> **정답**
> ① 지게차 운전자가 변경되었을 경우
> ② 작업장소 또는 화물의 상태가 변경되었을 경우
> ③ 작업장 내 구조 설비 및 작업방법이 변경되었을 경우

> **법령** 지게차의 안전작업에 관한 기술지원규정

02 화면은 밀폐공간 작업을 하는 모습이다. 산업안전보건법상 밀폐공간에서 작업하는 경우 시행하여야 하는 작업 프로그램의 내용 3가지를 쓰시오. (단, 그 밖에 밀폐공간 작업 근로자의 건강장해 예방에 관한 사항은 제외한다.)

> **Keyword** | 밀폐공간 작업 프로그램의 내용

> **정답**
> ① 사업장 내 밀폐공간의 위치 파악 및 관리 방안
> ② 밀폐공간 내 질식·중독 등을 일으킬 수 있는 유해·위험 요인의 파악 및 관리 방안
> ③ 밀폐공간 작업 시 사전 확인이 필요한 사항에 대한 확인 절차
> ④ 안전보건교육 및 훈련

> **법령** 산업안전보건기준에 관한 규칙 제619조

03 화면은 전주 활선 작업을 하는 모습이다. 해당 작업 시 작업자가 착용하여야 하는 보호구 2가지를 쓰시오.

Keyword | 전주 활선 작업 시 착용해야 하는 보호구

정답
① 절연복
② 절연장갑
③ 절연화
④ 절연모

• 영상 설명 •
작업자가 고소작업대에서 전선 작업을 하고 있다. 작업자는 안전모를 미착용하고 면장갑을 끼고 있다.

04 화면은 이동식 크레인 작업을 하는 모습이다. 해당 작업시작 전 점검사항 2가지를 쓰시오.

Keyword | 이동식 크레인의 작업시작 전 점검사항

정답
① 권과방지장치나 그 밖의 경보장치의 기능
② 브레이크·클러치 및 조정장치의 기능
③ 와이어로프가 통하고 있는 곳 및 작업장소의 지반 상태

법령 산업안전보건기준에 관한 규칙 별표 3

05 가설통로를 설치하는 경우 준수하여야 하는 사항에 대하여 빈칸을 채우시오.

- 경사는 (①)° 이하로 할 것. 다만, 계단을 설치하거나 높이 2m 미만의 가설통로로서 튼튼한 손잡이를 설치한 경우에는 제외한다.
- 경사가 (②)°를 초과하는 경우에는 미끄러지지 아니하는 구조로 한다.

Keyword | 가설통로 설치 시 준수사항

정답
① 30
② 15
법령 산업안전보건기준에 관한 규칙 제23조

---

06 화면은 콘크리트 양생 작업을 하는 모습이다. 콘크리트 양생을 위해 열풍기 사용 시 안전조치 사항 3가지를 쓰시오.

Keyword | 콘크리트 양생 작업의 열풍기 사용 시 안전조치 사항

정답
① 소화기를 비치한다.
② 환기설비를 설치한다.
③ 호흡용 보호구를 착용한다.
④ 산소 및 유해가스 농도를 측정한다.
⑤ 열풍기 외함 접지 및 누전차단기를 설치한다.

---

07 화면은 중량물 취급 작업을 하는 모습이다. 해당 작업 시 작업조건과 관련하여 빈칸을 채우시오.

사업주는 근로자가 중량물을 인력으로 들어올리거나 운반하는 작업을 하는 경우에 근로자가 취급하는 물품의 (①), (②), (③), (④) 등 인체에 부담을 주는 작업의 조건에 따라 작업시간과 휴식시간 등을 적절하게 배분해야 한다.

Keyword | 중량물을 들어올리는 작업 시 작업시간과 휴식시간 등의 배분

정답
① 중량
② 취급빈도
③ 운반거리
④ 운반속도
법령 산업안전보건기준에 관한 규칙 제664조

08 화면은 가스용접 작업을 하는 모습이다. 해당 작업의 위험요인 2가지를 쓰시오.

Keyword | 가스용접 작업의 위험요인

정답
① 개인용 보호구(용접용 보안면, 용접용 안전장갑 등)를 착용하지 않았다.
② 산소통의 호스를 조임기구로 누출방지조치를 하지 않았다.
③ 가스 용기가 바닥에 눕혀 있다.

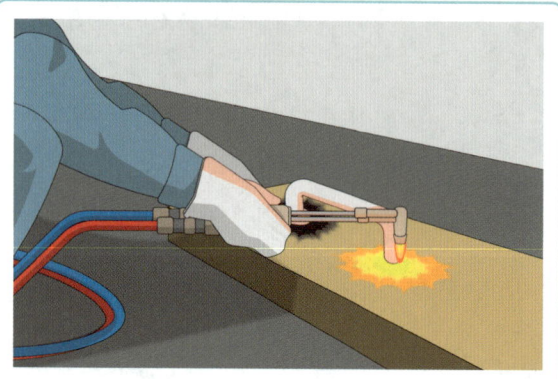

• 영상 설명 •
작업자가 맨얼굴로 면장갑을 착용하고 가스용접 작업을 하고 있다. 작업 중 산소통 줄이 짧아 당기는 순간 호스가 뽑히고 불꽃이 튄다. 바닥에는 가스 용기가 눕혀 있고 안전장치가 없다.

09 화면은 크레인 작업을 하는 모습이다. 해당 작업의 위험요인 3가지를 쓰시오.

Keyword | 크레인 작업의 위험요인

정답
① 보조로프를 사용하지 않았다.
② 줄걸이 방법이 불량하다.
③ 훅 해지장치가 설치되지 않았다.

• 영상 설명 •
작업자가 크레인을 이용하여 배관을 운반하고 있다. 파이프는 1줄걸이로 걸려있고 훅 해지장치가 없으며, 보조로프가 없어 손으로 지지하고 있다. 리모컨으로 크레인을 조작하던 중 바닥의 장애물과 걸려 넘어진다.

2022년 제3회 제3부 기출복원문제

작업형

01 화면은 지게차 작업을 하는 모습이다. 해당 작업 시 지게차의 안정도를 쓰시오.

구분	안정도
하역작업 시 전·후 안정도	①
하역작업 시 좌·우 안정도	②
하역작업 시 전·후 안정도(5t 이상)	③
주행 시 전·후 안정도	④

Keyword | 지게차 작업 시 안정도

정답
① 4% 이내
② 6% 이내
③ 3.5% 이내
④ 18% 이내

02 화면은 승강기 피트 내부 작업을 하는 모습이다. 해당 작업에 설치하여야 하는 방호조치 3가지를 쓰시오.

• 영상 설명 •
작업자가 승강기 피트 내부에서 작업 중 발을 헛디뎌 승강기 개구부로 추락한다.

Keyword | 승강기 피트 작업 시 설치해야 하는 방호조치

정답
① 안전난간
② 추락방호망
③ 수직형 추락방망
④ 덮개
⑤ 울타리

03 화면은 작업자가 플랜지 아래 부위에 용접을 하는 모습이다. 해당 작업에 존재하는 위험요인 3가지를 쓰시오.

> Keyword | 플랜지 용접 작업의 위험요인
>
> **정답**
> ① 용접불티 비산방지덮개, 용접방화포 등 불꽃, 불티 등의 비산방지조치 미흡
> ② 작업현장 주변에 인화성 물질 방치
> ③ 화재감시자 미배치
> ④ 작업장 정리상태 불량

• 영상 설명 •
작업자가 혼자 교류아크용접 작업장에서 대형 관의 플랜지 아래 부위를 아크용접하고 있다. 주변에는 인화성 물질로 보이는 통 등이 쌓여있고, 바닥은 정리되지 않은 상태이며, 불똥이 튀고 있다.

04 화면은 충전전로에서 작업을 하는 모습이다. 해당 작업 시 준수하여야 하는 사항과 관련하여 빈칸을 채우시오.

(1) 충전전로를 취급하는 근로자에게 그 작업에 적합한 (①)를 착용시킬 것
(2) 충전전로에 근접한 장소에서 전기 작업을 하는 경우에는 해당 전압에 적합한 (②)를 설치할 것. 다만, 저압인 경우에는 해당 전기 작업자가 (①)를 착용해야 한다.
(3) 유자격자가 아닌 작업자가 충전전로 인근의 높은 곳에서 작업할 때에 근로자의 몸 또는 긴 도전성 물체가 방호되지 않은 충전전로에서 대지전압이 50kV 이하인 경우에는 (③)cm 이내로, 대지전압이 50kV를 넘는 경우에는 10kV당 10cm씩 더한 거리 이내로 각각 접근할 수 없도록 할 것

> Keyword | 충전전로에서의 전기 작업 중 조치사항
>
> **정답**
> ① 절연용 보호구
> ② 절연용 방호구
> ③ 300
>
> **법령** 산업안전보건기준에 관한 규칙 제321조

05 화면은 말비계를 이용하여 작업을 하는 모습이다. 말비계 조립 시 준수하여야 하는 사항과 관련하여 빈칸을 채우시오.

(1) 지주부재(支柱部材)의 하단에는 미끄럼 방지장치를 하고, 근로자가 양측 끝부분에 올라서서 작업하지 않도록 할 것
(2) 지주부재와 수평면의 기울기를 (①)° 이하로 하고, 지주부재와 지주부재 사이를 고정시키는 (②)를 설치할 것
(3) 말비계의 높이가 (③)m를 초과하는 경우에는 작업발판의 폭을 (④)cm 이상으로 할 것

Keyword | 말비계 조립 시 준수사항

정답
① 75
② 보조부재
③ 2
④ 40

법령 산업안전보건기준에 관한 규칙 제67조

06 화면은 트럭의 적재함 수리 작업을 하던 중 발생한 사고이다. 해당 사고를 예방하기 위해 설치하여야 하는 안전장치 2가지를 쓰시오.

• 영상 설명 •
작업자가 트럭의 적재함 아래의 유압실린더를 수리하고 있다. 수리하던 중 유압실린더의 압력이 빠지면서 작업자가 끼인다.

Keyword | 트럭 적재함 수리 작업 시 안전장치

정답
① 안전지주
② 안전블럭

07 화면은 리프트 작업을 하는 모습이다. 리프트의 방호장치 4가지를 쓰시오.

> Keyword | 리프트의 방호장치
>
> 정답
> ① 과부하방지장치
> ② 권과방지장치
> ③ 비상정지장치
> ④ 제동장치
> ⑤ 조작반 잠금장치

08 화면은 전주 작업을 하는 모습이다. 해당 작업 시 착용하여야 하는 안전대의 구조 및 치수와 관련하여 빈칸을 채우시오.

- 벨트의 너비는 (①)mm 이상, 길이는 버클 포함 1,100mm 이상, 두께는 (②)mm 이상일 것
- 벨트, 지탱벨트의 시험하중은 (③)kN으로 할 것

> Keyword | 안전대의 성능기준
>
> 정답
> ① 50
> ② 2
> ③ 15
>
> 법령 보호구 안전인증 고시 별표 9

09 화면은 브레이크 라이닝 패드를 화학약품을 사용하여 세척하는 모습이다. 해당 작업 시 위험요인 3가지를 쓰시오.

> 영상 설명
> 작업자가 브레이크 라이닝 패드를 세척하고 있다. 작업자는 흡연을 하고 있고, 아무런 보호구를 착용하지 않았다. 작업장 바닥에는 세정제가 흘러 있다.

> Keyword | 화학약품으로 세척 시 착용해야 하는 보호구
>
> 정답
> ① 작업 중 흡연을 하고 있다.
> ② 개인용 보호구(방독마스크, 불침투성 보호복, 불침투성 보호장갑, 불침투성 보호장화 등)를 착용하지 않았다.
> ③ 작업장 바닥의 정리정돈이 불량하다.

2023년 제1회 제1부 기출복원문제

작업형

01 화면은 프레스의 모습이다. 해당 작업시작 전 점검하여야 하는 사항 3가지를 쓰시오.

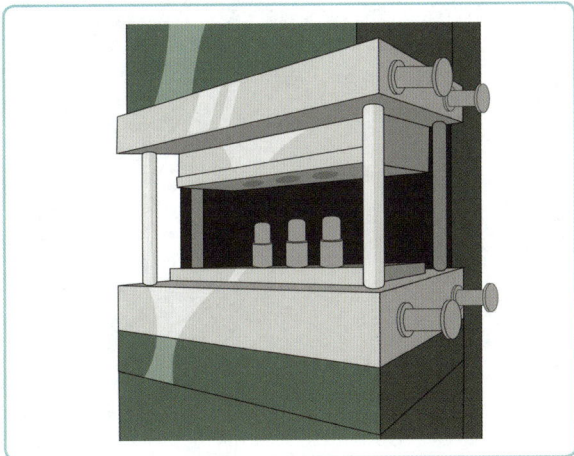

Keyword | 프레스의 작업시작 전 점검사항

정답
① 클러치 및 브레이크의 기능
② 크랭크축 · 플라이휠 · 슬라이드 · 연결봉 및 연결 나사의 풀림 유무
③ 1행정 1정지기구 · 급정지장치 및 비상정지장치의 기능
④ 슬라이드 또는 칼날에 의한 위험방지 기구의 기능
⑤ 프레스의 금형 및 고정볼트 상태
⑥ 방호장치의 기능
⑦ 전단기의 칼날 및 테이블의 상태

법령 산업안전보건기준에 관한 규칙 별표 3

02 화면은 국소배기장치의 덕트의 모습이다. 산업안전보건법에 의하여 국소배기장치의 덕트의 기준 3가지를 쓰시오.

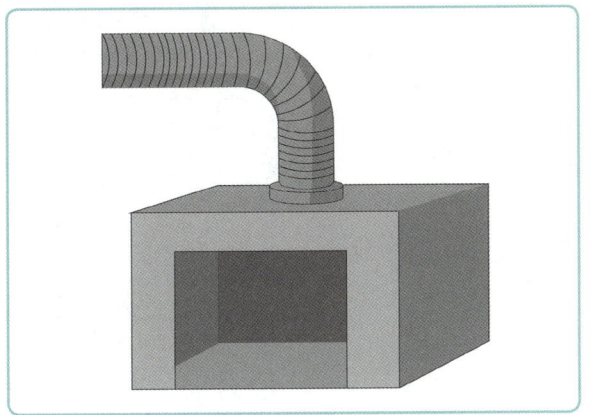

Keyword | 국소배기장치의 덕트의 기준

정답
① 가능하면 길이는 짧게 하고 굴곡부의 수는 적게 할 것
② 접속부의 안쪽은 돌출된 부분이 없도록 할 것
③ 청소구를 설치하는 등 청소하기 쉬운 구조로 할 것
④ 덕트 내부에 오염물질이 쌓이지 않도록 이송속도를 유지할 것
⑤ 연결 부위 등은 외부 공기가 들어오지 않도록 할 것

법령 산업안전보건기준에 관한 규칙 제73조

03 화면은 도로 보수 작업을 하는 모습이다. 해당 작업 시 착용하여야 하는 보호구 4가지를 쓰시오.

> Keyword | 도로 보수 작업 시 착용해야 하는 보호구
>
> 정답
> ① 안전모
> ② 보안경
> ③ 방진마스크
> ④ 귀마개(또는 귀덮개)
> ⑤ 방진장갑

• 영상 설명 •
작업자가 전동 브레이커로 인도 옆 보도블록을 파쇄하고 있다. 작업자는 안전모, 보안경 등 보호구를 착용하고 있지 않다.

04 가솔린이 남아 있는 화학설비, 탱크로리, 드럼 등에 등유나 경유를 주입하는 작업을 하는 때에는 미리 그 내부를 깨끗하게 씻어내고 가솔린의 증기를 불활성 가스로 바꾸는 등 안전한 상태로 되어있는 것을 확인한 후에 당해 작업을 해야 한다. 다만, 아래의 조치를 하는 경우에는 그러하지 아니하다. 다음 조치사항에 대하여 빈칸을 채우시오.

- 등유나 경유를 주입하기 전에 탱크·드럼 등과 주입설비 사이에 접속선이나 접지선을 연결하여 (①)를 줄이도록 할 것
- 등유나 경유를 주입하는 경우에는 그 액표면의 높이가 주입관의 선단의 높이를 넘을 때까지 주입속도를 초당 (②)m 이하로 할 것

> Keyword | 가솔린이 남아 있는 설비에 등유 등의 주입 시 조치사항
>
> 정답
> ① 전위차
> ② 1
> 법령 산업안전보건기준에 관한 규칙 제228조

05 화면은 박공지붕 설치 작업을 하던 중 발생하는 사고의 모습이다. 재해를 예방하기 위한 안전대책 3가지를 쓰시오.

Keyword | 박공지붕 설치 작업 시 안전대책

정답
① 안전대 부착설비 및 안전대 착용
② 추락 방호망 및 낙하물 방지망 설치
③ 낙하 위험 작업구간 출입통제
④ 안전한 장소에서의 휴식
⑤ 구름멈춤대, 쐐기 등으로 적재물 고정

• 영상 설명 •
작업자들은 박공지붕 설치 작업 중 휴식을 취하고 있다. 주변에 적재되어 있던 자재가 굴러떨어져 휴식 중이던 작업자를 덮쳐 추락한다. 건물에는 추락 방호망, 낙하물 방호망과 안전대도 미설치된 상태이다.

06 화면은 지게차 작업을 하는 모습이다. 지게차 작업 시 작업계획서에 포함하여야 하는 사항 2가지를 쓰시오.

Keyword | 지게차 작업 시 작업계획서의 포함 내용

정답
① 해당 작업에 따른 추락·낙하·전도·협착 및 붕괴 등의 위험 예방대책
② 차량계 하역운반기계 등의 운행경로 및 작업방법

법령 산업안전보건기준에 관한 규칙 별표 4

07 화면은 흙막이 지보공 설치 작업을 하는 모습이다. 흙막이 지보공의 설치 목적과 설치 후 정기적 점검사항 4가지를 쓰시오.

Keyword | 흙막이 지보공 설치 목적과 설치 후 정기적 점검사항

정답
(1) 설치 목적 : 지반의 붕괴 방지
(2) 정기적 점검사항
 ① 부재의 손상·변형·부식·변위 및 탈락의 유무와 상태
 ② 버팀대의 긴압의 정도
 ③ 부재의 접속부·부착부·교차부의 상태
 ④ 침하의 정도

법령 산업안전보건기준에 관한 규칙 제347조

개정 / 2024

08 산업안전보건법에 의하여 밀폐공간의 산소 및 유해가스 농도를 측정하고 평가하여야 하는 사람이나 기관의 종류를 4가지 쓰시오.

Keyword | 밀폐공간의 산소 및 유해가스 농도를 측정·평가하는 사람 및 기관

정답
① 관리감독자
② 안전관리자 또는 보건관리자
③ 안전관리전문기관 또는 보건관리전문기관
④ 건설재해예방전문지도기관
⑤ 작업환경측정기관
⑥ 한국산업안전보건공단이 정하는 산소 및 유해가스 농도의 측정·평가에 관한 교육을 이수한 사람

법령 산업안전보건기준에 관한 규칙 제619조의2

참고 2024년에 ①~⑥에 해당하는 자가 '밀폐공간의 산소 및 유해가스 농도의 측정 및 평가에 관한 지식과 실무경험이 있는 자'로 법령이 개정되었습니다.

09 화면은 활선 작업을 하는 모습이다. 해당 작업의 핵심 위험요인 3가지를 쓰시오.

• 영상 설명 •

한 명의 작업자가 절연모와 절연장갑, 안전대를 착용하지 않고 고소작업차에 탑승하여 충전전로에 손으로 절연용 방호구를 설치하고 있다. 작업자 및 차량이 활선에 가까운 모습이다.

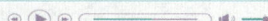

Keyword | 활선 작업의 위험요인

정답
① 안전대 및 안전대 부착설비 미사용
② 절연용 보호구 미착용
③ 활선작업용 기구 및 장치 미사용
④ 고소작업차 크레인의 이격거리 미준수
⑤ 충전전로에 절연용 방호구 미설치

2023년 제1회 제2부 기출복원문제

01 화면은 롤러기를 청소하는 모습이다. 해당 작업의 위험점과 정의를 쓰시오.

• 영상 설명 •
작업자가 인쇄윤전기의 전원을 끄지 않고 걸레로 롤러를 닦고 있다. 작업자는 체중을 실어 맞물리는 지점까지 닦던 중 걸레가 롤러에 말려 들어가서 손이 끼인다.

Keyword | 롤러기 작업 시 위험점과 정의

정답
(1) 위험점 : 물림점
(2) 위험점의 정의 : 서로 반대 방향으로 맞물려 회전하는 두 개의 회전체에 물려 들어가는 위험점

02 화면은 선반 작업을 하는 모습이다. 해당 작업의 내재되어 있는 위험요인 3가지를 쓰시오.

• 영상 설명 •
작업자가 선반 작업을 하고 있다. 작업자는 맨손으로 기계에 손을 올려놓고 있다. 선반에는 덮개나 울이 설치되지 않았고, 칩 브레이커가 설치되지 않아 칩이 끊어지지 않고 길게 나온다. 선반에서는 길이가 긴 공작물이 흔들리며 가공되고 있다.

Keyword | 선반 작업의 위험요인

정답
① 방호장치(덮개나 울) 미설치
② 칩 브레이커 미설치로 작업자에게 칩 비산 위험
③ 길이가 긴 공작물 고정 불량

03 화면은 휴대용 연삭기 작업을 하는 모습이다. 해당 작업의 위험요인 3가지를 쓰시오.

• 영상 설명 •
작업자가 휴대용 연삭기로 대리석 연마 작업을 하고 있다. 연삭기에는 덮개가 설치되어 있지 않으며, 연삭기 측면으로 작업하고 있다. 작업자는 보안경 및 방진마스크를 착용하지 않았다.

Keyword | 휴대용 연삭기 작업의 위험요인

정답
① 방호장치(덮개) 미설치
② 개인보호구(보안경, 방진마스크) 미착용
③ 연삭기 측면으로 작업

---

04 화면은 화학설비 공장의 한 구조물의 모습이다. 해당 구조물의 명칭과 설치 목적을 쓰시오.

• 영상 설명 •
화학공장에서 가스가 배출되고 있는 굴뚝의 모습을 보여준다.

Keyword | 화학설비의 플레어스택

정답
① 명칭 : 플레어스택
② 설치 목적 : 가스, 고휘발성 액체의 증기를 가연성, 독성, 냄새 제거 후 연소하여 대기 중에 방출

05 화면은 건물 해체 작업을 하는 모습이다. 해당 작업 시 준수하여야 하는 사항 3가지를 쓰시오.

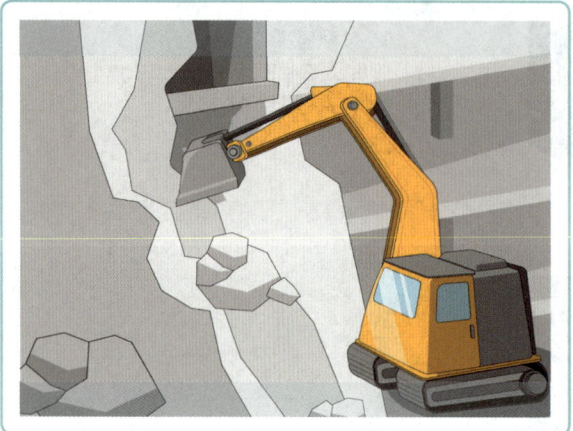

> Keyword | 건물 해체 작업 시 준수사항
>
> 정답
> ① 작업구역 내에 관계자 외 출입금지
> ② 강풍, 폭우, 폭설 등 악천후 시 작업 중지
> ③ 작업자 간 신호규정 준수

06 화면은 아세틸렌 용접장치로 작업을 하는 모습이다. 아세틸렌 용접장치 사용에 대하여 빈칸을 채우시오.

(1) 사업주는 아세틸렌 용접장치를 사용하여 금속의 용접·용단 또는 가열 작업을 하는 경우 게이지 압력이 (①)kPa을 초과하는 압력의 아세틸렌을 발생시켜 사용해서는 안 된다.
(2) 사업주는 아세틸렌 용접장치의 취관마다 (②)를 설치해야 한다. 단, 주관 및 취관에 가장 가까운 분기관마다 (②)를 부착한 경우에는 그렇지 않다.
(3) 발생기실은 건물의 최상층에 위치하여야 하며, 화기를 사용하는 설비로부터 (③)m를 초과하는 장소에 설치하여야 한다.
(4) 용해아세틸렌의 가스집합 용접장치의 배관 및 부속기구는 구리나 구리 함유량이 (④)% 이상인 합금을 사용해서는 안 된다.

> Keyword | 아세틸렌 및 가스집합 용접장치의 사용 기준
>
> 정답
> ① 127
> ② 안전기
> ③ 3
> ④ 70
>
> 법령 산업안전보건기준에 관한 규칙 제285, 286, 289, 294조

07 화면은 유해물질 취급 작업을 하던 중 발생한 사고의 모습이다. 해당 사고의 재해발생형태와 정의를 쓰시오.

• 영상 설명 •
작업자가 실험실에서 황산이 들어있는 유리용기를 만지다 떨어뜨린다.

Keyword | 유해물질 취급 작업 중 사고의 재해발생형태와 정의

정답
(1) 재해발생형태 : 화학물질 누출·접촉
(2) 정의 : 유해·위험물질에 노출·접촉 또는 흡입한 경우

참고 재해발생형태 용어 개정
유해·위험물질 노출·접촉 → 화학물질 누출·접촉

08 화면은 고소 작업을 하던 중 발생한 사고이다. 해당 사고의 위험요인과 안전대책 2가지를 쓰시오.

• 영상 설명 •
작업자가 작업발판이 설치되지 않은 비계 위에서 낙하물 방지망을 비계에 고정하고 있다. 작업자는 안전모는 착용하였으나 안전대를 착용하지 않았고, 이동 중 발을 헛디뎌 추락한다.

Keyword | 낙하물 방지망 작업의 위험요인과 안전대책

정답
(1) 위험요인
 ① 작업발판 미설치
 ② 안전대 미사용
(2) 안전대책
 ① 작업발판 설치
 ② 안전대 사용

09 화면은 지게차 작업을 하는 모습이다. 지게차의 안정도에 대하여 빈칸을 채우시오.

(1) 지게차는 지면에서 중심선이 지면의 기울어진 방향과 평행할 경우 앞이나 뒤로 넘어지지 아니하여야 한다.
  1) 지게차의 최대하중 상태에서 쇠스랑을 가장 높이 올린 경우 기울기가 (①)[지게차의 최대하중이 5톤 이상인 경우에는 (②)]인 지면
  2) 지게차의 기준부하 상태에서 주행할 경우 기울기가 (③)인 지면
(2) 지게차는 지면에서 중심선이 지면의 기울어진 방향과 직각으로 교차할 경우 옆으로 넘어지지 아니하여야 한다.
  1) 지게차의 최대하중 상태에서 쇠스랑을 가장 높이 올리고 마스트를 가장 뒤로 기울인 경우 기울기가 (④)인 지면
  2) 지게차의 기준무부하 상태에서 주행할 경우 구배가 지게차의 최고 주행속도에 1.1을 곱한 후 15를 더한 값인 지면. 다만, 규격이 5,000kg 미만인 경우에는 최대 기울기가 100분의 50, 5,000kg 이상인 경우에는 최대 기울기가 100분의 40인 지면을 말한다.

Keyword | 지게차 작업 시 안정도

정답
① 100분의 4(4%)
② 100분의 3.5(3.5%)
③ 100분의 18(18%)
④ 100분의 6(6%)

법령 건설기계 안전기준에 관한 규칙 제22조

참고 지게차의 안정도

구분	안정도
하역작업 시 전·후 안정도	4%
하역작업 시 전·후 안정도(5t 이상)	3.5%
주행 시 전·후 안정도	18%
하역작업 시 좌·우 안정도	6%

2023년 제1회 제3부 기출복원문제

작업형

01 화면은 탁상 연마기 작업을 하던 중 발생한 사고이다. 해당 사고의 기인물과 연마 작업 시 파편이나 칩의 비래를 대비하기 위해 설치하여야 하는 방호장치를 쓰시오.

Keyword | 연마기 작업 중 사고의 기인물과 방호장치

정답
(1) 기인물 : 탁상용 연마기
(2) 방호장치 : 칩비산방지판

• 영상 설명 •
작업자가 탁상용 연마기로 파이프를 연마하는 작업 중 칩이 튀어 눈에 들어갔다.

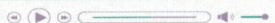

02 화면은 보일러실의 모습이다. 다음 보일러실 안전장치의 정의를 보고 해당 안전장치의 장치명과 설치하여야 하는 경우 2가지를 쓰시오.

Keyword | 파열판을 설치해야 하는 경우

정답
(1) 장치명 : 파열판
(2) 설치해야 하는 경우
  ① 반응 폭주 등 급격한 압력 상승의 우려가 있는 경우
  ② 급성 독성물질의 누출로 인하여 주위의 작업환경을 오염시킬 우려가 있는 경우
  ③ 운전 중 안전밸브에 이상 물질이 누적되어 안전밸브가 작동되지 아니할 우려가 있는 경우

법령 | 산업안전보건기준에 관한 규칙 제262조

• 영상 설명 •
입구 측의 압력이 설정압력에 도달하면 판이 파열하면서 유체가 분출하도록 용기 등에 설치된 얇은 판으로 된 장치

03 화면은 항타기·항발기 작업을 하는 모습이다. 해당 작업의 위험요인 2가지를 쓰시오.

Keyword | 충전전로에서 차량 작업 시 위험요인

정답
① 차량 등과 활선전로 간 이격거리 미준수
② 활선전로에 절연용 방호구 미설치
③ 울타리 미설치 및 감시인 미배치

법령 산업안전보건기준에 관한 규칙 제322조

• 영상 설명 •
항타기·항발기로 땅을 굴착하고 전주를 세우는 과정에서 고정된 전주가 조금 돌아가며 인접 활선전로에 접촉하여 스파크가 일어난다.

04 화면은 프레스 작업 중 발생한 사고의 모습이다. 해당 작업 시 금형 사이에 신체가 협착되는 사고를 방지하기 위해 설치하여야 하는 방호장치 4가지를 쓰시오.

Keyword | 프레스의 방호장치

정답
① 광전자식 방호장치
② 양수조작식 방호장치
③ 가드식 방호장치
④ 손쳐내기식 방호장치
⑤ 수인식 방호장치

• 영상 설명 •
작업자가 프레스 작업 중 철판에 이물질을 털어내다가 프레스가 작동하여 손을 다치는 모습이다. 이때 프레스에는 급정지장치가 설치되어 있지 않다.

05 가설계단의 작업장 설치기준에 대하여 빈칸을 채우시오.

(1) 계단 및 계단참을 설치하는 경우 매 m²당 (①)kg 이상의 하중에 견딜 수 있는 강도를 가진 구조로 설치하여야 하며, 안전율은 (②) 이상으로 하여야 한다.
(2) 계단의 폭은 (③)m 이상으로 하여야 한다.
(3) 높이가 3m를 초과하는 계단에는 높이 (④)m 이내마다 진행 방향으로 길이 (⑤)m 이상의 계단참을 설치해야 한다.
(4) 바닥면으로부터 높이 (⑥)m 이내의 공간에 장애물이 없도록 하여야 한다.

Keyword | 계단 및 계단참의 설치기준

정답
① 500
② 4
③ 1
④ 3
⑤ 1.2
⑥ 2

법령 산업안전보건기준에 관한 규칙 제26~29조

06 화면은 브레이크 라이닝 패드를 화학약품을 사용하여 세척하는 모습이다. 작업자가 착용하여야 하는 보호구를 3가지 쓰시오.

Keyword | 화약약품으로 세척 시 착용해야 하는 보호구

정답
① 유기화합물용 방독마스크
② 보안경
③ 불침투성 보호장갑
④ 불침투성 보호장화
⑤ 불침투성 보호복

07 화면은 이동식 크레인 작업을 하는 모습이다. 다음 설명을 보고 이동식 크레인의 방호장치 명칭을 쓰시오.

(1) 와이어로프가 지나치게 감기는 것을 방지하기 위한 장치
(2) 훅걸이용 와이어로프 등이 훅으로부터 벗겨지는 것을 방지하는 장치
(3) 이동식 크레인의 전도 사고를 방지하기 위하여 장비의 측면에 부착하는 장치

Keyword | 이동식 크레인의 방호장치

정답
(1) 권과방지장치
(2) 훅 해지장치
(3) 아웃트리거

08 화면은 전주의 전기형강 작업을 하는 모습이다. 정전 작업 후 전원 공급 시 조치하여야 하는 사항 3가지를 쓰시오.

Keyword | 정전 작업 후 전원 공급 시 조치사항

정답
① 작업기구, 단락 접지기구 등을 제거하고 전기기기 등이 안전하게 통전될 수 있는지를 확인할 것
② 모든 작업자가 작업이 완료된 전기기기 등에서 떨어져 있는지를 확인할 것
③ 잠금장치와 꼬리표는 설치한 근로자가 직접 철거할 것
④ 모든 이상 유무를 확인한 후 전기기기 등의 전원을 투입할 것

법령 산업안전보건기준에 관한 규칙 제319조

---

09 화면은 건설용 리프트의 모습이다. 화면을 보고 건설용 리프트의 방호장치명을 쓰시오.

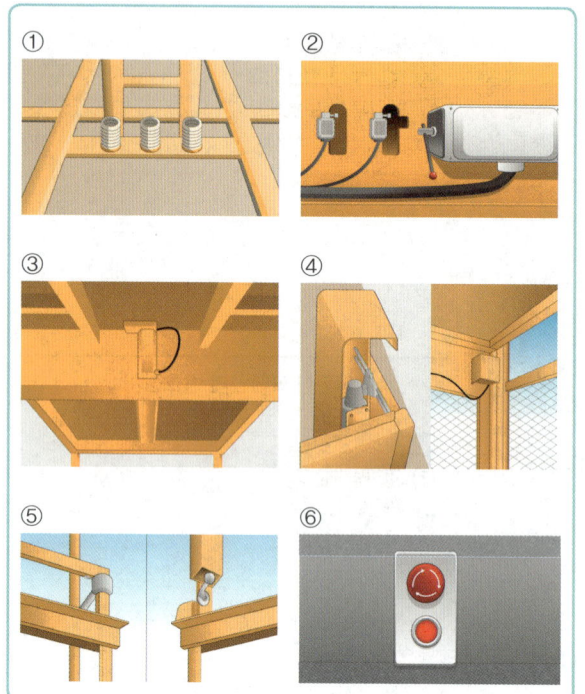

Keyword | 건설용 리프트의 방호장치

정답
① 완충스프링
② 3상 전원차단장치
③ 과부하방지장치
④ 출입문 연동장치
⑤ 방호울 출입문 연동장치
⑥ 비상정지장치

2023년 제2회 제1부 기출복원문제

작업형

01 화면은 전주의 모습이다. 전주의 중요 기기를 뇌전압으로부터 보호하기 위한 방호장치의 명칭과 장치가 갖추어야 할 구비조건 3가지를 쓰시오.

Keyword | 피뢰기의 구비조건

정답
(1) 명칭 : 피뢰기
(2) 구비조건
 ① 제한전압이 낮을 것
 ② 방전 개시전압이 낮을 것
 ③ 충격방전 개시전압이 낮을 것
 ④ 뇌전류 방전 능력이 클 것
 ⑤ 속류 차단을 확실하게 할 수 있을 것
 ⑥ 반복 사용이 가능할 것
 ⑦ 점검 및 보수가 간단할 것
 ⑧ 구조가 견고하고 특성이 변하지 않을 것

02 화면은 산업용 로봇의 작동 모습이다. 산업용 로봇의 방호장치인 안전매트의 작동 원리와 안전인증표시 외에 추가로 표시하여야 할 사항 2가지를 쓰시오.

Keyword | 산업용 로봇의 안전매트의 작동 원리와 안전인증표시 외 추가 표시사항

정답
(1) 작동 원리 : 유효감지영역 내의 임의의 위치에 일정한 정도 이상의 압력이 주어졌을 때 이를 감지하여 신호를 발생시킨다.
(2) 안전인증표시 외 추가 표시사항
 ① 작동하중
 ② 감응시간
 ③ 복귀신호의 자동 또는 수동 여부
 ④ 대소인공용 여부

법령 방호장치 안전인증 고시 제37조, 별표 25

03 화면은 LPG 저장소의 모습이다. 해당 장소의 가스 누출감지경보기의 설치 위치와 경보 설정값은 몇 %가 적당한지 쓰시오.

> Keyword | 가스 누출감지경보기의 설치 위치와 경보 설정값
>
> 정답
> ① 설치 위치 : LPG는 공기보다 무거우므로 바닥에 인접한 곳에 설치
> ② 경보 설정값 : 폭발하한계의 25% 이하

04 화면은 스프레이 페인트 도장 작업을 하는 모습이다. 해당 작업 시 작업자가 착용하여야 하는 방독마스크의 흡수제 종류 2가지를 쓰시오.

> Keyword | 방독마스크의 흡수제 종류
>
> 정답
> ① 활성탄
> ② 소다라임
> ③ 큐프라마이트
> ④ 알칼리제재
> ⑤ 실리카겔

05 화면은 석유화학 공장의 모습이다. 특수화학설비 내부의 이상 상태를 조기에 파악하기 위해 설치하여야 하는 계측장치 3가지를 쓰시오.

> Keyword | 특수화학설비에 설치해야 하는 계측장치
>
> 정답
> ① 유량계
> ② 온도계
> ③ 압력계
>
> 법령 | 산업안전보건기준에 관한 규칙 제273조

06 화면은 작업발판의 모습이다. 높이 2m 이상인 작업 장소에 설치하여야 하는 작업발판의 설치기준 3가지를 쓰시오. (단, 작업발판의 폭과 틈의 간격은 제외한다.)

Keyword | 작업발판의 설치기준

정답
① 발판재료는 작업할 때의 하중을 견딜 수 있도록 견고한 것으로 할 것
② 추락의 위험이 있는 장소에는 안전난간을 설치할 것
③ 작업발판의 지지물은 하중에 의하여 파괴될 우려가 없는 것을 사용할 것
④ 작업발판 재료는 뒤집히거나 떨어지지 않도록 2개 이상의 지지물에 연결하거나 고정시킬 것
⑤ 작업발판을 작업에 따라 이동시킬 경우에는 위험 방지에 필요한 조치를 취할 것

법령 산업안전보건기준에 관한 규칙 제56조

07 화면은 프레스 작업 중 발생한 사고의 모습이다. 해당 작업 시 설치하여야 하는 방호장치 4가지를 쓰시오.

• 영상 설명 •
작업자가 프레스 작업 중 철판에 이물질을 털어내다가 프레스가 작동하여 손을 다치는 모습이다. 이때 프레스에는 급정지장치가 설치되어 있지 않다.

Keyword | 프레스의 방호장치

정답
① 광전자식 방호장치
② 양수조작식 방호장치
③ 가드식 방호장치
④ 손쳐내기식 방호장치
⑤ 수인식 방호장치

08 화면은 낙하물 방지망의 모습이다. 낙하물 방지망의 설치기준에 대하여 빈칸을 채우시오.

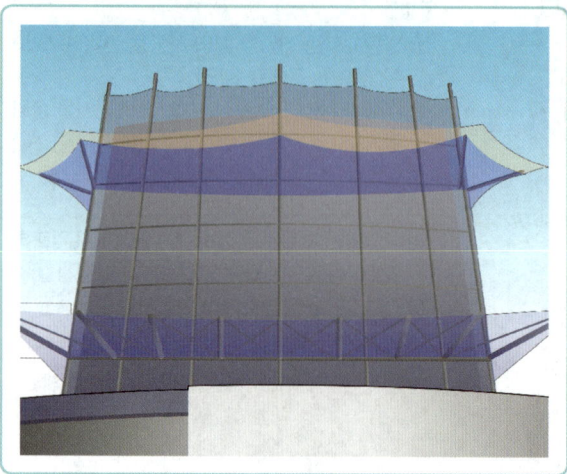

(1) 높이 (①)m 이내마다 설치하고, 내민 길이는 벽면으로부터 (②)m 이상으로 할 것
(2) 수평면과의 각도는 (③)° 이상 (④)° 이하를 유지할 것

> Keyword | 낙하물 방지망의 설치기준
>
> **정답**
> ① 10
> ② 2
> ③ 20
> ④ 30
>
> [법령] 산업안전보건기준에 관한 규칙 제14조

09 화면은 지게차 작업을 하는 모습이다. 지게차의 작업시작 전 점검사항 3가지를 쓰시오.

> Keyword | 지게차의 작업시작 전 점검사항
>
> **정답**
> ① 제동장치 및 조종장치 기능의 이상 유무
> ② 하역장치 및 유압장치 기능의 이상 유무
> ③ 바퀴의 이상 유무
> ④ 전조등·후미등·방향지시기 및 경보장치 기능의 이상 유무
>
> [법령] 산업안전보건기준에 관한 규칙 별표 3

2023년 제2회 제2부 기출복원문제

작업형

01 화면은 컨베이어의 모습이다. 컨베이어의 방호장치 4가지를 쓰시오.

Keyword | 컨베이어의 방호장치

정답
① 비상정지장치
② 덮개 또는 울
③ 건널다리
④ 역주행방지장치

법령 산업안전보건기준에 관한 규칙 제191~195조

02 화면은 지게차 작업을 하던 중 발생한 사고이다. 해당 재해의 위험요인 3가지를 쓰시오.

• 영상 설명 •
지게차 운전자가 화물을 높게 적재하여 운반하고 있다. 시야가 확보되지 않아 운행 중 통로의 작업자와 충돌한다. 화물은 로프 등으로 결박되어 있지 않다.

Keyword | 지게차 작업 중 재해의 위험요인

정답
① 화물의 과적으로 인하여 운전자의 시야를 확보하지 않음.
② 화물을 로프 등으로 결박하지 않음.
③ 시야 확보가 되지 않음에도 유도자를 배치하지 않음.

03 화면은 타워크레인 작업을 하는 모습이다. 타워크레인 작업 시 작업을 중지하여야 하는 기준에 대하여 빈칸을 채우시오.

(1) 순간풍속이 (①)m/s를 초과하는 경우 타워크레인의 설치·수리·점검 또는 해체 작업을 중지하여야 한다.
(2) 순간풍속이 (②)m/s를 초과하는 경우에는 타워크레인의 운전작업을 중지하여야 한다.

> **Keyword** | 타워크레인의 작업 중지 기상 조건
>
> **정답**
> ① 10
> ② 15
>
> **법령** 산업안전보건기준에 관한 규칙 제37조

04 화면은 이동식 크레인 작업을 하던 중 발생한 사고의 모습이다. 해당 사고의 재해발생형태와 가해물, 착용하여야 하는 감전 방지용 안전모의 종류 2가지를 쓰시오.

• 영상 설명 •
작업자가 이동식 크레인으로 전주 운반 작업을 하고 있다. 작업 중 전주가 흔들려 작업자 머리에 부딪힌다.

> **Keyword** | 전주 작업 중 사고의 가해물과 재해발생형태, 감전 방지용 안전모의 종류
>
> **정답**
> (1) 재해발생형태 : 맞음
> (2) 가해물 : 전주
> (3) 감전 방지용 안전모의 종류 : AE형, ABE형
>
> **법령** 보호구 안전인증 고시 별표 1
>
> **참고** 안전모의 종류
> ㉮ AB형 : 물체의 낙하·비래·추락에 의한 위험을 방지·경감시키기 위한 것
> ㉯ AE형 : 물체의 낙하·비래에 의한 위험을 방지·경감하고, 머리부위 감전 위험을 방지
> ㉰ ABE형 : 물체의 낙하·비래·추락에 의한 위험을 방지·경감하고, 머리부위 감전 위험을 방지

05 화면은 이동식 비계 위에서 작업하는 모습이다. 이동식 비계를 조립하여 작업하는 경우 준수사항 3가지를 쓰시오.

Keyword | 이동식 비계 작업 시 준수사항

정답
① 이동식 비계의 바퀴에는 뜻밖의 갑작스러운 이동 또는 전도를 방지하기 위하여 브레이크·쐐기 등으로 바퀴를 고정시킨 다음, 비계의 일부를 견고한 시설물에 고정하거나 아웃트리거를 설치하는 등 필요한 조치를 할 것
② 승강용사다리는 견고하게 설치할 것
③ 비계의 최상부에서 작업을 하는 경우에는 안전난간을 설치할 것
④ 작업발판은 항상 수평을 유지하고 작업발판 위에서 안전난간을 딛고 작업을 하거나 받침대 또는 사다리를 사용하여 작업하지 않도록 할 것
⑤ 작업발판의 최대적재하중은 250kg을 초과하지 않도록 할 것

법령 산업안전보건기준에 관한 규칙 제68조

---

06 화면은 영상단말기 작업을 하는 모습이다. 반복적인 동작, 부적절한 자세, 과도한 힘의 사용, 날카로운 면과의 신체접촉, 진동 및 온도 등의 요인에 의하여 발생하는 건강장해로서 목, 어깨, 허리, 팔·다리의 신경·근육 및 그 주변 신체조직 등에 나타나는 질환의 명칭과 영상단말기 작업 시 사업주가 조치하여야 하는 사항 4가지를 쓰시오.

Keyword | 근골격계질환과 영상단말기 작업 시 사업주의 조치사항

정답
(1) 질환의 명칭 : 근골격계 질환
(2) 영상단말기(VDT) 작업 시 조치사항
① 실내는 명암의 차이가 심하지 않도록 하고 직사광선이 들어오지 않는 구조로 할 것
② 저휘도형의 조명기구를 사용하고 창·벽면 등은 반사되지 않는 재질을 사용할 것
③ 컴퓨터 단말기와 키보드를 설치하는 책상과 의자는 작업에 종사하는 근로자에 따라 그 높낮이를 조절할 수 있는 구조로 할 것
④ 연속적으로 컴퓨터 단말기 작업에 종사하는 근로자에 대하여 작업시간 중에 적절한 휴식시간을 부여할 것

법령 산업안전보건기준에 관한 규칙 제656, 667조

07 화면은 프레스 작업을 하던 중 발생한 사고이다. 해당 작업 시 설치하여야 하는 방호장치와 상형과 하형 사이의 간격은 얼마 이하로 하는 것이 적당한지 쓰시오.

Keyword | 프레스의 방호장치

정답
(1) 방호장치명 : U자형 덮개
(2) 설치 간격 : 8mm

• **영상 설명**
작업자가 프레스 작업 중 실수로 프레스 페달을 밟아 금형 사이에 손이 끼인다.

08 산업안전보건법에 의하여 가스집합 용접장치(이동식 포함)의 배관을 하는 경우 준수하여야 하는 사항 2가지를 쓰시오.

Keyword | 가스집합 용접장치의 배관을 하는 경우 준수사항

정답
① 플랜지·밸브·콕 등의 접합부에는 개스킷을 사용하고 접합면을 상호 밀착시키는 등의 조치를 할 것
② 주관 및 분기관에는 안전기를 설치할 것. 이 경우 하나의 취관에 2개 이상의 안전기를 설치하여야 한다.

법령 산업안전보건기준에 관한 규칙 제293조

09 화면은 산업용 로봇의 모습이다. 산업용 로봇 운전 시 컨베이어 시스템 설치 등으로 1.8m 이상의 울타리를 설치할 수 없는 구간에 설치하여야 하는 방호장치 2가지를 쓰시오.

Keyword | 산업용 로봇의 방호장치

정답
① 안전매트
② 광전자식 방호장치

법령 산업안전보건기준에 관한 규칙 제223조

2023년 제2회 제3부 기출복원문제

작업형

01 화면은 공기압축기의 가동 작업을 하는 모습이다. 공기압축기의 가동 전 점검하여야 하는 사항 3가지를 쓰시오.

Keyword | 공기압축기의 가동 전 점검사항

정답
① 공기저장 압력용기의 외관 상태
② 드레인밸브(drain valve)의 조작 및 배수
③ 압력방출장치의 기능
④ 언로드밸브(unloading valve)의 기능
⑤ 윤활유의 상태
⑥ 회전부의 덮개 또는 울
⑦ 그 밖의 연결 부위의 이상 유무

[법령] 산업안전보건기준에 관한 규칙 별표 3

02 산업안전보건법에 의하여 근골격계 유해요인 조사 시 근골격계 부담작업을 하는 경우 조사항목 2가지와 최초 유해요인 조사를 신설일로부터 얼마 기간 내에 실시하여야 하는지 쓰시오.

Keyword | 근골격계부담작업의 유해요인 조사 항목과 조사시기

정답
(1) 유해요인 조사항목
 ① 설비·작업공정·작업량·작업속도 등 작업장 상황
 ② 작업시간·작업자세·작업방법 등 작업조건
 ③ 작업과 관련된 근골격계질환 징후와 증상 유무 등
(2) 신설 사업장의 유해요인 조사기간 : 1년

[법령] 산업안전보건기준에 관한 규칙 제657조

03 화면은 휴대용 연마기 작업을 하는 모습이다. 해당 작업 시 착용하여야 하는 보호구 3가지를 쓰시오.

Keyword | 휴대용 연마기 작업 시 착용해야 하는 보호구

정답
① 보안경
② 방진마스크
③ 안전모
④ 안전화
⑤ 귀마개
⑤ 방진장갑

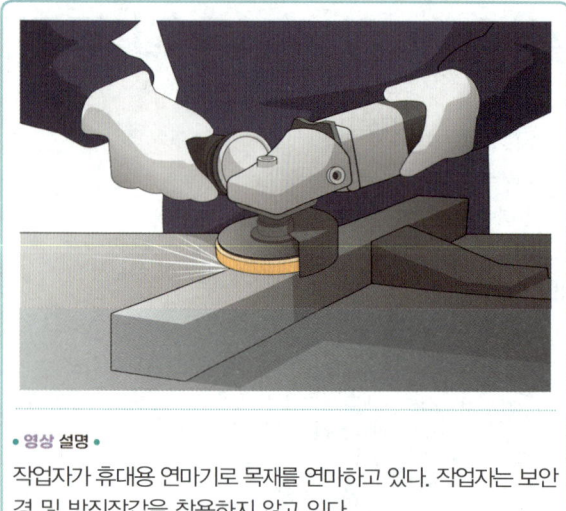

• 영상 설명 •
작업자가 휴대용 연마기로 목재를 연마하고 있다. 작업자는 보안경 및 방진장갑을 착용하지 않고 있다.

04 화면은 천장 크레인 화물 인양 작업을 하는 모습이다. 크레인으로 화물 인양을 하는 경우 걸이 작업의 기준 3가지를 쓰시오.

Keyword | 천장 크레인 화물 인양을 하는 경우 걸이 작업의 기준

정답
① 와이어로프 등은 크레인의 훅 중심에 걸어야 한다.
② 인양 물체의 안정을 위하여 2줄걸이 이상을 사용하여야 한다.
③ 밑에 있는 물체를 걸고자 할 때에는 위의 물체를 제거한 후에 행하여야 한다.
④ 매다는 각도는 60° 이내로 하여야 한다.
⑤ 근로자를 매달린 물체 위에 탑승시키지 않아야 한다.

• 영상 설명 •
작업자가 천장 크레인으로 화물을 인양하고 있다. 작업자는 한 손으로 스위치를 조작하고, 다른 한 손으로는 화물을 잡고 있다. 화물에는 유도로프가 없고, 1줄걸이로 연결되어 있으며, 훅 해지장치가 없다. 화물을 인양하던 중 인양물이 흔들리면서 한쪽으로 기울어 낙하한다.

05 화면은 크레인 작업을 하는 모습이다. 해당 크레인의 종류와 크레인의 새들 돌출부와 주변 구조물 사이의 안전공간은 얼마 이상 확보하여야 하는지 쓰시오.

Keyword | 갠트리 크레인의 새들 돌출부와 주변 구조물 사이의 안전공간

정답
(1) 갠트리 크레인
(2) 40cm

06 화면은 샌드페이퍼 작업을 하는 모습이다. 작업자의 손이 말려 들어가는 부분에 형성되는 위험점과 정의를 쓰시오.

• 영상 설명 •
작업자가 샌드페이퍼를 감아 손으로 지지하고 있다. 주변 작업자와 대화를 하고 있으며, 면장갑을 착용하고 있다.

Keyword | 샌드페이퍼 작업 중 사고의 위험점과 정의

정답
(1) 위험점 : 회전말림점
(2) 위험점의 정의 : 회전하는 물체에 작업복 등이 말려드는 위험이 존재하는 위험점

07 화면은 변압기를 유기화합물에 담가 절연처리 후 건조 작업을 하는 모습이다. 해당 작업 시 신체별로 착용하여야 하는 보호구를 쓰시오.

(1) 눈
(2) 손
(3) 피부

Keyword | 유기화합물 취급 작업 시 착용해야 하는 신체부위별 보호구

정답
(1) 눈 : 보안경
(2) 손 : 불침투성 보호장갑
(3) 피부 : 불침투성 보호복

08 둥근톱 기계에 고정식 톱날 접촉 예방장치를 설치하고자 한다. 이때 덮개 하단과 테이블 사이의 간격과 덮개 하단과 가공재 사이의 간격은 얼마로 하여야 하는지 쓰시오.

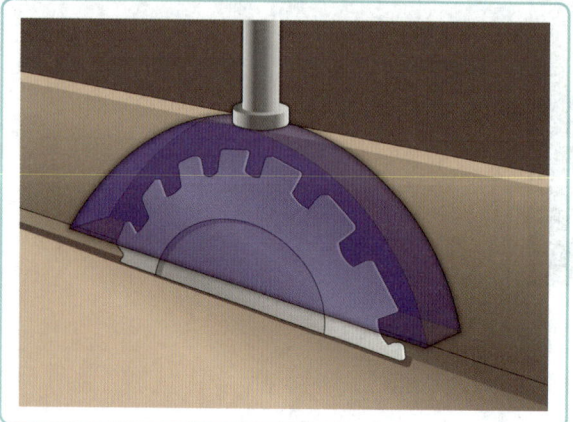

Keyword | 둥근톱 방호장치의 고정식 덮개의 간격

정답
(1) 덮개 하단과 테이블 사이의 간격 : 25mm 이내
(2) 덮개 하단과 가공재 사이의 간격 : 8mm 이내

법령 방호장치 자율안전기준 고시 별표 5

09 화면은 단무지 공장에서 작업 중 발생한 사고이다. 해당 사고의 원인을 피부저항과 관련하여 설명하시오.

• 영상 설명 •
작업자가 단무지가 들어있는 수조에서 수중펌프를 설치하는 작업을 하고 있다. 수조는 무릎 정도 물이 차 있고, 수중펌프를 작동함과 동시에 감전 사고를 당한다.

Keyword | 수중에서의 피부저항 값

정답
인체가 젖은 상태에서 피부저항은 건조 시의 1/25로 감소하기 때문에 감전되기 쉽다.

참고 피부의 건습 차에 의한 피부저항 값
• 땀이 나 있는 경우 : 건조 시의 1/12 ~ 1/20로 감소
• 물에 젖은 경우 : 건조 시의 1/25로 감소

2023년 제3회 제1부 기출복원문제

작업형

01 화면은 목재 절단 작업 중 발생한 사고이다. 해당 사고의 재해발생 형태와 가해물을 쓰시오.

Keyword | 목재 절단 작업 중 사고의 재해발생 형태와 가해물

정답
(1) 재해발생 형태 : 넘어짐
(2) 가해물 : 바닥

• 영상 설명 •
작업자가 목재 토막을 작업대 위에 올려놓고 전동 톱을 사용하여 절단하고 있다. 작업 중 작업발판이 흔들려 작업자가 균형을 잃고 넘어진다.

02 추락방호망의 설치기준에 대하여 빈칸을 채우시오.

(1) 추락방호망의 설치위치는 가능하면 작업면으로부터 가까운 지점에 설치한다. 다만, 작업면으로부터 망의 설치지점까지 수직거리는 (①)m를 초과하지 아니한다.
(2) 추락방호망은 (②)으로 설치하고, 망의 처짐은 짧은 변 길이의 (③)% 이상이 되도록 한다.

Keyword | 추락방호망의 설치기준

정답
① 10
② 수평
③ 12
[법령] 산업안전보건기준에 관한 규칙 제42조

03 화면은 승강기 피트 내부 작업을 하는 모습이다. 해당 작업에 설치하여야 하는 방호조치 3가지를 쓰시오.

• 영상 설명 •
작업자가 승강기 피트 내부에서 작업 중 발을 헛디뎌 승강기 개구부로 추락한다.

Keyword | 승강기 피트 작업 시 설치해야 하는 방호조치

정답
① 안전난간
② 추락방호망
③ 수직형 추락방망
④ 덮개
⑤ 울타리

04 화면은 지하의 밀폐공간에서 작업을 하는 모습이다. 해당 작업 시 작업자가 착용하여야 하는 호흡용 보호구 2가지를 쓰시오.

Keyword | 밀폐공간 작업 시 착용해야 하는 보호구

정답
① 공기호흡기
② 송기마스크

법령 산업안전보건기준에 관한 규칙 제620조

05 화면은 항타기·항발기 작업을 하는 모습이다. 해당 기계를 조립 및 해체 시 점검하여야 하는 사항 3가지를 쓰시오.

Keyword | 항타기·항발기 조립 또는 해체 시 점검사항

정답
① 본체 연결부의 풀림 또는 손상의 유무
② 권상용 와이어로프·드럼 및 도르래의 부착 상태의 이상 유무
③ 권상장치의 브레이크 및 쐐기장치 기능의 이상 유무
④ 권상기의 설치 상태의 이상 유무
⑤ 리더(leader)의 버팀 방법 및 고정 상태의 이상 유무
⑥ 본체·부속장치 및 부속품의 강도가 적합한지 여부
⑦ 본체·부속장치 및 부속품에 심한 손상·마모·변형 또는 부식이 있는지 여부

법령 | 산업안전보건기준에 관한 규칙 제207조

06 화면은 목재 가공 작업을 하는 모습이다. 화면의 기계 명칭과 기계에 설치하여야 하는 방호장치의 명칭을 쓰시오.

Keyword | 동력식 수동대패의 방호장치

정답
(1) 기계 : 동력식 수동대패
(2) 방호장치 : 날 접촉 예방장치

법령 | 산업안전보건기준에 관한 규칙 별표 5

07 화면은 하역운반기계로 화물을 운반하는 작업을 하는 모습이다. 해당 장비의 명칭과 설치하여야 하는 방호장치를 4가지 쓰시오.

Keyword | 지게차의 방호장치

정답
(1) 장비의 명칭 : 지게차
(2) 방호장치
　① 헤드가드
　② 백레스트
　③ 전조등, 후미등
　④ 안전벨트

08 화면은 유해물질 취급 작업을 하는 모습이다. 해당 작업 시 유해물질이 인체에 흡수되는 경로를 3가지 쓰시오.

Keyword | 유해물질의 인체 유입 경로

정답
① 호흡기
② 소화기
③ 피부점막

• 영상 설명 •
작업자가 실험실에서 황산이 들어있는 유리용기를 만지다 떨어뜨려 손에 묻는다. 작업자는 아무런 보호구를 착용하고 있지 않다.

09 산업안전보건법상 누전차단기를 설치해야 하는 기계·기구 3가지를 쓰시오.

• 영상 설명 •
작업자는 콘센트에 연결된 그라인더를 사용하여 앵글 작업을 하고 있다. 다른 작업자가 콘센트에 본인 그라인더의 플러그를 꽂으려 하다 감전된다. 작업장 바닥에는 물이 고여있다.

Keyword | 누전차단기 설치 대상 기계·기구

정답
① 대지전압이 150V를 초과하는 이동형 또는 휴대형 전기기계·기구
② 물 등 도전성이 높은 액체가 있는 습윤장소에서 사용하는 저압용 전기기계·기구
③ 철판·철골 위 등 도전성이 높은 장소에서 사용하는 이동형 또는 휴대형 전기기계·기구
④ 임시배선의 전로가 설치되는 장소에서 사용하는 이동형 또는 휴대형 전기기계·기구

법령 산업안전보건기준에 관한 규칙 제304조

2023년 제3회 제2부 기출복원문제

작업형

01 화면은 배관 용접 작업을 하는 모습이다. 습윤한 장소에서 교류아크 용접기에 부착하여야 하는 안전장치의 명칭과 용접봉 홀더의 구비조건 1가지를 쓰시오.

> **Keyword** | 교류아크 용접기의 방호장치와 용접봉 홀더의 구비조건
>
> **정답**
> (1) 안전장치 명칭 : 자동전격방지기
> (2) 용접봉 홀더의 구비조건
>   ① 절연내력
>   ② 내열성
>
> **법령** 산업안전보건기준에 관한 규칙 제306조

02 화면은 안전난간의 모습이다. 안전난간 설치 시 준수하여야 하는 사항과 관련하여 빈칸을 채우시오.

(1) 상부 난간대는 바닥면 등으로부터 (①)cm 이상 지점에 설치할 것
(2) 발끝막이판은 바닥면 등으로부터 (②)cm 이상의 높이를 유지할 것
(3) 난간대는 지름 (③)cm 이상의 금속제 파이프나 그 이상의 강도가 있는 재료일 것

> **Keyword** | 안전난간 설치 시 준수사항
>
> **정답**
> ① 90
> ② 10
> ③ 2.7
>
> **법령** 산업안전보건기준에 관한 규칙 제13조

03 화면은 말비계를 이용하여 작업을 하는 모습이다. 말비계 조립 시 준수하여야 하는 사항과 관련하여 빈칸을 채우시오.

(1) 지주부재(支柱部材)의 하단에는 미끄럼 방지장치를 하고, 근로자가 양측 끝부분에 올라서서 작업하지 않도록 할 것
(2) 지주부재와 수평면의 기울기를 (①)° 이하로 하고, 지주부재와 지주부재 사이를 고정시키는 (②)를 설치할 것
(3) 말비계의 높이가 (③)m를 초과하는 경우에는 작업발판의 폭을 (④)cm 이상으로 할 것

Keyword | 말비계 조립 시 준수사항

정답
① 75
② 보조부재
③ 2
④ 40

법령 산업안전보건기준에 관한 규칙 제67조

04 화면은 롤러기 작업을 하는 모습이다. 롤러기 방호장치인 급정지장치의 종류에 따른 설치 위치를 쓰시오.

Keyword | 롤러기 급정지장치 조작부의 설치 위치

정답
① 손조작식 : 밑면에서 1.8m 이내
② 복부조작식 : 밑면에서 0.8m 이상 1.1m 이내
③ 무릎조작식 : 밑면에서 0.6m 이내

법령 방호장치 자율안전기준 고시 별표 3

05 화면은 지하의 밀폐공간에서 작업을 하는 모습이다. 해당 작업 시 준수하여야 하는 사항 3가지를 쓰시오.

Keyword | 밀폐공간 작업 시 준수사항

① 작업 시작 전 해당 작업장의 적정공기 상태가 유지되도록 환기하여야 한다.
② 밀폐공간에 근로자를 입장 및 퇴장시킬 때 인원수를 점검하여야 한다.
③ 밀폐공간에 관계자 외 출입을 금지하고, 출입금지 표지를 게시한다.
④ 작업장과 외부 감시인 간에 연락을 취할 수 있는 설비를 설치하여야 한다.
⑤ 작업장의 환기가 되지 않거나 곤란한 경우 공기호흡기 또는 송기마스크를 착용하게 한다.

06 화면은 특수 화학설비의 모습이다. 해당 설비의 이상 상태를 조기에 파악하고 이에 따른 폭발·화재 또는 위험물의 누출을 방지하기 위하여 설치하여야 하는 장치 2가지를 쓰시오.

Keyword | 특수 화학설비의 이상 상태 파악 및 누출 방지 장치

정답
① 자동경보장치
② 긴급차단장치

법령 산업안전보건기준에 관한 규칙 제274, 275조

07 화면은 휴대용 연삭기 작업을 하는 모습이다. 해당 작업에서 사용하는 휴대용 연삭기의 방호장치와 방호장치의 개구부 설치 각도를 쓰시오.

Keyword | 휴대용 연삭기의 방호장치와 개구부 설치 각도

정답
(1) 방호장치 : 덮개
(2) 방호장치의 개구부 설치 각도(숫돌 노출 각도) : 180° 이내

법령 방호장치 자율안전기준 고시 별표 4

08 화면은 작업발판의 모습이다. 높이 2m 이상인 작업 장소에 설치하여야 하는 작업발판의 설치기준 3가지를 쓰시오. (단, 작업발판의 폭과 틈의 간격은 제외한다.)

Keyword | 작업발판의 설치기준

정답
① 발판재료는 작업할 때의 하중을 견딜 수 있도록 견고한 것으로 할 것
② 추락의 위험이 있는 장소에는 안전난간을 설치할 것
③ 작업발판의 지지물은 하중에 의하여 파괴될 우려가 없는 것을 사용할 것
④ 작업발판 재료는 뒤집히거나 떨어지지 않도록 2개 이상의 지지물에 연결하거나 고정시킬 것
⑤ 작업발판을 작업에 따라 이동시킬 경우에는 위험 방지에 필요한 조치를 취할 것

법령 산업안전보건기준에 관한 규칙 제56조

09 화면은 지게차 포크 위에서 작업을 하는 모습이다. 해당 작업의 위험요인 3가지를 쓰시오.

• 영상 설명 •
작업자가 지게차 포크 위에서 전등 교체 작업을 하고 있다. 작업 중 다른 작업자가 지게차를 움직이고, 포크 위의 작업자는 보호구를 착용하고 있지 않다.

Keyword | 지게차 포크 위 작업의 위험요인

정답
① 지게차 포크 위에 올라서서 교체 작업을 하고 있다.
② 작업자가 절연용 보호구를 착용하지 않아 감전의 위험이 있다.
③ 지게차의 열쇠를 뽑지 않아 운전자 외에 다른 작업자가 조작하지 못하게 관리하지 않았다.
④ 안전모, 안전대 등 추락방지용 보호구를 착용하지 않았다.

2023년 제3회 제3부 기출복원문제

작업형

01 화면은 전동 권선기에 동선을 감던 중 발생한 사고이다. 해당 작업의 재해발생 형태와 재해발생 원인 2가지를 쓰시오.

Keyword | 전동 권선기 작업의 재해발생 형태와 원인

정답
(1) 재해발생 형태 : 감전
(2) 재해발생 원인
① 작업 전 정전작업 미실시
② 절연용 보호구(절연장갑) 미착용

• 영상 설명 •
작업자는 면장갑을 착용하고 전동 권선기에 동선을 감고 있다. 기계가 멈추자 기계를 열고 점검하던 중 작업자가 쓰러진다.

02 화면은 인화성 물질 저장창고에서 작업을 하던 중 발생한 폭발 사고이다. 해당 사고의 폭발 종류와 그 정의를 쓰시오.

Keyword | 인화성 물질의 폭발

정답
(1) 폭발의 종류 : 증기운폭발(UVCE)
(2) 폭발의 정의 : 인화성 가스가 대기 중에 유출되어 구름 형태로 모여 점화원에 의하여 순간적으로 폭발하는 현상

• 영상 설명 •
작업자가 인화성 물질 저장창고에서 나온 뒤 외투를 벗고 있다. 창고에서 가스가 새어 나오고 있고, '펑' 하는 소리와 함께 폭발한다.

03 화면은 아크용접 작업을 하는 모습이다. 교류아크 용접기용 자동전격방지기의 종류 4가지를 쓰시오.

Keyword | 자동전격방지기의 종류

[정답]
① 외장형
② 내장형
③ 저저항시동형(L형)
④ 고저항시동형(H형)

[법령] 방호장치 자율안전기준 고시 별표 2

---

04 화면은 충전전로 부근에서 이동식 비계 작업을 하는 모습이다. 해당 작업의 위험요인 3가지를 쓰시오.

• 영상 설명 •
작업자가 충전전로 부근에 설치된 이동식 비계 작업을 하고 있다. 비계는 바퀴가 고정되지 않고, 작업자는 안전난간의 무릎 높이에 안전대를 체결했고, 안전모와 면장갑을 착용하였다. 비계에는 안전난간이 설치되어 있다.

Keyword | 충전전로 부근 비계 작업의 위험요인

[정답]
① 충전전로에 절연용 방호구가 설치되지 않았다.
② 충전전로와 이동식 비계 사이의 이격거리가 확보되지 않았다.
③ 이동식 비계의 바퀴를 고정하지 않았고 아웃트리거를 설치하지 않았다.
④ 안전대가 낮은 곳에 체결되어 있다.
⑤ 절연용 보호구를 착용하지 않았다.

05 화면은 전기드릴 작업을 하는 모습이다. 해당 작업의 위험요인 2가지를 쓰시오.

Keyword | 전기드릴 작업의 위험요인

정답
① 공작물을 맨손으로 잡고 작업
② 보안경 등의 안전보호구 미착용
③ 회전기계 사용 중 면장갑 착용
④ 이물질 제거 작업 시 전원 미차단
⑤ 이물질 제거 작업 시 전용공구 미사용

• 영상 설명 •
작업자가 공작물을 맨손으로 잡고 전기드릴 작업을 하며, 작업 중 이물질을 입으로 불어서 제거하고 있다. 작업자는 보안경을 착용하지 않고, 면장갑을 착용하고 있다.

06 화면은 사출성형기 작업 중 발생한 사고이다. 해당 사고의 재해발생 형태와 기인물을 적으시오.

Keyword | 사출성형기 작업 중 사고의 재해발생 형태와 기인물

정답
(1) 재해발생 형태 : 끼임
(2) 기인물 : 사출성형기

• 영상 설명 •
작업자가 사출성형기 점검 작업을 하고 있다. 개방하여 사이에 낀 잔류물을 손으로 제거하는 과정에서 갑자기 기계가 작동하여 손과 팔이 끼인다.

07 화면은 밀폐공간 작업의 모습이다. 밀폐공간작업 시 실시하여야 하는 특별안전보건교육 내용 3가지를 쓰시오. (단, 그 밖에 안전·보건관리에 필요한 사항은 제외한다.)

Keyword | 밀폐공간 작업 시 특별안전보건교육

정답
① 산소농도 측정 및 작업환경에 관한 사항
② 사고 시의 응급처치 및 비상시 구출에 관한 사항
③ 보호구 착용 및 보호 장비 사용에 관한 사항
④ 작업내용·안전작업방법 및 절차에 관한 사항
⑤ 장비·설비 및 시설 등의 안전점검에 관한 사항

법령 산업안전보건법 시행규칙 별표 5

---

08 화면은 낙하물 방지망의 모습이다. 낙하물 방지망의 설치기준에 대하여 빈칸을 채우시오.

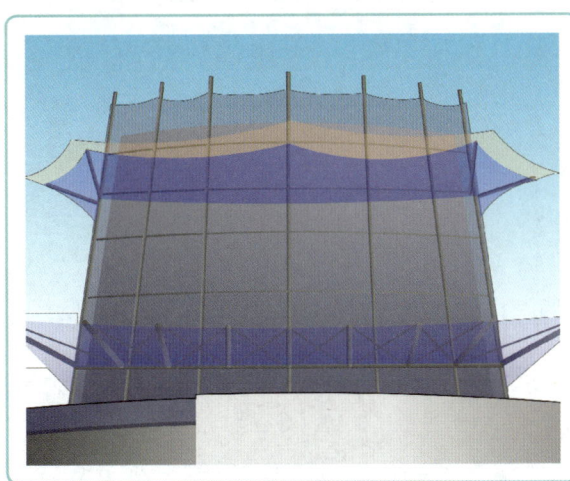

(1) 높이 (①)m 이내마다 설치하고, 내민 길이는 벽면으로부터 (②)m 이상으로 할 것
(2) 수평면과의 각도는 (③)° 이상 (④)° 이하를 유지할 것

Keyword | 낙하물 방지망의 설치기준

정답
① 10
② 2
③ 20
④ 30

법령 산업안전보건기준에 관한 규칙 제14조

09 화면은 사다리식 통로의 모습이다. 산업안전보건법상 사다리식 통로를 설치하는 경우 준수하여야 하는 사항 3가지를 쓰시오. (단, 수치를 포함하는 내용만 쓰시오.)

Keyword | 사다리식 통로 설치 시 준수사항

정답

① 발판과 벽과의 사이는 15cm 이상의 간격을 유지할 것
② 폭은 30cm 이상으로 할 것
③ 사다리의 상단은 걸쳐놓은 지점으로부터 60cm 이상 올라가도록 할 것
④ 사다리식 통로의 길이가 10m 이상인 경우에는 5m 이내마다 계단참을 설치할 것
⑤ 사다리식 통로의 기울기는 75° 이하로 할 것. 다만, 고정식 사다리식 통로의 기울기는 90° 이하로 하고, 그 높이가 7m 이상인 경우에는 다음의 구분에 따른 조치를 할 것
 • 등받이울이 있어도 근로자 이동에 지장이 없는 경우 : 바닥으로부터 높이가 2.5m 되는 지점부터 등받이울을 설치할 것
 • 등받이울이 있으면 근로자가 이동이 곤란한 경우 : 한국산업표준에서 정하는 기준에 적합한 개인용 추락 방지 시스템을 설치하고 근로자로 하여금 한국산업표준에서 정하는 기준에 적합한 전신안전대를 사용하도록 할 것

법령 산업안전보건기준에 관한 규칙 제24조

2024년 제1회 제1부 기출복원문제

작업형

01 화면은 지게차 작업을 하는 모습이다. 지게차의 작업시작 전 점검사항 3가지를 쓰시오.

Keyword | 지게차의 작업시작 전 점검사항

정답
① 제동장치 및 조종장치 기능의 이상 유무
② 하역장치 및 유압장치 기능의 이상 유무
③ 바퀴의 이상 유무
④ 전조등·후미등·방향지시기 및 경보장치 기능의 이상 유무

법령 산업안전보건기준에 관한 규칙 별표 3

02 화면은 전기드릴 작업을 하는 모습이다. 해당 작업의 위험요인 2가지를 쓰시오.

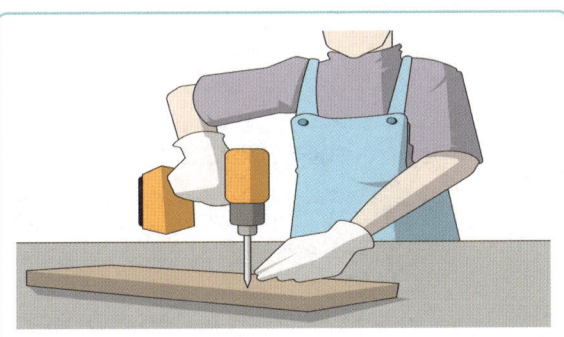

• 영상 설명 •
작업자가 전기드릴로 각목에 구멍을 뚫는데, 각목이 고정되지 않아 움직인다. 작업자는 보안경을 착용하지 않았고, 면장갑을 착용하고 있다.

Keyword | 전기드릴 작업의 위험요인

정답
① 드릴 작업 중 면장갑을 착용하고 있다.
② 보안경을 착용하지 않았다.
③ 각목을 바이스 등으로 고정하지 않았다.

03 화면은 밀폐공간 작업을 하는 모습이다. 산업안전보건법상 밀폐공간에서 작업하는 경우 시행하여야 하는 작업 프로그램의 내용 3가지를 쓰시오. (단, 그 밖에 밀폐공간 작업 근로자의 건강장해 예방에 관한 사항은 제외한다.)

Keyword | 밀폐공간 작업 프로그램의 내용

정답
① 사업장 내 밀폐공간의 위치 파악 및 관리 방안
② 밀폐공간 내 질식·중독 등을 일으킬 수 있는 유해·위험 요인의 파악 및 관리 방안
③ 밀폐공간 작업 시 사전 확인이 필요한 사항에 대한 확인 절차
④ 안전보건교육 및 훈련

법령 산업안전보건기준에 관한 규칙 제619조

---

04 화면은 샌드페이퍼 작업을 하던 중 발생한 사고이다. 해당 사고의 위험요인 3가지를 쓰시오.

• 영상 설명 •
작업자가 손으로 직접 재료를 잡고 샌드페이퍼 작업을 하고 있다. 작업자는 면장갑을 착용하고 있고 보안경은 착용하지 않았다. 작업 중 옆의 작업자와 담소를 나누다 옷이 말려 들어간다.

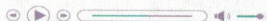

Keyword | 샌드페이퍼 작업 중 위험요인

정답
① 손으로 재료를 지지하고 있다.
② 회전기계 작업 중 면장갑을 착용하고 있다.
③ 작업에 집중하지 않았다.

---

05 화면은 보일러의 압력방출장치이다. 산업안전보건법상 보일러의 압력방출장치 설치 시 설치기준에 관하여 빈칸을 채우시오.

보일러 규격에 적합한 압력방출장치를 (①) 이하에서 작동되도록 1개 또는 2개 이상 설치해야 한다. 다만, 2개 이상 설치된 경우에는 (①) 이하에서 1개가 작동되고, 다른 압력방출장치는 최고사용압력 (②) 이하에서 작동되도록 부착해야 한다.

Keyword | 보일러 압력방출장치의 설치기준

정답
① 최고사용압력
② 1.05배

법령 산업안전보건기준에 관한 규칙 제116조

06 화면은 스팀배관 점검 작업을 하던 중 발생한 사고이다. 해당 사고의 결과로 예상되는 재해발생형태를 쓰시오.

> Keyword | 스팀배관 점검 작업 중 사고의 재해발생 형태
>
> 정답 이상온도 접촉

• 영상 설명 •
작업자가 스팀배관 보수 작업을 하고 있다. 작업자는 안전모, 장갑, 보안경을 착용하지 않고 있다. 보수 작업 중 배관을 툭 치니 스팀이 새어 나온다.

07 화면은 고소작업대(이동식 크레인)에서 전선 작업을 하는 모습이다. 해당 작업의 위험요인 3가지를 쓰시오.

> Keyword | 고소작업대(이동식 크레인) 작업의 위험 요인
>
> 정답
> ① 이동식 크레인의 접근한계 거리 미준수
> ② 작업자의 절연용 보호구(절연모, 절연장갑) 미착용
> ③ 작업자의 안전대 미착용
> ④ 작업반경 내 작업자 출입 미통제

• 영상 설명 •
이동식 크레인의 붐대가 전주와 거의 붙어 있는 상태에서 작업자가 전선 작업을 하고 있다. 위쪽에는 안전대와 보호구를 착용하지 않은 작업자가 작업 도중 아래로 떨어지고, 아래쪽에는 안전모를 쓴 다른 작업자가 걸어가고 있다.

08 화면은 프레스 작업을 하던 중 발생한 사고이다. 해당 사고의 위험요인 2가지를 쓰시오.

Keyword | 프레스 작업의 위험요인

정답
① 전원을 차단하지 않고 이물질을 제거했다.
② 이물질 제거용 수공구를 사용하지 않았다.
③ 페달에 U자형 덮개가 설치되지 않았다.

• 영상 설명 •
작업자가 프레스 작업 중 직접 손을 넣어 기계에 걸린 이물질을 제거하다 실수로 페달을 밟아 프레스가 작동한다.

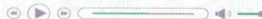

09 화면은 컨베이어, 선반, 휴대용 연삭기의 모습이다. 해당 기계기구의 방호장치를 1가지씩 쓰시오.

Keyword | 위험 기계기구의 방호장치

정답
(1) 컨베이어
 ① 비상정지장치
 ② 이탈 방지장치
 ③ 덮개
 ④ 울
(2) 선반
 ① 덮개
 ② 울
 ③ 칩 비산 방지 덮개
(3) 휴대용 연삭기
 ① 덮개

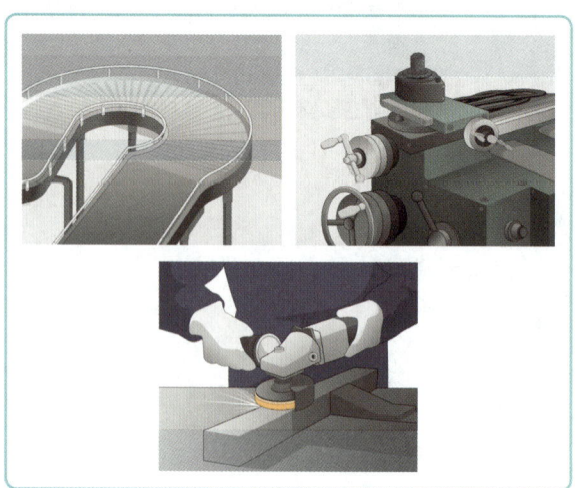

2024년 제1회 제2부 기출복원문제

작업형

01 화면은 교량 점검 작업을 하던 중 발생한 사고이다. 해당 사고의 재해원인 3가지를 쓰시오.

Keyword | 교량 점검 작업 시 재해원인

정답
① 작업발판 불량
② 안전난간 미설치
③ 안전대 및 안전대 부착설비 미사용
④ 추락방호망 미설치

• 영상 설명 •
작업자가 흔들리는 작업발판 위에서 교량 하부를 점검하던 중 추락한다. 교량에는 안전난간이 없고, 추락방호망이 설치되지 않았으며, 작업자는 안전대를 미착용하고 있다.

02 화면은 석유화학 공장의 모습이다. 특수화학설비 내부의 이상 상태를 조기에 파악하기 위해 설치하여야 하는 계측장치 3가지를 쓰시오.

Keyword | 특수화학설비에 설치해야 하는 계측장치

정답
① 유량계
② 온도계
③ 압력계

법령 산업안전보건기준에 관한 규칙 제273조

03 화면은 영상단말기 작업을 하는 모습이다. 반복적인 동작, 부적절한 자세, 과도한 힘의 사용, 날카로운 면과의 신체접촉, 진동 및 온도 등의 요인에 의하여 발생하는 건강장해로서 목, 어깨, 허리, 팔·다리의 신경·근육 및 그 주변 신체조직 등에 나타나는 질환의 명칭과 영상단말기 작업 시 사업주가 조치하여야 하는 사항 4가지를 쓰시오.

> **Keyword | 근골격계질환과 영상단말기 작업 시 사업주의 조치사항**
>
> **정답**
> (1) 질환의 명칭 : 근골격계 질환
> (2) 영상단말기(VDT) 작업 시 조치사항
>   ① 실내는 명암의 차이가 심하지 않도록 하고 직사광선이 들어오지 않는 구조로 할 것
>   ② 저휘도형의 조명기구를 사용하고 창·벽면 등은 반사되지 않는 재질을 사용할 것
>   ③ 컴퓨터 단말기와 키보드를 설치하는 책상과 의자는 작업에 종사하는 근로자에 따라 그 높낮이를 조절할 수 있는 구조로 할 것
>   ④ 연속적으로 컴퓨터 단말기 작업에 종사하는 근로자에 대하여 작업시간 중에 적절한 휴식시간을 부여할 것
>
> **법령** 산업안전보건기준에 관한 규칙 제656, 667조

04 화면은 프레스의 방호장치이다. 해당 방호장치의 명칭과 기능을 쓰시오. (단, 이 방호장치의 종류는 A-1 이다.)

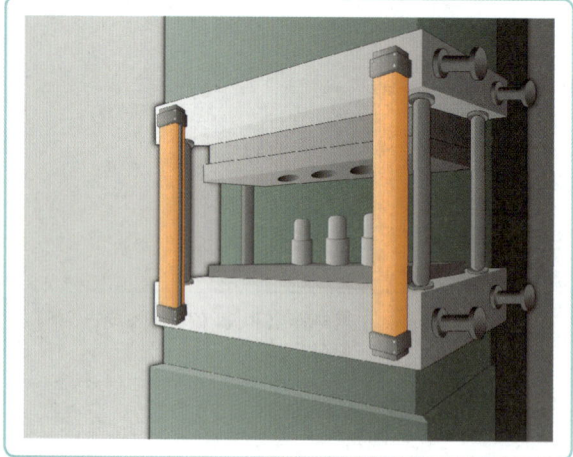

> **Keyword | 프레스의 방호장치**
>
> **정답**
> (1) 방호장치명 : 광전자식 방호장치
> (2) 광전자식 방호장치(A-1)의 기능 : 투광부, 수광부, 컨트롤 부분으로 구성된 것으로서, 신체의 일부가 광선을 차단하면 기계를 급정지시킴.
>
> **법령** 방호장치 안전인증 고시 별표 1
>
> **참고** 프레스 또는 전단기 방호장치의 종류
> ㉮ 광전자식 방호장치 : A-1, A-2
> ㉯ 양수조작식 방호장치 : B-1, B-2
> ㉰ 가드식 방호장치 : C
> ㉱ 손쳐내기식 방호장치 : D
> ㉲ 수인식 방호장치 : E

05 화면은 둥근톱 작업을 하는 모습이다. 해당 작업의 위험요인과 설치하여야 하는 방호장치를 각각 2가지씩 쓰시오.

• 영상 설명 •
작업자가 둥근톱을 사용하여 목재 절단 작업을 하고 있다. 둥근톱에는 덮개가 없으며 작업자는 보안경 및 방진마스크를 미착용하였고, 면장갑을 착용하고 있다.

Keyword | 둥근톱 작업의 위험요인과 방호장치

정답
(1) 위험요인
  ① 방호장치가 설치되지 않았다.
  ② 개인보호구를 착용하지 않았다.
  ③ 작업에 집중하지 않았다.
(2) 방호장치
  ① 톱날접촉예방장치
  ② 반발예방장치

06 화면에서 보여주는 낙하물 방지망의 설치기준에 대하여 빈칸을 채우시오.

(1) 높이 10m 이내마다 설치하고, 내민 길이는 벽면으로부터 2m 이상으로 할 것
(2) 수평면과의 각도는 (①)° 이상 (②)° 이하를 유지할 것

Keyword | 낙하물 방지망의 설치기준

정답
① 20
② 30
법령 산업안전보건기준에 관한 규칙 제14조

07 화면은 방열복의 모습이다. 방열복 내열원단의 시험성능 기준에 대하여 빈칸을 채우시오.

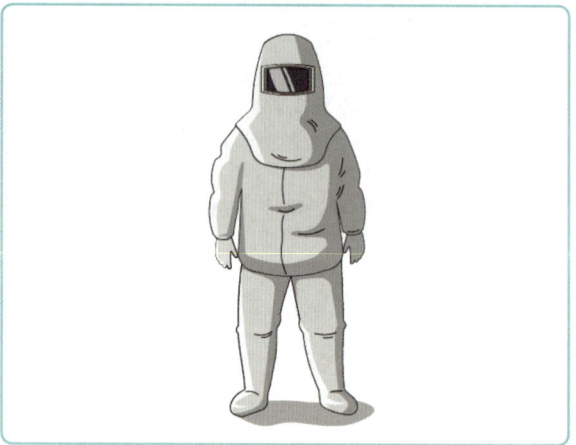

(1) 난연성 : 잔염 및 잔진시간이 (①) 미만이고 녹거나 떨어지지 말아야 하며, 탄화 길이가 (②) 이내일 것
(2) 절연저항 : 표면과 이면의 절연저항이 (③) 이상일 것

Keyword | 방열복 내열원단의 시험성능 기준

정답
① 2초
② 102mm
③ 1MΩ

법령 보호구 안전인증 고시 별표 8

참고 방열복 내열원단의 시험성능 기준
㉮ 난연성
㉯ 내열성
㉰ 내한성
㉱ 절연저항
㉲ 인장강도

---

08 화면에서 보여주는 설비에 대하여 자율안전확인 대상에 의거한 명칭과 해당 설비가 운전 중일 때 근로자를 넘어가도록 하는 경우에 위험을 방지하기 위하여 설치해야 하는 방호장치의 명칭을 쓰시오.

Keyword | 컨베이어의 방호장치

정답
(1) 명칭 : 컨베이어
(2) 방호장치명 : 건널다리

법령 산업안전보건기준에 관한 규칙 제195조

09 화면은 건설용 리프트의 모습이다. 화면을 보고 건설용 리프트의 방호장치명을 쓰시오.

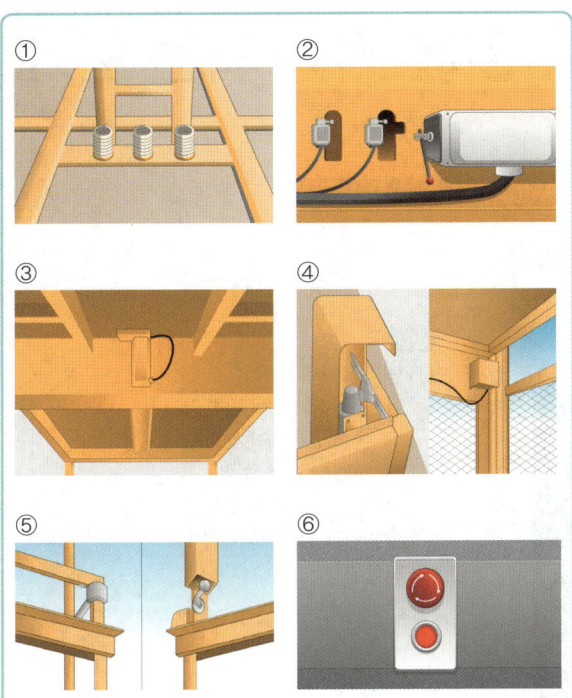

> Keyword | 건설용 리프트의 방호장치

정답
① 완충스프링
② 3상 전원차단장치
③ 과부하방지장치
④ 출입문 연동장치
⑤ 방호울 출입문 연동장치
⑥ 비상정지장치

2024년 제1회 제3부 기출복원문제

작업형

01 화면은 프레스 작업을 하는 모습이다. 프레스에 사용할 수 있는 방호장치의 종류 4가지와 화면의 작업자가 무력화시킨 방호장치의 명칭을 쓰시오.

Keyword | 프레스의 방호장치

정답
(1) 방호장치의 종류
 ① 게이트가드식 방호장치
 ② 손쳐내기식 방호장치
 ③ 수인식 방호장치
 ④ 양수조작식 방호장치
(2) 작업자가 무력화시킨 방호장치 : 광전자식 방호장치

법령 방호장치 안전인증 고시 별표 1

• 영상 설명 •
작업자가 투광부와 수광부가 부착되어 있는 프레스에서 작업을 하고 있다. 페달을 밟아 철판에 구멍을 뚫는 작업을 하고 있고, 작업자가 방호장치를 치우고 작업을 하던 중 손이 끼인다.

02 화면은 전주 작업을 하는 모습이다. 해당 작업 시 착용하여야 하는 안전대의 구조 및 치수와 관련하여 빈칸을 채우시오.

- 벨트의 너비는 (①)mm 이상, 길이는 버클 포함 1,100mm 이상, 두께는 (②)mm 이상일 것
- 벨트, 지탱벨트의 시험하중은 (③)kN으로 할 것

Keyword | 안전대의 성능기준

정답
① 50
② 2
③ 15

법령 보호구 안전인증 고시 별표 9

03 화면은 지게차 작업을 하던 중 발생한 사고이다. 해당 재해의 위험요인 3가지를 쓰시오.

• 영상 설명 •
지게차 운전자가 화물을 높게 적재하여 운반하고 있다. 시야가 확보되지 않아 운행 중 통로의 작업자와 충돌한다. 화물은 로프 등으로 결박되어 있지 않다.

Keyword | 지게차 작업 중 재해의 위험요인

정답
① 화물의 과적으로 인하여 운전자의 시야를 확보하지 않음.
② 화물을 로프 등으로 결박하지 않음.
③ 시야 확보가 되지 않음에도 유도자를 배치하지 않음.

04 화면은 크레인 작업을 하는 모습이다. 크레인의 안전검사 주기와 관련하여 빈칸을 채우시오.

사업장에 설치가 끝난 날부터 (①)년 이내에 최초 안전검사를 실시하되, 그 이후부터 (②)년마다 실시한다. 건설현장에서 사용하는 것은 최초로 설치한 날부터 6개월마다 실시한다.

Keyword | 크레인의 안전검사 주기

정답
① 3
③ 2

법령 산업안전보건법 시행규칙 제126조

05 화면은 롤러기를 청소하던 중 손이 말려 들어간 사고이다. 해당 작업의 안전대책 2가지를 쓰시오.

Keyword | 롤러기 작업 시 안전대책

정답
① 작업 전 전원을 차단하고 작업한다.
② 회전기계 작업 중 장갑 사용을 금지한다.
③ 방호장치를 설치한다.
④ 이물질 제거 시 전용공구를 사용한다.

• 영상 설명 •
작업자는 인쇄윤전기의 전원을 끄지 않고 걸레로 롤러를 닦고 있다. 작업자는 체중을 실어 맞물리는 지점까지 닦던 중 걸레가 롤러에 말려 들어가서 손이 끼인다.

06 화면은 임시 배전반 점검 작업을 하던 중 발생한 사고이다. 해당 사고의 재해발생 형태와 위험요인 2가지를 쓰시오.

Keyword | 배전반 점검 작업 시 감전의 위험요인

정답
(1) 재해발생 형태 : 감전
(2) 위험요인
　　① 작업자가 절연용 보호구를 착용하지 않았다.
　　② 개폐기 문에 통전금지 표지판을 설치하고 감시인을 배치하지 않았다.
　　③ 작업 시작 전 전원을 차단하지 않았다.

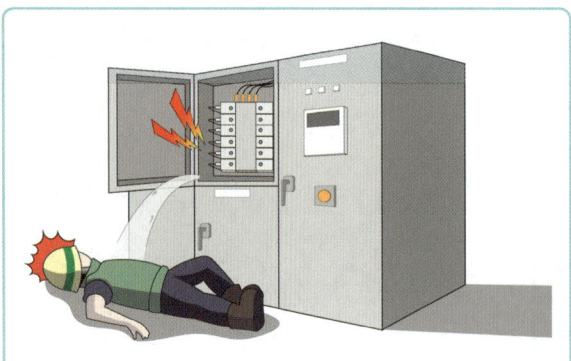

• 영상 설명 •
작업자가 임시 배전반 점검을 하기 위해 맨손으로 만지는 순간 감전되어 쓰러진다. 배전반에는 누전차단기가 설치되어 있지 않다.

07 화면은 고소작업대를 사용하여 작업을 하는 모습이다. 해당 작업 시 준수하여야 하는 사항 3가지를 쓰시오.

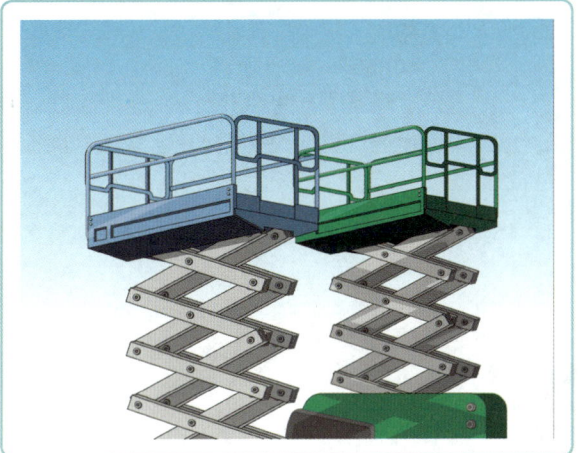

Keyword | 고소작업대 사용 시 준수사항

정답
① 작업자가 안전모·안전대 등의 보호구를 착용하도록 할 것
② 관계자가 아닌 사람이 작업구역에 들어오는 것을 방지하기 위하여 필요한 조치를 할 것
③ 안전한 작업을 위하여 적정수준의 조도를 유지할 것
④ 전로(電路)에 근접하여 작업을 하는 경우에는 작업감시자를 배치하는 등 감전사고를 방지하기 위하여 필요한 조치를 할 것
⑤ 작업대를 정기적으로 점검하고 붐·작업대 등 각 부위의 이상 유무를 확인할 것
⑥ 전환스위치는 다른 물체를 이용하여 고정하지 말 것
⑦ 작업대는 정격하중을 초과하여 물건을 싣거나 탑승하지 말 것
⑧ 작업대의 붐대를 상승시킨 상태에서 탑승자는 작업대를 벗어나지 말 것

법령 | 산업안전보건기준에 관한 규칙 제186조

08 화면은 컨베이어 작업 중 발생한 사고이다. 컨베이어의 작업시작 전 점검사항 3가지를 쓰시오.

• 영상 설명 •
작업자가 컨베이어 작업을 하다가 컨베이어가 잠시 멈췄을 때, 컨베이어 벨트를 청소하기 위해 손을 집어넣는 순간 기계가 작동하여 걸레가 말려 들어간다.

Keyword | 컨베이어의 작업시작 전 점검사항

정답
① 원동기 및 풀리(pulley) 기능의 이상 유무
② 이탈 등의 방지장치 기능의 이상 유무
③ 비상정지장치 기능의 이상 유무
④ 원동기·회전축·기어 및 풀리 등의 덮개 또는 울 등의 이상 유무

법령 | 산업안전보건기준에 관한 규칙 별표 3

09 화면은 항타기 · 항발기 작업을 하는 모습이다. 해당 설비에 대하여 무너짐을 방지하기 위해 준수하여야 하는 사항에 대하여 빈칸을 채우시오.

- 연약한 지반에 설치하는 경우에는 (①) 등 지지구조물의 침하를 방지하기 위하여 깔판·받침목 등을 사용할 것
- 궤도 또는 차로 이동하는 항타기 또는 항발기에 대해서는 불시에 이동하는 것을 방지하기 위하여 (②) 등으로 고정시킬 것

Keyword | 항타기 · 항발기 조립 또는 해체 시 점검사항

정답
① 아웃트리거 · 받침
② 레일 클램프 및 쐐기

[법령] 산업안전보건기준에 관한 규칙 제209조

2024년 제2회 제1부 기출복원문제

작업형

01 둥근톱 기계에 고정식 톱날 접촉 예방장치를 설치하고자 한다. 이때 덮개 하단과 테이블 사이의 간격과 덮개 하단과 가공재 사이의 간격은 얼마로 하여야 하는지 쓰시오.

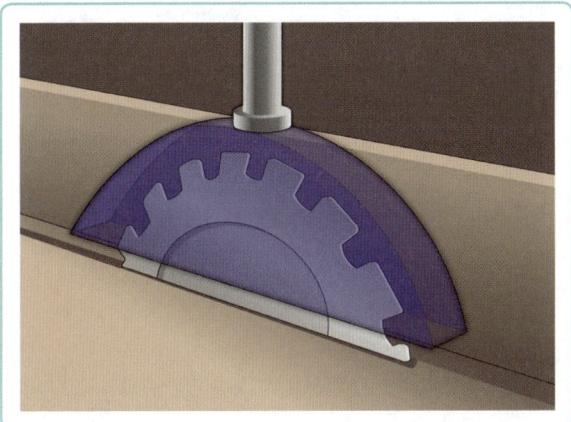

> Keyword | 둥근톱 방호장치의 고정식 덮개의 간격

정답
(1) 덮개 하단과 테이블 사이의 간격 : 25mm 이내
(2) 덮개 하단과 가공재 사이의 간격 : 8mm 이내

법령 방호장치 자율안전기준 고시 별표 5

02 화면은 지게차 작업을 하는 모습이다. 지게차의 작업시작 전 점검사항 3가지를 쓰시오.

> Keyword | 지게차의 작업시작 전 점검사항

정답
① 제동장치 및 조종장치 기능의 이상 유무
② 하역장치 및 유압장치 기능의 이상 유무
③ 바퀴의 이상 유무
④ 전조등 · 후미등 · 방향지시기 및 경보장치 기능의 이상 유무

법령 산업안전보건기준에 관한 규칙 별표 3

03 가솔린이 남아 있는 화학설비, 탱크로리, 드럼 등에 등유나 경유를 주입하는 작업을 하는 때에는 미리 그 내부를 깨끗하게 씻어내고 가솔린의 증기를 불활성 가스로 바꾸는 등 안전한 상태로 되어있는 것을 확인한 후에 당해 작업을 해야 한다. 다만, 아래의 조치를 하는 경우에는 그러하지 아니하다. 다음 조치사항에 대하여 빈칸을 채우시오.

- 등유나 경유를 주입하기 전에 탱크·드럼 등과 주입설비 사이에 접속선이나 접지선을 연결하여 (①)를 줄이도록 할 것
- 등유나 경유를 주입하는 경우에는 그 액표면의 높이가 주입관의 선단의 높이를 넘을 때까지 주입속도를 초당 (②)m 이하로 할 것

Keyword | 가솔린이 남아 있는 설비에 등유 등의 주입 시 조치사항

정답
① 전위차
② 1

법령 산업안전보건기준에 관한 규칙 제228조

---

04 거푸집 동바리와 관련하여 다음 물음에 답하시오.

(1) 규격화·부품화된 수직재, 수평재 및 가새재 등의 부재를 현장에서 조립하여 거푸집으로 지지하는 동바리 형식의 이름을 쓰시오.
(2) 동바리 조립 시 동바리 최상단과 최하단의 수직재와 받침철물은 서로 밀착되도록 설치하고, 받침철물의 연결부의 겹침 길이는 받침철물 전체 길이의 ( ) 이상 되도록 할 것

Keyword | 시스템 동바리의 조립 시 준수사항

정답
(1) 시스템 동바리
(2) 1/3

법령 산업안전보건기준에 관한 규칙 제332조의2

---

05 화면은 안전난간의 모습이다. 안전난간 설치 시 준수하여야 하는 사항과 관련하여 빈칸을 채우시오.

(1) 상부 난간대는 바닥면 등으로부터 (①)cm 이상 지점에 설치할 것
(2) 발끝막이판은 바닥면 등으로부터 (②)cm 이상의 높이를 유지할 것
(3) 난간대는 지름 (③)cm 이상의 금속제 파이프나 그 이상의 강도가 있는 재료일 것

Keyword | 안전난간 설치 시 준수사항

정답
① 90
② 10
③ 2.7

법령 산업안전보건기준에 관한 규칙 제13조

06 화면은 전주 활선 작업을 하는 모습이다. 해당 작업 시 작업자가 착용하여야 하는 보호구 2가지를 쓰시오.

• 영상 설명 •
작업자가 고소작업대에서 전선 작업을 하고 있다. 작업자는 안전모를 미착용하고 면장갑을 끼고 있다.

Keyword | 전주 활선 작업 시 착용해야 하는 보호구

정답
① 절연복
② 절연장갑
③ 절연화
④ 절연모

---

07 화면은 밀폐된 선박 탱크 내부에서 작업을 하던 중 발생한 사고이다. 해당 사고에 대비하여 비치하여야 하는 비상시 피난용구 3가지를 쓰시오.

• 영상 설명 •
작업자가 밀폐된 선박 탱크 내부에서 슬러지 제거 작업 중 갑자기 의식을 잃고 쓰러진다.

Keyword | 밀폐된 선박 탱크 작업 중 비상시 피난용구

정답
① 공기호흡기
② 송기마스크
③ 사다리
④ 섬유로프

법령 | 산업안전보건기준에 관한 규칙 제625조

08 화면은 유해물질 취급 작업을 하는 모습이다. 해당 작업 시 유해물질이 인체에 흡수되는 경로를 3가지 쓰시오.

Keyword | 유해물질의 인체 유입 경로

정답
① 호흡기
② 소화기
③ 피부점막

• 영상 설명 •
작업자가 실험실에서 황산이 들어있는 유리용기를 만지다 떨어뜨려 손에 묻는다. 작업자는 아무런 보호구를 착용하고 있지 않다.

09 화면은 휴대용 연삭기 작업을 하는 모습이다. 해당 작업의 위험요인 3가지를 쓰시오.

Keyword | 휴대용 연삭기 작업의 위험요인

정답
① 방호장치(덮개) 미설치
② 개인보호구(보안경, 방진마스크) 미착용
③ 연삭기 측면으로 작업

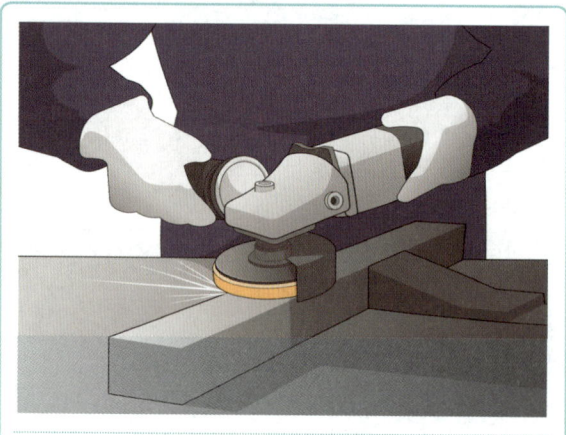

• 영상 설명 •
작업자가 휴대용 연삭기로 대리석 연마 작업을 하고 있다. 연삭기에는 덮개가 설치되어 있지 않으며, 연삭기 측면으로 작업하고 있다. 작업자는 보안경 및 방진마스크를 착용하지 않았다.

2024년 제2회 제2부 기출복원문제

작업형

01 화면은 휴대용 연삭기 작업을 하는 모습이다. 해당 작업에서 사용하는 휴대용 연삭기의 방호장치와 방호장치의 개구부 설치 각도를 쓰시오.

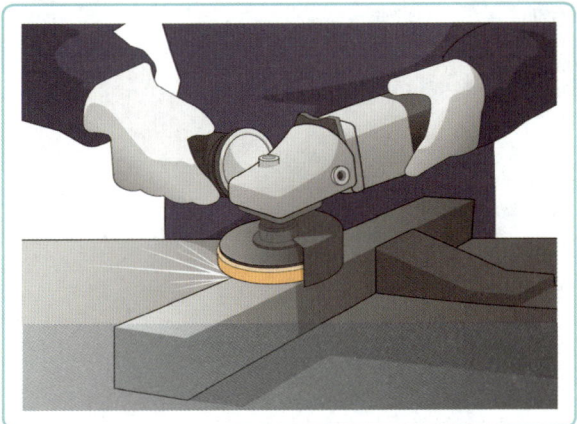

Keyword | 휴대용 연삭기의 방호장치와 개구부 설치 각도

정답
(1) 방호장치 : 덮개
(2) 방호장치의 개구부 설치 각도(숫돌 노출 각도) : 180° 이내

법령 방호장치 자율안전기준 고시 별표 4

02 화면은 터널공사 작업을 하는 모습이다. 해당 작업 시 낙반 등에 의한 위험이 있을 경우 위험방지조치 2가지를 쓰시오.

Keyword | 터널 작업 시 낙반 등에 의한 위험방지조치

정답
① 터널지보공 설치
② 록볼트 설치
③ 부석(浮石)의 제거

법령 산업안전보건기준에 관한 규칙 제351조

03 화면은 화물을 인양하는 작업 중 발생한 사고이다. 해당 사고의 위험요인 2가지를 쓰시오.

Keyword | 굴착기로 화물 인양 작업 중 사고의 위험요인

정답
① 굴착기의 퀵커플러 또는 인양 작업이 가능하도록 제작된 기계 미사용
② 달기구에 해지장치 미사용
③ 신호수나 작업지휘자 미배치
④ 인양물과 근로자가 접촉할 우려가 있는 장소에 근로자의 출입을 금지시키지 않음

• 영상 설명 •
해당 작업장에서 굴착기에 로프를 걸어 화물을 인양하여 세우는 작업을 하고 있다. 양쪽에서 작업자 두 명이 화물을 잡고 있고, 화물은 흔들리는 모습이다. 화물을 인양하여 세우는 과정에서 로프가 끊어지면서 오른쪽으로 넘어지고, 오른쪽에서 화물을 잡고 있던 작업자가 뒤로 넘어진다.

04 화면은 프레스의 모습이다. 해당 작업시작 전 점검하여야 하는 사항 3가지를 쓰시오.

Keyword | 프레스의 작업시작 전 점검사항

정답
① 클러치 및 브레이크의 기능
② 크랭크축·플라이휠·슬라이드·연결봉 및 연결 나사의 풀림 유무
③ 1행정 1정지기구·급정지장치 및 비상정지장치의 기능
④ 슬라이드 또는 칼날에 의한 위험방지 기구의 기능
⑤ 프레스의 금형 및 고정볼트 상태
⑥ 방호장치의 기능
⑦ 전단기의 칼날 및 테이블의 상태

법령 산업안전보건기준에 관한 규칙 별표 3

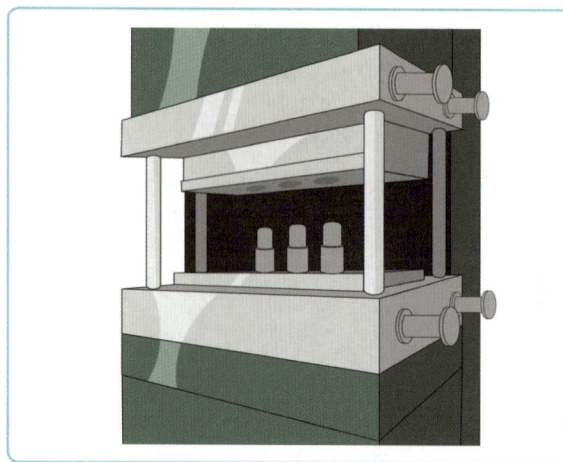

05 화면은 가스용접 작업을 하는 모습이다. 해당 작업의 위험요인 2가지를 쓰시오.

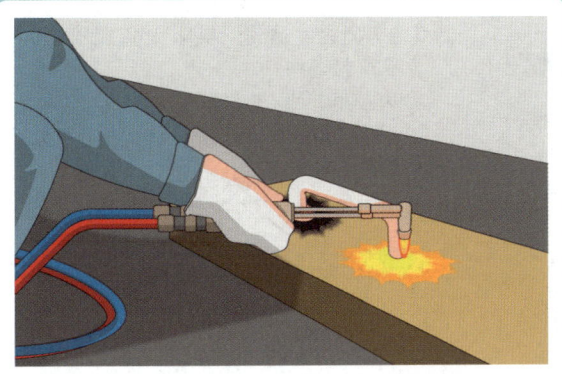

• 영상 설명 •
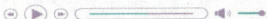
작업자가 맨얼굴로 면장갑을 착용하고 가스용접 작업을 하고 있다. 작업 중 산소통 줄이 짧아 당기는 순간 호스가 뽑히고 불꽃이 튄다. 바닥에는 가스 용기가 눕혀 있고 안전장치가 없다.

Keyword | 가스용접 작업의 위험요인

정답
① 개인용 보호구(용접용 보안면, 용접용 안전장갑 등)를 착용하지 않았다.
② 산소통의 호스를 조임기구로 누출방지조치를 하지 않았다.
③ 가스 용기가 바닥에 눕혀 있다.

---

06 화면은 전주 작업을 하던 중 발생하는 사고의 모습이다. 해당 사고의 재해발생형태와 해당 작업 시 착용하여야 하는 안전모의 종류를 쓰시오.

• 영상 설명 •
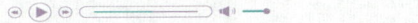
작업자는 안전대를 미착용한 상태로 전주 작업을 하고 있다. 작업 중 전주의 장애물에 머리를 부딪혀 추락한다.

Keyword | 전주 작업 중 사고의 재해발생형태와 감전 방지용 안전모의 종류

정답
(1) 재해발생형태 : 떨어짐
(3) 감전 방지용 안전모의 종류 : ABE형

법령 보호구 안전인증 고시 별표 1

참고 안전모의 종류
㉮ AB형 : 물체의 낙하·비래·추락에 의한 위험을 방지·경감시키기 위한 것
㉯ AE형 : 물체의 낙하·비래에 의한 위험을 방지·경감하고, 머리부위 감전 위험을 방지
㉰ ABE형 : 물체의 낙하·비래·추락에 의한 위험을 방지·경감하고, 머리부위 감전 위험을 방지

07 화면은 흙막이 지보공 설치 작업을 하는 모습이다. 흙막이 지보공의 설치 후 정기적 점검사항 4가지를 쓰시오.

Keyword | 흙막이 지보공 설치 후 정기적 점검사항

정답
① 부재의 손상·변형·부식·변위 및 탈락의 유무와 상태
② 버팀대의 긴압의 정도
③ 부재의 접속부·부착부·교차부의 상태
④ 침하의 정도

법령 | 산업안전보건기준에 관한 규칙 제347조

08 화면은 이동식 사다리를 전주에 기대고 작업을 하던 중 발생한 사고이다. 해당 사고에서 기인물과 가해물을 쓰시오.

• 영상 설명 •
작업자가 전주에 사다리를 기대고 작업하던 중 사다리가 미끄러져 작업자가 넘어진다.

Keyword | 이동식 사다리 작업 중 사고의 기인물과 가해물

정답
(1) 기인물 : 이동식 사다리
(2) 가해물 : 바닥

09 화면은 말비계를 이용하여 작업을 하는 모습이다. 말비계 조립 시 준수하여야 하는 사항과 관련하여 빈칸을 채우시오.

(1) 지주부재(支柱部材)의 하단에는 미끄럼 방지장치를 하고, 근로자가 양측 끝부분에 올라서서 작업하지 않도록 할 것
(2) 지주부재와 수평면의 기울기를 (①)° 이하로 하고, 지주부재와 지주부재 사이를 고정시키는 (②)를 설치할 것
(3) 말비계의 높이가 (③)m를 초과하는 경우에는 작업발판의 폭을 (④)cm 이상으로 할 것

Keyword | 말비계 조립 시 준수사항

정답
① 75
② 보조부재
③ 2
④ 40

법령 산업안전보건기준에 관한 규칙 제67조

2024년 제2회 제3부 기출복원문제

작업형

01 화면은 용광로 작업을 하는 모습이다. 해당 작업 시 작업자가 착용하여야 하는 신체부위별 보호구 3가지를 쓰시오.

Keyword | 용광로 작업 시 착용해야 하는 보호구

정답
① 머리, 눈, 얼굴 : 방열두건 또는 보안면
② 몸 : 방열복
③ 손 : 방열장갑

02 화면은 작업자가 폭발성 물질 창고에 들어가기 위해 신발에 물을 묻히고 들어가는 모습이다. 그 이유와 화재 시 적절한 소화방법을 쓰시오.

Keyword | 폭발성 물질창고 출입 전 물을 묻히는 이유와 소화방법

정답
(1) 이유 : 신발과 바닥 사이의 정전기로 인한 폭발을 방지하기 위함.
(2) 소화방법 : 다량의 주수에 의한 냉각소화

03 화면은 이동식 크레인 작업을 하는 모습이다. 다음 설명을 보고 이동식 크레인의 방호장치 명칭을 쓰시오.

(1) 와이어로프가 지나치게 감기는 것을 방지하기 위한 장치
(2) 훅걸이용 와이어로프 등이 훅으로부터 벗겨지는 것을 방지하는 장치
(3) 이동식 크레인의 전도 사고를 방지하기 위하여 장비의 측면에 부착하는 장치

> Keyword | 이동식 크레인의 방호장치
>
> 정답
> (1) 권과방지장치
> (2) 훅 해지장치
> (3) 아웃트리거

04 화면은 인화성 물질 저장창고에서 작업을 하는 모습이다. 해당 작업의 정전기 사고 방지대책 4가지를 쓰시오.

• 영상 설명 •
작업자가 인화성 물질 저장창고에서 나온 뒤 외투를 벗고 있다. 창고에서 가스가 새어 나오고 있고, '펑' 하는 소리와 함께 폭발한다.

> Keyword | 정전기 사고의 방지대책
>
> 정답
> ① 제전복 착용
> ② 제전화 착용
> ③ 정전기 제전용구 사용
> ④ 도전성을 갖춘 바닥재 사용

05 화면에서 작업자가 사용하고 있는 기구의 명칭과 해당 기구에 설치하여야 하는 방호장치의 명칭을 쓰시오.

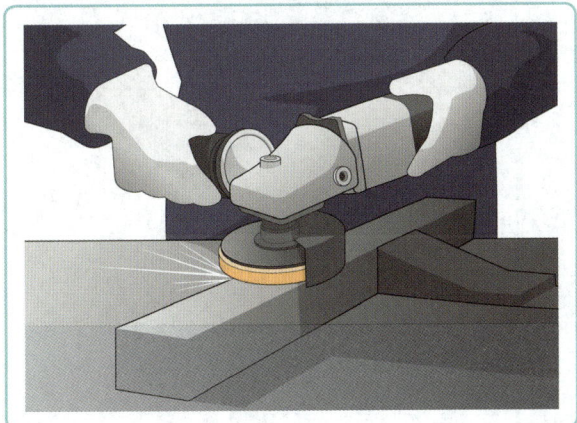

> Keyword | 휴대용 연삭기의 방호장치
>
> 정답
> (1) 휴대용 연삭기
> (2) 방호장치의 명칭 : 덮개

06 화면은 작업자가 플랜지 아래 부위에 용접을 하는 모습이다. 해당 작업에 존재하는 위험요인 3가지를 쓰시오.

> Keyword | 플랜지 용접 작업의 위험요인
>
> **정답**
> ① 용접불티 비산방지덮개, 용접방화포 등 불꽃, 불티 등의 비산방지조치 미흡
> ② 작업현장 주변에 인화성 물질 방치
> ③ 화재감시자 미배치
> ④ 작업장 정리상태 불량

• 영상 설명 •

작업자가 혼자 교류아크용접 작업장에서 대형 관의 플랜지 아래 부위를 아크용접하고 있다. 주변에는 인화성 물질로 보이는 통 등이 쌓여있고, 바닥은 정리되지 않은 상태이며, 불똥이 튀고 있다.

---

07 화면은 유해물질 취급 작업을 하는 모습이다. 해당 작업 시 유해물질이 인체에 흡수되는 경로 3가지와 화학물질의 유해·위험요인을 표시하여야 하는 자료의 명칭을 쓰시오.

> Keyword | 유해물질의 인체 유입 경로와 유해· 위험물질의 물질안전보건자료
>
> **정답**
> (1) 인체 흡수 경로
>   ① 호흡기
>   ② 소화기
>   ③ 피부점막
> (2) 화학물질의 유해위험요인 표시 자료 명칭 : 물질안전보건자료(MSDS)

• 영상 설명 •

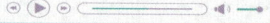

작업자가 실험실에서 황산이 들어있는 유리용기를 만지다 떨어뜨려 손에 묻는다. 작업자는 아무런 보호구를 착용하고 있지 않다.

08 화면은 이동식 비계에서 작업을 하던 중 발생한 사고이다. 해당 사고의 재해발생형태와 그 정의를 쓰시오.

• 영상 설명 •
작업자가 안전난간이 없는 이동식 비계 위에서 파이프를 올리는 작업을 하고 있다. 파이프는 1줄걸이로 묶어 올리다 파이프가 떨어지며 아래의 작업자와 충돌한다.

| Keyword | 이동식 비계 작업 중 사고의 재해발생 형태와 정의 |

정답
(1) 재해발생형태 : 맞음
(2) 정의
　① 날아오거나 떨어진 물체에 맞음
　② 고정되어 있던 물체가 고정부에서 이탈하거나 설비 등으로부터 물질이 분출되어 사람을 가해하는 경우

참고 재해발생형태 용어 개정
낙하 → 맞음

09 화면은 바퀴가 달린 고소작업대에서 작업을 하는 모습이다. 고소작업대의 작업대 설치와 관련하여 빈칸을 채우시오.

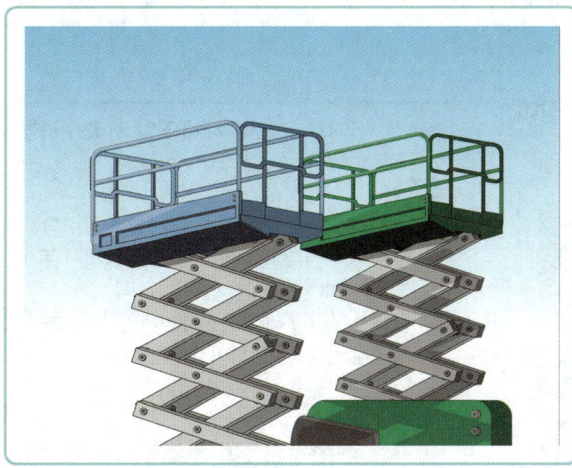

• 작업대에 정격하중(안전율 (①) 이상)을 표시할 것
• 작업대에 끼임·충돌 등 재해를 예방하기 위한 가드 또는 (②)를 설치할 것

| Keyword | 고소작업대의 작업대 설치 |

정답
① 5
② 과상승방지장치

법령 산업안전보건기준에 관한 규칙 제186조

2024년 제3회 제1부 기출복원문제

작업형

01 화면은 모터의 벨트 점검 작업을 하던 중 발생한 사고의 모습이다. 해당 사고의 재해발생 원인 3가지를 쓰시오.

Keyword | 모터 벨트 점검 작업 중 사고의 재해발생 원인

정답
① 점검 시 장비 전원 미차단
② 덮개나 울 미설치
③ 손이 끼일 수 있는 부위에서 맨손으로 작업

• 영상 설명 •
작업자가 모터 벨트를 점검하고 있다. 기름때를 걸레로 닦아내던 중 벨트와 덮개 사이에 손이 끼인다.

02 화면은 건물 해체 작업을 하는 모습이다. 해당 장비 취급 시 유의하여야 하는 사항 3가지를 쓰시오.

Keyword | 압쇄기로 건물 해체 작업 시 준수사항

정답
① 압쇄기의 중량, 작업충격을 사전에 고려하고, 차체 지지력을 초과하는 중량의 압쇄기 부착을 금지하여야 한다.
② 압쇄기 부착과 해체에는 경험이 많은 사람으로서 선임된 자에 한하여 실시한다.
③ 압쇄기 연결구조부는 보수점검을 수시로 하여야 한다.
④ 배관 접속부의 핀, 볼트 등 연결구조의 안전 여부를 점검하여야 한다.
⑤ 절단날은 마모가 심하기 때문에 적절히 교환하여야 하며, 교환대체 품목을 항상 비치하여야 한다.

개정 / 2025

03 화면은 유해물질 취급 작업을 하던 중 발생한 사고의 모습이다. 해당 사고의 재해발생형태와 정의를 쓰시오.

• 영상 설명 •
작업자가 실험실에서 황산이 들어있는 유리용기를 만지다 떨어뜨린다.

Keyword | 유해 · 위험물질 취급 작업 중 사고의 재해발생형태와 정의

정답
(1) 재해발생형태 : 화학물질 누출 · 접촉
(2) 정의 : 유해 · 위험물질에 노출 · 접촉 또는 흡입한 경우

참고 재해발생형태 용어 개정
유해 · 위험물질 노출 · 접촉 → 화학물질 누출 · 접촉

04 화면은 프레스 작업 중 발생한 사고의 모습이다. 해당 작업 시 설치하여야 하는 방호장치 4가지를 쓰시오.

• 영상 설명 •
작업자가 프레스 작업 중 철판에 이물질을 털어내다가 프레스가 작동하여 손을 다치는 모습이다. 이때 프레스에는 급정지장치가 설치되어 있지 않다.

Keyword | 프레스의 방호장치

정답
① 광전자식 방호장치
② 양수조작식 방호장치
③ 가드식 방호장치
④ 손쳐내기식 방호장치
⑤ 수인식 방호장치

05 중량물 취급 작업 시 작업계획서에 포함하여야 하는 내용을 4가지 쓰시오.

> **Keyword** | 중량물 취급 작업 시 작업계획서의 포함 사항
>
> **정답**
> ① 추락 위험을 예방할 수 있는 안전대책
> ② 낙하 위험을 예방할 수 있는 안전대책
> ③ 전도 위험을 예방할 수 있는 안전대책
> ④ 협착 위험을 예방할 수 있는 안전대책
> ⑤ 붕괴 위험을 예방할 수 있는 안전대책
> **법령** 산업안전보건기준에 관한 규칙 별표 4

06 화면은 충전전로에서 작업을 하는 모습이다. 충전전로에서의 전기 작업 시 조치사항에 대하여 빈칸을 채우시오.

(1) 충전전로를 취급하는 작업에 적합한 (①)를 착용해야 한다.
(2) 충전전로에 근접한 장소에서 전기작업을 하는 경우에는 해당 전압에 적합한 (②)를 설치해야 한다. 다만, 저압인 경우에는 해당 전기작업자가 (①)를 착용해야 한다.

> **Keyword** | 충전전로에서의 전기 작업 중 조치사항
>
> **정답**
> ① 절연용 보호구
> ② 절연용 방호구
> **법령** 산업안전보건기준에 관한 규칙 제321조

07 화면은 보일러의 압력방출장치이다. 산업안전보건법상 보일러의 압력방출장치 설치 시 설치기준에 관하여 빈칸을 채우시오.

보일러 규격에 적합한 압력방출장치를 (①) 이하에서 작동되도록 1개 또는 2개 이상 설치해야 한다. 다만, 2개 이상 설치된 경우에는 (①) 이하에서 1개가 작동되고, 다른 압력방출장치는 최고사용압력 (②) 이하에서 작동되도록 부착해야 한다.

> **Keyword** | 보일러 압력방출장치의 설치기준
>
> **정답**
> ① 최고사용압력
> ② 1.05배
> **법령** 산업안전보건기준에 관한 규칙 제116조

08 화면은 스팀배관 점검 작업을 하던 중 발생한 사고이다. 해당 사고의 위험요인 2가지를 쓰시오.

• 영상 설명 •
작업자가 스팀배관 보수 작업을 하고 있다. 작업자는 안전모, 장갑, 보안경을 착용하지 않고 있다. 보수 작업 중 배관을 툭 치니 스팀이 새어 나온다.

Keyword | 스팀배관 점검 작업의 위험요인

정답
① 개인용 보호구를 착용하지 않고 있다(안전모, 보안경, 장갑).
② 배관의 잔압을 제거하지 않고 작업하였다.

09 화면은 양중기(이동식 크레인) 작업을 하는 모습이다. 해당 작업시작 전 점검사항 3가지를 쓰시오.

• 영상 설명 •
작업자가 이동식 크레인에 와이어로프로 화물을 매달아 올리는 작업을 하고 있다.

Keyword | 이동식 크레인의 작업시작 전 점검사항

정답
① 권과방지장치나 그 밖의 경보장치의 기능
② 브레이크·클러치 및 조정장치의 기능
③ 와이어로프가 통하고 있는 곳 및 작업장소의 지반 상태

법령 산업안전보건기준에 관한 규칙 별표 3

2024년 제3회 제2부 기출복원문제

작업형

01 화면은 화학설비 공장의 한 구조물의 모습이다. 해당 구조물의 명칭과 설치 목적을 쓰시오.

• 영상 설명 •
화학공장에서 가스가 배출되고 있는 굴뚝의 모습을 보여준다.

Keyword | 화학설비의 플레어스택

정답
① 명칭 : 플레어스택
② 설치 목적 : 가스, 고휘발성 액체의 증기를 가연성, 독성, 냄새 제거 후 연소하여 대기 중에 방출

02 화면은 방독마스크의 모습이다. 해당 보호구의 시험 성능기준 3가지를 쓰시오.

Keyword | 방독마스크의 시험 성능기준

정답
① 안면부 흡기저항
② 안면부 배기저항
③ 안면부 누설률
④ 정화통의 제독능력
⑤ 배기밸브 작동
⑥ 시야
⑦ 강도, 신장률 및 영구변형률
⑧ 불연성
⑨ 음성전달판
⑩ 투시부의 내충격성
⑪ 정화통 질량
⑫ 정화통 호흡저항

법령 보호구 안전인증 고시 별표 5

03 화면은 항타기·항발기 작업을 하는 모습이다. 해당 작업의 위험요인 2가지를 쓰시오.

• 영상 설명 •
항타기·항발기로 땅을 굴착하고 전주를 세우는 과정에서 고정된 전주가 조금 돌아가며 인접 활선전로에 접촉하여 스파크가 일어난다.

> Keyword | 충전전로에서 차량 작업 시 위험요인
>
> **정답**
> ① 차량 등과 활선전로 간 이격거리 미준수
> ② 활선전로에 절연용 방호구 미설치
> ③ 울타리 미설치 및 감시인 미배치
>
> **법령** 산업안전보건기준에 관한 규칙 제322조

04 화면은 프레스 작업 중 발생한 사고의 모습이다. 해당 작업 시 설치하여야 하는 방호장치 4가지를 쓰시오.

• 영상 설명 •
작업자가 프레스 작업 중 철판에 이물질을 털어내다가 프레스가 작동하여 손을 다치는 모습이다. 이때 프레스에는 급정지장치가 설치되어 있지 않다.

> Keyword | 프레스의 방호장치
>
> **정답**
> ① 광전자식 방호장치
> ② 양수조작식 방호장치
> ③ 가드식 방호장치
> ④ 손쳐내기식 방호장치
> ⑤ 수인식 방호장치

05 화면은 가스용접 작업을 하는 모습이다. 해당 작업의 위험요인 3가지를 쓰시오.

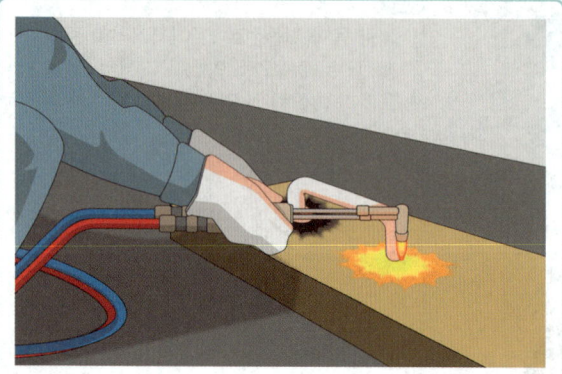

• 영상 설명 •
작업자가 맨얼굴로 면장갑을 착용하고 가스용접 작업을 하고 있다. 작업 중 산소통 줄이 짧아 당기는 순간 호스가 뽑히고 불꽃이 튄다. 바닥에는 가스 용기가 눕혀 있고 안전장치가 없다.

Keyword | 가스용접 작업의 위험요인

정답
① 개인용 보호구(용접용 보안면, 용접용 안전장갑 등)를 착용하지 않았다.
② 산소통의 호스를 조임기구로 누출방지조치를 하지 않았다.
③ 가스 용기가 바닥에 눕혀 있다.
④ 소화설비가 설치되지 않았다.

06 화면은 밀폐공간 작업을 하는 모습이다. 밀폐공간의 적정공기 수준에 관하여 빈칸을 채우시오.

적정공기란 산소농도의 범위가 (①)% 이상 (②)% 미만, 탄산가스의 농도가 (③)% 미만, 일산화탄소의 농도가 (④)ppm 미만, 황화수소의 농도가 (⑤)ppm 미만인 수준의 공기를 말한다.

Keyword | 밀폐공간 작업 시 적정공기의 정의

정답
① 18
② 23.5
③ 1.5
④ 30
⑤ 10

법령 산업안전보건기준에 관한 규칙 제618조

07 화면은 활선 작업을 하는 모습이다. 감전될 우려가 있는 작업에 들어가기 전에 해당 전로를 차단하지 않아도 되는 경우 3가지를 쓰시오.

> Keyword | 활선 전로 작업 시 해당 전로를 차단하지 않아도 되는 경우
>
> 정답
> ① 생명유지장치, 비상경보설비, 폭발위험장소의 환기설비, 비상조명설비 등의 장치·설비의 가동이 중지되어 사고의 위험이 증가되는 경우
> ② 기기의 설계상 또는 작동상 제한으로 전로차단이 불가능한 경우
> ③ 감전, 아크 등으로 인한 화상, 화재·폭발의 위험이 없는 것으로 확인된 경우
>
> 법령 산업안전보건기준에 관한 규칙 제319조

• 영상 설명 •
작업자가 전로를 차단하지 않고 고소작업차에 탑승하여 충전전로에서 작업하고 있다.

08 화면은 교량 점검 작업을 하던 중 발생한 사고이다.

> Keyword | 교량 점검 작업 시 재해원인
>
> 정답
> ① 작업발판 불량
> ② 안전난간 미설치
> ③ 안전대 및 안전대 부착설비 미사용
> ④ 추락방호망 미설치

• 영상 설명 •
작업자가 흔들리는 작업발판 위에서 교량 하부를 점검하던 중 추락한다. 교량에는 안전난간이 없고, 추락방호망이 설치되지 않았으며, 작업자는 안전대를 미착용하고 있다.

09 화면은 지게차 작업을 하던 중 발생한 사고이다. 해당 작업 시 안전조치사항 2가지를 쓰시오.

> **Keyword** | 지게차 작업 중 사고의 안전조치사항
>
> **정답**
> ① 운전자의 시야를 가리지 않게 적재하여 작업
> ② 위험반경 내 작업자 출입 제한
> ③ 화물 등을 로프로 결박하여 작업

• 영상 설명 •
지게차 운전자가 화물을 높게 적재하여 운반하고 있다. 시야가 확보되지 않아 운행 중 통로의 작업자와 충돌한다. 화물은 로프 등으로 결박되어 있지 않다.

2024년 제3회 제3부 기출복원문제

작업형

01 화면은 프레스의 모습이다. 해당 설비에 사용할 수 있는 방호장치 3가지를 쓰시오.

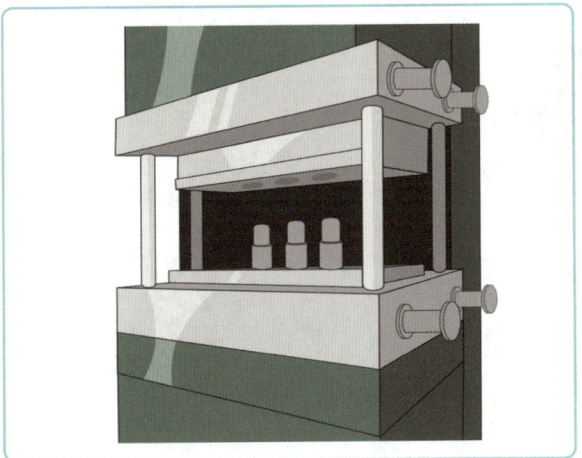

Keyword | 프레스의 방호장치

정답
① 광전자식 방호장치
② 양수조작식 방호장치
③ 가드식 방호장치
④ 손쳐내기식 방호장치
⑤ 수인식 방호장치

법령 방호장치 안전인증 고시 별표 1

02 산업안전보건법에 따라 용융고열물을 취급하는 설비(피트)에 대하여 수증기 폭발을 방지하기 위한 조치사항 2가지를 쓰시오.

Keyword | 용융고열물 취급 설비의 수증기 폭발 방지조치

정답
① 지하수가 내부로 새어드는 것을 방지할 수 있는 구조로 할 것. 다만, 내부에 고인 지하수를 배출할 수 있는 설비를 설치한 경우에는 그러하지 아니하다.
② 작업용수 또는 빗물 등이 내부로 새어드는 것을 방지할 수 있는 격벽 등의 설비를 주위에 설치할 것

법령 산업안전보건기준에 관한 규칙 제248조

참고 용융(鎔融)고열물
고체에 열을 가해 액체로 된 고열의 광물을 말한다.

03 화면은 항타기·항발기 작업을 하는 모습이다. 해당 설비에 대하여 무너짐을 방지하기 위해 준수하여야 하는 사항으로 빈칸을 채우시오.

Keyword | 항타기·항발기 조립 또는 해체 시 점검사항

정답
① 아웃트리거·받침
② 레일 클램프 및 쐐기

법령 산업안전보건기준에 관한 규칙 제209조

- 연약한 지반에 설치하는 경우에는 (①) 등 지지구조물의 침하를 방지하기 위하여 깔판·받침목 등을 사용할 것
- 궤도 또는 차로 이동하는 항타기 또는 항발기에 대해서는 불시에 이동하는 것을 방지하기 위하여 (②) 등으로 고정시킬 것

04 화면은 버스 하부 점검 중 발생한 사고이다. 해당 작업 전 사업주의 조치사항 3가지를 쓰시오.

Keyword | 정비 작업 시 운전정지 등의 조치사항

정답
① 기동장치에 잠금장치를 하고 그 열쇠를 별도 관리
② 작업 중 표지판 설치
③ 작업지휘자 배치
④ 안전지지대 또는 안전블록 설치
⑤ 관계자 외 출입 금지

법령 산업안전보건기준에 관한 규칙 제92조

• 영상 설명 •
작업자가 차량용 리프트로 버스를 들어 올린 상태에서 하부에 들어가 샤프트를 점검하고 있다. 작업을 하던 중 다른 작업자가 버스에 올라타 시동을 걸고, 하부에서 작업을 하던 작업자의 팔이 샤프트에 말려 들어간다. 작업장에는 작업 중임을 알리는 표지판 및 작업지휘자가 배치되어 있지 않다.

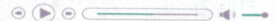

05 화면은 임시 배전반 점검 작업을 하던 중 발생한 사고이다. 해당 사고의 재해발생형태와 위험요인 2가지를 쓰시오.

• 영상 설명 •
작업자가 임시 배전반 점검을 하기 위해 맨손으로 만지는 순간 감전되어 쓰러진다. 배전반에는 누전차단기가 설치되어 있지 않다.

Keyword | 배전반 점검 작업 시 감전의 위험요인

정답
(1) 재해발생형태 : 감전
(2) 위험요인
　① 작업자가 절연용 보호구를 착용하지 않았다.
　② 개폐기 문에 통전금지 표지판을 설치하고 감시인을 배치하지 않았다.
　③ 작업 시작 전 전원을 차단하지 않았다.

06 화면은 목재 절단 작업 중 발생한 사고이다. 해당 사고의 재해발생형태와 기인물을 쓰시오.

• 영상 설명 •
작업자가 목재 토막을 작업대 위에 올려놓고 전동 톱을 사용하여 절단하고 있다. 작업대에 발을 올리고 작업 중 작업대가 흔들려 작업자가 균형을 잃고 넘어진다.

Keyword | 목재 절단 작업 중 사고의 재해발생형태와 기인물

정답
(1) 재해발생형태 : 넘어짐
(2) 기인물 : 작업대

07 화면은 충전전로에서 작업을 하는 모습이다. 해당 작업 시 준수하여야 하는 사항과 관련하여 빈칸을 채우시오.

(1) 충전전로를 취급하는 근로자에게 그 작업에 적합한 (①)를 착용시킬 것
(2) 충전전로에 근접한 장소에서 전기 작업을 하는 경우에는 해당 전압에 적합한 (②)를 설치할 것. 다만, 저압인 경우에는 해당 전기 작업자가 (①)를 착용해야 한다.
(3) 유자격자가 아닌 작업자가 충전전로 인근의 높은 곳에서 작업할 때에 근로자의 몸 또는 긴 도전성 물체가 방호되지 않은 충전전로에서 대지전압이 50kV 이하인 경우에는 (③)cm 이내로, 대지전압이 50kV를 넘는 경우에는 10kV당 10cm씩 더한 거리 이내로 각각 접근할 수 없도록 할 것

Keyword | 충전전로에서의 전기 작업 중 조치사항

정답
① 절연용 보호구
② 절연용 방호구
③ 300

법령 산업안전보건기준에 관한 규칙 제321조

---

08 화면은 화물 인양 작업 중 발생한 사고이다. 해당 작업의 위험요인 2가지를 쓰시오.

• 영상 설명 •
작업자가 크레인을 이용하여 파이프를 운반하고 있다. 파이프는 2줄걸이로 걸려있으나 파이프 중앙에 몰려있다. 2줄 중 1줄의 샤클은 반대로 걸려있으며, 크레인의 훅 해지장치는 보이지 않는다. 수신호자는 비계의 발판이 없는 곳에서 수신호 중이며, 신호가 잘 전달되지 않아 운반을 하던 중 철골에 부딪혀 흔들리다 작업자와 부딪힌다.

Keyword | 화물 인양 작업의 위험요인

정답
① 인양물의 중앙에만 걸이가 되어있어, 불안정하다.
② 보조로프를 사용하지 않았다.
③ 훅 해지장치를 사용하지 않았다.
④ 작업반경 내 관계자 외 출입금지 조치를 하지 않았다.
⑤ 샤클 체결 방향이 반대로 되어있다.

---

09 화면은 DMF(디메틸포름아미드) 작업을 하는 모습이다. DMF 용기 외부에 부착하여야 하는 경고표지 2가지를 쓰시오.

Keyword | DMF(디메틸포름아미드) 용기 외부에 부착해야 하는 경고표지

정답
① 인화성물질경고
② 산화성물질경고
③ 급성독성물질경고
④ 발암성물질경고
⑤ 부식성물질경고

NOTE

산업안전기사 실기 + 무료특강

2025. 7. 2. 초판 1쇄 인쇄
2025. 7. 16. 초판 1쇄 발행

지은이 | 장창현, 서청민, 신영철, 서준호
감　수 | 김유창
펴낸이 | 이종춘
펴낸곳 | BM (주)도서출판 성안당

주소 | 04032 서울시 마포구 양화로 127 첨단빌딩 3층(출판기획 R&D 센터)
　　　 10881 경기도 파주시 문발로 112 파주 출판 문화도시(제작 및 물류)
전화 | 02) 3142-0036
　　　 031) 950-6300
팩스 | 031) 955-0510
등록 | 1973. 2. 1. 제406-2005-000046호
출판사 홈페이지 | www.cyber.co.kr
ISBN | 978-89-315-8466-0 (13500)
정가 | 36,000원

이 책을 만든 사람들
책임 | 최옥현
진행 | 박현수
교정·교열 | 박운규
전산편집 | 신인남
표지 디자인 | 임흥순
홍보 | 김계향, 임진성, 김주승, 최정민
국제부 | 이선민, 조혜란
마케팅 | 구본철, 차정욱, 오영일, 나진호, 강호묵
마케팅 지원 | 장상범
제작 | 김유석

이 책의 어느 부분도 저작권자나 BM (주)도서출판 성안당 발행인의 승인 문서 없이 일부 또는 전부를 사진 복사나 디스크 복사 및 기타 정보 재생 시스템을 비롯하여 현재 알려지거나 향후 발명될 어떤 전기적, 기계적 또는 다른 수단을 통해 복사하거나 재생하거나 이용할 수 없음.

※ 잘못된 책은 바꾸어 드립니다.